国家重点学科"东北大学科学技术哲学研究中心"
教育部"科技与社会（STS）"哲学社会科学创新基地
辽宁省普通高等学校人文社会科学重点研究基地
东北大学科技与社会（STS）研究中心
东北大学"陈昌曙技术哲学发展基金"资助
出版资助

中国技术哲学与STS论丛（第三辑）

Chinese Philosophy of Technology and STS Research Series

丛书主编：陈凡　朱春艳

技术哲学思想史

陈凡　朱春艳◎主编

中国社会科学出版社

图书在版编目（CIP）数据

技术哲学思想史／陈凡，朱春艳主编. —北京：中国社会科学出版社，
2020.10

（中国技术哲学与STS论丛. 第三辑）

ISBN 978-7-5203-5311-3

Ⅰ.①技…　Ⅱ.①陈…②朱…　Ⅲ.①技术哲学—思想史—研究—
世界　Ⅳ.①N02-091

中国版本图书馆 CIP 数据核字（2019）第 221818 号

出 版 人	赵剑英
责任编辑	冯春凤
责任校对	张爱华
责任印制	张雪娇

出　　版	中国社会科学出版社
社　　址	北京鼓楼西大街甲 158 号
邮　　编	100720
网　　址	http://www.csspw.cn
发 行 部	010-84083685
门 市 部	010-84029450
经　　销	新华书店及其他书店

印　　刷	北京君升印刷有限公司
装　　订	廊坊市广阳区广增装订厂
版　　次	2020 年 10 月第 1 版
印　　次	2020 年 10 月第 1 次印刷

开　　本	710×1000　1/16
印　　张	37.5
插　　页	2
字　　数	611 千字
定　　价	218.00 元

凡购买中国社会科学出版社图书，如有质量问题请与本社营销中心联系调换
电话：010-84083683

总　序

　　哲学是人类的最高智慧，它历经沧桑岁月却依然万古常新，永葆其生命与价值。在当下，哲学更具有无可取代的地位。

　　技术是人利用自然最古老的方式，技术改变了自然的存在状态。当技术这种作用方式引起人与自然关系的嬗变程度，达到人们不能立即做出全面、正确的反应时，对技术的哲学思考就纳入了学术研究的领域。特别是一些新兴的技术新领域，如生态技术、信息技术、人工智能、多媒体、医疗技术、基因工程等出现，技术的本质、技术作用自然的深刻性，都是传统技术所没有揭示的，技术带来的社会问题和伦理冲突，只有通过哲学的思考，才能让人类明白至善、至真、至美的理想如何统一。

　　现代西方技术哲学的历史可以追溯到100多年以前的欧洲大陆（主要是德国和法国）。德国人 E. 卡普（Ernst Kapp）的《技术哲学纲要》（1877）和法国人 A. 埃斯比纳斯（Alfred Espinas）的《技术起源》（1897）是现代西方技术哲学生成的标志。国外的技术哲学研究经过100多年的发展，如今正在由单一性向多元性方法论逐渐转变；正在寻求与传统哲学的结合，重新建构技术哲学动力的根基；正在进行工程主义与人文主义的整合，将工程传统中的专业性与技术的文化形式或文化惯例的考察相结合；正在着重于技术伦理、技术价值的研究，出现了一种应用于实践的倾向——即技术哲学的经验转向。

　　与技术哲学相关的另一个较为实证的研究领域就是科学技术与社会（Science Technology and Society）。随着技术科学化之后，技术给人类社会带来了根本性变化，以信息技术和生命科学等为先导的20世纪科技革命的迅猛发展，深刻地改变了人类的生产方式、管理方式、生活方式和思维方式。科学技术对社会的积极作用迅速显现。与此同时，科学技术对社会的负面影响也空前突出。鉴于科学对社会的影响价值也需要正确地加以评估，社会对科学技术的影响也成为认识科学技术的重要方面，促使 STS 这门研究科学、技术与社会相互关系的规律及其应用，并涉及多学科、多领域的综合性新兴学科逐渐蓬勃发展起来。

早在 20 世纪 60 年代，美国就兴起了以科学技术与社会（STS）之间的关系为对象的交叉学科研究运动。这一运动包括各种各样的研究方案和研究计划。20 世纪 80 年代末，在其他国家，特别是加拿大、英国、荷兰、德国和日本，这项研究运动也都以各种形式积极地开展着，获得了广泛的社会认可。90 年代以后，它又获得了蓬勃发展。目前 STS 研究的全球化，出现了多元化与整合化并存的特征。欧洲学者强调 STS 理论研究和欧洲特色（爱丁堡学派的技术的社会形成理论，欧洲科学技术研究协会）；美国 STS 的理论导向（学科派，高教会派）和实践导向（交叉学科派，低教会派）各自发展，侧重点不断变化；日本强调吸收世界各国的 STS 成果以及 STS 研究浓厚的技术色彩（日本 STS 网络，日本 STS 学会）；STS 研究的全球化和多元化，必然伴随着对 STS 的系统整合，在关注对科学技术与生态环境和人类可持续发展的关系的研究；关注技术，特别是高技术与经济社会的关系；关注对科学技术与人文（如价值观念、伦理道德、审美情感、心理活动、语言符号等）之间关系的研究都与技术哲学的研究热点不谋而合。

中国的技术哲学和 STS 研究虽然起步都较晚，但随着中国科学技术的快速发展，在经济上迅速崛起，学术氛围的宽容，不仅大量的实践问题涌现，促进了技术哲学和 STS 研究，也由于国力的增强，技术哲学和 STS 研究也得到了国家和社会各界的越来越多的支持。

东北大学科学技术哲学研究中心的前身是技术与社会研究所。早在20 世纪 80 年代初，在陈昌曙教授和远德玉教授的倡导下，东北大学就将技术哲学和 STS 研究作为重要的研究方向。经过二十多年的积累，形成了东北学派的研究特色。2004 年成为教育部"985 工程"科技与社会（STS）哲学社会科学创新基地，2007 年被批准为国家重点学科。东北大学的技术哲学和 STS 研究主要是以理论研究的突破创新体现水平，以应用研究的扎实有效体现特色。

《中国技术哲学与 STS 研究论丛》（以下简称《论丛》）是东北大学科学技术哲学研究中心和"科技与社会（STS）"哲学社会科学创新基地以及国内一些专家学者的最新研究专著的汇集，涉及科技哲学和 STS 等多学科领域，其宗旨和目的在于探求科学技术与社会之间的相互影响和相互作用的机制和规律，进一步繁荣中国的哲学社会科学。《论丛》由国内和校内资深的教授、学者共同参与，奉献长期研究所得，计划每期出版五本，以书会友，分享思想。

《论丛》的出版必将促进我国技术哲学和 STS 学术研究的繁荣。出版技术哲学和 STS 研究论丛，就是要汇聚国内外的有关思想理论观点，造成百花齐放、百家争鸣的学术氛围，扩大社会影响，提高国内的技术哲学和 STS 研究水平。总之，《论丛》将有力地促进中国技术哲学与 STS 研究的进一步深入发展。

《论丛》的出版必将为国内外技术哲学和 STS 学者提供一个交流平台。《论丛》在国内广泛地征集技术哲学和 STS 研究的最新成果，为感兴趣的国内外各界人士提供一个广泛的论坛平台，加强相互间的交流与合作，共同推进技术哲学和 STS 的理论研究与实践。

《论丛》的出版还必将对我国科教兴国战略、可持续发展战略和创新型国家建设战略的实施起着强有力的推动作用。能否正确地认识和处理科学、技术与社会及其之间的关系，是科教兴国战略、可持续发展战略和创新型国家建设战略能否顺利实施的关键所在。技术哲学和 STS 研究涉及科学、技术与公共政策，环境、生态、能源、人口等全球问题和 STS 教育等各方面问题的哲学思考与实践反思。《论丛》的出版，使学术成果能迅速扩散，必然会推动科教兴国战略、可持续发展战略和创新型国家建设战略的实施。

中国是历史悠久的文明古国，无论是人类科技发展史还是哲学史，都有中国人写上的浓重一笔。现在有人称，"如果目前中国还不能输出她的价值观，中国还不是一个大国。"学术研究，特别是哲学研究，是形成价值观的重要部分，愿当代的中国学术才俊能在此起步，通过点点滴滴的扎实努力，为中国能在世界思想史上再书写辉煌篇章而作出贡献。

最后，感谢《论丛》作者的辛勤工作和编委会的积极支持，感谢中国社会科学出版社为《论丛》的出版所作的努力和奉献。

陈　凡　罗玲玲

2008 年 5 月于沈阳南湖

General Preface

Philosophy is the greatest wisdom of human beings, which always keeps its spirit young and keeps green forever although it has experienced great changes that time has brought to it. At present, philosophy is still taking the indispensable position.

Technology represents the oldest way of humans making use of the nature and has changed the existing status of the nature. When the functioning method of technology has induced transmutation of the relationship between humans and the nature to the extent that humans can not make overall and correct response, philosophical reflection on technology will then fall into academic research field. Like the appearance of new technological fields, especially that of ecotechnology, information technology, artificial intelligence, multimedia, medical technology and genetic engineering and so on, the nature of technology and the profoundness of technology acting on the nature are what have not been revealed by traditional technology. The social problems and ethical conflicts that technology has brought about have not been able to make human beings understand how the ideals of becoming the true, the good and the beautiful are united without depending on philosophical pondering.

Modern western technological philosophy history can date back to over 100 years ago European continent (mainly Germany and France). German Ernst Kapp's Essentials of Technological Philosophy (1877) and French Alfred Espinas' The Origin of Technology (1897) represent the emergence of modern western technological philosophy. After one hundred year's development, overseas research on technological philosophy is now transforming from uni – methodology to multi – methodology; is now seeking for merger with traditional philosophy to reconstruct the foundation of technological philosophy impetus; is now conducting the integration of engineering into humanity to join traditional specialty of engineering with cultural forms or routines of technology; is now focusing on research on technological ethnics and technological values, resulting in an application trend——that is, empiric – direction change of technological philosophy.

Another authentic proof – based research field that is relevant to technological philosophy is science technology and society. With technology becoming scientific, it has brought about fundamental changes to human society, and the rapid development of science technology in the 20th century has deeply changed the modes of production, measures of administration, lifestyles and thinking patterns, with information technology and life technology and so on in the lead. The positive impacts of science technology on the society reveal themselves rapidly. Meanwhile, the negative impacts of it are unprecedented pushy. As the effects of science on the society need evaluating in the correct way, and the effects of the society on science technology has also become an important aspect in understanding science technology, the research science of STS, the laws and application of the relationship between technology and the society, some newly developed disciplines concerning multi – disciplines and multi – fields are flourishing.

As early as 1960s, a cross – disciplinary research campaign targeting at the relationship between science technology and the society (STS) was launched in the United States. This campaign involved a variety of research schemes and research plans. In the late 1980s, in other countries especially such as Canada, the UK, the Netherlands, Germany and Japan, this research campaign was actively on in one form or another, and approved across the society. After 1990s, it further flourished. At present, the globalization of STS research has becoming typical of the co – existence of multiplicity and integration. The European scholars stress theoretical STS research with European characteristics (i. e. Edingburg version of thought, namely technology – being – formed – by – the – society theory, Science Technology Research Association of Europe); STS research guidelines of the United States (version of disciplines and version of Higher Education Association) and practice guidelines (cross – discipline version and version of Lower Education Association.) have developed respectively and their focuses are continuously variable. Japan focuses on taking in STS achievements of countries world – wide as well as clear technological characteristic of STS research (Japanese STS network and Japanese STS Association) ; the globalization and the multiplicity of STS research are bound to be accompanied by the integration of STS system and by the concern of research on the relationship between science technology, ecological environment and human sustainable development; attention is paid to the relationship between the highly – developed technology and the economic society; the concern of research on the relationship between science technology and humanity (such as the values, ethnic virtues, aesthetic feelings, psychological behaviors and language signs, etc.) happens to coincide with the research focus of technological philosophy.

Chinese technological philosophy research and STS research have risen rapidly to economic prominence with the fast development of Chinese science technology; the tolerance of academic atmosphere has prompted the high emergence of practical issues and meanwhile the development of technological philosophy research and STS research; more and more support of technological philosophy research and STS research is coming from the nation as well as all walks of life in the society with the national power strengthened.

The predecessor of Science Technological Philosophy Study Center of Northeastern University is Technological and Social Study Institute of the university. Northeastern University taking technological philosophy research and STS research as an important research direction dates back to the advocacy of Professor Chen Chang – shu and Professor Yuan De – yu in 1980s. The research characteristics of Northeastern version has been formed after over 20 years' research work. The center has become an innovation base for social science in STS Field of "985 Engineering" sponsored by the Ministry of Education in 2004 and approved as a key discipline of our country in 2007. Technological philosophy research and STS research of Northeastern University show their high levels mainly through the breakthrough in theoretical research and show their specialty chiefly through the down – to – earth work and high efficiency in application.

Chinese Technological Philosophy Research and STS Research Series (abbreviated to the Series) collects recent research works by some experts across the country as well as from our innovation base and the Research Center concerning multi – disciplines in science technology and STS fields, on purpose to explore the mechanism and laws of the inter – influence and inter – action of science technology on the society, to further flourish Chinese philosophical social science. The Series is the co – work of some expert professors and scholars domestic and abroad whose long – termed devotion promotes the completeness of the manuscript. It has been planned that five volumes are published for each edition, in order to make friends and share ideas with the readers.

The publication of the Series is certain to flourish researches on technological philosophy and STS in our country. It is just to collect relevant theoretical opinions at home and abroad, to develop an academic atmosphere to? let a hundred flowers bloom and new things emerge from the old, to expand its influence in the society, and to increase technological philosophy research and STS levels. In all, the collections will strongly push Chinese technological philosophy research and STS research to develop further.

The publication of the Series is certain to provide technological philosophy and STS researchers at home and abroad with a communicating platform. It widely collects the recent domestic and foreign achievements of technological philosophy research and STS research, serving as a wide forum platform for the people in all walks of life nationwide and worldwide who are interested in the topics, strengthening mutual exchanges and cooperation, pushing forward the theoretical research on technological philosophy and STS together with their application.

The publication of the Series is certain to play a strong pushing role in implementing science – and – education – rejuvenating – China strategies, sustainable – development strategies and building – innovative – country strategies. Whether the relationships between Science, technology and the society can be correctly understood and dealt with is the key as to whether those strategies can be smoothly carried out. Technological philosophy and STS concern philosophical considerations and practical reflections of various issues such as science, technology and public policies, some global issues such as environment, ecology, energy and population, and STS education. The publication of the Series can spread academic accomplishments very quickly so as to push forward the implementation of the strategies mentioned above.

China is an ancient country with a long history, and Chinese people have written a heavy stroke on both human science technology development history and on philosophy history. "If China hasn' t put out its values so far, it cannot be referred to as a huge power", somebody comments now. Academic research, in particular philosophical research, is an important part of something that forms values. It is hoped that Chinese academic genius starts off with this to contribute to another brilliant page in the world' s ideology history.

Finally, our heart – felt thanks are given to authors of the Series for their handwork, to the editing committee for their active support, and to Chinese Social Science Publishing House for their efforts and devotion to the publication of the Series.

Chen Fan and Luo Ling – ling

on the South Lake of Shenyang City in May, 2008

目　录

导　言

　　技术是现代文明的重要基础，提供了一种作为坚实驱动的动力，显示了实现对自然的渐进式改造的各种方法。尽管如此，技术很少受到历史思想家的关注，也很少受到那些研究未来视阈的社会观察家的关注。但是，与进步的观念密切相关、也对过去二百年中所发生的一切和世界正在发生的一切进行阐释密切相关的所有观念中，最具相关性的莫过于技术①。正如米歇尔·布莱等人所言：全球化的风行使人们抹去了记忆，忘记了一些思想和文化的发端与根源。因此，无论如何必须重构我们的历史，使它丰富充实②。因此，技术必须被置入历史的主流之中，唯有如此，对历史过程的观察才会是正确的；也唯有如此，才能以某种方式洞察"未知未来中的隐秘的潜在危险"③。而且，对于技术的考察，不仅要从技术史的角度去挖掘，同时还要从技术观的角度去开拓，以技术史为基础，以技术观为主导，两者的结合才能认识技术的本质④。

　　因此，有必要从思想史的角度对技术加以全面的把握。不过，正如西方技术史学家 B. 吉尔（B. Gill）指出，技术是思想史的重要组成部分，但人们在很长一段时间内却忽略了这一点⑤。另一方面，也有人指出，技术传统是牢固地扎根于西方的知识传统中的；人们满有理由认为现代技术

---

　　① ［英］约翰·伯瑞：《进步的观念》，范祥涛译，上海三联书店 2005 年版，第 9 页。

　　② ［法］米歇尔·布莱等：《科学的欧洲》，高煜译，中国人民大学出版社 2007 年版，第 1 页。

　　③ ［美］约翰·伯瑞：《进步的观念》，范祥涛译，上海三联书店 2005 年版，第 11 页。

　　④ 陈凡、张明国：《解析技术——"技术—社会—文化"的互动》，福建人民出版社 2002 年版，第 13 页。

　　⑤ B. Gill, *Histoire des Technique*, Paris：Gallinard, 1977, p. 1475.

是欧洲文化思想的必然结果①。而且，自 17 世纪到今天，各项重大的科学技术成就几乎无一例外地都是属于西方的：虽然欧洲成就赖以建立的技术基础主要都是近东和远东国家奠定的，但是后者直到目前为止，都几乎没有为近代的科学革命和工业革命作出什么贡献②。因此，本书试图在人类思想史的历史长河中梳理出东西方关于技术的哲学思想，突出技术思想史在人类思想史中的地位，明晰技术在人们认识中的深化和发展路径。

在西方，现代人们常用的"技术"（technology）一词源自于希腊语的"tekhnologia"和拉丁语"technologia"，表示对艺术或工艺的系统的应用；而这两者都出自希腊语的"tekhne"，兼有艺术（art）或手艺（craft）的含义，表示技能。"艺术"与"美术"都源于古罗马的拉丁文"art"，原义是指相对于"自然造化"的"人工技艺"，泛指各种用手工制作的艺术品以及音乐、文学、戏剧等，当时广义的 art 甚至还包括制衣、栽培、拳术、医术等方面的技艺，即指人工技术，用于模仿，补充，改变或抵消自然物品的人工尝试以及进行一系列行动所使用的一套原则和方法等。到了古希腊时期，艺术的概念仍是与技艺、技术等同的，但希腊的绘画与雕塑在公元前 5 世纪发展到成熟阶段时，已基本确立了一套古典美的标准，为日后艺术涵义的演变埋下了伏笔。直到文艺复兴时期，艺术逐渐与"美的"等同起来，18 世纪中期，基于美的艺术概念体系方才正式建立，艺术成了审美的主要对象从而脱离了技术的范畴。今天，英语中的"art"一词仍然既作"艺术"解，又作"美术"解，它既可以用来指音乐、舞蹈、文学、戏剧、电影等其他各种艺术门类，有时又专门用来要指称包括绘画、雕塑、工艺、建筑在内的视觉艺术。在很多西方著作中我们甚至还会看到，作者所说的"art"其实仅仅就是指我们中国人所认为的美术的一部分，即绘画。而他们的"the fine arts"（我们直接译作"美术"），也仍然是指诗歌、音乐、绘画、雕塑、建筑等。

可见，技术单从词源意义上来说，也有一个不断丰富和变化的过程。但是，尽管早在人类文明开端的古希腊时代，哲学就以其朴素的形态——

---

① ［德］F. 拉普：《技术哲学导论》，刘武译，辽宁科学技术出版社 1986 年版，第 160 页。

② ［英］M. 戈德史密斯、A. L. 马凯：《科学的科学——技术时代的社会》，赵红洲等译，科学出版社 1985 年版，第 46 页。

自然哲学的形式出现了。然而，在西方工业革命以前的文明中，技术在人类生活和文化中并不占有重要地位，对技术作专门的哲学探讨似乎也无明显的必要和需要。技术在 19 世纪以前几乎一直处于被哲学遗忘的角落，未出现系统研究技术的哲学专著，未出现对技术进行系统的哲学思考。

对于这种遗忘，F. 拉普（Friedrich Rapp）从西方哲学本身的传统出发分析了其中的原因。拉普认为，西方哲学对技术的忽视除了具体的历史情况外，还跟西方哲学注重理论的传统有关。人们曾认为技术就是手艺，至多不过是科学发展的应用，是知识贫乏的活动，不值得哲学来研究。由于哲学从一开始就被规定为只同理论思维和人们无法改变的观念领域有关，它就必然与被认为是以直观的技术诀窍为基础的任何实践活动、技术活动相对立①。

贝尔纳·斯蒂格勒（Bemard Stiegler）则从社会政治背景出发分析了西方哲学遗忘技术的原因。斯蒂格勒指出，哲学自其历史的初期就技术和知识这两个在荷马时代尚未被区分的范畴对立。这种做法是由一定的政治背景决定的。当时哲学家们指控诡辩学派把逻各斯工具化，使它和修辞学、辩论术归为一类，成为权力的手段而非知识的场所。哲学的知识在和诡辩的技术的冲突中，贬低一切技术的知识的价值②。

J. D. 贝尔纳（J. D. Bernal）也从社会层面对哲学忽视技术的原因进行了分析。贝尔纳认为，铁器时代的技术工作者仍被人轻视，他们被叫作下贱或奴才的，而且女人所从事的一些家庭工作所涉及的技艺也都够不上哲学家的关心。因为哲学家虽然依靠手工艺者的工作，来推动他们对于自然界如何工作的一些观念，但是他们对于这工作很少有第一手的认识，也没有被要求去改进它③。

其实，这种鄙视技术的社会心理早在古希腊和希腊化时期就曾普遍流行。柏拉图就曾指出，任何我们所关心培育的人是不能去模仿铁工、其他工人、战船上的划桨人、划桨人的指挥以及其他类似的人，而且是连去注

①　［德］F. 拉普：《技术哲学导论》，刘武译，辽宁科学技术出版社 1986 年版，第 177 页。

②　［法］贝尔纳·斯蒂格勒：《技术与时间——爱比米修斯的过失》，裴程译，译林出版社 2000 年版，第 1 页。

③　［英］贝尔纳：《历史上的科学》，伍况甫等译，科举出版社 1959 年版，第 92—93 页。

意这些事情都是不准许的①。对于技术与哲学的关系，柏拉图更是明确地指出，有一种小人……跳出了自己的技艺圈子进入了哲学的神殿，须知，哲学虽然眼下处境不妙，但仍然还保有较之其他技艺为高的声誉，许多不具完善天赋的人就这么被吸引了过来，虽然他们的灵魂已因从事下贱的技艺和职业而变得残废和畸形，正像他们的身体受到他们的技艺和职业损坏②。在希腊化时期，尽管阿基米德也从事技术发明工作，但是在他看来，工程师的工作和一切服役于生活需要的事情，都是卑贱而鄙俗的③。

概而言之，正如亚里士多德所总结的那样，尽管其他的科学比哲学更必需，但没有一门科学比哲学更优越。只有哲学才最神圣④。最神圣的哲学当然就很难用心去专门思考最鄙俗的技术了。

由于这种种社会历史原因，古代哲学家们很难将技术系统地纳入自己的视野，技术也就难以以相对独立的身份进入哲学的殿堂，从而使得作为人类命运的技术一直徘徊在把"人是什么"作为自己沉思重点的哲学之外，直到19世纪后半叶才真正成为哲学研究的对象，并成为一个新的独立学科——技术哲学。

但是，技术与人类社会相始终。制造和使用工具，以及技术的文化传承，乃是人类生存模式的要素，而且为一切人类社会所实践。另外，人类似乎是能够制造出工具来制造另一些工具的唯一生物。没有工具，人类就是一个十分脆弱的物种，也没有一种人类社会可以没有技术而得以维持。人类自身的进化成功，在很大程度上是有幸掌握了工具的制造和使用并使之传承下去；因此，人类进化史的基础是技术史⑤。因此，尽管由于社会历史原因，技术难以进入哲学家们系统研究的视野，但还是存在着零散的关于技术或技艺（Techne）的哲学思想。对技术完全视而不见是不可能的。也就是说，这种遗忘仅仅是指哲学家们没有对技术进行过专门研究，

① ［法］米歇尔·布莱等：《科学的欧洲》，高煜译，中国人民大学出版社2007年版，第1页。
② ［古希腊］柏拉图：《理想国》，郭斌和等译，商务印书馆1986年版，第246页。
③ Plutarch, *There of Marcellus*, Phltarcll's Li ves, Vol.5, London, 1914, p.26.
④ 北京大学哲学系：《西方哲学原著选读》（上卷），商务印书馆1981年版，第119—120页。
⑤ 詹姆斯·E. 麦克莱伦第三、哈罗德·多恩：《世界史上的科学技术》，王鸣阳译，科技教育出版社2003年版，第9页。

没有形成一种系统的理论，关于技术的思想还是存在的。但这种技术的哲学思想并不是以独立的身份展现的，而是伴随着其他主流思想出现，是一种伴随性存在。

正是这种零散的关于技术的哲学思想才是技术哲学的第一要义。黑格尔曾指出："构成我们现在的、那个有共同性和永久性的成分，与我们的历史性是不可分离地结合着的；我们在现世界所具有的自觉的理性并不是一下子得来的，也不只是从现在的基础上生长起来的，而是本质上原来就具有的一种遗产，乃是一种工作的成果——人类所有过去各种时代工作的成果。通过一切变化的因而过去了的东西结成一条神圣的链子，把前代的创造给我们保存下来并传给我们。"① 在他看来，"哲学的内容即是思想，普遍的思想。唯有思想才是第一义，哲学里的绝对必是思想"②。对历史的思想做考察是历史哲学的使命。"思想"是人类不可或缺的东西，人类之所以异于禽兽，道理就在于此。在感觉、知觉和认识或本能与意志方面，凡是属于人类的都含有一种"思想"；而哲学用以观察历史的唯一的"思想"就是理性，理性是世界的主宰，世界历史因此是一种合理的过程③。

对于这种技术思想，美国技术哲学家卡尔·米切姆（Carl Mitcham）曾指出它的重要意义：正如在技术科学中所显示的那样，的确存在明显的技术思想，只是人们没有认真地把它们看作是思想。但由于这些思想固有的实践性，它们揭示了生活世界，而这个生活世界的一般联系在世界观意义上明显具有哲学性质。在对技术理论的作用及其有用性进行质疑、对技术活动的实践性或道德状况以及技术活动的结果和它们所依据的思想提出疑问或感到疑惑，就是要发展关于技术的思想而不只是发展技术的理论④。

因此，进行技术哲学研究、探询技术在人类思想史中的哲学展现路径，就必须在似乎是过去了的关于技术的哲学思想和技术哲学所达到的现

---

① ［德］黑格尔：《哲学史讲演录》（第一卷），商务印书馆1959年版，第8页。

② 同上书，第89页。

③ 瑜青：《黑格尔经典文存》，上海大学出版社2001年版，第287页。

④ ［美］卡尔·米切姆：《技术哲学概论》，殷登祥等译，天津科学技术出版社1999年版，第50页。

阶段之间的本质上的联系里去寻找，在哲学史里追寻技术的哲学思想火花是如何逐步上升为技术哲学的。这就需要回到古希腊，从西方哲学产生的源头开始探询，以便系统地梳理出西方关于技术的哲学思想史。就此而言，本书所探讨的应该属于哲学史的范畴。对于哲学史这个特定的历史领域，西美尔曾经指出，哲学史需要这种可以被称为对象自身的精确的和详尽无遗的再创造解释。但这不是材料的机械复制，相反，我们必须形成或构成材料并提供这些材料的一种符合认识的先天要求的解释。历史真理从其原始材料中产生某种新事物，即直觉的再创造所能利用的材料，历史材料本身还没有构成某种东西。历史揭示其原始材料中的含义和价值，这些含义和价值以产生一个新的建构的方式构成过程，即符合我们所强加的标准的一个建构。

恩格斯认为，"每一个时代的理论思维，包括我们时代的理论思维，都是一种历史的产物，它在不同的时代具有完全不同的形式，同时具有完全不同的内容"①。而且，哲学事业的特征是它总是被迫在起点上重新开始，他从不认为任何事情是理所当然，他觉得对任何哲学问题的每个解答都不是确定或足够确定的，他觉得这个问题必须从头做起（Moritz Schlick语）。但这并意味着有人试图建立一种新的哲学体系而绝对不依赖于前人已有的探索成果，否则，其结果必然同人类文明初期的粗糙理论相差无几，不会有什么提高。而且，在思维的历史中，某种概念或概念关系的发展和在个别辩论者头脑中的发展关系一样……在历史的发展中偶然性起着自己的作用，而它在辩证的思维中，就像在胚胎的发展中一样包括在必然性中。

因此，深入系统探索研究西方文明各个时期关于技术的哲学思想，对于完善技术哲学思想史、丰富技术哲学研究的内容以及深化对技术的认识等都是不无裨益的；同时也有利于描绘出一幅完整的西方哲人关于技术的认识图景，还技术在思想史中的重要地位，并借鉴其思想中的精髓而深化对技术的认识，也有利于避免技术哲学中的重复研究。

---

① 《马克思恩格斯文集》第 9 卷，人民出版社 2009 年版，第 436 页。

第一章　中国传统文化中的技术哲学思想

各民族的技术都有着源远流长的历史，从古代发展到现代，东西方各民族彰显出各具特色的技术发展之路。技术的发展总是受到一定地域、一定时期、一定民族的哲学文化传统的影响，也会影响着进而形成一定民族的技术哲学思想。中国传统的技术哲学思想包括了中国古代技术哲学思想，传统文化背景下的科技思维方式以及古代技术哲学思想的近现代发展。

第一节　中国传统文化背景的技术哲学框架体系

一　由技至道：中国传统的技术哲学理念

"道"，作为中国哲学特有的基本范畴，涉及人类技术活动的一些根本属性。"由技至道"作为中国传统技术哲学理念，对中国传统技术发展有深刻影响。

"由技至道"这一理念，源自《庄子》中"庖丁解牛"的典故，它创造了一个充分体现"技"与"道"关系的典型形象，据此可以分析中国传统技术活动的基本特点。很多学者曾讨论过"道"作为万物本原和规律的涵义，却很少思考"道"与"技"的关联。"道"的最初含意是人们熟悉的"道路"。据考证，"道"的象形字上为一个头（象征一个人），朝着道路上的某处走（即上为"首"下为"走"）。①"道"蕴含着行走应恪守的目的、方向、步骤、过程。作为中国哲学范畴的"道"，不是指实在的路或行走过程，也不限于各种具体的操作途径或方法。在中国

---

① 李约瑟：《中国科学技术史》第二卷，上海古籍出版社 1990 年版，第 250 页。

古代，各种具体的操作途径或方法被称为"技"或"术"，而不是"道"。老子强调"道"无形无象、不可言说，这意味着不仅把人们对实在道路的体验抽象掉了，而且把各种具体途径或方法的特性也抽象掉了，留下的只是对于该"先做什么，后做什么，再做什么"这种步骤性活动的本质特征的把握。这一系列步骤性活动的操作规程，对操作者而言是人为的，但根据操作者、工具和对象的自然本性，应该存在一种合理的、最优的步骤性操作规程，据此形成特定的途径或方法，这就是"技"之上的"道"。"道"是客观存在的，但它是由操作者、工具和对象的自然本性共同决定的。它超越了"技"，是"技"的理想境界。庖丁解牛注重牛的筋骨皮肉的生理特征，下刀都在游刃有余处，而且"以神遇而不以目视，官知止而神欲行"，这就是既合乎操作者自然本性、又合乎工具自然本性、还合乎技术对象自然本性的操作规程，这就达到了"道"的境界。追求"技"之上的"道"，目的在于使人为设定的技术规程逐步转化为合乎事物自然本性的技术规程，以至于达到能运用自如、天人合一的程度，因而老子才强调"道法自然"。

不过，把握"技"之上的"道"，并不能靠逻辑分析或实验确证，而是需要在实际操作活动中不断体悟，逐步趋近。这是对实践智慧的不懈追求，"道"是实践智慧的最高境界。《老子》中多次论及"有为"与"无为"的关系。"有为"说的是人为设定的途径或方法，"无为"即合乎事物自然本性的途径或方法。能够用言语讲出来的"道"（"说道"），实际上是用来指导"有为"向"无为"转化的。它们本身并不是"道"，而是求"道"的入门向导，其中的章法、程式、规则是"有为"阶段的训练要点，一旦达到运用自如时完全可以忘却。医术高超的老中医在看病时绝不会再去翻医书，技艺纯熟的工匠在操作时绝不会再背口诀。所以老子才讲"道可道，非常道"①。真正的"道"，是体现在实际操作活动之中的无形的、合乎事物自然本性的途径或方法。

更进一步说，如果把天地万物的生成也看作造化的结果，那么合乎事物自然本性的创生或造化途径就显得更为重要。道家并不认为有一个创造

---

① 《老子》（第一章），见汤漳平、王朝华译注：《老子》，中华书局出版社 2014 年版，第 2 页。

天地万物的人格神，而是强调合乎事物自然本性的创生或造化途径本身就是创造之源，就是本原和规律。对"道"的崇拜，其实就是对合乎事物自然本性的创生或造化途径的崇拜。然而，老子只能从体验的角度描述这种极为抽象和深奥的创造途径，因而他才称之为"玄之又玄，众妙之门"①。

将"道"理解为合乎事物自然本性的、合理的、最优的途径或方法，对解读老子有关"道"的其他论述也有启发意义。比如老子讲"道""可为天下母"，一些学者将"道"理解为万物本原，即由此而来。老子讲的"生"包含生成、生育、生产、生活等多种含义，但这些含义都涉及特定的途径或方法。老子讲"有生于无"，可以理解为每一个具体事物都能依其自然本性从无到有生成或被创造出来。就一件具体的技术产品而言，在其未制造出来之前都是"无"，而制造的过程就是"有生于无"。正因为这样，老子才强调"道"可执、可用、"为天下式"，并讨论"天之道"和"人之道"之类问题。事实上，道家思想对中国传统医学、农学、工程、手工艺技术以至其他社会实践活动都产生了深刻影响，造就了古代技艺高度发达的文化形态，而道家思想注重体验和把握合乎事物自然本性的、合理的、最优的途径或方法，不能不说是其中决定性的因素。

在中国古代，道家对"道"的阐释最为深入透彻，对技术活动的影响也最为深远。其他思想流派则从不同角度对"道"的含义加以引申，从而使"由技至道"的理念能够涉及技术与社会关系的更广泛领域。

二　顺应自然的技术本体观

由"技"至"道"的发展，意味着使技术活动顺应自然，与自然事物的演化发展协调一致。我国传统文化历来主张"天人和谐"，在关于技术制造和自然之间的关系上，一直强调"顺应自然"和"天人合一"等思想。儒家经典《中庸》篇强调技术活动要"赞天地之化育"。这就是要依照自然界的规律，赞助天地万物的演化发展，使之产生有利于人类生存的发展结果。这意味着不要倒行逆施，不要违反自然规律；也不要取代自

---

① 《老子》（第一章），见汤漳平、王朝华译注：《老子》，中华书局出版社 2014 年版，第 2 页。

然界的化育过程，干费力不讨好的事情；更不要无所作为，听命于自然界的摆布。在传统技术发展过程中，这一思想特征得到了充分体现。在工程技术中，尽量增加自然因素，利用可再生的资源和能源，在建筑设计中体现"顺应自然"、"天人合一"的文化内涵。

在对技术的应用上，庄子对人们运用机械器具时常表现出极大反感，甚至主张把弓弩钩绳之类的东西毁掉，就是因为这些东西的滥用会破坏自然秩序①，这当然是一种过于消极、偏激的态度。与此相比，儒家的态度比较平和。荀子主张草木荣华滋硕之时，不许拿斧子入山林；鱼鳖产卵之时，不许下网入水，认为这样才是"圣王之制"②。这样就保证了技术应用不致出现违背自然规律的后果。

尽管从自觉意识的角度看，我国古代的"天人相应"、"天人合一"观念限制了破坏自然秩序的行为，但实际社会生活中仍出现过不少毁林开荒、围湖造田之类的事情，这主要是过度膨胀的人口压力所致，一些封建帝王大兴土木也加剧了森林资源的消耗。这并非人们有意征服自然，而是出于别种目的不自觉地破坏了自然秩序。尽管将我国古代的"天人和谐"、"天人合一"观念直接等同于现代的环境保护意识，显然是不合适的。但是我国古代的天人观中的确包含很多有益于环境保护和生态平衡的思想内容。在这样一种思想氛围中形成的技术体系，也就更多地带有环境科学和生态学方面的合理特征。

这方面的一个典型事例，是我国古代建筑技术的发展。从建筑风格上看，我国古代建筑大都体现一种生动的气韵，一种与周围景物的和谐，一种天人合一、安详宁静的心态。林语堂曾经指出："最好的建筑是这样的：我们居住其中，却感觉不到自然在哪里终了，艺术在哪里开始。"③此外，许多中国古代建筑在结构上也工于心计，在图案、色彩和间架组件的数目上体现天人合一的文化内涵④。古代建筑在选址、设计上很讲究风水术，尽管其中有许多迷信色彩，但也包含某些有利于生态环境的合理成

---

① 《庄子·胠箧》，见陈鼓应注译：《庄子今注今译》，中华书局出版社 1983 年版，第263—264 页。

② 《荀子·王制》，见安小兰译注：《荀子》，中华书局出版社 2007 年版，第 92 页。

③ 林语堂：《中国人》，浙江人民出版社 1988 年版，第 275—284 页。

④ 刘天华：《巧构奇筑》，辽宁教育出版社 1990 年版，第 40 页。

分。李约瑟就曾认为，风水观念给人们带来一些好处，如植竹种树以防风，强调住所附近流水的价值。同时也带来了一种美感[①]。我国古代建筑技术的这种文化特征。甚至一直影响到现代建筑风格的变化。世界著名现代建筑大师赖特（F. L. Wright）主张"有机建筑"理论，认为自然界是有机的，建筑师应该从自然中得到启示，房屋应当像植物一样。是"地面上一个基本的和谐的要素，从属于自然环境，从地里长出来，迎着太阳。"[②] 他明确地讲他的理论得益于中国传统文化和建筑技术的启示。类似的还有悉尼歌剧院的"贝壳式"建筑，美籍华人建筑学家贝聿铭、林同炎的许多设计等，都具有这种"有机建筑"的特征。

　　我国传统技术在其他方面，也都自觉或不自觉地体现了天人合一、顺应自然的特点。比如在农耕技术方面，强调顺天时，量地利，协调好天、地、人三者关系。耕作时注意不违农时，按照农作物的生长规律安排农事。而且农时要随地域和土质不同而有所变化。不同的作物有不同的适宜土壤，土壤在不同时期有不同特性，因而在栽培方法上也要有所区别。还注意多使用农家有机肥料，以草治草，以虫治虫，因而几千年来中国传统农业生产的一直是"绿色食品"。宋应星著《天工开物》，从书名上就体现出协调"天工"（自然力）和"人工"（人力）以开发万物的思想。其中涉及农耕、陶瓷、造纸、火药、染料、冶炼等诸多领域，都贯穿着"物生自天，工开于人"的精神[③]。纵观全书的行文、插图，一派古朴气息，其中蕴涵的正是天人合一，顺应自然的文化观念。

　　由于我国传统技术中有着这样的文化内涵，所以当西方近代技术刚刚传入我国时，曾引起当时许多人相当大的反感和排斥。当时一些人反对修铁路，是担心筑路会触怒山神，破坏风水；反对用西法开矿，是担心开矿会破坏山脉地气[④]；反对铺设电报线路，是因为"电线之设，深入地底，横冲直贯，四通八达，地脉既绝，风侵水灌，势所必至，为子孙者心何以安？"[⑤] 尽管这些理由今天看来是愚昧荒唐的，但从中反映出我国传统技

---

① 李约瑟：《中国科学技术史》第二卷，上海古籍出版社 1990 年版，第 388，500，619 页。

② 葛荣晋：《道家文化与现代文明》，中国人民大学出版社 1991 年版，第 218 页。

③ 潘吉星：《天工开物校注及研究》，巴蜀书社出版社 1989 年版，第 69—72 页。

④ 张志孚：《文化的选择》，辽宁教育出版社 1988 年版，第 123，125 页。

⑤ 转引自姚蜀平：《现代化与文化的变迁》，陕西科学技术出版社 1988 年版，第 28 页。

术中的天人观与西方近代技术中的天人观的尖锐对立。

三 经世致用的技术功能观

"经世致用"是我国技术选择的一种导向和社会评估标准。"经世致用"首先是"经世",即技术发展服从于政治上的制度设计。"致用"要服从于"经世"的要求。这种"致用"标准不是单纯从经济效益出发的,而是强调经济效益与社会效益的统一。当经济上的要求足以影响社会结构的稳定时,即使某些技术活动确有经济实用价值,仍然会受到严格限制。

我国传统文化各要素之间有着密切联系。它们相互影响、相互制约,联结成一个文化有机体。在自然经济时代,这个文化有机体的经济基础以传统农业经济为主,手工业和工厂手工业经济为辅;其上层建筑自秦汉以来主要是以文官系统为主导的封建等级制体系。封建社会里的军事、教育、文艺、宗教、民俗等方面状况,都是由经济和政治体制决定的。这些要素共同构成了传统文化之"体";而各种解决具体生产和生活实际问题的技艺、手段、方法和途径等等,则构成了传统文化之"用"。历史上我国传统文化的"体"与"用"并行发展,基本上是相互吻合的。尽管由各国传来的先进技术不断融入我国传统技术体系之中,但都被同化而未导致"体"与"用"的矛盾冲突,其主要原因就是技术选择上的经世导向。先秦时期各主要学派尽管"百家争鸣",但对于这种经世导向却持有类似的主张。

儒家伦理讲究现实性,提倡经世致用。虽然"经世致用"的提法来自明末清初实学家,但其思想特征在先秦儒家学者那里就有明显体现。《尚书》中讲:"不役耳目,百度惟贞。玩人丧德,玩物丧志。志以道宁,言以道接。不作无益害有益,功乃成。不贵异物贱用物,民乃足。"① 这里的"玩物丧志"、"贵异物",指的都是"奇技淫巧"之物,而非有用之物。孟子说:"明君制民之产,必使仰足以事父母,俯足以畜妻子,乐岁终身饱,凶年免于死亡,然后驱而之善,故民之从之也轻。"②"制民之

---

① 《尚书·旅獒》,见李学勤主编:《十三经注疏·尚书正义》,北京大学出版社1999年版,第328—329页。

② 《孟子·梁惠王上》,见方勇译注:《孟子》,中华书局出版社2015年版,第14页。

产"是君王给民众规定的男耕女织的产业，目的在于免除百姓衣食之忧，使之向善，在这里实用标准和道德教化的要求是密切联系在一起的。按照这一标准，先秦儒家在技术应用的评价标准上强调节俭，反对奢侈浪费，因为奢侈浪费有害而无用。孔子在《论语·泰伯》中说："恶衣服而致美乎黻冕，卑宫室而尽力乎沟洫。"孔子还说："道千乘之国，敬事而信，节用而爱人，使民以时。"①"奢则不孙，俭则固；与其不孙也，宁固。"②孔子的节用观是跟儒家"爱人"、"惠民"的政治思想紧密联系在一起的，是儒家主张统治者以德治国必须具备的观念。在自然经济的社会背景下，如果使物质财富集中于奢侈品的制造和流通，为了少数人的享乐而挥霍浪费，会造成社会阶层严重两极分化，出现动荡。因此，要实现经世致用的目标，必须采取"抑奢"的措施，这是技术与社会关系保持和谐的重要条件。

在对技术应用的评价标准方面，先秦道家和儒家一样推崇节俭，反对奢侈浪费。老子提出"治人事天，莫若啬。夫唯啬，是谓早服。早服谓之重积德；……是谓深根固柢，长生久视之道"③。老子还讲过"我有三宝，持而保之。一曰慈，二曰俭，三曰不敢为天下先。"④ 将"俭"视为一"宝"足见对其重视。

墨家学派对技术应用中的奢靡风气也持反对态度。《墨子·辞过》篇里说，古代圣王穿着衣服只为便利身体，不求过分华丽好看。而"当今之主，其为衣服，……必厚作敛于百姓，暴夺衣食之财，以为锦绣文采靡曼之衣。铸金以为钩，珠玉以为佩。女工作文采，男工作刻镂，以为身服"，这是"单财劳力，毕归之无用也"。如此形成风气，则"其民淫僻而难治，其君奢侈而难谏"，必然导致天下大乱。古代圣王作舟车只求全固轻利。而"当今之主，其为舟车……全固轻利皆已具，必厚作敛于百姓，以饰舟车，饰车以文采，饰舟以刻镂。女子废其纺织而修文采，故民

① 《论语·学而》，见张燕婴译注：《论语》，中华书局出版社2006年版，第4页。

② 《论语·述而》，见张燕婴译注：《论语》，中华书局出版社2006年版，第102页。

③ 《老子》（第五十九章），见汤漳平、王朝华译注：《老子》，中华书局出版社2014年版，第237页。

④ 《老子》（第六十七章），见汤漳平、王朝华译注：《老子》，中华书局出版社2014年版，第263页。

寒；男子离其耕稼而修刻镂，故民饥"。如果孤立看待技能本身的效益，追求"工巧"应该是一个不成问题的目标。但先秦诸子却普遍强调遏制"淫巧"、"文巧"，甚至后来"投机取巧"逐渐成为贬义词，实际上反映出经世致用观念对技术发展的强大约束力量。

值得注意的是，由于儒家、道家和墨家等都激烈地抨击"奇技淫巧"，反对技术应用中的奢靡之风，先秦时代在建筑设计、家具陈设等方面总的说来还是比较简朴实用的，这同后来封建帝王的奢华生活形成明显对比，同古代欧洲皇宫金碧辉煌的陈设、精美绝伦的雕饰更形成鲜明对比。至宋代以后商品经济有所发展，社会上对"经世致用"的理解也有了相应变化。商品经济的繁荣使得普通民众逐渐从技术进步中得到好处。成书于明代的《幼学琼林》中说："人之所需，百工斯为备。但用则各适其用，而名则每异其名"①，"然奇技似无益于人，而百艺则有济于用"②。就是说，奇巧的技能如果于人没有益处，再奇巧也是没有价值的；而百工技艺总有实际的用处，即使无奇巧处，也是有价值的。在这种社会背景下，人们的"重农抑商"的观念也有所转变，对工商业活动中技术的创造和应用采取了较为宽松的态度。黄宗羲对所谓"古圣王崇本抑末之道"作出解释，认为"末"是指"不切于民用"者，如"为佛而货，为巫而货，为倡优而货，为奇技淫巧而货"等等，这些"不切于民用"的可以"一概痛绝之"。但是"世儒不察，以工商为末，妄议抑之。夫工固圣王之所欲来，商又使其愿出于途者，盖皆本也"③。就是说，凡是有利于社会财富增长的生产和流通事业，都是本业；反之，耗损、浪费社会财富的行业则都是末业。由于陋俗、迷信和奢侈，大量浪费社会财富，才是真正的末业，如不"一概痛绝之"，就无法使人民富足起来。这样一种转变，使得"经世致用"的要求不再成为对技术发展的限制，商业与手工业之间的互相促进有助于技术水平的不断提高。

---

① 《幼学琼林·器用》，见陈超译注：《幼学琼林·声律启蒙》，广州出版社 2001 年版，第 146 页。

② 《幼学琼林·技艺》，程登吉：《幼学琼林》，陕西旅游出版社，2004 年版，第 176 页。

③ 黄宗羲：《明夷待访录·财计三》，见《黄宗羲全集》（第一册），浙江古籍出版社 1985 年版，第 41 页。

从现代角度看，历史上"重农抑商"的要求限制了我国古代社会工商业的发展，也牵制了近代化的进程，其负面影响很大，似乎这是传统文化的严重积弊。但在当时的社会条件下，这种选择也有一定程度的合理性。手工业和工场手工业的技术活动在自然经济条件下的稳定存在和发展，虽然不会带来技术产品的批量生产和大规模市场销售，不会促进市场经济的发展，但能够保持技术与其他社会要素之间的基本和谐与同步发展，有助于产品质量的提高和技艺的纯熟。我国古代的政治家们并非都是昏聩之辈。他们的经世导向的技术选择，正是使我国古代技术水平在世界上一度领先，取得许多重大发明创造的前提条件。

四 以道驭术的技术价值观

所谓"以道驭术"，指的是技术应用要受伦理道德规范的制约。只提供经济动力而不加限制和修整，技术的发展就会任意而行。技术应用的后果就会给人类社会生活带来无尽的麻烦。没有伦理道德制约的"术"很可能是"不择手段"，由此会衍生出许多罪孽来。在历史上，无论我国还是西方国家都有用伦理道德规范来制约技术应用的传统。不过，在不同的文化传统中，"道"与"术"的关系有着不同的含义。

我国自古以来称"礼仪之邦"，伦理道德在社会生活中占有举足轻重的地位。在技术应用方面，至迟在春秋战国时期，已经有了相应的比较明确的伦理道德规范。而且儒家、墨家、法家等不同派别各有自己的主张，实际上从不同方面建立了"以道驭术"的思想体系。

儒家的"以道驭术"侧重技术的社会效果。在技术发展上，儒家强调"六府三事"。"六府"为"水火金木土谷"，指的是当时社会生活所需要的基本技术活动，如沟恤、烧荒、冶铸、井田、贵粟之类。"三事"为"正德、利用、厚生"，指的是技术发展的目标，既对国计民生有利，又有道德教化功能①。儒家学派贬斥的"奇技淫巧"，都是指在这些经世致用的"正经"技术之外的东西。查"奇技淫巧"之原意，是指用来迷惑帝王及民众的怪异技巧。如果工匠把技术用于制造这方面的器物。那就不会维护而只能破坏社会生活的稳定，把这类技术作为"奇技淫巧"加

---

① 孙宏安：《中国古代科学教育史略》，辽宁教育出版社 1996 年版，第 291—292 页。

以排斥也不无道理。儒家抨击"奇技淫巧"的目的在于"以道驭术"。如果因而把儒家说成一概反对所有技术的发展，实在是有些冤枉。倘若真的如此，那么在儒家思想长期居正统地位的社会里，怎么可能有"四大发明"和其他一度居世界领先水平的科技成就呢？

与儒家不同，墨家的"以道驭术"侧重工匠自身的品德修养。墨家学派注重以德驭艺，要求门徒学习大禹治水吃苦耐劳栉风沐雨的精神，毫无功名利禄之心，勤生薄死，以赴天下之急①。《庄子》中介绍说，墨子要求"后世之墨者，多以裘褐为衣，以跂蹻为服，日夜不休，以自苦为极。"并说："不能如此，非禹之道也，不足谓墨。"② 在评价技术成就时，墨子主张"利于人谓之巧，不利于人谓之拙。"公输盘（鲁班）造竹木鹊，能在天上飞三日而不下，一般人都以此为巧，墨子却认为这不如制作车辖，因为车辖三寸之木而任五十石之重，对天下人都有利，故所为巧③。"兼利天下"既是墨家的政治主张，也是对技术发展的道德规范。

至于法家，看起来与技术发展没什么关系，但其关于法度的思想对技术发展亦有规范作用。"法"的本意可能来自技术标准。《商君书》上说："先王悬权衡，立尺寸，而至今法之，其分明也。"韩非主张，君王放弃法术而任心治，就是尧、舜也治理不好一个国家。工匠放弃规矩尺寸而凭主观臆测，就是能工巧匠也造不好一个车轮。这不仅是谈治国方略，也是在谈对工艺标准的态度问题。这也是一种"以道驭术"，它强调的是对技术规范的严格要求。

春秋战国之后，我国技术发展中形成了大体稳定的道德规范，这就是要求技术应用利国利民，工匠能吃苦耐劳、严肃认真、尊敬师长、恪守规矩，等等。后世以师徒制传授技艺，大都沿用这一传统。《宋史·职官制》记载，皇家官营作坊的艺徒训练制度为"庀（音"疕"，意为治理）

---

① 梅汝莉、李生荣：《中国科技教育史》，湖南教育出版社1992年版，第88—89页。
② 《庄子·天下》，见陈鼓应注译：《庄子今注今译》，中华书局出版社1983年版，第863页
③ 《墨子·鲁问》，见吴毓江：《墨子校注》，中华书局1993年版，第724页。（关于这段史实，另有一说。据《韩非子·外储说左上》记载，"墨子为木鸢三年而成"，当弟子大赞"先生之巧"时，墨子当时纠正说"不如为车輗之巧也"，因而获得惠子的称颂："墨子大巧，巧为輗，拙为鸢。"见第625页）

其工徒，察其程课、作止劳逸及寒暑早晚之节，视将作匠法，物勒工名，以法式察其良窳（音"禹"，意为懒惰）"①，这反映了"以道驭术"的制度化。我国封建社会长期实行"重本抑末"的政策。按照"士农工商"的等级顺序，工匠、商人都在受压抑排斥之列。东汉王符指出："百工者，所使备器也。器以便事为善，以胶固为上。今工好造雕琢之器，巧伪饰之，以欺民取贿，虽于奸工有利，而国界愈病矣。"② 这种对"奸工"的抨击，显然是从当时的道德观念出发的。"重德轻艺"、"重义轻利"的传统观念，无所不在的伦理氛围，使得"以道驭术"的格局世代沿续，深入人心。

五　以人为本的技术伦理观

技术发展中"人"与"物"的关系，看来是技术体系内部要素之间的关系，实际上这种关系受到技术活动之外的社会文化因素的深刻影响。我国古代技术哲学中，在"人"与"物"的关系上一直强调的是以人为本、重"人"而轻"物"的原则，这种思想传统主要表现在以下两个方面：

其一，重人力而轻物力（即自然力）。我国传统技术绝大多数是靠人力直接操作的。尽管我国在历史上很早就利用了畜力、水力、风力，而且汉代已经把煤用于冶铁，至迟到明代已发明炼焦。比欧洲早一个世纪，石油和天然气也是我国汉代在世界上首先发现的③，然而这些自然力的使用却离不开人力（人的体力）的直接参与。我们的祖先要靠力气来耕地、驾车、撑船、拉风箱、锤打钢铁，与自然力协同来完成手工业水平上的各种劳作。我国古代难得见到大型的动力机械，更没有把煤、石油、天然气用作可以储存、运输和普遍推广的能源。④ 李约瑟曾认为没有中国古代技

---

①　梅汝莉、李生荣：《中国科技教育史》，湖南教育出版社1992年版，第285页。

②　《潜夫论·务本第二》，见彭铎校正：《潜夫论笺校正》，中华书局出版社1985年版，第17页。

③　上海古籍出版社编辑部：《中国文化诗三百题》，上海古籍出版社1987年版，第628—630页。

④　［美］罗伯特·K. G. 坦普尔：《中国：发明和发现的国度》，21世纪出版社1995年版，第150—154页。

术成就，蒸汽机是不可能发明的。因为风箱解决了蒸汽机中双作式阀门问题，而水排提供了直线运动和圆周运动之间的转换设备①。可是为什么发明了水排和风箱的中国人，自己却没有致力予发明蒸汽机呢？尽管古人很早就意识到"善假于物"的重要，然而我们的祖先仍然在大多数领域坚持辛勤的体力劳动，能用人力的地方就尽量不利用物力。直到现代，仍然可以时常见到这种"人海战术"的场面。不能简单地把这种现象归结为中国人口众多。实际上，我国历史上人口并不是稳步增长的。战国时期全国人口曾达到 3000 万，到了三国时期只剩下 1500 万。宋代时人口过亿，明朝初期只剩下 6000 万②。当人口锐减的时候。并没有增强对物力的明显需求，也没有刺激发明大型动力机械的欲望。这里还有社会结构和思想观念上的一些复杂原因，我们在此略作讨论。

《庄子》中曾讲过这样一则寓言故事：一位老人明知有省力的机械而不用，宁愿干看起来费时费力的体力活，他的理由是"有机械者必有机事，有机事者必有机心。机心存于胸中，则纯白不备；纯白不备，即神生不定；神生不定者，道之所不载也。吾非不知，羞而不为也。"③ 这则故事里的老人明知有省力的机械而不用，宁愿干看起来费时费力的"傻事"，是担心使用机械而使人失去心地纯洁。这种观念的影响其实是相当深远的。在千百年来以体力劳动为主的自然经济环境中，人力的劳作不仅被看作生活的根本，也被看作纯化心灵的一种手段。因此，能用人力的地方就不用物力，包含着一种使民风淳朴的考虑。此外，在自然经济环境中，人力本身在大多数情况下不是商品，而利用物力一般需要进行商品交换。在我国古代的大型水利和建筑工程项目中，所用民工大都以服徭役的方式征集，这是农民向官府付出的无偿劳动。如果不用人力而改用大型动力机械，官府势必要另支付一笔巨额费用。再者，即使古代人们想去发明可取代人力的大型动力机械，也存在难以逾越的障碍。尽管我国古代曾有过工匠传统与学者传统结合得较好的时期，墨子就是这方面的一个典型。但墨学中绝之后，儒家的正统地位造成了工匠传统与学者传统的严重分

---

① 李约瑟：《李约瑟文集》，辽宁科学技术出版社 1986 年版，第 929—938 页。
② 中国社会调查所：《中国国情报告》，辽宁人民出版社 1990 年版，第 261—265 页。
③ 《庄子·天地》，见陈鼓应注译：《庄子今注今译》，中华书局出版社 1983 年版，第 318 页。

离。工匠们文化知识水平很低，难以掌握系统的理论知识。他们的社会地位又很低，经济上较贫困，没有力量从事有关大型动力机械的发明创造。像蒸汽机、电动机这样的大型动力机械只能是工业革命时代的产物，在自然经济条件下不存在使它们出现的社会环境。

其二，重技巧而轻工具（包括设备）。这是重"人"的技术的又一主要思想特征。我国历史上记载的"能工巧匠"，主要是由于他们的精湛技艺为人们称道，难得见到对他们使用的工具性能如何优良的记载。当然，最先发明各种工具的人在古史中都被当作"圣人"，如传说神农制耒耜、亻垂作规矩准绳等等。可能正是由于工具的发明被罩上一层圣人的"光环"，所以后人轻易不敢改动，即所谓"知者创物，巧者述之守之，世谓之工"。① 这就造成了一种奇怪现象：当生产和生活中急需发明某种从未有过的器具时，我们的祖先表现出极高的智慧和创造热情，很多举世闻名的发明创造都是这样来的。然而当某种器具一旦发明创造出来，后人就代代因袭制作，很少有大的改观，这种状况可以持续上千年。如带犁壁的铁犁、马的颈圈挽具、船上的平衡舵等等，都是领先欧洲人上千年的发明。② 但这些东西在出现后的一、两千年间却少有变化。很难说这种现象产生的原因只是人们因循守旧，没有改进工具的激情和需要。这里可能还有些更深层的思想观念在起作用。

由于我国传统技术发展中不大注意改进工具，但对人的聪明技巧十分重视，久而久之形成了一种根深蒂固的信念：能在简陋的条件下，用简单的工具造出精美的产品，或解决复杂的技术问题，才是真有本事！这里就要求人们在提高自身技能和积累经验、诀窍上下更多的功夫。这种导向使人们把聪明才智更多地用于发掘自身的生理和思维潜能上，从而在手工业和工场手工业水平上把技巧发挥到几乎尽善尽美的地步。更重要的是，由于重技巧而轻工具，工具也往往随技巧一起成为具有私人性质的东西。在现代技术中，最好使的工具一般是未用过的崭新工具。而在我国传统技术中，最好使的工具应该是用过一段时间后得心应手的工具。这固然有助于

---

① 关增建等译注：《考工记　翻译与评注》，上海交通大学出版社 2014 年版，第 3 页。

② ［美］罗伯特·K. G. 坦普尔：《中国：发明和发现的国度》，21 世纪出版社 1995 年，第 29—39，373 页。

个人技能的充分发挥，但却大大限制了工具性能的改进。我国传统机械和工具多为木料和少量金属构件组成，尽管比较轻便，但功率和性能难以提高。由于缺乏专业的定型化的工具和机械制造业，标准化程度不高，机械加工的精度和能力也大受限制，从而堵塞了由手工业和工场手工业向大机器工业转化的途径。

六　由技悟道的技术认识论

我国传统技术发展的认识论特征在于强调直观体悟，其技术知识存在形态可分为显性知识和隐性知识两类，前者能够用语言文字明确加以表达，后者往往"可意会而难以言传"，必须靠领悟才能把握。在我国传统技术发展中，技术知识的表达和领悟不是截然对立的。前者是后者的外化，后者是前者的内化，两者共同构成技术知识的整体存在。

我国传统技术中显形知识的存在形态，主要是自古以来流传下来的各种技术典籍上的记载，见《考工记》、《天工开物》等著述。还有些知识散见于各种其他文献之中。像《宣和奉使高丽图经》、《梦溪笔谈》等著作中，都有程度不同的技术知识记录。这些显形技术知识中有一些是对技术原理的理解和说明，有一些是对制作方法的描述。这些技术知识成为工匠们掌握技术原理和操作规范的思想基础。此外，我国古代技术典籍和相关著作中也存在不少关于隐性技术知识的间接介绍，给人们了解和把握隐性技术知识的存在形态提供了线索。这些间接介绍是用语言文字表述的，因而具有显性特征，然而介绍的内容是用于引导人们领悟隐形技术知识的，因而又起到由"显"入"隐"的中介作用。我国传统技术体系中对隐性知识的理解和把握，是在"道""技"关系基础上展开的，具备一定"悟"的特征。这样一种特点具有中国文化特色，是其他国家的技术知识体系极少见到的。

技术知识的领悟是技术认知主体的自觉学习过程，这是一个依靠直观体验循序渐进的复杂过程。技术知识的领悟大体上要经历三个阶段：

其一是模仿阶段。在这个阶段，技术知识的学习者要认真模仿学习对象的操作，或者模仿先进产品的技术特征。古人所谓"学习"，"学"就是模仿，"习"就是操练。"习"的繁体字为"習"，愿意为小鹰展翅练习飞翔，是实践层面的活动。模仿他人的行为，自己反复演练，觉得逐渐开窍，很有心得，自然高兴，所以孔子才说：　"学而时习之，不亦悦乎？"。

其二是调整阶段。模仿他人的行为，可能做到"形似"，但未必"神似"，未必完全领会其中的诀窍和要领，所以学习者自己会感到许多矛盾和困惑，需要不断调整。最初的模仿可能只是大致的整体模拟，未注意细节，待后来发现问题时才细细观察，看出其中"门道"。

其三是会通阶段。"会通"即"融会贯通"之意，即把模仿来的动作行为和自己以往的知识技能相结合，使之成为自己的知识技能体系的有机组成部分。这里的关键环节是找到学来的知识与自己以往知识技能的相通之处。高明的工匠往往能博采众家之长，吸收国内外先进产品的结构、样式、特性，形成自己的技术风格，这是融会贯通的结果。技术知识的会通也被称为"内化"，即化为自身难以觉察的知识和技能，进入"自然无为"的境界。这是技术知识领悟的较高层次。

其四是创造阶段。其表现形式是有新的技术发明，超越了最初模仿的对象。这需要在长期技术知识积累的基础上，对技术原理有所领悟，同时有捕捉灵感和发展创意的能力。明末徐光启提出"会通以求超胜"的主张，反映了这一基本思路。

我国古代的技术知识，绝大部分是"悟"出来的。唐宋时代技术成就之所以能够在当时世界上居领先水平，在一定程度上正是由于我国传统文化中领悟水平很高。技术引进的消化吸收和技术发明的不断涌现，主要靠技术知识的领悟。

在技术知识的传授上，大体也包含显性技术知识的传授和隐性技术知识的传授两个方面。前者以文字记载形式世代传承，其中对技术原理的解释和说明，虽然言简意赅，但比较形象，有助于工匠们的自学。如《荀子·劝学》篇提到，"木直中绳，𫐓以为轮，其曲中规，虽有槁暴，不复挺也，𫐓使之然也"。即笔直的木料经人工弯曲制成圆形的轮子后，虽至干枯也不会重新变直。而与显性技术知识传授相比，隐性技术知识的传授更为复杂。我国传统的隐性技术知识主要靠师徒制传授。徒弟向师傅学习技能和知识，主要靠师傅在实践中的言传身教。师徒传艺并非只在口头上讲"不快不慢"、"不松不紧"、"不凉不热"，而是要通过亲身示范，加上被传授者的用心领悟和亲身实践，才能实现两者体验上的沟通，逐步将学来的规则要点同个人的生理和心理特征有机地结合在一起。并且隐性技术知识的传授除了有师徒之间面对面的交流之外，也有许多工匠之间的技艺切磋和相互启发。我国历代工匠由于社会地位不高，文化程度普遍较低，缺少与学者相互交流和结合的传统（墨子及其门徒是一个例外）。可是工匠的群体劳动并不少见，这为隐性技术知识的交流和传授创造了条件。

此外，隐性技术知识不能完全等同于"道"，人们的许多技能技巧还没有达到"道"的层次，但其传授也需要采用类似"传道"那样的"取象比类"方式，在本章第二节将对"取象比类"进行系统阐释。在具体的技术知识传授过程中，如何选择适当的"取象比类"，是一种技巧。"取象比类"的本质是以"象"说"象"，使人们由对身边熟悉的"象"的体悟，过渡到对比较陌生的"象"的体悟。善于传授隐性知识的杰出工匠需要因材施教，充分利用身边的各种事例来"取象比类"，使学徒举一反三、触类旁通，实现技术体验和诀窍的传递和交流。

七 圆融中和的技术操作观

中国文化背景的技术操作，涉及技能与工具的关系、人力与自然力关系、技术目的和手段的关系。这是技术体系内部各要素之间的关系问题，但对技术体系之外的相关社会生活领域有深刻的影响。我国传统文化注重圆融中和的思想特征，在这一领域有显著的表现，对于协调技术体系内部各要素的关系有重要的价值。

技能与工具的关系是技术哲学基本理论问题之一，国内外许多学者对此有过专门研究。我国传统技术在工具发明方面有明显优势，但在对待工具的态度上存在着矛盾心态。如前文所述，当生产和生活中急需发明某种从未有过的器具时，我国古人表现出极大的创造热情和智慧。然而当某种器具一旦发明创造出来，后人就代代因袭制作，很久没有大的改进。不仅如此，虽然人们从心里喜欢先进的工具，但在评价技术活动时却尽量不突出工具的独立价值，而是将个人技能置于更显要的地位。

我国自古以来对技巧的推崇，是一种思维导向，它使人们把聪明才智更多地用于发掘自身的生理和思维潜能上，从而在手工业和工场手工业水平上把技巧发挥到几乎尽善尽美的地步。我国农民靠简单的农具，在有限的土地上精耕细作，在汉代就达到了在世界上遥遥领先的水平。坦普尔指出："可以毫不夸张地说，中国当时处在今天美国与西欧的地位，而欧洲当时却处在今天摩洛哥这类国家的地位。公元 18 世纪以前欧洲原始的毫无希望的农业无法同公元前 4 世纪以后中国的出色的先进的农业相比。"①

随着近现代技术的传入，个人技能在技术活动中的价值逐渐下降，在自动化生产中近乎为零。但在某些技术领域，对技能的推崇心态仍然顽强地存在着。技能高超的工匠制作的传统手工艺产品仍然价值不菲。一些需要直接靠工人手动操作的机器运转调试和维修，仍然需要充分发挥技能的作用。但是需要认识到，近现代技术体系中已经没有纯粹的生理技能发挥作用的余地。操作者的技能必须与现代的工具、机器充分耦合，才能发挥其应有作用。

在人力与自然力关系方面，我国传统技术比较注重利用人的体力和智力，但也并非完全忽视对自然力的开发利用。春秋时期我国工匠已发明桔槔，利用杠杆原理提水。战国时已能制造出精美的马车，并且有了较实用的马用挽具，有了便于乘骑的马鞍和马镫。公元 31 年，东汉杜诗发明用水排鼓风炼铁，比欧洲类似机械早约 1200 年。但总体而言，我国传统技术中还是较为重视人力而轻视开发自然力的这种情况，甚至延续到至今，因而知识经济时代来临时，暴露了我国在处理人力与自然力的关系上，没有及时适应现代技术发展趋势，调整发展战略，下大气力培养出大批优秀技术人才（包括技术专家和工人）。我们可能要在人力资源一方面明显过剩，而另一方面又严重不足的状态下进入知识经济时代。人力与自然力的合理匹配是社会生活正常发展的必要前提。在考虑传统产业结构和技术发展模式时，必然兼顾各种社会需求，建立人力与自然力协调发展机制。

此外，技术操作观中技术目的与手段的关系问题，是技术体系中更高层次的问题。技术目的是由人来确定的，它决定了技术的发展方向和用途，而技术手段是为实现技术目的服务的。技术目的和技术手段是技术体系中的价值要素。无论技能还是工具，都因其作为技术手段而具有价值属性，为技术目的所引导。

---

① ［美］罗伯特·K.G. 坦普尔：《中国：发明和发现的国度》，21 世纪出版社 1995 年版，第 33 页。

　　按照陈昌曙教授的观点，社会需求规定了技术发展的方向，向技术提出了应满足的要求，从而产生技术目的。在一定的技术手段可以为技术目的提供条件的情况下，技术目的得以实现。与此同时，解决新技术目的与原有技术手段的矛盾，要求有新的、功能更优越的技术手段，这时改进和创造技术手段又成为技术活动的目的，从而促进技术进步。重要的是技术目的合理、可行，技术手段完善、有效，并有适宜的环境条件。①

　　从"道""技"关系角度看，技术目的的确定需要认真思考和慎重对待。如果仅从经济角度考虑，技术目的的确定只具有功利价值。如果从为使用者提供方便，使之更为舒适的角度考虑，技术目的的确定往往同享乐安逸联系在一起，需要有伦理方面的一些限制。合理的、最优的技术目的，应该充分考虑"大道"视野中的各种关系，包括操作者与工具的和谐、技术操作者身心活动的和谐、技术应用中人际关系的和谐、技术活动与社会的和谐、技术活动与自然的和谐。按照这一要求，合理的、最优的技术目的应该是客观存在的，在一定意义上是"原型先蕴"的。但人们对合理的、最优的技术目的的选择是一个摸索的过程，在很大程度上是"领悟"的过程。有了合理的、最优的技术目的选择机制，技术目的与手段之间就可以实现良性的互动关系，否则就会出现狭隘的技术目的与被滥用的技术手段。

　　传统技术中目的和手段基本上是一致的，因为作为技术手段的工具在使用时服从明确目的，具有专用性，很少出现跨行业滥用工具的情形。近现代技术体系中的机器是工具组成的复杂系统。机器的功能由技术开发商确定，而由使用者整体购买。企业是技术创新的主体，而企业开发技术产品的目的是追求利润最大化，因此技术开发商的技术目的会有别于技术使用者的技术目的。这就可能造成技术目的与手段的恶性互动。

　　技术目的与手段的互动，需要及时调节，这一过程不仅要同外界的技术评估紧密结合，也要充分发挥技术体系内部管理环节的作用。技术目的的实现和技术手段的选择，需要在技术设计者、操作者和管理者之间实现有效协同。技术目的和手段之间的合理的、最优的关系，以及技术设计者、操作者和管理者之间有效协同的最佳模式，作为"技"中之"道"，

---

　　①　陈昌曙：《技术哲学引论》，科学出版社 1999 年版，第 139 页。

是客观存在的，但需要人们努力去摸索，不断趋近。可是现代技术目的与手段的令人眼花缭乱的频繁变化，以及技术设计者、操作者和管理者之间错综复杂的博弈关系，常常使人忽略了"技"中之"道"的存在，随波逐流，因而才带来层出不穷的麻烦。德国哲学家波塞尔曾经谈到，按照传统的理解，技术是为已有的目的寻找并提供合适的手段和工具，而我们现在是为已经存在的手段或工具寻找目的（或用途），他认为这是现代技术提供了自由的潜在可能。① 实际上，利用这种"自由的潜在可能"的动因是急功近利的商业目的和不择手段的技术应用，而这种现象的出现正是技术应用摆脱了"道"的引导和约束的结果。

八 大道无形的技术管理观

在我国传统技术发展中，强调有机管理思想，即将人、技术、社会、自然看成一个有机体系，注意协调这一体系中各要素之间的有机联系。不少学者和企业家曾谈到"中国式管理"的特征在于"无为而治"，强调以道家的思想原则指导企业的技术管理。但落实到操作层面，往往仁者见仁，智者见智。从"道""技"关系出发看待技术管理，关键在于寻找管理模式与相关技术要素之间合理的、最优的契合关系，以无形的"大道"引导技术的顺利发展。

在我国古代有关政治、经济、社会生活和生产实践的大量典籍中，蕴含着极为丰富的有机管理思想和具体的管理原则，值得发掘和整理。其中《老子》一书中提出的"无为而治"的观念，是有机管理的思想基础。

人们对"无为而治"的管理时常有一种误解，以为"无为而治"就是什么也不做，不干预下属的工作，任其自然发展，就会达到理想的状态。这其实是不可能的。"无为而治"其实是依"道"而治。要达到"无为而治"的境界，必须有一些先决条件，才可能达到预期的目标。"无为而治"的先决条件主要体现在以下几方面：

其一，管理对象能够按照规章制度自动做应做之事，即"无为而治"的对象必须本身能够"有为"。对无机事物及其管理是不可能"无为而

---

① ［德］汉斯·波赛尔：《技术哲学的前景》，见《工程·技术·哲学——中国技术哲学研究年鉴》2002年卷，大连理工大学出版社2003年版，第227页。

治"的。"无为而治"就是以潜移默化的方式引导有机事物按自然本性生化发展，使其自动去作应作之事。《老子》中强调"圣人处无为之事，行不言之教"，"善行无辙迹"，"我无为，而民自化"，①这里提到的"无为"显然都是手段，而目的仍然是有所作为，使民自化，达到"善行"的效果。

其二，管理对象能够按照共同理念自动调整自己的行为。共同理念是技术共同体按照共同的目标、理想、信念、价值观确定的思想方法体系。管理对象在技术共同体中的位置不同、作用不同、能力不同，但能够在自己的位置上尽其所能，与其他成员充分配合，在互动中产生系统的整体效应。

其三，管理对象有足够的发展空间，使个人利益同群体利益有机地统一起来。对有机事物的管理，需要考虑到有机事物自身的生命力，留给被管理者充分的生长空间，使其自生自化。《老子》中强调"有生于无"，正是看到了"无"中所蕴含的巨大的发展空间和创造潜力。

对于从"无为"向"有为"的转化而言，从技术管理角度看，"有为"是人为规定的管理程序，"无为"是合乎有机事物自然本性和规律的程序。从"有为"向"无为"也就是使人为的管理程序合于自然的程序的过程。这意味着使人们的管理实际与有机事物自然的生成演化程序逐渐同步，这就是合于"道"，就能够达到运用自如的境界。要促进有为向无为的转化，应该注意贯彻两个较为具体的思想原则。

其一是适度调控原则。我国传统技术管理中的"适度调控"，主要指调节技术活动中各种因素的有机联系，使之有一种分寸感，不强求、不过分、不奢望，保持有机体系的动态稳定。有机管理的目的之一，在于使有机事物各部分之间协调动作，保持动态稳定，防止物极而反的倾向。《老子》中对这一点给予了充分的关注。"挫其锐，解其纷；和其光，同其尘"，是很典型的有机管理的调控措施。"功遂身退"、"知止不殆"、"为而不恃，长而不宰"、"多言数穷，不如守中"，都是在强调适度，强调一种分寸感。

---

① 《老子》（第二章，二十七章，五十七章），见汤漳平、王朝华译注：《老子》，中华书局出版社 2014 年版，第 8，104，231 页。

其二是"相反相成"的原则。相反相成是有机管理中可以采取的特殊手段，这一管理手段在一定的条件下才能采用并且取得预期效果。一般说来，只有当被管理对象的有机事物自身存在物极必反的可能性，那么管理者采取与目的看似相反的措施，才会达到预期的"正"的效果。《老子》中所说"将欲歙之，必固张之；将欲弱之，必固强之；将欲废之，必固兴之；将欲取之，必固与之"，就是针对这种情况而言的。《老子》中还强调很多事物发展到极点，都存在相反相成的关系，这是作为管理者主体自身也应该清醒加以认识的，如"上德若谷，大白若辱，广德若不足，建德若偷，质真若渝"、"弱之胜强，柔之胜刚，天下莫不知，莫能行"，等等。①

"无为之治"是使管理隐蔽化，使被管理者意识不到，并非放任自流。在无形之中有引导，有规约。不过这些引导和规约不是以管理的有形方式出现的。"无为而治"体现的是"不是管理的管理"。换言之、其他意义上的"有为"活动实际上起到了管理意义上的"无为"的效果。另外对管理者而言，要保证有机管理的顺利进行，管理者本人的心态是十分重要的。如果管理者能够管住自己的心态，适时加以调控，就会通过有机联系影响被管理者，使之按照管理者预期的方向发展。《老子》中强调"无欲"、"无私"、"不争"、"守信"、"致虚极，守静笃"、"不自见、不自是、不自矜"，这些正是管理者应具备的基本素质。一个好的管理者要把握有机管理之道，必须从庸俗见解中摆脱出来，清醒地认识自己，认识他人。

由于我国古代技术活动的管理过程缺乏详细记载，有机管理的具体史料还不够充分，有待进一步挖掘。传统技术的有机管理活动毕竟已成过去，然而有机管理的思想原则至今还有其生命力。特别是对于现代技术活动中的智力资源管理，有着非常重要的启发意义。

第二节　中国传统文化背景的科技思维方式

一　"心的思维"

中国古代科技史上有一个奇怪的现象，就是长期认为心主思维。孟子

---

① 《老子》（第三十六章，四十一章，七十八章），见汤漳平、王朝华译注：《老子》，中华书局出版社 2014 年版，第 135，158，294 页。

认为"心之官则思",《墨经》上说"循所闻而得其意,心之察也"。直到清代,王清任才在《医林改错》中指出:"灵机记性不在心在脑"。然而,即使到了现代,在中国人日常语言中,仍保留着许多相信心主思维的痕迹,如"用心学习"、"用心想一想"等等。中国古代科技思维方式(甚至可以说整个思维方式)本身确实就是一种"心的思维",它是在中国传统文化环境中形成的,具有一些不同于脑的思维的特征[①]。

很多学者都曾谈到中国传统思维方式具有直观性。从逻辑思维的认知模式看,很难理解直观如何获得真知。实际上,直观正是心的思维形式,其实质是通过心智体验来寻找外物与人之身心活动的对应关系,进而把握人自身和宇宙万物。认知活动总需要有一个参照物,或者说认知背景。脑的思维具有较强分析能力,适于把认识主体和客体区分开来,把对象化的客观事物作为认知活动的参照物。而心的思维则以人自己的身心活动作为参照物,寻求心与外物贯通,其认识主体和客体并不彻底分化,相反却处于不断联系和相互渗透之中。

如果这样来理解心的思维,那么,中国科技史上的很多现象就可以得到一种新的合理解释。为什么在中国很早就出现了"有机自然观"呢?为什么"天人合一"、"天人感应"的观念在中国传统文化中具有非常大的影响呢?为什么古代中国人会接受"天意"、"天理"、"天命"之类说法呢?这都是由于以人的身心活动作为参照物来认识万物的缘故。《礼记》说:"故人者,天地之心也,五行之端也"[②]。《易经》称"乾为首,坤为腹",是很典型的例子。为什么"精气说"、"元气说"会成为中国古代物质构成学说的主流呢?这正是由于"精气"、"元气"本身就是人的身心活动中极重要的因素。"凡物之精,此则为生。下生五谷,上为列星,流于天地之间,谓之鬼神,藏于胸中,谓之圣人。"[③] "万物负阴而抱阳,冲气以为和。"[④] 李约瑟很称赞中国古代科学思想中主张协调、秩序

---

① 从神经生理学角度看:"心的思维"大体上相当于大脑右半球的思维以及受间脑、网状结构等影响的思维活动。而"脑的思维"则以大脑左半球的思维活动为主。

② 《礼记·礼运第九》,见王文锦译解:《礼记译解》,中华书局出版社2001年版,第300页。

③ 《管子·内业》,见李山译注:《管子》,中华书局出版社2009年版,第263页。

④ 《老子》(第四十二章),见汤漳平、王朝华译注:《老子》,中华书局出版社2014年版,第165页。

和有机联系的观念，而协调、秩序和有机联系正是人的身心活动所必须具备的，心的思维使人的身心活动特征自觉或不自觉地成为衡量宇宙万物相互关系的准则。当然，这并不是说，中国古代科技史上的成果都是靠直接体验获得的。但即使是经过一定的逻辑推理和科学实验所获得的成果，总体上也没有超出感官、经验和心的思维的框架所能接受的范围。及至近现代，一些超出人们直观经验的科学成果仍会受到心的思维的潜在的排斥，如过去曾有过的对数理逻辑、公理化方法等的"批判"。

从根本上说，由于心的思维以人的身心活动作为参照物，因而在深入认识非生命的物质运动的规律性方面，必然存在局限性。要寻找超限数、波粒"二象性"、化学键与人的身心活动的某种对应关系，显然是荒唐的。当然，在涉及人的身心活动的领域，在协调人与自然关系方面，心的思维仍然是有价值的。即使是在远离人的身心活动的物的领域，心的思维仍具有某种认识论和方法论价值，因为它有助于弥补脑的思维中过度分析的倾向。

二 "象"与"象思维"

有关"象"与"象思维"的研究，是中国传统思维方式研究中的一项重要突破。"象思维"的思维器官即中国传统文化中所谓的"心"。"心"通过直观体验将"象"分为不同层次结构，通过取象比类揭示"象"与"象的关系"，从而使"象思维"成为对"象"的关系网络的整体把握。

1. "心"与"象"的关系

中国传统思维中的"象"不能像概念那样给出定义。中国人认知活动中接触到各种各样的"象"，包括人的面象、声象，自然界的天象、物象，社会生活和精神生活中的景象、意象以及思维领域的卦象等等，都是人们整体识别和直观体验的结果。

"心"与"象"有着非常密切的联系。"象"要用"心"来把握，"心"要以"象"为认知对象。张载讲"由象识心，徇象丧心。知象者心"。[①] 这是对"心"与"象"关系的典型概括。所谓"心主思维"理所

---

① 张载：《正蒙·大心》，见王夫之：《张子正蒙注》，中华书局出版社 1975 年版，第 123 页。

当然应该是指"象思维",只不过前者强调思维器官而后者强调思维对象而已。人的大脑分左、右两个半球。大脑左半球(也称左脑)主要担负语言、计算、分析、逻辑推理等活动,大脑右半球(也称右脑)主要担负空间把握、艺术欣赏、想象、直觉等活动。概念思维主要是左脑的任务。而"象思维"以整体识别和直观体验为特征,这恰好是右脑思维活动的特点①。另外,"象思维"中情感因素起很大作用、直接影响思维指向和效率。而"象思维"则与大脑中右脑和边缘系统这些"非左脑"部分直接相关。中国传统文化中所谓的"心",从思维形态上看主要是指右脑和边缘系统这些"非左脑"部分,当然也包括同左脑的有机联系。

2."象思维"的层次结构

根据"象"的不同抽象程度,可以将各种"象"大体划分为若干层次:

第一个层次是物态之象,它包括中医"四诊"(望、闻、问、切)所观察之象,也包括自然界的天象、气象、各种景物之象,以及社会生活中风土人情等等。总之,一切可直接感知的、有形的实物之象,均属这一层次;第二个层次是属性之象,它是从各种物态之象中抽象出来的事物某一方面属性体现。这里又可分为两种情况,一种是动态属性之象,常称之为各种各样的"气",因为"气"之"象"无形而健动,可感知却又非实体,正适于表现动态属性之象;另一种是静态属性之象,常称之为各种各样的"性",因为它们相对稳定且适于通过深入体验来把握;第三个层次是本原之象,它反映各种属性之象的内在联系,揭示事物的本质属性。本原之象亦可称作"意象"。"意"可作多种理解。一为"意向",即心之所向。如董仲舒所云:"心之所之谓意"②。二为"意思",即蕴含在言语之中的事物的本质属性或特征。《易传》上讲:"书不尽言,言不尽意,……子曰:圣人立象以尽意"③。三为"意境",即蕴含在文学艺术形

---

① 脑科学研究表明,左右脑的生理结构和功能之间有明显对应关系。左脑许多功能非常清楚地同一定区域联系着,这些区域都很好地互相隔离。右脑的局部划分不很清晰,半球的宽阔区域都参加完成任何一种行动。参加执行严格限定任务的神经元在此扩散得很厉害,而且同从事其它工作的神经元混杂。参阅谢尔盖耶夫《智慧的探索》,三联书店1987年版,第253—254页。

② 董仲舒:《春秋繁露·循天之道》,见阎丽:《董子春秋繁露译注》,黑龙江人民出版社,第294页。

③ 《易传·系辞上》,见黄寿祺、张善文撰:《周易译注》,上海古籍出版社2012年版,第341页。

象之中的思维境界或内在哲理；第四个层次是规律之象，它反映事物的各种本质属性之间的种种必然联系，因而可以成为推断事物发展趋势的根据。规律之象亦可称为"道象"。事物的单个属性或本质属性都不能称为规律之象或"道象"，本质属性之间的联系或确定关系才是"道象"。

将各种"象"划分为以上几个层次，有助于理清各种"象"之间的关系。由于人们的社会需求、知识背景和抽象能力不同，对"象的"抽象层次和结构的把握和领会也是不同的，这就相应地决定"象思维"的不同层次结构。

3. "象"的把握与说明

"象"的把握与说明的基本思维途径和方法，是中国传统思维中相当普遍地存在着的"取象比类"。

"取象比类"是"象思维"的一种形式。中国传统思维中有大量取象比类的实例，如老子讲"上善若水"，孙武讲"兵形象水"，《内经》上讲"春脉如弦；夏脉如钩；秋脉如浮；冬脉如营"① 等等，都是很典型的取象比类，其目的在于通过适当的比喻，表达对事物的某种"象"尤其是某种抽象的本质属性的体验和理解。但是，比喻并非都是"取象比类"。作为一种修辞手法，比喻可以有夸张的成分，如"燕山雪大如席"；可以有渲染的成分，可以说"如诗如画"，"如诉如泣"，可以有隐喻、借喻多种形式。"取象比类"仅指表达对各种"象"的体验和理解的比喻。

王树人、喻柏林二位先生指出，要想唤醒并进入"象思维"，必须锻炼中止概念思维的功夫，这就是道家所谓"体道"，禅宗所谓"开悟"。② 实际上，"体道"或"开悟"正是取象比类获得最佳效果的思维状态。人们对外部世界的直观体验，许多时候是一个无意识积累过程。随着对各种"象"的理解逐渐丰富和完善，"象"与"象"的关系逐渐成为多层次多结构的网络。一旦某个精巧的比喻找到了，足以准确说明"象"的特征及其关系，"象"的关系网络就会豁然贯通，人们心中就会有顿悟之感，

① 《素问·玉机真藏》，见南京中医药大学编著：《黄帝内经素问译释》，上海科学技术出版社 2009 年版，第 189—192 页。

② 王、喻二位先生在这方面的成果，可见《论"象"与"象思维"》（《中国社会科学》1998 年第 4 期）、《"易之象"论纲》（《开放时代》1998 年第 2 期）、《传统智慧再发现》（上、下卷），作家出版社 1996 年版，等等。

以往的困惑随之一扫而光。朱熹在解释："格物致知"时说："是以大学始教，必使学者即凡天下之物，莫不因其已知之理而益穷之，以求至乎其极。至于用力之久，而一旦豁然贯通焉，则众物之表里精粗无不到，而吾心之全体大用无不明矣"①，说的正是这样的一种境界。

三 "元气"型思维

在科学思想史上，古代中国的"元气说"是影响极为深远的学说，它代表了中国传统的科学思维类型的基本特点。中国的"元气"型思维在先秦时期就有萌芽，到了汉代才发展成较系统的"元气说"。"元气说"认为混沌、无形的"元气"是宇宙万物的本原。与"元气说"属同一思维类型的还有东方其他一些学说，如"精气说"认为"凡物之精，比则为生。下生五谷，上为烈星。"②道家的"道"，佛教的"空"、"无"，等等，都具有一种无形无体而又连续流变的性质。"元气"型思维注重事物的相互联系和整体性质。它把共性作为基点，在事物的相互联系和转化中理解个性。独立的、确定无移的个性，在这种思想背景上是无法留存的。

"元气说"的产生也与当时社会生活各方面思想特征有内在联系。古代中国辽阔平坦的冲积平原地貌，封建制大一统国家的形成，农业经济的发达，注意伦理和人际关系的哲学传统等等，都有可能成为促使"元气说"产生和发展的因素。

"元气说"对古代中国自然科学发展的直接影响，主要体现在某些传统科学成果上，比如中医、气功等。作为中医基础的经络就是人体内气的通道，针灸的刺激有助于这些气的通道畅通。中医经典著作用阴阳五行学说解释生理、病因和病理，从人与自然协调一致的角度进行诊疗，并发展成为相当完善的理论体系。至于气功，它完全是"元气说"技术化的产物（印度的"瑜伽"也有类似特点）。现在有些人力图在西方科学基础上阐释气功、瑜伽等现象，虽然能说明一定问题，但看来很难完全解释清楚。因为气功、瑜伽就其思想基础而言完全是东方化的，只有在东西方科学思想的比较和有机结合的基础上进行探讨，才有希望取得认识上的

---

① 朱熹：《四书章句集注》，中华书局出版社 2011 年版，第 8 页。
② 葛荣晋：《中国哲学范畴史》，黑龙江人民出版社 1987 年版，第 7—8 页。

突破。

在西方近代科学发展的同时，受"元气"型思维的影响，东方的传统科学发展也逐渐接近自己的极限。由于缺乏演绎和分析的能力，"元气"型思维只能长久停留在直观顿悟的水平上，依靠经验积累和传授缓慢向前发展。因此，近代中国的农艺、工艺、算法、历法等方面科学成就尽管曾一度领先，却因速度较慢而逐渐落后于西方。气功的力量最终未能抵住西方入侵者火炮的轰击。西方科学传入东方后，居然在绝大多数领域完全取代了东方传统科学的地位，这种历史现象是值得深入研究的。为什么"元气"型思维此时显得这样软弱无力呢？为什么东方传统科学在其昌盛时期也未能取代西方科学的地位呢？原因或许在于"元气"这一类无形无体，连续流变的东西缺乏稳定的内在结构，太难把握，致使"元气"型思维在发展和传播速度上都落后于西方的"原子"型思维。"元气"型思维与人的内心世界关系密切，习惯于定性的相对的思辨，缺乏丰富、深刻的数理观念，对自然规律关注不够，这些特点都会削弱"元气"型思维的理论竞争力。当然，"元气"型思维的同化能力和适应能力还是相当强的。尽管东方传统科学在许多方面未能继续发展，但"元气"型思维直到现代仍然有强大的影响。

四　中国古代科技思维的价值取向

思维方式研究涉及价值取向的问题。中国古代科技思维方式的价值取向是使科技成果变为各种各样的"术"。中国传统文化中对"术"的偏好，可见于对各种文化研究成果的称谓之中。如权术、方术、武术、医术、技术、星占术，等等。中国古代科学技术中的具体成果，也往往被称为各种"术"，如大衍求一术、天元术、印刷术、齐民要术等等。《天工开物》、《梦溪笔谈》一类著作实际上是各种"术"的大量汇集。中国古代科学技术发展中轻理论重技术的倾向背后不仅有潜在的传统文化的观念影响，同时也存在着造成这种倾向的思维方式的影响。

"术的标准"是"心的思维"的必然产物。由于心的思维寻求心与外物的贯通，因而在利用外物时，仍需适应人的身心活动的特点。当科学技术成果化为各种"术"之后，很便于人们直接体验、理解和掌握。"术"一般都有明显的可操作性，使人们容易把握其程序，练习其动作。经过反复练习熟练掌握某种"术"以后，可以逐渐达到"物我合一"的境界。"术"的运用是在心的思维指导下进行的，是"心"之所用。西方的科学技术运用，有时不大考虑人的身心活动特点，对人身心活动的潜能也估计不足。而中国古代科学技术在这方面却有明显优势。

"术的标准"还与"象"有密切的关系。对"术"的把握不是一两次可以完成的。对有关的"象"及其关系体验越深，对"术"的把握就越精湛。个人的经验在"术"的运用中起着十分重要的作用。这种特征极大地妨碍了技术成果的普遍推广。中国古代在很多技术领城都有过辉煌成就。但是，由个人精心钻研获得的技术成果居多，很多高超的技术是靠师徒相传保留下来的。"高技术"的私人性和体验性使得技术的发展始终以人的身心活动为中心，对于超出感官和经验的把握能力的事情不感兴趣。火药发明之后，中国古战场上仍以战术和武术的较量为中心，极少有人关心武器的改进。在冶炼、建筑、纺织农耕等领域，以人的身心活动为中心的工艺技巧曾发展到相当先进的水平，但却始终未能跨越以手工劳动为主的阶段。这些事物中都有"象的逻辑"的作用。因为根据象的逻辑，值得称道和发展的"术"应该是体验型的，并且能与整个社会生活协调一致。如果某种技术成果超出感官和体验所及的范围，且有"搅乱人心"，引起社会其他方面不和谐的可能，那么它再好也是不足取的。近代科学技术在中国的发展，曾受到传统文化的潜在制约，其中就包含着传统的"术的标准"与近代科学技术观念的思想冲突。

第三节　中国传统技术思想与技术现代化

一　西方近现代技术在中国的引进与发展历程

西方近现代技术在中国的引进和发展，是在中西文化交融和冲突的时代背景下进行的。中国传统的与自然经济相适应的技术文化观念，在西方的与市场经济相适应的技术文化观念冲击下，逐渐失去明显的主导地位，但却通过潜移默化的途径顽强地发挥着影响。分析中国近现代技术文化观念的演变，可以将其大体划分为四个时期。

第一个时期从鸦片战争到洋务运动。西方技术文化观念被逐步引进，但遭到中国传统技术文化观念强烈抵制，形成"中体西用"的格局。

　　鸦片战争以后，西方近代技术被大量引进。最初引进的主要是机器设备，至于技术管理、制度、组织和技术文化观念，则保留了许多传统的内容。洋务派的"新式工厂"仍由封建衙门管理。由于封建官僚贪污受贿，很少顾及经营，使政府财政支出日渐增加。清政府从19世纪70年代又采用"官督商办"形式，实际上仍将企业运作限制在封建政治体系框架之内。张之洞创办的汉阳钢铁厂创办时间早于日本八幡制铁所，投资巨大，原料条件也优于八幡。但由于主观上瞎指挥，经营腐败，始终未能顺利生产，最后其经营权反为日本方操纵，变为八幡制铁所的原料基地。当时日本大阪工厂主作山专吉考察过清朝的近代工厂，发现经营不符合条理，根本没有销售计划，机械管理不善，在提高机械利用率观念上十分幼稚。堆放在武昌纺织厂仓库里的不能使用的织布机，很多只要稍加修理即可重新使用，清朝人却没有注意到这一点①。

　　此外，清末近代技术发展还遇到来自传统观念、习俗、社会行为准则等因素的强烈抵制。像修铁路、铺设电话线、使用照相机等技术活动，都曾遭到顽固派的攻击和阻挠②。张之洞等人提出的"中体西用"，是一种在当时具有较大可行性的折中方案。在"法制"、"器械"、"工艺"等方面变革，尚能为当时朝野基本接受，但隐含其中由于文化冲突造成的制约因素不可避免。受此影响，中国近代技术的发展速度是比较缓慢的。

　　第二个时期从洋务运动到抗战爆发。西方技术文化观念占据主导地位，中国传统技术文化观念被边缘化，但仍有潜在影响。

　　洋务运动之后，近代技术在中国有较大发展，近代技术的组织管理方式和技术文化观念也逐渐得到传播。技术标准体系、技术专利制度、工业科研机构、技术教育体制逐渐建立起来。人们普遍认同了近现代技术的先进性，将其作为发展目标，与近现代技术密切相关的科学和教育事业也得到了长足进步。不过，由于起步较晚，加上诸多因素限制，中国开始制造各种机器的年代一般落后于外国50—100年。直到1933年，现代工业产品仅占总产出的3.4%。当时中国进口的主要产品既无助于生产投入，也

---

　　①　廖正衡：《中日科技发展比较研究》，辽宁教育出版社1992年版，第29页。
　　②　刘善龄：《西洋风——西洋发明在中国》，上海古籍出版社1999年版，第37页。

不能作为生产能力的基本工具。成千上万的地方仍然主要靠人力而不是资本①。此外，依靠传统技术的"土法生产"在很多领域仍占较大份额。直到1936年，土法生产在炼铁、采煤、棉纺等行业仍占10%—17%，在棉纺织业中甚至达到61%②。换言之，尽管人们在观念上认同现代技术，但实际生活中近现代技术的影响还是相当有限的。

第三个时期从抗战爆发到"文化大革命"结束。在特定社会条件下，中国传统技术文化观念以不同方式有所复兴，其影响需作具体分析。

抗日战争爆发使人们的技术文化观念发生很大变化。为了抗击侵略者，必须采用一切可利用的技术手段，包括在特定环境中发挥传统的"土技术"的作用。比如用"土地雷"打击"洋鬼子"，用织"土布"来打破经济封锁，"土洋结合"发展军火工业等等。"人的因素"在特定条件下发挥了明显作用，这在一定程度上导致了中国传统技术文化观念的复兴。这种思想倾向在后来得到进一步发展，直到新中国成立后的20世纪50、60年代。应该承认，通过充分发挥人的因素，中国工业从相对落后的基础上起步，克服了许多困难，取得了显著的进步。"人的因素"在一定条件下是有现实价值的。

当然，在实际生活中，由于过分夸大人的因素的作用，也曾出现过"人有多大胆，地有多大产"，以为有了人就可以创造一切人间奇迹的不正常现象。这方面的历史教训是十分深刻的。在经历许多曲折之后，中国才逐渐建立起自己的现代技术体系。在这种技术体系中，既接受了源于西方的现代技术原理、设备、工艺标准和管理方式，也有体现本国特点的内容，如注重师徒制，注重培养技术革新能手，注重"两参一改三结合"。这是传统技术文化观念与现代技术文化观念相结合的产物。它的出现对于中国经济社会发展有着重要意义。

第四个时期从"改革开放"到现在。与市场经济相适应的技术文化观念逐步确立，传统技术文化观念还有不同程度的体现。

"改革开放"以来，引进国外先进技术再次出现高潮。这一时期的技术引进从文化角度讲是全方位的，不仅引进了大盘先进机器设备，而且注

① [美]吉尔伯特·罗兹曼：《中国的现代化》，江苏人民出版社1988年版，第419页。

② 刘国良：《中国工业史：近代卷》，江苏人民出版社1992年版，第292页。

意引进现代化的企业管理制度、技术组织模式和相应的技术文化观念。技术现代化进程与市场经济体制的建立相互促进，呈现良性发展的态势。环境保护也得到应有重视。然而传统技术文化观念并未完全消失，而是以新的形式顽强地发挥着作用，由此造成一系列现实问题，这是值得认真注意的。比如，目前有些企业产品质量问题较多，产品质量管理并没有真正落实。像一些付诸文字的质量法规、制度、标准、检验报告等，都是无懈可击的，但它们可能在实际执行时被加以变通。这种做法从传统技术活动角度看并非是了不得的事情，但在现代技术活动中就会造成严重后果。

二　中国技术发展中"新旧"文化观念冲突

近现代技术从西方向中国的引进，导致了中西文化的交融与冲突。受这种文化观念冲突影响，我国传统文化中一些有益于现代技术发展的因素并未能充分发挥其应有作用，而一些不利于现代技术发展的因素却有了明显体现。

1. "天"与"人"的冲突

我国传统文化中所说的"天"和"人"的关系，不完全等同于西方文化所说的人与自然的关系。我国传统文化所倡导的"天人合一"，还具有社会生活和精神修养方面的意义。也正由于这种文化观念的多重含义，所以当社会生活发生急剧变革的时候，自然观意义上的"天人合一"时常在"改天换地"的浪潮中被有意无意地忽略。我国自 20 世纪 50 年代末开始，曾有过大规模"战天斗地"的群众运动，明确提出向自然界开战。这是文化观念层次上"天"与"人"的冲突。

我国历史上"畏天"、"敬天"的观念是在人类改造自然的能力很弱小时靠直观体验形成的。由于生产和经济发展带来"天"与"人"力量对比的变化，直观体验的思维方式很容易使人们的观念由一个极端走向另一个极端，从"天人合一"走向"战天斗地"。现在人们或许以为，"战天斗地"的时代已经过去，很难说对现在的技术发展有什么影响。可是我们这一代人很多是从那个时代走过来的，当时的一些思想观念的熏陶会逐渐内化为习惯而难以觉察。现在不少人更多地把治理环境生态问题的责任归于政府，归于环保部门，而很少考虑自己从事的科技工作本身是否会产生这方面问题，是否应该承担某种责任。一些企业和个人在清楚自己的技术实践造成环境污染之后，可能有一种"违法感"，但很难见到哪个企业或个人有一种"负罪感"。这些现象表明，相当多的人仍然陶醉于运用科学技术"战天斗地"带来的好处，而环境保护部门在一定意义上成了战斗过后"清理战场"的部队。

随着生态环境问题日益严重，现在人们对保持现代意义上"天"与"人"和谐的必要性已有了越来越多的共识。我国的技术发展需要在技术与环境关系上采取理智态度，避免由于"战天斗地"的思维惯性而加剧"天"与"人"的冲突，需要把"天人合一"的文化传统同现代技术发展有机地结合起来。

2. "体"与"用"的冲突

自张之洞等人提出"中学为体，西学为用"以来，体用之争一直在我国社会生活中占有重要地位，对技术发展也有深刻影响。

现代技术发展需要以成熟的市场经济体系为可靠基础。只有市场经济体系具备健全的制度和运作规范之后，才能保证技术开发有足够的资金和市场，从而使技术进步带来的经济效益充分体现出来。如果经济制度和规范本身的某些漏洞能被一些人用来谋利的话，这些人是很难将资金用于技术开发的。然而，我国技术现代化又不能不经历这样一个阶段，就是必须一边发展现代技术，一边构建市场经济体制，这就难免造成某些时候经济与技术相互牵制的局面。经济体制的不完善使技术进步得不到足够的动力，而技术进步的缓慢反过来又会造成经济活力的下降。

"体"与"用"的冲突还表现在技术组织形式的构建方面。所谓"技术组织形式"，包括企业里技术活动的组织机构、人际关系模式、员工精神状态及其发挥作用的途径等等。我国传统文化历来注重人际关系协调。然而近些年来，一些企业的经营管理者似乎对此不大重视。企业的人际关系中情感、主动性、共同信念等成分变得少了。企业管理更多依靠的是法规、条例和工资、奖励的作用。与此同时，我国传统文化中一些不利于现代经济和技术发展的因素开始滋长。我国传统政治文化中的"官本位"倾向，使得一些企业领导者以"官员"心态从事企业经营和技术活动，这是"体"与"用"的根本错位。

要解决我国技术发展中"体"与"用"的冲突问题，不仅需要市场经济体制和运作规范的逐步完善，而且需要技术组织形式和人们文化观念的不断创新。技术创新需要以相应的制度创新为保证。而我国充分适应现代技术发展的社会文化本体，尤其是其中经济和政治领域的制度化建设，还需要在不断探索中完善。

3. "道"与"术"的冲突

近年来我国技术发展中的另一个突出问题是假冒伪劣产品屡禁不绝。造成这种现象的原因之一，是传统伦理道德在制约现代技术应用方面存在"失控"，这是文化观念层次上"道"与"术"的冲突，主要体现在三个方面：

其一，我国传统伦理道德强调"他律"机制，注重舆论监督。而在市场经济比较活跃的情况下，生产者、销售者和消费者的关系处于经常流动之中，要实现强大而稳定的道德"他律"是很困难的。当市场经济体制和相关法律法规尚不完善时，假冒伪劣产品很难都被查处，一旦蒙混过关就可能大发横财。当面临这种利益诱惑时，该不该遵守道德规范全凭良心，凭道德"自律"。这对于久已习惯道德"他律"机制的人来说，可能是很苦恼的一件事。因为这时可能没有人来肯定他的道德行为，或制约他的不道德行为。假冒伪劣现象之所以在经济转型期大量滋生，恰恰反映出"他律"防线的崩溃和"自律"心理的缺乏。

其二，在我国传统道德体系中，有强调"公德"的成分，如"仁者公也"。① 然而在现实生活中，人们往往更看重私人关系中的伦理道德问题。当"私德"与"公德"发生矛盾时，"私德"常常会冲击或驾空"公德"，狭隘自私的行为常常披上一层"道德"外衣而损害公众利益。

其三，在我国传统道德教育和道德评价中，曾有过某种程式化倾向，即将有关伦理德规范分解成可具体操作的条条框框，要求人们熟记默诵，付诸实践。这类办法未必没有作用。但由于过份注重程式化的行为本身，容易使道德教化流于形式。一些制造和包庇假冒伪劣产品的人往往钻这个"空子"，用虚假的"道德"口号和行为掩盖不道德的生产活动。这是"道"与"术"之间更为隐蔽的冲突。

要解决"道"与"术"的冲突问题，关键在于建立市场经济条件下开展技术活动的伦理道德体系，实现由道德"他律"向道德"自律"，由

---

① 《二程集》（第三册），中华书局出版社 1981 年版，第 105 页。

"私德"向"公德"的顺利转化，将现代技术活动应遵循的道德规范内化为人们的良知。要避免技术活动中"道"的"术化"，还需要相应的制度建设和法制保证。

4. "人"与"物"的冲突

如本章第一节所述，我国传统技术历来注重发挥人的因素，重人力而轻物力（即自然力），重人的技巧而轻工具设备的作用。但由于近些年来大量引进国外先进技术设备，人们对机器的威力有了更深刻的体验，于是许多人的观念又从一个极端走向另一个极端，从"重人轻物"走向"重物轻人"。这就是对机器设备作用的盲目推崇以至迷信。似乎只要有了先进的技术设备，就意味着实现了技术现代化。另外，"重物轻人"还导致对人力资源开发和利用的忽视。一些企业对技术教育和职工技术培训不感兴趣。而在西方发达国家，技术教育和培训是现代企业发展的重要支柱。现在某些企业管理者并没有意识到，再先进的技术设备，如果没有经过严格教育和培训的高素质技术工人操作，仍然不会发挥应有效能，甚至可能导致先进设备的损毁。

"重物轻人"倾向的存在，有可能使我国技术发展中"人"与"物"的冲突在即将到来的知识经济时代变得更为突出。知识经济时代再次突出了人的因素在技术发展中的作用。"人力资源开发"、"人力资本投资"成为知识经济时代的重大战略任务。因此，知识经济时代的技术发展必须以大批优秀技术人才（包括技术专家和工人）为依托。然而，目前我国在这方面的人力资源还很紧缺。此外，现代技术的发展不可避免带来产业结构的调整。但我国的产业结构调整恰好赶上知识经济即将来临，又正值人口最多，而文化程度很低的剩余劳动力也最多的时期。这个时期"人"与"物"的冲突最为集中，解决起来也应最为慎重。在考虑产业结构调和技术发展模式时，必须兼顾各种社会需求，建立"人"与"物"协调发展机制，实现人力资源合理重组。尤其需要加大人力资本投资，采取多种形式培养技术人才。只有当我国人口中具有现代科技知识和技能的人的比例明显上升时，我国技术发展中"人"与"物"的冲突才会从根本上得到缓解。

5. "知"与"悟"的冲突

我国传统技术的掌握注重"悟性"。技术传授的方式主要靠师徒之间的经验性的言传身教。西方近现代技术的传授注重知识和理性，主要依靠正规的学校教育。当中西两种技术体系相互交流和渗透时，"知"与"悟"的反差就带有了鲜明的文化色彩。

注重悟性是我国传统技术的主要思想特征，以各种方式影响现代技术活动的各个环节。在有些场合，注重悟性有积极作用，如开展群众性的技术革新，弥补人们理论基础和某些技术装备的不足。然而，如果把"悟性"用到了不该去"悟"的地方，就会造成技术隐患以至严重的事故。我国20世纪50年代末和70年代初有过大规模的"土法上马"、"土洋并举"的群众运动。这不仅是当时特定政治需要的反映，也是我国传统注重悟性的技术观念与外来注重理性的技术观念的整体文化冲突。另外"悟性"的滥用还会影响对技术成果的评价，这就是在考察技术产品优劣时，只注重考察"样品"、"展品"甚至是"礼品"，往往以偏概念，以至相信假象。① 这些现象都表明，注重悟性的传统技术观念，常常会使悟性的应用超出其合理适用范围，干扰现代技术活动的正常运行。

"知"与"悟"的冲突不仅表现为将"悟性"用到不该去"悟"的地方，还表现为另一种极端倾向，即忽略"悟性"应有的积极作用，以为技术现代化只须注意知识和理性的作用，而技能和经验无足轻重。实际上，尽管知识和理性的作用在现代技术中不断增强，技术活动中总有一些具体细节需要靠悟性来把握，表现为经验、技能或"技术诀窍"。解决"知"与"悟"冲突的根本出路在于开展"知"与"悟"相统一的科技教育，培养具备现代技术素质的创新人才。"悟性"在现代技术活动中的合理运用，是技术发明和技术创新的思想动力和源泉，然而悟性的创造功能只有与知识和理性良好匹配才能发挥其应有作用。悟性的思维活动在我国传统文化中有着深厚的历史积淀。如果能充分合理地开发利用这一文化资源，用于推进技术发明和技术创新，必将大大加速我国的技术现代化进程。

三 技术的现代化与文化的现代化

在对技术文化的上述五种主要"新旧"观念冲突进行系统探讨之后，

---

① 廖正衡等：《中日科技发展比较研究》，辽宁教育出版社1992年版，第259—260页。

可以发现"天"与"人"的冲突涉及人与自然的关系，"体"与"用"的冲突涉及人与社会的关系，"道"与"术"的冲突涉及人与人之间的伦理关系。而"人"与"物"的冲突以及"知"与"悟"的冲突，则是技术体系内诸要素的关系。这五种文化观念冲突在范围上依次缩小，从人与天地万物的关系一直缩小到人自身，从技术体系之外的诸种关系收缩到技术体系之内。然而，这五种文化观念冲突又相互贯通，相互渗透，成为我国技术现代化的重要文化背景因素。通过分析这种文化观念冲突，可以看出，造成我国技术发展中许多现实问题的深层原因，需要到社会文化背景中去寻找，需要到技术与文化的关系中寻求。正是由于我国的文化现代化在许多方面尚未完成，才在一定程度上牵制了技术现代化的进程。技术现代化不可能脱离文化现代化而单独实现。换言之，技术现代化绝不仅仅是技术装备的现代化。它还需要技术管理体制的现代化，需要技术人员的现代化，需要人们文化观念的现代化。从理论上讲，技术现代化与文化现代化应该是一个并行的过程。作为整个文化现代化的一个重要方面，技术现代化需要在与其他社会文化因素互动的过程中开辟自己的前进道路。它的每一方面变革，必然引起文化现代化的相应变革，同时也受到文化现代化进程的相应制约。

总的看来，开展技术文化观念研究，是一个正在发展中的学术领域，是一个理论意义和现实价值都很重大的学术领域。在我国的技术现代化过程中，如果缺乏这样一个领域的研究，我国经济和技术发展中很多问题就会久拖不决，很可能继续出现使人防不胜防的一系列尴尬事情。技术是人造的产物，但技术用不好也会给人们带来无尽无休的麻烦。我们关于技术文化观念的研究带给人们的启示是：只有从文化角度审视技术，调整技术，发展技术，人造的技术才能与人的生存和谐一致，因为技术本身就是文化的有机组成部分。

第二章　西方古代和近代的技术哲学思想

第一节　欧洲古代的技术哲学思想

古希腊科学在哲学母体中孕育，出现了学术繁荣和学者对技术的淡漠疑虑。古希腊哲学对技术持有一种怀疑的态度：既向往技术，又担心技术中蕴涵的对自然的背离指向；看到技术是必要的，但却是危险的。这种古代希腊的技术的怀疑论能印证今天的技术批判思想，在今天这种怀疑的理性仍然具有现实意义。中世纪传承了古罗马的技术实用精神，创造出可观的技术成就，出现了学术衰落和技术兴盛；在中世纪科学和哲学成为神学的婢女而被泯灭，技术缓慢地、持续地向前发展，给漫长、黑暗的中世纪以光明。

一　社会背景和技术形态

从公元前11—前9世纪，古希腊处于荷马时代，随着生产力的发展，特别是随着铁器的制造和使用，古希腊已经处于由原始公社制度向奴隶制度的过渡时期。到公元前8世纪至公元前6世纪，古希腊就已经进入了奴隶社会。古希腊罗马的奴隶制是残忍的，但它的出现是历史的巨大进步。奴隶制使农业和工业之间的更大规模的分工成为可能，为希腊文化创造了条件，没有希腊文化和罗马帝国所奠定的基础，也就没有现代的欧洲。古希腊罗马哲学正是伴随着奴隶制而发展的。正是在奴隶们的生产劳动的基础上，古希腊的社会生产力提高了，国家发展起来，出现了古代希腊高度繁荣的经济、政治和文化。

公元5世纪末，欧洲的社会发展进入了封建社会，它延续了约一千年，历史上称为中世纪。封建制度的确立，期间自然经济占绝对的统治地位，农业技艺水平很低，仍然靠天吃饭。在它漫长的发展中始终以工匠技艺为主，持续着家庭作坊和手工业工场的生产。随着生产力的发展，手工业逐渐从农业中分化出来，从公元11世纪起，在自然经济内部出现了商品经济和工商业城市。在14世纪欧洲进入文艺复兴时期以后，就开始出现资本主义的萌芽。基督教成为封建社会唯一的占统治地位的意识形态，是封建制度强大的精神支柱。

古希腊罗马时代的成就主要体现在技术成果上，约在公元前1500年，小亚细亚的赫梯人对炼铁术做出了重要的贡献，并使炼铁术在整个爱琴海一带普及开来。他们完善了铁的提炼技术，并通过提高温度，完善了铁和矿渣分离的工艺。希腊人还发明了一些机件，如操纵杆、滑轮、楔子、螺旋桨和齿轮，这些机件有非常重要的作用，可以提高机械设备的效率。罗马是个机械师的帝国，像希腊文明一样，罗马文明没有实现了不起的技术进步，即使少有的一点进步也集中在军事和公共建筑工程方面。由于战争，罗马发展壮大。武器的改进、道路的铺设、水渠的建造、防火的设施等非常发达。

希腊人和罗马人统治地中海地区达数百年，他们的文明在今天的世界仍留有印记。

中世纪前半期（公元500—1150年）欧洲处于经济文化严重落后的状态。然而公元8世纪欧洲社会从朦胧中逐渐苏醒，以11世纪为起点，进入成就辉煌的漫长时代，即中世纪盛期。不同文化的观念、不同的技术进步成就相结合，创造自己的优势。中世纪时期西方世界的整体分裂没有形成中央集权，这种政体促进革新与创造的研究，激励新观念的探索。基督教的影响在于对上帝的憧憬，认为是上帝让人类担负起管理世界、改造世界的重任。另外，欧洲进入8世纪的战争状态，铁匠的非凡技艺所创造的盔甲装备是匠人水平的标志，冶金技术的进步在其他行业也起了推动作用。从10世纪到14世纪初期，由于农业的进步，欧洲的人口数增加了两倍，城市再生，在中世纪的中后期出现了城市建筑艺术，石匠、铁匠、木匠、锡匠和玻璃工人等，他们在建筑大教堂的过程中都发挥了不可缺少的作用。工匠艺人组织起行业协会，他们越来越富有，也推动了许多新器具的研制与发明。13世纪末机械钟诞生，这一新发明为了解天体运行提供了条件。纺织工业也飞速发展，羊毛织物的纺织业发展成为包括纺织工、缩绒工、染色工和剪毛工各种工艺的专门行业。意大利甚至出现了最早的工业生产制度。这些都为向工场手工业过渡打下了基础。

这一时期欧洲进入奴隶社会并转变为封建社会，也是欧洲农牧化社会形成和发展的时代。这个长达两千多年的时代，原始社会的机会技术向农牧社会的经验技术转变，与奴隶、农民、工匠等劳动者融为一体的经验技术、手工技艺渐进发展。

所谓机会技术是指像陶器制作技术，是无意中发现的技术，像这样的技术还有很多，称之为机会技术，它也是一种工匠式的经验技术，不过更不容易把握。而那些经过人们长时间的努力才取得的，成为工匠式的经验技术。这样就形成了古希腊和罗马时期特有的机会技术和工匠技术，这种工匠技术直到中世纪结束，一直在人们的社会经济生活中占有重要的地位，成为人类生活必不可少的手段。到中世纪的中后期，欧洲的技术才有大规模的进步，不过技术形态仍然是经验式的，技术进步的成果却很多。但从总体上看，此间的技术仍然是以工匠技术（技艺）为主角，早期伴有大量的机会技术，后来出现了家庭手工业作坊和手工业生产，并逐渐向专业化工匠技术转化。

虽然欧洲经历了从古希腊、古罗马再到欧洲的中世纪的漫长发展进程，其间政治方面有很大的变化，但是从技术形态角度来看，变化仍十分缓慢。技术水平虽有些许微小的提高，技巧程度有所增进，除铁器工具在生产中得到广泛应用以外，总体上仍然是工匠式的经验技术为主，这种技术的典型特征是技术和人不能分开，技术表现为经验，技术知识属于一种默言知识，只能靠言传身教传授给他人。个体工匠具有很强的权威性，而且每一个工匠身上往往都有本行业的多种技术。

从技术概念的词源看，希腊词 tcchnc 就是一种技艺、技能。进入农牧化社会后，出现了社会分工，技术概念的语义 techne 扩展为可传授练习的工艺方法（technique），这是技术概念的一次重大转变。但工匠技术仍然依赖于个人的经验积累和家庭、师徒的世代积累，并受到自然经济固有的保守封闭体制及行会制度的限制。

二　古希腊罗马时期的技术哲学思想

1. 古希腊哲人眼中的"技术"

亚里士多德认为，在自然界中，有一种自然的成长叫"生长"，它是以自然的存在状态而存在的，如大自然中植物的生长；还有一种存在的状况，不是由于自然的内在原因而是由于其他原因而引起的存在（《物理学》2.1，1928—10），是由外在于自然的偶性原因引起，它们的存在是由人来完成，即人工自然的生成。技术以自然为范本，进行模仿，但也有些技术是自然所完成不了的，亚里士多德把人工进行的生产行为叫"制造"。自然界的生成遵循大自然本身的内在原因，人工的生产靠的是技艺的指导。"技艺"就是关于如何生产的知识。古希腊人知道技艺是帮助大自然生产、使生活富足的"工具"，但是，他们没有严格区分我们今天所说的"技术"和"艺术"。也就是说，工匠既可以指雕塑家，也可以指采石匠或建筑师；技艺既可以指生产中的技术，也可以指给人以美好享受的艺术。事实上，在古希腊人看来，任何受人控制的有目的的生产、创造的行为（包括我们今天讲的艺术创造行为），都是包含"技艺"的"制作"过程。从这可以看出古希腊人泛谈"技艺"。

亚里士多德在他的一系列著作中指明技术的概念及其特征。并主张，要把这种技艺分为培植性技艺和建造性或支配性技艺。培植性技艺（即苏格拉底所称的"补充性技艺"），如医疗、教育、农业等，它们旨在帮助自然更加丰富地生产出它本身就能够生产的东西；建造性或支配性技艺，如驾船、造房等，它们所产生的东西不能在自然本身中自然地产生。

对此，苏格拉底也有自己的阐释，每种技艺都有自己的利益，如舵手驾船技术，每一种技艺的天然目的就在于寻求和提供这种利益。这实际上就是亚里士多德所提出的建造或支配性技术，比如说造房子、驾船技术。他认为有另一种技术，就是补充性技术，也就是亚里士多德提出的培植性技术，"技艺的利益除了它本身的尽善尽美而外，还有别的，……任何技艺都缺某种德性或功能，这种补充性技艺本身是不是有缺陷，又需要别种技艺来补充，补充的技艺又需要另外的技艺补充，依次推展以至无穷呢？是每种技艺各求自己的利益呢？还是并不需要本身或其他技艺去寻求自己的利益加以补救呢？实际上技艺本身是完美无缺的。技艺除了寻求对象的利益以外，不应该去寻求对其他任何事物的利益。严格意义上的技艺，是完全符合自己本质的，完全正确的"①。这种技术的分类方法，直接反映

---

① 柏拉图：《理想国》，商务印书馆 2002 年版，第 24 页。

出古希腊哲人对技术的态度。

2. 技艺与技艺中的知识

苏格拉底、柏拉图和亚里士多德都谈到了技艺与技艺中的知识的关系问题，特别指出了二者的联系和区别。我们理解他们所言的知识既不是今天我们所说的科学知识，也不是成系统的知识，而是从经验中归纳总结出来的经验的行为规则，是一种实用的经验的提升，相对地更接近经验层面的知识。

首先，苏格拉底关于"techne"的思想，归结为技艺源于经验，经过练习而得到，是口传身授的知识和技能，它随着个人的死亡而消逝。可见，技巧、经验才是苏格拉底意义上的"techne"。苏格拉底把技术的特点及其与知识的关系概括为：第一，技术操作的知识先于事实。没有先于原始科学的自然认识的基本规则就没有技术。知识规则层次越高，技术创造实现的可能性越大。第二，产品的创作以知识为前提。第三，技术创作不是任意的或意外的，而是知识尺度的实现（见王飞、刘则渊"德韶尔的技术王国"一文，拟载《工程·技术·哲学——2003 年卷中国技术哲学研究年鉴》）。苏格拉底已经明确地把技艺和知识紧密地联系在一起，认为二者是不可分的，规则性的技术知识约束技术行为。

其次，柏拉图则更明确地看到了技艺和经验、系统知识的区别。他认为，技艺是包含、实施和体现理性原则（logos）的制作或行为（《高尔吉亚篇》465A），它可以近似，甚至等同于理论知识，但又不是严格意义上的纯理论（《政治家篇》258E）。技艺的特点是自觉地接受理性原则（logos）的指导。

再次，亚里士多德以他的方式阐述了理论知识与实用性知识的区别。在他的知识体系中明确技艺的地位低于纯粹的理论知识。在古希腊人眼里，技艺是指导生产和制作的知识，带有一定程度的"实际性"。亚里士多德认为，技艺还不是典型意义上的、纯度较高的知识或理论知识（episteme），不足以展示理性思考的全部内容，理论知识是一种高于技艺的、更具理论色彩的知识，因此，在他看来技艺的地位很明显低于纯理论。理论知识是关于原则或原理的学问，技艺是关于生产或制作的认识；前者针对永恒的存在，后者针对变动中的具体事物（《分析续论》2.9，100，9）。

古希腊人以他们特有的方式谈到了对技术和理论知识的看法。他们始终视永恒存在为知识的最高境界，而把其他研究具体事物的学科视为地位相对低等的知识。古希腊的哲学家不那么严格区分"技艺"和"系统知识"。在古希腊人看来，纯粹的用于实践的技艺从知识的地位上看低于理论知识，不如纯粹的理论知识地位高。

3. 对技术的怀疑

关于技术和人的关系，许多古代西方神话中都有所暗示——神话中的普罗米修斯、赫菲斯托斯、依卡洛斯等。这些神话一方面，寓示了技术能满足人的需要，对人类来说技术是必要的、有用的；但另一方面，技术也极易背离人——这种分离在古希腊人看来，可以表现为对上帝或众神的不敬而遭到惩罚。这种态度基本可以表达为：技术是必要的（或好的）但是危险的。

从技术的产生看，苏格拉底认为"当你用刀来整枝的时候，花匠的技艺就更有用了"。"每种技艺都有自己的利益……每一种技艺的天然目的就在于寻求和提供这种利益"。他又说："无论任何技艺都不是为它本身的，而只是为它的对象服务的。技艺是支配它的对象，统治它的对象的……技艺除了寻求对象的利益以外，不应该去寻求对其他任何事物的利益。严格意义上的技艺，是完全符合自己本质的，完全正确的。"① 从这里会看出，无论哪种情况，苏格拉底都认为技艺是有用的，表达出对技术向往的意愿，但对技术又有所怀疑，担心技术会为寻求另外的目的而被他用，明确表现出对技术活动的不信任或不安。

4. 技术对个体和社会稳定的影响

在苏格拉底眼里，人的根本的追求是最完满的"善"，美德就是关于善的知识和概念。而技术的富足和变化往往能破坏个体对卓越和社会稳定的追求。"富则奢侈、懒散和要求变革，贫则粗野、低劣，也要求变革"②，面对技术力量本身固有的无节制的发展，他认为可能会产生各种不安，柏拉图为此做了更为深入的阐述。在《理想国》第二卷中，当描述了原始国家的轮廓，反而遭到格劳孔的反对，把这一切说成是"蠢猪

① 柏拉图：《理想国》，商务印书馆 2002 年版，第 10—24 页。
② 柏拉图：《理想国》，商务印书馆 2002 年版，第 10—24 页。

之城"的时候，苏格拉底回答说："我认为真正的国家，乃是我们前面所讲述的那样——可以叫作健康的国家。如果你想研究一个发高烧的城邦也未始不可。不少人看来对刚才这个菜单或者这个生活方式并不满意。睡椅毕竟是要添置的，还要桌子和其他的家具，还要调味品、香料、香水、歌妓、蜜饯、糕饼——诸如此类的东西。我们开头所讲的那些必需的东西：房屋、衣服、鞋子，是不够了。"

这段话表明，面对技术无限制的膨胀后产生的富足财富，人们对此仍然缺乏信心，其结果还要追求更多的财富，但是有太多的活动超出了满足必须条件的范围，一方面引起人物欲的膨胀，"如果我们想要有足够大的耕地和牧场，我们势必要从邻居那儿抢一块来；而邻居如果不以所得为满足，也无限制地追求财富的话，他们势必也要夺一块我们的土地……下一步，我们就要走向战争了……战争使城邦在公私两方面遭到极大的灾难"①，从而引起更多的社会问题。

柏拉图进一步说明技术的变化所带来的危险。用阿第曼图斯（Adeimantus）的话来说，"它一点点地渗透，悄悄地流入人的性格和习惯，再以渐大的力量由此流入人与人之间的关系，再由人与人的关系肆无忌惮地流向法律和政治制度，它终于破坏了公私方面的一切"②，也就是说一旦发生的变化在技艺中被确立了正常的地位，它将影响到人的本性和活动，继而冲击到商业活动，并进而发展到违背法律和政治秩序。对法律的遵循从理想状态来看主要应该建立在习惯或自愿的基础上而不应该出于被动。从现今的现实来看，技术上的变化的确逐步向习俗和习惯的权威发起挑战，其结果是逐渐降低习俗的权威，因此在一定程度上倾向于强化强制性法律并把暴力引入国家及国际事务。这种情况的确可能促使我们严肃地考量一下 20 世纪的历史和 21 世纪的今天，这是人类历史上最为暴力的时期之一。

5. 人工自然和自然真实性之比较

《理想国》第六卷，从认识论的角度明确提出自然比人工自然更真实，苏格拉底认为"要把辩证法所研究的可知的实在和那些把假设当做

---

① 柏拉图：《理想国》，商务印书馆 2002 年版，第 65 页。
② 同上书，第 139 页。

原理的所谓技艺的对象区别开来，认为前者比后者更实在"①。

在《理想国》第十卷中讨论到了由神或自然、木匠以及画家或艺术家所制造的床。制造床或桌子的工匠注视着理念或形式分别地制造出我们使用的桌子或床来。造床的木匠造的不是真正的床或床的本质的形式或理念，而只是一张具体特殊的床而已。如果他不能制造事物的本质，那么他就不能制造实在，而只能制造一种像实在（并不真是实在）的东西，理念或形式本身则不是任何匠人能制造得出的，画家制作不是真的制作，他是制作床的影子。因此，有人说这种东西（指床）也不过是一种和真实比较起来的暗淡的阴影。模仿术和真实距离是很远的，而这似乎也正是它之所以在只把握了事物的一小部分（而且还是表象的一小部分）时就能制造任何事物的原因，这也正是技术与人的意愿分离的原因所在。在柏拉图《理想国》中，从他的理念概念出发，技工只是模仿理念而产生具体事物，在这个过程中，技工只把握了理念的部分，然后就去模仿制造，事实上他根本没有把握对象的联系，就利用这种表面部分来进行技术活动，因此，造出来的技术产品就远离真实世界，它就可以异化为不受技工支配的东西。亚里士多德认为"所有的工具当只适于一种功能而非多种功能时，便是制造得最好的工具"②，以防止他用。

苏格拉底的观点是，自然的床，由上帝制造的床是第一现实，技工模仿制造出的许许多多的床，是第二现实，而艺术家所画的床的图片是第三现实。因此，在第二现实或第三现实的意义上技术才具有创造性——所以现实应服从于道德的和形而上学的指导。

亚里士多德在其形而上学体系中分析技术的地位时，也把抽象性千篇一律的技术及人工自然放到次要地位。

总之，古希腊理性一是依据道德来判断技艺，认为人工自然是由它的有益或有用性得以判断而产生；二是依据形而上学，判定的标准应该是正确的程度或美。关系到制造的这种或那种层面，柏拉图派和亚里士多德派

① 柏拉图：《理想国》，商务印书馆 2002 年版，第 270 页。
② 亚里士多德：《政治学》，载《亚里士多德选集》（政治学卷），中国人民大学出版社1999 年版，第 4 页。

之间一种可能有的分歧就在于，有益和美，道德规范和审美是否应该是指导技艺的恰当标准。然而，这种分歧的存在不掩盖这样一个更为基本的共识：有必要让生产和技术服从于某种严格定义了的限制。技术是好的，但如果技术对象或活动不能服从自然的内在指导，自然必将被人类有意拿来从外部对它们施加压力。

三　中世纪的技术哲学思想

中世纪欧洲是人类历史上的黑暗时期，科学和哲学是神学的婢女，理性服从信仰，持续长达一千年之久。但同时中世纪继承了古罗马的实用主义传统，此间技术通过其卓越的发明和创造给"黑暗"的中世纪投以一线光明。可以说，"中世纪欧洲的历史是由相互有着密切关联的一系列技术创新组成的，其中包括一场农业革命、许多新型军事技术以及利用风力和水利作为动力的技术"①。中世纪从 7 世纪左右水磨的扩展，机械钟表的诞生以来，技术作为这个文明社会的主要组成部分，地盘也不断地扩大。从磨或钟的渐进积累，其内部的部件结构逐步完善，可以看到当时技术缓慢进步不仅成为后来机器体系的萌芽，而且为家庭手工业发展、分工而过渡到工场手工业，进而为资本主义生产方式的萌芽和发生提供了技术基础；这些类似的技术发明与手工技艺为后来近代科学实验的发生提供必要的技术手段，在这种技术进步的背后蕴涵的是可能更加适度的形而上学的根据和宗教判据。

1. 技术怀疑主义

中世纪的"技术"一般的是指手工技艺、手工劳动，没有使用"技术"一词，有时也沿用古希腊的用法，以"技艺"来表达这一思想。和现代意义上的技术有很大不同，中世纪技术并不是应用科学的技术，而是从传统技能发展而来的技艺或手工劳动。

在中世纪早期，无论是异教还是古老的基督教都对技术持有怀疑的心理。它"结合基督教—天主教—伊斯兰教对人类知识的空虚和世界性的财富和力量的批判，形成的对技术不信任的前现代观点主宰了整个西方文

---

① 詹姆斯·E. 麦克莱伦第三、哈罗德·多恩：《世界史上的科学技术》，上海科技教育出版社 2003 年版，第 203 页。

化，直到中世纪结束"①。这样一种对技术的不信任在中世纪早期表现得尤为突出。

中世纪初期沿袭古希腊对技术的怀疑之风，《宗教与现代科学的兴起》中讲到，当时的思想家认为人工合成自然之物的任何努力一开始就被认为是注定要失败的，人只能繁育人，至于其他事物，人充其量只能构造，赋予其人造的形式。在当时炼金术士企图超越古希腊的观点，主张炼金术是一种真正的技艺，可以将一种物质变成另一种物质，如将银做成金。当时这种技艺观遭到了反对，其理由就是任何具有产生能力的东西，只能产生与其本身相同的东西，例如，铅的形式，本质或灵活，不可能产生金这一形式；驴不能生育马。因此，大自然不能实现的，技艺也不可能实现。

2. 经院哲学对技艺的谨慎肯定

伴随着这种对技术的谨慎和不安，形成对比的是，拉丁中世纪也形成了对技术进步的谨慎肯定的观点。这种新的态度完全可以在早期的 9 世纪得到清晰地观察，而且到了 15 世纪中期，工程进步已经清楚地同美德联系在了一起：它已经成为西方社会思潮的组成部分。

作为神学，分为两部分，一种叫自然神学②，是按第一原因、原动者等题目来讨论上帝的。这就是亚里士多德所说的神学，强调有一个不包含任何质料的最高等级的纯形式的存在，它为任何质料所追求，而不去追求他者，即上帝。在中世纪，亚里士多德的永恒形式的绝对统治直接受到了巴黎主教梯奈·丹匹叶（Etienne Tempier）的攻击，他谴责"上帝不能够创造新的形式"③ 的观点。14 世纪的唯名论者相信物种以及规定这些物种的形式仅仅是一些抽象的概念，是相似个体组成的各群体的名称，这些个体才是唯一真实具体存在的事物。所以梯奈·丹匹叶认为，自然的形式和人造的形式之间的差异就变得不那么重要了。在唯名论者看来，所有人工的程序都是根据自然的程序建立起来的，因此，技艺被看成是人工程序中

① Carl Mitcham, *Thinking Through Technology: The Path Between Engineering and Philosophy*, Chicago, The University of Chicago Press, 1994, pp. 281 – 282.

② 伯特兰·罗素：《西方的智慧：从社会政治背景对西方哲学所作的历史考查察》，商务印书馆 1999 年版，第 158 页。

③ R. 霍伊卡：《宗教与现代科学的兴起》，四川人民出版社 1991 年版，第 69 页。

起完善和促进作用的东西，加速并完善上帝的创造。

　　另一种神学由阿奎那创造，可以叫作独断神学，这种神学所讲的问题只有通过启示才能解决。上帝是一切存在的源泉。一件有限的事物只能说是偶然的存在，其存在是直接或间接依靠某种必然存在的东西，这就是上帝。中世纪的欧洲逐渐相信，技术、人工自然和技术的进步是上帝对人的部分旨意，浸透着对技术的愿望、公正和道德，阿奎那在《神学大全》中说，"至于一般实践科学，它的高贵系于它是否引向一个更高的目的。如政治学、军事学，是因为军事的目的是朝向国家政治的目的。而神学的目的，就其实践方面说，则在于永恒的幸福，而这种永恒的幸福则是一切实践科学作为最后目的而趋向的目的。所以说，神学高于其他科学"①。于是现实生活中人被基本的预想组织到共有的文化之中：即他们的公理——中世纪技术进步的正确性，这一点乃是上帝的启示。人们把智力、精力以及金钱投入到他们都认为有好处的地方，其结果各异，如同埃及法老宏伟的金字塔，残酷成性的古罗马竞技场，就像现代工业世界所带来的电视机一样，以家庭为中心，但是却关注全球，结果涌现了大量的发明。人们以为通过追求技术的进步是在认真而严肃地为上帝服务。随着人在自然面前能力的扩大，中世纪的人们逻辑地认为上帝让给人的地盘也越来越大。这一切为技术的进步寻找上帝的依据。

　　中世纪的经院哲学神学及唯名论，间接地渗透着一种从上帝出发对技术进步公理性的认知，表明这一时期在上帝的名义下对技术的认可。这种状况与这一时期经院哲学主张的信仰至上并不明显地直接统一在一起。

　　3. 技艺获得了基督教的神圣核准

　　基督教在中世纪的思想中占据很重要的地位，通过对其所蕴涵的自然观的分析，可以折射出它对后一个发展时期所起的桥梁作用。

　　《圣经》是基督教的圣典，从中可以窥视其对手工技艺的一种积极的肯定评价。《圣经》为诚实的生活所做出的规定："六日要劳碌做你一切

---

　　①　北京大学哲学系外国哲学史教研室：《西方哲学原著选读》（上卷），商务印书馆1981年版，第261页。

的工"①。因而，手工艺在上帝的倡导下受到了尊崇，上帝给予了人类运用手工艺的天赋②，上帝用他的圣灵充满教堂的建造者们，使他们有智慧、有聪明、有知识，能做各种各样的工③。在《圣经》中，上帝把所有的劳动都看作是神圣的，而不管这些劳动是否由奴隶完成或由自由民来完成；物质的东西并不比非物质的东西低一等，它们同为上帝的创造物，从事物质性的职业不应该被看作是不名誉的。上帝亲自创造了一切有形的和无形的事物，而未授以居中的存在物任何职责。因而在《圣经》中手工者受到尊敬，同样手工劳动也同样受到尊敬；自然并不居于人类的技术之上，因为两者都是上帝之造物。因此在中世纪，人类的劳动获得了必不可少的宗教认可，同时实验科学也间接地获得了宗教许可。这就为实验工作打开了禁锢，教士们开始在高高的教堂里获得了从事所谓研究自然的权利。佩雷格里努斯（Petrus Peregrinus）在 1269 年出版的《磁铁信函》（*Letter on the Magnet*）一文中，要求从事实验科学的工匠不仅要有神学知识，而且还要掌握手工技能，这样才能纠正那些仅仅凭借物理的和数学的知识所无法发现的错误。他被称为实验大师，精于理论和技术。当然，当时只在炼金术士那里给予实验重要的地位。"在当时的环境下，在中世纪的著名学者中，他们仅属于少数。例如，方济各会当局就曾竭力限制罗吉尔·培根实验研究的扩散，大概是因为那些研究与法术有关。"④

在中世纪，技术获得了较大的进步，但实际上对于技术的推广，社会上仍有巨大的障碍，也就是说上层建筑中的宗教意识形态与社会生产生活实际并不是完全直接一致的，还要受到社会其他众多因素的影响以及彼此的相互制约，一是由于尽管《圣经》对手工技艺做了积极的评价，但仍很难克服古希腊传统崇尚理性的影响；二是由于中世纪学校教学对非自由人的技艺持有极大的偏见，认为冥想式的职业和更具苦行性质的知识性、宗教性职业优越于手工业。在这些因素影响下，理性仍然导致对经验的因禁，技术仍与科学分离。在 9 世纪之后，经验式的技术才获得了较明显的

---

① *Good News Bible*, New York, United Bible Societies, 1976, p. 5, p. 56, p. 169.

② Ibid.

③ Ibid.

④ 詹姆斯·E. 麦克莱伦第三、哈罗德·多恩：《世界史上的科学技术》，上海科技教育出版社 2003 年版，第 218 页。

进步。

4. 罗吉尔·培根哲学的技术思想

罗吉尔·培根（Roger Bacon，1214—1292）是第一个使用"实验科学"（*scientia experimentalis*）概念的人。罗吉尔·培根出身于富裕的贵族家庭，处于欧洲封建社会中后期。

在培根的唯名论思想当中，主张共相只存在于个别之中，无论如何也不依赖于心灵。个别的物和其集合体是客观存在的，不以它们是否为某些有思想的心灵所感知为转移。可见，培根主张，只有个体才具有真实的实在性，它们无条件地高于一般，单个物的存在是绝对的，而共相是相对的，单个规定其自身，而一般则通过单一而得到规定。他进一步主张，共相不是什么别的东西，而是从同一类型的个别事物的综合中挑选出来的东西，它使一类的事物成为同一类型的事物并与另一类的客体相区别。因此培根的唯名论思想主张既不同于唯实论又不同于中世纪简单意义上的唯名论，他试图超越这二者之争，把本质和存在统一起来，他反对把亚里士多德的形式看作是一般的基础，事物的完整性就是二者（本质和形式）的统一，本质不是包含在事物内部的什么异类的东西，物的形式不是从什么地方移入物的内部，而是其本身所具有的，事物是以自身的原则为根基。在这样一种哲学思想支配下，培根提倡科学及实验科学以及技艺的应用，主张扫清人类认识上的障碍，认为实验科学是认识自然的真正道路，他在《大著作》中称这门科学"犹如支配自己的奴仆似的支配着一切其他科学"，人在自己的活动中只能依靠科学和实践（艺术），"离开自然和艺术的作用所完成的一切，不是人为的就是臆测和欺骗。"强调技术及其人工自然的真实性。为此他在当时被冠以魔术师的称号，其原因就是，一是他偏爱自然科学知识的成果；二是他的技术思想和成就的结果，如他曾提出把数学和透视学运用到技术上，制造透镜和工具，在意想不到的距离上读到最小的字母和计算细尘和沙砾等技术思想。他甚至提到用火镜烧毁敌军，用化学制造一种看不见的气体，给敌军带去传染病。尤为值得关注的是，技术在培根看来不是自在的目的，而是人们为了自己的需要而使用的手段，道德才是最崇高的科学，在使用这种手段时，要服从道德。尽管罗吉尔·培根几近达到了技术的乐观主义境界，启迪了后来的文艺复兴，主张技术目的的非自在性，但就当时的思想界而言，培根仍然不是时代的话语"霸权"，他所阐释的技术乐观主义思想仍然是在神学范式下的升华，在他那里，实验的方法还同神秘主义因素交织在一起，科学还同占星炼金术纠缠在一起，技术的发明掺杂着神话，等等。

正是由于培根的倡导，技术作为这个文明社会的主要组成部分，其作用逐渐显示出来。从磨或钟的渐进积累，内部的部件结构逐步完善，可以看到当时技术缓慢进步不仅成为后来机器体系的萌芽，而且为家庭手工业发展、分工而过渡到工场手工业，进而为资本主义生产方式的萌芽和发生提供了技术基础；这些类似的技术发明与手工技艺为后来近代科学实验的发生提供了必要的技术手段。

第二节　文艺复兴时期的技术哲学思想

一　人文主义思潮中的技术思想

人文主义思潮在欧洲造成了一种宣传新文化、新思想和新道德的空前繁荣的局面。资产阶级关注生产力的发展，关注加强人对自然的支配能力，自然成了人文主义文学和造型艺术的重要对象，这一切势必造成世人对现世生活的关注与投入，而工场手工业的技艺或技术的东西恰恰满足了人们这方面的要求。人文主义思想从人性（人类学视角）出发阐释了技术思想。

首先，人文主义从人的本性出发，从作为不受禁欲主义约束的人的自然生存的需要出发来阐述人类的各种正当要求，开辟了人类发展的新途径。如同人文主义者认同的人类本性的各种需要的客观存在，也必然要涉及手段来满足这些要求一样，手工业的存在、工场手工业的诞生成为人类本能生存的必然，技术的进步和分工的快速发展在那个时代是最能实现人的自然需要和满足资本主义发展要求的重要手段，当时所取得的一系列技术成果就从实践的角度说明了这一点。

其次，人文主义者认为人的本质是理性，即指人可以进行对自然的观察和思考。从这样一种人的理性出发来理解人的本性，人就可以按照理性的指引进行生活、进行思辨，以确定目的，为行动找准方向，然后进行分工和劳动，为人类的需要满足而从事生产劳动。这一方面为人性寻找到了理性的依据；另一方面也积极地讴歌了当时所进行的"伟大的复兴"运动，所以当时的人们以极大的热情投入到他们所认为的建立在理性基础上，并能满足人性要求，还能实现人类理性之光的"伟大的复兴"中去，全面接受了工场手工业时代的到来，技术和工场手工业成为实现"伟大复兴"的手段。

针对中世纪信仰至上的教条，人文主义主张人应当服从自然，提出了人具有理性本质的问题，这"是对中世纪学术荒芜精神，特别是对经院哲学的强烈反叛，这种反叛的轨迹可见于但丁、彼特拉克、薄伽丘等人的（文学）著作中"①。但丁认为人的本性是自由，人的自由本性从本质上说是理性的自由判断力，人类"生来不是像兽一般地生活，而是为了追求美德和知识"②，强调从理性的角度理解人类的技艺性活动，从人性出发以人的理性为指导进行分工劳动和创造性活动，体现了在理性基础之上的积极的技术乐观主义思想。

再次，人文主义者认为人的本质是自由和个性解放。"在'神曲'这一伟大的诗作中，但丁不仅生动地演绎了多玛斯派的幻想，也以至高的价值论证了人类自由所承载的全部文明。但丁业已诚服地接受了这样一个事实，即《经》中的每个故事都令每个人所要面对的自由抉择悬而未决。人如何利用自由决定着他们的命运，如何使用自由是基本的人生剧目。自由是宇宙的中轴点，也是它的创造点。这就是神曲的前提和人的尊严的立足点。"③

文艺复兴在人的本质的规定上，给予人一种解放的人性，虽然这是在神学背景下发生的。以神的名义用艺术颂扬了现实的世俗享乐的个人权利的正当性，这实际上表明"人是决定他的本性而不受任何束缚的自由而至上的设计者"④，既可以从自然当中获取知识，又从自然中获得物质的感性欲望的满足，人把自己的力量表现在对自然的认识和改造上，"文艺复兴在积极提高对自然（它的"秘密"和它的"财富"）的劳动兴趣方

---

① The Internet Encyclopedia of Philosophy, Renaissance, http: //www. iep. utm. edu/r/renaiss. htm.

② 参见冒从虎等《欧洲哲学通史》，南开大学出版社 1986 年版，第 276 页。

③ Michael Novak, The Judeo - Christian Foundation of Human Dignity, Personal, Liberty, and the Concept of the Person, http: //www. acton. org/ppolicy/tech/creativity/.

④ 金生鈜：《德性与教化》，湖南大学出版社 2003 年版，第 3 页。

面迈出了第一步"①，它唤醒了人们开发和控制自然的兴趣。

二　自然哲学对技术的阐释

人文主义思想所关心和着重研究的问题一个是人；另一个就是自然。自然哲学是在进步人士力求了解与征服自然、力求加强人对自然的支配力量的热烈愿望下而产生的，自然哲学把对自然的研究放在首位。它伴随着自然科学的兴起而产生发展，而近代自然科学是在 15 世纪后半叶伴随着资本主义生产的萌芽和发展而形成发展起来的。随着技术的进一步发展，望远镜、显微镜的制造成功，为科学实验和观察提供了新的手段。这一方面为资本主义的发展提供物质手段，为自然哲学的发展提供了基础和前提；另一方面也使人们看到改造自然的技术及其手段的重要性。由于当时自然科学刚刚形成，还没有形成严密的科学体系，自然哲学不免带有思辨的色彩。

1. 达·芬奇

达·芬奇（1452—1519 年）在概括自然科学和技术成果的基础上，提出了具有价值的科学方法论，强调观察和实验在科学研究中的重要性。

（1）达·芬奇从人性及人的理性的视角阐释人类技艺的合理性和技艺存在的本体证明。他说，"经验这一沟通大自然与人类的译员告诉我们：大自然在受制于必然性的凡人身上所做出的一切，都只能以理性这一舵手教它做的那种方式起作用"②。"做"只能按照大自然的必然性教导的那样去做，"做"——技艺的东西存在于大自然当中，人只能按照理性的指引为向导去做，这就从本体论的视角告诉我们技艺的存在及其合理性。

（2）达·芬奇也很强调技术实践以及经验的重要性。他说："有所发明的人，沟通自然和人类的人，好像镜子前面的实物；一味背诵、吹嘘别人著作的人，则好像镜子里面的物影。前者有自己的分量，后者什么都没有，他们对不起自然，看来只不过偶然披上了人形，因而也可以列入万物

---

① ［加］威廉莱斯：《自然的控制》，重庆出版社 1993 年版，第 31 页。

② 达·芬奇：《笔记》，载北京大学哲学系外国哲学史教研室《西方哲学原著选读》（上卷），商务印书馆 1981 年版，第 311 页。

之长罢了。"①

（3）达·芬奇特别强调创造发明的重要作用。他说，"应当有所发明，不可人云亦云"，"那些真正的科学满怀希望，通过五官深入钻研，使争论者哑口无言；他们并不拿梦想来哺育研究者，始终根据那些真实不虚的、人所共知的根本原理一步一步前进，寻着正确的次序，最后达到目的。……如果你说这些真实的学问只有靠手工操作才能完成，所以属于机械知识一类，那我就要说，凡属由文人的手来完成的艺术也都是这样。因此，满怀科学希望的人会根据原理进行发明创造，无论是机械的还是人文的东西都要靠手工技艺操作来完成，不通过技艺活动，就实现不了"。

2. 布鲁诺

布鲁诺（1548—1600 年）的自然哲学中蕴涵了一定的哲学的技术思想。在他的自然观中，以泛神论的形式肯定神与自然的统一，在自然之外不存在一个超自然的人格神，首要的任务是面向自然，揭示和研究自然的本质，为人类造福。

（1）他认为人工自然只是所谓"物质"的某种表现形式。人工自然与"物质"是不能够分开的。物质可以通过"创造"取得各种自然的形式和技艺的形式。同时，"我们必须承认在自然界中有两种实体：一种是形式，一种是物质；因为，第一，必须有一个最高的实体的作用，它包含着万物的积极的潜能；第二，还须有这么一种最高的潜能和基质，它包含着万物的消极的潜能。在前者中有'创造'的可能性，在后者中有'被创造'的可能性"②。用这种思想分析技艺，通过物质实体的积极主动的创造性和具有潜能的基质的结合，物质取得自然的形式和技艺的形式，这必须有创造者和被创造者、主动者和被动者、积极者和消极者，技艺（技术）的制品就只是物质的外在表现形式而已，并不是物质本身所固有，但却离不开物质，物质本身也不具有技艺产品的各种特征。

（2）布鲁诺还认为自然的"形式"限制技术活动，技术活动以自然的本性为根据。布鲁诺说："譬如木工的技艺吧，就其所有的形式说，和

---

① 达·芬奇：《笔记》，载北京大学哲学系外国哲学史教研室《西方哲学原著选读》（上卷），商务印书馆 1981 年版，第 311 页。

② 布鲁诺：《论原因、本原和一（对话三）》，载北京大学哲学系外国哲学史教研室《西方哲学原著选读》（上卷），商务印书馆 1981 年版，第 326 页。

就其全部工作说，它的对象是木头，铁匠的技艺对象是铁，裁缝技艺的对象是布，所有这些技艺都是在自己专有的物质上产生出种种不同的造型、配置和形状，其中没有一种是物质自身所固有的"①。工匠以物质自身的属性为技术活动的依据，创造出人工制品，其特性是技艺作用于专有物质上，而产生不同造型、配置和形状的人工制品，并且具有物质本身不具有的特殊功能；作为一种技艺的活动，离不开制造者的实践行为，以某种具体的物质形式为对象，在专有物质的基础上，通过人的技艺性活动，创造出人工制品。"一个制造者想要制作某物，却没有用来制作某物的材料，一个作用者想要作用于某物，却没有作用的对象，那么这个作用者的存在是不可能的事。"② 在技艺的实践活动中，制造者和材料之间这种对立统一的关系彼此制约，缺一不可。

（3）布鲁诺认为任何人工制品都是技艺和自然"形式"的统一。布鲁诺说："就像木头本身没有任何技艺的形式，而能借助木匠之活动取得任何一种技艺上的形式那样……再者，技艺只能在木头、石头、毛料等这类被自然赋予了形式的东西的表面上进行制作，所以技艺的对象有许许多多，它以不同的方式被自然赋予形式，所以各不相同，多种多样。"③ 自然的物质形式即天然自然的诞生是人工自然产生的前提，后者受前者的影响和制约，自然的具体物质形式规定技术活动的性质和方式，人的技艺性活动是形成人工自然的关键，技艺活动的性质选择了材料，材料的性质也在一定程度上规定了人的活动，二者相结合才有人的技艺性的实践活动和人工制品的诞生，也才有多种多样的"物质"的表现形式——人工制品多样化。

同中世纪相比，包括布鲁诺在内的思想家对技艺的认识更侧重人性的角度，从理性的角度上来颂扬技艺活动的合理性和本体证明，可以称之为技术的乐观主义思潮。

---

① 布鲁诺：《论原因、本原和一（对话三）》，载北京大学哲学系外国哲学史教研室《西方哲学原著选读》（上卷），商务印书馆 1981 年版，第 328 页。

② 同上。

③ 同上书，第 488 页。

第三节　16—18 世纪欧洲的技术哲学思想

在 14—16 世纪，欧洲资本主义关系逐渐形成，封建制度逐渐瓦解，这是欧洲从封建主义向资本主义的过渡时期。这个时期的社会经济状况发生了巨大的变化。生产力发展的需要带动了对自然的征服与改造，产生了以机械世界观为基础的功利的技术乐观主义思想。

一　英国经验论彻底的技术乐观主义

英国哲学的技术思想显得最为突出。恩格斯说："从 17 世纪以来，全部现代唯物主义的发祥地正是英国。"① 英国之所以成为近代唯物主义的发祥地，根本原因是它的资本主义经济发展比较快。也与长期以来英国存在着强烈的唯名论传统有关。

1. 培根实验科学的技术乐观主义

弗兰西斯·培根（1561—1626 年）是英国唯物主义和现代实验科学的真正始祖，是英国资产阶级革命序幕时期的伟大哲学家和政治家。他致力于复兴科学技术，为人类造福，他主张在观察、实验基础上的真正归纳法，倡导"知识就是力量"，依靠科学知识的伟大力量，去认识和利用自然，以便创造人们现实的幸福生活，开启了人与自然关系的理性新篇章。

（1）人类改造自然的技术活动是上帝的启示

培根在神学的名义下提倡改造自然的活动。在培根的思想中，有明显的"双重真理"的观点。马克思指出，培根"用格言形式表达出来的学说本身却反而还充满了神学的不彻底性"②。

①培根从人的道德训律的来源阐释了追求技术活动的宗教根源，承认人类活动的开始是受神灵的忠告。培根认为，上帝给了人类明确的指令，把追求技术当作同情地改善人类艰苦条件、在世上赖以存在下去的一种方法，因为技术知识使人摆脱了所有对技术活动的后果的怀疑。培根的这种

---

① 恩格斯：《社会主义从空想到科学的发展（1862 年英文版导言）》，载《马克思恩格斯全集》第 22 卷，人民出版社 1976 年版，第 334—361 页。

② 马克思、恩格斯：《神圣家族》，载《马克思恩格斯全集》第 2 卷，人民出版社 1976 年版，第 163 页。

主张与普罗米修斯神话的寓意——是科学和技术的知识导致了堕落——有
所不同，培根认为并不是科学和技术的知识导致了堕落，而是有关道德问
题的空洞的不务实的哲学思考导致了技术进步过程中问题的出现，他认为
由于人依照上帝的形象和相似而形成，人被叫来充当创造者；放弃这一天
职反而去追求道德窘境的空谈，只能够带来生活贫穷的惩罚。"不能应用
新的补救办法的人只能等待新的邪恶"，而"人的王国，应建立在科学之
上"①。

②培根从技术结果的实效性上颂扬技术。古希腊理性对技术的看法尤
其是以苏格拉底为代表的怀疑思想与培根所倡导的技术乐观主义思潮形成
强烈的对比，但他们之间的争论并不是简单的赞成或反对技术的派别之间
的争论。苏格拉底给了技艺以合理的但是十分功利的功能，继而指出要获
取任何信任和允诺的确定性所赖以为基础的结果知识是非常困难的，技术
活动被不确定性或风险所限制。他提出"知识就是力量"的口号，实际
上反映了当时资产阶级和新贵族渴望利用科学技术发展资本主义的要求。
他甚至从来不考虑评价技术项目的个别优点，只是总体地对技术加以主
张，认为只要追求技术活动是正确的，就没有必要考虑看似危险的结果，
充分体现了他的技术乐观主义思想。

③培根在思想中倡导的改造自然，所追求的是人类在堕落以后的救
赎。启蒙思想对神学传统的解释的独特性也值得注意。几百年来，上帝创
造了"天"和"地"，并以上帝的形象创造了人，这种信条深刻地影响了
犹太教以及后来的基督教的人类学观念，却从来没有被明确地解释为技术
活动的理由或号召。传统的解释主要集中在灵魂、智力或爱的能力，最早
的把它归因于这种具有技术含义的信条出现在早期文艺复兴时期。而当代
神学认为人是利用技术延伸其创造行为或与上帝一起共同进行创造的观
念，是基于对培根表述的起源说的重新解读。

（2）技术责任

①技术的生存责任。培根认为技术不比智慧地位低，这由它的有用性
决定的。没有技术人当然不能生存，这在当时人所共知。但在当时的英国

① Francis Bacon. Of Innovations. （http: //www. cycnet. com/englishcorner/digest/bacon/ofinno-vations. htm）。

社会存在着一种对机械学科的偏见，在《新工具》中培根谈到，这是因为它偏巧与底层阶级相联系的结果。事实上，智慧性的学科之所以比机械学科拥有优越性，只是因为它们需要有智力并且达到卓越的程度有一定的难度，但当时这种优越性足以由后者大都具有的卓越的有用性加以平衡，正是这种有用性自然地把机械学科降低到了纯机械行为，以便能被大多数人所掌握。

②技术的国家责任。培根坚持认为，"印刷术、火药和指南针的发明对人类所做的益处比历史上所有的哲学争论和政治改革都要大"①。他也承认，一个个人或一个民族追求扩张的力量会是有害的，个人或小的群体很可能会滥用这种技术的力量。但培根说，"如果有人力图对宇宙来建立并扩张人类本身的权利和领域，那么他的野心（如果可以称作野心的话）无疑比其他两项较为健全和较为高贵的。而要说到人类要对万物建立自己的帝国，那就全靠方术和科学了"②。也就是说，如果运用技术和科学的进步追求人类的整体利益，将是十分有益的。

③技术的科学责任。培根认为技术活动的伦理意义不局限于它的社会化影响。他强调技术既是智慧的美德也是道德的美德，因为它是获取真正知识的手段。技术活动对科学进步有贡献的观点所基于的知识理论是培根首先清楚地提出的。他在《新工具》开始的时候首先说，真正的知识只有通过与事物本身的交往才能获得，"赤手做工，不能产生多大效果；理解力如听其自理，也是一样。事功是要靠工具和助力来做出的，这对于理解力和对于手是同样的需要"③。知识是通过积极实验所获取，并最终根据它所能够产生结果的能力加以评价。获得真正知识的手段就是培根直率地指作"对自然的拷打"；如果放任自流的话，自然如同人一样不情愿说出秘密。这种新方法的结果将会是知识和力量的结合④。很显然，培根是认识论上的实用主义。真实的东西就是起作用的东西，"因此我们唯一的希望乃在一个真正的归纳"⑤。

---

①　[英] 培根：《新工具》，商务印书馆1984年版，第103页。

②　同上书，第104页。

③　同上书，第7—8页。

④　同上书，第8页。

⑤　同上书，第11页。

（3）归纳法是基于对形而上学式自然目的论的一种拒绝

培根从经验论出发，拒斥目的论，认为归纳法是真正科学的方法。

①归纳法也应具有普遍性。培根反对经院哲学，主张用经验论来反对经院哲学的先验思想和信仰至上的观点。那时人们普遍相信，只要找到科学的方法，找到科学发现的逻辑，科学家就会事半功倍。培根也认为，为了促进科学技术的发展，最重要的是必须有正确的认识方法，这就是建立在观察、实验基础上的真正的归纳法。同时，要发展知识，不仅要有正确的方法，还要克服知识前进道路上的各种障碍——四种假象：种族假象、洞穴假象、市场假象和剧场假象，以杜绝传统观念中的偏见，达到对客体的认识，在实践中征服自然。归纳法就可以帮助人们发现或发明知识，以便在行动中征服自然。

②归纳法的目的是要发现新知识和新技术并馈赠给生活，使知识造福于人类。培根提倡实用的归纳法并不是出于简单的功利主义目的。他认为科学确立目标很重要，"大凡走路，如果目标本身没有摆正，要想取一条正确的途径是不可能的。科学的真正的、合法的目标说来不外是这样：把新的发现和新的力量惠赠给人类生活"①。"科学的目标是以扩增手段和科学的总量为己任，对真理进行严肃而又严格地搜寻，是发现足以导致事功的新保证和原理的新光亮的真理。""应当着眼于人生的利益和效用，应当本着仁心来完成统治自然的知识"②，使知识造福于人类。

③培根的归纳法为人类的技术活动奠定了理性的依据。培根指出，在占有了一定个人工匠的经验材料形成判断和科学原理时，就会有所发明创造，"一旦把一切方术的一切实验都集合起来，加以编列，并尽数塞入同一个人的知识和判断之中，那么，借着我上面所称作'能文会写'的经验，只须把一种方术的经验搬到另一些方术上去，就会发现出许多大有助于人类生活和情况的新事物"③，有限的工匠技艺及其经验，对于发明创造是有意义的。"然而从这里并不能够希望得到什么伟大的东西"④。因为如果使用简单枚举归纳法，这些原理也是靠不住的。这也就是说工匠的技

① ［英］培根：《新工具》，商务印书馆1984年版，第58页。
② 同上书，第98页。
③ 同上书，第80页。
④ 同上。

艺有其局限性。所以工匠的技艺经验需要上升为一门知识，按照归纳法进行理性的提升，成为一门规则的技艺。那么这种提升必须按部就班，逐渐上升。

④有支配权的主体，自然物是可"分合"的客体。培根主张在机械观支配下的人，可以按照事物的规则做他想做的一切。"人类知识和人类权力归于一；因为凡不知原因时即不能产生结果。要支配自然就须服从自然；而凡在思辨中为原因者在动作中则为法则。"① 培根所说的权力是指人支配自然的权力，当人有了关于自然的知识时才有权力支配自然，自然的知识成为人们行动中遵循的法则，才会在实践中产生结果；而没有关于自然的知识即不知原因时，人类的知识和支配自然的权力分离，也就没有实践结果。"事功是要靠工具和助力来做出的"，因此只要按照事物的规则行事，人类就有权力做他可以做的任何东西，"人所能做的一切只是把一些自然物体加以分合"②。这种"组合"的思想就是在当时的机械自然观支配下所产生的对客体的看法。从培根开始，把自然界当作一个客体来对待，人是旁观者，开始了对客观独立的世界展开能动性的改造的现代性的时代。

2. 霍布斯机械唯物主义的技术乐观主义

霍布斯（1588—1679 年）深受培根的唯物主义思想的影响，利用当时最新的自然科学的成果，把机械力学原理引入哲学，建立了一个与神学相对立的机械唯物主义自然观，并在一元论的基础上建立起近代第一个机械唯物主义体系。

（1）机械力学是技术活动的依据

霍布斯受到新的科学——力学的启发，把宇宙看成是由机械运动的物质颗粒所组成，物质就是物体，是可以分割的对象。他认为社会也是一架具有钟表式装置的机械，当我们要理解一个钟表如何工作的，我们就把它们拆开分解，然后研究各个部件及其属性，接着再把钟表重新组装起来，而通过重新组装使它运转如常。这样我们就认识到这些部件是如何彼此联系的、钟表是如何运作的。而对于社会不能通过真的分解进行认识，而只

---

① ［英］培根：《新工具》，商务印书馆 1984 年版，第 8 页。

② 同上。

能通过想象进行。

（2）哲学的目标是改造自然

在把哲学还看作包罗万象的综合科学体系的情况下，霍布斯提出，"哲学的目的或目标，就在于我们可以利用先前认识的结果来为我们谋利益，或者可以通过把一些物体应用到另一些物体上，在物质、力量和工业所许可的限度内，产生出类似我们心中所设想的那些结果，来为人生谋福利，"①　"……知识的目的是力量，应用定理是为了建立问题，最后，全部思辨的目标乃是实行某种活动，或者使事情做成"②。霍布斯从自然哲学和几何学的效用分析出发，认为从这里面可发现"人类最大的利益，就是各种技术"③，强调理论的东西的实践功用。霍布斯的这种思想在当时特别反映出社会实践生产给人们带来的福利，因此思想家们积极主张将技术应用于社会，以推动社会的进步。

（3）技术是人的本性

根据霍布斯的看法，全部知识分为两大部分，一方面是自然科学；另一方面是政治哲学。每一种知识的分类，都以对存在的事物的分类为基础。霍布斯对知识的这种分类，是根据事物分为自然的和人为的，前者"就是不以人的意志为转移的自然事实或结果的历史"，后者"也就是国家人群的自觉行动的历史"④。在霍布斯眼里，"根本有别于所有的自然事物的，与其说是那些人工制品，不如说是作为人类活动的生产本身，也就是人，即人作为一种本质上是生产性的存在；特别是作为这样一种存在，即他凭借他的技艺，从他的本性着手，塑造出公民或者国家"⑤。这样，霍布斯从根本上强调了技艺对于人类本性的意义，它是人的天然本性，人作为一种生产性的存在，从事技术活动可以说是与生俱来。这从人类学的视角阐释了给技术以本体证明，并赋予其合法的地位。

通过这种解读，我们可以发现霍布斯对与人共在的技术的肯定，并从

---

① 北京大学哲学系外国哲学史教研室：《16—18 世纪西欧各国哲学》，商务印书馆 1975 年版，第 63 页。

② 同上。

③ 同上。

④ 霍布斯：《利维坦》，商务印书馆 1985 年版，第 62 页。

⑤ 列奥·施特劳斯：《霍布斯的政治哲学》，译林出版社 2001 年版，第 9 页。

本体论的视角阐释了他的技术思想，这和他的机械唯物主义思想体系紧密相关。

3. 洛克唯物主义经验论的技术乐观主义

洛克（1632—1704 年）的唯物主义经验论体系是从批判天赋观念开始的，他以个体经验为基础反对天赋观念论，论述了人类知识的起源问题，阐明了技术的观念来自后天的经验。

（1）技术的观念只能来自经验

在洛克看来，探求知识的第一步就要研究观念的来源。为此他提出了白板说：人的心灵最初就像一张白纸，上面没有任何记号和观念，只是由于后天的经验才在上面留下了观念。在洛克眼里，先天没有任何经验和知识，只是由于后天的经验，人们才产生各种知识，因此人们的经验和反省是知识的来源，人们关于事物的观念包括技术观念也是从经验获得。

（2）人工自然与天然自然具有同等的客观性质

关于人工自然的性质，洛克在分析物体性质时给出了回答。洛克对物体的性质进行了分类，他说，"第一种是物体的各个占体积的部分的大小、形象、数目、位置、运动和静止。这些性质，不论我们知觉到它们与否，都在物体里面；如果它们达到足以被我们发现，我们就能借它们获得了事物本身的观念；在人工制造的东西方面，这是很显然的。这些性质我们称为第一性的质。"[①] 人工制造的东西即人工自然同天然自然一样具有第一性的质，即物体具有各个占体积的部分的大小、形象、数目、位置、运动和静止，它们达到足以被观察的程度，人们获得有关它们的各种观念，这第一性的质是客观的，无论物体发生什么变化，它们都与物体不分离。这样在洛克的思想中，天然自然和人工自然本质上没有什么差别，它们具有一样的质。

（3）大自然创造的原因和人工制品制作的原因是一样的

17—18 世纪的自然宗教为反对传统天启宗教，主张把宗教建立在理性的基础上，洛克就属于自然宗教思潮中的激进派。它的理论基础叫"宇宙设计论"，认为大自然的构造和秩序如此惊人的和谐、精巧，这和

----

① 北京大学哲学系外国哲学史教研室：《西方哲学原著选读》上卷，商务印书馆 1981 年版，第 457 页。

人工制造的物品很相似。根据相似的结果推论相似的原因，可以推断：创造大自然的原因一定和制作人工物品的原因相似，即有一种和人的理性相似的伟大的智慧力量设计并创造了宇宙万物，这个万能的智慧力量就是上帝。洛克在这里告诉我们，大自然进行创造的原因和人工制品被制作的原因是一样的，都有一种智慧，这实际上是赋予人工自然和天然自然一样的理性地位。

总之，洛克对与人类共在的技术活动形式的首肯包含在他的思想体系当中，并与天然自然一样，具有客观的性质，这成为他讨论人类认识的起源，讨论简单观念、复杂观念以及讨论物体的性质的本体前提。

二 大陆唯理论保守的技术乐观主义

西欧大陆各国在 17 世纪—18 世纪初出现了唯理论哲学。当时欧洲各国自然科学大踏步前进，力学、光学和天文学取得了重大成就，但总体上仍处于收集材料阶段。他们的唯理论不可避免地带有形而上学性、机械性和社会历史观上的缺陷。在这样的情形下，产生了法国笛卡儿的二元论哲学，荷兰斯宾诺莎和德国的莱布尼兹的唯理论哲学，在技术的态度上也表现出保守的技术乐观主义。

1. 笛卡儿二元论的技术乐观主义

笛卡儿（1596—1650 年）作为 17 世纪上半叶软弱的法国资产阶级的思想家，政治上比较保守。但他为适应资产阶级发展经济的要求，也像培根那样，对阻碍人的认识和生产发展的经院哲学采取了批判的态度。

（1）知识应该用来为所有人谋福利

笛卡儿是一位因提倡他所说的"实用哲学"而产生过巨大影响的哲学家，他认为知识应该用来为所有人谋福利。笛卡儿认为，为了促进科学和认识的发展，必须建立一种以追求真理为目的、又有利于人类征服自然界的新哲学，他称之为"实践哲学"。哲学的主要功能在于应用，在于掌握哲学原理去指导和推动具体科学，使具体科学造福于人类。这正体现了笛卡儿哲学的进步性，即注重实际，反对空谈。在 17 世纪后期，波意耳也阐释过根据实验哲学寻找新的医疗技术的目标。然而在那个时代，科学理论并没有产生过多少有效的医疗技术，二者之间至多有微弱的联系，这些情况一直延续到 20 世纪。我们可以清楚地看到新思想的主张与新思想所能够提供的东西之间的距离有多大。

（2）上帝是技术活动的依据

笛卡儿认为上帝是一切已经存在和即将存在的东西的依据，也就为人工自然的存在确立了本体的宗教依据。他运用普遍怀疑的原则，首先推出的第一个原理是"我思故我在"。这仅是一种手段，以扫除偏见和谬误。其次推出的第二个原理是"上帝的存在"。笛卡儿认为观念既不能从外界，也不能从心灵自己凭空创造出来，只能是从另一些观念产生，即比较不完满的观念是从比较完满的观念中产生出来的，"人心在后来复检其具有的各种观念时，它就发现了一个极其主要的观念——一个全知、全能、全善的神明观念"①，这就是上帝。只有上帝是一切已经存在或将来存在的事物的真正原因。上帝引导着观念的不断完善，而观念是引导行动的，在这一思想指导下，苏格拉底所阐述的补偿性技艺就需要不断地完善，弥补已有技艺的不足，使不完善的东西及其观念向较完善的观念靠近，以向更完善的上帝靠近，但终究达不到那里。这样由不完善的观念向完善的观念的转变导致的技术的进步，正是笛卡儿假借上帝之手为技术活动找到了合法性，上帝是即将产生的一切创造之物的真正原因。

（3）自然有别于人工自然，高于人工自然

笛卡儿认为，"运用人类的技术，可以造出许许多多的'自动机'或运动的机器来"②，但不如上帝所创造的机器，即自然有别于人工自然，高于人工自然。他在《方法谈》中讲到，运用人类的技术所造出来的机器，"所用的零件，比起每个动物体中大量的骨骼、肌肉、神经、动脉以及其他一切部分来，只是很少的一点，因此便把这个身体看做一架机器，这架机器是由上帝的双手造出来的，所以安排的比人所发明的任何机器不知精致多少倍，其中所包含的运动也奇妙得多"③。这明显表明笛卡儿认为自然高于人工自然。

笛卡儿哲学体系所弘扬的理性与怀疑的方法具有革命性的意义，他倡导用理性去怀疑、思考和判断，也只有理性才能发现知识、发现真理，也

---

① 笛卡儿：《哲学原理》，商务印书馆1959年版，第6页。
② 北京大学哲学系外国哲学史教研室：《16—18世纪西欧各国哲学》，商务印书馆1975年版，第154页。
③ 同上。

只有理性的生活才是人所独有的。无论是培根还是笛卡儿他们求助于方法的做法是直接和他们的目的直接相关，方法只是达到目的的手段，其目的就是支配方法的风向仪，这个目的在近代就是对自然的控制。

2. 莱布尼兹唯物主义唯理论的技术乐观主义

莱布尼兹（1646—1716 年）在哲学上提出的理论是单子论，单子是他理论中的一个非常重要的概念，而单子的特性是人能进行技术活动的根据。

（1）组成人的灵魂的单子特性是人能进行技术活动的根据

在莱布尼兹的理论中，单子是只具有质而不具有量的一个精神实体，单子分为等级，构成上帝的单子属于最高等级，它能洞察一切；第二等是构成人的灵魂的单子，具有理性；第三等是构成人以外的其他动物灵魂的单子，不能进行理性思维。最低等的是构成植物的那些单子，特别是构成无机物的单子。每一王国中的各种单子相互间只在知觉能力上存在程度的差别，并不存在本性上的对立。而构成人的灵魂的单子因为不但可以认识由上帝创造的世界，而且可以认识上帝，此外还因为它们能仿造上帝的"作品"，因此它们就最接近上帝。这实际上就是说人可以像上帝那样进行创造活动，不过人从事技术活动，这已是上帝早已安排好的行为。莱布尼兹对与人共在的技术及其活动进行了神圣的宗教核准，给技术披上了合法的外衣。

（2）单子结合到对象中是上帝的创造，它优于人的技术，也优于人工制品

作为只具有质而不具有量的单子何以与物体联系起来的？莱布尼兹说，"每个创造出来的单子都表象全宇宙，它却特别清晰地表象着那个与它关系特密切的、以它为'隐德来希'的形体：这个形体既是以'充实'中的全部物质的联系来表现全宇宙，灵魂也就以表象这个以一种特殊方式附属于它的形体来表现全宇宙"①。莱布尼兹把只具有质的精神实体单子视为能表象全宇宙的形式，通过关系密切的形式中充实着全部的物质关系表现为具体的对象，就把有质没量的精神实体和物质事物挂上钩了，在物的世界里单子就有了存在的形式，他把此也看作是一种创造，当然是一种

---

① 北京大学哲学系外国哲学史教研室：《16—18 世纪西欧各国哲学》，商务印书馆 1975 年版，第 494 页。

上帝式的创造。"形体既然附属于一个单子，而这个单子乃是它的'隐德来希'或灵魂，所以它与'隐德来希'一起构成所谓生物，与灵魂一起构成所谓动物。"它们一起在形体中再现宇宙，这样的有机形体"乃是一种神圣的机器，或一个自然的自动机，无限地优越于一切人造的自动机"①。因此，天然的创造由于其独特的地位，明显地高于人的技术活动，其人工制品的地位也低于自然。

（3）上帝的"技术"和人的技术有明显的差别

莱布尼兹把神的技艺与人的技艺进行对比，并指出二者之间的差异。由神完成的自然的机器从形而上学的地位上高于人造的机器，"因为一架由人的技艺制造出来的机器，它的每一部分并不是一架机器，例如一个黄铜轮子的齿有一些部分或片段，这些部分或片段对我们说来，已不再是人造的东西，并没有表现出它是一架机器，像铜轮子那样有特定的用途。可是自然的机器亦即活的形体则不然，它们的无穷小的部分也还是机器。就是这一点造成了自然与技艺之间的区别，亦即神的技艺与我们的技艺之间的区别"②。这种差别就体现为神造的机器的每一部分都是有机的组成，有其独有的运动及其规律，可以自成为一个更微小的有机机器，并能够反映、表象宇宙，而人造机器的组成部分仅仅是机械的构成。"自然的创造主之能够行使这种神圣而且无限神奇的技巧，是因为物质的每一部分逼近如古人所承认的那样无限可分，而且实际上被无限地再分割，部分更分为部分，这些小部分中的每一个都有其固有的运动，否则便不可说物质的每个部分都能表象宇宙了。"③仅是这样才组成了莱布尼兹的"前定和谐世界"。

3. 斯宾诺莎单子论的技术乐观主义

斯宾诺莎（1632—1677年）作为先进的思想家，建立了唯物的唯理论的哲学体系。他试图站在时代的最前沿，想给人们提供一种新的生活指针，规劝人们树立并实践一种新的人生哲学、新的幸福观：即把对知识的追求，看作心灵的最高幸福，看作行为的"真正的善"，唯有对知识的追求和获得，才可以使心灵"欢愉"，而这种欢愉手段的获得在斯宾诺莎看

---

① 北京大学哲学系外国哲学史教研室：《16—18世纪西欧各国哲学》，商务印书馆1975年版，第495页。

② 同上。

③ 同上。

来离不开技术。

（1）技术是追求人生最高境界的手段

斯宾诺莎的哲学思想体系是以道德上的至善——"人生圆满境界"[①]为出发点和核心，因此，各门自然科学都是用来实现这一目标的手段，"各门科学中凡是不能促进实现我们的目的的东西，我们就将一概斥为无用"[②]，技术的东西若是有用的话，那么我们也应当接受，为此他用举例的方法阐释了技术手段对于人生最高境界追求的必要性。他认为，"制造认识的工具与制造物质的工具相同，关于后者，也可用同样的方式来辩论：因为要想炼铁，就必须有铁锤，而铁锤也必须经过制造才有。但是制造铁锤又必须用别的铁锤或别的工具，而制造这种工具又必须用别的工具，如此递进，直到无穷"[③]。这种没有一下找到最有用的工具的方法需要不停地去弥补或纠正，就如同没有找到真观念的方法一样，都是没有认清知识的真观念从而导致陷入寻找工具的无穷循环中。

（2）技术应当有所节制，技术对自然不能无限地利用

尽管技术对于实现人生圆满境界非常有用，但斯宾诺莎认为这种技术性的活动不能无限制地、无节制地发展下去，应以维持生命和健康作为其限度。人有趋利避害的本性，他可以根据实际的需要，不断地改进和制造工具，使人在自然面前运用智慧能轻松地劳动和生活，这表明斯宾诺莎对技术的进步持有乐观的态度，并认为这种技术性的活动对于人类具有重大的价值，对技术的无止境进步也持有技术乐观主义态度，而不是怀疑的，坚信技术会带来一个确定的结果，恰如理性的认识工具一样。但是需要对人的欲念进行有节制地限制。

第四节　工业革命时期到 19 世纪
中叶哲学的技术理性主义

18 世纪开始的工业革命，使技术从人类历史发展的后台走上了前台，

---

① 北京大学哲学系外国哲学史教研室：《16—18 世纪西欧各国哲学》，商务印书馆 1975 年版，第 232 页。

② 同上。

③ 同上书，第 236—237 页。

迎来了大工业化的时代，在 19 世纪中叶以后，又出现了以电气技术为中心的新的技术革命，近代技术和近代在工业的发展，使社会生产力水平有了空前的提高。在这样一种技术背景下，人与自然的关系就发生了巨大变化，人类可以利用现成的自然材料制造出自然界本来没有的人工自然，在这一时期，形成了法国启蒙运动和百科全书派哲学的乐观主义技术思想（狄德罗、爱尔维修、霍尔巴赫等）、浪漫主义技术思想和德国古典哲学的理性技术思想（从康德到黑格尔），甚至还有这一时期技术史关于技术的整体研究。他们从理性的、人性的角度阐述技术在社会历史生活中的作用。但这些阐述仍然停留在传统哲学的领域内，却为后来的马克思技术哲学和卡普的技术哲学的产生提供了理论来源。

一　法国启蒙时期唯物主义者的技术哲学思想

法国启蒙运动初期正值欧洲资本主义手工工场迅速发展壮大的时期，这个时期的启蒙理性是 17 世纪的哲学与科学的精神继续，它把洛克的经验论和牛顿力学奉为理性的样板，作为衡量其他一切的标准，具有激进的批判和否定的精神。同时随着对技术作用的进一步思考，18 世纪法国哲学家的启蒙思想开始把握技术对人和社会的双面的作用。

从技术哲学的角度看，早期的启蒙思想家有伏尔泰、卢梭；较晚的以百科全书派为代表，而卢梭的思想则对技术表现出独具特色的浪漫主义的不安，其他的思想家对技术具有较深刻的认识，并表现出对技术的功利的乐观主义思想。

1. 伏尔泰启蒙的乐观主义

伏尔泰（1694—1778 年）是 18 世纪上半叶法国资产阶级启蒙运动的一位领袖人物，在当时的启蒙思想家中很有代表性。他从法国大资产阶级要求发展资本主义生产的愿望出发，对技术表现出本能式的肯定，并从人类学的角度阐述了技术的乐观主义思想。

（1）技术的意志

18 世纪启蒙时代的自由神论认为上帝是一位聪明的创世技师，他创世就像瑞士钟表匠一样。伏尔泰也是如此，在他的自然神论中认为这个神圣的钟表匠是世上一切奇迹的创造者，他一劳永逸地创造了宇宙间万事万物，为它们制定了规律，便放手让它们永恒地运行，而人类就可以模仿自然进行创造。技术的发明和创造出于生存的本能,并且是偶然的。

伏尔泰从机械论出发,把上帝看作宇宙的第一推动者和规律的制定者,但是他从来都否定上帝存在证明的可靠性,"有一个神这一命题并不能给我们一个关于神是什么的观念"①。这样一个上帝的存在与否,只是出于理论和实践两方面的需要而已,人们可以按照规则从事人的自由的行动,进行技艺的活动就足以了。伏尔泰从人性的生存本能出发肯定了技术对于生存的意义。但从其态度上看对技术的智慧有所非议,认为技术是出于人的本能生存,而不需要什么更高的智慧。由于技术的机械本能而导致伏尔泰对技术的轻视,这一点正像培根所说,由于技术的机械本能性造成人们对技术的偏见。

(2)技艺造福人民,理论要和实际应用相结合

伏尔泰认为在各种社会生活中,技艺的创造活动居于较高的地位,而且技艺活动有助于人类的幸福生活,"再高一层,就是艺术和技巧,它们并不要求'大智慧',它们却适合于全体人民,并使人民勤劳过活"②。他强调科学研究要和实际应用相结合,"平凡的技艺创造,科学家的发明,文学的高贵造诣;这一切的总和都是用来改善人类的生活和提供丰富而柔软的、适合我们消化能力的食粮"③,无论是技术上的创造还是精神食粮的创造,在伏尔泰看来都是以现实生活中的人为目的,来满足人类精神生活和物质生活的需要。而科学的研究也有助于全人类的幸福。伏尔泰主张科学研究与生产实际的密切结合,认为这会给人民带来更大的幸福。这种主张符合当时科学与技术关系的进一步结合的强劲势头。

(3)理论研究的限度应以实用为界限

伏尔泰认为,尽管理论应和生产实践相结合,但是理论的研究并不是没有界限,而应以实用为目标。他说:"物理学家们和几何学家们尽可能地把实际应用和纯理论的思考联系起来,这会有好处的。会不会有这种情况:给人类智慧以最大荣誉的东西往往是最没有用的东西?……所有的技艺的情况都差不多是这样的。"④ 伏尔泰坚持认为有一种纯理论虽然能得

① [加]威廉莱斯:《自然的控制》,重庆出版社1993年版,第31页。
② [法]伏尔泰:《哲学通信》,上海人民出版社1986年版,第9页。
③ 同上。
④ 同上书,第115页。

到巨大的荣誉，但却是没有用的。因此，这里面伏尔泰又给技艺的发展和理论的研究提供了一个实用的限度，如果"超过这个限度则那些研究只不过为着好奇心而已：那些精巧而不切实用的真理仿佛是离我们太远的星辰，它们不能给我们光明"①。他是指那种纯代数类的智慧，此种智慧被授予最大的荣誉，却是离人类太远的星辰，他认为是"毫无用处"，可以放弃。这里伏尔泰完全从实用的功利主义角度出发，认为科学研究的限度应以实际的应用为限度，这有陷入实用主义的倾向。

在伏尔泰的思想中体现着历史的进步观，技术的进步支撑社会历史的进步。

2. 卢梭怀疑的浪漫主义

浪漫主义是一个多维度的现象。一方面，它是人本性中的一种恒久的倾向，即不同的时期表现不同的自我；另一方面，它是 19 世纪文学和思想的特殊表现。实际上浪漫主义是对现代科学的反应和批判。与 17 世纪的机械论不同，浪漫主义主张有机宇宙论，它反对科学的唯理性，声称想象和感觉具有合理性和重要性。从卢梭来看，浪漫主义也可以解释为是对现代技术的一种追问——是在具有自我意识层面的对技术的追问，它反映的是对好坏聚于一身的技术的不安，这既有别于古代怀疑主义也有别于技术乐观主义，同时表现出了两者的特异结合。

（1）浪漫主义关于技术的意愿

卢梭（1712—1778 年）从自然哲学和机械哲学的角度阐述了技术的起源和本质。他说："我认为人这部机器也完全一样（指大自然赋予它意识，让它能自己上发条，并能在一定程度上保护自己），但人与其他动物有一点不同，即在野兽的活动中，大自然是唯一的施动者，而人则也能以自由施动者的身份参与他自己的活动。人自由自在，随心所欲。"② 也就是说追求技术的意愿来自于自然，技术是人的自然生存状态，人依靠自己自由的本能，与自然界打交道，进行改造自然的活动。"人最初的关怀是对于自己的生存的关怀。土地的各种产物为人提供了一切必要的援助；本

---

① ［法］伏尔泰：《哲学通信》，上海人民出版社 1986 年版，第 115 页。

② 让－雅克·卢梭：《论人类不平等的起源和基础》，广西师范大学出版社 2002 年版，第80 页。

能引诱他去利用这些东西。饥饿和其他的欲望，使他轮流领略了各种各样的生存方式，其中有一种是引他去传种的。这种盲目的倾向由于缺乏内心的感情，只不过产生出一种纯粹动物性的行为。"① 这种作为生命本能的生存——技术，体现为最初的进步，终于使人能够获得一些更加迅速的发展。

（2）农业技艺的本能说

卢梭从人的本能生存出发，阐释了农业技艺产生的本能说。"大自然让野蛮人只受本能支配，或者更确切地说，还赋予野蛮人某些器官能力以补偿其本能上可能缺乏的东西，这些能力起先能够弥补所缺，然后又能使他大大超越本能，把他大大提高到本能以上。"② 人的生存要依附自然，人本身就有缺陷，大自然在一定意义上给人以器官，补偿本能的不足，以增强他的能力，能力又大大超出本能，技艺加强人的本能，本能促进技艺的提升。卢梭在他的人的自然状态理论中强调人的自然生存，从人的本能生存出发解释人的各种技艺，包括农业生产技艺，如果不是出自生存的本能，那只能是神启的。对神启的这样一种观点，卢梭显然是持反对态度的。因此，像农业这种技艺对于人类来说是一种本能，必不可少。

（3）自然是通向人工自然的桥梁

卢梭把自然看作是通向人工自然的钥匙。他说："人们就只知道火山爆发这种特殊情况了。在这种情况下，熔融的金属矿物质从地下涌出，观察到这种现象的人就受到启发，开始模仿大自然的这种行为"③，而不把人工自然看作通向自然的钥匙。机器是减弱的生命形式，而生命不是复杂的机器。在卢梭的思想里，自然不再主要根据稳定形式被认知，自然现实被当作有过程有变化的形式来对待。对于启蒙运动时期而言，自然和人工自然，在其最高的现实水平上，两者都展示出各个方面的机械秩序，各个部分之间的结合在欧几里德几何中已得到完好描述的数学关系。这种现实的形而上学特性是显而易见的。对于浪漫主义来说，不论是自然还是人工

---

① 北京大学哲学系外国哲学史教研室：《18 世纪法国哲学》，商务印书馆 1979 年版，第 154 页。

② 让－雅克·卢梭：《论人类不平等的起源和基础》，广西师范大学出版社 2002 年版，第 82 页。

③ 同上书，第 115 页。

自然，它们的形而上学现实的最好的表述不是通过稳定性或排序良好的形式，而是通过过程和变化，尤其是通过新的达到崇高或淹没一切的美学范畴加以理解。这样可能的结论就是人的技术行为是对大自然的模仿，也只能是对大自然运动过程的效仿，而不能有所超越。也就是说，人的技术行为不能制造出大自然所没有的东西，大自然不能创造的，人也不能进行创造。这是卢梭思想中的一个方面。

（4）技术的道德特性的矛盾心理

卢梭的批判风格早在工业革命之前就已经形成，他的论点直接回击了其他哲学家们表达的观点。在他 1750 年所做的《论科学与艺术》中，明确对技术和科学提出了批判，他认为即使是科学理性，由于情感的转移，也会削弱采取果敢行为时所必须的决心和义务。但是在谈到美德时，卢梭明确地赞扬培根是"最伟大的哲学家"[1]，由于赞同培根的思想，他盛赞那些能够在世上果敢行动，为自己的利益改变世界的人。他说，在文明的国家，"漂亮的文章就有千百种奖赏，美好的行为则一种奖赏都没有"[2]。在此他又颂扬人为了自己的利益而进行的行为，对培根主张的技术活动表现出极大的赞同，对于夸夸其谈、不务实际的作风进行了讽刺。

（5）技艺促进人类不平等的产生

卢梭从他的社会契约论出发，以人的自然生存状态为出发点，阐述了技艺的东西也是促进人类产生不平等根源的思想。他假想人类处于独立的生活状态，只是随着技术的发展，有了专业化的社会分工才出现的。随着技术的增强，不平等的现象就越发严重，"劳动力最强的人干的活最多；技术最熟练的人劳动生产率最高；头脑机灵的人能找到降低劳动强度的办法；农业需要更多的铁制农具，或者铁匠需要更多的粮食。这样，在劳动量相等的情况下，有人可以得到许多报酬，有人则可能难以糊口。自然的不平等就这样随着措施的不平等一起渐渐显露出来"[3]。技艺的进步就为这样一种不平等起了促进作用。卢梭的这一思想有其合理性的一面，他看到了技术或技艺的进步与分配之间有一定关系，这是合理的，但他把技艺

---

① ［法］卢梭：《论科学与艺术》，商务印书馆 1997 年版，第 35 页。

② 同上书，第 31 页。

③ 让－雅克·卢梭：《论人类不平等的起源和基础》，广西师范大学出版社 2002 年版，第 117 页。

的进步所带来的财富分配不公当作是社会不平等产生的根源，则没有找到社会不平等的真正根源。

3. 狄德罗等百科全书派的技术思想

18 世纪的百科全书派达到最彻底的唯物主义高度，与无神论相结合，抛弃了宗教的外衣，成为唯物主义发展史上的第二种形态——机械唯物主义的最典型的表现和最高成就。以狄德罗、爱尔维修和霍尔巴赫为代表，编撰出版了《科学、艺术和工艺百科全书》，阐释了唯物主义和无神论的思想，其中蕴涵了很深刻的技术思想，尤其是狄德罗，对技艺的反思反映了当时机器时代的技术的蓬勃发展，也反映了技术革命时期的哲学家对技术的认识，充满了理性的乐观主义。

（1）更强调技术理论与技术实践相结合

狄德罗把艺术完全等同于技术，并且认为作为艺术门类的技术有理论部分也有实践部分，这两部分需要结合。他说："而理论都是关于艺术的非操作性规律的知识；这些实践都是对同一艺术的规律的习惯的、技巧的应用。"[1] 这两者有必要结合起来，并说："没有理论想要大大推动实践，或者相反，没有实践想要成为理论家，这倘如不是完全没有可能的话，至少也是十分困难的"[2]。单靠经验或单靠理论都各有长处，也各有缺点，都不能解决各自的困难，因此技术理论要和技术实践相结合。"在所有艺术中，总是有很多与材料、工具与人工有联系的不可预测的事情产生，这些只有靠经验来解决，正是如此实践，才使各种困难和情况表现出来。而理论则是对此情况作出解释，并解决困难。"[3] 对于生产实际中的困难的解决，理论本身并没有发言权，它只有和实践相结合，才能解决技术中的问题。他认为，即使是能够前后关联的、有逻辑思维的艺人，也几乎没有希望能够将自己那门艺术讲清楚。因此技术要和理论相结合。

（2）机械艺术优于自由艺术

狄德罗把人类的艺术活动分为自由艺术和机械艺术，自由的艺术是指用脑多于用手的技艺活动，机械艺术指用手多于用脑的技艺活动。他更强

① 让-雅克·卢梭：《论人类不平等的起源和基础》，广西师范大学出版社 2002 年版，第117 页。

② 同上。

③ 同上。

调机械艺术不低于自由的艺术。他自己认为这种分法会起到一种不好的作用，"就是贬低了一些很有价值、有经验的人，并促使了我们的某些天然惰性，它使我们更容易轻信：常常不间断地让人从事于实践活动，特别是与可直接接触的物质对象有关的实践活动，会有损于人类的尊严"①。这种偏见促使城市中充满了傲慢的理论家和无用的思想家，产生对机械技术的偏见。其实，狄德罗认为，像那些在英国发明了织袜机、在热那亚发明了织丝绒机、在威尼斯发明了制玻璃机的人，他们对于国家的贡献，并不逊于那些能够攻城斩将的人。而且在哲学家眼里，他们比其他人功劳更大。

（3）技术以自然的机械性为基础、以创造出人工自然为目标

狄德罗认为人类的技术活动是以自然为基础，以创造出特定的人工自然形式为目标。他说，"工具和规矩就好像手臂上的额外肌肉、大脑的附加物，不管哪种艺术，或哪一个使各种工具和规矩为同一目的而一起工作的系统，将它的一般目标限定为某样明确的形式，加在自然所给予的基础之上"②。不过"人仅仅是自然界的佣人或对自然进行阐释，他的理解也只是以周边事物的经验与知识为限"③，而不能用超意志的理念解释自然界。人类的技术活动建立在自然的基础之上，并且以经验以及经验内的知识为限度，进行改造自然的活动，而用臆想的非理性对自然认识和改造都没有现实的根基。狄德罗的这个思想深受当时机械形而上学和经验论的影响。

（4）技艺是对大自然的模仿

狄德罗认为大自然本身的运作是按照一定的规则按部就班一步一步地发展，"自然在它的动作中是顽强而且缓慢的。不论是谈到远离、接近、联合、划分、软化、紧缩、硬化、液体化、溶解、消化，它总是以最不显著的步伐向它的目标前进"④。这里狄德罗谈到了大自然的目的性问题，

---

① 让－雅克·卢梭：《论人类不平等的起源和基础》，广西师范大学出版社 2002 年版，第117 页。

② 同上。

③ 同上。

④ 狄德罗：《对自然的解释》，载《狄德罗哲学选集》，商务印书馆 1981 年版，第 63—64、81—82 页。

实际上他是指大自然按照其固有的规律最后产生了天然自然物，这就是所谓大自然发展的目标，并不是像亚里士多德的纯形式那样成为事物运动的动力因和目的因。而人类在大自然当中进行活动效仿大自然，以逼近大自然为目标，如若"不企图更严格地模仿自然，艺术的产品将是平凡的、不完善的和软弱的"①。狄德罗认为技艺本身是对大自然的模仿，衡量人的技术活动好坏的标准是模仿自然的程度。

（5）技术应由哲学智慧引导，实现与自然的内在统一

狄德罗认为，由于人的急功近利性的企图及其行为结果，导致了模仿大自然时出现了与大自然相违背的东西。他说，"艺术则总是匆匆忙忙，闹得筋疲力尽，并且时作时辍，自然用了若干年才粗粗地制造出金属。艺术却想要在一天之内就使它们达到完美的地步。自然用了若干世纪才形成宝石；艺术却要在顷刻之间就来仿制它们"②。人总是以加速自然的发展为目的来模仿大自然，其结果是不完善的。为此人应该懂得运用自然，"如果以为以运用时间乘作用强度所得的积既然是一样，其结果也将是一样，这就错了"③。大自然是如何运作的，人的效仿也当如此，人"只有一种按部就班的、缓慢的并且继续不断的运用，才会使事物起变化。一切其他的运用都只是破坏性的"④。人结果恰恰就这样做了，所以吃了很多苦头。为此，从最终有利于人民来说，还应当尊重哲学，"研究哲学的真正的方式，过去和将来都是应用理智于理智；应用理智及实验于感觉；应用感觉于自然；应用自然于工具的探索；应用工具于技术的研究及完善化，这些技术将被掷给人民，好教人民尊敬哲学"⑤。

二 德国古典哲学时期的技术哲学思想

1. 康德实践的技术理性主义

康德（1724—1804 年）把毕生献给了理论上的追求，著有著名的

---

① 狄德罗：《对自然的解释》，载《狄德罗哲学选集》，商务印书馆 1981 年版，第 63—64、81—82 页。

② 同上。

③ 同上。

④ 同上。

⑤ 同上。

《纯粹理性批判》《实践理性批判》和《判断力批判》三大批判著作。《判断力批判》在另两大批判之间起桥梁作用，判断力是理论理性和实践理性的中介，它填塞了认识与实践、科学与道德之间留下的鸿沟。在康德所建立的"艺术王国"里，阐述了技术思想。

康德哲学的技术思想主要有以下几方面内容：康德区分了两种实践的概念，并指出了二者的区别和联系；技术实践有目的，而结果可能是人无法预料的，却有功利性的结果，并且召唤人们进行这种活动；技术实践仅是人的主观合目的性的客观化比拟；"艺术"（审美的艺术、生产的技术）目的的理性依据是审美判断力；人工技术物是"艺术"内在目的和外在目的的对立统一。康德通过"艺术品"的内在目的和外在目的的转化，似乎在告诉我们这是实现人与自然和谐统一的可能更加适度的形而上学依据。

（1）"实践"概念中的"技术上的实践"

康德区分了两种实践的概念，一是"技术上实践"；二是"道德上实践"，并指出了这两种实践的区别和联系。首先，"遵循自然概念的实践"属于现象领域和认识论，是人们认识和改造自然的实践活动；而"遵循自由概念的实践"属于物自体领域和本体论，是人们运用道德法则处理相互之间关系的实践活动。其次，它们之间也有相同的原则：即意志，"意志是那种按照概念起作用的原因；而一切被设想为通过意志而成为可能（或必然）的东西，就叫实践上可能（或必然）的，……就实践而言在这里还没有规定，那赋予意志的原因性以规则的概念是一个自然概念，还是一个自由概念"①。也就是说，赋予意志以根据的规则一个是自然，另一个是自由。作为欲求能力的意志是在自然和自由两个规则（规范）引导下，才会有所谓"意志"的实践的必然（或可能）。既然如此，那么理论哲学和实践哲学的各自独特的东西就被析出了。康德说："如果规定这原因性的概念是一个自然概念，那么这些原则就是技术上实践的；但如果它是一个自由概念，那么这些原则就是道德上实践的。"② 这样技术实践和道德实践的概念就被康德清楚地划分并明确地提了出来，并指出了二

———————————

① ［德］康德：《判断力批判》，人民出版社 2002 年版，第 6、29、146、147、222、223 页。

② 同上。

者的区别。再次，"技术上的实践"原理适用于"遵循自然概念的实践"，而"道德上的实践"原理适用于"遵循自由概念的实践"。前者是感性的、经验的，后者是超感性的、抽象的。在一定意义上讲，后者还是指导人行为的一个弱纲领。

（2）关于"艺术"的认识

康德把生产技术活动统称为艺术，而且这种活动有理性依据。康德说："我们出于正当的理由只应当把通过自由而生产、也就是把通过以理性为其行动的基础的某种任意性而进行的生产，称之为艺术。"① 康德说这种生产技术活动必须有正当的理由，也就是说有理性的依据，这种理性的依据来自于自由。艺术既包括我们所说的艺术，也包括我们所说的技术生产。从古希腊到康德这里，都认为"艺术"或者"技艺"，它们都有理性的依据，不是一种没有理性依据的盲目行为。

①康德认为艺术活动本身是有目的的，而结果可能是人无法预料的

康德认为"艺术"活动本身是有目的的，而结果可能是人无法预料的。"产生这产品的原因料想到了一个目的，产品的形式是归功于这个目的的。"② 生活中，看到某种人工产品，就会看到人工制品中所包含的目的的存在，目的先行于技术活动，"即这事物在其中的一个表象必须先行于它的现实，而这表象的结果却无须正好是被思考的"③。技术的目的指导技术活动，但是技术活动的结果可能是一个不依人的意志为转移的东西。康德看到了技术活动结果的客观性，这实际上也暗含了技术的异化的思想。技术的结果并不一直完全如人所愿，有时其结果对于目的而言，是南辕北辙。

②康德认为"自由艺术"与"雇佣的艺术"不同

康德讲的"雇佣的艺术"就是指我们所说的技术活动，它能给人们带来功利性的结果。他说，"艺术作为人的熟巧也和科学不同（能与知不同），它作为实践能力与理论能力不同，作为技术与理论不同（正如测量术与几何学不一样）"④。在这个意义上，"艺术甚至也和手艺不同，前者

---

① ［德］康德：《判断力批判》，人民出版社 2002 年版，第 6、29、146、147、222、223 页。

② 同上。

③ 同上。

④ 同上。

叫做自由的艺术，后者也可以叫做雇佣的艺术"。康德认为"雇佣的艺术"是一切艺术活动中必不可少的，"它能够作为劳动，即一种本身并不快适（很辛苦）而只是通过它的结果（如报酬）吸引人的事情，因而强制性地加之于人"①。这种艺术就是我们所说的技术。康德认为无论哪种艺术，都少不了这种"雇佣的艺术"，他说，"当在一切自由的艺术中却都要求有某种强制性的东西，或如人们所说，要求有某种机械作用，没有它，在艺术中必须是自由的并且唯一地给作品以生命的那个精神就会根本不具形体并完全枯萎"②。

因此，根据康德的思想我们可以知道，在所有的人类各类艺术活动中，从低级到高级，都离不开最简单的手工业和生产技术劳动，它们是人类最基本的生存活动，更是从事艺术活动的基本条件，而且是从事其他一切活动的基础。在这里康德看到了人类的基本生产实践活动对于整个人类各种生活的意义和作用。虽然没有像马克思那样得出生产实践是最基本的人类活动的结论，但在一定意义上他仍揭示了最基本的技术实践活动对于人类从事其他活动的重要意义。

③关于"艺术"的目的

康德的艺术的目的论思想，是在他的自然目的论思想统辖下阐述的。康德对艺术含义从广义上加以理解，既可以指大自然的作品也可以是艺术家的作品，还可以是工艺的和技术的制品及其活动。

康德指出了"艺术目的"的理性依据是审美判断力。他认为，自然的目的论本身是不能有任何先验根据的，而自然事物的"目的论判断力"是以审美判断力为基础，因而自然的目的论也就具有了先验的原则，即审美判断力的先验原则。它"已经使知性对于把这目的概念（至少按照其形式）应用于自然之上有了准备以后"，才能"为理性起见来使用目的概念"③。也就是说，从康德来看，当审美判断力把可经验的对象当作是在形式上与主体的认识能力具有合目的性以后，才产生把经验对象当作客观质料上是合乎目的的目的论思想。

①　[德]康德：《判断力批判》，人民出版社 2002 年版，第 6、29、146、147、222、223 页。

②　同上。

③　同上。

　　康德从自然的内在目的和外在目的的划分出发，探讨了人工制品的目的问题。康德把自然的客观目的性分为外在的和内在的两种。从自然的内在生长动因来看，人工制品的目的属于外在目的性，然而在一定意义上来看它又具有内在目的性。因为从整个大自然来看，它服从于整个自然系统自组织的内在目的性，因此在人工制品问题上康德的态度是内在目的和外在目的之分具有相对性。内在的目的性是指把自然看作是以自身为目的，把它的各个部分及其周围的自然物都看作是它自身（作为一个整体）的手段，这是绝对的自然目的论判断。外在目的论是把自然物看作是另一个自然物的目的，这只是相对目的性，永远追溯不到一个最终目的。

　　康德举钟表的例子来说明人工制品的内外目的转化的问题。从人的目的性来看，自然物和人工制品可以"被设想为工具（器官）"，而真正的自然内在目的性"是作为一个把其他各部分（因而每一部分都交替地把别的部分）产生出来的器官，这类器官决不可能是技艺的工具，而只能是为工具（甚至为技艺的工具）提供一切材料的自然的工具：而只有这样，也只是因为这，一个这样的产品作为有组织和自组织的存在者，才能被称之为自然目的"①。正是因为在人工制品中融入了一个外在于自然的人的目的性，不是从自然本身的目的出发，表面上看来就偏离了自然统一的有机的目的系统性。他又举钟表的例子来说明人工制品的外在目的性，"一个部分虽然是为了另一部分的，但并不是通过另一个部分而存有的。因此产生该部分及其形式的原因也不包含在自然（这个质料）中，而是包含在外在于自然的一个存在者中，这个存在者能够按照一个通过他的原因性而可能的整体的理念起作用"②。于是这个外在目的就转化为内在目的。

　　因此，艺术品虽然实际上是由一个外来理智把合目的性原理加到自然物中，但这种加入看起来必须是同自然本身自组织的合目的性产品相类似，尽最大的可能不露人工的痕迹，以符合自然，所以艺术品中已经启示了一种自然的内在合目的性原理，只是人们已经理智地意识到这实际上仅

————————————

　　① ［德］康德：《判断力批判》，人民出版社 2002 年版，第 6、29、146、147、222、223 页。

　　② 同上。

仅是在主观形式上外在地运用着这一原理，意识到艺术品只是人工产品而已。这启示我们在人工自然问题上应该并可以实现内在目的与外在目的的现实结合。康德通过"艺术品"的内在目的和外在目的的转化，似乎在告诉我们，人与自然是能够做到从内在到外在的统一，二者和谐相处，实现天人合一。

总之，康德对艺术品或人工制品的目的论的分析，使我们看到人工制品的目的有以下特征：它是在与整体的有机关联中才能存有；从自然的有机系统来看，人工制品具有自然的外在目的性；从理智即人的目的尽可能接近自然的目的来看，人工制品只有更符合自然的自组织的内在目的性才与之产品相类似，所以人工制品中也应体现一种自然的内在目的性原理。康德从理性的角度揭示了人工自然与天然自然的一致性，二者从目的论来看并无实质上差别。通过他关于实践的两种概念的分析，可以看出在康德的时代，技术已经与古典哲学家所重视的道德并驾齐驱了，成为规范人的行为和社会运行十分重要的因素。康德在他的艺术王国中实现了他所畅想的那种认识和实践的沟通。

2. 黑格尔辩证的技术理性主义

黑格尔在阐述他的整个思想体系时，对于改造人类自然的技术充满了理性的认识，间接地包含了对技术的哲学反思，并将其纳入到他的整个哲学思想体系中。

（1）黑格尔哲学的技术思想综述

黑格尔在《精神现象学》《美学》《逻辑学》《历史哲学》《小逻辑》以及《法哲学原理》等著作中阐述了有关哲学的技术思想。康德哲学中的"目的论"思想在黑格尔的哲学的技术思想中有了进一步深入地阐述，但在不同的著作中各自阐述的重点内容不同。在《精神现象学》中重点阐述了"绝对精神"在"自然宗教"阶段，"工匠"所扮演的重要角色和技术与人的意愿由分离到统一的过程，揭示技术的双重性；《美学》重点是从理想状态阐释了由人的技术活动而产生的天然自然与人工自然相统一的思想，还讲了自然的人化和人的自然化双向运动以及在资本主义社会下所造成的工人与其技术产品分离的问题，在一定程度上指出了技术的本质；《逻辑学》中大量阐述了人与技术的关系，被列宁称为具有历史唯物主义萌芽的典范，揭示了技术的本质；在《历史哲学》中，谈到了在目的和工具之间地位高下的比较。黑格尔哲学的技术思想之深刻和伟大，对于技术认识的理性提升，对于技术哲学的诞生起着承前启后的作用，成为技术哲学诞生的更为直接的哲学史前提。在他之后，技术哲学的诞生成为必然。

（2）黑格尔哲学中的"工匠"

"工匠"是黑格尔哲学"绝对精神"自我发展、自我认识的一环。在其发展过程中，实现技术与人的意愿从分离到具体的、现实的结合。技术是自然与人统一的基础，它是从主体的需要出发，根据客体的性质改变环境，使之适应人的需要的、主体的技能性活动或手段。技术是一种目的性的工具。技术目的分为内在目的和外在目的。目的性是从机械性和化学性中发展而来，它通过手段（工具）和客观性相结合。工具比由工具制造出来的东西更尊贵，人在合目的性的活动中能证明自己的观念的正确性。黑格尔对技术本质及其性质的理性提升，对于现代技术哲学的诞生起着承前启后的作用。

① "绝对精神"发展中的一环——"工匠"

从黑格尔的整个哲学体系来看，"绝对精神"要实现自我认识，要经过多次否定，在技术这一环节也要体现"绝对精神"的目的性支配，这是绝对精神自己认识自己之必须。他在《精神现象学》中讲到"精神"之"宗教"时，就谈到了"工匠"一节，借此来阐述"绝对精神"在自我否定的发展过程中体现为工匠的精神及其作品的过程，以说明"精神就向着在自我的形式下自己认识自己的方向过渡"，人工制品和工匠的精神成为"绝对精神"的体现。黑格尔阐述了精神的否定之否定的发展过程，在这个过程中，劳动者的自我的"精神的意识因此现在既是超出那直接的自在存在又是那超出抽象的自为存在的运动"①，精神的意识可以渗透在客体中（其一就是人工制品），使客体实体保持精神的永久性的存在。那么，人工制品就是对直接的自在存在即天然自然的否定（不过在黑格尔那里，自在存在本身就体现精神，就是精神的产物），又是对抽象的自为存在的（抽象的目的）否定，它改变了天然自然，也实现了抽象的目的，使目的客观化，于是就在直接的存在中把直接的自在存在与抽象的自为存在超越了，而实现了二者在人工自然（制品）中的统一。黑格尔站在唯心

____

① ［德］黑格尔：《精神现象学》下卷，商务印书馆1997年版，第190—195页。

主义的立场上"天才"地猜测到技术的双重属性：技术活动或人工制品要受到精神的支配，同时也要以自然存在为前提，受到自然的限制。

②目的与技术的分离和统一

黑格尔把工匠的技术制造活动当作一个联系密切的"过程"，在"绝对精神"的自我发展过程中，实现技术与人的意愿的分离和具体、现实的结合。

分离 黑格尔认为在工匠的行为中，有"绝对精神"在里面体现，因为这个"精神就表现为工匠"①，通过工匠的行为使自己得到客观化，成为对象。但是工匠在精神的支配下从事制造人工制品时，其"行为乃是一种本能式的劳动，就像蜜蜂构筑它们的蜂房那样"②，还没有自我意识，并不能真正知道工匠的作品表现形式本身真正的意义是什么，这正如蜜蜂的"劳动"一样，它不清楚"劳动"对于他本身和世界的价值。因此，工匠按照严格的形式即理性的形式进行制造活动，其作品本身还不是精神的自我，正如黑格尔所指出："由于这种单纯的理智形式，它并不能表现形式本身很正的意义，它不是精神的主体或自我，"③ 仅是机械地完成的一些模式。而作品接受精神，他说，"或者只是当做一个异己的、死去了的精神而接受到自身内，这精神已放弃了它同现实性活生生的渗透，本身就是死的、进入了这些没有生命的结晶体，或者它们［这些作品］和精神只有外在关系，把精神当做某种本身外在的东西而不是作为精神在那里起作用，——它们和精神的关系就像和东方升起的阳光那样，这阳光把它的意义放射给它们"④。工匠只知道按照抽象的规范活动，创造出那些没有生命的死的作品，他们其实并不知道人工制品的真正意义是什么，如果不把精神的意义投射给作品，作品就不会领会形式的意义只有靠外在意义的附加阐释，才有可能获得接受。所以黑格尔说，"作为工匠的精神是从自在存在（这是工匠所加工的材料）与自为存在（这属于工匠的自我意识方面）的分离出发，而这种分离在它的作品里得到客观化"⑤。

---

① ［德］黑格尔：《精神现象学》下卷，商务印书馆1997年版，第190—195页。
② 同上。
③ 同上。
④ 同上。
⑤ 同上。

统一　但是黑格尔的整个思想体系中充满了"过程"连续性的思想，他认为这种分离状态不是最后的模式，而随着绝对精神的展开，绝对精神要通过它自己所创造出来的东西认识自己，实现统一。黑格尔说，工匠精神的进一步努力"必定趋向于取消这种灵魂和肉体的分离，对灵魂本身赋予物质的外衣和形状，而对肉体则赋予灵魂"①，因此"既然工匠的作品的两方面彼此愈益接近，所以同时就发生另外一件事情，即作品愈益接近那劳动着的工匠的自我意识，而自我意识在这工作中就愈益达到对它自己的真正面貌的认识"②，实现绝对精神的自我认识。这种统一的实现是工匠借助于一定的手段，为他的这个目的服务，外在的现实"是被他这个认识到自己是自为存在的工匠当成某种可以使用的东西，并且把它降低为外表的方面和装饰品"③，如他利用植物，就是"这具有自我意识形式的工匠同时否定了作为直接存在的植物的生命所带有的暂时性，并且使得它的有机形式更接近那些较严格、较普遍的思想形式"④，消除了技术与人的意愿的背离，这样最终就实现了技术与人的意愿由分离到统一的目的，完成绝对精神的自我认识。

黑格尔把"工匠"——人的技术实践活动纳入到绝对精神实现自我的辩证过程当中，从而完成了哲学史上的超越，建立了自己庞大的哲学体系，"黑格尔第一次——这是他的巨大功绩——把整个自然的、历史的和精神的世界描写为一个过程，即把它描写为处在不断的运动、变化、转变和发展中，并企图揭示这种运动和发展的内在联系"⑤。技术的理性在这里以直接的方式首次被揭示出来。当然，他这种阐述是和他建立整个精神哲学体系一脉相承，服从于整个"绝对精神"的逻辑演变过程。出于建立体系的需要，他的"工匠"是其中重要的一个环节，还没有形成以技术为核心的系统化的技术哲学，但以上的思想成为技术哲学的萌芽。若在此基础上结合黑格尔哲学中其他有关技术的论述，不难发现，哲学的技术思想在理性层面上所获得的提升已经达到前所未有的高度，它已经预

①　黑格尔：《精神现象学》下卷，商务印书馆 1997 年版，第 190—195 页。

②　同上。

③　同上。

④　同上。

⑤　恩格斯：《反杜林论》，载《马克思恩格斯选集第 3 卷》，人民出版社 1972 年版，第 63 页。

示着现代技术哲学在黑格尔之③黑格尔哲学中"由人的活动"引起人
与自然的统一。

③黑格尔哲学中"由人的活动"引起人与自然的统一

技术既然是绝对精神实现自我认识的一个必不可少的环节，技术所
造成的人工自然也就成为一种客观现实。黑格尔从理性的层面向我们揭
示了主体和客体之间的内在统一，是通过人的技术活动实现的。他认
为，"因为外在的客体，就它是体现理想的现实而言，必须放弃它的抽
象的客观的独立自主性和羞怯状态，才能与它所体现的那个理想处于统
一体"①。对于主体和客体的这样一种协调一致，他从三个角度来进行
讨论，第一是从主体与自然的单纯的自在的统一；第二是从由人的活动
而产生的统一；第三是精神关系的总和。其中在第二个视角中黑格尔谈
到了技术思想。

（a）技术的本质

黑格尔通过对技术主客体之间互动关系的剖析揭示技术的本质。"因
为具体的心灵及其个性就是理想的出发点和基本内容，所以与外在客体存
在的协调一致也应看做是人的活动的产物，是由人的活动创造出来的。"②
黑格尔这里从唯心主义的立场告诉我们：主体和客体之间能够达到统一，
是在人的创造性活动当中实现的。连接主体和客体的中介是人的需要，统
一建立在人改造自然的活动当中，非常"明显地由人的活动和技能产生
的，因为人利用外界事物来满足他的需要，由于需要得到了满足，就把他
自己和这种外在事物摆在和谐的关系上"③，从而改变环境。这种和谐统
一关系的建立"涉及个别需要以及通过自然事物的个别效用而得到的对
这种需要的满足"④。黑格尔在这里阐述了由人的技术活动而引起的主体
和客体之间的——人与自然之间的统一关系。另外，还阐明了技术所具有
的双重性，它既要满足人的需要，体现人的目的；与此同时，技术还要不
违背客体的属性，即技术受制于客体。所以，技术具有双重属性：目的性
和客观性。

---

① 黑格尔：《美学》第 1 卷，商务印书馆 1997 年版，第 322、326、327、329 页。
② 同上。
③ 同上。
④ 同上。

（b）主客体间互动的统一关系是无限发展过程

黑格尔从主体需要和自然两方面的无限性来阐述主客体互动统一的无限过程。而技术是从需要出发改造自然通达目的的桥梁。

自然界是无限的，而人的需要也是无限的，因此从人的需要出发，对自然进行的改造活动同样也是无限的，这种无限统一只能通过主客体之间的技术实践活动来实现。需要是主观性的环节，劳动和工具性的技术活动更具有现实性，靠这两方面相向运动实现由人而产生的与自然的统一。他认为，"人还有些需要和愿望是自然不能直接满足的。在这种情形之下，人就必须凭他自己的活动去满足他的需要；他就必须把自然事物占领住，修改它，改变它的形状，用自己学习来的技能排除一切障碍，因此把外在事物变成他的手段，来实现他的目的"。人类的技术活动实现了"具体的理想与它的外在实在的协调一致"[①]。黑格尔清楚地知道，人们通过一定的工具和手段所进行的技术活动是满足人类需要和社会发展的基础，"要在实践中利用外在事物来适应他的实践方面的需要和目的"[②]，如果说需要仅仅是个主观性的环节，那么劳动和工具性的技术活动更具有现实性，靠这两方面相向运动实现由人而产生的与自然的统一。

④技术目的、理性和工具

依据黑格尔的目的论思想并结合他的具体论述可以推断出，他认为技术是有理性的，理性可以体现在技术活动中，技术是一种目的性的工具。黑格尔在原有的基础上对技术的阐释又进一步深化。

（a）技术的内在目的和外在目的

黑格尔采纳了亚里士多德从目的论角度对技艺的划分方法，赞同亚里士多德关于培植性技艺和建造性技艺的观点，认为"目的是由于否定了直接的客观性而达到自由实存的自为存在着的概念"[③]。他把目的区分为两种：外在目的和内在目的，一种是指"单纯存在于意识内，以主观观念的方式出现的那样的一种规定"[④]。这种目的在事物自身之外，叫作"外在目的性"，按照这种看法，"一说到目的，一般人心目中总以为只是

① 黑格尔：《美学》第 1 卷，商务印书馆 1997 年版，第 322、326、327、329 页。

② 同上。

③ 黑格尔：《小逻辑》，商务印书馆 2003 年版，第 387—390 页。

④ 同上。

指外在的合目的性而言。依这种看法，事物不具有自身的使命，只是被使用或被利用来作为工具，或是实现一个自身以外的目的。这就是一般的实用的观点"①。但是这种"实用的观点不足以达到对于事物本性的真切识见，……将事物作为达到目的的工具的看法，不能使我们超出有限界，而且容易陷于贫乏琐碎的反思"②。

与这种外在目的论不同，目的即在事物自身之内，叫作"内在目的性"③。"亚里士多德对于生命的界说也已包含有内在目的的概念。"④ 在亚里士多德看来，生命就是有机体本身的目的，他所说的培植性技艺就是以有机体自身的生命为目的，例如，橡树的种子并不是为了以后做木塞而生长的，它只是以长成橡树为自己的目的，这种目的内在于橡树本身之内。这样的技术就不会陷入反复弥补技术造成的缺陷的循环当中。这种内在目的的技术能使我们一下就能达到改造自然的功用目的，可能不会给自然带来伤害。技术目的的这种划分有助于我们去寻找更加完善的技术手段，而避免陷入弥补缺憾的循环当中。

（b）技术和理性的机巧

黑格尔依据他的唯心主义的"内在目的论"阐述了哲学的技术思想，指出目的性是从机械性和化学性中发展来的，它通过手段（工具）和客观性相结合，工具比由工具制造出来的东西更尊贵，以及人在合目的性的活动中证明自己的观念的正确性等技术思想。

技术活动以事物的客观性质及其规律为根据——技术的理性

在面向自然的技术实践活动中，技术活动以事物的客观性质及其规律为根据。黑格尔说："对机械性和化学性而言，目的出现为第三者；它是两者的真理"⑤。就是说，目的性是沉没在外在性中的概念向自身的回归，它高于机械性和化学性，但黑格尔把目的性看作从机械性化学性中发展出来的，它意味着人的目的是从客观世界中产生的，是以客观世界为基础的。这就是说，人在进行技术实践活动时，都有目的的存在，看起来，这

---

① 　黑格尔：《小逻辑》，商务印书馆 2003 年版，第 387—390 页。

② 　同上。

③ 　同上。

④ 　同上。

⑤ 　同上。

个目的好像是人主观随意产生的，但黑格尔告诉我们，事实上这个目的本身也只能是从客观世界中引申出来，人的技术活动受客观规律的支配并由它规定。因此，技术的理性是以目的结合客观事物的属性及其客观规律而产生的。

技术服务于人的目的

正因为技术是以规律为依据的，所以才能服务于目的。黑格尔说："机械的或化学的技术，由于它的性质在于它是外在地被规定的，所以它本身就是服务于目的关系的，而现在就应当更加详细地考查这种关系。"① 黑格尔的这一论断实质上是阐释了技术服务于人的原因所在：技术的性质——它为外部的自然规律所规定并决定技术与目的的关系。列宁明确地把它表述为 "机械的和化学的技术之所以服务于人的目的，是因为它的性质（实质）就在于：它为外部的条件（自然规律）所规定"②。也就是说，无论机械的或化学的技术，都是实现目的的手段或工具；工具之所以为目的服务，就在于它是按照客观规律创造出来的。用黑格尔特有的话说，叫作 "外在地被规定的"。任何与客观规律不相符合的工具、机器或手段、技术，都不能为目的服务。

技术的机巧

在目的实现的过程中出现理性的技巧。所谓的 "理性的机巧"，是指理性让事物按照它们自己的本性，彼此互相影响，互相削弱，自己不直接参与，但却正好实现了自己理性的目的。他说："理性是有机巧的，同时也是有威力的。理性的机巧，一般讲来，表现在一种利用工具的活动里。这种理性的活动一方面让事物按照它们自己的本性，彼此互相影响，互相削弱，而它自己并不直接干预其过程"③。在黑格尔看来，技术的活动中有理性的指导，技术理性的存在是技术存在的依据，它表现为技术理性按照事物的本性使之互相作用，来改变事物的自在存在状态，这也正是黑格尔曾经说过的，实践高于理性。技术的目的成为技术的理性根据，也就成为人们支配自然行动的理性依据。

---

① 黑格尔：《逻辑学下卷》，商务印书馆 1982 年版，第 429 页。

② 列宁：《黑格尔〈逻辑学〉一书摘要》，载《哲学笔记》，人民出版社 1974 年版，第 201 页。

③ 黑格尔：《小逻辑》，商务印书馆 2003 年版，第 394 页。

这里黑格尔谈到的目的到理念的发展也包含一个卓越的思想：黑格尔把"人的实践的、合目的性的活动"当作达到概念和客体一致的必经阶段，这"极其接近于下述观点：人以自己的实践证明自己的观念、概念、知识、科学的客观正确"①。列宁还指出黑格尔关于真理问题提出的观念发展中第二个阶段：认识过程，"其中包括人的实践和技术""人从主观的观念，经过实践（和技术），走向客观真理"②。强调了技术和实践在认识过程中的作用。

黑格尔哲学的技术思想可以概括为以下几个方面：人类的技术活动是否定之否定的必不可少的环节之一，天才地猜测到技术的双重属性，它要受到精神的支配，同时也要受到自然的限制；阐释了工匠在绝对精神的自我实现中所扮演的角色；把工匠的技术制造活动当作一个联系密切的"过程"，在这一绝对精神的自我发展过程中，实现技术与人的意愿的分离和结合；技术是一种目的性的工具，技术活动以事物的客观性质及其规律为根据，技术才能服务于目的，技术以理性为指导，理性来自于目的和客体对象；技术是实现目的的手段或工具，技术或工具高于目的和天然自然。黑格尔哲学的技术思想非常深刻并具有哲理性，他的这些思想为以后技术哲学的诞生提供了丰富而深刻的理论基础，成为技术哲学产生的哲学史前提中至为重要的部分，他所涉猎的与技术相关的范畴后来都成为了现代技术哲学的基本概念。

技术是黑格尔庞大的哲学体系中必不可少的环节之一，黑格尔对技术的哲学反思，成为马克思和卡普技术哲学思想形成的直接理论来源。作为技术哲学诞生标志的开创者马克思与卡普，不仅其哲学基础与来源深受黑格尔影响，就是在技术思想方面也受到黑格尔哲学中某些技术观点的影响。马克思和卡普二人是各自独立提出自己的思想，况且二人都曾是青年黑格尔分子。可见黑格尔哲学中的技术思想对后来影响有多大。因此，深入研究和发掘黑格尔哲学体系中的技术思想对于技术哲学的现代发展意义重大。

---

① 列宁：《黑格尔〈逻辑学〉一书摘要》，载《哲学笔记》，人民出版社 1974 年版，第 202—203 页。

② 同上书，第 215 页。

第三章　西方现代技术哲学的两种传统

随着 19 世纪中期两次工业革命的相继完成，人类通过科学技术对自然的把握达到了前所未有的程度，也创造了以往未能创造的物质财富。技术在现实社会中的作用日显，使得对技术的哲学反思提到日程上来，于是关于技术的哲学研究，渐趋形成专门的研究领域，技术哲学得以创立。德国学者波佩（J. Popa，1776—1854 年）的《工艺学的历史》（1807 年），英国化学工程师、经济学家尤尔（A. Euel，1778—1857 年）的《工厂哲学》（1835 年）、《技术辞典》（1843 年）等，综合地论述了有关技术、工业、工厂的许多问题。马克思、恩格斯高度重视科学技术的发展及其对人类社会的影响，在他们的著作中包含着许多关于自然科学、技术的精辟论述，科学观、技术观成为他们所创立的马克思主义学说的重要组成部分。1877 年，德国学者卡普（E. Kapp，1808—1896 年）出版《技术哲学原理》一书，首创"技术哲学"这一学科名称，被公认为技术哲学的奠基者[①]。

20 世纪以后，技术在现代科学革命支持下的快速发展，进一步激起了人们的探究热情，这一时期，不仅许多史学家撰写了大量将科学史与技术史综合在一起的科学技术史著作，而且出现了一批具有广泛影响的技术史专著，如英国辛格（C. J. Singe，1897—1960 年）霍姆亚德（E. J. Hdmyard）、霍尔（A. R. Hall，1920—）和德里（T. K. Derry）等人的八卷本《技术史》（1955—1978 年），法国多玛斯（M. Daumas）的四卷本《技术通史》（1962—1978 年）等。技术哲学作为关于技术研究的一门先

---

① 王续琨、陈悦：《技术学的兴起及其与技术哲学、技术史的关系》，《自然辨证法研究》2002 年第 2 期，第 37—41 页。

导学科，呈现出比较活跃的发展态势，先后出版了俄国工程师恩格梅尔（P. K. Engelmeier, 1855—1941 年）的《技术哲学通论》（1912 年），德国工程师基默尔（E. Zschimmer, 1873—1940 年）的《技术哲学：论技术的意义和对技术谬论的批判》（1914 年）、《技术哲学：技术的理念世界》（1933 年），德国工程师、哲学家德韶尔（P. Dessauer, 1881—1963 年）的《技术的文化》（1908 年）、《技术哲学》（1927 年）、《技术的核心问题》（1945 年）、《关于技术的争议》（1956 年），日本唯物论研究会的论文集《技术的哲学》（1933 年），德国哲学家施罗特尔（M. Sehroter）的《技术哲学》（1934 年），日本经济学家相川春喜（1909—1953 年）的《技术论》（1934 年）、《技术论入门》（1941 年），日本哲学家三木清（1897—1945 年）的《技术哲学》（1942 年）、日本技术评论家星野芳郎（1922—）的《技术论笔记》（1948 年）、《技术论和历史唯物主义》（1950 年）、《技术的逻辑》（1969 年），日本科学技术史家冈邦雄（1890—1971 年）的《新技术论》（1955 年），德国哲学家海德格尔（M. Heidegger, 1889—1976 年）的《关于技术问题》（1954 年），美国哲学家米切姆和麦克主编的论文集《哲学与技术——技术的哲学问题读本》（1972 年），德国技术哲学家拉普（F. Rapp）的《分析的技术哲学》（1978 年）等。

在 20 世纪中期以前，研究技术领域审美活动的技术美学、研究技术与社会相互关系的技术社会学等，也先后进入初创时期。这些学科都有长期的孕育过程。19 世纪的英国空想社会主义者、工艺美术家、诗人莫里斯（W. Morris, 1834—1896 年）作为现代技术美学思想的先驱者，在其乌托邦小说《乌有乡消息》中主张用艺术来改造现实世界和社会。从莫里斯开始，经过捷克设计师、艺术家图奇内创用"技术美学"这一术语，到 1957 年成立国际技术美学协会，技术美学成为一门国际上公认的学科，经历了近百年的时间。技术社会学的思想渊源则可以追溯到 18 世纪下半叶。当时，兴起于英国的第一次产业革命、技术革命逐渐波及欧美的许多国家，技术在社会进步中的作用愈来愈引起学者们的关注。19 世纪中叶，马克思、恩格斯把技术作为一种社会现象加以研究，揭示了技术发展对生产方式、生产关系、社会变革的影响和技术发展的社会条件。19 世纪末，美国社会学家凡勃伦（T. Veblen, 1857—1929 年）出版《有闲阶级论》

（1899 年），阐发了社会进化论思想，认为人类的社会关系、文化与技术进步密切相关。他的《改进技艺的本能与工业技术的现状》（1914 年）、《不在所有权与近代企业》（1923 年）、《企业论》（1940 年）等著述，坚持从社会学家的立场审视技术和工业领域的一些问题。美国社会学家奥格本（W. F. Ogburn，1886—1959 年）的《社会变革论》（1922 年）、吉尔菲兰（S. Gilfiuan）的《发明的社会学》（1935 年）、温斯顿（S. Winson）的《美国发明家生物社会特性》（1937 年）等，从不同的角度涉及了技术领域的社会问题。法国社会学家埃吕尔（J·Ellul，1912—1994 年）的《技术的社会》（1954 年）一书，已有了技术社会学学科体系的雏形①。

第一节　西方现代技术哲学思想概述

美国技术哲学家 Paul Durbin 将技术哲学的发展历史划分为三个阶段——史前期，1877 年前；规范化时期，1877—20 世纪 70 年代；当代，20 世纪 70 年代—至今。20 世纪 70 年代以来，随着美国"哲学与技术学会"（Society for Philosophy and Technology，SPT，1978 年）的建立、《哲学与技术研究》的创办（1978 年）以及第十六届国际哲学大会（1978年）确认技术哲学是一门新的、重要的哲学学科，技术哲学开始走上建制化的道路；当代，随着哲学的"技术转向"，一大批哲学家在对技术进行哲学反思的基础上形成了内容与方法各异的技术理论，如波兰科塔宾斯奇（Tadeusz Kotarbinski，1886—1981 年）的技术行动学、美国杜威（John Dewey）的实用主义技术论、德国德韶尔（F. Dessauer）的第四王国理论、德国海德格尔（Martin Heidegger）的存在技术论、美国芒福德（Lewis Munford）的技术文明、法国埃吕尔（Jacques Ellul）的技术自主论、美国博格曼（Albert Borgmann）的装置范式论、美国平奇（T. J. Pinch）的社会建构主义技术论、美国伊德（Don Ihde）的实践技术论、加拿大芬伯格（Anderw Feenberg）的技术批判理论，等等。

---

① 王续琨、陈悦：《技术学的兴起及其与技术哲学、技术史的关系》，《自然辩证法研究》2002 年第 2 期，第 37—41 页。

一　西方技术哲学研究中的两种传统：工程学的技术哲学、人文主义的技术哲学

自卡普以来，在西方技术哲学的观念中出现了两种既对立又互补的倾向，并成为技术哲学研究的两种传统——工程学的技术哲学（Engineering Philosophy of Technology）和人文主义的技术哲学（Humanities Philosophy of Technology）。对此，美国技术哲学家卡尔·米切姆（Carl Mitcham）在《技术哲学概论》一书中有过详细论述①。米切姆认为，"技术哲学（philosophy of technology）"可以意味着两种十分不同的东西：当"of technology（属于技术的）"被认为是主语的所有格，表明技术是主体或作有者时，技术哲学就是技术专家或工程师精心创立的一种技术哲学（techological philosophy）的尝试。当"of technology（关于技术的）"被看作是宾语的所有格，表示技术是被论及的客体时，技术哲学就是指人文科学家，特别是哲学家，认真地把技术当作是专门反思的主题的一种努力。第一种传统比较倾向于亲和技术；第二种则对技术多少有点持批判的态度。两种传统在研究技术时的区别在于②：工程学的技术哲学始于为技术辩护，或者说始于分析技术本身的本质，即从内部对技术的分析——它的概念、疗法、认知结构和客观表现。然后，它致力于发现人类事物中到处体现出来的自然，并且试图用技术来解释人类世界和非人类世界，从根本上来说是把人在人世间的技术活动方式看作是了解其他各种人类思想和行为的范式。它反映了工程技术人员的思维特点。相反，人文主义的技术哲学则是用非技术的或超技术的观点解释技术的意义。这种非技术的东西包括艺术和文学、伦理和政治、宗教的关系，等等。它处理人类世界的非技术方面，考察技术如何可能（或者不可能）适应人类世界。它致力于评价人类经验的非技术方面。动用非技术准则来追问技术，以此来增强对非技术东西的觉悟。也就是说，人文主义传统的技术哲学更关心技术和外在于技术的事物之间的关系，从技术与其他对象之间的相互影响出发，讨论技术的社会、文化、伦理等方面的意义与价值，它反映了人文社会科学家的思

---

①　［美］卡尔·米切姆：《技术哲学概论》，殷登祥等译，天津科学技术出版社1999年版，第1—17页。

②　Carl Mitcham, *Thinking through Technology*, Chicago：University of Chicago Press, 1994, pp. 62 – 63.

维特点。如对于技术物，工程学的技术哲学传统主要探讨人工物系统的结构特点和运行机制，与天然系统的异同，人工物系统的发明、制造、使用维护等活动的本质特点，以及根据何种技术合理性规范进行优化以提高其功能价值、经济价值和其他社会价值，等等；而人文主义的技术哲学传统则多从人工物在人与自然关系以及社会关系中的地位、作用出发，分析其背后的技术理性，批判这种技术理性和根据这种技术理性进行的各种技术活动带来的"异化"（alienation）和负面效应等等。

当然，技术哲学研究中的两种传统的划分只是就一般层面来说的，正如米切姆所言：在技术哲学中是否不止两种传统呢？像英美分析哲学、现象学传统象、实用主义传统，是否都属于技术哲学的其他研究传统？20世纪 70 年代以来，两种分立的"工程学的技术哲学"和"人文主义的技术哲学"开始趋向于逐渐融合。但是，由于仍然缺乏公认的技术哲学研究规范和系统的理论体系，两种对立传统的隔阂尚未完全消除。

二 技术哲学研究中的四种技术形态

技术哲学家 Alan R. Drengson 曾撰文指出，在西方人关于技术的一般哲学观念中，存在着四种明显的对待技术的哲学传统，它们是技术无政府主义、技术乐观主义、技术恐惧主义和技术控制主义，并且技术控制主义是技术哲学发展的第四个阶段或技术哲学的第四种形态[①]。每一阶段在技术哲学的发展过程中都是有意义的，同时也有其局限性。如技术无政府主义有效地导致了工业革命的产生，但却带来了技术滥用的后果。因此，需要在这些对待技术的态度中寻找一种平衡，以利于社会的健康发展。

1. 技术无政府无主义（Technological Anarchy）

这是 19 世纪工业极大发展时期以前占主导地位的一种对待技术的思潮。它将技术看成是一种获得财富、权力和驯服自然的工具。如果技术的目的是驯服自然，那么在技术与尊重自然之间将存在一种紧张的关系。尽管如此，不论用什么手段，财富、权力和驯服自然这些自标还是应当追求的。在技术无政府主义流行期间，很少有政府去对技术进行规范，相反，

---

① Alan R. Drengson, "Four philosophies of Technology" *Technology as a human affair. Edited and with introduction by Lary A*, 1990, p. 28.

市场被认为是更好的规范技术的手段，市场单独决定哪一项技术或哪一类技术将流行。这无疑有利于刺激技术的迅猛发展和提高技术韵多样性和差异性。正是在这种技术理念的引导下，技术很快就成为一种日益强大的社会力量，即所谓"自主的"（autonomous）力量，越来越多的技术正成为技术本身的目标而不是一种帮助人们达到其他目标的手段和工具。

这种对待技术的观点，其心理特征是：强烈的好奇心、自我中心主义的、乐观的、自作主张的和个人机会主义的。遵循这种技术哲学研究范式的主要代表人物有：T. Walker、Andrew Ure、Augste Comte、J·Zerzan 等。

2. 技术乐观主义（Technophilla）

这是在近代两次技术革命中形成的一种具有很大影响力的技术理念。在技术乐观主义者看来，技术被当作一种控制自然和他人的工具来使用，认为自然仅仅具有工具价值。在这种技术理念的支配下，人们沉迷于机械思维，技术和诀窍。在技术乐观主义者看来，技术已经成为人们生活的内容，对技术的追求成为人们生活的主要目标。由于人们不能将自己同其热爱的技术相分离，技术开始控制人类。于是，人们丧失了判断技术积极和负面特征的能力。这样，技术就被用于各个方面：教育、政治、商业、办公室工作、卫生保健、个人心理健康等。其结果是导致技术统治论（Technocracy）的产生：由技术人员治理国家、由技术专家管理社会。在这里，技术是一种统治的力量，一切都由技术控制并为技术过程所服务，人们被其热爱的技术所技术化。

但这种技术向任何事物扩张的势头必然引发相反的力量。人们开始认识到技术正成为一种自主的力量威胁着人类的和非人类的价值，作为一个整体的生物圈正受到技术行为的产品或过程的威胁。对于这种威胁，一个首要的反应就是试图通过更多的技术来控制技术及其危险。

技术乐观主义的心理特征是：对待技术，就像人青春期的爱情，对其所热爱的对象有一种认同感。遵循这种技术哲学研究范式的主要代表人物有：培根（Francis Bacon）、霍布斯（Thomas Hobbes）、笛卡儿（Rene Descartes）、莱布尼兹（Gottfriend Wilhelm Leibniz）等。

3. 技术恐惧（悲观）主义（Technophobia）

这是随着第二次技术革命的发展而出现的一种技术理念。技术恐惧（悲观）主义者看到了对待技术的浪漫情结威胁着人类的生存和完整性，意识到了只有人类以及人类的价值才能将技术置于人类的控制之下。更有甚者，试图使人类的生活非技术化（de‑technologize）。他们希望通过恢复手工艺以及使用更简单的尼奥普托列墨斯（Neoprimitive）式的技术而回到人类本身自治（human autonomy）的状态。对此，有一种反应就是努力恢复那种能够保存一定文化价值的简单的、原始的技术，也就是说，表现出一种自己动手（Do‑it‑yourself）的态度，其目标是自给自足（self‑sufficiency）。技术悲观主义者不信任那些通过大规模技术而实现目标的复杂技术，而是热爱那些能够被人类控制的技术。但由于那些设计和使用技术的人对这些强大的技术能够做什么缺乏了解，所以技术并不一定总是使生活越来越简单和越来越安全。但技术悲观主义作为技术哲学发展的一个阶段，它意识到了在使用技术的时候需要一种自觉的反思与批判的方式。

技术恐惧（悲观）主义的心理特征是：就像成人早期的醒悟，认识到了浪漫与色情能阻碍成长并能产生悲观、苦难和失望的情绪。遵循这种技术哲学研究范式的主要代表人物有：卢梭（Jean Jacques Rousseau）、马尔库塞（Herbert Marcuse）、哈贝马斯（Juergen Habermas）以及新卢德主义（Neo‑Ludditism）等。

4. 技术控制主义（Technological appropriateness）

这是现代技术革命（即20世纪中叶以来，由于原子能、电子计算机和空间技术的发展，开始的第三次技术革命）中正在形成的一种技术理念。它将道德和生态价值引入技术的设计和应用过程当中，强调在技术、工具和人类以及道德之间追求一种正当的、巧妙的匹配。这种观点主张抛开过度集中的技术，转而去应用那种能够保存社会共同体价值的、分散的、具有人性尺度的技术，即赋予简单技术以价值。它要求人们在开发新技术或继续使用旧技术之前要反思技术的价值，主张将技术看成是一种实现人们自由选择的目标与价值的工具而加以控制。很显然，这种观点认为技术没有超出人类的控制范围。在技术控制主义者看来，技术并不是一种超越人类理性选择的异己力量。技术控制主义认为技术中的多样性与差异性保证着选择的开放性，人们不应该都依赖同样的技术。就生态角度而言，技术控制主义提倡在人类、机器和生物圈之间保持一种良性的、共生的相互作用，倡导可持续发展的经济，协调生态系统法则，考虑一切代价问题（可测度的和不可测度的）。

技术控制主义并不像技术悲观主义那样排斥技术，相反，它认为通过技术的运用可以促进人类发展。在技术控制主义者看来，技术的使用成了提高生活质量的一部分，劳动成了一种有意义的事。技术的设计将充分考虑并提高人的个体的价值、生态的完整性以及文化的健康性。

技术控制主义的心理特征是：在尊重自然内在价值的基础上使用技术，与自然共事，而不是将强大的技术强加于自然之上并试图控制和征服自然。遵循这种技术哲学研究范式的主要代表人物有：舒马赫（E. F. Schumacher）、弗洛姆（Erich Fromm）、星野芳郎（日本）、克拉克（Robin Clarke）、伯格曼（Albert Borgmann）以及技术替代论者、技术生态论者、技术的民主控制论者、罗马俱乐部的成员，等等。

三　技术哲学研究中的三种技术观

技术是一种社会历史现象。美国著名技术哲学家卡尔·米切姆、（Carl，Mitcham）曾指出，前现代技术是一种建构性的技术，现代技术是一种解构性的技术，后现代技术则是一种重构性的技术。而任何真正的哲学都是自己时代精神的精华（马克思），技术哲学作为对其所处时代的技术状况的反思，也有其鲜明的时代特征。作为德国著名存在主义大师、20世纪最伟大的哲学家之一的马丁·海德格尔曾经将对技术的哲学解读区分为"流行的观念"（传统的）和"新时代的技术观"（现代的）[1]；美国后现代主义学者F·费雷（Frederick Ferre）则提出"从现代技术世界迈向后现代技术世界"[2]，并阐述了后现代技术观。

1. 传统的技术观

海德格尔认为，传统的技术观把技术看作是一种手段和一种人类行为，这种流行的技术概念因此可称之为对技术工具的和人类学的定义。海德格尔将卡尔·雅斯贝斯（Karl Jaspers）作为这种"流行观念"的典型代表。在雅斯贝斯看来，作为手段的技术，是为达到目的通过一定中介手

---

① M. Heidegger, *The Question Concerning Technology and Other Essa*, New York：Harper and Row，1977，pp. 4 - 15.

② ［美］大卫·雷·格里芬：《后现代精神》，王成兵译，中央编译出版社1998年版，第204页。

段而形成的；而且，技术是为了产生有用的物体和效果而利用物质和自然力的活动，存在于人类发明创造的过程和实物之中①。但海德格尔认为，技术不等于技术的本质，工具的和人类学的定义不能揭示技术的本质。这就需要以新时代的技术观（现代的）来加以修正。

遵循这种技术哲学研究范式的主要代表人物有：Aristotole，Denis Diderot，T. Walker，Ernst Kapp，Feibleman，J. Ortega Y Gasset，Jarie，R. E. McGin，C. P. Stover，L. Tondl，Karl Jaspers，I. G. Mason，Mesthene，Lewis Mumford，J. Agassi，相川春喜（日本），等等。

2. 现代的技术观

现代技术是什么？海德格尔认为它是一种去弊。技术是一种去弊之道，在揭示和无弊发生的领域，在去弊、真理发生的领域，技术趋于到场。支配现代技术的去弊是一种挑战（Herausfordern），即向自然提出无理要求，逼迫自然供应既可以提供又可以储存的能量。因此，现代技术的本质是"座架"（Gestell）。而作为技术的本质趋于到场的"座架"，技术都不可能让自己被仅仅是基于技术的人类行为所主宰；其本质是存在的技术，也不会让自己被人所克服。也就是说，"座架"支配着一切，人的本质被它要求着、挑战着。而这股力量在技术的本质中显示出来，人自己无法控制它②。也就是说，现代的技术观，开始以更加广泛的视角来解读技术，赋予技术以各种意向，而不是单纯的工具和行为。

遵循这种技术哲学研究范式的主要代表人物有：F. Ogbum、Alvin Toffler、Stanislaw Lern、Wemer Heisenberg、Denis Goulet，Friedrich Dessauer，Lewis Mumford，Emst Cassirer，H. Bech 以及法兰克福学派（Frankfurter School）的一些成员，等等。

3. 后现代的技术观

"后现代"（Postmodem）并不是一个时间概念，而是"意味着去重新发现能够给人类存在赋予意义的合理的精神基础"③，是一种思维方式。

---

① ［德］卡尔·雅斯贝斯：《历史的起源与目标》，魏楚雄等译，华夏出版社 1989 年版，第 116—117 页。

② M. Heidegger, *The Question Concerning Technology and Other Essays*, New York：Harper and Row, 1977, pp. 4 – 107.

③ 大卫·雷·格里芬：《后现代精神》，王成兵译，中央编译出版社 1998 年版，第 127 页。

这种思维方式的灵魂在于大胆的标新立异、彻底的反传统、反权威的精神①。作为一种崛起于 20 世纪 60 年代西方社会的哲学思潮，后现代主义（Postmodernism）代表人物大都对现代技术问题进行过哲学反思，从而形成一种风格迥异的技术观——后现代的技术观。后现代的技术观试图超越技术的"本质主义"，而转向"非本质主义"和"反本质主义"的技术观，认为讨论技术的本质事实上是不可能的；技术是一个不确定的人造物，其意义是通过协商和解释而形成。这种后现代技术的本质观揭示了技术现象的复杂性，反映了技术内涵的丰富性，保证了技术问题研究的开放性，因而是对技术"工具论"和"实体论"的根本性突破。与此同时，后现代技术观并没有沦落为一种纯粹的"语言游戏"或"思维游戏"，它直面现代技术造成的人与自然之间的紧张关系，审慎地遵从"技术"概念的"公众约定"②。同时，在后现代技术观中，技术中的"默会知识"（tacit knowledge）得到了重视；技术价值也开始走向多元化，出现了诸如精神价值、感觉价值、认知价值以及生态价值等，从而走向一种"相对人类中心主义"甚至是"非人类中心主义"。

遵循这种技术哲学研究范式的主要代表人物有：Frederick Ferre, Ja-caueoLacan, J. Jacques Derrida, Michel Foucault, Gilles Deleuze, Jean - Francois Lyotard, Jean Baudrillard, Richard Rorty, Michael Polanyi, G. Vattimo, Bernard Stiegler, 等等。

四 技术哲学研究中的三种技术论

1. 技术决定论（Technological Determinism）

这是 20 世纪 70 年代以前极具影响力的一种技术发展理论，时至今日，其影响依然存在。它将技术看成是社会发展的决定性因素，认为技术决定社会系统的形态，并与社会系统一起决定着哲学的内容与走向③。技术决定论认同技术的价值负荷性，认为人受技术的支配与控制。其核心思想是认为技术系统自成一体、自我发展，不受外部因素制约。技术作为一

---

① 王治河：《后现代哲学思潮研究》，社会科学文献出版社 1998 年版，第 6 页。

② 吴志远：《技术的后现代诠释》，博士学位论文，东北大学，2005 年，第 133 页。

③ Langdon Winner, *Autonomous Technology: Technics - out - of - Control as a Theme in Political Thought*, Cambridge: the MIT Press, 1977, p. 76.

种社会变迁的动力，支配着人类精神的和社会的状况①，直接或间接地促进了人类历史的发展。技术决定论的面孔很多②，有强势技术决定论（hard technological determinism）和温和技术决定论（soft technological determinism）、有技术万能论（technological omnipotencism）、技术统治论（technocracy）、技术自主论（autonomous technology）以及现代的媒体技术决定（media technological determinism）等。

遵循这种技术哲学研究范式的主要代表人物有：Thorstein Veblen，Howard Scott，Alvin Toffler，Daniel Bell，Willian F·Ogburn，Leslie White，Jacques Ellul，Herbert Marcuse，Friedrich Georg Junger，Harold Innis，Sigfried Giedion，J. K. Galbraith，Herbert Marshall McLuhan 以及圣西门主义（Saint – Simenism）者等。

2. 技术的社会决定论（Social Determinism of Technology）

有人认为这种思想渊源可追溯到马克思、恩格斯（社会一旦有技术上的需要，则这种需要就会比 10 所大学更能把科学推向前进）；20 世纪 60 年代后，随着科学社会学以及技术社会学的兴起，技术的社会决定论思想获得了一定程度的支持。技术的社会决定论认为技术不只是解决问题的手段，而且也是社会的、伦理的、政治的、经济的与文化的等社会价值的体现，从而将社会因素放在技术发明、发展等环节的重要位置，突出了人的主体性。在社会决定论看来，技术的发展是社会因素决定的；技术对社会没有反作用，所有的技术变迁都被置于社会运行的在逻辑及其常规秩序中加以权衡③。社会决定论认为，社会是一种独立自主的力量；社会的变化引起技术的变化；它否定技术发展的自主性与内在规律性，在技术的社会决定论者看来，脱离一定的人类社会背景，技术的意义就得不到完整的理解。

遵循这种技术哲学研究范式的主要代表人物有：Robert K. Merton，M. Goldhaber，Paul Saettler，A. Pacy，John M. Staudenrmaier 等。

---

① G. Rophol， "Critique of Technological Determinism" *in Paul T. Drubin and Friderich Rapp* (*eds.*)，*Philosophy and Technology*，1983，pp. 83 – 96.

② Bruce Bimber， "Three Faces of Technological Determinism" *Does Technology Drive Hi story*，1994.

③ J. Ellis，*The Social History of the Machine Gun*，Baltimore：Johns Hopkins Univ. Press，1986.

3. 技术的社会建构论（Social Constructionism of Technology）

这是一种在 20 世纪 80 年代下半叶出现于西欧的有关技术的社会学研究思潮。Donald Mackenzi 等人认为，技术的社会建构论到 20 世纪 90 年代末，流行的主题、正统的学说①。技术的社会建构论不同于技术的社会决定论。技术的社会建构论以建构主义（constructivism）为思想基础，重点分析其具体技术的建构过程。倡导从微观层次上对具体技术的形成进行一种动态的经验研究。其主要方法有社会建构方法（the Social Construction of Technology）、技术系统方法（Technological System）、技术的社会形成方法（the Social Shaping of Technology）以及行动者网络方法（Actor - Network Theory）等。在社会建构论者看来，技术与社会之间并不是单向决定与被决定的关系，而是两者相互渗透，构成一种所谓的"社会技术整体"（sociotechnical ensemble）的"无缝之网"（a seamless web），即技术就是社会，社会就是技术，两者构成一个整体，不存在互动②。

遵循这种技术哲学研究范式的主要代表人物有：Edward W. Constant II，W. E. Bijjiker，Bruno Latour，Donald Mackenzie，Judy Wajicman，Trevor Pinch，Michel Callon，John Law，Meinolf Dierkes 等。

第二节　西方现代技术哲学两种传统的主要代表

一　叔本华：先有意志，后有技术

叔本华（Arthur Schopenhauer，1788—1860 年），19 世纪德国哲学家，唯意志论的创始人。祖籍荷兰，生于但泽（今波兰的革但斯克）一个银行家家庭。早年在法国受教，后随父母游历英国、瑞士和澳大利亚，1809 年进入哥丁根大学学医后改学哲学。1811 年转柏林大学；1814 年获耶拿大学博士学位。1822 年被聘为柏林大学讲师，后因与 G. W. F. 黑格尔竞争惨败而离开讲坛，靠父亲遗产过离群索居的生活，死于法兰克福。他的

---

① D. Mackenzie& J. Wajcman, *The Social Shaping of Technology*, Buckingham/Phi ladelphia：Open University Press, 1999, p. XV.

② Wiebe E. Bijker&John Law, *Shaping Technology/Building Society：Studies in Sociotechnical Change. Cambridge*, Cambridge：the MIT Press, 1992, p. 1.

主要著作有《作为意志和表象的世界》《自然界中的意志》《伦理学的两个根本问题》等。

几乎所有其他的哲学家从某种意义上讲都是乐观主义者，而叔本华却是个悲观主义者，他"直接由悲观主义而成了19世纪后半叶的权威哲学家"①。他不像康德和黑格尔那样是十足学院界的人，然而也不完全处在学院传统以外。强调"意志"是19世纪和20世纪许多哲学的特征，这是由他开始的；但是在他看来，"意志"虽然在形而上学上是基本的东西，在伦理学上却是罪恶的——这是一种在悲观主义者才可能有的对立。他承认自己的哲学有三个来源，即康德、柏拉图和优婆尼沙昙②。

叔本华的唯意志论形成于黑格尔活动时代的后期，他抛弃德国古典哲学的思辨传统，力图从非理性方面寻求新的出路。他从康德的理论出发，认为康德所说的"物自体"就是意志，整个现象世界不过是意志的表象。在他看来，万物的存在和运动的根源就是求生意志，这种意志是人的生命的基础。叔本华指出，康德分裂现象与物自体是错误的，因为现象同物自体的关系，就是表象同意志的关系。意志之所以表现为世上形形色色的具体现象，是由于各类事物的意志强弱程度不同和表现途径不同。叔本华把理性看作是意志的奴仆和工具，断言依靠理性或逻辑思维不能认识世界的本质（即意志），只有直觉才是认识世界的唯一的途径。不过叔本华的哲学却意味着跟谢林相比乃是非理性主义的更高发展阶段。③

叔本华的哲学正是对现代人寻求终极目的这种内心状态所作的绝对的哲学表达，但叔本华执着于对终极目的的否定，实际上结果却是对全部生命意志的否定④。另外，尽管恩格斯认为叔本华的哲学是适合于庸人浅薄思想，是由已过时的哲学的残渣杂凑而成⑤。然而，叔本华所导致的意志

① ［匈］卢卡奇：《理性的毁灭》，王玖兴等译，山东人民出版社1997年版，第178页。
② ［英］罗素：《西方哲学史》（下卷），何兆武等译，商务印书馆2004年版，第303页。
③ 卢卡奇：《理性的毁灭》，王玖兴等译，山东人民出版社1997年版，第169页。
④ ［德］格奥尔格·西美尔：《叔本华与尼采——一组演讲》，莫光华译，上海译文出版社2006年版，第4页。
⑤ 恩格斯：《自然辩证法》，载《马克思恩格斯选集》（第3卷），人民出版社1972年版，第467页。

地位的上升、知识地位的下降的变化却是他那个时代的哲学气质所起的最显著的变化，因此，他的哲学尽管前后矛盾且有某种浅薄之处，但作为历史发展中的一个阶段来看还是相当重要的①。

1. 技术与意志

在叔本华看来，技术的选择和应用与人的意志有关系，而且是先有意志，然后才有相应的技术手段。叔本华认为，世界不是借助于认识而产生的，因而也不是从外部产生的而是从内部产生的；知性世界不可能先于感性世界，相反是意志，是充满在任何事物中并在其中直接呈现自身的意志才在任何地方都作为初始的东西出现。正是因为这一原因，我们才能在存在本身的意志中找到对于一切目的论事实的解释，而对这些事实的观察也发生于存在之中②。

因此，叔本华认为，一个喜欢打猎的人根据他要追猎的对象，在开始之前就选择了他的整个装备，枪、火药、子弹、弹药袋、猎刀和服装。猎手并非碰巧手头有支步枪就瞄准了野猪，他拿着步枪而不是鸟枪，正是因为他要猎取野猪③。也就是说，意志不可能作为一种产生于认识的辅助物使用这些它碰巧发现的手段，或使用碰巧存在着的是这些而非它的器官；事实是初始的和原始的，正是以这样一种特殊的方式求生存的努力，以这样一种方式的抗争，一种不仅仅在武器的使用中而且甚至在存在中表现自身的努力：这种努力到了这样一种程度，以致武器的使用经常先于它的存在，因而表明了这一武器是从努力的存在中产生的，而不是相反，即使用武器愿望从武器的存在中产生④。

也就是说，在叔本华看来，是意志先于技术手段的存在，用什么样的意志，才有什么样的技术手段。意志不是首先怀有意图、首先认可目的，然后使用手段去适应它并征服质料；它的意图直接就是目的且是直接地达到目的，而不需要任何外界中介。

2. 技术物与自然物

由此，叔本华区分了自然的作品与人工的作品。叔本华认为，在自然

① ［英］罗素：《西方哲学史》（下卷），何兆武等译，商务印书馆2004年版，第311页。
② ［德］叔本华：《自然界中的意志》，任立等译，商务印书馆1997年版，第51—52页。
③ 同上书，第54页。
④ 同上书，第55页。

的一切作品中，它们是至善至美的，也是相对目的来说和谐一致的。在我们自己的作品中，首先是制作作品的意志和作品是两件不同的事情。其次，在这两件事情之间还有两件其他的事情，即一是表象的媒介，这一媒介从自身来看是外在于意志的；一是质料，质料外在于正在这里起作用的意志①。而自然的作品是意志的直接表现。这里意志是以其初始的本性起作用的，也就是无认识的；这里没有处于中间地位的表象把意志和作品分开而是一体的。人工作品的质料是经验的物质，因而已经有了形式；自然作品的特征是形式与实体的统一，艺术作品是两者的差异②。

叔本华认为，技术物是可以表达理念的。他从技术美学出发，认为尽管不好的建筑和景物，或是大自然所忽略了的或是被艺术所糟蹋了的，就很少具有或没有审美功效；不过大自然的普遍基本理念就在它们那里也不可能完全消失掉。在这里基本理念还是要召唤寻找它的观察者，即使是不好的建筑物以及如此之类的东西也还可以作为鉴赏的对象，它们那些物质的最普遍的属性的理念还可以在它们身上看得出来，不过人们有意赋予它的形式不成为一个容易的手段，反而是一个障碍。因此，工艺品也是可以用以表达理念的，不过工艺术品中表达出来的并不是这工艺品的理念而是人们赋予以这人为的形式的材料的理念。也就是说工艺品里表达出来的是其实体形式的理念，而不是偶然形式的理念，也即意志在一物中客观化的程度③。

而且，人工自然依赖于天然自然。叔本华从园艺技术与建筑技术的对比出发认为园艺所展出的美几乎全是属于自然所有的，园艺本身在自然上面增加的部分却很少，如果天公不作美，园艺就没有多少办法了；如果自然不留情而是帮倒忙的话，园艺的成就也就微不足道了④。因为在叔本华看来，大自然从不制造任何无益或多余的东西，也从不浪费任何东西⑤，大自然是完美的。

---

① ［德］叔本华：《自然界中的意志》，任立等译，商务印书馆1997年版，第67页。

② 同上书，第68页。

③ ［德］叔本华：《作为意志和表象的世界》，石冲白译，商务印书馆1982年版，第294页。

④ 同上书，第303页。

⑤ 李瑜青：《叔本华哲理美文集》，安徽文艺出版社1997年版，第106页。

3. 技术与艺术

叔本华指出，建筑艺术不再是纯粹的艺术而是技术，而且技术之间还具有关联性。叔本华认为，如果我们把建筑艺术只当作美术来看，撇开它在应用目的上的规定——在这些目的中它是为意志而不是为纯粹认识服务的，这时它就不再是艺术了。也就是说，除了使某些理念可加以更明晰的直观外，我们是不能指定建筑艺术还有其他目的的。因此，一个建筑物的美，无论怎么说都完整地在它的每一部分一目了然的目的性中。这不是为了外在的，符合人的意志的目的，而是直接为了全部结构的稳固。对于全部结构，每一部分的位置、尺寸和形状都必须有这样一种必然关系，抽掉任何一部分，则全部必然倒塌。这里，每一部分的形态也必须由其目的和它对于全体的关系，而是由人的意志来规定①。

因此，在叔本华看来，建筑艺术与造型艺术、文艺等是有区别的。其区别在于建筑所提供的不是实物的拟态，而是实物自身；建筑艺术不是复制那被认识了的理念；建筑艺术很少是为了纯粹的审美目的而完成的。尽管在建筑技术中有着必然性功利性而受到很大的限制，然而在另一方面这些要求和限制又大大地帮助了它；因为建筑如果不同时又是一种有实利有必要的工艺而在人类行为中有着一个巩固和光荣的地位，那么，以其工程浩大和经费的庞大而保存到今天了②。这里，叔本华实际上也指出了技术所具有的内在目的性和技术的社会性问题。

在叔本华看来，技术发明是一种快乐。叔本华将快乐分为三类：一类是满足"生命力"而得到的快乐，如饮食、消化、休息和睡眠等；一类是满足"体力"而得到的快乐，如散步、奔跑、角力、舞蹈、击剑、骑马以及田径和运动等；一类是满足"怡情"而得到的快乐，如观察、思考、感受、阅读、沉思、发明以及自哲学等中得到的快乐。而唯有充足的"怡情"方面的快乐是人类所特有的，也是人与禽兽不同的地方；而且，满足"怡情"而得到的快乐的地位也比另外两种快乐要高③。这里，叔本华把技术发明作为一种怡情的快乐。叔本华高度评价了技术发明者，认为

---

① ［德］叔本华：《作为意志和表象的世界》，石冲白译，商务印书馆 1982 年版，第 298—299 页。

② 同上书，第 301—302 页。

③ 李瑜青：《叔本华哲理美文集》，安徽文艺出版社 1997 年版，第 13 页。

所谓的"学者"是指那些成天研究书本的人；而思想家、发明家、天才以及其他人类的"恩人"则是直接去读"宇宙万物"①，技术发明家们是在思考，在思考的瞬间，精神和外界完全隔绝，随着自己的思考而活动。

二 卡普：技术物是人的器官投影

卡普（Ernst Christian Kapp，1808—1896 年），德国地理学家、哲学家，是左翼黑格尔分子（Left－wing Hegelian），由于深受黑格尔的辩证法和地理学家里特尔（Karl Ritter，1779—1859 年）运用地理环境解释历史的思想的影响，于 1845 年首次出版了两卷本的《比较地理学》。19 世纪40 年代，卡普由于抨击了当时德国的政治状况而受到起诉，并遭受放逐，流亡到美国德克萨斯中部一块由德国开拓的殖民地。他在那里居住了 20年，过着集农民、发明家、水疗法专家等几种身份于一身的生活。他必须经常同工具、机器打交道，因此而积累了相当丰富的实践经验。1865 年返回德国后，卡普利用在美国 20 年积累起来的丰富的工程技术实践经验，在对工具进行详细分析的基础上，将工具与其对人类和人类文化的影响结合起来，提出了"器官投影说"，出版了《技术哲学纲要》一书②。

由于他在书中第一次创用了"技术哲学"这个术语并且对其进行了专门讨论，从而被认为是技术哲学的创始人，该书也被视为技术哲学的奠基之作。卡普在书中把技术发明看成是"想象"的物化，把人体器官看成是一切人造物的模式和一切工具的原型，在此基础上提出了"器官投影"（organ－projection）的概念或学说，从而表述了自己的技术哲学思想。

卡普认为所有工具的起源和基础，即技术的本原，就是人的身体特别是人的手。因为手是生就的工具，然后就成为机械工具的模本，并且在进行这些物质性模仿时，手起着非常关键的作用，只有在第一个工具的直接参与下，才有可能制造出其他的工具以及所有的所谓的产品。即使在工业机器、艺术和科学仪器、设备中，仍有人手的参与。为此，卡普对许多器

---

① 李瑜青：《叔本华哲理美文集》，安徽文艺出版社 1997 年版，第 118 页。

② 王楠、王前：《"器官投影说"的现代解说》，《自然辩证法研究》2005 年第 2 期，第1—4 页。

物和工具做出了详尽的解释：这样大量的精神创造物突然从手、臂和牙齿中涌现出来。弯曲的手指变成了一只钩子，手的凹陷成为一只碗：人们从刀、矛、桨、铲、耙、犁和锹等，看到了臂、手和手指的各种各样的姿势，很显然，它们适合于打猎、捕鱼、从事园艺，以及耕作。卡普进一步指出，在工具发展的更高的一个层次上，就不再有这种与人体在外形方面的相似性了。尽管如此，在其本质上，尺寸和数量关系仍然是从人体上推算出来的。也就是说，仍然是投影，仍然是将从人的身体上得到的形状、规则应用于外部材料，以类比的方式使它们具有一定的功能，而没有必要与人体的器官形状完全一致。钟表以及其他测量仪器，就是实际的例子，如果机器表现出的是与人体本质性的关系，其投影的程度就较高，那么与外部形状的相似程度就较低，纯粹性的，带有精神性的投影就较清楚。在这一方面，测量单位的发展具有特别重要的意义，因为人正是通过测量标准和数字来认识事物并且掌握它们的。卡普以一系列的仪器和机器为例来说明这一点。比如，大锤是人手的投影；唧筒是心脏的投影；锯是牙齿的投影；铁路是人体循环系统的投影等。在这些实例中，技术工具与能够直接感觉到的身体器官的相似性越来越小，最终甚至已经进入了人的精神和心理范围内的活动。同样的，卡普还把光学和声学仪器与人的视觉、听觉相类比，而视觉和听觉又是人的智性器官。卡普的论据并没有局限于同工业和机器网络的类比，他利用弗兰兹·鲁柳克斯（Franz Reuleaux，1829—1905年）在其经典的《理论运动学：机械本质理论的基本特征》（1875年）一书中所使用的那种分析方法，对新的机械工程科学首次进行了哲学反思。在卡普看来，工具制造所需要的相似性是人的心脏，而人的骨骼被看成是设计活动的原型，蒸汽机和铁路将燃料转化为热和运动，只能被理解为是对人的营养系统的模仿。以至于人的技术成就与自身的生理活动相对应，即便是人的神经系统也有一个技术上与之相对应的东西，这就是电子通讯系统（电报、电话）。

因此，卡普提出，人体的外形和功能是所有工具的源泉和本原，是创造技术的外形和功能的尺度，即工具乃是从人的器官中衍生出来的，是人的器官的投影。所以，人也就成为了他所创造出来的产品的衡量尺度。同时，卡普进一步指出，在工具与器官之间所呈现的那种内在的关系，以及一种将要被揭示和强调的关系——尽管较之于有意识的发明而言，它更多的是一种无意识的发现——就是人通过工具不断地创造自己。因为其效用和力量同益增长的器官是控制的因素。所以一种工具的合适形式只能起源于那种器官，对卡普来说，整个的技术文化不是别的，只是人的自然属性的发展，因此也必须以同样的方式将文字语言解释为人的文化性技术或人创造出来的技术产品。当然，在这一方面相对而言表现出来的不是可见的物质，而是无形的精神。因为人同时又是一种社会存在物，具有社会属性，因此按照卡普的观点，人的社会性这个层面同样也应在技术中得到其相应表现。如果说在语言交流中已经体现了这一点的话，那么最明显的地方首先是国家机构。因此，国家不是物质性的机构（organ），而是一个有机体（organism），与人创造出的技术产品一样，同样服从于人的组织原则（organization）。这一点同时显示了技术的进一步发展的可能，就是从机械向生命的发展①。

卡普揭示了技术拟人律的现象。经过长期的实践，人类逐渐发明并掌握一些已有的技术。但由于需要和外部环境的变化，又会对自身器官的功能提出新的要求，从而又要通过创造新技术进而掌握新技术来实现。这样又使人类对自然的认识达到一个新的水平，使技术的更新不断出现并不断向更高的水平发展。在这样不断地演进过程中，人类认识自然、改造自然的能力逐步得到提高。可以说，技术的发展是遵循延伸、加强或代替人类器官功能这一规律而进行的，这个过程可能是有意识的，也可能是无意识的。通过模拟、延伸或加强人体某些器官的某些功能从而达到技术的进步，而且技术发展的路径与人类自身的进化路径具有内在的相似性；这就是"技术发展的拟人规律"或"技术发展的类人规律②"。它向我们揭示了技术发展的基本模式、方向和路径。它表明，技术的发展往往要循着人类自身进化的路线而前进。

其实，早在古希腊的亚里士多德（Aritotle，B. C. 384—322）早就提出了"四因说"，认为技术中存在着质料因、动力因、形式因和目的因，并将推而广之，认为："如果在技艺中有目的存在，那么在自然中也有目

---

① 王楠、王前：《"器官投影说"的现代解说》，《自然辩证法研究》2005 年第 2 期，第1—4 页。

② 钟义信：《信息科学的基本问题》，清华大学出版社 1984 年版，第 188 页。

的存在"①，很显然，"四因"都在不同程度上体现着人的目的性和主观能
动性。而且，亚里士多德还指出，手似乎不是一种工具，而是多种工具，
是作为工具之工具；它既是爪、是螯、是角，又是矛是剑或是其他什么武
器或工具。手可以是所有这些东西，因为手能把握它们，持有它们。自然
界成功地设计了手的这种本然形式以适应多种功能②。培根（Francis Ba-
con，1561—1626 年）则认为："在一个物体上产生和加上一种新的性质
或几种新性质，乃是人的力量的工作和目的"③；技术哲学的创始人、德
国技术哲学家恩斯特·卡普（Ernst Kapp，1808—1896 年）在其代表作
《技术哲学纲要：用新的观点考察文化的产生史》（1877 年）中就认为：
技术是人与自然的一种联系，是一种类似于人体器官的客体，是人体各种
不同器官的投影（Organ Projection），并给了系统阐述："在工具和器官之
间所呈现的那种内在的联系，以及一种将要被揭示和强调的关系——尽管
较之于有意识的发明而言，它更多地是一种无意识的发明——就是人通过
工具不断地创造自己。因为其效用和力量日益增长的器官是控制的因素，
所以一种工具的合适形式只能起源于那种器官。这样大量的精神创造物突
然从手、臂和牙齿中涌现出来。弯曲的手指变成了一只钩子，手的凹陷成
为一只碗；人们从刀、矛、桨、铲、耙、犁和锹中看到了臂、手和手指的
各种各样的姿势，很显然，它们适合于打猎、捕鱼、从事园艺，以及耕
作"④；同时，卡普还将铁路描绘为人体循环系统的外在化，将电报描绘
成人的神经系统的延伸，等等。后来，A. 格伦在《Anthropologische，For-
schung》一书中以及 D. 布林克曼在《Menschund Technik—Grundzugeeiner
Philosophie der Technik》一书中分别对卡普的这种思想进行了改进和
发挥。

　　恩斯特·卡普的《技术哲学纲要》试图从技术是人类文化中最重要
的因素这样一个新的角度来看待人类文化的历史发展。他通过在书中列举

---

　　①　北京大学外国哲学史教研室：《古希腊罗马哲学》，三联书店 1957 年版。

　　②　亚里士多德：《亚里士多德全集》（第 4 卷），苗力田等译，中国人民大学出版社 1994 年
版，第 131—132 页。

　　③　北京大学外国哲学史教研室：《西方哲学原著选读》，商务印书馆 1981 年版。

　　④　［美］卡尔·米切姆：《技术哲学纲要》，殷登祥等译，天津科学技术出版社 1999 年版，
第 6 页。

了很多例子，详细阐述了人体器官和技术之间的关系，从而提出技术——在无意识方式上——是人类器官的投影，即"器官投影说"。在卡普看来，不仅机械技术（如工具和机器），而且语言、科学和国家也是技术。如果说一个斧子或者剪刀必须被解释为手和手指的投影，国家是人的身体的投影，暗室是眼睛的投影，电报是神经系统的投影，那么对于卡普而言，人类历史就不再由圣经或者宗教控制，而是在技术的使用中找到了起点。从这一点来看，卡普的观点可以看作是进化论和古生物学发现的革命性暗示。与卡普以前的出版物相比，《技术哲学纲要》不再或多或少沿袭黑格尔哲学的传统。在这本书中，黑格尔式的语言不见了，甚至连"辩证法"这个术语都没有出现过。卡普无意识地转向了浪漫主义的解释框架，他的《技术哲学纲要》在许多方面代表了浪漫主义的思想。卡普将神经系统与电报，骨头与桥梁及起重机，牙齿与锯，循环系统与铁路相联系，实际上就是大胆地将浪漫主义观念和真实世界连在一起。虽然"器官投影"说距今已有100多年，并具有十分浓厚的机械论色彩和工业革命时代的烙印，看似只适用于解说古代社会手工工具和近代早期的机器，然而在技术发展更多依靠科学理论的今天，其中的技术与人体有结构和功能上的相似性，技术发展的系统性趋势，以及注意"投影"的目的以发挥技术的有益功能等观点，对现代技术的发展仍有重要的借鉴意义。如何充分挖掘和发展卡普"器官投影"理论的现代价值，摒弃其历史局限；并藉此解决现代技术发展中出现的现实问题，是值得当代学者认真探究和思考的一个重要课题①。

三　芒福德：人类学的技术哲学思想

刘易斯·芒福德（Lewis Mumford，1895—1990 年）1895 年生于美国纽约州弗洛辛。1912—1917 年就学于纽约市立学院；1915—1916 年就读于纽约州哥伦比亚大学，但均未获取任何学位。从 1925 年任美国社会研究新学院讲师起，他先后在哥伦比亚大学、斯坦福大学等十余所大学担任过讲师、教授或访问教授、高级研究员。芒福德一生出版专著 41 部，主

---

① 王楠、王前：《"器官投影说"的现代解说》，《自然辩证法研究》2005 年第 2 期，第 1—4 页。

要代表作有《技术与文明》（1934 年）、《艺技术》（1952 年）、《机器的神话：技术与人类的发展》（1967 年）、《机器的：权力五角形》，这些著作涉及建筑、历史、政治、法律、社会学、人类学、文学批评等，观点独特，影响深远。他是一位城市规划学家，关注城市的建筑对人文环境和生态环境的影响，代表作《历史上的城市》在 1961 年获得了美国国家图书奖；同时他又是一位哲学家、历史学家、社会学家、文学批评家以及技术史和技术哲学家。当代美国技术学家卡尔·米切姆誉其为 20 世纪四大人文主义技术哲学之首①。

芒福德青年时期是一个技术乐观主义者，认为技术可以不断创造新文化，可以给人类带来光明的未来。30 年代美国经济大萧条时期写作的《技术与文明》（*Technics and Civilization*，1934 年）一书是一个转折，对从前技术乐观主义有所反思，而 60 年代写作并陆续出版的两卷本《机器的神话》（*The Myth of the Machine*，vol. 1，Technics and Human Development，1967 年；vol. 2，The Pentagon of Power，1970 年）则不仅对 30 多年前写作的《技术与文明》进行了再诠释，更表达了对现代技术的失望和担忧、对科学技术的严厉批判态度。在这三部著作中，他从人类学角度将技术史分为使用水和木材的始技术、煤和铁的古技术以及电和合金的新技术三个阶段，并将历史上的技术分为多元技术和单一技术两类，认为人类早期的那种人与技术协调发展的多元技术逐渐被以"巨型机器"为代表的单一技术所取代，产生了"机器的神话"，从而人沦为机器的奴隶。他提出，要改变单一技术引导的人类文明，必须推行一种"民主的技术"，恢复人在技术发展中的主体地位，实现人和技术的协调发展。

1. 技术与人性

芒福德是人文主义的技术史学家与技术哲学家，他始终把技术的问题与人的问题结合在一起进行思考，认为"没有对人性的深刻洞察，我们就不能理解技术在人类发展中所扮演的角色"②。他批判了"人是工具的制造者"这一传统的人类起源说，提出了"心灵首位论"（The Primacy of

---

① 卡尔·米切姆：《技术哲学概论》，殷登祥等译，天津科学技术出版社 1999 年版，第 19 页。

② Lewis Mumford，"Technics and the Nature of Man"，in Carl Mitcham et al ed.，Philosophy and Technology，The Free Press，1983，p. 77.

Mind）理论，认为马斯洛所说的从生存、物质、温饱的需要一直到安全、审美、自我实现的需要这一顺序正好是颠倒的，人类的需要首先不是物质的，而是心灵的，人是先有了自我实现的需要，而在任何一种物质需要中都渗透着在先的心灵需要，而以往"对工具、武器、物理器械和机器的高估已经模糊了人类发展的真正道路"①。以这种理论为基础，芒福德把人类的技术分为心灵技术、身体技术、社会技术、物质技术，并认为心灵技术、身体技术、社会技术要先于物质技术、制造技术、自然技术，因为人类的非物质性的语言、文化、宗教、艺术要先于物质性的工具文明（石器、铁器等）。

2. 始技术·古技术·新技术

芒福德是从研究技术史开始走上技术哲学研究道路的。他把技术发展史划分为三个"互相重叠和渗透的阶段"即始技术时代（The Eotechnic Phase，1000—1750 年）、古技术时代（The Paleotechnic Phase，1750—1900 年）和新技术时代（The Neotechnic Phase，1900 年至今）②。

芒福德认为，现代技术发展的起点是从 1000 年前开始的。他认为，对于历史的形成的巨大的"技术复合体"（The Technological Complex）的划分，是发展分期的标准，而这种技术复合体的基础是社会所利用的这种或那种类型的能源和原材料。照芒福德的说法，使用某种类型的能源和材料，也就确定了某个历史分期的特点，它也就渗透和决定了整个社会文化的全部结构，显示了人的可能性和社会的目标。"始技术时代是水和木材的复合体，古技术时代是煤和铁的复合体，而新技术时代是电和合金的复合体。"③ 西欧发展的早期阶段和漫长的始技术时代（1000—1750 年），依靠水和木材的技术综合。在这里，水和风力是动力的基础，而木材是主要的工业材料。对于这一时期的开端来说，其特征是收集过去文化的残余（首先是古希腊、罗马、阿拉伯以及其地区的文化）加快技术发展的步伐。始技术时代的顶峰是 17 世纪——在数学的基础上产生了实验科学的时代。自然，始技术发展阶段在各地一直延续到 18 世纪中叶。如果说始

---

① Lewis Mumford, *Technics and Human Development*, A Harvest/HBJ Book, 1967, p. 5.
② Lewis Mumford, *Technics and Civilization*, New York：Harcourt, London, 1934, p. 109.
③ Ibid. , p. 152.

技术文明在意大利到 16 世纪才繁荣昌盛，那么，美国只是到 19 世纪中叶才达到这种程度。在始技术文明范围内，各个时期的相互更迭是一种文化的表现。煤与铁的综合和采矿工业，是随后的古技术时代的动力基础。这个时期从 18 世纪下半叶开始，包括资本主义工业化和工业革命时期，芒福德刻意把这个时期称之为"煤的文明"。从时间上看，这个时代与资本主义生产方式的迅猛发展相符合，与资产阶级工业化破坏性特点的表现相符合。在芒福德看来，虽然 19 世纪下半叶之初，随着这个时代的伟大发明，宣布了作为"新技术"文明的新的标准和形式的诞生，而"煤的资本主义"的比重，则随着资本主义的破坏性趋势，对周围人们的剥削，工业方法的非人道性和精神的匮乏，在现代世界上仍然很大。

新技术时代和它的全部文化，在依靠新的动力类型和使用电力及合金的同时，为人们开辟了崭新的前所未有的远景。在新技术时代，人们的利益在技术进步方针中重新得到了确立，将是与过去始技术时代的有机的（人和自然的）原则和平地"再结合"，因为技术发展本身忽略了巨大的规模和极强大的过剩生产率，回到纯粹人能达到的极限。在这种历史过程中，如果根据芒福德描绘的图景来判断，早期的始技术时代，在社会生产力很不发达的情况下，还是有着相当高的特殊的地位。这个时代在罗马帝国没落而经历长期荒芜之后，由于风力和水力，在意大利的土地上奠定了新的文明基础，在赛纳河、多瑙河两岸和波罗的海沿岸，建立了新的文化发源地。自由的能源有着巨大的优越性：谁也不能垄断水和风。磨坊建立以后，它不增加生产费用。它不要求照料，不会遭到破坏：它的工作旨在使土地肥沃，便于农业。芒福德指出，在这样的条件下真正的知识分子能够成长，伟大的艺术和科学作品以及民用建筑工程得以创立。对所有这些，社会已不需要奴隶式的劳动。如果计量的不是功率，而是生产率，那么在芒福德看来，始技术时代可以同技术文明后来的阶段相比。

芒福德认为，18 世纪末，科学技术方面的主要发现已完成，技术发展开始进入古技术时代。在工艺方面，芒福德把工业资本主义阶段表现为煤的资本主义、"矿山文明"；而在社会方面，他则把工业资本主义表征为野蛮的新纪元。这完全脱离了以往的生活方式，脱离了欧洲的文化。芒福德把英国这个第一个从手工工场生产转向大机器工厂生产并在确立人们相互关系时有着令人不能容忍的非人道范例的老牌资本主义国家，称为

"处于领袖地位的落后者"。他写道，英国比其他国家更易于踏上这条道路：对始技术时代的进步，英国几乎没有做出什么贡献①。16世纪采矿工业的萌芽，已经作为起源的和"象征性的"关系而与资本主义的形成结合在一起。在芒福德看来，矿山是资本主义工业化的最初形式：无机的环境，非人的场景，地下物质的不定形性。矿务和矿工劳动的艰辛，是形成资本主义"文明"的非人道的最典型的形式。矿井周围只有梯恩梯的爆炸、悲惨、压抑和疲惫不堪，在这里真正有某种死气沉沉的不祥之兆的东西。

3. 多元技术·单一技术

芒福德从人类学的角度将历史上的技术分为两类：多元技术（Poly-technics）和单一技术（Monotech-nics）。多元技术或生物技术是技术制造活动的原始形式，最初（从逻辑上说，但在某种程度上也是从历史上说），技术"大体上是以生活发展为方向，而不是以工作或权力为中心的"②。相反，单一技术或权力主义的技术则是基于科学智力和大量生产，目的主要在于经济扩张、物质丰盈和军事优势。简言之，就是为了权力。

较古老的多元技术，到16世纪时虽然已部分地机械化，却并未完全向机械主义投降。这个时期人们的工作固然有其艰辛单调的一面，但同时也有其快乐轻松的一面。"机械发明和美感表现为这种多元技术中不可分的两个方面，而直到文艺复兴时为止，艺术本身仍为主要的发明领域。"芒福德写道，机械化以前的工业和农业大致都是依赖人力，所以虽然缓慢，但却享有高度的自由和弹性。他们不需要大量的资本，也不受专门化机器的束缚。工具往往为私人财产，可以使其配合个别工作者的需要。与复杂的机器相比，那是廉价的，并且可以调换和易于运输，但若离开人力却会变得毫无价值。直到16世纪，大量的经验知识还是由各行各业分别保存着，而尚未变成永久性的记录。始技术时代的文化界，在某种程度上，乌托邦和乡愁兼而有之。文艺复兴时期的艺术，17世纪到18世纪的文化艺术，有巨大力量和乐观愉快的文化，以及有着巨大精神力量的人们

① Lewis Mumford, *Technics and Civilization*, New York: Harcourt, London, 1934, p.495, 109, 110.

② 卡尔·米切姆:《技术哲学概论》，殷登祥等译，天津科学技术出版社1999年版，第21页。

的研究热情和科学勇气的榜样，这都有助于芒福德重新设计这个乌托邦。自从哥白尼的太阳中心说取得统治地位后，太阳神重临人间并且君临一切。随后伽利略、牛顿确立的机械自然观一步步取得胜利，人们逐渐崇尚秩序、理性，在一切领域追求数学化、数量化、机械化和自动化，并将经验、情感、意志等非理性的东西当作伪科学或形而上学而被排除在科学的大门之外。始技术时代的直觉技术和古技术时代的经验技术逐渐转向新技术时代基于科学的技术。

虽然现代技术是单一技术的主要实例，但这种权力主义的形式并非始于工业革命。其起源可以追溯到 5000 年前发现的，芒福德称之为"巨型机器"（megamachine）之物，即森严的等级社会组织。巨型机器的标准实例是庞大的军队或者像建造埃及的金字塔和中国的万里长城那些组织起来的劳动集体。巨型机器经常会带来惊人的物质利益，但却付出了沉重的代价：限定人的活动和愿望，使人失去人性。只有对军队成员实行强制训练，庞大的军队才能争城掠地，扩大势力。而这种训练不是取消家庭生活、游戏娱乐、诗歌、音乐和艺术，就是使这些有益的活动完全服从于军事目的，其结果就产生了"机器的神话"，在"巨型机器"的淫威之下，人类背离了原来的生活目标，逐渐成为巨型机器的一部分，前途一片茫然。

4. 巨机器的克服

芒福德提出巨机器的概念，其目的就是为了揭示巨机器的反有机的本性，从而引导人们克服巨机器。他强调要区别"机器"与"巨机器"。东方文明有着欧洲文明难以企及的"技术"和"机器"，但他们因为没有"巨技术"和"巨机器"，因此不能够与现代西方的技术文明相抗争。同样道理，现代技术文明导致的种种问题，不能够单纯从技术的角度来处理。"在技术的领域里来寻求由技术所引起的所有问题的答案，这将是一个十足的错误。"① 对他来说，克服巨机器的主要路线还是回归人性的正确规定，回归生活世界和生活技术。

芒福德提倡一种"民主的技术"，以取代巨型机器。这种技术由人来

---

① Lewis Mumford, *Technics and Civilization*, Harcourt, Brace and Company, INC, 1934. p. 434.

掌握各个技术过程，以便他们同自己的伙伴和自己的劳动产品保持更加紧密的联系。他支持帮助铲除降低人格的劳动和违反人心愿的劳役的技术。同时，芒福德竭力推崇一种高度注意有机体的、生物学和美学的需要及欲求的技术。自我更新和个人的社会转变是芒福德思想体系的重要基础。作为人类潜能和创造力的信奉者，他致力于追求理性和非理性过程的整合，稳定和变化的整合，参与和思辨的整合，自我更新和文化更新的整合。他支持一种以生活需要为中心的新的社会秩序的发展和一种尊重而不是否定官能需要的技术发展。芒福德的"生物技术"经济与文化，摒弃公司资本主义，推崇一个不仅在词语上而且在行动上追求公正与平等的社会主义。在他的想象中，社会应该在满足每个人的必需的基础上来控制和分配自己的资源，但是绝对否定一种财富过剩的经济。用现在的话语来说，芒福德希望技术、人性、社会能相互协调，走上一条可持续发展之路。

但是，当今社会中，以单一技术为特征的现代技术，已经转变为一种无孔不入的机械化世界观，深入到人的心灵，变成了一种基本的价值观念和思维方式。如何摆脱巨型机器的全方位的控制呢？芒福德认为，要想使人类免于大机器所带来的浩劫，必须来一次大革命。而其第一步就是要用一种有机世界观来代替机械世界观，而在这种新世界观中，人类本身却冷静屹立在它的中央。当未来技术逐渐都采用有机标准时，大量生产的观念也就会为另一种不同目标所代替，那就是增加变化和创造丰裕。"假如我们要想阻止大技术更进一步控制和歪曲人类的一切方面，则我们必须求助于一种完全不同的模型，那是直接导源于活的有机体和有机组合，即所谓生态系统。"① 而要实现这种理想，就要"放弃权力系统漠视生命的思想和方法。无论在任何的阶层和任何种类的社会中，都必须做一种有意识的努力，以使生活的目的不仅是为了发挥权力，而是要想透过互助、爱的结合和生物技术的培养，以便把地球变得更适宜人类的生活。所以目的是要促进生命的心灵的进步，而不是权力的进步"②。

---

① Lewis Mumford：《机械的神话》，钮先钟译，黎明文化实业股份有限公司 1972 年版，第313 页。

② 同上书，第314 页。

第四章　马克思主义的技术哲学思想

第一节　马克思的技术哲学思想

卡尔·马克思（Karl Marx，1818—1883 年），人类历史上最伟大的思想家，在创立和践行实践唯物主义的过程中，对人类改造自然的技术实践进行了深刻的反思，形成了极其丰富的技术哲学思想，成为技术哲学创始人之一。较为全面地理解马克思的技术哲学思想，至少需要回答三个基本问题：（1）马克思技术哲学思想的历时性结构是怎样的，即马克思对技术的反思历经了哪几个历史阶段，在各阶段有怎样不同的内容和特点？（2）技术哲学界怎么看马克思的技术哲学思想，对马克思技术哲学思想有怎样的理论反应，即该思想在技术哲学发展史及现代技术哲学研究中有怎样的国际性学术影响？（3）马克思技术哲学思想具有怎样的共时性结构，即它是否具有及具有怎样的基本理论框架和基本观点？本节试图解答上述三个问题，凸显历史与逻辑中的马克思的技术哲学思想。

一　马克思技术哲学思想的演化

马克思在不同时期以不同的研究向度对人类改造自然的技术实践进行反思。反思的内容、特点有较为明显的阶段性历史特征，其演化可简要概括为"一条主线三个切入点"的历史模型，即以对资本主义制度的批判为理论主线，先后以人文主义的、实践唯物主义的和工程学传统的剖析为切入点对技术进行反思构成三个演变阶段，最终完成伟大的著作《资本论》。这三个阶段递次呈现，构成马克思技术哲学思想由诞生、发展到成熟的历史结构。

1. 人文主义视野中的技术批判——马克思技术哲学思想的诞生期

列宁指出，马克思在 1844—1845 年形成自己的哲学观点。其实，这时也正是马克思技术哲学思想的诞生期。在德国古典哲学的批判传统和人文主义传统的熏陶下，青年马克思通过对宗教的批判认识到，揭露、批判具有非神圣形象的自我异化，已经成了为历史服务的哲学的迫切任务；在《黑格尔法哲学批判》导言（1843 年）中，他极其深刻地阐述道："批判的武器当然不能代替武器的批判，物质力量只能用物质力量来摧毁；但是理论一经掌握群众，也会变成物质力量。"从这时开始，马克思便已自觉地去探询能够抓住事物的根本因而能够掌握群众的理论，去执行他所强调的"绝对命令"——必须推翻那些使人成为被侮辱、被奴役、被遗弃和被蔑视的东西的一切关系。

受费尔巴哈人道主义的影响，沿着费尔巴哈哲学的人的类本质异化论的思路去理解人类历史，马克思关注对人的本质、价值和地位的理论探讨，为追求人类的历史解放着手批判私有制。以揭示和批判异化劳动为背景，马克思批判哲学与科学技术之间"始终是疏远的"的状况①，力图从哲学的视野凸显技术与人的本质的现实性联系。马克思哲学的真正的诞生地和秘密——《1844 年经济学哲学手稿》（又称"巴黎手稿"），为他后来技术哲学反思的全部发展提供了出发点和源泉。

在这个时期，马克思对改造自然的技术活动的反思的重要成果主要表现为以下两方面的内容。第一，马克思从当时的经济事实——"工人生产的财富越多，他的产品的力量和数量越大，他就越贫穷"——出发，在创造"异化劳动"新范畴来批判私有制的同时创立了技术的批判理论：在私有制社会中，劳动或技术活动的产品，作为一种异己的存在物，作为不依赖于生产者的力量，同劳动或技术活动相对立；技术活动的实现表现为工人失去现实性，对象化表现为对象的丧失和被对象奴役，占有表现为异化。这样，"巴黎手稿"已经阐述了"技术异化"理论的内容：随着资本的积累，工人在精神上和肉体上被贬低为机器，人变成抽象的活动和胃；工人的技术活动越有力，工人越无力；技术活动越机巧，工人越愚钝，越成为自然界的奴隶；一句话，工人同技术劳动本身、技术产品、技

---

① 马克思：《1844 年经济学哲学手稿》，人民出版社 2000 年版，第 89 页。

术劳动对象即自然界相对立。技术异化是私有制统治下人与自然、人与人之间矛盾的现实体现。要消除技术异化解放人本身，就要消灭私有财产，就"必须有现实的共产主义行动"，这种共产主义"是人与自然界之间、人和人之间的矛盾的真正解决"。

"巴黎手稿"一方面指出了异化劳动与私有财产之间具有互为因果的非线性关系——"尽管私有财产表现为外化劳动的根据和原因，但确切地说，它是外化劳动的后果，正像神原先不是人类理智迷误的原因，而是人类理智迷误的结果一样。后来，这种关系就变成相互作用的关系。"另一方面又提出了一个根本性的问题："人怎么使他的劳动外化、异化？这种异化又怎么以人的发展的本质为根据？"马克思当时显然并没有给出明确的解答，尽管他提出了解决问题的一个思路："我们把私有财产的起源问题变为外化劳动对人类发展进程的关系问题，就已经为解决这一任务得到了许多东西。因为人们谈到私有财产时，认为他们谈的是人之外的东西。而人们谈到劳动时，则认为是直接谈到人本身。问题的这种新的提法本身就已经包含问题的解决。"

第二，马克思深刻阐述了人与自然既统一又对立的思想。马克思强调，没有自然界，没有感性的外部世界，工人就什么也不能创造。他提出著名的命题——"自然界，就它本身不是人的身体而言，是人的无机的身体。人靠自然界生活。这就是说，自然界是人为了不致死亡而必须与之处于持续不断的交互作用过程的、人的身体。所谓人的肉体生活和精神生活同自然界相联系，不外是说自然界同自身相联系，因为人是自然界的一部分。""如果把工业看成人的本质力量的公开的展示，那么，自然界的人的本质，或者人的自然的本质，也就可以理解了。"人与自然界是统一的，这对于人的生存是重要的，但在马克思看来，更为重要的是，人之所以为人，在于人通过技术实践把整个自然界"变成"人的无机的身体，在于"通过实践创造对象世界，改造无机界，人证明自己是有意识的类存在物"。马克思因此初步表达了人化自然思想，论述了人与动物的本质区别，阐明了人与自然相分化的多种内涵，天才地指出了人类改造自然的四大本质特征——动物的生产是片面的，而人的生产是全面的；动物只是在直接的肉体需要的支配下生产，而人甚至不受肉体需要的影响也进行生产；动物只生产自身，而人在生产整个自然界；动物只是按照它所属的那个种的尺度和需要来构造，而人懂得按照任何一个种的尺度来进行生产，并且懂得怎样处处都把内在的尺度运用到对象上去。他虽然赞扬黑格尔把劳动看作人的本质，但又认为"人的类特性恰恰就是自由的自觉的活动"。这种矛盾的认识说明他对人的劳动的本质仍认识模糊，有待进一步澄清和坚定。

总的来看，此时（1845 年以前）的马克思（表述主要集中在"巴黎手稿"中）：（1）还未对技术史实、工艺学和技术事实进行充分的考察，还不能立足于实证的技术研究建构批判的自然改造论；（2）马克思受费尔巴哈人学思想和黑格尔思辨唯心主义的一些影响，常常使用类、类本质等术语反思自然改造问题，因此，马克思主要还是思辨地、抽象地研究自然改造论，这使得有些深刻的技术哲学思想基本上是天才的猜测，缺乏实证的辩护；有些思想仅处于萌芽期，有待进一步的论证和展开；还有些思想则还略带唯心主义色彩，有待日后自我否定。

2. 实践唯物主义的技术批判——马克思技术哲学思想的发展期

1845 年—1863 年，从《关于费尔巴哈的提纲》开始，马克思对以往哲学进行了全面的清算，建立和践行实践唯物主义，实现了哲学中的实践转向——"哲学家们只是用不同的方式解释世界，问题在于改变世界"，完成了哲学史上的伟大变革。在这个阶段，马克思扬弃了黑格尔的唯心主义和费尔巴哈的哲学思维，继续完善他的批判的武器，以实践、物质生产、生产力及生产关系等新范畴研究历史剖析资本主义社会发展规律。在《德意志意识形态》中，马克思与恩格斯首次阐述了唯物史观的基本原理，构成了马克思继续进行技术批判的坚实理论基础。在"布鲁塞尔笔记"（1845 年）中，马克思第一次研究了 C. 拜比吉等人的技术哲学著作。1851 年 4 月，好友建议他："如果你在完成经济学著作以后，完全埋头于自然科学特别是工艺学的研究，这也许是很有好处的。"这个建议对马克思可能产生了影响，因为在当年的 10 月中旬，马克思就是在主要钻研工艺学及其历史和农学，"以求得至少对这个臭东西有个概念"，并大量摘录了 A. 尤尔、J. 波佩、J. 贝克曼的技术观点形成著名的"工艺学笔记"。总的来看，这一时期马克思对工艺学和技术哲学著作的主要研究方式不但是摘引相关论述，而且也以之为认识基础支持建立和完善实践唯物主义，阐发他的技术哲学思想。但是即使到了 1863 年 1 月，马克思仍然感到对一些技术事实不很明白："我懂得数学定理，但是属于直观的最简单的实际技术问题，我理解起来却十分困难"①，还不能很有把握地在分析技术事实的基础上反思技术，还不能对它们进行更深入的专门批判。尽管如此，由于他重视实践，强调要现实而非思辨地改变世界，重视对资本主义生产过程的细致考察和批判，而技术活动和物质生产过程是实践的最基本形式，所以，他从实践唯物主义的研究中天然地汲取了丰富的理论营养，扬弃了早期以思辨为主的人文主义批判向度，自觉向实践唯物主义的技术批判转变，重视以实证为基础，反思人类改造自然的对象性活动，取得技术哲学研究上的长足进步。

马克思这个阶段对技术活动的反思成果颇为丰富，简要地说，主要包括四方面内容。

（1）人与自然相统一的具体历史性思想

马克思纠正了"巴黎手稿"过分强调人的能动性的一些观点，在《德意志意识形态》中强调："一但人开始生产自己的生活资料的时候，这一步是由他们的肉体组织所决定的，人本身就开始把自己和动物区别开来。"阐述了人在技术活动中自我诞生和发展的观点：人是什么样的，这同他们的生产是一致的——"既和他们生产什么一致，又和他们怎样生产一致"。马克思强调自然史和人类史彼此相互制约，这种制约是历史的、具体的历史过程：历史的每一个阶段都遇到一定的物质结果，一定的生产力总和，人对自然以及个人之间历史地形成的关系，都遇到前一代传给后一代的大量生产力、资金和环境，一方面，这些生产力、资金和环境为新一代所改变；但另一方面，它们也预先规定新的一代本身的生活条件，使它得到一定的发展和具有特殊的性质，因此，"人创造环境，同样，环境也创造人。"这种统一是以技术和工业运动为基础的实践的统一，"这种活动、这种连续不断的感性劳动和创造、这种生产，正是整个现存的感性世界的基础"。

（2）技术与社会的互动的观点

马克思相信，一方面，技术作为生产力，对社会有决定性作用，"社会关系和生产力密切联系。随着新生产力的获得，人们改变自己的生产方

---

① 《马克思恩格斯〈资本论〉书信集》，人民出版社 1976 年版，第 173 页。

式，随着生产方式即谋生的方式的改变，人们也就会改变自己的一切社会关系。手推磨产生的是封建主的社会，蒸汽磨产生的是工业资本家的社会"（《哲学的贫困》）。另一方面，社会因素对技术有重要的影响，这种思想典型地反映在《共产党宣言》对资本的历史地位的分析中：资产阶级在历史上曾经起过非常革命的作用。资产阶级揭示了，在中世纪深受反对派称许的那种人力的野蛮使用，是以极端怠惰作为相应补充的。"它第一个证明了，人的活动能够取得什么样的成就。他创造了完全不同于埃及金字塔、罗马水道和哥特式教堂的奇迹；它完成了完全不同于民族大迁徙和十字军征讨的远征。"

（3）持续技术创新思想

提出这个思想是马克思这一时期技术批判理论所取得的重要成果。马克思认为，"资产阶级除非对生产工具，从而对生产关系，从而对全部社会关系不断地进行革命，否则就不能生存下去。反之，原封不动地保持旧的生产方式，却是过去的一切工业阶级生存的首要条件。生产的不断变革，一切社会状况不停的动荡，永远的不安定和变动，这就是资产阶级时代不同于过去一切时代的地方"。《雇佣劳动与资本》也分析了资本主义持续技术创新的特点，证明这是一个规律，"这个规律不让资本有片刻的停息，老是在它耳边催促说：'前进！前进！'"它导致资本不断地、日新月异地实行创新活动。随着技术创新的持续进行，一旦生产力已经强大到资产阶级的生产关系所不能适应的地步，它就受到这种关系的阻碍；而它一着手克服这种障碍，就使整个资产阶级社会陷入混乱，就使资产阶级所有制的存在受到威胁。那时社会革命的时代就到来了，于是，"资产阶级用来推翻封建制度的武器，现在却对准资产阶级自己了。"

（4）技术异化思想

在这阶段，技术异化理论取得重大进展。马克思指出，在资产阶级社会里，作为19世纪特征的、一件任何政党都不敢否认的事实是，"一方面产生了以往人类历史上任何一个时代都不能想象的工业和科学的力量。而另一方面却显露出衰颓的征兆，这种衰颓远远超过罗马帝国末期那一切载诸史册的可怕情景"。活劳动成为增殖死劳动的一种手段，机器使工人的生活地位越来越没有保障，每一种事物好像都包含有自己的反面，"机器具有减少人类劳动和使劳动更有成效的神奇力量，然而却引起了饥饿和过度的疲劳。财富的新源泉，由于某种奇怪的、不可思议的魔力而变成贫困的源泉。技术的胜利，似乎是以道德的败坏为代价换来的。随着人类愈益控制自然，个人却似乎愈益成为别人的奴隶或自身的卑劣行为的奴隶。……我们的一切发现和进步，似乎结果是使物质力量成为有智慧的生命，而人的生命则化为愚钝的物质力量"。马克思批判了面对生产力和社会关系这种对抗的三种错误态度——"痛哭流涕""希望抛开现代技术""以为工业上如此巨大的进步要以政治上同样巨大的倒退来补充"，指出要消灭这种异化，就要以生产力的巨大增长和高度发展为前提，解决出路就是要进行社会革命，就是要使社会的新生的人——工人——来掌握工业和科学的新生力量，就是要建立社会调节整个生产和技术活动的共产主义社会。

3. 工程学传统中的技术批判——马克思技术哲学思想的成熟期

马克思在写作《机器，自然力和科学的应用》手稿（以下简称"技术手稿"）（1863 年）直至完成《资本论》后，对从手工业、工场手工业到机器大工业的资本主义生产演化过程有了全面的实证的认识，对许多技术事实及工艺学术语、原理已非常熟悉并能实际把握。因此，恩格斯不但赞道："看到你掌握了工艺术语，我也感到很满意，这样做对你来说一定有许多困难，因此曾引起我的各种各样的担心。"而且高度评价了《资本论》的技术研究"很有意义，并且显示出对于所研究的问题的惊人知识，一直到工艺学上的细节。"1863 年之后，马克思沿着自己一贯的社会批判理论轨迹，在阐发成熟的实践唯物主义理论的过程中，扬弃了贝克曼等人唯技术论技术的工程学技术研究传统，清算了尤尔这位"工厂制度的辩护士和仆人"持反动立场的技术哲学观点，接受了恩格斯这位工厂制度的自由批判家的正确技术哲学思想的影响，从对资本主义生产过程、技术史实与技术事实的经验考察出发，研究技术与社会互动的相关哲学问题，从而对资本主义制度进行更透彻的批判，达到对技术的成熟反思。

（1）劳动过程理论

在《政治经济学批判》（1859 年）中，马克思证明了商品中包含的劳动的二重性，仅仅初步涉及到劳动过程理论的一点内容，他只是简要地指出:"劳动作为以某种形式占有自然物的有目的的活动,是人类生存的自然条件,是同一切社会形式无关的、人和自然之间的物质变换的条件"。这个揭示人的本质的理论在《资本论》中得到成熟的理论表述。在《资本论》第一卷关键的第五章中,马克思详细深入地阐述了他的劳动过程理论。"劳动首先是人和自然之间的过程,是人以自身的活动来引起、调整和控制人和自然之间的物质变换的过程。"这种有用劳动,这种"技术意义上的劳动"(恩格斯语)①,"是制造使用价值的有目的的活动,是为了人类的需要而占有自然物,是人和自然之间的物质变换的一般条件,是人类社会的永恒的自然条件,因此,它不以人类生活的任何形式为转移,倒不如说,它是人类生活的一切社会形式所共有的。"系统阐述这种技术意义上的劳动的结构和价值,尤其对人是制造工具的动物的观点的赞同和论证,构成马克思技术哲学思想成熟的首要标志。

(2)技术与社会互动的思想

①技术对社会发展起决定性作用。这是"技术手稿"最重要的结论之一:机械发明引起生产方式的改变,并且由此引起生产关系的改变和社会关系上的改变;火药、指南针、印刷术等技术对产生资本主义起了决定性作用。《资本论》则继续研究"我们的关于生产资料决定劳动组织的理论"。②社会对技术发展有重要影响:马克思多次指出工人与资本家的冲突产生了许多发明,"可以写出整整一部历史,说明1830年以来的许多发明,都只是作为资本对付工人暴动的武器而出现的";强调了暴力和殖民制度对初期资本主义工业和技术发展的重要意义;分析英国工厂法"造成对技术的巨大刺激,从而加重整个资本主义生产的无政府状态和灾难"。总之,技术与社会的互动要辩证地理解:"机器劳动这一革命因素是直接由于需求超过了用以前的生产手段来满足这种需求的可能性而引起的。而需求超过〔供给〕这件事本身,是由于还在手工业基础上就已经作出的那些发明而产生的,并且是作为在工场手工业占统治地位的时期所建立的殖民体系和在一定程度上由这个体系所创造的世界市场的结果而产生的。随着一旦已经发生的、表现为工艺革命的生产力革命,还实现着生

产关系的革命。"

（3）机器理论

机器理论的成熟，集中体现在该理论以区别工具和机器为逻辑起点。正是尤其通过阐述这种区别，马克思扬弃了工程学传统"唯技术论技术"的范式，将技术放到社会大环境中进行实证研究，考察它在社会变迁中的角色，从而创立了工程学意义上的技术批判理论。马克思批判道：讨论这种区别，对纯粹的数学家来说是无关紧要的，"但是，在问题涉及到要证明人们的社会关系和这些物质生产方式的发展之间的联系时，它们却是非常重要的"。这里所讨论的并不是二者在工艺上的确切区分，"而是在所使用的劳动资料上发生的一种改变生产方式，因而也改变生产关系的革命；因此，在当前的场合，所说的正是在所使用的劳动资料上发生的那种为资本主义生产方式所特有的革命。"① 因此，《资本论》研究机器理论时指出"首先应该研究，劳动资料如何从工具转变为机器，或者说，机器和手工业有什么区别。"

（4）技术史研究

在"技术手稿"中，马克思引用并总结了从古代到 19 世纪中叶的极其丰富的技术史资料，提出划分自然改造史的标准，"各种经济时代的区别，不在于生产什么，而在于怎样生产，用什么劳动资料生产"。指出技术分工的四种历史形态：手工劳动、手工业劳动、工厂手工业和工厂生产。揭示出技术的发展规律："后一个生产形式的物质可能性——不论是工艺条件，还是与其相适应的企业经济结构——都是在前一个形式的范围内创造出来的。"在《资本论》中，他透彻地研究了手工业到工场手工业，工场手工业到机器大工业的演化历程，构成批判资本主义生产的华彩篇章。他还反思技术发明的社会属性，从而深刻认识了技术或工艺学的社会属性："如果有一部批判的工艺史，就会证明，18 世纪的任何发明，很少是属于某一个人的。……人类史是我们自己创造的，而自然史不是我们创造的。工艺学会揭示出人对自然的能动关系，人的生活的直接生产过程，以及人的社会生活条件和由此产生的精神观念的直接生产过程。"

---

① ［波］亚·沙夫：《马克思论异化》，载《马克思哲学思想研究译文集》，人民出版社 1983 年版，第 92—93 页。

（5）持续技术创新思想

批判资本始终是马克思研究技术的最高目的，这在他的成熟的持续技术创新思想中体现得更为明显。立足于对技术史实与技术事实的实证把握和理解，"技术手稿"强调，"机械工厂一旦建立，不断地改进机器就成为目的"①，批判资本持续技术创新的目的不是为了减轻工人劳动量，而是为了获得超额利润。《资本论》表述了资本主义必须持续创新的物质原因："现代工业的技术基础是革命的，而所有以往的生产方式的技术基础本质上是保守的。现代工业通过机器、化学过程和其他方法，使工人的职能和劳动过程的社会结合不断地随着生产的技术基础发生变革。"大工业的本性决定了工人的全面流动性，而资本再生产出旧的分工及其固定化的专业。马克思相信，创新浪潮持续涌现，推动这个"绝对的矛盾"向前发展，是资本主义生产形式瓦解和改造的唯一历史道路。

（6）技术异化思想

此时技术异化思想由于立足于实证的工程学研究，较以前任何时期都更为明确、深刻。"技术手稿"批判在资本主义生产方式里，"存在着劳动的客观条件——过去劳动——与活劳动相异化的情况，这种异化使劳动的客观条件变成活劳动的对抗性的对立物"，"工人的劳动受资本的支配，资本吸吮工人的劳动，这种包括在资本主义生产概念中的东西，在这里表现为工艺上的事实。"②《资本论》批判一切资本主义生产都不是工人使用劳动条件，相反地，而是劳动条件使用工人，"这种颠倒只是随着机器的采用才取得了在技术上很明显的现实性。"马克思得出结论，"我不仅把大工业看作是对抗的根源，而且也看作是解决这些对抗所必需的物质条件和精神条件的创造者"，从而也明确指明了解决技术异化的正确道路，"工人要学会把机器和机器的资本主义应用区别开来，从而学会把自己的攻击从物质生产资料本身转向物质生产资料的社会使用形式"。

二　马克思技术哲学思想的基本框架

总的来说，理解和重构历史演化中的以及国外学者视野中的马克思技

---

① 马克思：《机器，自然力和科学的应用》，人民出版社 1978 年版，第 203 页。

② 马克思：《机器，自然力和科学的应用》，人民出版社 1978 年版，第 203 页。

术哲学思想，可以看到马克思对技术的反思呈现着一种基本的共时性逻辑结构，这就是历史地看技术即对技术的一般理论的阐述，和现实地看技术即对狭义的技术批判思想的论证这两方面内容的相辅相成①。马克思的核心理论旨趣始终是批判资本主义，这导致他的技术哲学思想——广义的技术批判理论——的核心内容，即狭义的技术批判思想的形成；在阐述狭义的技术批判思想的过程中，马克思也始终在进行技术的一般理论的阐述，辩证地理解历史中的技术演化，为阐发狭义的技术批判思想提供深厚的理论基础。这两方面内容相互融合相互渗透，构成马克思反思技术的基本逻辑框架。

1. 马克思关于技术的一般理论阐述

在人类生存与发展的历史中，技术得以产生和存在的合理性是什么？技术与社会之间有怎样的互动关系？技术史，即人类的自然改造史可以划分为哪几个发展阶段？对这些问题的反思构成马克思关于技术的一般理论的基本内容。

（1）技术存在的合理性

在马克思的自然改造论的视野之中，技术存在的合理性根植于技术的本质之中，根植于技术的价值之中。

马克思并没有对技术作过明确的定义。学术界对马克思的技术本质的理解可简略概述为如下三种：其一，马克思的技术概念是指工具、机器等人工制品客体，更具体地说，是指劳动手段的体系或人造的物质资料总和。前苏联及日本唯研会的理解基本上都持这种见解，拉图尔等人的结论也都如此。其二，马克思的技术概念是指一种社会过程或社会活动，是人与自然的中介，如鸟广居、米切姆的理解。其三，马克思的技术是指一种似人的有机体。D. Channell 等学者的理解如斯。相对前两种理解，这第三种理解不常见，它把马克思对技术在资本主义社会的特殊表现的反思普遍化了，因此并没有真实地反映出马克思的技术本质观，因此我们主要对前两种理解作简要的分析。

第一种理解最为人们所普遍接受，对此认识人们已较少再有争议，关于它的疑问已大多集中在诸如"马克思的这种技术概念准确吗？它现在

---

① 牟焕森：《马克思技术哲学思想的国际反响》，东北大学出版社 2003 年版，第 17 页。

还适用吗？"之类的问题上。如武谷三男认为唯研会所发展的马克思的技术概念是不符合技术史的，它"没有包括制造加工技术和天文知识、品种改良等内容"。H. Lenk 和 G. Ropohl 认为，马克思主义的技术理论来源于对劳动和生产过程的分析，马克思明确阐述各种经济时代的区别，不在于生产什么，而在于怎样生产用什么生产。但"强调这种视野则无疑伴随有对现代技术世界的重要简化，今天，技术已经不能再被归类于生产手段；通过牵强附会的解释，像电视、收音机这样的大部分技术人工物，和如摄影和电影这样的兴趣技术只能与劳动过程有关系。但是，这样的技术人工物是作为'奢侈物'出现的，他们对当今时代的社会—技术状况的意义不容忽视。"拉图尔不同意马克思的这种技术概念，强调"可我认为技术除了转化为物化劳动外还有许多其他作用，人们不能把它简单地看作是扩张社会力量的手段或工具。"M. Tiles（2000 年）则批评这种仅从纯粹工具的角度看技术的观点，在技术转让问题上会表现出十分明显的局限性。这些批评不是空穴来风，我们应该认真对待。

对马克思的技术范畴作"过程说"或"活动说"的理解，相对"客体说"则较少地被人们所提起并引起人们的争论。实际上，马克思在著述的不同语境中，所使用的技术的概念是不同的。换句话说，马克思视野中的技术是具有多重本质的。马克思在一些论述中，是在"技术是客体"的意义上使用技术一词的，"客体说"可以在马克思的著述中寻到佐证。但我们认为马克思在更多场合，在更深的层次上所用的技术概念是指一种实践过程或实践活动。因此，我们更赞成"过程说"或"活动说"的诠释，它似乎比"客体说"更有竞争力，更能符合实践唯物主义的要义。

马克思是在过程或活动的意义上讨论工艺学（Technology）的研究对象的。《1857—1858 年经济学手稿》曾说过一句著名的话"政治经济学不是工艺学"，这里马克思强调政治经济学研究一般的生产，而工艺学研究的是特殊的生产过程。在《1861—1863 年经济学手稿》中他进一步指出："研究实际的劳动过程是工艺学的任务"①，马克思这里关注的是劳动过程的总体，包含劳动（能力）、劳动资料和劳动材料三种要素，即三个"劳

---

① 马克思：《1861—1863 年经济学手稿》，载《马克思恩格斯全集（第 47 卷）》，人民出版社 1979 年版，第 56 页。

动过程分解成的，作为劳动过程所固有的最一般的环节"，而不仅仅是劳动资料，尽管他尤其强调劳动资料的重要意义。《资本论》更明确地说："大工业的原则是，首先不管人的手怎样，把每一个生产过程本身分解成各个构成要素，从而创立了工艺学这门完全的现代科学。社会生产过程的五光十色的、似无联系的和已经固定化的形态，分解成为自然科学的自觉按计划的和为取得预期有用效果而系统分类的应用。工艺学揭示了为数不多的重大的基本运动形式，不管所使用的工具多么复杂，人体的一切生产活动必然在这些形式中进行。"① 法文修订版的《资本论》又一次提出："工艺学揭示出人对自然的活动方式，人的物质生活的生产过程，从而揭示出社会关系以及由此产生的精神观念的起源。"因为工艺学是研究技术（technique）的学问，所以马克思的这些论述应该被理解成是他对"技术是过程或活动"思想的有力论证。

马克思在论及机器等人工物时，更多地是将它们与"技术基础""技术条件"的概念而不是与"技术"或"工艺"概念直接相联系，如"工厂所拥有的技术基础，即代替肌肉力的机器与轻便的劳动"、工厂制度"自己的技术基础即机器本身"等论述。而在理解马克思关于技术和工艺的一些论述时，用"客体说"很难说得通，如"工人的劳动受资本的支配，资本吸吮工人的劳动，这种包括在资本主义生产概念中的东西，在这里表现为工艺上的事实。""在工场手工业中，在一定劳动时间内提供一定量的产品，成了生产过程本身的技术规律。""劳动条件使用人，这种颠倒只是随着机器的采用才取得了在技术上很明显的现实性"等。这些论述如果以"过程说"来看就容易理解了。因此，我们认为马克思的技术本质"过程说（或活动说）"是他的实践唯物主义的一种具体体现。在马克思的视野中，技术是人类能动改造自然的一种实践过程或活动，技术构成劳动过程的质的规定——有用劳动的本质。这种有用劳动，是"技术意义上的劳动"（恩格斯）。

马克思也曾把技能包括在他的技术本质的理解之中，这一直被以往的主流研究所忽略——尽管 P. Adler（1990 年）在研究马克思的技能理论

---

① 马克思：《资本论》（第 1 卷），人民出版社 1975 年版，第 533 页。

时，曾指出对马克思的"'技术'（或'生产力'）应该广义来理解，它包括装备、工作组织的生产方面也许甚至包括工人的技能"。马克思在《资本论》中曾论述道：在工场手工业中，"一当局部劳动成为专门的职能之后，局部劳动的方法也就完善起来。如果不断地重复简单的动作，并把注意力集中在这种动作上，就能够从经验中学会消耗最小的力量达到预期的效果。又因为总是有好几代工人在同一些手工工场内共同生活和劳动，因此，这样获得的技术工艺，即人们所谓的手工业者的诀窍就能积累并传下去。"①

尽管马克思的自然改造论思想更多涉及的是劳动、机器、工具、劳动资料等范畴却极少直接论及技术，但是，我们要广义地理解马克思的技术哲学思想，不是非要去寻找"技术"词汇的影子，而是要去寻找关于技术的理论、关于技术本质的理论。根据对马克思著作的解读，我们认为马克思总是把技术作为关于人对自然的能动关系的一个实践范畴来加以把握，他对技术本质的理解大致如此：第一，技术是人与自然之间进行物质、能量、信息交换的中介，包括工具、机器等人造物客体；第二，技术是人对自然的主体自身的能动性表现，如技能、诀窍等；第三，技术是人类得以生存和发展的基本而必要的实践形式，是指包括前两者的改造自然的现实活动和过程。

在马克思看来，具有如此本质的技术构成人类生存与发展的根本凭借。在马克思看来，技术对人类最根本的价值——技术得以产生和存在的最本质的依据——就是，人类只有在技术活动中才形成它本身，才能历史具体地而不是抽象思辨地与其他生物根本地区别开来，从而也才能在自然界中争得生存权和获得发展。"整个所谓世界历史不外是人通过人的劳动而诞生的过程"，马克思这些思想在《德意志意识形态》中非常清晰地表达出来：（1）"可以根据意识、宗教或随便别的什么来区别人和动物。一当人开始生产自己的生活资料的时候，这一步是由他们的肉体组织所决定的，人本身就开始把自己和动物区别开来。人们生产自己的生活资料，同时间接地生产着自己的物质生活本身。"（2）"个人怎样表现自己的生活，

---

① 马克思：《资本论》（根据作者修订的法文版第一卷翻译），中国社会科学出版社1983年版，第341—342页。

他们自己就是怎样。因此，他们是什么样的，这同他们的生产是一致的——既和他们生产什么一致，又和他们怎样生产一致。"（3）"我们首先应当确定一切人类生存的第一个前提，也就是一切历史的第一个前提，这个前提是：人们为了能够'创造历史'，必须能够生活。但是为了生活，首先就需要吃喝住穿以及其他一些东西。因此第一个历史活动就是生产满足这些需要的资料，即生产物质生活本身，而且这是这样的历史活动，一切历史的一种基本条件，人们单是为了能够生活就必须每日每时去完成它，现在和几千年前都是这样。"恩格斯的"劳动创造了人本身"的伟大命题，也强调了马克思所强调的这种技术实践对于人的存在所具有的逻辑先在意义。

马克思高度评价了技术对促进人类文明进步的积极作用。（1）马克思强调"在工业发展的一定阶段上必然会产生私有制"，而"只有随着大工业的发展才有可能消灭私有制"；要消灭异化从而实现共产主义，就必须"以生产力的巨大增长和高度发展为前提"；"只有在现实的世界中并使用现实的手段才能实现真正的解放；没有蒸汽机和珍妮走锭精纺机就不能消灭奴隶制；没有改良的农业就不能消灭农奴制；当人们还不能使自己的吃喝住穿在质和量方面得到充分保证的时候，人们就根本不能获得解放。'解放'是一种历史活动，不是思想的活动"。（2）马克思特别关注技术在资本主义的产生和灭亡中的革命性作用。马克思曾赞扬道，"火药、指南针、印刷术——这是预告资产阶级社会到来的三大发明。火药把骑士阶层炸得粉碎，指南针打开了世界市场并建立了殖民地，而印刷术则变成新教的工具，总的来说变成科学复兴的手段，变成对精神发展创造必要前提的最强大的杠杆。"在1848年革命中，"蒸汽、电力和自动纺机甚至是比巴尔贝斯、拉斯拜尔和布朗基诸位公民更危险万分的革命家。""资产阶级除非对生产工具，从而对生产关系，从而对全部社会关系不断地进行革命，否则就不能生存下去。反之，原封不动地保持旧的生产方式，却是过去的一切工业阶级生存的首要条件。生产的不断变革，一切社会状况不停的动荡，永远的不安定和变动，这就是资产阶级时代不同于过去一切时代的地方。"（3）恩格斯曾写道，马克思"把科学首先看成是历史的有力的杠杆，看成最高意义上的革命力量。"这种评价的意义是深刻的，我们可以这样来理解：在马克思的视野中，科学之所以有如此重要的历史作用，最根本的原因就在于它能够——尤其在资本主义时代——转化为技术，通过技术由一般生产力转变成现成生产力；而作为生产力，技术与科学的运动则构成人类进步的动力。所以，"在马克思看来，科学是一种在历史上起推动作用的、革命的力量。任何一门理论科学中的每一个新发现——它的实际应用也许还根本无法预见——都使马克思感到衷心喜悦，而当他看到那种对工业、对一般历史发展立即产生革命性影响的发现的时候，他的喜悦就非同寻常了。"

马克思对技术协调人类与自然环境的作用给予了非常经典的论述。（1）在马克思看来，"全部人类历史的第一个前提无疑是有生命的个人的存在。因此，第一个需要确认的事实就是这些个人的肉体组织以及由此产生的个人对其他自然的关系。"因此，技术的生态价值首先体现在它是保证人类得以生存于自然之中的最基本条件。没有技术活动，人类根本就不可能产生并存在下去——反之亦然，那更谈不上什么人与自然"和谐共处"了。"像野蛮人为了满足自己的需要，为了维持和再生产自己的生命，必须与自然进行斗争一样，文明人也必须这样做；而且在一切社会形态中，有一切可能的生产方式中，他都必须这样做。"（2）"人靠自然界生活。这就是说，自然界是人为了不致死亡而必须与之不断交往的、人的身体。"——马克思强调技术活动必须遵守自然界的规律，以免使也是"受动的、受制约的和受限制的存在物"的人破坏自己的无机的身体，而自身也受到惩罚。马克思在《资本论》中引用维里的论述——"宇宙的一切现象，不论是由人手创造的，还是由物理学的一般规律引起的，都不是真正的新创造，而只是物质的形态变化。"——指出："人在生产中只能像自然本身那样发挥作用，就是说，只能改变物质的形态。不仅如此，他在这种改变形态的劳动中还要经常依靠自然力的帮助。"他坚持认为"自然规律是根本不能取消的，在不同的历史条件下能够发生变化的，只是这些规律借以实现的形式。"马克思赞成这样的观点"不以伟大的自然规律为依据的人类计划，只会带来灾难"[①]。（3）马克思深刻阐述了人与自然的关系是随技术活动而变化的具体的、历史的统一的关系。"现代自

---

① 马克思：《马克思致恩格斯》，载《马克思恩格斯全集》（第 32 卷），人民出版社 1975 年版，第 251 页。

然科学和现代工业一起变革了整个自然界，结束了人们对于自然界的幼稚态度和其他幼稚行为"，"在工业中向来就有那个很著名的'人和自然的统一'，而且这种统一在每一个时代都随工业或慢或快的发展而不断改变，就像人与自然的'斗争'促进其生产力在相应基础上的发展一样"。因此，马克思批判费尔巴哈"他没有看到，他周围的感性世界决不是某种开天辟地以来就直接存在的、始终如一的东西，而是工业和社会状况的产物，是历史的产物，是世世代代活动的结果，……甚至连最简单的'感性确定性'的对象也只是由于社会发展，由于工业和商业交往才提供给他的。""这种活动、这种连续不断的感性劳动和创造、这种生产，正是整个现存的感性世界的基础，它哪怕只中断一年，费尔巴哈就会看到，不仅自然界将发生巨大的变化，而且整个人类世界以及他自己的直观能力，甚至他本身的存在也会很快就没有了。"

马克思反思技术实践的一个基本思路是：人类史是我们自己创造的，而自然史不是我们自己创造的；他相信：个人怎样表现自己的生活，他们自己就是怎样。因此，他们是什么样的，这同他们的生产是一致的——既和他们生产什么一致，又和他们怎样生产一致。因而，个人是什么样的，这取决于他们进行生产的物质条件。劳动过程本身就是一个技术活动过程，人是通过劳动才得以自我产生，获得自我的规定性，得到生存和发展的。"通过实践创造对象世界，改造无机界，人证明自己是有意识的类存在物"。总之，马克思在理解"实践"或"劳动"范畴的时候，蕴涵了对技术本质和价值的理解，论证了技术的合理性："从前的一切唯物主义（包括费尔巴哈的唯物主义）的主要缺点是：对象、现实、感性，只是从客体的或者直观的形式去理解，而不是把它们当作感性的人的活动，当作实践去理解，不是从主体方面去理解。因此，和唯物主义相反，能动的方面却被唯心主义抽象地发展了，当然，唯心主义是不知道现实的、感性的活动本身的。"在马克思看来，劳动，无论（在他的早期理论中）是证明"人是类存在物"的类生活，还是（在他的后期理论中）"人和自然之间的物质变换的一般条件"，它都具有证明人的存在的本体论上的最优先地位，都是确认技术的存在具有合理性的根源所在："工业的历史和工业的已经产生的对象性的存在，是一本打开了的关于人的本质力量的书，是感性地摆在我们面前的人的心理学"。因此，他在《资本论》中非常赞成富兰克林关于人本质的那个经典命题：人是制造工具的动物。

（2）技术与社会的互动

首先，我们要强调，对于理解技术与社会互动的两种理论模型——技术决定论和社会决定论，F. 拉普的观点——"虽然这两种模式在逻辑上是相互排斥的，其实它们都包涵着某些真理"，和 J. Wise 的观点——"占主导地位的这两种观点都是抽象的。我们很难发现谁在真正严格地坚持其中的一种观点；毋宁说多数理论都包含这二者的因素"，都是非常有道理的。实际上，也正因为如此，所以这两种模型的支持者们戴着各自的有色理论眼镜，在马克思技术哲学思想中都能找到自己的满意答案，建构他们所能看到的或希望看到的马克思。下面我们不纠缠于两种决定论的概念之争，而是取它们的理论向度——关注技术的社会作用和社会对技术的影响——来考察马克思的相关思想。

①撇开用技术决定论这个模糊的概念来给马克思技术哲学思想贴标签不谈，不用多说，"认同派"显然看到了马克思的"技术具有决定性作用"的思想，"兼容派"尽管有所保留，但也会毫不含糊地在一定意义上对这个思想予以积极的承认。而"反对派"尽管批评马克思技术哲学思想是技术决定论的观点，也还是有学者正确地指出了马克思认为技术在人类文明史中有重要作用。如反对派著名人物罗森伯格就有如下论述："即使马克思不是技术决定论者，但他也赋予技术因素以重要意义。原因在《资本论》第一卷第七章表达得很清楚。技术是中介人与外部物质世界关系的东西，在作用于物质世界中，人不仅为了自己有用的目的改变外部世界，而且必然致力于自我变革和自我实现的行动中。技术是那些独特人类活动的核心。"① 可以看出，马克思的技术决定性思想已经在学术论争中得到广泛的传播和认同。下面我们对相关论争中引证的两个焦点论断进行辨析，借以扩展来谈一下马克思的技术有决定性作用的观点。

马克思的论述"各种经济时代的区别，不在于生产什么，而在于怎样生产，用什么劳动资料生产。"是论争中经常被引用的著名格言。罗森伯格曾反对说：这段话如果是技术具有决定性作用的证据，则它"是在说温度计决定体温和气压计决定大气气压的相同意义上有所指的。所有这

---

① Rosenberg N, *Inside the Black Box*, Cambridge：Cambridge University Press, 1982, pp. 39 – 40.

样的陈述都混淆了测量和因果关系，同样都是似是而非且又引人误入歧途的。"① 罗森伯格的这个比喻是有趣的，但却是不确切的。没有温度计或气压计，人们照样可以采用其他方式测量或感知温度或大气气压，即温度和大气气压不依赖它们的测量手段而存在。而技术不仅仅是测量（经济时代或别的什么东西）的标准，更本质意义上它是人类生存的根本凭借，是经济演化的内生变量，没有技术人类则根本就无以产生和生存下去。马克思的一个论述也清楚地表达了他的这种思想："不言而喻，从事物的本性可以得出，人的劳动能力的发展特别表现在劳动资料或者说生产工具的发展上。正是这种发展表明，人通过在两者之间插入一个为其劳动目的而安排规定的、并作为传导体服从于他的意志的自然物，在多大的程度上加强了他的直接劳动对自然物的影响。"他的著名论述"人们不能自由选择自己的生产力——这是他们的全部历史的基础，因为任何生产力都是一种既得的力量，以往活动的产物。"和"随着一旦已经发生的、表现为工艺革命的生产力革命，还实现着生产关系的革命。"也明白无误地表述了他的技术决定性思想。

在论争中，被讨论的最著名论断就是马克思的那句"磨"的格言。我们认为马克思在这个格言中确实表达了生产力对社会演化起决定性作用、作为生产力的技术对社会演化具有决定性作用的思想。这里考虑熊彼特对这个陈述的意见是适宜的："生产形式或条件是社会结构的基本决定因素，而社会结构则产生各种态度、行动和文化。马克思以著名的陈述说明他的意思，即'手工磨房'造成封建社会，而'蒸汽工厂'造成资本主义社会。这个说法把技术要素强调到危险程度，但理解了单纯技术不是一切，它还是可以接受的。"上述命题与另一个命题"生产方式本身有它们自己的逻辑""这两点无疑都包含了大量的真理，……它们是非常宝贵的假设。对它们的大部分流行的反对意见全都彻底失败"②。可见，熊彼特看到马克思并没有视技术为决定社会的唯一力量，这种认识确实符合马克思原著的表达，与马克思许多著名论述也是相协调的，如"劳动生产

① Rosenberg N, *Inside the Black Box*, Cambridge：Cambridge University Press，1982, pp. 39 –40.
② ［美］约瑟夫·熊彼特：《资本主义、社会主义与民主》，商务印书馆1999年版，第53—54页。

力是多种情况决定的，其中包括：工人的平均熟练程度，科学的发展水平和它在工艺是应用的程度，生产过程的社会结合，生产资料的规模和效能，以及自然条件。"

在领会马克思哲学和马克思主义具有"技术对社会有决定性作用"思想的时候，考察恩格斯的相关论述会提供强有力的支持。恩格斯非常关注技术，他高度评价了用火技术对人的革命意义，赞扬摩擦生火是"人类对自然界的第一个伟大胜利""就世界性的解放作用而言，摩擦生火还是超过了蒸汽机，因为摩擦生火第一次使人类支配了一种自然力，从而最终把人同动物界分开"。他强调："人的思维的最本质和最切近的基础，正是人所引起的自然界的变化，而不单独是自然界本身；人的智力是按照人如何学会改变自然而发展的。"指出使用机械辅助手段，特别是应用科学原理，是进步的动力；蒸汽机比其他任何东西都更会使全世界的社会状况革命化；德普勒关于高压电可以远距离低耗传输的发现，"如果在最初它只是对城市有利，那么到最后它终将成为消除城乡对立的最强有力的杠杆。"恩格斯也深刻地指出技术在未来社会中的伟大意义：当国家终于成为整个社会的代表时，它就使自己成为多余的了。"那时，对人的统治将由对物的管理和对生产过程的领导所代替"，于是，"人才在一定意义上最终地脱离了动物界，从动物的生存条件进入真正人的生存条件。"

更为重要的支持是，恩格斯也指出这样的思想是他和马克思所共有的："我们视为社会历史的决定性基础的经济关系，是指一定社会的人们生产生活资料和彼此交换产品（在有分工的条件下）的方式。因此，这里面包括生产和运输的全部技术。这种技术，照我们的观点看来，也决定着产品的交换方式以及分配方式，从而在氏族社会解体后也决定着阶级的划分，决定着统治和被奴役的关系，决定着国家、政治、法律等。"

②恩格斯在晚年回顾他与马克思的共同的理论斗争历程时，一个非常重要的学术贡献就是深刻地指出了他们容易遭人误解的一个深刻原因，这个贡献对我们今天全面理解马克思和恩格斯的技术哲学思想有深刻的警示和指导意义。恩格斯在致弗·梅林的信（1893 年 7 月 14 日）中强调："此外，只有一点还没有谈到，这一点在马克思和我的著作中通常也强调得不够，在这方面我们大家都有同样的过错。这就是说，我们大家首先是把重点放在从基本经济事实中引出政治的、法的和其他意识形态的观念以

及这些观念为中介的行动，而且必须这样做。但是我们这样做的时候为了内容方面而忽略了形式方面，即这些观念等是由什么样的方式和方法产生的。这就给了敌人以称心的理由来进行曲解或歪曲，……这是一个老问题：起初总是为了内容而忽略形式。……我只是想让您今后注意这一点。"此后，他又重申了这个观点——"并不是只有经济状况才是原因，才是积极的，而其余一切都不过是消极的结果。"并批判一些思想家的愚蠢的观念——"这就是：因为我们否认在历史中起作用的各种意识形态领域中有独立的历史发展，所以我们也否认它们对历史有任何影响。这是由于通常把原因和结果非辩证地看作僵硬对立的两极，完全忘记了相互作用。这些先生常常几乎是故意地忘记，一种历史因素一旦被其他的、归根到底是经济的原因造成了，它也就起作用，就能够对它的环境，甚至对产生它的原因发生反作用。"

其实，马克思在著述中坚持了社会因素对技术的演化有重要影响的观点。马克思相信，相互作用是事物的真正的终极原因。作为经济状况的组成部分，技术不会自动地发生作用，它是在社会诸因素的影响下对人们自己创造历史的活动起着决定性作用的，社会诸因素对技术的形成与发展有重要乃至决定性的影响。《资本论》揭示资本主义原始积累的秘密时，强调了社会对新技术的形成的重要作用。"美洲金银产地的发现，土著居民的被剿灭、被奴役和被埋葬于矿井，对东印度开始进行的征服和掠夺，非洲变成商业性地猎获黑人的场所：这一切标志着资本主义生产时代的曙光。这些田园诗式的过程是原始积累的主要因素。"国家暴力、殖民制度、国债制度和保护关税制度等对技术发展有重要意义，"暴力是每一个孕育着新社会的旧社会的助产婆"，"殖民制度在当时起着决定性的作用"：第一个利用暴力充分发展了殖民制度的荷兰，在1648年就已经达到了它的商业繁荣的顶点，而商业上的霸权造成了其工业上的优势。在分析现代工业的发展时，马克思认为英国工厂法有力地促进了技术进步，"造成对技术的巨大刺激，从而加重整个资本主义生产的无政府状态和灾难，提高劳动强度并扩大机器与工人的竞争"。制度决定论的代表人物 D. 诺思对马克思的社会因素对技术有重要影响的思想予以了中肯的评价："在详细描述长期变迁的各种现存理论中，马克思的分析框架是最有说服力的，这恰恰是因为它包括了新古典分析框架所遗漏的所有因素：制度、产权、国家和意识形态。马克思强调在有效率的经济组织中产权的重要作用，以及在现有的产权制度与新技术的生产潜力之间产生的不适应性。这是一个根本性的贡献。马克思理论体系认为，是技术的变化产生了这种不适应性，但这种变化只有通过阶级斗争才能得以实现。"

马克思和恩格斯重视社会交往对技术发展的巨大影响，《德意志意识形态》曾指出，"某一地方创造出来的生产力，特别是发明，在往后的发展中是否会失传，取决于交往的情况。"当交往只限于毗邻地区的时候，每一种发明在每一个地方都必须重新开始；一些纯粹偶然的事件，例如蛮族的入侵，甚至是通常的战争，都足以使一个具有发达生产力的国家都必须从头开始。腓尼基人的大部分发明和中世纪的玻璃绘画术的失传就是例子。"只有在交往具有世界性质，并以大工业为基础的时候，只有在一切民族都卷入竞争的时候，保存住已创造出来的生产力才有了保障。"马克思和恩格斯对资本主义历史作用的分析，集中反映了马克思主义关于社会对技术发展有巨大影响力的观点。《共产党宣言》指出，资产阶级在历史上曾经起过非常革命的作用，它打破了不再是促进而是束缚技术发展的封建所有制关系，为技术的社会化大发展扫清了诸多障碍："自然力的征服，机器的采用，化学在工业和农业中的应用，轮船的行驶，铁路的通行，电报的使用，整个大陆的开垦，河川的通航，仿佛用法术从地下呼唤出来的大量人口，——过去哪一个世纪能够料想到有这样的生产力潜伏在社会劳动里呢？"在现代，资产阶级的生产关系已经太狭隘，阻碍了技术和生产的发展。因此，革命又将发生，无产阶级将推翻资产阶级统治，消灭私有制，为技术进步创造最积极的社会条件。

总之，尽管在不同时期，马克思以不同视角研究自然改造论，但他始终视技术活动为一种特别重要的社会现象，置技术于社会大系统之中，考察技术发展与诸多社会因素的相互影响或作用。马克思坚持以下两方面的观点，建立了技术与社会辩证互动的理论模型：一方面，作为一种生产力，技术对社会是起决定性的作用的："人们不能自由选择自己的生产力——这是他们的全部历史的基础，因为任何生产力都是一种既得的力量，是以往的活动的产物。可见，生产力是人们应用能力的结果，但是这种能力本身决定于人们所处的条件，决定于先前已经获得的生产力，决定于在他们以前已经存在、不是由他们创立而是由前一代人创立的社会形式。……为了不致丧失已经取得的成果，为了不致失掉文明的果实，人们在他们的交往（commerce）方式不再适合于既得的生产力时，就不得不改变他们继承下来的一切社会形式。……随着新的生产力的获得，人们便改变自己的生产方式，而随着生产方式的改变，他们便改变所有不过是这一特定生产方式的必然关系的经济关系。"另一方面，社会诸因素如科学、政治、文化等对作为经济状况之一的技术的演化会产生重要的影响，这个思想正如恩格斯晚年所精辟论述的那样："根据唯物史观，历史过程中的决定性因素归根到底是现实生活的生产和再生产。无论马克思或我都从来没有肯定过比这更多的东西。如果有人在这里加以歪曲，说经济因素是唯一决定性的因素，那么他就是把这个命题变成毫无内容的、抽象的、荒诞无稽的空话。经济状况是基础，但是对历史斗争的进程发生影响并且在许多情况下主要是决定着这一斗争的形式的，还有上层建筑的各种因素"。

（3）技术史的分期

一些学者认为马克思对技术史学科的形成有重大贡献。N. 罗森伯格赞扬马克思在《资本论》中关于"维科"的那段文字表述，"在一个多世纪之后令人惊奇地鲜活，读起来像是一篇写给仍在写作之中的技术史的绪论。"G. Beckwith（1989 年）认为技术史研究最早是由马克思所提倡的。贝尔纳·斯蒂格勒（1994 年）则提出这样的观点："马克思曾尝试过建立关于技术的进化理论——技术学——的可能性，并因此描绘了一个崭新的观点。""建立技术学——即关于技术的进化和技术的起源的科学——的必要性，是由马克思在批判了传统的技术发明观点的基础上提出的"。

D. 海克曼（1990 年）对马克思的技术史观的认识是富有启发性的，他认为，在学术界除了 J. Ortega 和芒福德的技术史发展三阶段历史的划分之外，还有马克思等人的划分。马克思所提供的技术史分期理论是表达清楚的技术发展三阶段的最早观点中的一个。"有许多种方式描述历史。但对马克思而言，技术史是对生产手段及这类依赖于这些手段的社会组织的说明。"① 马克思论证技术史通常是经济关系史，更具体地说，是生产手段和围绕这些手段形成的社会关系的历史。为了生存，人们必须把他们在

---

① Hickman L A, *Technology as Human Affair*, New York：McGraw - Hill, 1990, p.249.

自然界中所能发现的都变成有用的对象。既然他们不能作为个体这样行动，他们就形成社会关系。这样历史便成为那些他称之为生产关系的关系和产生它们制约它们的生产力的说明。海克曼认为，在马克思的眼中，人类改造自然大致经历了三个基本发展阶段：第一阶段是遥远的"前资本主义过去"。在这一阶段里他依次又划分出三个次阶段，①部落的原始共产主义；②群体和城镇的奴隶社会；③封建社会。马克思技术史的第二阶段是技术的主要发展阶段即资本主义社会：资本主义第一要求工厂系统，然后是工人的非技能化；第二是饥饿的原则，使工人生活困苦；第三是由土地垄断和非教育的手段导致工人选择职业的艰难。马克思认为资本主义阶段的技术发展内部存在着矛盾，它们将最终导致资本主义的解体和向第三个阶段——共产主义社会——的发展。在共产主义社会里，个人财产、宗教和职业都将不决定人的社会地位。生产手段将更加人性化，生产关系将是人人平等的。

马克思在对技术演化进行反思的不同时期里，对人类改造自然史的分期问题始终十分重视。他曾指出机器发展的进程就是"简单的工具，工具的积累，合成的工具；仅仅由人作为动力，即由人推动合成的工具，由自然力推动这些工具；机器；有一个发动机的机器体系；有自动发动机的机器体系"。指出技术活动分工的四种历史形态为："最初是手工劳动，其次是手工业劳动，然后是工场手工业，再后是工厂生产"。马克思这方面更为深刻的思想则是强调技术水平和生产力水平所制约的人类社会发展三阶段的理论，这三个阶段依次为：人的依赖关系为最初的社会形态，这种形态中人的技术能力和生产能力只是在狭窄的范围内和孤立的地点上发展着，处于这个阶段的社会生产机体存在的条件是："劳动生产能力处于低级发展阶段，与此相应，人们在物质生活生产过程内部的关系，即他们彼此之间以及他们同自然之间的关系是很狭隘的。"随着技术和生产的进步，以物的依赖性为基础的人的独立性形成第二大形态，在这种形态下形成普遍的社会物质交换，全面的关系，多方面的需求以及全面的能力的体系。这第二个阶段即资产阶级社会的胚胎里发展的生产力，同时又为第三个阶段共产主义社会创造着解决历史对抗的物质条件："只有当社会生活过程即物质生产过程的形态，作为自由结合的人的产物，处于人的有意识有计划的控制之下的时候，它才会把自己的神秘的纱幕揭掉。但是，这需要有一定的社会物质基础或一系列物质生存条件，而这些条件本身又是长期的、痛苦的历史发展的自然产物。"在人类社会的史前时期以资产阶级社会这种形态而告终之后，在共产主义社会里，社会将调节着整个生产和技术的发展，"因而使我有可能随自己的兴趣今天干这事，明天干那事，上午打猎，下午捕鱼，傍晚从事畜牧，晚饭后从事批判，这样就不会使我老是一个猎人、渔夫、牧人或批判者。"从而实现"建立在个人全面发展和他们共同的社会生产能力成为他们的社会财富这一基础上的自由个性"。

2. 马克思对狭义的技术批判思想的论证

马克思阐述技术的一般理论，一般地理解历史中的技术，其意图并不是要建立一种"超阶级"的哲学体系从而成为职业的技术哲学家，其根本意图是服务于无产阶级对资本的现实的理论批判和实践革命。在其技术哲学思想的演化过程中，马克思始终在关注并批判着一种特殊的社会现象，即根据劳动过程理论和技术的一般理论，劳动过程或技术活动是证明人类本质的生命活动，应该是人的自由自觉的行为，是确认和保证人与人、人与自然和谐相处共同进化的物质前提。但是，在私有制社会中，"下面这种情况多么矛盾：人越是通过自己的劳动使自然界受自己支配，神的奇迹越是由于工业的奇迹而变成多余，人就越是会为了讨好这些力量而放弃生产的乐趣和对产品的享受。"马克思认为，在私有制的社会里，劳动过程或技术活动的产品却成为工人的异己的、外在的存在物而与人相对立，工人非但不能从中获益反而受其统治。这是技术在私有制社会尤其在技术发展史的第二个阶段——资本主义社会——中特有的异化劳动和"技术异化"现象。马克思指出异化劳动或技术异化具有四种表现形式：异化劳动使工人同（1）他的劳动产品或技术活动的技术产品；（2）他的劳动过程或技术过程本身；（3）自然界和人的本质；（4）其他人相异化相对立。

马克思关注他那个时代的环境问题，他那个时代的环境问题主要体现在劳动的异化包括强迫劳动、工作日过长等现象对工人的身心折磨，以及恶劣工作环境和居住条件对工人身体健康的危害。早在"巴黎手稿"中，马克思就劳动异化使人与自然界相异化，从而使人与他的类生活相异化的事实进行了一般的批判，强调异化劳动使得工人在自己的劳动中不是肯定自己，而是否定自己。"劳动的异己性完全表现在：只要肉体的强制或其他强制一停止，人们会像逃避瘟疫那样逃避劳动。外在的劳动，人在其中使自己外化的劳动，是一种自我牺牲、自我折磨的劳动。"后来在《资本论》中马克思更有针对性地批判了资本对环境的破坏。《资本论》大量引用了关于这些问题的如《公共卫生》《工厂视察员报告》等调查报告。马克思也批判过度劳动和恶劣的工作条件"不仅使人的劳动力由于被夺去了道德上和身体上的正常和活动的条件而处于萎缩状态，而且使劳动力本身未老先衰和死亡。""任何一个公正的观察者都能看到，生产资料越是大量集中，工人也就越要相应地聚集在同一个空间，因而，资本主义的积累越迅速，工人的居住状况就越悲惨。"马克思也批判了技术的资本主义使用对土地的破坏："资本主义农业的任何进步，都不仅是掠夺劳动者的技巧的进步，而且是掠夺土地的技巧的进步，在一定时期内提高土地肥力的任何进步，同时也是破坏土地肥力持久源泉的进步。一个国家，例如北美合众国，越是以大工业作为自己发展的起点，这个破坏过程就越迅速。因此，资本主义生产发展了社会生产过程的技术和结合，只是由于它同时破坏了一切财富的源泉——土地和工人。"

尽管这种关注的确不是马克思的技术批判理论的核心内容，正如许多学者所指出的那样，马克思那个时代的最重要的问题远不是环境问题，而是工人生存艰难，处境悲苦，因而与资本家处于不断冲突不断斗争的状态之中的事实。以解放全人类为己任的马克思当然把批判的靶子定为当时这个最为突出的问题，或者说是当时的最主要的社会矛盾。但我们也应该看到，在马克思的技术批判视野中，生态视角的技术批判始终是他的异化理论的有机组成部分，是他的技术批判理论逻辑链条上的必要环节。马克思的社会视角的技术批判和生态视角的技术批判是内在统一的，环境问题始终是他所批判的社会问题中的重要内容，只不过这种批判是在"显化"的社会视角的技术批判的"遮蔽"下进行的，因而处于从属地位。

在这里，我们要强调，马克思异化理论中所批判的"技术异化"现象，既不是如波普尔（1981年）的评论"一些黑格尔主义者和马克思主义者喜欢谈论甚至责备他们所谓的'异化'。毫无疑问，每一项重要的发明都使我们同环境疏远，同我们的'内在本质'疏远，但发明并且还有异化似乎是生活（而不是资本主义）的特性，没有它也可以的话，将意味着返回裸露的基因。"所指的一般的"疏远"意义上的异化现象，也不是像 R. Grundmann（1991 年）所说的技术异化是"机器本身的特征"意义上的那种由于技术本身的性质所导致的现象。在马克思的技术批判理论中，这种技术异化现象特指在资本主义的私有制占统治地位条件下所产生的一种以劳动的异化为基础的、特殊类型的对象化，即——套用马克思阐明"异化劳动"范畴时的经典句式——技术活动的现实化表现为工人的非现实化，对象化表现为对象的丧失和被对象奴役，占有表现为异化、外化。马克思认为，"劳动和劳动产品所归属的那个异己的存在物，劳动为之服务和劳动产品供其享受的那个存在物，只能是人自身。"技术异化的产生根源及其消灭途径，马克思在以下这些经典论述中都明确地予以了说明："工人要学会把机器和机器的资本主义应用区别开来，从而学会把自己的攻击从物质生产资料本身转向物质生产资料的社会使用形式，是需要时间和经验的。""共产主义是私有财产即人的自我异化的积极的扬弃，因而是通过人并且为了人而对人的本质的真正占有；因此，它是人向自身、向社会的即合乎人性的人的复归"。

曾经有学者认为异化理论只是马克思早期哲学思想不成熟时"失慎"的理论兴奋点，而马克思在后期思想成熟之后就很少使用"异化"这个术语，从而不再将异化理论置于其理论链条中的关键环节上。对此，我们倾向于赞同波兰著名哲学家亚·沙夫的观点，他认为[①]：马克思主义的异化理论确实是存在的，我们必须确定它在马克思思想体系中的重要地位——不仅是在青年马克思的而且也是在《资本论》的、成熟时期马克思的整个思想体系中的重要地位。"异化理论是有活力的，而且在马克思的后期著作中占有重要的地位。"对于马克思后期很少使用"异化"这个术语是他思想成熟期抛弃异化理论的体现和象征的说法，沙夫正确地反驳道："我们不应该仅仅去找'异化'这个词，而是要发现异化的理论，了解其在马克思的理论体系中应有的地位与作用。我们应该注意研究他的全部著作，包括 1857 年为写《资本论》准备的材料《经济学手稿》在内。"实际上，在马克思技术哲学思想的演变之中，马克思都始终致力于发展异化理论并以之为锐利的理论武器批判资本主义制度，批判技术的资本主义

---

① ［波］亚·沙夫：《马克思论异化》，载《马克思哲学思想研究译文集》，人民出版社1983 年版，第 92—93 页。

的应用方式：毋庸置疑，是"巴黎手稿"构成了异化劳动理论的滥觞；《德意志意识形态》对自然形成的而不是出于自愿的劳动分工进行了批判；"在《人民报》创刊纪念会上的演说"对每一种事物好像都包含有自己的反面的事实进行了深刻的揭露；《1857—1858年经济学手稿》批判了活劳动被物化劳动所占有和劳动条件同劳动相异化；尤其《1861—1863年经济学手稿》中的"技术手稿"继续批判劳动的客观条件——过去劳动——与活劳动相异化，和批判资本吸吮工人的劳动的工艺上的事实；而《资本论》最为深刻地揭示了一切资本主义生产都不是工人使用劳动条件而是劳动条件使用工人的事实。显然，这种技术批判体现在马克思所有时期的代表性著作之中。因此，不断阐述和深化技术批判理论是贯穿马克思反思技术的整个过程的思想主线，是具有崇高的革命精神的马克思技术哲学思想的核心所在。

3. 马克思技术批判理论的价值

正如恩格斯所指出的那样，"马克思首先是一个革命家。他毕生的真正使命，就是以这种或那种方式参加推翻资本主义社会及其所建立的国家设施的事业，参加现代无产阶级的解放事业，正是他第一次使现代无产阶级意识到自身的地位和需要，意识到自身解放的条件。斗争是他的生命要素。"马克思的技术哲学思想也是服务于他的这个真正使命的，它是马克思以理论斗争的方式批判资本主义社会的重要武器和成果，技术的批判理论就是这种斗争的理论形式。

马克思的技术批判理论内涵深刻，对21世纪技术哲学理论大厦的建构会提供许多有意义的启示。

（1）作为实践唯物主义的创始人，马克思所开创的技术哲学事业，并不是作为部门哲学或应用哲学性质的哲学思考，而是作为哲学透视问题的角度的根本变迁、作为哲学主题的彻底转换意义上的批判与反思。马克思强调："全部社会生活在本质上是实践的，凡是把理论引向神秘主义的神秘东西，都能在人的实践中以及对这个实践的理解中得到合理的解决。"马克思开创的这种以实践观点为首要的基本的观点的新哲学，坚持通过对实践尤其是对技术实践的理解这种根本途径来理解历史，批判一切神秘的东西，理论地进而实践地揭示、批判资本主义，"对实践的唯物主义者即共产主义者来说，全部问题都在于使现存世界革命化，实际地反对并改变现存的事物。"恩格斯对马克思的这个伟大成就给予了高度评价："正像达尔文发现有机界的发展规律一样,马克思发现了人类历史的发展规律,即历来为繁芜丛杂的意识形态所掩盖的一个简单事实:人们首先必须吃、喝、住、穿,然后才能从事政治、科学、艺术、宗教,等等;所以,直接的物质的生活资料的生产,从而一个民族或一个时代的一定的经济发展阶段,便构成基础,人们的国家设施、法的观念、艺术以及宗教观念,就是从这个基础上发展起来的,因而,也必须由这个基础来解释,而不是像过去那样做得相反。"

(2)马克思认为,技术哲学研究始终不能仅仅就技术论技术,而是要把技术镶嵌在它得以产生和发展的社会历史大背景中加以考察。这种系统论思想,或者在更根本意义上说是普遍联系的思想,要求把技术视为社会大系统中的一个子系统,把它作为一个深受其所在的大系统影响的特殊社会活动,要求考察社会大背景对它的演化和价值的实现所担当的责任。马克思所批判的异化劳动现象或技术异化,是资本主义制度使然,而不是技术本身的性质所致。所以,马克思的技术的社会批判思想启示我们,反思在现代资本主义社会中存在的由异化劳动所派生出来的种种现象,如技术异化、消费异化、文化异化等现象的成因时,仍然要把分析批判的矛头主要指向技术的资本主义使用方式,指向以追逐剩余价值最大化为终极关怀的资本主义生产方式。

(3)在马克思的视野中,技术具有一定的自主性("人们不能自由选择自己的生产力")或自我积累的演化性质,是对社会具有决定性作用的生产力。马克思这种具有发展的观点中的技术哲学思想,显然内生着"技术应该为它在资本主义社会中所形成的副价值承担责任"的必然逻辑结论,马克思思想中这个潜在的逻辑推论是我们以往讨论中所忽略的重要内容。——马克思为什么把批判的矛头指向技术的社会使用方式,却没有使这个潜化的思想显化从而把批判指向技术本身的性质呢?马克思意识到并解决了这个似乎是"潜在矛盾"的冲突了吗?马克思似乎并没有意识到这个冲突的存在,因而在众多的著作中也并没有给出明确的答案。实际上,我们认为答案应该是这样的:在马克思看来,"随着新生产力的获得,人们改变自己的生产方式,随着生产方式即谋生的方式的改变,人们也会改变自己的一切社会关系。"包括技术在内的生产力发展到特定的阶段时，便产生了资本主义社会。这种社会使作为革命力量的生产力变成阶级统治的工具，过去支配现在——"活的劳动只是增殖已经积累起来的劳动的一种手段"。但是，生产方式这阶段的发展，也产生了埋葬这种生产的历史形式的力量——无产阶级和社会化的大工业生产。于是，随着社会矛盾的激化，生产力将摆脱窒息它发展的生产关系，这些力量将推动社会革命发生，推动社会形态进入共产主义社会，那时将是现在支配过去——"已经积累起来的劳动只是扩大、丰富和提高工人的生活的一种手段。"所以，在马克思理论的逻辑链条中，技术作为生产力，对异化现象——不仅仅异化还有许多历史过程和现象——要负责，但这是那种"归根结底"意义上的责任，而不是直接的责任，正类似于恩格斯所说的那样，"物质生存方式虽然是始因，但是这并不排斥思想领域也反过来对这些物质生存方式起作用"；异化产生的直接责任是特有的社会背景，所以，马克思批判的矛头指向资本主义制度是合适的。因此上述"潜在矛盾"是不存在的，它与马克思实践唯物主义基本理论相协调，并且能够在这个大理论中获得辩护。

（4）马克思是人类中心主义者吗？马克思技术哲学思想对可持续发展有何启示？我们的答案是：马克思赞成某种意义上的人类中心主义观点，因而可以说他是某种意义上的人类中心主义者。马克思关于人类中心主义的明显论述较多。有学者经常举"巴黎手稿"中的著名格言"自然界，就它自身不是人的身体而言，是人的无机的身体。人靠自然界生活。……人是自然界的一部分。"来论证马克思不是人类中心主义者。但在这里，他们往往把这句名言之前的论述忽略了，而该论述恰恰规定了该名言的内涵是要被它所解释的——"在实践上，人的普遍性正是表现为这样的普遍性，它把整个自然界——首先作为人的直接的生活资料，其次作为人的生命活动的对象（材料）和工具——变成人的无机的身体。"可见，这个论述明显把人当作活动的主体或"中心"，而自然界是要"首先作为人的直接的生活资料；其次作为人的生命活动的对象（材料）和工具"才能够被人"变成"人的无机的身体的。这种观点显然具有一定意义上的人类中心主义的内涵。

马克思这样的认识倾向在他的论述中不是孤立的，如他曾批判田园风味的农村公社"使人的头脑局限在很小的范围内，成为迷信的驯服工具，成为传统规则的奴隶，表现不出任何伟大和任何历史首创精神。……这些小小的公社身上带着种姓划分和奴隶制度的标记；它们使人屈服于环境，而不是把人提升为环境的主宰"。他也曾以赞成的口吻谈道：以资本为基础的生产，创造出一个普遍利用自然属性和人的属性的体系，"由此产生了资本伟大的文明作用；它创造出了这样一个社会阶段，与这个社会阶段相比，以前的一切社会阶段都只表现为人类的地方性发展和对自然的崇拜。只有资本主义制度下自然界才不过是人的对象，不过是有用物；它不再被认为是自为的力量；而对自然界的独立规律的理论认识不过表现为狡猾，其目的是使自然界（不管作为消费品，还是作为生产资料）服从于人的需要。"① 但是，我们要强调的是，马克思对"人类中心主义"观点的赞同始终是在这种意义上发生的——"事实上，自由王国只是在由必需和外在目的规定要做的劳动终止的地方才开始；因而按照事物的本性来说，它存在于真正物质生产领域的彼岸。像野蛮人为了满足自己的需要，为了维持和再生产自己的生命，必须与自然进行斗争一样，文明人也必须这样做；而且在一切社会形态中，在一切可能的生产方式中，他都必须这样做。这个自然必然性的王国会随着人的发展而扩大，因为需要会扩大；但是，满足这种需求的生产力同时也扩大。这个领域的自由只能是：社会化的人，联合起来的生产者，将合理地调节他们和自然之间的物质变换，把它置于他们的共同控制之下，而不让它作为盲目的力量来统治自己；靠消耗最小的力量，在最无愧于和最适合于他们的人类本性的条件下来进行这种物质变换。"②

在这种意义的人类中心主义的视野中，马克思并未将资本主义社会的环境问题抽象地定格为"人—自然"关系的恶化，而是从根本上视之为特定历史发展条件下"人—人"阶级关系恶化的结果。其根源仍然要在资本主义本性中寻找。因此，在马克思看来，生态危机的产生与解决是

① 马克思：《1857—1858年经济学手稿》，载《马克思恩格斯全集》（第46卷上），人民出版社1979年版，第393页。

② 马克思：《资本论》（第3卷），人民出版社1974年版，第926—927页。

"社会问题",是"人—人"阶级关系问题,而不是纯"技术问题"或纯"人—自然"关系问题。所以,其批判实质仍然是批判资本主义的技术应用,批判资本主义制度,阐述通过阶级斗争的进行和社会革命的胜利,在未来的共产主义社会——它同时也一定是"绿色社会"——中,生态问题得到解决:"这种共产主义,作为完成了的自然主义,等于人道主义,而作为完成了的人道主义,等于自然主义,它是人与自然界之间、人和人之间的矛盾的真正解决,是存在和本质、对象化和自我确证、自由和必然、个体和类之间的斗争的真正解决。"因此,马克思这种共产主义的人类中心主义立场是真正能够切实有助于我们解决环境问题的理论预设,确实应该成为 21 世纪人类谋求可持续发展,谋求人、技术、社会与自然协同进化的理论基础。

第二节 苏联时期的技术哲学思想

作为 20 世纪最主要事件之一的"十月革命"不仅彻底改变了俄罗斯的历史进程,而且从根本上改变了全人类的历史进程。就是在这样一种背景之下,俄罗斯技术哲学进入了一个新的历史阶段。

一 斯大林时期技术哲学的曲折发展

1. 非马克思主义技术哲学的衰落

在苏维埃政权建立初期,政府对别尔嘉耶夫等思想家还是相当友善的。1918 年,别尔嘉耶夫创建了"自由的精神文化学院"顺利注册。同年,他又被聘为莫斯科大学历史与哲学系教授。

但是,这种宽容是有限度的。从 1922 年开始,红色政权对于仍然"坚持反动立场"的知识分子采取严厉措施。是年 5 月,列宁指示捷尔任斯基:经过周密研究,采取新的措施,把"为反革命帮忙的作家和教授驱逐出境。"① 9 月,别尔嘉耶夫等 160 名"最积极的资产阶级思想家"被驱逐出境。其中哲学家还有:С. Л. 弗兰克、Н. О. 洛斯基、Б. А. 弗洛

---

① 《列宁文稿》第 10 卷,人民出版社 1988 年版,第 224 页。

连斯基、Л. П. 卡尔萨文、C. H. 布尔加科夫，等等。在离开祖国时，他们得到的警告是：如果再在苏俄境内出现，将被就地正法。别尔嘉耶夫等人的被驱逐，标志着俄国唯心主义哲学的衰落和历史上"白银时代"① 的彻底终结。

在人文主义的技术哲学衰落的同时，工程学的技术哲学也遭到了打击。十月革命，特别是联共十四大把实现工业化作为总路线后，国家需要大量的从旧政权接收过来的科学家和工程师帮助布尔什维克进行经济建设。因此，在 20 年代苏联开展了一场"专家治国"运动，宗旨是依据技术原理改造和管理企业和社会。

不难看出，恩格迈尔、帕尔钦斯基等人急切地想把工程师推向崇高的社会地位，他们确信，新的苏维埃政权因重视国家的工业化，会为这种地位的提高提供机会。但是，这种想法在斯大林取得对党的绝对领导权后便很快成了泡影。斯大林不允许专业技术人员拥有帕尔钦斯基为工程师所要求的那种自主权，甚至不允许有这样的工程师。1929 年，帕尔钦斯基被指控为阴谋推翻苏联政府的"工业党"的领导人秘密枪决。在接下来的肃反扩大化中，有几千名工程师被扣上各种罪名遭到关押和流放（要知道，当时的苏联仅有一万名工程师）。名噪一时的"专家治国"运动就这样夭折了。

为了在思想上彻底清算专家治国论的流毒，在当局的授意下，1932年第 1 期的《技术报》刊登了卡普斯京的文章《关于社会主义的技术理论》，引起了"技术科学是否具有阶级性"的大讨论。接下来，尼古拉的《关于社会主义的机器学》、安德尔曼的《技术理论中的马克思列宁主义》、斯特列尔科夫的《社会主义的机器理论应是怎样的》等文章集中阐

---

① "白银时代"（1890—1917 年）是指 19 世纪末至 20 世纪初沙皇俄国与苏维埃俄国交替间歇时期的俄罗斯文化，也称为俄罗斯自由知识分子的文化复兴运动时代。在这短短的 30 年里，在哲学、宗教、文学、艺术等领域涌现了一大批堪与"黄金时代"（19 世纪初到 90 年代）比肩的优秀知识分子及其光辉成果。这一时期哲学领域的领军人物大都是自由派和保守派哲学家，其最主要的特点就是把宗教和神秘主义与哲学结合在一起，掀起了一场宗教哲学复兴运动。俄罗斯宗教哲学最鲜明的特色就是它深刻的人文精神，这种哲学是在现代社会对人的精神世界实在性的确证。20 世纪末，当俄罗斯人反思自己的历史时，那一段被遗弃、被尘封的"白俄文化""流亡作家"即"白银时代"的文化史重新成为研究热点，以期从中找出那些能启迪民族智慧的酵母和医治精神创伤的良方。

发了肯定性的观点。经过这场大讨论，将"专家治国论"的思想彻底逐出苏联技术哲学界，新兴的马克思主义技术哲学也取代了恩格迈尔的技术哲学。

2. 马克思主义技术哲学的最初探索

20 世纪二三十年代在苏联产生了第一批站在马克思主义立场上阐述历史观的哲学家，他们的杰出代表就是尼古拉·伊凡诺维奇·布哈林（Н. И. Бухарин，1888—1938 年）。1921 年，布哈林出版了《历史唯物主义理论》一书，副标题是"马克思主义社会学通俗教材"。这是第一部通俗的马克思主义理论读物，无论是对苏联国内还是共产国际来说客观上起了重大的政治启蒙作用。布哈林认为，历史唯物主义是马克思主义的社会学，是研究社会现象的科学方法，是关于社会及其发展规律的一般学说。布哈林在对生产方式的解释中，阐述了自己马克思主义立场的技术观。

布哈林强调了生产力的决定作用，认为生产力是自然界和社会的相互关系的标志。并且指出："社会和自然界相互关系的精确的物质标志，是该社会的社会劳动工具的体系，即技术装备。在这种技术装备中反映出社会的物质生产力和社会劳动生产率。"不仅如此，布哈林还认为生产力是社会学分析的出发点，并以此为基础，认为生产关系也是由技术决定的。一个技术装备体系是机器体系，而生产关系是手工业者的关系的社会是难以想象的。所以，"任何一个社会的技术装备体系也就决定了人们之间的劳动关系的体系。……劳动工具的配合即社会技术装备决定着人们之间的配合关系即社会经济。"① 所以，只要社会存在着，在它的技术装备和它的经济之间，即在它的全部劳动工具和劳动组织之间，在它的物的生产机构和人的生产机构之间就应该保持一定的平衡。

此思想在深化对马克思历史唯物主义认识的同时，也是对马克思主义技术哲学思想的初步探索。今天看来，布哈林等人把"生产力 = 技术 = 机器"的做法显得简单、机械并具有"技术决定论"的倾向，忽视了生产关系、社会因素对生产力和技术发展的反作用。但是，布哈林无论是经济上平衡发展还是技术体系上平衡配置的思想，即使是在今天也具有很强的现实意义。然而，学术上的争鸣很快演变成政治上的斗争，哲学上的持

---

① 《列宁文稿》第 10 卷，人民出版社 1988 年版，第 152—160 页。

异见者变成了凶恶的阶级敌人。布哈林等人被扣上"机械论"的帽子并遭到了斯大林的残酷迫害，这位被列宁称为"党的最可贵和最大的理论家"在 1938 年被处决。马克思技术哲学思想研究的萌芽很快就夭折了，苏联哲学的发展完全被纳入到斯大林《论辩证唯物主义和历史唯物主义》（1938 年）的模式当中。

二　"发达社会主义"时期的技术哲学

1956 年，在苏共 20 大上斯大林本人及斯大林模式遭到严厉批判。苏联的哲学研究掀起了一个新的高潮，仅从 1956 年到 1960 年出版的哲学书籍和小册子就达上千种，相当于前 40 年的总和。1964 年，勃列日涅夫上台，开始了他长达 18 年的执政生涯，也提出了"发达（成熟）社会主义"理论。但这一时期，前苏联的哲学工作者在马克思列宁主义技术哲学领域进行了广泛的探索。

1. 技术手段论

关于技术有数种定义，如"能力说""知识说""过程说"和"手段说"，等等。但在前苏联，"技术手段论"无疑是主流观点，并以此代表着马列主义的技术本体论。

C. B. 苏赫尔金为苏联《大百科全书》撰写的"技术"条目指出："技术就是为实现生产过程和为社会的非生产需要服务而创造的人类活动手段的总和""生产技术是技术手段的主要部分"，而"生产技术中的最积极部分是机器"[1]。苏联科学院院士 C. P. 米库林斯基和捷克斯洛伐克科学院院士 P. 里赫塔主编的《社会主义与科学》一书代表了苏联东欧学者的看法，认为"技术是使知识物化的一种方法，这种方法能制造人对大自然产生作用的工具、能制造整个人类进行活动的各种物质手段，这些物质手段又加强了人类从事这种活动的能力。"[2] 可见，无论是"手段"还是制造手段的"方法"，苏联的学者普遍关注的是技术的物质属性和生产力功能，与西方学者关注技术的精神属性和文化功能形成鲜明对比。

马克思把技术作为劳动过程的要素，认为技术是人和自然的中介，因

---

[1]　参见刘大椿《科学技术哲学导论》，中国人民大学 2000 年版，第 224 页。

[2]　C. P. 米库林斯基、P. 里赫塔：《社会主义和科学》，人民出版社 1986 年版，第 35 页。

而把技术归结为技术装备（工具、机器体系）等机械性的劳动资料。在马克思看来，技术作为生产力的一个要素，它产生于人的需要，以此为基础产生了人类社会的生产方式、生产关系和各种意识形态。"手推磨产生的是封建主为首的社会，蒸汽磨产生的是工业资本家为首的社会"①。随着技术的不断进步，生产力的不断发展，出现了机器。"生产方式的变革，在工场手工业中以劳动力为起点，在大工业中以劳动资料为起点。因此，首先应该研究劳动资料如何从工具转变为机器。"② 技术（生产力）——经济基础（生产关系）——上层建筑（意识形态）这是一条从马克思到布哈林直至苏联诸多学者始终坚持的历史唯物主义路线，也是彻底的历史唯物主义技术观。尽管马克思也提到了技术的理性因素，但这一点往往被忽视。因此，苏联的技术哲学家受马克思技术哲学思想的影响，普遍倾向于"技术手段论"。

2. 机械和机器理论

这一理论提出：（1）技术知识和自然科学知识有机地联系着，但是，自然科学知识在技术手段中"被取消了"，它采取了"自然—技术知识"的形式。自然技术知识的总和即技术科学构成了技术知识的基础和核心。（2）技术知识原则上可以分为设计的知识和工艺的知识，尽管这种划分是相对的。前者是指能够指导建设、制造技术设备及其组成部分的知识；后者是关于加工、制造劳动对象的方法和过程的知识，与前者相比它的特点是操作方法的知识占了很大比重。（3）技术规律是人工物的性质、关系稳定的必然的联系。它表现为抽象方案（如设计图纸）、理想技术客体（如卡诺热机）、局部性的技术原则（如分类原则、组合原则）等形式，从而使制造产生技术效果的机器设备成为可能。（4）技术科学能够"绕过"自然科学，在自然客体自主的状态下研究它并揭示新的技术规律（蒸汽机的发明就不是以热力学为基础）。如果结论是直接从自然科学知识中得出，那么，自然科学作为伴随的次要方面也能对技术规律给予指导。（5）技术科学同社会科学有机地联系着，这种联系表现为社会技术知识，即从技术—经济学的、工程—心理学的、技术—美学的以及其他社

---

① 《马克思恩格斯选集》第 1 卷，人民出版社 1972 年版，第 108 页。
② 马克思：《资本论》第 1 卷，人民出版社 1975 年版，第 408 页。

会观点来评定技术手段①。

"机械和机器理论"是苏联技术认识论研究的代表作，尽管作为一种哲学思想今天看来似乎有些牵强，但在那个本体论一统天下的时代无疑具有重大的创新价值。

3. 科学技术革命论

说只有社会主义才能为实现科学技术革命的一切可能性开辟真正广阔的天地，而资本主义生产方式不可能创造出实现科学技术革命所必需的各种合乎理想的条件，这种说法未免有些牵强和脱离实际。此外，在科学技术革命的条件下"科学是直接生产力"这种说法也是欠妥的。

三　马克思技术哲学在苏俄的命运

1. 努力恢复马克思主义哲学的本来面目

和苏联时期的喧嚣相比，在今日俄罗斯学界，无论是对马克思哲学思想还是对马克思主义本身的研究，总体上呈现出衰弱的态势。但这并不意味着俄国学者放弃了这一研究领域，相反研究变得更为冷静。为了恢复马克思主义哲学的本来面目，俄罗斯科学院院士、哲学研究所所长 B. C. 斯捷宾（В. С. Степин）首先对哲学在前苏联特别是斯大林时期的畸形发展进行了猛烈抨击，对极权主义给马克思主义哲学带来的永久伤害进行了深刻批判。他指出，20 世纪 30—50 年代苏联意识形态领域里进行的一次次运动并非是学术思想上的争论，而是对理论研究活动的严格检查和对马克思主义的教条化。其结果不是发展马克思主义而是把活生生的理论肢解为一个个僵化的教义，而任何"离经叛道"式的尝试都被当作修正主义给予严惩。

这使马克思主义哲学与当代科学技术成就和世界文化宝库之间千丝万缕的联系被强制性地割断。马克思主义哲学变成了一整套意识形态模具，它唯一的任务就是服务于当时的政治家。所以，为了使马克思主义哲学在俄罗斯能够继续发展下去，首先就是要彻底肃清斯大林主义的余毒，使马克思主义哲学从为政治服务转到严谨的学术研究，根据马克思的本义理解马克思的哲学；最后就是要继续发展和完善包括技术哲学在

---

① Г. И. 舍梅涅夫：《哲学与技术科学》，张斌译，中国人民大学出版社 1989 年版，第 74—75 页。

内的马克思主义哲学，使其始终和现代科学技术进步和世界文化的发展
潮流保持一致。

2. 继续发展和完善马克思主义技术哲学

苏联解体后，俄罗斯技术哲学的研究或者转向了西方，或者转向对俄
国传统宗教哲学思想的挖掘。在新近的一些著作，比如 B. M. 罗任的
《技术哲学：历史与现实》（1997 年）和 B. Г. 高罗霍夫的《技术哲学引
论》（1998 年）中，就较少见到马克思、列宁的名字，过去那种繁文缛节
式的引经据典的研究方式也被创造性的分析所取代。但是，一些老资格特
别是具有深厚马克思主义理论基础的哲学家，比如 B. C. 斯捷宾、Т. И.
奥伊则尔曼（Т. И. Ойзерман）等人仍旧在历史唯物主义的领域内对马克
思技术哲学进行研究。

著名哲学家 Т. И. 奥伊则尔曼以 80 岁的高龄对马克思主义哲学进行
了 10 年之久的严肃认真的思考。在《对历史的唯物主义理解：优点和缺
点》一文中，指出马克思的生产力概念虽很重要但并不成熟，特别是关
于"磨"的说法①存在着明显的"技术决定论"的倾向。

他还认为，尽管科学技术的作用日益突出，但"第一生产力"和以
往一样仍然是人，人是科学技术的创造者，也是它们在社会生产过程中的
使用者。人在生产中使用的技术也不是简单的物，而是被规定了的、物化
了的知识，是观念的东西和物质的东西的统一。此外，说科学技术是直接
的生产力，就会把生产力局限于物质财富生产的狭隘范围内。事实上，精
神性的生产，人的其他形式的活动，都在提供自己独特的生产力。总之，
"生产力从本质上讲是独立于自己的技术基础的，它是生产的社会关系，
或者说，是生产关系。"②

---

① 《马克思恩格斯选集》第 1 卷，人民出版社 1972 年版，第 108 页。

② 转引自安启念《奥伊则尔曼论历史唯物主义（上）》，《哲学动态》2002 年第 4 期，第
43 页。

第五章 俄罗斯的技术哲学思想

俄罗斯是技术哲学的故乡，在这里诞生了最早的技术哲学家——П. К. 恩格迈尔；俄罗斯技术哲学又是世界技术哲学宝库的重要组成部分，在这里形成了最有特色的技术哲学学派——马克思列宁主义的技术哲学。在现当代，俄罗斯技术哲学在保持自己传统优势的前提下，正在引进西方技术哲学特别是工程伦理学和技术社会学的合理成分，努力形成自己的特色。

第一节 俄罗斯技术哲学发展的史前情况

和近代其他的欧洲国家相比，俄罗斯的科学和技术无疑是非常落后的。17 世纪后期，封建制在西欧国家已基本瓦解，而沙皇俄国却极力维护和加强农奴制，致使当时俄国的生产力发展受到严重阻碍。如何改变俄罗斯的落后状态，建立一个强有力的帝国是摆在 17 世纪进步的社会集团面前的重要课题，而要完成这一课题的关键就是向西欧先进国家学习科学和技术。俄国的近代科学技术缘起于政治和军事的需要，开端于 18 世纪初彼得一世大帝的铁腕改革，成长于叶卡捷琳娜二世女皇的"开明专制"，因而在 19 世纪结出了累累硕果。而技术（Техническиезнания）在 19 世纪至 20 世纪初的俄国的传播形成了技术哲学在俄国发展的历史前提。

一 工程教育的兴起

1. 彼得大帝和叶卡捷琳娜的铁腕改革

彼得·阿列克塞耶维奇·罗曼诺夫（1672—1725 年）改革内容涉及

方方面面，包括政治、经济、军事、教育和社会生活等广泛领域。其中，军事改革是彼得改革的重心，为了建立自己的海军，彼得大力发展军事工业。他创办造船厂和其他兵工厂，造船铸炮，改善军队的武器装备。同时，实行义务征兵制扩大军队，建立了一支拥有 130 个兵团、20 万士兵的强大陆军和一支拥有 48 艘战舰的海军。为了保证军事改革的顺利进行，彼得非常重视文化教育，他认识到国家盛衰与教育密切相关。要掌握新式武器，发展造船工业，开采矿藏等，都需要具有丰富的知识和专门的技术。他认为，俄国长期落后主要是教育不发达，科学技术落后所至。因此，他大兴教育，先后创办了工程学校、航海学校、造船学校、海军学校、军医学校等一批专科学校，"彼得一世下令不仅要在海军里，而且要在其他军事学校和一些宗教学校中讲授工程技术。"① 尽管今天看来在这些学校中教授的课程还非常简单和浅显，但彼得已经为俄罗斯的技术教育奠定了最初的基础。他还派遣留学生到西欧学习，聘请外国教师来俄讲学。他创建了博物馆、图书馆和剧院。为了刊载政治和军事消息，他还创办了俄国第一份报纸《新闻报》并且亲任主编。1724 年在彼得的直接领导下成立了圣彼得堡科学院。1742 年，这里产生了第一位俄罗斯籍院士②，被称作"俄罗斯科学之父"的米哈伊尔·瓦西里耶维奇·罗蒙诺索夫（М. В. Ломоносов，1711—1765 年），创建了俄国第一所大学——莫斯科大学（МГУ），莫斯科大学后来成了俄罗斯近代科学技术的伟大摇篮。

由于彼得一世对教育事业的重视，推动了先进科学技术知识的传播和应用，俄国的工业和军事力量大大增强。1721 年俄国终于彻底打败了瑞典，夺取了芬兰湾、里加湾沿岸的土地，从而解决了北方出海口问题。至此，凭借先进科学技术的力量俄国一跃成为欧洲列强之一。1721 年 10 月，俄国枢密院尊称彼得为"大帝"和"祖国之父"，俄国也正式改称

---

① 在本文，俄罗斯（Россия）既是一个泛化的概念，又是一个简洁方便的用语。它首先是一个地缘政治名词，指一个独立的民族国家；其次是指这个国家的全部历史，包括基辅罗斯时期、莫斯科公国时期、沙皇俄国时期、苏联（СССР）时期和目前的俄联邦（ФР）时期；最后是指一个语言文化圈，主要包括 1991 年苏联解体后形成的独立国家联合体（СНГ）中以俄罗斯联邦、乌克兰和白俄罗斯为中心的斯拉夫语言文化圈。本文所关注的主要是沙皇俄国后期、整个苏联时期和现在的俄联邦时期技术哲学研究的历史发展和主要成果。

② 鲍鸥：《德洛夫思想的当代价值》，《自然辩证法通讯》2003 年第 2 期。

"俄罗斯帝国"。

叶卡捷琳娜二世（1729—1796 年）亲政后，实行了一系列的"开明"政策，不仅继续在物质层面上学习西欧，而且接触到了西方文明的精髓——科学探索精神和自由主义思想。如果说彼得的改革从借鉴西方的先进技术，谋求西欧人的坚船利炮开始，叶卡捷琳娜则使西方文明在真正意义上大举进入俄国。她在俄国也发动了一场"启蒙运动"，诞生了以 A. H. 拉季舍夫（1749—1802 年）和 П. Я. 恰达耶夫（1794—1856 年）等为代表的一批启蒙思想家。应当说，彼得一世的改革主要是在物质上使俄罗斯人通过吸收西欧先进成果而强大起来，叶卡捷琳娜进而以西欧的文化观念在思想上使俄罗斯人成熟起来。

2. 工程技术教育在俄国的兴起

从彼得大帝时期起技术知识在俄国的传播普及问题就得到了重视。他亲手缔造的工程学校（1700 年）和数学—航海学校（1701 年）奠定了俄罗斯早期技术教育的基础。1773 年在俄国诞生了第一所矿业学校，但由于各方面条件的限制，尤其是理论科学落后于实用技术的发展，在这类早期的工科学校中理论科学的教育还远未得到应有的重视。受法、德等国建立工科学校的启发，俄罗斯等国很快就建起了类似的工程技术专科学校——"交通道路工程武备学院"对促进俄国工程事业的发展和技术知识的普及发挥了重大作用。

到了 19 世纪末，对工程师进行专门的科学理论教育即高等技术教育显得日益迫切。为此，过去的许多手工技术和中等技术学校已经开始向高等技术学校转变。1862 年，在针对社会底层的农民、手工业者、平民知识分子进行技术训练的技工学校基础上，创建了彼得堡高等技术学院。1886 年，在彼得堡通信—电报学校的基础上建立了俄罗斯第一所电工技术专科学校——彼得堡电工技术学院。1868 年，莫斯科高等技术学院成立，它的前身是 1830 年建立的手工技术训练学校。而进行此番改造的目的就是使它的学生接受机械和化学专业方面的高等教育。

3. 近代俄国的科学技术成就

经过了 18 世纪技术设备的引进和 19 世纪技术知识的普及，俄国也结出了自己的技术硕果。俄罗斯科学家和工程师在电工技术、冶金学和应用化学方面的研究在当时世界上占有一席之地。譬如 B. B. 彼得罗夫

（1761—1834 年）对电工技术的发展做出了重大贡献。他是彼得堡医学院的教授，通过实验证明了在实践中可以利用电弧进行照明、熔化金属和使金属氧化还原。他创立了电路的一条最重要的规律——电流强度取决于导体截面，从而成为欧姆定律的先驱理论。1803 年彼得罗夫出版了《关于电流、电压试验的报告》，详细介绍了他在电学方面的实验。这本书是历史上第一本电学著作，后来的许多年里都没有一本电学著作可以与之媲美。再比如无线电的发明者之一 A. C. 波波夫（1859—1906 年）。1888 年，赫兹发现电磁波的消息强烈吸引了波波夫。在水雷学校经过了几百次的失败，1895年他终于制成了两台无线电仪器——雷电指示器和电振动显录器。同年 5月 7 日，波波夫在彼得堡俄国物理化学协会物理学部的年会上宣读了论文《金属屑同电振荡的关系》并公开进行了无线电通讯实验，获得成功。

　　18 世纪末，俄国的工业有了长足的发展，工场总数从彼得时期的 200多家发展至 1200 家，生铁产量从 200 万普特（1 普特 = 16.38 公斤）增至1000 万普特，几乎是英国的两倍。尤其是军事工业得到进一步的发展，当时俄国拥有 3 个兵工厂、15 个大炮工厂、60 个弹药厂，每年可以生产3 万只步枪、几百门大炮和大量的弹药。军事工业有力地促进了俄国冶金、机械制造技术和数理科学的发展。19 世纪，制约科学技术发展的教育事业也有了新的起色。1804 年，莫斯科大学进行了改组和重建，在原有的哲学、法律和医学三个系的基础上增设了数学物理系。此外，这一时期还创办了喀山大学（1804 年）、哈尔克夫大学（1804 年）、彼得堡大学（1819 年）、基辅大学（1834 年）等新兴大学，这些大学对于俄国科学技术的发展起到了直接的推动作用。1826 年，喀山大学的数学家罗巴切夫斯基独立地创立了非欧几何；1869 年，彼得堡大学的化学家门捷列夫发现了化学元素周期律。这是俄国人第一次在科学史上写下辉煌篇章。

二　工程协会的成立和工程杂志的出版

　　俄罗斯各种工程技术协会也把传播技术知识当作自己的首要任务。1866 年，"俄国技术协会"（Русское техническоеобщество）在彼得堡成立。该协会在其他几个城市和地区都设有分会。在其章程中就明确规定，把"促进俄罗斯技术和工业的发展"作为自己的宗旨。

　　从第二年起，该协会就开始出版自己的刊物——《俄罗斯皇家技术协会会刊》。1868 年，俄国政府成立了技术教育委员会。除了《俄罗斯皇家技术协会会刊》以外，俄国技术协会还为技术教育委员会不定期出版杂志，后来定刊为《技术教育》。值得一提的是，19 世纪末俄国出版了技术方面的通俗刊物《技术》（"Техник"）。从 1884 年到 1889 年五年间这本杂志的主编和出版人是俄罗斯工程师和哲学家 П. К. 恩格迈尔，他为技术知识在俄罗斯的普及做出了重要贡献。这一时期还出版了许多杂志，但最值得纪念的是《技术汇编和工业通报》，这是一本涉及技术和工业所有部门的新发现、新发明、新工艺和新现象的月刊。1877 年在莫斯科高等技术学院之下成立了一个综合技术协会。

此外，在俄罗斯还成立了专门的"技术知识普及协会"。在 1869 年 6 月 4 日通过的章程中指出："本会的目的就是促进一般的技术知识在俄罗斯的普及和完善，特别是在民族工业和手工业中有广阔应用前景的新技术操作方法的普及。"为此，协会做创建技术和工艺学校等工作。

这个协会的工作经验具有很强的现实意义，特别是它的理财思想——不是把钱花在产品制造而是花在它的实际推广上——尤为可贵。这是对那些天才的科学家和发明家真正的支持。但是从今天的观点看，这样的协会只能在国际合作的基础上有效发挥作用，因为这样才能够保证技术产品得到公正无私的评价。此外，除了进行技术方面的评估以外，还存在社会—人文和生态的评估，而后者需要充分考虑到各个国家不同的文化特点和一般特征。

三　技术哲学的作用

通过对俄国技术哲学前史的考察可以看出，俄罗斯的历史，对外扩张、建立军事帝国这一强国主义思想贯串始终。在俄罗斯思想中，"弥赛亚"①

---

① "弥赛亚"一词源于希伯莱语，意为"受膏者"（古犹太人封立君王、祭祀等职位时，常举行在受封者头上敷膏油的仪式）。汉语根据拉丁文译为基利斯督，简称"基督"。因此，基督就是"弥赛亚"，就是救世主。随着东正教的流传和统治者的有力推广，"基督救世"的使命意识越来越深入俄罗斯人心。在君士坦丁堡被土耳其人占领之后，俄罗斯似乎成为东正教的唯一保护者和继承者，莫斯科大公亦成为东正教的首脑。东正教的"弥赛亚"观念和俄罗斯民族的"普济主义"一拍即合，俄罗斯成为世界各民族的"解放者"。只有俄罗斯民族的发展和俄罗斯帝国的强大，才能使基督教复兴，上帝的事业得到光大。这样，俄罗斯民族的宗教特殊使命与俄罗斯国家的力量与伟大联系起来。

意识即所谓的 "救世" 观念根深蒂固。并充分利用这种意识, 无论是对外侵略、扩张领土还是干预欧洲革命、追求世界霸权, 都是打着基督教正宗的旗帜来进行的。

第二节   俄罗斯技术哲学的先驱——П. К. 恩格迈尔

彼得·克里门契耶维奇·恩格迈尔 (Петр Климентьевич Энгельмейер, 1855.3.29—1942.4.10) 是俄罗斯第一个技术哲学家, 同时也是著名的机械工程师和创造心理学家。他是世界上最早使用 "技术哲学" 这个词的少数几个人之一, 是工程学的技术哲学奠基人之一。在长达 87 年漫长的人生经历中, 他跨越了沙俄和苏联两个历史时期, 经历了截然不同的两种社会制度, 历尽磨难, 最终死于 "卫国战争" 的纷飞战火中。他一生涉猎广泛, 在机械构造学、创造心理学特别是技术哲学领域著作颇丰, 发表了近百篇的文章、著作和小册子, 其中有 20 多篇被译成了德文和法文。他的代表作是《创造论》(1910 年) 和四卷本的《技术哲学》(1912—1913 年)。

一   工程师恩格迈尔和他的工程技术实践

1881 年, 26 岁的 П. К. 恩格迈尔毕业于皇家莫斯科高等技术学院, 获得了机械工程师毕业文凭。1884—1889 年间他是《技术》杂志的主编和出版人, 做过中等技术学校和工人夜校的机械学教师, 曾任莫斯科机器制造厂的工程师。但他的研究活动大都是在莫斯科的各种工程师协会——先是在 "俄罗斯综合技术协会", 然后是在 "以 X. C. 列坚佐夫命名的实验科学及其实际应用促进协会"——中进行的。

从 1909 年起恩格迈尔开始教授汽车制造学; 1912 年第三次出版了他编写的实用手册《汽车·摩托车·摩托艇》, 书中配以插图和照片介绍了汽车的发展概况[1]。授课之余他还带着儿子瓦洛佳驾车参加了巴黎—莫斯科的汽车拉力赛[2]。1916 年他出版了俄罗斯第一本关于汽车驾驶的综合性

---

[1]   Энгельмейер П. К. *Автомобиль. Мотоциклет. Моторная лодка.* - М., 1912.

[2]   Энгельмейер П. К. *Париж - Москва на автомобиле.* - М., 1909. - 180 с.

教材——《司机手册》①。恩格迈尔在发明问题上倾注了大量的精力。1897 年他出版了一本专门为发明家写的手册《发明与专利》，在书的附录中列入了专利法及其补充说明，办理专利文件的手续指南②。

在正文中，恩格迈尔提出了一系列有关发明权的思想，譬如"产权对象""产权可能达到的范围"；在附录中，他又举例说明了"发明权、商标和包装发生争议的诉讼程序"。实际上，这本书在当时已经成为"专利法"（Патентное право）这门课的最好教材。

恩格迈尔并不是一个职业的哲学家，而是一个职业的工程师（德韶尔是发明家一样），这就决定了他的技术哲学思想带有明显的工程传统，研究成果主要是侧重于从技术和工程现象出发研究技术本质问题，而且总的说来对技术的发展持乐观态度。和人文主义的技术哲学相比，尽管字里行间表现出的哲理性并不强，但恩格迈尔立足于具体的工程技术实践，特别是在机械工程技术领域长期从事教学和研究活动的缘故，使他对技术的认识虽然素朴但不乏深刻。难能可贵的是，他从工程技术和发明创造的实践中，看到了一些非理性因素（直觉、猜想）和非智力因素（道德、法律）对发明家本人的成长和发明成果的社会功能具有很强的作用，因此应加强对发明家和工程师进行人文教育，特别是要发挥技术哲学的教育功能。

二　哲学家恩格迈尔和他的技术本体论

什么是技术？技术的本质是什么？对这些纯粹的技术本体论问题的思考贯串了恩格迈尔整个人生历程。

恩格迈尔对技术进行哲学思考始于 1887 年，他在这一年的《技术》杂志单行本上发表了《现代技术的经济意义》③ 一文，一般认为这是恩格迈尔技术哲学的处女作。在这篇不长的文章中，恩格迈尔试图抛弃那种把技术仅仅看成是某种实践或实用活动对象的传统观点，赋予技术以深刻的社会经济意义。但刚刚踏进技术哲学门槛的恩格迈尔还不可能完全背离当

---

① Энгельмейер П. К. *Катехизис шофера.* - М., 1916. - 22 с.

② Энгельмейер П. К. *Изобретения и привилегии.* - М., 1897. - 176 с.

③ Энгельмейер П. К. *Экономическое значение современной техники.* - М.：Русскаятипо - литография. - 1887. - 51 с.

时的公认观点，即认为技术使我们用自然力代替人力的局限并且学会控制
这些自然力。

1898 年，恩格迈尔发表了真正具有技术哲学意义的长文《19 世纪技
术总结》①。在书中，恩格迈尔第一次上升到哲学的高度对"技术"概念
重新定义。对"技术""工程""机械""机器"等概念进行了词源学的
考察，进而提出："工程师所承担的是一种具有针对性的创造活动，而技
师的职责只是执行命令。"② 1899 年恩格迈尔又撰文《技术的一般问题》，
再次强调要从总体上考察技术，进一步弄清技术所涉及的范围。

1912—1913 年，四卷本的《技术哲学》陆续出版，一般认为这是恩
格迈尔技术哲学之集大成，也是恩格迈尔思想日臻成熟的里程碑。恩格迈
尔把他的《技术哲学》第四卷命名为"技术主义"（"Техницизм"），对
于这个概念他是这样解释的：在任何意义上人都是技术的本质，就是说技
术的本质是现实的人的愿望，并且在被个体的、社会的、宇宙的生活所规
定的限度内使其得到满足。在任何意义上技术主义都是关于技术本质即关
于人的学说，也就是这一学说对于阐明人将为何物，人生活的内外部条件
即限制人类活动的目的和手段等问题，是必要的和充分的。总之，技术主
义是关于人的活动（деятельность）的学说，因而是关于人的生活
（жизнь）的学说，因为生活与活动密不可分，这就是所谓的"技术主
义"③。上述观点表明，晚期恩格迈尔在晚年的技术观发生了重大改变。
他不再把技术看成是实现人类某种愿望的知识、能力和手段，而是人类愿
望得以实现的可能性和现实性。技术本质的核心内容是人，技术是为人的
和属人的，技术已经从人的外部因素转变为人的内部因素，成为解读人的
本质的一个切入点。因此，技术哲学（技术主义）是关于人的活动（生
活）的哲学，同时也就是关于人本身的哲学。由此可见，"晚期恩格迈
尔"对技术本质的认识和前两个阶段相比已经发生了重大突破，达到了
工程学的技术哲学——"或者说从内部对技术进行分析，而从根本上说，

---

① Энгельмейер П. К. *Технический итог XIX – го века.* М. : *Тип. К. А. Казначеева.* – 1898.
– 107 *с.*

② Там же，С. 41.

③ Энгельмейер П. К. *Философия техники. Вып.* 4. С. 143.

是把人在人世间的技术活动方式看作是了解其他各种人类思想和行为的范式"① ——的顶峰。

三　心理学家恩格迈尔和他的技术认识论

恩格迈尔同时也是一位著名的心理学家。作为 E. 马赫（E. Mach）的追随者，1897 年他发表了《马赫的认识论》②。1910 年，恩格迈尔出版了他在创造心理学和技术认识论方面的代表作《创造论》③，这本书由 Д. 奥甫查尼科—库利科夫斯基（Д. Овсянико - Куликовский）和马赫共同作序。库利科夫斯基强调指出，书中关于技术创造和科学、艺术创造彼此交叉的观点具有特别的价值；马赫评价道："当某一个领域中那些业已公认的观点和思想被移植到其他领域时，往往会使后者得以振兴。通常是使之更为丰富并促进其发展。"④

在《创造论》中恩格迈尔已经不满足于研究发明的具体问题，而是探究一门新科学即"创造学"（"Эврилогия"）的理论基础。他不仅在技术领域而且在科学、宗教和艺术的领域中研究创造的性质问题。恩格迈尔《创造论》的核心内容是由愿望、知识和能力构成的"三维行动理论"（"Теория трехакта"）。其中第一维是发明的筹划，第二维是发明的验证，第三维才是发明的实现。因此，在第一维行动中发明最初始于某种假说的直观显现，属于非逻辑思维。在第二维行动中着手验证假说、制订计划，此时发明已被纳入到逻辑思维的轨道。第三维行动和创造并没有直接的联系，只是把计划交由相应的操作者完成罢了。恩格迈尔认为，天才（гениальность）诞生在第一维行动，人才（талант）诞生在第二维行动，第三维行动产生勤奋（прилежание）。

正	反	比率 коэф.
真 Истина（И）	假 Ложь	M
美 Красота（К）	丑 Уродство	N

---

① Энгельмейер П. К. *Теория творчества. СПб.*：Образование. P17
② Энгельмейер П. К. *Теория познания Э. Маха // ВФиП.* 1897. Кн. 3.
③ Энгельмейер П. К. *Теория творчества. СПб.*：Образование. 1910. – 210 с.
④ Там же, С. 3.

在创造的"三维行动理论"基础上，恩格迈尔对"技术主义"也做了进一步思考。认为在最一般意义上技术主义可以定义为生活建设（строительство жизни）。我们把人类正在创造着的人工世界称为文明，其中又可分为物质文明（вещественная культура）和精神文明（духовная культура）。物质文明的人工世界被看成是在人类之外的，而精神文明的人工世界则是在人内心中被创造出来的。作为"创造论"的概括总结，恩格迈尔把创造活动看成是人的本质，而这一本质是感性、理性和意志的"三位一体"，在技术认识论中把效用—意志—技术和创造活动—生活建设—人的本质紧密结合起来。

另外，1911 年，恩格迈尔出版了创造心理学方面的第二本著作《技术发明领域中的创造个体和环境》①恩格迈尔对创造力的培养给予了极大的关注。在对学校的教育体制进行公正的批评时，他说：对学生"灵感和想象力进行压制和打击"的最灵验的做法莫过于先宣布真理，然后再去证明它。但这种"演绎法"直至今日在小学、中学和大学中仍旧大行其道。而讲授技术史的意义不仅仅是对那些科学史上的成就而且对那些错误和偏差给予关注，这样做有助于形成创造性思维。

四　专家治国论者恩格迈尔和他的技术社会学

恩格迈尔是技术哲学的奠基人，同时也是技术社会学的开创者和实践者。进一步说，事实上他是第一个揭示了工程活动（инженерная деятельность）的本质和社会意义的人。在《技术的一般问题》（1899年）一文中，他写道：技术专家（Techniker）一般认为，当他们提供了价廉物美的产品时，他们就尽了他们的社会职责。但这仅仅是他们的专业工作的一部分。当代受过良好教育的技术专家不只是在工厂里才能找到。高速公路和水路运输，市区经济管理等已经处于工程师指导之下。我们的职业同事正在爬上更高的社会阶梯；工程师甚至偶尔正在成为一位国务活动家。而同时技术专家必定总是一位技术专家……

可见，恩格迈尔原则上是把工程活动置于一个全新的不寻常的视角中

---

① Энгельмейер П. К. *Творческая личность и среда в области технических изобретений. СПб. : Образование. 1911. – 116 с.*

加以考察，这一点非常重要。工程活动被看作是一个自然科学和技术科学知识，经济和社会因素，伦理学和美学观点，乃至工程师—创造者的高智商等共同作用的有机整体。恩格迈尔的著作开辟了一条现实的、困难的常常被堵死的高级工程师——包括负责生产的工程师和企业家，某些科学家、经济学家和心理学家，新技术政策的制订者和执行者，机械师、工艺师和艺术家（那些在工程艺术领域活动的人）——自身的成长之路。这些高级工程师在国民经济建设、企业管理和科学技术进步中发挥着重要作用。不仅如此，这些人甚至应该成为政治家和国务活动家，用他们的知识和经验去管理国家事物，因此，工程师不仅是工程技术领域的专家，也应是政治领域的行家里手。

恩格迈尔还将他的"专家治国论"付诸于实践。1917 年，以建立"世界工程师学会"（VAI）为标志，恩格迈尔在苏联领导了一场"专家治国运动"，该运动的宗旨是：应该根据技术原理改造和管理商业企业和社会。1927 年，在他的帮助下，还成立了一个研究技术一般问题的团体，出版了专家治国思想的核心期刊《工程师通报》。同年，恩格迈尔还在这个团体的会议上，发表了题为"技术哲学五十年"的演讲，对 1877 年 E. 卡普的《技术哲学纲要》出版以来 50 年中技术哲学的主要成就，发展现状以及未来走向提出了颇有见地的观点。但是，随着"工业党"事件和肃反扩大化，几千名工程师被扣上各种罪名遭到关押和流放，甚至被处决（有人认为恩格迈尔死于 30 年代这场浩劫）。名噪一时的"专家治国运动"就这样夭折了①。

第三节　H. A. 别尔嘉耶夫的人文主义技术哲学思想

尼古拉·亚历山大罗维奇·别尔嘉耶夫（Николай Алексадрович Бердяев，1874.3.6—1948.3.23）生于俄国的一个军官贵族家庭。1894 年，别尔嘉耶夫考入基辅圣弗拉基米尔大学自然科学系，后转到法律系学习。这一时期正值俄国最黑暗的时期，亲眼目睹了政府的腐败、国家的衰落、人民的苦难后，青年别尔嘉耶夫陷入极度的痛苦之中。为此，他不仅

---

① 万长松：《苏俄技术哲学研究的历史和现状》，《哲学动态》2002 年第 11 期。

如饥似渴地阅读马克思的著作,而且加入了"工人阶级解放斗争协会"并成为其中的积极分子。1898 年,俄国爆发了第一次大规模的社会民主运动,别尔嘉耶夫因参与该运动而被学校开除,遭到审判并被流放于沃洛格达长达三年。著有《自由的哲学》《创造的意义》《俄罗斯思想——19 世纪和 20 世纪初俄罗斯思想的主要问题》。别尔嘉耶夫一生著述颇丰(据统计,他一生的学术论著近 400 种,其中著作在 50 种以上),其中许多著作被译成多种文字出版,一些现代哲学史家推崇他为"20 世纪俄国的黑格尔""当代最伟大的哲学家和预言家之一"。

在别尔嘉耶夫的技术哲学思想中,既有从西方文明中接受的文化成分,也有传统的俄罗斯思想和东正教文化的基因;既有与当代西方后现代主义相呼应的存在主义和非理性主义,即对技术和"工具理性"的批判反思,也有向俄国传统文化复归的倾向。这种对西方技术文明的失望与对俄国光荣地位的怀念以及对后现代文化的向往融于一体的丰富而复杂的思想,对于当前既对过去失望又对前途未卜,处于四处彷徨、苦苦探索的俄罗斯人,无疑是一盏指路明灯。这也是别尔嘉耶夫思想的当代价值所在。

一 技术:手段和目的的背反

1933 年 5 月,在第 38 期《道路》上别尔嘉耶夫发表了《人和机器——技术的社会学和形而上学问题》一文,集中阐述了他对技术和现代文明的基本观点。别尔嘉耶夫认为技术有广义和狭义之分。不仅有与经济、工业、战争相关的技术,有与交通和生活舒适相关的技术,而且也有思维、做诗、绘画、舞蹈、法律的技术,甚至还有精神生活的技术、神秘之路的技术(瑜珈术就是独特的精神技术)。从广义上说,"技术处处都在教导花费最小的力量获得最大的结果,当今技术和经济时代的技术尤其如此。"在机器时代,和从前的艺人—工匠时代显著不同的是:量的获得代替了质的获得。在人的生活中既有目的,又有达到目的的手段。尽管许多技术哲学家反对将技术单纯地定义为手段,但别尔嘉耶夫认为:"技术总是手段、工具,而不是目的,这是毫无疑问的。"因为生活中不可能有技术目的,只能有技术手段。生活的目的不是在物质领域,而是在精神领域。但生活手段常常取代了生活目的,以至于生活目的完全从人的意识里消失了,对此别尔嘉耶夫感到忧心忡忡。事实上,用技术手段代替生活目的意味着对精神的贬低和毁灭。在本质上，技术手段无论是针对使用它的人还是使用它的目的都是异质的，技术手段愈发达，愈是背离技术目的。技术手段和它所要达到的技术目的形成了背反。

进而从历史上对技术矛盾作了考察。他把人类历史分为三个阶段：自然—有机阶段、本意上的文化阶段和技术—机器阶段。与此相应，精神与自然界也存在着三种不同的关系：精神向自然界的深入；精神从自然界分离出来并形成独特的精神领域；精神积极地控制和统治自然界。和天然自然的自组织和进化不同，现代技术把人置于新的自然界即人工自然面前。这一自然不是天然自然进化的产物，而是人自己发明和创造性的产物；不是自然—有机过程的产物，而是他组织过程的产物。所以，人工自然的产生是由于技术破坏了旧的有机体，建立了新组织的结果；是精神向自然界突破的结果；是理性向自发过程深入的结果。这里的悲剧在于，被造物起来反抗自己的创造者，不再服从创造者。堕落的秘密就在于被造物反抗造物主。这个悲剧在整个人类历史上都在重复着。技术用组织—理性的东西代替了有机—非理性的东西，但我们却遇到了从有机—非理性向组织—理性过渡的极限。"人对机器说：我需要你是为了缓解我的生活，为了扩大我的力量；机器却回答说：我不需要你，我会在没有你的情况下做一切事情，你可以销声匿迹了。"别尔嘉耶夫认为，"泰罗制"是对劳动进行合理化的极端形式，他把人变成了完善的机器。人的劳动被机器取代，这是肯定成就，它消除了人所遭受的奴役和贫困。遗憾的是，机器不仅没有服从人对它的要求，反而迫使人服从机器的法则。机器希望人接受它的形象和样式，但是，人是上帝的形象和样式。只要人存在着，他就不可能变成机器，制造了技术和机器的精神本身不可能不留痕迹地被技术化和机器化。然而，组织却有把组织者自身从有机体变成机器的趋势，这是人和被他技术化了的自然界即人工自然之间的大规模的斗争。

二　技术末世论：新的宇宙演化学

别尔嘉耶夫指出："技术具有宇宙演化学上的意义，通过技术建立的是新宇宙。"技术和机器的统治揭开了人类进化和宇宙演化史上新的一幕，对这样一个新出现的非有机世界我们一时还难以适应。我们并不知道，人自己的技术发现和发明所创造的新环境对人自身的破坏力有多大。人在自己的发明面前往往是无助的，事实上发明能够毁灭上百万人生命的毒气比发明治疗癌症的方法更容易。尽管制造机器时利用了机械—物理—化学无机界中的某些部件，但无机界并不存在机器，它们只是在人之后才出现的，也只能在人类社会里存在。因此，机器既不是有机体也不是无机体而是所谓的组织体，机器的出现标志着人在世界上负有发明和创造的使命，同时也是他处于被奴役地位的标志。因此，机器不仅有重大的社会学意义，而且还有重大的宇宙学意义。

别尔嘉耶夫认为，由于技术破坏了精神与历史的结合，打破了曾经被认为是永恒的秩序。对精神和理性的技术化导致了精神和理性的毁灭，给人以技术末世论的可怕印象。但"这个末世论与基督教末世论相反……基督教末世论把世界和大地的改变与上帝的精神作用联系在一起。技术末世论等待的是彻底地控制世界和大地，是借助技术工具彻底地对它们进行统治。"

与基督教末世论不同，技术末世论是一个相当复杂的问题，原因之一就是技术自身意义的双重性。"技术时代的意义首先在于，它结束了人类历史上的大地时期，那时人被大地决定，不但是在肉体的意义上，而且也是在形而上学的意义上。"别尔嘉耶夫认为，技术的宗教意义就在于此。当人知道大地只不过是无限宇宙空间中飞驰的一颗行星，当人有能力与大地分离，乘坐喷气飞机在同温层翱翔，驾驶宇宙飞船绕地飞行时，人的自我感觉是完全不一样的。"技术赋予人对大地的全球感，这种感受和以前时代的人所固有的大地感受完全不同。……古希腊罗马人的宇宙和中世纪的宇宙，托马斯·阿奎那和但丁的宇宙消失了。"人以前迷恋大地母亲，从而不受时间和空间的压迫；现在人借助技术可以控制时间和空间，他终于摆脱了大地母亲的怀抱并尽可能飞向远方，这是人成熟的标志。但是，技术在给人带来生活的方便和舒适的同时，对人的要求也愈加严酷。所以，技术的双重性使人对自身的态度也出现了双重性：一方面，技术的威力让人感到自己的威力，感到了自己控制无限世界的可能性；另一方面，他因自己地位的贬低而感到惊惶失措，人不再是宇宙的中心而是无限宇宙中的渺小尘埃。

三　基督教人类学：人类彻底解放之路

就本质而言，技术和机器是反人道的。它们给人道主义，人道主义世界观，人和文化的人道主义理想以重创。在现代文明中，一切都是转瞬即逝的。这就意味着，在对待时间的态度上技术的现实性破坏了世界的永恒性，而且人对永恒也越来越失去耐心。人没有时间去面对永恒，技术时代要求的是尽快地从一个瞬间转到下一个瞬间。因此，别尔嘉耶夫认为，现代文明所有病症的根源"来自于其他时代的人的内心组织与机械的新的现实之间没有达成一致，他无法逃避这个现实。人的心灵不能承受现代文明向他要求的速度。这个要求有把人变成机器的趋势。这个过程是十分病态的。"为了适应瞬息万变的世界，就必须进行机器化的批量生产和生活，换句话说，在技术文明里人的个性难以维持。个性在一切方面都与机器相对立。譬如，个性是多样性的统一，要求自身的完整性。它从自身出发设定自己的目的，反对变成部分、手段和工具。但技术和机器时代尽可能地把人变成部分、手段和工具，使人失去完整性和统一性即丧失个性。所以，技术对待一切生命之物和生存的东西都是无情的。人为了恢复自己的尊严和机器进行的斗争任重道远。

在技术和机器对劳动者、对人的身心特别是心的伤害的认识上，别尔嘉耶夫是接近于马克思甚至超过了后者。但是，在寻求出路时却与马克思大相径庭，他抛弃了曾经十分迷恋的唯物史观倒向了基督教人类学，倒向了基督教哲学家 Н. Ф. 费奥多罗夫。

别尔嘉耶夫认为，费奥多罗夫的思想对我们之所以有意义，"是因为他把对技术威力的信仰和精神结合在一起，这精神与技术时代占统治地位的东西直接对立。"费奥多罗夫是基督教思想史上几乎是唯一一个克服了对《启示录》消极理解的人，他认为《启示录》关于人和世界终极结局的启示是相对的。人是自由的，其使命就是发挥积极性，所以人的未来并不是命中注定的，世界的终结也依赖于人。如果人类不为控制自发的致死力量的共同事业而结合，不为战胜死亡和恢复生命而结合；如果人类不建立按照基督教的方式被精神化了的劳动王国，不克服脑力劳动和体力劳动的二元论；如果不在生命的整个过程中实现基督教真理，不用基督教的爱和科学技术的力量去战胜死亡，那么将会出现一个反基督的王国，启示录所描绘的一切都将变成现实。因此，费奥多罗夫的末世论既有别于基督教末世论也有别于机器主义的技术末世论，基督教精神和现代技术的结合使我们对未来不再灰心丧气。

别尔嘉耶夫指出，在技术时代受技术伤害的人常常认为机器在残害人，机器在一切方面都是有罪的。这样的态度其实是在贬低人的尊严。因为机器是人的造物，机器无过错，把责任从人身上转移到机器上是不合适的。"在机器主义的可怕统治方面，有罪过的不是机器而是人；机器没有使人丧失精神，是人自己丧失了精神。问题应该从外部转向内部。"技术时代的一切领域都在非人道化，但非人道化也是人的一种精神状态，是精神对人和世界的扭曲态度。在非人道化的过程中，有罪过的是人自己而不是机器，机器主义只是这个非人道化的投影。面对越来越多的非人道化过程，人所能做的就是在精神上限制技术和机器对人生活的统治，这是精神的事业，也是人自己的事业。这一事业依赖于人的精神性的紧张程度。因此，在人的手中，在克服自然界自发作用的过程中，技术和机器完全可以成为人的强有力的工具。在精神的控制下，机器不仅不会导致技术末世论的可怕景象（机器控制人甚至消灭人），而且还会克服基督教末世论的消极悲观（世界末日）。为此，我们必须研究人的宗教和哲学问题。"人和机器，人和有机体，人和宇宙——都是基督教人类学的问题。""彻底地解放人和彻底地实现人的使命之路是通往上帝之国的路，上帝之国不但是天上的国，而且是改变了的地上的国，改变了的宇宙的国。"

可见，别尔嘉耶夫研究人与机器的关系，研究技术的社会学和形而上学问题在于回归基督教（更准确的说是回归俄国东正教），进而也回归基督教人道主义①。

――――――――――

① 别尔嘉耶夫认为，基督教人道主义包括以下几层含义：①人不是自然的必然产物，不是宇宙生命的轮回现象，而是上帝的创造物，他具有类似上帝的形象。②人具有精神的独立性，原则上人被置于自然与社会的世界之上。③上帝化为人意味着人的本质的提高。④人的灵魂有无限价值，高于世界的所有王国。他还认为，人的危机及其相关的人道主义问题，只有立足于新的基督教人道主义才能得以解决。近代文艺复兴以来的人道主义已经衰老，走到了极限，所以我们生活在一个反人道的时代。现代人道主义只有从宗教的深处才能得到再生。这就要求有基督教的新意识，要求展示历史上还没有得到足够展示的基督教人类学。

参见：尼·别尔嘉耶夫：《俄罗斯的灵魂》，陈肇明等译，上海学林出版社 1999 年版，第160—168 页。

第四节　走向多元化的俄罗斯技术哲学

一　20 世纪末俄罗斯技术哲学的发展现状

今天的俄罗斯学者对苏联技术哲学的研究主要集中在四个领域：首先就是技术史（История техники）这一研究领域。这个领域主要是研究技术的历史重构的原理和对技术史（机器史、技术发明史、部门技术知识史）进行梳理。苏联时期技术史方面的研究成果具有明显的经验性的特点，它使技术史的研究缺乏理论性和科学性。

第二个领域可以称为"技术的哲学问题"（Философские вопросы техники）。这个方面主要是研究技术的性质和本质，但是这一研究统统被置于马克思主义范式和工程学的立场之下，技术首先被看作是技术发明或者技术设施（工具和机器）。这样一来，对技术的理解就陷入到一个狭隘的范围。其次，苏联官方非常鼓励对那些强加以意识形态色彩的资产阶级技术哲学加以批判①。这种对技术的哲学思考显然是难以信服的，其结果就是资产阶级技术哲学的成就被贬低，对技术作用的研究只是在抽象的层面上进行（即没有关注现代文明的问题和危机）。最后，苏联时期对技术的哲学思考仅仅是派生的和论证性的，即为通常所说的科学技术进步方案（譬如原子能发电站等）进行辩护。因此，从学科地位和研究方向来说苏联时期的技术哲学是从属于政治和军事需要的。

第三个领域是技术科学史和技术科学方法论（методология иистория технических наук）。尽管这些学科应属于科学和哲学方法论，但今天已把它们归于技术哲学的研究领域。苏联时期这个领域的研究成果比较丰富（例如技术科学和自然科学的划界，寻找技术科学的源头，对技术科学和技术理论的结构、功能的描述，等等），但是这些研究还仅仅限于一般性的解释，精确的研究尚未展开。

最后一个领域是设计和工程活动的历史及其方法（методология и история проектирования и инженерной деятельности）。苏联时期这个方向上的研究成果也是很多的（例如对工程和设计起源的研究，对不同形

---

① См: Смирнова Г. Е. *Критика буржуазной философии.* Л., 1976.

式工程活动性质和特点的分析，工程和设计关系的研究，等等）。但是上述问题的研究和关于技术的一般理论又是相互脱节的。

今天的俄国技术哲学家并非我们臆想的那样，要么抱着教条式的马克思主义不放，因循守旧；要彻底抛弃辩证唯物主义的传统，全盘西化。经过了意识形态领域的血雨腥风，见惯了转型时期各种思潮的风起云涌，学界中的浮躁之气也渐渐平息。马克思主义、斯拉夫主义和西方主义都不能成为包治百病缠身的俄罗斯的良方，坚持辩证唯物主义的"基本内核"，借鉴西方哲学特别是人文主义技术哲学的精华，保持俄国哲学的研究规范，这是多数俄罗斯技术哲学家选择的发展道路。

事实上，进入 80 年代以后，苏联技术哲学界对待欧美技术哲学的态度就已经从不加分析地全盘否定转到客观公正地加以评介。首先是出版了一些介绍西方技术哲学的著作，如《西方新的技术统治论的浪潮》（1986年）、《联邦德国的技术哲学》（1989 年）等；其次是涌现出一批颇有见地的技术哲学家，如 B. M. 罗任、B. Г. 高罗霍夫、Ф. H. 布留赫尔、B. H. 波鲁斯等。从工程学技术哲学的传统转向研究和分析欧美人文主义的技术哲学，这是转折时期俄罗斯技术哲学的重大变化之一。

二 俄罗斯技术哲学未来发展的若干走势

今天的俄罗斯技术哲学界，早已打破了过去整齐划一的研究传统，日益走向开放化和多元化的研究道路。首先表现在选题多元化上。其次，俄罗斯技术哲学研究多元化还表现在对同一个问题的诸多不同看法上。这表明随着俄罗斯经济的逐渐恢复，在那些经历了暴风雨洗礼过的真正哲学家的努力下，俄罗斯技术哲学正一步步走出困境，迈向新的辉煌。

首先，作为俄罗斯技术哲学代表的技术本体论将继续成为研究的核心。在技术哲学中，与作为经验材料使用的对技术现象的描述不同，对技术本质的思考就要回答这样一些问题：技术的本质是什么，技术与人类活动的其他领域——科学、艺术、工程、设计和实际操作等是什么关系，技术何时产生又经历了哪些发展阶段，技术真的会威胁到我们的文明吗，技术对人和自然有哪些影响，技术更新和发展的前景怎样，等等。需要指出的是，上述问题引起思想家关注的时间还不长，尽管作为某种工具和所有活动技巧意义上的"技术"（譬如耕作技术、做饭技术、爱的技术等）产生于几万年前人类的早期，但对技术现象的关注和对它的现代理解还是19 世纪末 20 世纪初的事。首先是技术科学方法论，然后或者同时是技术哲学，在 21 世纪对技术的本体论思考仍旧是方兴未艾。

其次，俄罗斯技术哲学未来发展的另一走向是技术价值论和工程伦理学研究，也就是在技术哲学中寻找解决技术危机之路，在理性的范围内寻找新思想、新知识和新方案。这是技术哲学未来发展的又一核心问题。海德格尔曾指出应该使人意识到他早已成为"座架"并且使自然界变成"座架"；芒福德则建议毁掉"巨机器"。有趣的是，这两位哲学家都不相信技术带来的问题可以借助于更加人道和完善的技术加以解决。美国学者Дж. 马丁虽然认为，"和消除给我们的星球带来的伤害相比，消灭它似乎更容易些。"但他同时指出："技术带来了种种问题，但解决它的惟一办法并不是遏制技术而是尽可能发展技术。拒斥技术或者阻止技术的继续发展意味着使世界陷入到空前的贫困……必须选择和发展那些和自然界协调一致的技术。"① 斯科利莫夫斯基则认为："技术只是在一个被曲解和无所不包的程度上变成了人肉体和心灵的支柱，如果我们意识到技术也能破坏我们的自然和人文环境，我们进行反击的第一步就是关于能够纠正所有这些偏差的另一种技术的想法。"② 总之，一些哲学家譬如马丁认为技术（工艺）必须人道化，使之合乎于自然界和人；而另一些哲学家譬如斯科利莫夫斯基则确信，任何使现代技术文明人道化的尝试注定要破产，因为相对于这种装饰性的操作来说，技术系统表现出独特的稳定性。有意思的是，这两种相互争论的观点各有充分的、确凿的证据佐证。所以，能否使现代技术人道化和怎样人道化就成为一个具有挑战性的课题。

如果俄罗斯技术哲学能够解决两个核心问题（思考技术的本质和性质，找寻走出技术和技术化文明产生的危机的道路和方法），那么技术哲学的地位与其说是哲学不如说是方法论，或者是一种横断性的研究。正如当代一些哲学家譬如 B. C. 施维列夫、A. П. 奥古尔佐夫等人指出的那样，除了一些传统问题和任务以外，现代非经典哲学主要讨论方法论和一些现

---

① Мартин Дж. *Телематическое общество. Вызов ближайшего будущего* // Новая технократическая волна на Западе. М., 1986.

② Сколимовски Х. *Философия техники как философия человека.* Там же.

实问题。所以，如果说技术哲学是哲学，毫无疑问它应属于非经典哲学。尽管发生了国家制度和意识形态的巨大变化，从俄罗斯技术哲学发展的现状和趋势来看，俄罗斯学者并未离开自己长期耕耘的学术土地到处流浪。相反，俄罗斯技术哲学的研究保持了相当大的稳定性和延续性。所以，认为在后马克思主义时代俄罗斯技术哲学已经和西方技术哲学趋同演化的观点是站不住脚的①。但是，俄罗斯技术哲学并不排斥西方技术哲学，正是《西方新的技术统治论浪潮》（1986 年）这本文集的出版极大地推动了俄罗斯技术哲学研究的现代化进程。

---

① 参见陈凡《技术认识论：国外技术哲学研究的新动向，多维视野中的技术——中国技术哲学第九届年会论文集》，东北大学出版社 2003 年版，第 469—479 页。

第六章　日本的技术哲学思想

第一节　日本技术哲学思想研究概况

一　日本文化语境中的技术哲学诸概念

我们在从事日本技术哲学资料的翻译过程中，遇到了日本语"工学哲学"如何翻译成汉语的问题。于是，与国内研究日本哲学问题的学者进行了一番讨论。讨论的结果，诸多学者认为，弄清楚"工学哲学"之前，首先要弄清楚日本文化语境中的"技术""技术论""技术哲学""工学"等概念。日本近代技术思想史的研究，就有可能进一步厘清这些概念，并为进一步认识日本技术哲学以及深入研究日本技术论等方面的问题提供前提和条件。

1. 日本文化语境中的技术

在说明日本学术界的研究成果之前，首先要弄清楚日本文化语境中的"技术""技术论""技术哲学""工学"等概念与日本技术思想的关联。这些概念的明晰，为进一步认识日本技术思想以及深入研究日本技术思想等方面的问题提供了前提和条件。

从日本技术史的史料中，首先使用"技术"一词的是日本明治时代的启蒙思想家西周先生。此人的汉学功底非常深厚，后才学习兰学（兰学是指日本德川幕府时代通过荷兰传入到日本的欧洲的学术、文化、技术的总称，又称为洋学。）西周先生不仅首先使用了"技术"一词，也将"艺术""哲学""理性""科学"等词汇运用到近代日本语体系中。西周先生在其著书《百学连环》中认为：将西方的 mechanical art 直译成器械之术不妥，遂译为技术。

技术这一词汇在日本学术领域引起的争执并被广泛使用，起源于日本学术界的技术论论争。日本的大百科辞典在"技术"一词旁边注明:"关于技术一词的学术层面的讨论请查阅技术论论争"。

日本技术论论争起源于上世纪 30 年代日本唯物论研究会关于技术的问题的讨论。讨论的主要内容是:从社会科学和人文科学的角度如何评价生产、消费、劳动与技术的关系,如何发展技术等问题。在这一研究会内部,户坂润、冈邦雄、永田广志、相川春喜等学者经过论争,最后得出了所谓的技术的"劳动手段体系说"。日本战败后,三枝博音等人又开始对劳动手段体系说进行了研究,三枝先生没有完全照搬"劳动手段体系说",而是在"劳动手段体系说"的基础上提出了所谓的"技术过程论"。

在日本战败后不久,日本学术界内由武谷三男、星野芳郎等提出了技术是人们在生产实践中体现的客观的法则与规律。这一主张在武谷三男的《辩证法的诸问题》一书中得到了集中的体现①,这就是所谓的"意识适用说"。新产生的意识适用说在日本学术界占有了一席之地,而且这一派的主张有了较快的发展。武谷三男、星野芳郎的主张在中国哲学界,尤其是在技术哲学界产生了较大的影响。

2. 日本文化语境中的技术哲学

在翻译日本有关的技术史的资料时,常常为中国的技术哲学这一语境与日本的技术哲学、工学的语境有何不同而苦恼。查阅"技术哲学"一词时,在旁边注明:"关于技术一词的学术层面的讨论请查阅技术论论争",而在查阅"工学"一词时,"技术哲学"竟然与"海洋工学""环境工学"等一起成为了工学的一个门类;其次,查阅了日本的有关学会和研究团体,但是没有找到以"技术哲学"字样命名的学会和研究会及团体;再次,在 NACSIS Webact(日本国立情报学研究所总目录)中检索了"技术哲学"一词,共检索到 41 部著作。这 41 部书中有三木清著的《技术哲学》,但他也只是日本岩波书店在 1942 年出版伦理学系列著书中的一册书,而国内有些学者就此书的书名断定三木清先生是研究技术哲学的专家,这个观点未免有些偏颇。还有三枝博音著的《技术的哲学》,正如此书的书名,他研究的也只是技术的哲学,并且三枝先生这本书中反复强调了科学在技术进步中起到的决定性作用。最后,到日本关西大学拜访

---

① [日]武谷三男:《辨证法的诸问题》,劲草书房 1968 年版。

了斋藤了文教授和桥本境造，并与他们讨论了日本语中的"技术哲学"
这一词语所包涵的语境。在 2005 年 9 月召开的"第六届东亚科学技术与
社会国际学术会议"上，笔者又与日本东京工业大学的中岛秀人、日本
桃山学院的后藤邦夫、日本综合研究大学院大学的平田光司等学者进一步
讨论了日本语中的"技术哲学"这一词语所包涵的语境。

　　关于技术哲学的概念，日本学者一般把它放到科学哲学或技术论当中
去研究。自三木清先生提出"技术哲学"这一概念后，日本后来的学者
很少有人跟随三木先生继续使用"技术哲学"这一概念，反而很多学者
投入到技术论论争上面。如果将研究科学技术哲学的日本学者划分为研究
科学范畴的哲学学者和研究技术范畴的哲学学者，那么，研究技术范畴的
哲学学者又大致可以分为研究技术史、技术伦理、技术论等范畴的学者。
其中，研究技术史和技术伦理的研究团体和个人力量较为强大，而研究技
术论的学者呈萎缩的态势。通过以上梳理，笔者认为，中国技术哲学的研
究对象与日本技术史、技术伦理、技术论的研究对象大体相当。

　　3. 日本文化语境中的工学

　　在日本大百科辞典中，工学的定义是：利用自然科学，以发现给人类
社会带来社会利益的手段和技术、发明产品为主要研究目的的学问的总
称。在大部分领域以数学和物理学为基础。

　　在查阅日本技术史的资料过程中，发现研究技术史的学者一般将工学
理解为研究技术现象的科学。例如，在日本技术史的研究中，认为科学技
术发展的历史就是科学规律在技术上的体现。持这一观点的学者将工学定
义为研究技术现象的科学，正如物理学是研究物理现象的科学。

　　"从工学伦理到工学哲学"一文的作者关西大学的斋藤了文认为，可
以把日本语的"从工学伦理到工学哲学"说成日本语的"从技术伦理到
技术哲学"。东京工业大学的中岛秀人先生则认为，在日本语中"技术"
一词的概念包含"工学"一词的概念，也就是说"技术"一词的概念要
大于"工学"一词的概念。而从事翻译工作的日籍韩裔学者金凡性则认
为"工学"一词是相对与"理学"一词而言的，而"技术"一词是相对
于"科学"一词而言的。因此"工学""技术"两者既有相通之处，也
有不同之处。笔者在网上查阅了大量的学术论文与学术著作后，发现日本
学者在使用"工学"与"技术"一词时也常常替换使用。那么，如何翻

译日本语"工学哲学"一词呢,是翻译成中国语的"工学哲学",还是翻译成"技术哲学"?笔者认为都可以,但又都有缺憾。

二 国内历史学视野中的日本技术哲学

1. 日本明治维新研究中,涉及了日本近代技术演进及技术思想演化

20世纪八十年代的日本明治维新研究:1983年,有李秀石的"日本倒幕维新思想的形成"一文,指出日本洋学派与倒幕派在倒幕主张上虽势不两立,但是在对待近代技术与技术思想都采取了维新的立场。维新立场上的渗透与融合,正是二者的政治主张产生融合的重要因素。① 1984年,一则从比较研究的角度看待日本明治维新,其中涉及了部分技术思想。吕万禾认为,在特定的历史条件下,西学(包括西方技术、技术思想)的传布状况的差别是中日两国一成一败的值得重视的因素,在特定历史条件下的西方技术、技术思想传播的差异,对中日两国及两国人民的发展产生了重要影响。王威则从比较历史学的角度论述了大化革新和明治维新这两次吸取外国思想(包括技术思想)的异同点。二则从历史宏观角度总结了明治维新的基本历史经验,其中涉及近代技术与近代政治制度的关系。郑祖铤、吕万禾、武安隆等人观点虽有所不同,但都认同没有维新派进行的一系列政治改革措施,就不会有日本近代技术的奇迹般的发展。三则从日本近代教育制度的改革、国民教育的普及和发展的角度论述了日本明治维新,并提到了教育同技术近代化、技术思想的关系。雷振科、申力文提出日本近代教育制度的改革、国民教育的普及和发展,尤其是小学教育、实业教育和高等教育的成功,不仅造就了一批实现近代产业革命的科技骨干力量,亦使人们对包括技术思想在内的现代文明有了一个全新的认识,这种认识的改变再也不是某个人的,而是全体国民的认识性的巨大改变。1985—1986年,一则在日本明治维新的研究中提到了技术与政策的关系。沈仁安在"明治维新新论"中认为,在明治政府的改革方面,日本技术近代化成功的关键因素就是实施了较为正确的破旧立新的革新政策。二则涉及日本近代化与日本近代启蒙技术思想的关系。孙月才在"明治启蒙思想与日本现代化"中指出,明治政府根据明治启蒙思想

---

① 沈仁安:《明治维新新论》,《日本学论坛》1986年第3期。

（包括近代启蒙技术思想）制定了日本式的欧化路线，使工业、农业、军事、教育等方面走上了现代化道路。1987—1989 年，在分析中日两国"维新"成败的原因时，吕万禾在"19 世纪中叶中日两国社会诸因素比较"一文中提出，对西方技术与技术思想的采取的态度，日本是积极吸收，中国则反之。① 在评价明治政治体制改革时，石玉铎、解晓东的"日本明治维新时代政治体制的演变"认为明治维新成功的经验之一就是在学习和吸收外国先进技术与技术思想时，能结合本国的实际情况，大胆采取扬弃态度。② 三则在明治维新的研究中提到了技术思想与教育改革的关系。评价明治维新教育改革时，张国安的"试论日本明治维新的教育改革及其历史作用"认为，通过教育改革，将封建的、及适合农业技术的教育体系改造成资本主义的、适合工业技术发展的教育体系。四则，从系统论的角度论述了日本近代技术思想演化的规律。张敬秀从系统论入手，认为日本明治维新的历史性结果是在系统整体中，社会、政治、经济、文化等发展模型合力的结果。虽然没有明确指出技术问题，但提出了产业结构系统等子系统。而周颂伦在"关于明治维新的三个问题"中涉及了外来技术与本国文化的问题。提出在日本明治维新过程中，"外压"相当程度上替代了思想启蒙运动。这一过程中，表层的日本文化发生了严重的断裂，中层的日本文化则处在半断裂半连续状态，而深层次的则富有极其强劲的韧性。③ 1990 年，进入 90 年代以来，历史学界对明治维新的研究开始出现了专门化倾向，而且开始大量出现关于有关明治维新的研究的学术专著。祝乘风的"日本江户时代商品经济的发展"④ 中，涉及了日本商品经济与技术近代化的关系。他们提出，日本商品经济的发展对包括近代技术思想在内的现代文明的发展积累了必要的力量。翟新在"明治维新前日本的科学传播及其思想意义"重点介绍了西方文化中最早在日本传播并接受的科学技术文化，认为近代思想（包括技术思想）的演化与社会

---

①　吕万禾：《19 世纪中叶中日两国社会诸因素比较》，《日本学刊》1989 年第 1 期。

②　石玉铎、解晓东：《日本明治维新时代政治体制的演变》，《渤海大学学报》（哲学社会科学版）1989 年第 1 期。

③　周颂伦：《关于明治维新的三个问题》，《日本学刊》1989 年第 1 期。

④　祝乘风：《日本江户时代商品经济的发展》，《世界历史》1990 年第 1 期。

观念的互动，才是日本近代化的最有力的一种支撑点。① 1991 年，对日本明治维新的研究，有一个显著的特点就是思想文化方面的研究中大量地论述了近代日本思想的演化（包括技术思想）。崔新京在"浅谈日本现代化的思想前奏"一文中对幕末各种思想作了评价，提出包括日本近代技术思想的近代思想的渊源有"徂来学""国学""洋学"等。② 李宝珍则在"兰学在日本的传播与影响"一文中专门对兰学在日本的传播与影响作了以下几个方面的分析：认为兰学开日本近代文化的先河；加快了日本的开国的步伐；为引进先进技术作了尝试；成为日本明治维新"文明开化"思想的重要来源。③ 1992 年，在对明治维新的研究中，对日本近代历史人物及其思想的评价成为一大特点，在这种研究中涉及了历史人物技术思想的嬗变历程。高力克在"福泽谕吉与梁启超近代化思想的比较"中，从学术背景和生活经历考察了福泽和梁启超，在思想上福泽主张文明开化、梁则主张新民救国；在才与德上，福泽主张才为先、梁则主张德为先。而文中就涉及了福泽的技术思想嬗变。④ 1993—1994 年，日本明治维新的研究，则谈到了维新给日本带来的另一种结果就是使日本在资本主义化的同时走向了帝国主义。这一研究涉及了技术与帝国主义问题。周启乾的"甲午战争对近代日本的影响"一文中从历史学的视角涉及了技术与帝国主义的问题。1995 年，明治维新的研究则涉及日本外来文化传入、传播与日本近代技术思想演化的关系。李延举在"日本近代科学文化的胚胎——兰学"一文中，提出在兰学这门特殊的学问中形成了独特的日本技术思想：和魂洋才。日本人在这一口号下，比较顺利地依靠输入外来文化与技术实现了跳跃式发展。日本在引进西方技术时，也容许接纳西方的技术思想，故能在制度上、体制上吸收近代技术的精华，这成为日本迅速崛起的原因。武安隆的"从'和魂汉才'到'和魂洋才'"一文，将和魂洋才和中体西用作了比较，认为两者的主体魂和体都是强调自身文化的重要性。而"洋才"指的不仅是西方的技术，亦可包涵技术思想。而

① 翟新：《明治维新前日本的科学传播及其思想意义》，《日本学刊》1990 年第 4 期。
② 崔新京：《浅谈日本现代化的思想前奏》，《日本研究》1991 年第 1 期。
③ 李宝珍：《兰学在日本的传播与影响》，《日本学刊》1991 年第 2 期。
④ 高力克：《福泽谕吉与梁启超近代化思想的比较》，《历史研究》1992 年第 2 期。

"西用"一般只局限于科学技术，而对技术思想则作为异端，加以反对。[①]
1996 年，在日本明治维新的研究中，一个特点是探讨明治维新与日本近
代世界观的形成。田毅鹏在"中日近代世界观的形成与两国早期近代化
的成败"一文中亦涉及了近代日本世界观的形成，文中虽没有明确提到
技术观，但涉及了近代技术观形成的某些问题，提出日本近代世界观的形
成是日本明治维新成败的深层原因之一。[②] 孙政的"儒家文化在日本近代
化过程中的地位与作用"，则梳理了儒家文化对日本历史的影响，孙提
出：儒家文化在日本近代化过程中，为日本迎接近代西方技术作好了思想
准备。[③] 而有些学者如唐伍伍认为，日本的近代化是与儒家文化格格不入
的。1997—1998 年，在日本明治维新的研究中，一则涉及了日本技术思
想演化与明治初期的社会改革。詹成养的"论明治政府的文明开化政策"
一文，对明治政府实行的文明开化的社会改革高度评价的同时指出了这一
社会改革带来的问题，文明开化在城市与农村地区的差异，造成近代日本
国民的现代文明接受程度（当然也包括近代技术思想）的差异。二则涉
及技术与技术思想之间关系。祝曙光在"铁路与日本的文明开化"中，
提到在近代日本，技术的传播、技术的普及、社会风气与生活习俗的变化
都与铁路技术的发展密切相关。

2. 日本资本主义化（政治、经济方面）研究中涉及了日本近代技术
演进及近代技术思想演化

1983 年，刘天纯在"日本的近代化与技术革命"一文中，认为技术
革命是近代化的关键，而技术教育、技术人员的培养、技术思想的普及则
又是技术革命的关键。日本技术革命的重要经验就是在技术思想的传播过
程中，坚持技术思想"和洋折衷化"和技术"国产化"。[④] 1984 年，研究
的一个特点是关注了日本资本主义化与技术近代化的关系。朱雍的"中、
日、俄三国早期工业发展道路的比较"比较了日俄早期工业化发展道路，

---

① 武安隆：《从"和魂汉才"到"和魂洋才"——兼说"和魂洋才"和"中体西用"的
异同》，《日本研究》1995 年第 1 期。

② 田毅鹏：《中日近代世界观的形成与两国早期近代化的成败》，《日本研究》1996 年第
1 期。

③ 孙政：《儒家文化在日本近代化过程中的地位和作用》，《日本研究》1996 年第 4 期。

④ 刘天纯：《日本的近代化与技术革命》，《学习与探索》1983 年第 4 期。

认为日本技术近代化过程虽然落后俄国 30 年，但是两国同时在 19 世纪末进入了资本主义化的帝国主义阶段。阎广钰在"试论近代日本资本主义工业化的特点"一文中，分析了日本技术近代化的五个特点：一是在技术产业部门中以重工业和轻纺工业为重点的技术近代化；二是国家资本带动和扶植近代技术，尤其是重工业技术的成长与发展；三是大力学习西方技术；四是技术革命和资本原始积累同时进行；五是技术近代化的演进过程与自由资本主义向垄断资本义过渡的过程相一致。指出，日本资本主义化与技术近代化经验的基本点，就是大力发展社会生产力。[①] 1985 年，万峰在《日本资本主义的历史特点》一文中提出，日本资本主义化过程的一个特点就是日本传统技术产业和近代技术产业并存，成为日本资本主义经济结构的一大特点。1986—1989 年，马家骏、汤重南的日文版《日中近代化的比较研究》一书中，指出国家独立、民族解放是日本技术近代化的前提，在掌握近代技术的资产阶级能否掌权是技术近代化成败的关键，走适合国情的技术近代化道路是实现技术现代化的基本要求；安定的国际环境是技术近代化的重要条件。沈其新在《中、日、西近代化模式之比较》一文中，论述了技术演进与技术思想演化的关系。认为"中体西用"这一自抑型的技术思想模式，使中国的技术近代化功能被抑制，这也是中国技术近代化失败的根本原因，"和魂洋才"进取型的技术思想模式，则使日本的技术近代化功能得到了充分的发挥，而这是日本技术近代化成功的重要原因。[②] 尚杰在《略论中日走东西方文化融合道路的两个差异性》一文中，提到日本卓有成效地摸索出了一条日本技术思想与西方技术思想融合的特殊道路，这种双重技术思想构架是日本现代化的必要条件。万峰则在"中日兴办近代工业企业比较研究"一文中，在西方技术的冲击下，中日两国开始分别接受了近代西方的技术思想（文中则称为"洋务"思潮），而这种思想并不存在太大的差异，不过西方对于中日两国的压力不同，造成了技术近代化的结果不同。[③] 1990—1999 年，在研

---

① 阎广钰：《试论近代日本资本主义工业化的特点》，《吉林师范大学学报》（人文社会科学版）1984 年第 4 期。

② 沈其新：《中、日、西近代化模式之比较》，《社会科学》1988 年第 11 期。

③ 万峰：《中日兴办近代工业企业比较研究（1850 年代—1890 年代）》，《社会变革比较研究——近代中国社会变革国际学术讨论会论文集》，1987 年。

究日本资本主义化问题中涉及了技术与帝国主义关系的问题。韩毅的
《论日本国家垄断资本主义经济制度的起源及形成》一文中，涉及了技术
与帝国主义问题。提出日本是自由资本主义与国家资本主义相结合的很好
的典型，并提出国家资本主义是垄断资本主义的历史萌芽和根源。[①] 董永
才、张义、刘兴桂的《推动日本近代社会经济进步原因之我见》突出强
调了人才素质的作用。

3. 日本文化与现代化关系研究中，涉及了文化与近代技术思想的
关系

1980 年代，周维宏的"试论兰学对日本近代思想界的影响"一文，
提出没有兰学就不会有近代日本对世界和形势的正确判断，不会有近代文
明开化，更不会有殖产兴业的路线。并认为，日本正是通过兰学不仅学习
了西方的技术，更为重要的是确立了近代思想体系，及对技术的认识问
题。这也是在亚洲唯有日本幸免于殖民地、半殖民地地位的重要因素。[②]
林鼎钦的"近代日本吸取西方文化的特点"一文，概括出吸取西方文化
的特点。日本政府自上而下地推行吸取西方技术思想的政策；日本从国情
出发，有选择、重点地学习西方技术。[③] 盛邦和认为，包涵日本农业技术
思想的农业原型文化中农业地位虽然高居首位，但自古就有重视商业的
"商业精神"，相反包涵中国农业技术思想的中国农业原型文化特质决定
它与近代技术思想精神及"近代资本主义工业精神"存在着很难逾越的
断层。[④]

1990 年代，李苏平的《圣人与武士——中日传统文化与现代化之比
较》（中国人民大学出版社 1992 年版）一书，采用纵横互补律、整体贯
通律、浑沌对应律三种方法，对中日传统文化与现代化的关系进行了比较
分析。[⑤] 李阁楠的"日本的家文化与国民性"提出日本的"家"文化是

---

① 韩毅：《论日本国家垄断资本主义经济制度的起源及形成》，《日本研究》1991 年第
3 期。

② 周维宏：《试论兰学对日本近代思想界的影响》，《历史教学》1985 年第 7 期。

③ 林鼎钦：《近代日本吸取西方文化的特点》，《日本研究》1986 年第 1 期。

④ 盛邦和：《文化类型、特质与社会发展——中日文化比较初探》，《社会科学》1988 年第
4 期。

⑤ 李苏平：《圣人与武士——中日传统文化与现代化之比较》，中国人民大学出版社 1992
年版。

传统文化的基本部分，日本民族的"集团主义""等级服从意识""纵式人际关系"等特殊国民性均可从中寻找到源头。日本资本主义化成功的重要原因之一就是将传统文化同西方文化成功地结合起来。①

三 国内哲学视野中的日本技术哲学

20 世纪 80 年代的技术哲学思想：1982—1983 年，卞崇道在"福泽谕吉与中国现代化"一文中，综合介绍了福泽的文明史观和哲学思想，其中涉及了他对技术的看法。他的思想借鉴意义在于：如要学习西方现代科学技术，仅仅学习所谓的技术是不可能学到技术的。要想实现技术现代化，必须关注技术与制度、教育、经济发展的关系。② 赵春阳的"从续一年有半看中江兆民的唯物主义义识论"一文，在论述中江的唯物主义思想时，涉及了中江的技术观。③ 崔新京的《福泽谕吉的"文明"历史观刍论》一文，在论述福泽文明观的各个要素后，认为福泽的文明观是诸多要素联结而成的有机网络系统。其中，谈到福泽的技术史观时，作者不认同福泽的技术观是唯物主义的看法，并从理论上对其技术观重新作了梳理。④ 1986 年，金熙德的《论日本近代启蒙思想家西周的理学》将西周的哲学思想总括为"理"，认为深受西方实证主义影响的西周理学，就是探索自然与社会的根本道理之学。对于研究社会的东方儒学和西方哲学，研究到极点就是研究人的理，对于研究自然的各门科学来讲，理学亦是各门科学研究的极点。西周将自然之理概括为物理，人间所行之理概括为心理。作者认为，西周的理学观，为日本跨入新时代提供了崭新的世界观和技术观。1987 年，李威周、史学善、李彩华合写的《略论日本哲学思想史的特点》一文，该文总结了日本哲学思想演化的几个特点：第一，后进性十分明显，其中论述了近代技术思想萌芽较晚的特点。第二，在移植外国思想的过程中，机械照搬，缺乏独创。第三，新旧思想并存。第四，

---

① 李阁楠：《日本的家文化与国民性》，《东北师大学报》1993 年第 5 期。

② 卞崇道：《福泽谕吉与中国现代化》，《延边大学学报》1983 年第 1 期。

③ 赵春阳：《从续一年有半看中江兆民的唯物主义认识论》，《延边大学学报》1983 年第 1 期。

④ 崔新京：《福泽谕吉的"文明"历史观刍论》，《辽宁大学学报》（哲学社会科学版）1985 年第 6 期。

发展变化的内在逻辑不明显。① 同年，中华全国日本哲学学会的西周逝世
90 周年学会上，就西周哲学贡献，哲学史上的地位，哲学思想的性质等
方面，进行了较为深入的研究。刘及辰认为，西周对日本技术哲学最大的
贡献是，将西方哲学术语依据汉学意译为哲学、主观、客观、理性、现
象、实在、演绎、归纳等。将西方哲学思想化入日本文化语境中。而这些
译语不仅对日本，亦对东方各国产生了深远的影响。崔新京认为：是西周
最早将西方哲学引入到日本，不仅说明了西方哲学的内容，更阐明了西方
哲学的精神，是日本近代哲学思想体系的奠基人。王守华认为，西周哲学
实现了日本由中世纪封建意识形态向近代资本主义意识形态的转变。并认
为，西周哲学中的唯物主义因素，经加藤弘之的不彻底的唯物主义，发展
成为明治时代唯物论的顶峰——中江兆民的唯物主义哲学。而西周哲学的
唯心主义、经井上圆了、西村茂树、井上哲次郎等人发展，与佛学、儒
学、神学、西方唯心主义哲学相结合形成了蔚为大观的日本唯心主义哲
学。1988 年，关于西周哲学的研究有了进一步的发展，王守华在"西周
哲学的性质及其在日本哲学史上的地位"中认为，西周哲学的性质基本
上是唯心主义的②，而崔新京则在"论西周的哲学思想"中认为，西周的
思想是唯物主义的 。崔新京的另一篇文章"穆勒和西周伦理思想的比较"
涉及了西周的技术伦理观。③ 王守华与卞崇道著的《日本哲学史教程》
（山东大学出版社 1989 年）将日本哲学的特点概括为第一是移植的特点；
第二是融合、创造的特点；第三是中间类型的特点。

　　20 世纪 90 年代的日本技术哲学思想研究：1990 年关于福泽的研究在
这一年依然成为了焦点。范景武的"简论福泽谕吉的智德关系论"④，崔
新京的"论福泽谕吉'文明史观'的双重透析"⑤ 都涉及了福泽的技术
观。吴潜涛的"论日本伦理思想的特点"参照西方伦理思想，提出日本

---

① 李威周、史学善、李彩华：《略论日本哲学思想史的特点》，《日本研究》1987 年第 4 期。
② 王守华：《西周哲学的性质及其在日本哲学史上的地位》，《山东大学学报》（哲学社会
科学版）1988 年第 3 期。
③ 崔新京：《论西周的哲学思想》，《日本学刊》1988 年第 1 期。
④ 范景武：《简论福泽谕吉的智德关系论》，《山东大学学报》（哲学社会科学版）1990 年
第 1 期。
⑤ 崔新京：《福泽谕吉"文明史观"的双重透析》，《日本研究》1990 年第 3 期。

伦理思想的特点是：独立自主的移植性，重视为整体献身的精神，重视节俭的原则。文中涉及了一些日本技术伦理思想。① 1991 年，方昌杰的《日本近代哲学思想史稿》论述了 1868—1945 年的近代日本各个时期的日本哲学思想界的各派别对立、斗争和变化②。1992 年，金淞、王绩琨的"日本著名科学史家和科学哲学家——村上阳一郎"，认为在科学史的研究领域，村上不拘于对科学技术史实的考证，而是注重把科学技术的发展放在整个社会，文化的大背景下进行考察，把技术史与社会史、文化史、政治史、思想史，国际关系史结合起来，具有鲜明的特点。③ 1996 年，卞崇道的"现代日本哲学与文化"，论述了日本文化的本质特征在于多元性，正是由于日本文化在源头上是由杂交而形成的，在新旧时代转换时期，它易于转型，这亦是日本文化易于完成现代化的根本原因。并提出日本现代化文化中最具特点的就是脱亚入欧。④

第二节　日本近代技术哲学思想

一　日本近世的"和魂洋才"思想

日本近世主要是指江户时代，关于近世时代的划分，日本学术界有着不同的观点。江户时代的日本是封建社会从高度发展和成熟时期走向没落时期；也是出现从根本上颠覆封建统治体制的近代技术思想萌芽的时期；更是日本从农业技术主导的农耕世界向工业技术主导的工业世界转变的前夜。这一时期，重视农本经济的亚细亚生产方式仍然主宰着日本，但是城市手工业为载体的日本本土近世产业技术开始兴起，而西方的近代技术也不顾幕府的政治制约"像贼风一样偷偷钻进来"⑤。而这一时期又是中国、西方、日本多种思想文化思潮互相碰撞时期，各个流派、各种学说对传统的农本主义技术和新兴的手工业、工业技术采取了不同的态度，在对待技

---

① 吴潜涛：《论日本伦理思想的特点》，《中国人民大学学报》1990 年第 4 期。

② 方昌杰：《日本近代哲学思想史稿》，《光明日报》出版社 1991 年版。

③ 金淞、王绩琨：《日本著名科学史家和科学哲学家——村上阳一郎》，《科学技术与辩证法》1992 年第 4 期。

④ 卞崇道：《现代日本哲学与文化》，吉林人民出版社 1996 年版。

⑤ ［日］杉本勋：《日本科学史》，商务印书馆 1999 年版。

术的问题上，呈现出不同的技术观。

1. 儒学与"汉才"技术观

关于儒学何时传入日本，学者一般都承认是由百济使者阿直歧赴日传播汉学始。到了江户时代，从中国传入的儒学在农业技术主导的农本体制的德川幕府被奉为"官学"，从此儒学在日本近世时期成为占统治地位的意识形态，而儒学的技术观自然而然也成为了当时日本社会普遍接受的技术观。

江户时期儒学学派大致可分为朱子学、古学派、阳明学派。其中，朱子学被德川幕府奉为"官学"。因此，我们在这里主要介绍一下朱子学。众所周知，中国儒学的朱子学派指的是南宋朱熹将北宋程颐、程颢的理学集大成而形成的程朱理学。朱子学来到日本后，虽然没有像中国那样与科举制度相结合，但是作为封建意识形态，在日本近世前期统治着思想界。对于朱子学在日本社会的传播和普及中，起到关键作用的学者有藤原星窝和林罗山二人。

（1）藤原星窝的性理说

藤原星窝，名肃，号星窝，播摩国三木郡细河村人。（今日本兵库县境内）他原本信佛教，后到京都后专门学习四书，最终脱离了佛教，成为日本朱子学派的开创者。黄遵宪曾在《日本国志》中写这样写道："自藤原肃始为程朱学，师其说者，凡百五十人"。又在注中讲道："时海内丧乱，日寻干戈，文教扫地，而星窝独创道学之说。先是讲宋学者，以僧元惠为始，而其学不振；自星窝专奉朱说，林罗山、那波活所皆出其门，于是乎朱学大兴。"藤原的原著有《文集》五卷（林道春编）和《续编》（管得庵编）三卷，又有《星窝文集》十二卷、《和歌集》五卷、《千代茂登草》等。①

在他的著书中，我们当然无法找到关于技术的论述，但是我们可以通过他对物及人工物的认识中去体验他的技术观。

第一，在技术本体论上，他根据朱熹的天理说，主张一种普遍主义的天理。在《舟中规约》讲："异域之我国，风俗言语虽异，其天赋之理，

---

① 北京大学哲学系东方哲学史教研组编：《东方哲学史料选集——日本哲学》，商务印书馆1963年版，第4—5页。

未尝不同"。① 他试图将当时日本各家学说全部融合于朱子学的天理自然观之中。他按儒教来解释日本固有的神道。认为："日本之神道亦以正我心、怜万民、施慈悲为奥秘，尧舜之道亦以此为奥秘也。唐土曰儒道，日本曰神道，名变而心一也"，他又讲佛家讲的"正心、治国、安置万民"，实际上就是天理。②

第二，在技术认识论上，藤原强调我们对万事万理的解悟过程不是物理——人理——天理的过程，而是反过来的天理——人理——物理的过程。他提出"天之本心在怜爱天地间之万物，使其繁荣也"；"此人心自天分来而为我心也"；"此故，作人以施慈悲于人最为重要。"③ 但是大家都知道，要想通过施慈悲心，认识技术是异想天开的。他进而主张人们对理的认识不应该通过实证性的、经验性的方法来获得，而是不思而心得。他在《四景我有解》中写道："天下之山色，不入而目染；天下之水清，不洗而耳濡；天下之至理，不思而心得。"④

他对物的看法，亦遵循了朱熹的"理—分—殊"说。他认为，物与理相比，理是根本的，人和万物均以理为本。天道就是理，理在天还未赋予物以前叫天道，赋于物以后为理。理在没有明以性之前叫性，明以性之后叫理。而天文、历法、数学、地理、医学、本草等技术之所以有一定之性，那都是明以性的结果。

第三，在技术伦理上，他主张天理在上，物理在下。天理作为不准批判和实证的"权威之学"而高高在上，而研究具体事物的天文、历法、数学、地理、医学、本草等物理比起"权威之学"，他认为是"奇技"。

从以上的分析中可以看出，在藤原星窝看来，朱子学的理既是物理又是道理，既是自然的又是必然的，在那里，自然规律是和道德规范结合着的。及天理是作为道德规范和自然规范（物理）的合一体，而星窝的自

---

① 王青：《日本近世思想概论》，世界知识出版社 2006 年版，第 18 页。
② ［日］永田广志：《日本哲学思想史》，商务印书馆 1978 年版，第 66 页。
③ 同上。
④ 北京大学哲学系东方哲学史教研组编：《东方哲学史料选集——日本哲学》，商务印书馆1963 年版，第 8 页。

然认识是主观的认识，是顺应形而上学的目的，与基于观察和实验、将自然的客观认识体系化的近代自然科学技术的方法完全不同。①

（2）林罗山的阴阳五行说

林罗山，名忠，又名信胜，字子信，号罗山。少年时出家京都建仁寺，法名道春。18 岁时读朱熹集注，后入藤原星窝门下，学习朱子性理学。罗山与老师不同，一生服务于德川家康、德川秀忠、德川家光、德川家纲四代将军，参与制定律令和起草文书等工作，终生受幕府厚遇。《先哲丛谈》曾这样评价他：“罗山际国家创业之时，大受宠任，起朝仪、定律令；大府所须之交文书无不经其手者”。在从事这样活动的同时，“于天下之书无不读，其所著凡百余部”。② 林罗山一生著述甚多，传世较广的是《罗山文集》七十五卷、《诗集》七十五卷。

如果说藤原星窝开创了日本儒学的朱子学时代，那么林罗山则在日本全面发展了朱子学，是日本朱子学的集大成者。在他的著书中，我们同样无法找到关于技术的论述，但是我们仍可通过他对物及人工物的认识中去了解他的技术观。

第一，在技术本体论上，他在星窝的性理论基础上，进一步提出了阴阳五行说。他在理气问题上，受阳明学的影响，主张阴阳五行说。他提出：“太极理也，阴阳气也，太极之中本有阴阳，阴阳之中亦未尝不有太极。五常理也，五行气也，亦然。以是或有理气不可化之论，胜（林罗山自称）虽知其戾于朱子学而强言之。”又提出：“理气一而二，二而一，此宋儒之意也。然阳明子曰：‘理者气之条理，气者理之运用’，由于思之，则彼有支离之弊，由后学起，则右之二语不可舍此而取处彼也。要之归乎一而已矣，惟心之谓乎？”③ 但是，我们要注意的是，他所指的五行不是金木水火土，而是人伦之五行。在《随笔》一文中提出：“圣人之道，其道不在君臣、父子、男女、兄弟、朋友之外，所以行之者五常也，五常本在一心，此心所具之理，即是性也。人人所共由者道也。得道于心谓之德，故道德仁义礼智，其名异实一也，非李耳所云道也。若弃人伦别

―――――――――

① ［日］杉本勋：《日本科学史》，商务印书馆 1999 年版，第 167 页。

② ［日］永田广志：《日本哲学思想史》，商务印书馆 1978 年版，第 67 页。

③ 同上书，第 68 页。

谓有道,则非儒道也,非圣人之道也,非尧舜之道也。"①

林罗山与星窝不同的是,他的自然观更加具体化。他的理气论,不像阳明学那样"不下学而上达",也不像老、佛一样以"好高骛远"为事,可以看得清楚。我们可以看出,尽管仍然与西方近代自然观、技术观相差甚远,他的自然观已经摆脱了宗教的玄论而世俗化。基于儒家的自然观、技术观,他对当时的佛教、基督教大加挞伐。他在《告禅徒》一文中指出佛教徒乃"灭人伦绝义理"②,指责佛教"以大好河山为假,以人伦为幻妄,遂灭义理""去君臣弃父子以求道"。③

在对物的看法上,亦与星窝相仿。但是当他看到从荷兰等西方国家的输出器物时,却很难用朱熹的理—分—殊说来解释。我们借用一下永田广志的一段话:"当时他认为那是以棱镜和透镜之类眩惑众人的'奇技奇巧',他主张动者圆,静者方,故天圆地方,这种保守的技术观乃至儒学自然观后来也长期保留下来。"④

第二,在技术认识论上,他与星窝大致上是相同的。他主张天为"理之所出",性为"理之所生",心为"理之所聚"。林罗山认为,我们对自然的、物的、技术的认识不是通过我们的主观能动的、经验性的、实证性的实践之后认识到的,而是由理所出、由理所生、由理所聚,"无想无念之时,有理而存"。

总的看来,日本朱子学的技术观,在技术本体论上认为技术是理在物中的体现,在技术认识论上认为人们对技术之理的见解是理—分—殊的结果,在技术与社会关系上,认为技术之理(物理)和道德之理是的合一的。这种认识相对于日本中世纪的技术观相比,在客观上摆脱了出俗思想的束缚,将人们对技术的认识拉回到了现实世界。但是,与基于观察和实验、将自然的客观认识体系化的近代技术观相去甚远。

2. 兰学与"洋才"技术观

自"兰学"传入日本,日本人开始见到了一种不同于农业技术的新

---

① 北京大学哲学系东方哲学史教研组编:《东方哲学史料选集——日本哲学》,商务印书馆1963年版,第11页。

② 同上书,第13页。

③ 王守华、卞崇道:《日本哲学史教程》,山东大学出版社1989年版,第50页。

④ [日]永田广志:《日本哲学思想史》,商务印书馆1978年版,第69页。

的技术体系——工业技术体系，而新的技术体系的导入，带来的一种新的技术观，传统朱子学的农本技术体系技术观受到了近代工业技术体系技术观的严重挑战。日本近世的兰学传播中，有一本书，一个人的作用是巨大的。一书是《解体新书》，一人是杉田玄白。

杉田玄白名翼，字子凤，号鹭斋，晚年时自称九幸翁。出身医学世家，自幼学习中医和汉学。他的汉学知识来自古学派的宫濑龙门，医学知识则来自幕府医官西玄哲。宝历二年（1752 年），他成为小浜藩的藩医，在宝历四年（1754 年）他亲自参观了死刑犯的尸体解剖过程，并与兰医书《解剖学表》附图相对照，惊叹于此书的精确性。从此开始对西方医术产生了极大的兴趣。到了宝历七年（1757 年），他来到江户（今东京）日本桥行医，成为一名町人医生。明和八年（1771 年），他和前野良人、中川淳庵一起翻译了《解体新书》。这三人中，杉田和中川根本不懂荷兰文，而前野的荷兰文水平也极其一般。因此，这本书的错误之处极多，但他这是第一本由日本人翻译的西方自然科学书籍，这本书中采用的"神经""软骨""动脉"等词一直沿用到今天。安永三年（1774 年）这本书发表后，在当时引起了较大的反响，但是随着时间的流逝，人们才发现了这本书的真正价值。这本书发表后，以儒家思想为核心的农业文明技术体系在日本开始受到了怀疑，而儒家传统的技术观遭到了前所未有的批判。《解体新书》尽管从语言学上来讲，确实是翻译水平极差的一本书，但是这本书的出版，标志着近代技术观在日本的显现。

纵观兰学"洋才"技术观，有如下的特点。

第一，在技术本体论上，显现了怀疑主义与多元主义的特点。这时期的兰学，开始怀疑藤原星窝的性理说，指出了道德中的理和技术中的理是不可混为一谈的。但是又没有完全反对林罗山的阴阳五行论，大多数兰学家借鉴阴阳五行论来说明了技术本体上的实证主义特点。这一时期的兰学家并没有将近代技术概括为一体为讨论，而只是探讨了医学、本草学、天文学、数学、物理学、化学、地理学等具体的、多元的技术的本体特征。

第二，在技术伦理上，强调了技术形而上的特点。在朱子学看来，格物理而致知人理、天理。也就是说天理人理在物理之上；人理、天理是形而上的学问，而物理是形而下的学问。而在兰学家看来，物理和天理、人理同样重要。

第三，在技术与社会关系上，兰学家们强调了"洋才"的重要性。在当时看来，他们认识到了"洋才"先进于"汉才"，就"洋才"技术而论"洋才"技术，但是还没有发现"洋才"需要本国的政治的、文化的、社会的支撑。日本科学技术史家杉本勋认为，后进国对技术的认识过程一般可分为以下几个阶段：第一阶段是认识西方的军事优势；第二阶段是认识作为军事优势基础的西方军事技术；第三阶段是认识让本国人学习西方军事技术；第四阶段是认识军事方面的科学技术只是西方科学技术的一部分，要发展军事科学技术还必须引进西方的纯科学和一般技术。而兰学的技术观则处于第三阶段。就医学技术而医学技术、就天文学而天文学、军事技术而军事技术。

3. 洋学与"和魂洋才"技术观

所谓的洋学，与兰学的区别除了时代和内容有所不同之外，从技术的认识亦大相径庭，洋学传播的时代，日本相继与美国、荷兰、俄国、英国、法国缔结了不平等的通商条约。日本人一方面感到了强烈的民族危机；另一方面，认识到必须拥有强大海军，而要发展军事技术，还必须引进西方的纯科学和一般技术。在引进一般技术的过程中，日本人开始从医学、本草学、天文学、数学、物理学、化学、地理学等具体的技术反思转变为对纯科学和一般技术的统筹认识。这一时期的洋学由于受到幕府的统治，所以对西方文化的吸收以不改变封建制度、不触动日本固有的伦理思想"和魂"为原则，这也就是洋学家佐久间象山提出的著名的"东洋道德，西洋艺术（技术）"。经佐久间象山的"东洋道德，西洋艺术（技术）"技术观，再经吉田松阴、横井小楠最终形成了"和魂洋才"技术观。

（1）佐久间象山的"东洋道德，西洋艺术"技术观

佐久间象山，名国忠、启、大星、字子迪、子明，号象山，生于信松代藩（今长野县）下级武士家庭。早年受藩主真田幸贯赏识，在藩主资助下来到江户（今东京）。1833 年，从佐藤一斋学习儒学，因崇拜陆九渊，故自号"象山"，其后又转向兰学。1839 年，象山在江户开设象山书院，胜海舟、坂本龙马、吉田松阴等人均出自其门下。著有《省侃录》《象山诗钞》等。后人编有《增订象山全集》五卷。

首先在技术本体论上，发展了兰学的怀疑主义观点，试图将东方的人

伦之理和西方的自然之理融为一体。他指出："宇宙实理无二。斯理所在，天地不能异此，鬼神不能异此，百世圣人不能异此。"①。他虽然没有完全反对东方的道德之理，但将西方的科学技术之理"西洋艺术"和东方的伦理之理"东洋道德"放在了同一高度。至于"西洋艺术"，他又认为东方的天文学、本草学、算术学之理已经远远落后于和西方的天文学、医学、数学之理，并将西方的医学、天文学、数学、物理学、化学、地理学等具体技术的本体特征概括为一体为讨论，最后得出的结论就是"近年西洋所发明许多学术，总之皆实理，足以资吾圣学。"②

其次在技术伦理上，他则强调了技术形而下的特点。在这一点上，他比起兰学，有可能是一种倒退。虽然他强调西洋学术之实理，足以资吾圣学，但是他承认"西洋艺术"之理乃是形而下学，在道德领域则认为应固守东方的传统形而上的儒学。

最后在技术与社会关系上，我们再次借用日本科学技术史家杉本勋的观点。他认为，后进国对技术的认识过程一般可分为以下几个阶段：第一阶段是认识西方的军事优势；第二阶段是认识作为军事优势基础的西方军事技术；第三阶段是让本国人学习西方军事技术；第四阶段是认识军事方面的科学技术只是西方科学技术的一部分，要发展军事科学技术还必须引进西方的纯科学和一般技术。而洋学的技术观则处于第四阶段——要发展军事科学技术还必须引进西方的纯科学和一般技术。这就为日本接受西方近代技术在思想上打开了大门。

（2）吉田松阴的"和魂"和横井小楠的"洋才"

吉田松阴，名矩方，通称虎之助，后改名为大次郎、松次郎和东次郎，号松阴。1856年开办"松下村塾"，培养出久扳玄瑞、高杉晋作、伊藤博文、山县有朋、井上馨、前原一诚等弟子，他们的明治维新时期的杰出人物。著有《西游日记》《东游日记》《猛醒录》《将及私言》《野山文稿》《讲孟余话》，现收录《吉田松阴全集》。

吉田在技术本体论上，与佐久间象山的观点大致相同，同样强调东方的人伦之理和西方的自然之理融为一体。但是他发展了佐久间象山的

---

① 王青：《日本近世思想概论》，世界知识出版社2006年版，第122页。

② 同上。

"东方道德",强调了东方道德之中的日本固有的人伦道德——"和魂"。在他讲学的过程中,一方面,教授中国儒家学说;另一方面,开始大量传授日本的固有的学问,如会泽正志斋的《新论》、赖山阳的《日本外史》、本居宣长注释的《古事记》等。在技术伦理上,他借助了日本阳明学者"知行合一"学说。吉田松阴将"东方道德"中的"训古之学、词章之学、考据之学、老佛之学"贬为无为的"曲学",而将"义理经济之学"称为"正学"。如《日本近世思想概论》的中国学者王青所讲:所谓"义理经济之学",就是用西方的科学文化补充、发展日本的传统学说。①

综观吉田的技术观,我们不难发现他将佐久间象山"东方道德"发展为"和魂"。而洋学家横井小楠则发展了佐久间象山的"西洋艺术"。

横井小楠,名时存,字子操,通称平四郎,又称北条平四郎时存,号沼山、小楠。生于熊本藩(今熊本县)。自幼入藩校时习馆学习。毕业后留校任教。1839年到江户(今东京)游学,结识"尊王攘夷"论指导者藤田东湖(1806—1855年)。翌年归藩,开塾讲学,与藩内革新派结成"实学党",提倡学习西方医学、炮术、兵制等,推动藩政改革,但遭保守派反对。1853年日本被迫"开国"之际,他主张锁国攘夷;但不久转而提倡开国通商、富国强兵,成为开国进取论的首倡者之一。著有《国是三论》《国是七策》等。

横井小楠在技术与社会关系上,进一步发展了佐久间象山的"西洋艺术"思想。横井认为,要发展日本军事技术仅仅引进西方的纯科学和一般技术是远远不够的。小楠提倡不单是学习西方的先进科技,还要学习西方先进的政治制度。他把华盛顿推崇为"白面碧眼之尧舜",他写的《国是三论》就是从学以致用的实学思想出发,主张一富国(开国通商、殖产兴业);二强兵(建立海军加强海防);三士道(建立一个政治清明廉洁的政治体制)。从科学技术与社会的视野看待技术的发展过程,就会发现社会的政治、经济、文化等各种因素都对技术体系产生影响,反过来技术体系一旦在生产方式上成熟和完善后或者说技术体系逐渐获得和完善了自己的社会属性,形成了自己的社会角色与社会相互融合后,技术的自然属性才对社会变迁起着决定性作用。正是横井小楠等人在"西洋艺术"

---

① 王青:《日本近世思想概论》,世界知识出版社2006年版,第125页。

自然属性上，赋予了技术的社会属性，最终形成了"洋才"技术观。

二 日本明治时期的"脱亚入欧"思想

1. 国内学者论"脱亚入欧"

"脱亚入欧"说，始见于福泽谕吉发表在 1885 年 3 月 16 日《时事新报》上的《脱亚论》一文。文中提出：我国不可犹豫于期待邻国之开明而共同兴盛亚细亚，宁可脱其伍而与西方之文明国家共进退。

关于"脱亚入欧"观，国内有诸多学者涉及此问题。仅就中国学术期刊网来看，1980—1989 年涉及此问题的论文有 9 篇，代表性的有周颂伦的"简论近代日本人'脱亚'意识的形成"。作者认为断然中止与中国、朝鲜等亚洲古老封建国家的传统关系，加入欧美资本主义阵营，与"文明"国家共进退，即所谓"脱亚入欧"的意识是近代尤其是明治期日本社会意识中占统治地位的思潮。这种脱亚意识固然有其进步的一面，即摆脱亚洲的迟滞发展状态，学习和追赶西方国家的文明与发达；更有其反动的一面，即在脱离亚洲追赶欧美列强的文明与发达的同时，参与其对亚洲的侵略①。80 年代的研究，可见强调了"脱亚入欧"消极性的一面。1990—1999 年则有 38 篇。揭侠认为，日本先是广采西学，在"脱亚入欧"的口号下迅速成长为世界列强之一，"二战"以后又紧步美国的后尘全方位美国化。并认为，明治以来的日本，在文化上主要扮演了西化的角色②。90 年代的研究则更多地站在"脱亚入欧"与近代化的角度，对"脱亚入欧"进行分析与研究。2000—2007 年则增加到 85 篇，这一时期对"脱亚入欧"的研究开始出现了专门化倾向。其中从儒家思想与"脱亚入欧"思想关系的角度进行论述的有：佐藤贡悦、王根生的"重评福泽谕吉的儒学观与'脱亚论'"③，文中认为只要对福泽谕吉的儒学观略加考察就不难发现，福泽谕吉对于"周公孔子之教"不仅无非难之词，反而称其作为道德人伦之标准应当敬重。因此，福泽谕吉的"脱亚"主要

---

① 周颂伦：《简论近代日本人"脱亚"意识的形成》，《日本学论坛》1987 年第 2 期。

② 揭侠：《近代日本文化对西方的影响——兼及日本文化的特质》，《日本学刊》1997 年第 4 期。

③ 佐藤贡悦、王根生：《重评福泽谕吉的儒学观与"脱亚论"》，《中山大学学报》（社会科学版）2006 年第 3 期。

是指摆脱业已腐朽的、儒教式的政治体制而决非整个东亚文化；所谓"入欧"也只是导入其科学技术而非主张包括道德人伦内在的全面欧化。韩东育则认为明治以来，日本在欧亚之间"脱""入"反复的过程中，不时出现"东西拒斥""双向脱离"的倾向，并认为其"脱亚入欧"的实质就是"脱儒入欧"①。

2. 福泽谕吉的"脱亚入欧"技术观

福泽谕吉（1834—1901 年，天保 4 年至明治 34 年）生于日本大阪丰前中津藩的下级武士家庭。三岁丧父，少年时代开始与当时儒家学者白石常人学习汉学，曾学过《蒙求》《世说》《左传》《战国策》《老子》《庄子》，之后自学了《史记》《前汉书》《后汉书》《晋书》《五代史》《元明史》《元明史略》等。在 1854 年（安政元年）投入当时兰学名家绪方洪庵的门下专心学习兰学。1858 年（安政五年）开办兰学堂，此为庆应义塾的前身。此后于 1860 年（万延元年）、1861 年（文久元年）、1867年（庆应三年）前后三次游历欧美诸国。明治政府成立后，尽管再三邀请，但坚持不做官，潜心于教育、著书和介绍西方学术，并拒绝接受明治天皇准备授予的爵位，以平民身份殒于 1901 年（明治三十四年）。综观福泽一生，著书颇丰，笔者将其作品分为三个时期：第一时期以介绍西方文明为主，代表性作品有《西洋事情》一书（1866—1899 年，庆应二年至明治二年）；第二个时期作品则体现了福泽谕吉思想的精髓，如《劝学篇》（1872—1876 年，明治五年至九年）、《文明论之概略》（1875 年，明治八年）；第三个时期作品则体现了他保守的政治思想，这里不再赘述。

（1）技术本质上的理性主义和实证主义

从福泽谕吉的生平来看，他于 1860 年（万延元年）、1861 年（文久元年）、1867 年（庆应三年）先后三次游历欧美诸国（日本近代哲学思想史稿，光明日报出版社，1991 年 10 月版第 39 页），虽然他并没有广泛地涉及近代自然科学与技术，但是从他开始，广泛提倡使用"技术"一词（技术一词是由同一时代的日本启蒙思想家西周首先提出，随后在东亚范围内广泛使用）。如果没有他对技术本质上的理性主义和实证主义的解析，近代日本就不可能引进大量的西方科学和一般技术。

---

① 韩东育：《日本近代化论在时空定位上的两难》，《日本学刊》2003 年第 6 期。

福泽谕吉认为，和算、历学、本草、中医学那样的传统技术想要脱胎换骨，就必须重新解释学问的本质。福泽谕吉在"劝学篇"中提出："所谓学问，并不限于能识难字，能读难懂的古文，能咏和歌和做诗等不切人世实际的学问。这类学问虽然也能给人们以精神安慰，并且也有些益处，但是并不像古来世上儒学家和日本国学家们所说的那样可贵。……所以我们应当把不切实际的学问视为次要的东西，而去专心致力于接近世间一般日用的实学。"① 这里他所说的实学指的就是西方的技术，而这种技术为何在西方有了长足的进步，在东方却没有得到发展呢？其原因在于，西方学问的精髓在于穷理。所谓"穷理"的学问也就是"物理学"（这里指的不是狭义的物理学，而是广义的自然科学），并认为"欧洲近代文明无不出自此物理学"，② 而接近世间一般日用的，建立在理性主义之上的近代技术不可能产生于东方的"封建之遗毒"当中，并进一步认为儒学"是造成社会停滞不前的一种因素。"③ 而综观亚细亚的神学（仅指日本神道）、儒学、佛学，很少有理性主义思想，认为"神、儒、佛流行于不文明的国家，不能与文明相辅而行"④，这些学问从不探索事物的道理。在探讨西洋的学问时，他感叹到：西方学者"将地球上的万物分析为五十元素，又发现为六十、八十元素，试验其性质，说明其功用；此外又利用热、光、电等无形力的作用，应用于人类的实业，开发了物产工业的道路。"⑤

福泽谕吉认为，技术本质的第二个要义就是实证性。他在技术本质上实证主义倾向，在很大程度上是受到了孔德的影响。孔德是法国实证主义哲学家、社会学家，按照孔德的观点，实证主义从广义上说是由哲学和政治体系构成的，前者是基础，后者是一个庞大体系的目的；狭义地说，实证主义即是孔德创立的实证哲学。孔德认为，人类历史经历了从经验技术到实证技术的过程。而具有实证主义特性的技术体系要扎根于某一社会，则需要科学来支撑。科学本身是关于描述、推论的问题，而技术则是控制

---

① 福泽谕吉：《劝学篇》，商务印书馆 1984 年版，第 3 页。
② 王守华、卞崇道：《日本哲学史教程》，山东大学出版社 1989 年版，第 216 页。
③ 福泽谕吉：《文明论之概略》，商务印书馆 1982 年版，第 148 页。
④ 方昌杰：《日本近代哲学思想史稿》，《光明日报》出版社 1991 年版，第 49 页。
⑤ 王守华、卞崇道：《日本哲学史教程》，山东大学出版社 1989 年版，第 213 页。

的问题；科学家从观察到的一些事件着手，通过描述，精确地推断出自然规律的规则，一旦那些规则被掌握，便可以反过来推测这些事件。最后，当目标为描述和推断所操纵时，科学规则便对自然的可能性作出了控制，而这就是技术。所以，真正的科学家应该把可以观察到的事件作为参考实体，而对那些无法观察到的事件避免做出为什么发生的解释。如果对无法观察到的事件进行解释，那就可能使人回复到宗教或形而上学的迷信行为，这正是与实证主义的基本观点。

深受这一学说影响的福泽认为，不是亲口吃过的食物，就不知其真正的滋味，没有坐过监狱的人就谈不出来真正狱中的苦楚。世界上的很多事情不身临其境，就不能体会其真实的感情。但是与情感的认识不同，研究事物则必须去其枝节，追本溯源以求其基本标准。而要达到这样的标准，则一定要借助于实验方法。

福泽进一步认为，为了达到文明的目的，不能不采取种种措施，边试边改。经过千万次试验，才能得到一些进步。世上一切事物，若不经过试验，就没有进步。而要想使日本的文明赶上西洋文明，要想使和算、历学、本草、中医学那样的传统技术有质的飞跃，日本的学问就要有实证性。

（2）技术伦理上的功利主义和怀疑主义倾向

福泽谕吉的技术伦理观主要表现在以下两个方面：一方面是在技术伦理上将功利主义合理化。综观亚洲的历史，我们不难发现"天下为公"的儒家道德观和自然经济环境下的农本技术体系得到了完美的结合，造就了亚细亚的生产方式。而世界进入19世纪，西方的"各私其私"功利主义价值观和商品经济环境下的工业技术体系结合在一起将整个世界纳入到资本主义的生产方式中。献身于维新变法运动的中国近代著名启蒙思想家梁启超先生没有认识到商品经济环境下的近代工业体系是要建立在"个人主义"为核心的道德观基础上的，因此梁启超"不理解在现代西方这些关系赖以建立的基础是个人主义和功利主义。在他看来'各私其私'的观念远不如中国传统'至公'的观念。"① 而福泽谕吉则指出："争利就是争理""如果政府善于保护人民，人民善于经商，政府善于作战，使

---

① 袁伟时：《中国现代思想散论》，广东教育出版社1998年版，第196页。

人民获得利益，这就叫国富民强"。①

受中国传统文化影响较深的日本社会的政治基础是基于兵农分离的世袭身份制度，而贯穿于这一制度的伦理思想就是"职份论"。传统的职份论将社会成员分为士、农、工、商四个阶层，每个阶层各司其责。到了江户时期，日本亦出现了石田梅岩等人开创的石门心学所主张的打破贵谷贱商论，井原西鹤、近松左卫门、西川如见的金钱本位价值观和金钱面前人人平等的反身份歧视思想，但上述思想只是对封建阶级的权力本位价值观和身份本位伦理观形成了冲击而已。而颠覆这一伦理体系的毫无疑问就是福泽谕吉的"脱亚入欧"的思想。

1872—1876 年间写出的《劝学篇》以英国经验学派的功利主义为基础，提倡个人独立自尊和社会的实际利益，主张打破旧习，反对"天下为公"的东方道德。这本书至 1897 年，已销售了大约 340 万册，真正起到了文明开化的作用。

二是在技术伦理上的怀疑论倾向。如果说，没有休谟的怀疑主义，就不会有英国的近代科学，不会有英国的技术革命，那么没有福泽谕吉的"怀疑可致真理"，也就不会有日本的真正的近代科学和技术。福泽谕吉在《劝学篇》中指出："轻信易受欺骗，怀疑可致真理"。又指出："古人以疑心为人的一条恶德。然今日之文明，皆因允许怀疑天地间一切事物而达成。因此，决不可把疑心视为人之恶德，若非把它称为恶德，则今日文明实乃恶德之结果。"②

（3）技术与社会上的多维主义倾向

身处于德川幕府封建体制日趋瓦解，资本主义生产方式在日本社会内部迅速成长的时期的福泽谕吉，已经认识到技术存在于制度、教育、文化和社会等因素共同构成的多维空间中，具有多维性。

众所周知，科学技术是第一生产力。但是技术的生产力功能是在一定社会环境中完成的，而且技术的生产力和社会功能实现的程度如何、效果怎样，不仅取决于技术本身，同是它还与社会对技术的整合密切相关。福泽谕吉在随使节团出访欧美之际，亲身体会到欧美在制度、教育、文化上

---

①　王守华、卞崇道：《日本哲学史教程》，山东大学出版社 1989 年版，第 219 页。

②　同上书，第 221 页。

的根本精神与日本的不同，他认为儒、神、佛的"东洋道德"已不适合近代的日本社会，欧美的文明才能开化日本社会。只有"文明开化"的社会才能容得下西方的纯科学和一般技术。在访欧札记《西洋事情》中说："洋籍舶来我邦日既久，其经翻译者亦不为少，然穷理、地理、兵法、航海术等诸学日开月明，助我文明之治，补武备之缺者，其益岂不大哉。虽然余窃谓独讲穷洋外文学技艺，不详其各国政治风俗如何，即得其学艺，以不反其经国之本，不啻无益于实用，却将招害亦不可知。且观各国政治风俗，莫若读其历史，然世人于其地理以下诸学，欲其速成，或读之甚稀，实可谓实学欠典。"

综观人类社会发展的历史，我们不难发现在社会变迁的过程就是技术体系与社会实现一体化的过程。德国技术哲学家 F·拉普认为，前近代技术（或传统技术）在传播过程中，在技术体系与社会实现一体化过程中很少导致文化异化，而近代技术则有着自己的逻辑，如果将这种技术体系扎根于社会就必须遵循近代技术体系的原则。也就是说，近代技术体系不仅要求人们认识它的自然属性，更要求人们遵循它的社会属性。因此，福泽谕吉认为在日本当务之急的是学者首先要承担起文明开化的责任。在其著述《文明论之概略》的序言中指出："我们的洋学家们，没有一个不是以往研究汉学的，也没有一个不是信仰神佛的；他们不是出身于封建士族，便是封建时代的百姓。这好像是一身经历了两世，也好像一个人具有两个身体。"希望日本的学者"精读西洋文献，仔细研究日本的实际情况"。而福泽谕吉在政治、法律、教育方面的主张，国内已有诸多探讨，这里不再赘述。

综上所述，福泽谕吉作为日本明治政府和新兴下级武士的代言人，在近代技术体系扎根于资本主义生产方式方面起到了开拓性的作用。他在继承日本近世的"和魂洋才"思想的基础上，最终形成了"脱亚入欧"的技术观。正如美国日本学专家赖肖尔所言："日本近代化过程中直接面临的最大课题，是发现能够与政治制度、经济与社会变化同步发展的那种价值体系，正是福泽谕吉最先并且是最明确地提出这种价值体系的先觉者。"①

---

① 赖肖尔：《近代日本新观》，生活·读书·新知三联书店 1992 年版，第 62 页。

第三节　马克思主义传统的技术哲学

一　技术论论争的社会背景

明治维新以后，日本的资本主义有了长足的发展，本国的工人阶级也不断成长并壮大起来，随着新的社会生产力的增长，工人运动在日本开始兴起。各种社会主义在日本得到了广泛的传播。在俄国十月革命后，马克思主义的科学社会主义在各种社会主义思潮中脱颖而出，并涌现出片山潜、幸德秋水等早期社会主义者。20 世纪 20 年代，随着马克思主义在日本的传播，马克思、恩格斯、列宁的著作相继翻译出版。到了 1929 年，世界爆发了经济大危机，日本也迅速卷入其中，而社会主义国家苏联则在工业化的进程中大踏步前进。科学技术在两种不同的社会制度下，其发展结果却迥然不同。这对日本思想界形成了巨大的冲击。在探讨其原因的过程中，研究自然辩证法和历史唯物主义的马克思主义学者和受马克思主义影响较深的学术界人士于 1932 年成立了一个宣传马克思主义世界观的组织——唯物论研究会。其成员主要有马克思主义哲学家户坂润、技术史和技术哲学家三枝博音、物理学家和科技史家冈邦雄、数学史和科技史家小仓金之助等。唯研会的一项重要活动就是开展关于技术论的研究。他们从马克思主义关于生产力和科学技术的基本观点出发，探讨了什么是技术。正如日本技术史家中村净治所讲："1932 年成立的唯研会的人们是在日本最早提出技术论的人们，他们有意地把历史唯物论中生产力问题提出来，作为他们的基本观点，并以此作为技术论的背景。"中村又认为在日本，"从科学的意义上，第一次展开了关于什么是技术的争论，其目的是为了清除在生产力概念上机械论错误倾向。换言之，正是为了坚持人的劳动能力是生产力各要素中最重要的因素这个历史唯物论的基本观点，就把生产力归结为技术。"① 在唯研会内部的争论过程中，他们主要批判了当时日本物理学家大河内正敏的"科学主义工业"和土木学家宫本武之辅的"生产工学"，并最终形成了"劳动手段体系说"。而同一时期，哲学家三木清试图将上述两派观点整合为一体，提出了"行为形态说"。"二战"

① 牟焕森：《马克思技术哲学思想的国际反响》，东北大学出版社 2003 年版，第 38 页。

结束后，受迫害的知识分子均被释放，学术氛围有所改善。这时，战前曾被关押过的物理学家武谷三男发表了"技术论——献给同迫害作斗争的知识分子"一文，对唯研会的"劳动手段体系说"进行了反驳，提出了著名的"客观规律适用说"。到了50年代，日本政府开始积极鼓励技术引进，日本进入技术创新时期。五六十年代的技术创新的结果，社会技术结构、产业结构、劳动结构都发生了重大的变化。仅仅知道什么是技术已经远远不够，还需要回答的是技术发展的过程。针对此，日本技术史家星野芳郎进一步发展了武谷三男的"客观规律适用说"。日本进入70年代以后，随着科学技术的迅猛发展，科学技术的负面作用日益显现，科学技术一方面使人类积累了空前的社会物质财富；另一方面给人类社会面造成能源短缺、交通堵塞、环境污染等结果。科学技术向何处去的问题，成为举世瞩目的焦点。于是，技术是否具有可控性，如何控制技术成为了技术论讨论的焦点，而马克思主义学者则把注意力放在考察马克思本人的技术概念上。

二 "唯物论研究会"与"劳动手段体系说"

1932年，"唯物论研究会"成立后，小高良雄（铃木安藏）在"唯物史观的生产力概念"一文中，对河上肇等人关于生产力概念的解释进行了批判，把技术作为劳动手段的体系进行分析，指出："作为劳动手段体系的社会技术构成了生产力的主要原动力。"① 接着君岛慎一和相川春喜发表了有关论文。

1933年4月，户坂润发表《关于技术》，把技术的概念、定义作为研究目标。他认为现代资本主义的统治阶级把经济危机转化为仅仅是文化的危机，特别是技术的危机。这就有必要说清什么是技术。他讲资产阶级的辩护士们"硬把资本主义文化同技术概念联系起来。这就等于是说，技术同资本主义制度的经济组织和生产关系有着必然的根本联系。他们正是依据这一点，才把欧洲文明、物质文明仅仅归结为一个文化的问题，这是一种极其拙劣的伎俩。就是说，在这里他们把技术仅仅归结为意识形态。"②

---

① 牟焕森：《马克思技术哲学思想的国际反响》，东北大学出版社2003年版，第39页。

② 同上。

在文中，他把技术的概念分为主观和客观两方面来讨论。技术主观要素是观念的技术，技术的主观存在方式是技能、智能；技术的客观要素是物质的技术，客观组织是工具、机械。户坂润认为，主观要素必须借助于客观要素，因此，主观要素不是真正的技术概念，而我们要重视的是技术客观要素的机械问题。"技术是作为物的组织—例如在大工业中的技术过程及其他—在社会中物质性地客观存在着的。""技术通过大工业中一种显著的劳动手段（或生产手段）即机械，存在于劳动过程之内。"①

同年，相川春喜发表《技术及工学概念》，第一次明确提出技术是劳动手段的体系，并给技术下了唯研会的经典定义："根据历史唯物主义，所谓技术，就是人类社会的物质生产力的一定发展阶段上的、社会劳动的物质资料的复合体，一句话，无非是劳动资料的体系。"② 而另一学者冈邦雄对相川的观点进行了否定。他认为技能和手艺在资本主义制度下，与劳动资料分离，但是如果消除这种分裂现象，及资本主义制度不复存在的话，劳动力会重新成为技术的源泉。

日本战败后，三枝博音等人又开始对劳动手段体系说进行了研究，三枝先生没有完全照搬"劳动手段体系说"，而是在"劳动手段体系说"的基础上提出了所谓的"技术过程论"。三枝博音虽然加入了唯物论研究会，但是他与相川和冈邦雄的主张又有所不同。三枝反对相川与冈将技术仅仅视为工具的观点。认为"工具史与机械史不可能是技术史"③。技术不仅是技术本身的发展，技术的进步与人类文化史、宇宙的自然史有着密不可分的关系。相川与冈邦雄主张的技术是劳动手段体系，而三枝对于技术的概念有了进一步的变化。三枝认为，工具与机械在技术的概念中固然重要，但是仅凭这些是不能说明技术的本质的；认为工具与机械只是技术过程的展现，特别强调了技术的过程性；技术是人与自然的媒介；作为劳动手段体系的技术不仅是物，也是包括在物中的人们关于劳动手段体系的认识。

---

① 蔡兵：《主体性客体性与技术的本质》，社会科学出版社 1988 年版，第 61 页。

② 牟焕森：《马克思技术哲学思想的国际反响》，东北大学出版社 2003 年版，第 39 页。

③ ［日］三枝博音《技术史》（第一版 1940 年）的序论（《三枝博音著作集》第 10 卷、中央公论社、1973 年、第 22 页）

三　武谷三男、星野芳郎与"客观规律应用说"

在日本战败后不久，日本学术界内由武谷三男、星野芳郎等提出了技术是人们在生产实践中体现的客观的法则与规律。武谷三男的"客观规律应用说"在《辩证法的诸问题》一书中得到了集中的体现①，这就是所谓的"意识适用说"。新产生的意识适用说在日本学术界占有了一席之地，而且这一派的主张有了较快的发展。武谷三男、星野芳郎的主张在中国哲学界，尤其是在技术哲学界产生了较大的影响。

星野芳郎则从意识适用论出发，在技术史的划分中重点强调了科学在技术中体现的张力。星野芳郎也强调了技术是一种过程。星野芳郎认为第一次产业革命时期的技术是工场中的工人在不断的试错中积累和总结的经验。而19世纪末20世纪初产生的技术是在近代古典自然科学引导下完成的技术创新，并认为现代技术更是离不开现代科学②。因此，星野从"意识适用"理论出发，将技术史划分为无须科学的古代技术时期，基于近代古典科学的近代技术时期、基于现代科学的现代技术时期。

星野芳郎认为，在技术进步过程中，会逐渐体现出人类社会生产的客观规律。并进而言之，科学在生产过程的应用就是技术过程。随着时代的进步、技术与科学的联系亦将更加紧密。这就是所谓的星野芳郎的"意识适用说"。星野芳郎也以此来阐述了过去的技术史。

星野芳郎先生在后期的著作里，不仅详细说明了技术同科学的关系，并进一步说明技术发展与社会、文化有着密切的关系。在"技术发展的政治经济背景"一书中③，星野重点说明了技术现代化不仅仅是技术本身的问题，也与制度、文化等因素密不可分。

四　鸟居广与"技术主客体论"

日本进入20世纪七八十年代以后，研究马克思的资料和文献已经非常丰富，马克思主义学者鸟居广在整合"劳动手段体系说"和"客观规

---

① ［日］武谷三男：《辩证法的诸问题》，劲草书房1968年版。
② ［日］星野芳郎：《现代技术论的课题》，《理论》1954年第9期。
③ ［日］星野芳郎：《技术发展的政治经济背景》，沈阳出版社1995年版。

律应用说"的基础上，试图对技术重新下一个定义。他在"论马克思关于技术的概念"一文中指出，20 世纪 30 年代至今的技术论论争中，人们以各种形式引证马克思的理论，但是，关于马克思本人所理解的关于技术的概念，大家还是没有说清楚。他认为，马克思所认为的技术是：在劳动过程中对自然规律性的、符合目的的利用。并进一步指出，技术在主观要素上，就是在劳动本身的技能上发挥作用；技术在客观要素上，就是对劳动资料或诸物的综合体所具有的属性符合目的的利用和在劳动对象的被加工性上发挥作用。①

---

① 牟焕森：《马克思技术哲学思想的国际反响》，东北大学出版社 2003 年版，第 44 页。

第七章 法兰克福学派的技术哲学思想

法兰克福学派作为西方马克思主义的重要分支，他们的社会批判理论直接继承了马克思和早期西方马克思主义的理论传统，把批判的视角从社会批判转到文化批判，展现出对资本主义社会和法西斯主义的意识形态、工具理性、极权国家等的全方位的批判。由于技术在现代社会中的突出作用，对技术理性进而对技术本身的批判成为法兰克福学派社会批判理论的重要组成部分。

第一节 法兰克福学派技术批判理论的兴起

一 法兰克福学派社会批判理论的发展历程

法兰克福学派 1923 年创立，因其创立于德国法兰克福大学社会研究所而得名，它是西方人本主义马克思主义的主要流派之一，也是现代西方哲学的重要流派之一，无论从代表人物的数量，还是从其成员理论建树的深度和广度来看，这一学派都是 20 世纪最大的马克思主义流派。法兰克福学派的第一任所长是历史学家格律伯格（Carl Crunberg 1861—1940年），但直到 1930 年霍克海默担任所长以后，才开始了以社会批判理论而著称的法兰克福学派的历史。霍克海默在就职演说《社会哲学的现状和社会研究所的任务》中提出，社会研究所的任务是建立一种社会哲学，它不满足于对资本主义社会进行经济学和历史学的实证性分析，而是以"整个人类的全部物质文化和精神文化"为对象而揭示和阐释"作为社会成员的人的命运"，对整个资本主义社会进行总体性的哲学批判和社会学批判。由此，霍克海默一方面引入弗洛伊德的精神分析学，进行文化和意识形态批判；另一方面，他为这一研究引进和组织了许多著名的学者，如阿多尔诺、马尔库塞、弗洛姆、本杰明等人，这些人或是成为法兰克福大学社会研究所的成员，或是成为研究所新创办的《社会研究杂志》的撰稿人，由此而构成了法兰克福学派的强大阵营。此后由于开始了法西斯专制，法兰克福学派成员大多是持激进马克思主义立场的犹太人，因而无法继续在德国活动。社会研究所被迫于1933年迁往美国，先后隶属于纽约的哥伦比亚大学和伯克利的加利福尼亚大学。在此期间，法兰克福学派成员逐步发展和建立起自己的社会批判理论，对发达资本主义社会进行全方位的文化批判。其间，霍克海默于1937年发表的《传统理论和批判理论》，明确把法兰克福学派的理论概括为批判理论。这一时期，法兰克福学派发表了许多阐述批判理论的重要著作，如霍克海默的《独裁主义国家》、霍克海默和阿多尔诺的《启蒙的辩证法》、弗洛姆的《逃避自由》、马尔库塞的《理性与革命》等。1949年至60年代末为法兰克福学派的中期，是法兰克福学派成员重新回到德国，在西德活动的时期，这是法兰克福学派的鼎盛时期或黄金时代。1949年，应西德政府的邀请，霍克海默和阿多尔诺等人回国，重建社会研究所，二人分别担任研究所的正、副所长。不久，霍克海默担任法兰克福大学校长，后又赴美讲学，实际上社会研究所的工作主要由阿多尔诺主持。这一时期，不仅霍克海默、阿多尔诺、马尔库塞、弗洛姆等人（无论是回到德国还是留在美国）继续建构与发展法兰克福学派的社会批判理论，而且一批年轻的理论家，如哈贝马斯、施密特、内格特等人开始崛起，成为法兰克福学派的第二代理论家。在这一时期，法兰克福学派进一步发展了自己的社会批判理论。他们进一步强调辩证的否定性和革命性，对发达工业社会进行了全方位的批判，深刻揭示了现代人的异化和现代社会的物化结构，特别是意识形态、技术理性、大众文化等异化的力量对人的束缚和统治，并制定了发达资本主义条件下的革命战略。法兰克福学派的激进的文化批判理论在60年代末席卷欧洲的学生和青年造反运动中获得了极高的声誉，产生了十分巨大的影响。霍克海默、阿多尔诺、马尔库塞、弗洛姆等主要代表人物已成为十分著名、十分有影响的社会思想家。代表法兰克福学派这一时期思想的主要著作有阿多尔诺的《否定的辩证法》、弗洛姆的《健全的社会》和《爱欲与文明》、哈贝马斯的《认识与兴趣》、施密特的《马克思的自然概念》等等。从70年代起，法兰克福学派进入了自己的发展晚期，这是法兰克福学派主要代表人物相继去世，学派开始走向解体的时期。60 年代末席卷全欧洲的学生运动使法兰克福学派的声誉达到了顶峰，但此后法兰克福学派很快开始了衰落和解体的进程。造成这一现状的原因是很多方面的。首先，法兰克福学派的第一代主要代表人物相继谢世，阿多尔诺于 1969 年去世，霍克海默于 1973 年去世，马尔库塞于 1979 年去世，弗洛姆于 1980 年去世。其次，法兰克福学派的第二代主要代表人物哈贝马斯和施密特之间存在很大的分歧，由此导致了法兰克福学派的解体。施密特被视作法兰克福学派的正统继承人，他认为法兰克福学派的批判理论在 70 年代的发达工业社会条件下依旧有效，而哈贝马斯则强调法兰克福学派的传统批判理论同现代社会条件的不适应性，他开始致力于探讨晚期资本主义的合法性问题，主张以交往理性来取代工具理性的核心地位，从而以交往行动理论重建历史唯物主义。这些分歧反映在施密特的《论批判理论的思想》《作为历史哲学的批判理论》和哈贝马斯的《晚期资本主义的合法性问题》《重建历史唯物主义》《交往与社会进化》等著作之中。理论上的分歧破坏了法兰克福学派成员间的合作。1969 年，哈贝马斯担任社会研究所的所长，但很快，由于同施密特之间关系的恶化，哈贝马斯曾于 1971 年退出社会研究所。1972 年施密特开始担任研究所的所长。1983 年哈贝马斯返回到法兰克福大学任教。虽然社会研究所还依然存在，但哈贝马斯等人更多地是作为单独的思想家而活跃于国际学术界，法兰克福学派作为一个强有力的学派的历史基本上已经终结。

二 早期法兰克福学派的技术哲学思想

法兰克福学派创立于 20 世纪 20 年代，霍克海默在《传统理论和批判理论》中首次正式提出"批判理论"的知识形态，开始了这个学派对社会的批判和重建历程。正是以霍克海默和阿多诺对启蒙运动的反思为基础，才有了后来法兰克福学派理论上的繁荣。

马克斯·霍克海默（M. Max Horkheimer）是德国第一位社会哲学教授，法兰克福学派的创始人。霍克海默认为马克思主义就是批判理论，提出要恢复马克思主义的批判性，对现代资本主义从哲学、社会学、经济学、心理学等方面进行多方位的研究批判。他和阿多诺合著的《启蒙辩证法》一书，开创了法兰克福学派对现代资本主义的批判，为社会批判理论提供了标准的模式。霍克海默对启蒙的实质和理性的内涵作了详细分析，进而对文化工业展开激烈批判。

1. 对"独裁国家"的分析

霍克海默把希特勒的法西斯主义同苏联的社会主义和美国的"新政"并列在一起，称作"独裁国家"，并认为这是由于东、西方都爆发了激烈的革命的缘故，苏维埃国家和法西斯主义都是激烈的社会动荡的产物。他强调，激烈的革命，自上而下的社会变革，顶多只是创造了一种更好的统治术，即建立无条件服从的权威。他还认为，"独裁国家"的出现推翻了马克思主义关于"历史的发展受必然规律支配"的宿命论观点。按照马克思主义的"预测"，在资本主义内在矛盾的激烈冲突中所诞生的是高度自由、民主、真正的社会主义国家，而不是形形色色的"独裁国家"。可历史的实际发展正好与马克思主义的"预测"相反。这不能不使人们对"历史发展的客观规律"产生怀疑。因为独裁国家消灭了市场，却给了资本主义统治新的保养地，计划生产更好地滋养着群众，又反过来被群众更好的滋养。革命的力量没有表现出来，工人组织被融合到国家中去了。俄国的情况也已不再提供希望了。

对"独裁国家"的分析不仅进一步阐述和发挥了"社会批判理论"的有关原理，更重要的是，这使法兰克福学派的批判从政治色彩上发生了重大变化，这是改变了以后法兰克福学派社会批判理论的政治方向和内容的重要一步，开创了法兰克福学派抹杀社会主义和资本主义的本质区别，以及把当代社会作为统一的工业社会来进行批判的先河。

2. 启蒙辩证法：社会批判理论的历史观点

如果说《独裁国家》主要批判了现存社会，那么，霍克海默与阿多诺合著的《启蒙辩证法》则把批判矛头指向整个人类文化，指向几千年的人类文明史。在这里，社会批判理论已经不再是简略的立场和纲领，而是一种名副其实的"批判"，它首创对晚期资本主义的批判，这为后来法兰克福学派的批判提供了一种标准的模式，正是这本著作构成了法兰克福学派批判的社会理论的思想基础。

这种批判是以对启蒙的批判的形式进行的。他们通过论证人类的启蒙怎么样由于其自身的内在逻辑而转到了它的反面，来说明人类文明的发展过程包含着不断衰败的成分。《启蒙辩证法》的主题就是论证"启蒙运动的目的总是在于使人们摆脱恐怖，确立其统治权，但是，被完全启蒙了的世界都处在福兮祸之所伏的境况"。就是说，"启蒙"运动不断以内在精神的丧失换取了外在物质的享受，以开明进步为理由，要人们服从与日俱增的秩序和权威，这就是"启蒙辩证法"。这种"启蒙精神"的特征是：把自然界和人类变成对抗性的"主体—客体"关系，确立人同自然、人同他人关系中的"征服和被征服""统治和被统治"。文明进步带来的是对人性的摧毁，它在"外在自然"方面解放了人，却在"内在自然"方面奴役人。

启蒙精神就这样在使人摆脱愚昧的同时，又由于追求一种能够统治自然的知识形式，因而使自己走向了反面，并产生了两大恶果：其一，知识成为工具。只注意使"知识"有助于人对自然的利用和统治。其结果是，科学技术的发展把人类的整个文化、知识归结为一种共同的尺度——纯粹量的尺度。其二，人异化为物。科学技术的发展，虽给人带来了对大自然的支配，但另一方面，人类并没有得到解放。

为具体说明上述情况，他在书中提出了"文化工业"这个概念。这个概念在他的社会批判理论中具有实践意义，因为所谓"文化工业论"，实质上是对当代资本主义进行批判的代名词。他们之所以这样重视和强调这种批判，是因为看到了30年代德国工人阶级未能阻止法西斯主义上台，认为原因在于法西斯主义使用文化手段，征服了群众的心理意识。加上后来作者在美国的经历，使他们认识到，现代社会不是通过暴力和恐怖实现的，而是由意识形态进行的，这就是把"技术理论"和"消费至上"原则结合起来的"大众文化"或"文化工业"。文化这个字眼在这里被赋予了最广泛的意义，人类的一切都被视为文化活动，发达工业社会就是"文化工业"社会。

从上述霍克海默对"启蒙精神"的分析批判中可以看出，他们实际上鞭挞的是整个人类文明史，是千百年来所形成的人类文化。究其根源，这是18世纪浪漫主义哲学在他们身上的回光返照。正是在这里，霍克海默开始使他的社会批判理论带上了严重的悲观主义色彩，并把这种悲观主义思想一直反映到他对人和自然之间关系的看法上面，反映到对社会发展前途的展望上面。也正是在这本书里，霍克海默开始把极权主义归因于科学的逻辑，开创了对"发达工业社会"和"晚期资本主义"的法兰克福式批判的先例。

3. 文化工业批判

"文化工业"这一概念的正式提出与文化工业现象被大张旗鼓地批判首次出现在霍克海默和阿多诺合著的《启蒙辩证法》中的，至阿多诺出版《论爵士乐》（1936 年）与《论音乐中的拜物特性与听觉的退化》（1938年）等文章时，大众文化和文化工业理论已相当成熟。阿多诺后来在《文化工业再思考》（1967 年）中如此解释了他们使用"文化工业"的动机：

> "文化工业"（culture industry）这个术语大概是在《启蒙辩证法》这本书中首先使用的。在我们的草稿里，我们使用的是"大众文化"（mass culture），后来我们用"文化工业"取代了那个表述，旨在从一开始就有别于和大众文化概念拥护者相一致的解释：即认为它不过是某种类似文化的东西，自发地产生于大众本身，是通俗艺术的当代形式。文化工业必须与上述说法严加区分。文化工业把古老的东西与熟悉的东西溶铸成一种新质（a new quality）。在其所有的分支中，那些特意为大众消费生产出来并在很大程度上决定了那种消费性质的产品，或多或少是按照计划炮制出来的。文化工业的各个分支在结构上是相似的，或至少能彼此适应，它们将自己组合成了一个天衣无缝的系统。这种局面之所以能够成为可能，是因为当代技术的力量以及经济与行政上的集中。文化工业别有用心地自上而下（from a-bove）整合它的消费者，它把分离了数千年的高雅艺术与低俗艺术的领域强行聚合在一块，结果使双方都深受其害。高雅艺术的严肃性由于对其效果的投机追求而遭到毁坏；低俗艺术的严肃性因为强加于它内在固有的反叛性之上的文明化管制而消失殆尽。而这种反叛性在社会控制尚未形成总体化的时期即已存在。因此，尽管文化工业无疑会考虑到千百万人被诱导的意识和无意识状况，但是大众绝不是首要的，而是次要的，他们是被算计的对象，是机器的附件。与文化工业要我们相信的不同，消费者不是上帝，不是消费的主体，而是消费的客体。①

---

① 赵勇：《何谓"文化工业——解读阿多诺的文化工业批判理论》，（http//www.cnki, net.）。

在这段文字中，阿多诺除了对使用"文化工业"的理由进行了陈述和对"文化工业"的使用范围进行了限定外（文化工业既非民间文化，也非早期资本主义阶段的大众文化，而是资本主义进入垄断阶段之后大众文化的特殊形式），还包含着如下几个重要的观点：

（1）文化工业在20世纪的出现并非偶然，它是意识形态与社会物质基础融合的产物。

第一，社会信仰和价值中心的解体。精神消费、娱乐成为大众的普遍追求，这是以特定的社会氛围为基础和前提的。到晚期资本主义阶段，资产阶级在奋斗中追求的实际目标已经达到，在放纵的消费享受和无情的商品原则面前，人不再需要为了神圣和完善化而自我塑造，唯一感到内在需要的是在紧张之余能得到一种感官的愉悦。社会信仰和价值中心解体，只是听任感官享受对自己的塑造。

第二，商品生产原则的普遍化。在一个高度成熟的商业社会里，一切生产分配系统、社会权利结构、思想观念，都是由商品化原则来支配的。它超越于行政权力和思想信仰之上，永远许诺人们以实惠和享受。"商品化进入文化意味着艺术作品正在成为商品，甚至理论也成了商品"。

第三，消费能力与现代技术为文化工业的产生提供了可能。一个商品要能大规模地进行和扩大，就必须具备消费该商品的能力的人是一个多数，有能力重复生产并提高产品性能的技术条件，有降低成本的措施和方法。在晚期资本主义社会，由于生产力的发达，社会产品的丰富，中产阶层人数扩大，有能力并乐意在精神消遣上有较多投入的人们成了文化工业的可靠对象。加上科学技术的发展，特别是电子工业提供的技术，使文化产品的复制和外观美化达到了空前的高度。在文化工业中，只是不是百分之百的重复，就可以获得商业上的成功。

（2）文化工业的特征

第一，商品化。具体地说，"呈现商品化趋势，具有商品拜物教特性"，是法兰克福学派所归纳的文化工业的第一个特征，也是他们对文化工业抨击最甚的一点。商品化的艺术拜伏于交换关系下，被娱乐的光晕所笼罩，而娱乐工业又促使人们进入商品世界。商品拜物教体现为一种无生命的性感，这正是资本主义文化的幻景。阿多诺坚持认为，文化工业的产品不是艺术品，从一开始它们就是作为在市场上销售的商品而被生产出来的。文化艺术已同商业密切地结合在一起，文化产品的生产和接受为价值规律所统摄，纳入了市场交换的轨道，具有共同的商品形式的特性。

第二，技术化。法兰克福学派的理论家强调，文化工业的出现是现代科学技术迅猛发展的产物。科学技术突飞猛进的发展，为文化工业的传播提供了现代化的载体。报纸、杂志、广播、电视、录像，特别是微电子技术，卫星传播技术出现，使文化工业对时空获得更多的占有性和对接受者产生更大的强迫性。没有现代的科技手段，也就不可能大规模地复制、传播文化产品，也就不可能产生文化工业。法兰克福学派把此称为文化的"技术化"。除了本杰明对文化的"技术化"持肯定态度之外，其他所有法兰克福学派的成员都对文化的"技术化"持否定态度。

第三，齐一化。也就是说，文化生产和文化产品的标准化和趋于一律。法兰克福学派的理论家一致认为，由于文化工业产品的制造者不仅仅像弥尔顿创作《失乐园》那样是本性的流露，更多的是为了消费而进行生产，从而这种生产完全是标准化的，类似于工厂生产出来，被大众购买。他们认为流行文化的生产就是一种标准化现象，所造成的后果是不仅扼杀了艺术创造的个性，而且扼杀了艺术哲学的自主性。阿多诺提出，文化工业按照一定的标准、程序，大规模生产各种复制品，它促进和反复宣传某个成功的作品，使风靡一时的歌曲和连续广播剧可以周而复始地出现。马尔库塞把"现代大众文化"称之为"单面性文化"，其重要标志就是"单面性"，即"标准化""齐一化"。

第四，强迫化。即文化产品在对时空获得更强的占有性的同时，对接受者产生了更大的强迫性。霍克海默与阿多诺的《启蒙辩证法》对文化工业最集中的批判也是它对逾期接受者的强迫性，他们认为，由于文化工业的典型做法是"不断重复""整齐划一"，使"闲暇的人不得不接受文化制作人提供给他的东西"，于是就有了强制性，剥夺了个人的自由选择。现代社会正是"通过不计其数的大批生产和'大众文化'的机构，把因袭守旧的行为模式当作合理的模式强加给个人"，履行着操纵意识的职能。

文化工业理论对资本主义社会文化现象的归纳及其批判，的确十分深刻和犀利，给人带来的启发也是多方面的。然而，由于这一理论的背后不同思想家各自独特的理论出发点，有其产生的特殊社会文化背景，正因如此，也就不免带有自身的缺陷，这主要体现在阿多诺等人拒绝与现实的任何妥协和调和，自然只能把希望寄托于未来的乌托邦式的技术悲观主义。

第二节　马尔库塞：工业化的技术是政治的技术

赫伯特·马尔库塞（Herbert Marcuse, 1898—1979 年），美籍德裔哲学家、社会学家，法兰克福学派主要代表人物之一。他是国内外公认的社会批判理论家、美学家，他始终关注人的幸福和解放，希望通过革命建构一个合理的社会。他晚年转向美学，把审美作为发达工业社会摆脱"单向度"病症的途径，这就是通过把美学理念转化成技术构想，创造出符合人的全面发展要求的新技术，进而实现整个社会的变革。马尔库塞的美学思想是围绕技术问题展开的，它起因于对发达工业社会技术理性之片面化和普遍化的批判，目的在于寻找发达工业社会的"希望"，是力图使技术和艺术结合起来的技术美学，表现出西方社会在现代性的展开过程中审美现代性与启蒙现代性之间的张力，以及思想家反思社会现实，促进人类全面发展的良好愿望。

马尔库塞出生于柏林一个资产阶级犹太人家庭。1917—1919 年间曾参加德国社会民主党左翼，后完全退出政治活动。曾经受业于当时的哲学泰斗胡塞尔与海德格尔；1922 年获哲学博士学位；1933 年进入法兰克福社会研究所。1940 年加入美国籍，起先服务于美国战略情报处，后到哥伦比亚、哈佛、加利福尼亚等大学任教。

马尔库塞的哲学思想深受黑格尔、胡塞尔、海德格尔和弗洛依德的影响，同时也受马克思早期著作的很大影响，被哈贝马斯称为"第一位海德格尔马克思主义者"（其作品也被称为现象学的马克思主义）[1]。他早年试图对马克思主义作一种黑格尔主义的解释，并以此猛烈抨击实证主义倾向。马尔库塞认为，由于实证主义宣称一切事实和一切现实"在认知上是等值的"，所以它已经远不是经验主义了[2]。马尔库塞认为实证主义是

---

① ［德］尤根斯·哈贝马斯：《理论与实践》，郭官义等译，社会科学文献出版社 2004 年版，第 301 页。

② H. Marcuse, *Reason and Revolution: Hegel and the Rise of Social Theory*, London: Oxford University Press, 1955, p. 327.

"资产阶级的",而且这种理论"只能是一种顺从的理论"①。

从 20 世纪 50 年代开始,主要从事对当代资本主义的分析和揭露,主张把弗洛伊德主义和马克思主义结合起来。他认为现代工业社会技术进步给人提供自由的条件越多,给人的种种强制也就越多,这种社会造就了只有物质生活,没有精神生活,没有创造性的麻木不仁的单向度的人。他试图在弗洛伊德文明理论的基础上,建立一种理性的文明和非理性的爱欲协调一致的新的乌托邦,实现"非压抑升华"。麦克莱伦认为马尔库塞是法兰克福学派中最著名的,也是研究所成员中唯一有放弃他的早期革命观点的人②。

作为一个反潮流思想家,马尔库塞的思想是存在偏激的。但是,从其哲学和思想的源流看,他的确继承了西方批判的、浪漫的传统③。而且,他认为哲学的主要功能就是对社会现实存在的批判。这一点乃是法兰克福学派著名的社会批判理论的基础④,也使他本人成为"批判理论的主要设计师之一"⑤。

其主要著作有:《理性与革命》(1941 年)、《爱欲与文明》(1955 年)、《单向度的人》(1964 年)、《论解放》(1969 年)、《反革命与造反》(1972 年)等。

美国的迈克尔·贝纳蒙(Michael Benamon)将早期的马尔库塞归为绝望的技术恐慌者,将后期的马尔库塞归为有希望的技术恐惧者⑥。

一 技术与政治

工业化的技术是政治的技术⑦。马尔库塞认为,技术的进步扩展到整

---

① H. Marcuse, *Negations*, Harmoondsworth:Penguin Press, 1972, p. 66.

② [英] 戴维·麦克莱伦:《马克思以后的马克思主义》,徐春等译,东方出版社 1986 年版,第 351 页。

③ [美] 赫伯特·马尔库塞:《审美之维》,李小兵译,广西师范大学出版社 2001 年版,第 20 页。

④ [美] 马尔库塞:《理性与革命》,程志明等译,重庆出版社 1993 年版,第 1 页。

⑤ [美] 马丁·杰:《法兰克福学派史》,单世联译,广东人民出版社 1996 年版,第 36 页。

⑥ [英] 齐格蒙特·鲍曼:《现代性与矛盾性》,邵迎生译,商务印书馆 2003 年版,第 343 页。

⑦ [美] 赫伯特·马尔库塞:《单向度的人》,刘继译,上海译文出版社 2006 年版,第 18 页。

个统治和协调制度，创造出种种生活和权力形式，这些生活形式似乎调和着反对这一制度的各种势力，并击败和拒斥以摆脱劳役和统治、获得自由的历史前景的名义而提出的所有抗议。这种发达工业社会的情形在理论上也使得批判面临着一种被剥夺基础的状况①。

发达工业社会中的生产和分配的技术装备由于日益增加的自动化因素，不是作为脱离其社会影响和政治影响的单纯工具的总和，而是作为一个系统来发挥作用的，而且这个系统在技术的概念和结构中已经起着作用。对现存制度来说，技术成了社会控制和社会团结的新的、更有效的、更令人愉快的形式。这些控制的极权主义倾向看起来还在另处的意义上维护着自己：把自己扩展到世界较不发达地区甚至前工业化地区，并造成资本主义发展与共产主义发展之间的某些相似性，因此，作为一个技术世界，发达工业社会是一个政治的世界，是实现一项特殊历史谋划的最后阶段，即在这一阶段上，对自然的实验、改造和组织都仅仅作为统治的材料②。

技术也改变着政治力量中的阶级和阶层的关系，尤其是劳动阶级正经历着一个决定性的转变。马尔库塞指出了其主要因素，一是机械化不断地降低着在劳动中所消耗的体力的数量和强度；但在技术的总体效果范围内，机械化劳动是对生命的一种长期占有、消耗和麻醉，是一种非人的苦役，甚至是更使人疲惫的苦役，因为机械化加快了劳动速度，控制了机器操作者并把他们相互隔离来。二是职业层次中的同化现象日趋明显，"蓝领"工作队伍朝着与"白领"成分有关的方向转化，非生产性工人的数量增加。三是改变了劳动者的态度和意识。四是新的技术工作世界因而强行削弱了工人阶级的否定地位——工人阶级似乎不再与已确立的社会相矛盾。

但是，在有步骤的将自己规定为政治事业的过程中，技术将超过它们曾因其中立而从属于政治的那个阶段，并反对其作为政治工具的专门功用。因此，技术可以对理性和自由的不成熟状态提供历史的矫正，据此，

---

① ［美］赫伯特·马尔库塞：《单向度的人》，刘继译，上海译文出版社 2006 年版，第 4 页。

② 同上书，第 7 页。

人们可以策划能够为自由的并保留自由。不过，就技术在此基础上获得的发展程度而言，矫正决非技术进步本身的结果，而是牵涉到政治的变革①。

二　技术理性

技术与技术合理性是现代社会尤其是发达资本主义社会的最突出的特征。马尔库塞指出，技术理性这个概念本身可能是意识形态的，不仅技术的应用，而且技术本身就是对自然和人的统治。统治的特殊目的和利益并不是"随后"，或外在地强加于技术的，它们进入了技术机构的建构本身。技术总是一种"历史—社会"的工程。这样一个统治"目的"是"实质的"，并且在这个范围内它属于技术理性的形式②。因此，技术理性是统治着一个特定社会的社会理性，并且可以在它的结构中得到改变。作为技术理性，它可以成为解放的技术③。这是因为在发达资本主义社会，技术合理性在生产设施中得到了具体化，这种技术合理性的具体化是社主义一切生产力发展的先决条件。也就是说，在革命进程中旧的生产关系被破除时，技术仍然保存下来，并由于已从属于新经济形态的经济规则而加速度地继续向前发展④。

马尔库塞认为，在社会现实中，不管发生什么变化，人对人的统治都是联结前技术理性和技术理性的历史连续性。但是，对"事物客观秩序"的依赖的社会是在包含对人的技术性利用的事物和关系的技术集合体中再生产自身的。为生存而斗争、对人和自然的关系的开发，日益变得更加科学、更加合理，由此，科学技术的合理性和操纵一起被溶接成一种新的社会控制形式⑤。

---

① ［美］赫伯特·马尔库塞：《单向度的人》，刘继译，上海译文出版社 2006 年版，第 213 页。

② ［美］赫伯特·马尔库塞：《现代文明与人的困境》，李小兵等译，上海三联书店 1989 年版，第 106 页。

③ 同上书，第 108 页。

④ ［美］赫伯特·马尔库塞：《单向度的人》，刘继译，上海译文出版社 2006 年版，第 22—23 页。

⑤ 同上书，第 133 页。

三 技术与社会

马尔库塞认为，工业文明的文化把人类有机体改造成一种更敏感、更有特色、更可交流的工具，而且创造了巨大的社会财富，足以使这种工具实现自在的目的。劳动的合理化和机械化势必减少消耗在苦役中的本能能量，从而解放更多的能量为实现由个体技能的自由消遣所确定的目标服务。技术与能量的压抑性利用是相对立的，因为它把生产生活必需品的必要时间降低到了最低限度，从而使人可以节约下来时间发展那些不属于必然王国和必要消费的需要①。

面对发达工业社会的极权主义特征，技术"中立性"的传统概念不再能够得以维持。技术本身不能独立于对它的使用②。而在技术的媒介作用中，文化、政治和经济都并入了一种无所不在的制度，这一制度吞没或者拒斥所有历史替代性选择，而它的生产效率和增长潜力稳定了社会并把技术进步包容在统治的框架内。因此，技术的合理性已经变成了统治的合理性③。

由于对自然的改造导致了对人的改造，由于"人的创造物"出自社会整体又返归社会整体。因此，当技术成为物质生产的普遍形式时，它就制约着整个文化，它设计出一种历史总体——一个世界④。这里，马尔库塞将技术看作是推动人类社会历史发展的动因。他认为，技术的转变同时就是政治的转变，只是政治的变化要到将改变技术进步方向即发展一种新技术时才会转化为社会的质的变化。如果技术是为平息生存斗争而设计和利用的，这样的质变就会是向文明的更高阶段过渡。技术进步的这种新方向将是既定方向的突变，是流行的科学技术合理性的突变，是理论理性和实践理性新观念的突破⑤。

---

① ［美］赫伯特·马尔库塞：《爱欲与文明》，黄勇等译，上海译文出版社 2005 年版，第70—71 页。

② ［美］赫伯特·马尔库塞：《单向度的人》，刘继译，上海译文出版社 2006 年版，第7 页。

③ 同上书，第 8 页。

④ 同上书，第 140 页。

⑤ 同上书，第 207—208 页。

四　技术与人

技术作为工具的领域，既可以加快人的衰弱，又可以增长人的力量[①]。马尔库塞指出，技术世界的机械化进程破坏了人们在内心深处保存秘密的自由，不仅支配着人的身体，而且支配着人的大脑甚至灵魂[②]。而以技术的进步作为手段，人附属于机器的这种意义上的不自由，在多种自由的舒适生活中得到了巩固和加强[③]。因此，马尔库塞认为发达工业文明的奴隶是受到抬举的奴隶，但他们毕竟还是奴隶。因为是否是奴隶既不是由服从，也不是由工作难度，而是由人作为一种单纯的工具、人沦为物的状况而决定的[④]。

但是，当自动化将劳动力从个人中分离出来，变成为一个独立的生产客体并进而变成一个主体时，它就会引起整个社会的变革。被推向极端的人的劳动力的物化，将通过割断把个人与机器联在一起的链环而砸碎这种物化形式，从而使人的私人生活和社会生活得以形成[⑤]。

不过，当今作为技术的统治领域内，技术也使人的不自由处处得到合理化。它证明，人要成为自主的人、要决定自己的生活，在技术上是不可能的。因为这种不自由既不表现为不合理的，又不表现为政治性的，而是表现为对扩大舒适生活、提高劳动生产率的技术装置的屈从[⑥]。

五　技术与艺术的关系

技术文明在艺术和技术之间建立了一种特殊的关系，马尔库塞认为，在后技术合理性阶段。凭借理性的认知能力和改造能力。文明创造了种种使自然摆脱它自己的兽性、不足和蒙昧的手段。这时，技术本身就是和平的手段和"生活艺术"的原则。所以理性的功能与艺术的功能会聚在一

---

① ［美］赫伯特·马尔库塞:《单向度的人》，刘继译，上海译文出版社 2006 年版，第214 页。

② 同上书，第 26—27 页。

③ 同上书，第 31 页。

④ 同上书，第 32 页。

⑤ 同上书，第 36 页。

⑥ 同上书，第 144 页。

起。不过，与技术领域相对照，艺术领域是幻想的领域①。然而，技术的进步是与这种艺术的想象的逐步合理化甚至现代化相伴随的②。

马尔库塞认为，西方的高层文化——工业社会仍宣称信仰其道德、美学和思想价值——在功能的意义和年代顺序的意义上曾是一种前技术文化。它的合法性得自于一个因技术社会的出现而不再存在、也无法恢复的世界的经验③。

就艺术而言，艺术的基本品质是对既成现实的控诉，对美的解放形象的乞灵；由此，艺术在这里超越了它的社会限定。因此，艺术所构成的世界被认为是在既成现实中被压抑、被扭曲的一种现实④。在马尔库塞看来，人和自然是由一个不自由的社会构成的，它们被压抑、被扭曲的潜能只能以一种具有疏隔作用的形式表现出来，而艺术的世界是另一种现实原则的世界，是疏隔的世界⑤。而艺术的异化跟其他否定方式一道都屈从于技术合理性的进程⑥。

技术真有艺术的特征，可以把主观的感受力变成客观的形式，变成现实⑦。马尔库塞认为，人与自然之间的调和的社会中，艺术将改变它传统的位置和社会功能，变成一种在物质改造和文化改造中的生产力。这样，艺术将重新获得它的一些更原始的"技术"内涵：如调制、栽培、饲养的艺术⑧。

反抗艺术在社会上成为一股解放力量的调节作用，这种作用存在于工业技术中和表现社会主义的审美气质的自然环境中。然后，艺术便可能丧失对想象、美、梦想的支配权。而当前的反理想化的艺术和反艺术的以其否定性"预期"了这样一个阶段，即社会的生产能力可能近似艺术的创造能力，艺术世界的建设可能近似现实世界的重建——起解放作用的艺术

---

① ［美］赫伯特·马尔库塞：《单向度的人》，刘继译，上海译文出版社2006年版，第216—217页。

② 同上书，第226页。

③ 同上书，第54页。

④ ［美］赫·马尔库塞：《现代美学析疑》，绿原译，文化艺术出版社1987年版，第7页。

⑤ 同上书，第9页。

⑥ ［美］赫伯特·马尔库塞：《单向度的人》，刘继译，上海译文出版社2006年版，第61页。

⑦ ［美］赫伯特·马尔库塞：《现代美学析疑》，绿原译，文化艺术出版社1987年版，第48页。

⑧ 同上书，第54页。

和起解放作用的工业技术终于结合起来①。

第三节　弗洛姆：技术人道化

　　埃里希·弗洛姆（Erich Fromm，1900—1980 年），是新弗洛伊德主义的最重要的理论家，德裔美籍法兰克福学派的重要成员，是精神分析学家、社会心理学家。他 1922 年在海德堡大学获得哲学博士生学位。主要著作有《逃避自由》《自为的人》《西格蒙德·弗洛伊德的使命》《马克思关于人的概念》《人的破坏性研究》《希望的革命》等。

　　弗洛姆在秉承法兰克福学派独特的社会批判理论的基础上，开创了自己的人道主义哲学并成为新弗洛伊德主义（neo – Freudianism）的创始人。他在 1968 年出版的《希望的革命：走向一种人道化的技术》（The Revolution of Hope：Toward a Humanized Technology ［M］. New York：Harper&Row，1968；国内翻译成《人的希望》，辽宁大学出版社，1994 年版）一书中提出了技术的人道化问题。这是从人文主义角度对技术进行的批判，也成为当今中国技术哲学界探讨技术的人道化或人性化技术的一个重要思想和理论来源。

　　然而，仅仅根据弗洛姆在本书中所体现的思想就过高地评价人道化的技术在弗洛姆思想体系中的地位，或以此为理论依据来探讨所谓的技术人性化或人道化等都不免带有严重的片面性和曲解性。这里，不仅需要具体分析弗洛姆人道化技术的内涵，还需要分析弗洛姆人道化技术的提出背景，需要分析弗洛姆的技术人道化在其整个思想体系中的地位与扮演的角色，以及需要分析人道的技术能否实现的问题，等等。正如弗洛姆本人所言，如果找到资本主义社会的病根，当然也就找到了能够消除现代人的缺陷的治疗方法……只有当工业和政治的体制、精神和哲学的倾向、性格结构以及文化活动同时发生作用，社会才能够达到健全和精神健康。只注重一个领域的变化而排除或忽视其他领域的变化，就不会产

---

① ［美］赫伯特·马尔库塞：《现代美学析疑》，绿原译，文化艺术出版社 1987 年版，第 68—69 页。

生整个的变化①。

一　技术的人道化

弗洛姆的技术人道化是作为手段服务于他所设想的人道主义"健全的社会"（the sane society）的总体目标的。为此，弗洛姆认为未来的人道主义社会应该是"以人的充分发展为中心，而不是以最大限度地生产和消费为中心"②，并给出具体的通过技术的人道化从而达到未来人道主义社会的具体构想。

一是充分激发人的活力。弗洛姆认为，人道化工业社会的总目标则可以这样说明：我们社会中之社会的、经济的和文化的生活，依它激发和增进人的活力而不是损害它的方式改变；增强个人的活力而不使他们消极被动和变成一个接受性的人③。在弗洛姆看来，未来社会的人成了能够爱他人并能进行创造性劳动而充分发展的主体：未来社会则是个人发展同集体发展的结合，其中，个人的充分发展就是集体的充分发展的条件④。

二是技术的人道化。就未来的计算机技术而言，弗洛姆认为，计算机应当成为以生命为宗旨的社会体系的功能部分，而不是扰乱这个体系、最后毁灭这个体系的癌症。机器和计算机必须作为由人的理性和愿望所决定的最终目的和手段决定数据的选择和影响计算机程序的价值，必须将人类本能的认识作为基础，以它的种种可能的显示，它的最佳发展模式和有助于这一发展所必须的条件为基础。也就是说，是人的最佳发展而不是最大限度的生产的发展是一切规划的标准；必须是人而不是技术作为价值的最终根源⑤。在弗洛姆看来，技术应当是由人的理性，和意志决定的实现目标的工具而不能由技术统治人，技术应当增进人的自我发展而不是使人成为消极被动接受型的人。

---

① ［美］弗洛姆：《健全的社会》，欧阳谦译，中国文联出版公司 1988 年版，第 274—275 页。

② ［美］弗洛姆：《精神分析的危机》，许俊达等译，国际文化出版公司 1988 年版，第 75 页。

③ ［美］弗洛姆：《人的希望》，辽宁大学出版社 1994 年版，第 91 页。

④ ［美］弗洛姆：《社会主义是人道主义精神的运动》，载《国外学者论人和人道主义》（第 1 集），社会科学文献出版社 1991 年版，第 197 页。

⑤ ［美］弗洛姆：《人的希望》，辽宁大学出版社 1994 年版，第 91—92 页。

三是消费的人道化。在弗洛姆看来，消费活动应该是一种有意义的、富于人性的和具有创造性的体验……消费只是达到目的即达到幸福的手段①。因此，弗洛姆认为必须从两个方面考虑：一方面是，在富裕的人口部分，我们已经达到了有害消费的顶点；另一方面是，甚至在消费水平的顶点尚未达到之前，不断增长的消费目标就形成了一种贪婪的态度，人不仅要使他的合理需要得到满足，而且那无限扩展的梦幻般的愿望也要得到实现……尽管如此，但我们相信要将我们的社会改造成为生活服务型的社会，就必须改变我们的消费习惯，也就是要间接地改变当前工业社会的生产模式，即我们改变方向，使生产从某种"不必要的私人消费转向更加人道的社会消费"②。

四是人际关系的人道化。弗洛姆认为，未来的社会是一个人与人相互团结和相互信任的社会。因此，人的发展，要求超越他的自我牢狱以及贪心、自私、与同伴的分离和完全孤立的狭隘禁锢的能力。这种超越乃是开放、与世界联系、易受攻击、具有一致而完整经验的条件，使人能够享受一切现实的生活，将他的能力注入身边的世界。而且，在未来社会里，否定与反对任何形式的盲目崇拜并确信一种价值体系，在这种价值体系中，较低的价值由较高级的价值决定，最高的价值是约束和强制个人与社会生活实践的原则③。在弗洛姆看来，只有从根本上改变人的性格结构，抵制重占有的价值取向和发扬重生存的价值的取向，才能避免一场精神上与经济上的灾难④。

同时，弗洛姆还希望通过经济变革、政治变革和文化变革等措施来医治社会病症和设计通向未来人道化社会的路径。他认为，我们不能把工业以及政治体制的变革，同教育结构和文化生活结构的变革分离开来，如果我们不是从所有这些方面同时着手，那么任何改变和重建社会的认真努力都会成为泡影⑤。

这就是弗洛姆对技术人道化社会的理性设计。弗洛姆认为，人类只有

---

①　[美] 弗洛姆：《健全的社会》，欧阳谦译，中国文联出版公司 1988 年版，第 134—135 页。

②　[美] 弗洛姆：《人的希望》，辽宁大学出版社 1994 年版，第 110—111 页。

③　同上书，第 121—124 页。

④　[美] 弗洛姆：《占有还是生存》，关山译，生活·读书·新知三联书店 1989 年版，第177 页。

⑤　[美] 弗洛姆：《健全的社会》，欧阳谦译，中国文联出版公司 1988 年版，第 160 页。

创造出一个健全的社会，才能保护自己，不致有精神错乱的结局，这个新社会将顺应那种植根于人类生存状况的人类需要。在这个社会里，人与人相亲相爱地联系着，扎根于友爱和团结，不受血缘和土地的约束。在这个社会里，每个人不是靠求同而是通过将自己体验为自身力量的主体的方式来获得自我感，在这样的社会里，没有人歪曲现实、崇拜偶像，有的只是一种健康的倾向和献身精神的体系①。

二　弗洛姆人道化思想的渊源

技术的人道化，仅仅是弗洛姆人道化思想的一个部分，而且是作为达到未来人道主义社会目标的手段而出现的。因此，需要探究弗洛姆人道化思想的渊源，由此才能更好地理解弗洛姆为什么提出技术人道化以及为什么在弗洛姆看来技术人道化是可能的。

任何一个思想家的思想都不是凭空产生的，都有其产生的时代背景、人生经历和文化传统，都是社会的、阶级的和历史的产物。正如弗洛姆本所言：预言的犹太教，马克思、母系氏族制，佛教和弗洛伊德——对我都有关键性的影响。它们不仅构成了我的思想，还形成了我整个的思想发展②。

由于出生在一个笃信犹太教的家庭，不可避免地要处于受犹太教信仰的普遍影响之中。而犹太教宣扬大的至善至美，并强调精神、宗教和道德规范在人的生活中的中心地位等人道主义教义。这必然会渗透到弗洛姆的伦理原则和对未来的乌托邦构想当中。弗洛姆承认：对我有着积极影响或最终起决定性作用的是我的家庭的传统③。

就理论来源而言，一方面，弗洛姆的许多观点起始于弗洛伊德，并以继承和批判的方式忠诚于弗洛伊德，从而成为一个地道的弗洛伊德主义者和一名精神分析医生。在弗洛姆看来，弗洛伊德是一个人道主义者，他以人为目的，关心人、研究人。另一方面，马克思的理论尤其是青年马克思的人道主义思想、异化劳动的思想等对弗洛姆有着巨大的影响并使他成为

①　[美]弗洛姆：《健全的社会》，欧阳谦译，中国文联出版公司1988年版，第292页。
②　[美]弗洛姆：《说爱》，胡晓春等译，安徽人民出版社1987年版，第167页。
③　同上。

一个"社会主义者"。弗洛姆声称,马克思的哲学和它对社会主义的幻想吸引了我①,如果没有马克思,……我的思想也就失去了至关重要的动力②。而在弗洛姆看来。马克思牢牢地植根于人道主义传统③,是一个地地道道的人道主义者。另外,新康德主义哲学家柯亨(Hermann Cohen)的社会主义的人道主义思想也对弗洛姆有着一定的影响。

正是基于这些多元的思想源流并吸收其中的人道主义思想,从而形成了弗洛姆自己所谓的"规范的人本主义"(normative humanism),即对资本主义现代社会的病态和人的全面异化的人道主义批判、以综合人性论为基础的人道主义伦理学和以人的全面发展的人道主义社会主义等。

以这种"规范的人本主义"思想为指导,坚持马尔库塞的"总体异化论"并以弗洛伊德的心理分析为基础,弗洛姆对资本主义现代工业社会进行了激烈的批判,指出了技术所带来的种种不人道的社会现象。这也是法兰克福学派的社会批判理论在技术批判中的运用,"弗洛姆将对资本主义社会的批判转化为对技术的批判,并将资本主义社会种种不人道的现象归结为技术的不人道"。

弗洛姆认为,技术异化现象是现代人异化于自己,异化于同类,异化于自然。人变成了商品,其生命变成了投资,以便获得在现存市场条件下可能得到的最大利润。人与人之间的关系从本质上讲不过是已经异化为自动机器的人与人之间的关系④。因此,在弗洛姆看来,19世纪的问题是上帝死了,20世纪的问题是人死了⑤。也正是在资本主义现代技术社会中,在这样一个社会进程中,人自身已变成机器一部分,虽然吃得好,养得好,然而却是被动的,缺乏活力的,并几乎毫无情感⑥。

弗洛姆抨击了现代西方工业社会的技术奴役人的种种不人道的现象,认为人不再是人,而成为没有思想、没有情感的机器,成了经济工具。弗洛姆认为,在当代西方技术文化中只是注重事物和人的抽象性,忽略了对

---

① [美]弗洛姆:《说爱》,胡晓春等译,安徽人民出版社1987年版,第162页。
② [美]弗洛姆:《在幻想锁链的彼岸》,张燕译,湖南人民出版社1986年版,第9页。
③ [美]弗洛姆:《说爱》,胡晓春等译,安徽人民出版社1987年版,第163页。
④ [美]弗洛姆:《爱的艺术》,刘福堂译,四川人民出版社1986年版,第96页。
⑤ [美]弗洛姆:《健全的社会》,欧阳谦译,中国文联出版公司1988年版,第370页。
⑥ [美]弗洛姆:《人的希望》,辽宁大学出版社1994年版,第11页。

事物或人的具体性、特殊性的认识。我们不再提出必需和有用的抽象概念，而只是一味地把所有事物以及我们自身予以抽象化，随着我们自身的实在被抽象概念和幻影所取代，人和事物的具体现实只有数量的区别没有质的区别①。

在弗洛姆看来，技术是不人道的，它还导致了人的精神的不健全。"精神健康具有以下特征：能够去爱和创造，摆脱了对氏族和土地的乱伦依恋，通过把自我看作自身力量的主体和代理者而建立一种自我意识，认清内在和外在的现实，即促进客观性和理性。"② 而技术却使人倾向于占有的生存方式，形成以占有为主的社会性格，由此而缺乏爱和创造能力；在心理上，西方人现在处于一种无能力体验情感的人格分裂状态，因而感到忧虑、抑郁和绝望③。因此，弗洛姆惊呼，我们正处于现代人的危机当中④。另外，在弗洛姆看来，技术的不人道还表现在技术导致了社会的不健全、人的不自由、人的存在方式的堕落、人与社会关系的异化，等等。

但是，在面对技术社会中的种种非人道的病态和人的危机的情况时，弗洛姆并不是仅仅停留于批判之中，而是认为我们对人的未来不该有任何失望⑤，并积极探索一种符合人的需要的健全的社会之路。在弗洛姆看来，这种健全的社会就是一种技术人道化的社会。弗洛姆认为，今天，人面临着最根本的选择，这并不是在资本主义或共产主义之间做出选择，而是在机器人制度或人道主义的公有社会主义之间做出选择。大量的事实似乎表明，人正在选择机器人制度，那就是说，人终将选择疯狂和毁灭。但是，这些事实并不足以摧毁我们对人的理性、善良意志和健全所抱的信心。只要我们能够考虑到其他的选择，我们就不会被毁灭；只要我们能够考虑到其他的选择，我们就还有希望⑥。正是这种希望的存在，弗洛姆才根据其人道主义思想提出了技术人道化的社会构想，也就是社会主义不仅

---

① ［美］弗洛姆：《健全的社会》，欧阳谦译，中国文联出版公司 1988 年版，第 113 页。

② 同上书，第 167 页。

③ ［美］弗洛姆：《弗洛姆著作精选》，黄颂杰编译，上海人民出版社 1989 年版，第 368 页。

④ 弗洛姆：《人的希望》，辽宁大学出版社 1994 年版，第 150 页。

⑤ ［美］弗洛姆：《健全的社会》，欧阳谦译，中国文联出版公司 1988 年版，第 67 页。

⑥ 同上书，第 373 页。

是社会的经济和政治纲领，更是人的纲领：在工业社会条件下，实现人道主义理想①。

就弗洛姆总体的人道化思想而言，它为向西方知识界宣传和阐释马克思主义并纠正西方理论家对其的某些曲解，对弗洛伊德主义的批判改造、对现代资本义异化现象的揭示、对西产技术社会盛行的物质主义与消费主义以及自我中心主义的批判等等，是不无价值和见地的；就其技术人道化的思想及其未来技术人道化社会的构想也是不无创新性的，在弗洛姆看来，似乎只要实现技术的人道化，那么一个人道化的社会就会来临，而且弗洛姆也为如何实现技术的人道化设计了理想的方案。也就是说，在弗洛姆看来，技术的人道化是可能的。但是，正如笛卡所言：要想追求真理，我们必须在一生中，尽可能地把所有事物都怀疑一次②。在我们看来，弗洛姆的这种作为实现人道社会的手段的技术人道化思想也是值得怀疑与深入分析的，不可照单全收而用于我们对技术哲学的研究以及对当前技术问题的理解和探索解决之道。

首先，弗洛姆将马克思主义归结为人道主义是值得商榷的。马克思的社会主义理论包含了人的全面发展的思想，但它是以唯物史观和剩余价值学说为基础，从社会基本矛盾运动的分析中得出的，而不是以抽象的人的本性为出发点和归宿。正如列宁所指出的：马克思和恩格斯曾屡次说，马克思主义的哲学基础是辩证唯物主义③。在马克思主义看来，人是一切社会关系的总和，而不仅仅只是抽象的人性。用抽象的人性来抹杀阶级性是资产阶级毒害广大群众的政治说教。

其次，混同了马克思主义与西方人道主义哲学。资产阶级人道主义哲学虽然有进步意义与合理内容，但它以表面的平等、自由掩盖实际上的不平等、不自由，企图离开生产力的发展和生产方式的变革，来追求合乎抽象的人性社会的出现。而且，通过技术的人道化来实现人的自由这也是一种理性的设计未来，正如法国托克维尔所言：他们认为借助理性，光靠理性的效力就可以毫无震荡地对如此复杂、如此陈旧的社会进行一场全面而

---

① ［美］弗洛姆：《人的呼唤》，王泽应等译，生活·读书·新知三联书店1991年版，第179页。

② ［法］笛卡儿：《笛卡儿思辨哲学》，尚新建等译，九州出版社2004年版，第60页。

③ 《列宁全集》（第15卷），人民出版社1988年版，第376页。

突然的改变。这些可怜虫！他们竟然忘掉了他们先辈四百年前用当时朴实有力的法语所表达的那句格言：谁要求过大的独立自由，谁就是在寻找过大的奴役①。同时，这种人道化技术的社会的设计也是一种毫无根据的乐观主义。美国戴维·埃伦费尔德就指出，人道主义的迷信努力按照自己的想象重新设计世界，造成了一长串不断恶化的结果……从目前的这种现实里，怎么能推断出一个没有辛劳、技术成了"人类创造性伙伴"的乌托邦？……（这是）逃避现实、完全躲到一个安慰性的世界——技术田园诗的梦想中了②。

再次，就技术的人道化而言，这是否可能也是值得探讨的。一方面，是否存在人道化的技术和非人道化的技术本身就值得怀疑。作者认为，不存在所谓的人道化的技术或非人道化的技术，技术作为人类征服自然和改造自然的手段，是不存在所谓人道化和非人道化之分的。一者，就其相对于增强人类在自然中的生存能力的本质而言，任何技术都是人道的，它提高了人类在自然界中的生存能力；二者，而就其相对于自然而言，任何技术都是不人道的，它是自然界的异化，任何技术都是作为自然的对立面而存在的并都会对自然产生一定的影响并最终累积而反过来危及人类的生存环境；再者，由于标准的双重性，同一个技术在不同的标准衡量下会出现既人道又不人道的情况，这就使得以"人道"来区别技术变得没有意义。同时，任何技术与技术的应用又是分不开的，正如布坎南和博迪（Buchanan and Boddy）所言：一个给定的技术创新因素没有为预言它的应用所带来的社会、心理、组织和经济的后果而提供足够的基础。更多的是取决于技术怎样被使用③。马里奥·邦格（Mario Bunge）也指出，大多数工业产品是道德中立的，就这种意义而言，它们可以被用于好的或者坏的方面。一把刀可能用来切大块的面包，也可能用来割断喉咙；一种具有强大功效的药物既可以治愈疾病，也可以杀死人④。因此，即使存在所谓

---

① 托克维尔：《旧制度与大革命》，冯棠译，商务印书馆 1992 页，第 179 页。

② ［美］戴维·埃伦费尔德：《人道主义的僭妄》，李云龙译，国际文化出版公司 1988 年版，第 106 页。

③ Wall T. D., Burnes B., Clegg C. W. and Kemp N. J, *New Technology*, *Old Jobs*, Work and People, No. 2, Vol. 10, 1984, pp. 20 – 21.

④ Bunge Mario, *Treatise on Basic Philosoph*, Vol. 7, Boston: D. Reidel, 1984, p. 310.

的不人道的"技术"，那也不是技术的人道、不人道的问题，而是应用技术的人及其社会的人道、不人道的问题。将问题最终归结为技术的人道、不人道问题，是对技术背后的社会关系的忽视和否定。而且，即使技术能够被人道化，这样的技术能否解决已有的社会问题也是值得怀疑的。施瓦茨在《过度巧妙》中曾指出，一个问题的解决会产生一批新问题，这些问题最终会排除那种解决。这个辩证过程可以概括为"技术—社会"发展五步骤：1. 由于相互联系和封闭体系的局限性，一种"技术—社会"解决永远都不完满，因此是一种准解决；2. 每种准解决都会产生新的、余留的技术—社会问题；3. 新问题的激增速度快于发现解决方法的速度；4. 每种后继的余留问题都比前面的问题难解决；5. 在一个技术发达的社会里未解决的、余留的技术—社会问题会聚到一处，在那里，技术解决根本不可能了①。因此，通过技术的人道化来建设一个健全的社会即使不是不可能的，也至少是不健全的。

　　另一方面，将资本主义社会中的病态特征和人的异化等现象归结为技术的非人道化原因所致，是一种淡化阶级意识、回避主要阶级社会矛盾的表现。尽管马克思也谈到技术异化以及技术异化所导致的人和社会问题，认为技术的胜利，似乎是以道德的败坏为代价换来的。随着人类愈益控制自然，个人却似乎愈益成为别人的奴隶或自身的卑劣行为的奴隶，甚至科学的纯洁光辉仿佛也只能在愚昧无知的黑暗背景上闪耀②。但马克思认为异化这种情况是资本主义生产方式造成的每一个领域都是人的一种特定的异化，经济异化是一切异化形式的基础。是资本主义社会把人变成畸形的、片面的人，只有共产主义的人才能成为全面发展的人自由的人。因此要克服异化就必须从根本上改变资本主义生产方式。共产主义是私有财产即人的自我异化的积极扬弃，因而是通过人并且为了人而对人的本质的真正占有；因此，它是人向自身、向社会的人的复归……③。随着私有制的消灭和对生产实行共产主义的调节，一切异化将被消灭，生产、交换及其

---

　　①　［美］戴维·埃伦费尔德：《人道主义的僭妄》，李云龙译，国际文化出版公司1988年版，第89—90页。

　　②　马克思：《在〈人民报〉创刊纪念会上的演说》，载《马克思恩格斯选集》（第2卷），人民出版社1972年版，第78—79页。

　　③　马克思：《1844年经济学哲学手稿》，人民出版社2000年版，第81页。

相互关系的方式重新受人类自己支配。因此，仅仅通过技术的人道化来消除技术的非人道化现象而建设一个所谓的健全的社会是不可能的。而且，简单地将问题归结到技术层面，是一种简化的处理问题方式，是人类对自身责任的逃避。

马克思认为，任何真正的哲学都是自己时代精神的精华。自人类进入阶级社会以来社会一直都是存在阶级的，人们都生活在一定的阶级地位中，各种思想无不打上其所处阶级的阶级烙印。弗洛姆关于技术人道化以及人道化社会的设想，也是其所处时代的精神状况的反应，有其深刻的社会根源。因此，抛开弗洛姆思想所产生的社会根源而仅仅取其技术人道化思想是不可取的；而且，除去其思想中的阶级因素，单就技术本身而言，这种所谓的技术人道或不人道的问题更是有待商榷的。任何技术都有其自然属性，将诸多社会问题归结为技术的不人道，无异于等于否定其自然属性。在人类认识的一定阶段和水平上，一定的技术具有一定的自然属性才使该技术成为技术。就目前人类普遍使用的矿石燃料而言，如果偏要认为它带来了许多不人道的现象而认为该技术是不人道的，那么无非是想要利用矿石燃料而又不让其产生热量一样。这是荒谬的。

第四节 哈贝马斯：作为"意识形态"的技术

哈贝马斯（Jugen Habermas 1929—），德国哲学家，社会学家。也是当代西方最重要的思想家之一，德国法兰克福学派的第二代领袖，"批判理论"和新马克思主义的代表人物。英国社会学家 B·威尔比把他称作是当代的黑格尔和后工业革命的最伟大的哲学家；美国学者 T·罗克摩尔则指出，哈贝马斯和萨特是当代最重要的两位新马克思主义理论家[1]。而哈贝马斯在对马克思主义的重新思考中，其理性特点是对技术和文化之间媒介的语言重视[2]。

---

[1] ［德］哈贝马斯：《交往与社会进化》，张博树译，重庆出版社1989年版，第2页。
[2] ［美］道格拉斯·凯尔纳、波德里亚：《批判性的读本》，陈维振等译，江苏人民出版社2005年版，第97—98页。

哈贝马斯曾先后在哥廷根大学、苏黎世大学、波恩大学，学习哲学、心理学、历史学、经济学等，并获得哲学博士学位。1961 年获大学教授资格，历任海德堡大学教授、法兰克福大学教授、法兰克福大学社会研究所所长以及德国马普协会生活世界研究所所长。1964—1971 年在法兰克福大学讲授哲学、社会学，并协助 T. W. 阿多诺指导法兰克福社会研究所。1971 年任普朗克科学技术世界生存条件研究所领导人，后任法兰克福大学哲学系教授。

哈贝马斯认为知识的产生根源于人类的三种兴趣，即技术的兴趣、实践的兴趣和解放的兴趣，造成了资本主义社会的危机。为了克服动机危机和信任危机，批判理论必须重视互动过程和沟通过程，只有通过沟通行动才有可能把人类从被统治中解放出来。哈贝马斯的知识旨趣说，技术统治论和沟通行动论等学说，作为综合的社会批判理论，产出了深远的影响。

哈贝马斯在他自己的作品中，大量地运用了伽达默尔的著作，他的作品关注于把解释学与社会科学的其他分析形式联结起来①。而且，他的著作可以反映出康德、黑格尔、马克思、韦伯、帕森斯和皮亚杰等多方面的影响，但其最重要的思想无疑乃是法兰克福社会研究所的深厚的马克思主义传统②。他自己也认为自己是"立足于西方马克思主义的传统"③。不过，虽然哈贝马斯自称是在马克思主义的传统内进行研究的，但他的著作却如此的接近修正主义，以至于很难吸引那些自认为是"马克思主义者"的大多数人④。

英国安东尼·吉登斯认为，哈贝马斯对"劳动"和"互动"进行的区分，含糊不清的徘徊在哲学人类学和社学的边缘。这种区分源自"技

---

① 安东尼·吉登斯：《社会学方法的新规则》，田佑中等译，社会科学文献出版社 2003 年版，第 138 页。

② ［英］威廉姆·奥斯维特：《哈贝马斯》，沈亚生译，黑龙江人民出版社 1999 年版，第 1 页。

③ ［德］尤根斯·哈贝马斯：《理论与实践》，郭官义等译，社会科学文献出版社 2004 年版，第 V 页。

④ ［英］安东尼·吉登斯：《社会理论与现代社会学》，文军等译，社会科学文献出版社 2003 年版，第 244 页。

术控制中的兴趣"和"理解中的兴趣"的抽象对立。吉登斯指出，哈贝马斯认为"劳动"和"互动"……理性地遵循在逻辑上相互独立的重建模式。然而，工具理性从相互理解中的这种分离，或许会在关系到不同知识声称的逻辑时可行，但在关系到社会行为自身的分析时，这种分离当然行不通。无论做出什么样的说明，在围绕实践的意义或更狭义的人类改造自然活动的意义上，工作并不是完全充满了工具理性，互动也不是仅仅导向相互理解的结果。吉登斯认为，哈贝马斯观点的缺陷似乎反映在他的批判理论中，他将批判理论的核心问题放在通过合理性论争达到共识的实现上①。

哈贝马斯的著作主要有：《公共领域的结构转型》（1962 年）、《理论和实践》（1963 年）、《社会科学的逻辑》（1967 年）、《作为意识形态的技术和科学》（1968 年）、《认识和兴趣》（1968 年）、《合法化危机》（1975 年）、《重建历史唯物主义》（1976 年）、《交往行为理论》（1981 年）、《后形而上学思想》（1988 年）等。

哈贝马斯的所指的技术仅仅是指征服和改造自然的技术，并不包含所谓的"社会技术"。他在批判马克斯·韦伯的实践合理性理论时指出，马克斯·韦伯的技术概念过于宽泛：它不仅涉及控制自然的工具规则，也包括艺术家掌握材料的规则，或者说，囊括了政治、社会、教育以及宣传等领域中对待人的技术②。

一　技术与科学

哈贝马斯指出，现代科学的认识意图，尤其在其初期，主观上似乎并不是旨在生产技术上有用的知识，但是自伽利略以来，研究本身的目的客观上转向获取技术，并把自然过程本身当作自然界产生的过程来研究。理

---

① 安东尼·吉登斯：《社会学方法的新规则》，田佑中等译，社会科学文献出版社 2003 年版，第 152—153 页。

② ［德］尤根斯·哈贝马斯：《交往行为理论》，曹卫东译，上海人民出版社 2004 年版，第 164 页。

论把技术上再现自然过程的能力作为衡量自己的尺度①。当前，在工业发达的社会中，科学作为技术进步的发动机；本身已经成为第一生产力②（鲍德里亚认为，本雅明第一个——其后是麦克鲁汉——没有把技术当成"生产力"，而是当成中介，当成策划内骨骼新一代意义的形式和原则③）。但是，科学作为生产力，如果它作为解放的力量汇入科学，它就会造福于人类；科学一旦让技术无法占有的实践领域接受它的单独的监督，它就会给人类带来灾难④。

尤其是自 18 世纪以来，随着我们文明的科学化，在这个先进的工业社会里，科学、技术、工业和管理，构成了一个循环过程。在这个循环过程中，理论与实践的关系更多地表现为对技术的有目的的、合理的使用。科学的社会能量转化为技术拥有的力量，经验分析的科学产生了技术方法⑤。但是，哈贝马斯认为，如果技术产生于科学——技术对人的行为的影响，不亚于自然对人的行为的控制——那么，把这种影响人的行为的技术使用于实际的生活世界的做法，把部分领域中的技术支配权反过来使用于从事生产的人的交往的做法，就更要求科学的反思。破坏反思必然受到惩罚。因此，不能让理性化在技术支配领域的尽头停止下来，相反，必须对技术进步的实践后果进行科学反思⑥。毕竟，技术上有用的知识的传播不能代替反思的巨大力量⑦。

哈贝马斯认为，经验科学包含着从技术控制的角度来讲解有关现实的信息⑧。这就是说，人们对自然界的兴趣，本质上是人们希望为了人类的意图而利用自然，自然科学便是对这种兴趣的回答。因此，自然科学提供

---

① ［德］尤根斯·哈贝马斯：《理论与实践》，郭官义等译，社会科学文献出版社 2004 年版，第 64 页。

② 同上书，第 358 页。

③ ［法］让·鲍德里亚：《象征交换与死亡》，车槿山译，译林出版社 2006 年版，第 77 页。

④ ［德］尤根斯·哈贝马斯：《理论与实践》，郭官义等译，社会科学文献出版社 2004 年版，第 357 页。

⑤ 同上书，第 330 页。

⑥ 同上书，第 388 页。

⑦ 同上书，第 380 页。

⑧ Habermas, *Knowledge and Human Interests*, tr. J. J. Shapiro, London：Heinemann, 1972, p. 162.

给我们"可作为技术使用的知识"①。也就是说，经验科学的认识兴趣是一种技术认识兴趣②。所以，哈贝马斯并不反对对待自然的"工具主义"态度。相反，他认为，交往的合理性比韦伯所强调的工具合理性更为根本，也更为广泛③。而且，工具或目的的合理性——即有效地把手段用于目的——并不是人类的一项特殊的成就，在动物的行为中也能看到这种现象。

哈贝马斯认为，人的认识的兴趣决定了人的科学活动，而每一种科学活动又有它自己的特殊的认识兴趣。技术的兴趣是人们试图通过技术占有或支配外部世界的兴趣，它的意向是把人类从自然界的强制中解放出来。也就是说，技术的兴趣是试图解决自然界的不可认识和不可理解性，是排除自然界对人的盲目统治。因此，技术的兴趣也可以称为有效地控制自然过程的兴趣。技术的兴趣促成并决定着自然科学的思想研究，自然科学包含着技术兴趣，技术兴趣为自然科学奠定了基础④。

而不管是对还是错，哈贝马斯还是坚信自然科学总是会达到对人类社会的技术控制，问题是科学技术的合理性是如何贯穿于整个世界的各个层面的⑤。哈贝马斯指出，由于生产程序首先是通过科学方法的应用被革命化；接着，希望技术正确发挥作用的要求也被应用到社会领域上；于是，社会领域随着劳动的工业化获得了独立。但是，科学上解决了的技术支配自然的问题，又以同样的规模变成了同样多的生活问题⑥。

二　技术与实践

哈贝马斯认为，技术问题着眼于在既定的目的（价值和规则）的情

---

① Habermas, *Knowledge and Human Interests*, tr. J. J. Shapiro, London: Heinemann, 1972, p. 191.

② ［德］尤根斯·哈贝马斯：《理论与实践》，郭官义等译，社会科学文献出版社 2004 年版，第 345 页。

③ Habermas, *The Theory of Communicative Action*（Vol. 1），tr. T. McCarthy. London: Heinemann, 1984, p. 10.

④ ［德］哈贝马斯：《认识与兴趣》，郭官义等译，学林出版社 1999 年版，第 12 页。

⑤ J. Habermas, *Toward a Rational Society*, Cambridge: Cambridge Polity, 1986, p. 90.

⑥ ［德］尤根斯·哈贝马斯：《理论与实践》，郭官义等译，社会科学文献出版社 2004 年版，第 387 页。

况下手段的目的的理性的组织，以及在不同的手段之间的理性选择。相反，实践问题着眼于规范，特别是行为的接受或拒绝①。所以，哈贝马斯认为，从狭义的希腊文的含义上说，古老的政治学说仅仅与实践相关，与技术（Techne）即同使用技术熟练地制作产品和扎扎实实地完成客观任务毫无关系②。这正如 Axel Honneth 对劳动过程的理性化的批判时所指出的，这种对外部干预的反对抵抗是一种实践的理性，它既和联合行动与互相理解中达到的交往活动的逻辑无关，也与对实际过程的技术支配的工具性活动目的无关③。

而理论和实践之间的真正困难，在于我们无法把技术力量和实践力量加以区分。科学化的文明也不能回答实践问题，所以当科学化的过程超越技术问题的界限而不能摆脱受技术限制的理性的反思阶段时，真正的危险就出现了④。以至于人们不再谋求理性的共识，而是从技术上获得支配历史。

三　技术与社会

社会通过技术来控制外部自然。哈贝马斯认为，社会系统从内外两个方向上，把它的边界向自然领域扩展⑤。对于外部自然的控制，社会是运用技术知识来把握自然，并把技术知识运用于劳动或工具行为之中。哈贝马斯指出，劳动或工具行为所遵循的是技术规则，它们所体现的是经验观点，其中包含着真实性要求⑥。也就是说，面对外部自然，社会系统用（遵循技术的）工具行为来捍卫自身；面对内在自然，则用（遵循有效规范的）交往行为来捍卫自身⑦。社会系统也就在这种处理自己与外部自然

---

①　［德］尤根斯·哈贝马斯：《理论与实践》，郭官义等译，社会科学文献出版社 2004 年版，第 3 页。

②　同上书，第 44 页。

③　Axel Honneth, *Work and Instrumental*, New German Critique, 1982（26），p. 31 – 54.

④　［德］尤根斯·哈贝马斯：《理论与实践》，郭官义等译，社会科学文献出版社 2004 年版，第 331 页。

⑤　［德］尤尔根·哈贝马斯：《合法化危机》，曾卫东等译，上海人民出版社 2000 年版，第 14 页。

⑥　同上。

⑦　同上书，第 15 页。

和内在自然的关系中维持着自我生存，而这其中，技术则是其中介和手段。而世俗的知识和技术的历史，就是面对外部自然掌握真理的历史，它由诸多断断续续但不断积累的过程所构成①。在这样的过程中，由于技术的变化生产力不断提高，社会也就不断进化。这也就是哈贝马斯所指出的，社会进化表现为三个层面，即生产力的提高，系统自主性的增强以及规范结构的变化②。

因此，哈贝马斯断言，在发达的工业社会里，科学和技术已成为主要的生产力。对此，科学技术与工业管理在循环运作中有连锁效应，无论正统的马克思主义者对科学技术的后果怎样讲，他们对这些也不会有太多的争议③。

但是，哈贝马斯认为，技术的发展不是决定社会形态的因素，并由此而指出，社会进化不能根据劳动力的组织形式去重建④。哈贝马斯指出，关于时代分期，存在着几种意见，它们或是以被加工的基本物质（如石器、青铜器、铁器，直到今天的合成产品）为基础；或是以被开发的最重要的能源（火力、水力、风力，直到原子能和太阳能）为基础。但是，试图在上述序列中发现某种发展模型的努力迅速导向了使自然资源成为可用的、并加工它们的技术序列。事实是，这似乎是一种技术历史的发展模型。无论如何，技术发展模型使自己适合于这样的一种译解，好像人类已经成功地把有目的的、理性的行为系统的基本要素落实到技术手段水平，并由此解除了人类自身的相应功能。

所以，哈贝马斯认为，自从"新石器革命"以来，在任何情况下，伟大的技术发现都没有导致新时代的产生，而仅仅是伴随着它们。技术的历史，不论它多么能合理地予以重建，终归不适于界定社会形态。在哈贝马斯看来：生产力的发展尽管是社会发展的一个相当重要的方面，但对社

---

① ［德］尤尔根·哈贝马斯：《合法化危机》，曾卫东等译，上海人民出版社2000年版，第16页。

② 同上书，第5页。

③ ［英］威廉姆·奥斯维特：《哈贝马斯》，沈亚生译，黑龙江人民出版社1999年版，第20页。

④ ［德］尤根斯·哈贝马斯：《交往行为理论》，曹卫东译，上海人民出版社2004年版，第153—154页。

会分期来说，却不是决定性的。因此，社会进化不能根据劳动力的组织形式去重建。

这里，哈贝马斯很显然是曲解了马克思的历史唯物观。因为马克思认为，一切历史冲突都根源于生产力与交往形式之间的矛盾，并把人类发展史看作是交往形式随着生产力的发展而相继更迭的"序列"①。但对于技术与社会的关系问题，马克思主义技术哲学思想表明了两者的互动关系——既不是技术决定论，也不是社会决定论，而是强调技术与社会之间的相互作用（这可参见前文关于马克思恩格斯技术思想的相关论述）。

之所以有这种看法，是因为在哈贝马斯看来，人类不仅在对于生产力的发展具有决定性作用的、技术上可以使用的知识领域中进行学习，而且也在对于相互作用的结构具有决定性作用的"道德—实践"意识的领域中进行学习，而交往行动的规则在这些领域中遵循的是自身的逻辑②。也就是说，社会的进化不仅是生产力的发展，而且还必须要有体制上的变革，而体制上的变革必须在交往领域中发生。因此，哈贝马斯指出，有些社会虽然技术知识有了积累，但是却不能充分地利用这些知识，这是因为它们的制度没有创新。如果社会制度发生了变革，技术知识的充分运用才是可能的③。

哈贝马斯认为，大众传媒塑造出来的世界所具有的仅仅是公共领域的假象，即便是它对消费者所保障的完整的私人领域，也同样是虚幻的④。

四　技术与技术理性（工具理性）

早在《工具理性批判》中，霍克海默已经指出，在资本主义条件下，理性由于被局限于"目的—手段"的关系，已经蜕变为"技术理性"，既

---

① 马克思、恩格斯：《马克思恩格斯全集》（第3卷），人民出版社1960年版，第79—83页。

② ［德］尤尔根·哈贝马斯：《合法化危机》，曾卫东等译，上海人民出版社2000年版，第159页。

③ ［德］尤尔根·哈贝马斯：《重建历史唯物主义》，郭官义译，社会科学文献出版社2000年版，第232—233页。

④ ［德］哈贝马斯：《公共领域的结构转型》，曹卫东等译，学林出版社1999年版，第196—197页。

被当作统治自然的纯粹工具，也发展成一种社会统治形式①。霍克海默提倡一种植根于合理化的科技意识形态之中对于资本主义变化的激进批判，哈贝马斯对此作了进一步的论述。

哈贝马斯在马克斯·韦伯的行为理论中找到了将技术和文化再次分离的基础。韦伯区分了目的理性待业和价值理性行为，而哈贝马斯就是用这种两分法提出了技术行为和象征的相互作用之间相互矛盾的理论②。在哈贝马斯看来，理性的工具化一方面对资本主义的发展起到了巨大的促进作用；但另一方面也不可避免地导致了社会事实上的"非理性化"，使资本主义社会制度"合法性"越来越丧失，也就是说，资本主义现代化的历史，实质上是工具理性越来越发达、其运用范围无限扩张的历史，西方现代社会的许多弊病正产生于此③。而且，随着工具理性的胜利挺进，意识的物化似乎已经是一种普遍的现象④。

而工具理性所调节的主客关系，不仅仅决定着社会与外在自然之间的关系，而且主要是反映在科技进步的历史水平上。工具理性的目的是想让主体占有自然，而不是为了告诉自然所要承受的后果。因此，工具理性也是一种"主观理性"⑤，它把问题本身的合理性变成了解决问题的程序、方法和手段的合理性，把一件事，在内容上是否正确的判断变成了对一种解决方法是否正确的判断⑥。

在工具理性决定下的物化意识结构中，主体与外在自然相处的目的是为了自我捍卫，思想追求的是用技术征服外在自然，进而在熟悉的基础上适应外在自然，而外在自然客观反映在工具行为的活动范围内。工具理性

① ［德］尤尔根·哈贝马斯：《作为未来的过去》，章国锋译，浙江人民出版社2001年版，第180页。
② ［美］道格拉斯·凯尔纳、波德里亚：《批判性的读本》，陈维振等译，江苏人民出版社2005年版，第100页。
③ J. Habermas, *The Theory of Communicative Action*, London: Heinemann, 1984, p.455.
④ ［德］尤根斯·哈贝马斯：《交往行为理论》，曹卫东译，上海人民出版社2004年版，第367页。
⑤ 同上书，第373页。
⑥ J. Habermas, *The Theory of Communicative Action*, London: Heinemann, 1984, p.487.

使得对内部和外部的控制成为生命的终极目标①。

作为工具理性，理性把自身与权力混同起来，并因此而放弃了批判的力量——这是应用于自身的意识形态批判的最后总暴露②。

实际上，当批判理论接受韦伯的合理化理论后，哈贝马斯等人就改变了马克思将生产力的发展看作是历史发展的动力，而是将之视为统治的工具。工具合理性释放出来的生产力不是起到社会解放作用，而是起稳定正在异化的生产关系的作用。在资本主义社会，科学技术已经成了新的资产阶级意识形态，它为资本主义提供了新的合法化基础。

但是，哈贝马斯认为，一个社会系统仅仅具备技术理性的条件是不够的。随着技术进步带来的没有预计到的社会文化后果，人类面临的挑战不仅是用咒语呼唤出的自己的社会命运，而且是学会掌握自己的社会命运。而只用技术对付不了技术的这种挑战③。

哈贝马斯关注的主要是在理论和科学关系中，在技术过程与生活世界之间的科学本身，他关注于政治学中的科学化和作为意识形态的技术与科学。他的立场可以被看作是 20 世纪五六十年代从左翼对西德技术决定思潮进程的批判。这种技术决定论思潮与 Hans Freyer 和 Helmut Schelschy 的理论联系在一起，其认为技术的发展是一种自我决定的过程，它有自身的目的和应用④。哈贝马斯反对这种观念，认为科学和技术仅仅是为了掩盖潜在的、未经反思的适合利益和科学的决策而服务的，即科学技术是一种意识形态。也就是说，以思想的实证主义形式出现的科学技术本身，当其被表达为技术决定论时，它就取代了已被摧毁的资产阶级意识形态而成为一种新的意识形态。所以，在哈贝马斯看来，尽管技术决定论比其他一切意识形态都较少地具有意识形态性质，但它却损害了人类解放的利益⑤。

①　［德］尤根斯·哈贝马斯：《交往行为理论》，曹卫东译，上海人民出版社 2004 年版，第 362 页。

②　［德］尤尔根·哈贝马斯：《现代性的哲学话语》，曹卫东译，译林出版社 2004 年版，第 137 页。

③　［德］尤根斯·哈贝马斯：《理论与实践》，郭官义等译，社会科学文献出版社 2004 年版，第 379 页。

④　Norman Stockman, *Habermas，Marcuse and the Aufhebung of Science and Technology*, Philosophy of Social Science, 1978（08）.

⑤　J. Habermas, *Toward a Ratioanl Society*, Cambridge：Potlity Press, 1986, p. 111.

技术决定论正是通过使政治问题科学化，使政治问题技术化而达到这个作用的。在技术决定论的政治中，人民大众和公共领域的问题都变成了非政治化的东西①。

第五节　费恩伯格批判主义的技术哲学思想

安德鲁·费恩伯格（Andrew Lewis Feenberg）是当代西方有代表性的技术批判理论家，他在继承和批判法兰克福学派的早期代表人物霍克海默、阿多诺和马尔库塞等人思想的基础上，把对社会的批判转向对社会中最常见现象技术的批判，提出了技术批判理论，成为新一代法兰克福学派在美国的重要代表之一。

一　费恩伯格技术批判理论的理论来源

1. 马克思社会批判理论的影响

费恩伯格作为法兰克福学派的直系后裔，一直非常认可马克思的社会批判理论对他的重大影响。事实上，在"五月事件"后尽管马克思主义处于低潮，费恩伯格却一直在从事社会主义的组织与实践问题研究，他的《马克思、卢卡奇和批判理论的来源》（1982 年）表现出他那一时期的研究重心。同时，苏东巨变之后不少马克思主义者都改变信仰，费恩伯格却在那时公开宣布自己是马克思主义者，当然是新马克思主义者。可见费恩伯格对马克思主义有着强烈的信念。

费恩伯格通过师承法兰克福学派的思想间接地接受了马克思的理论，同时也通过研读马克思本人的著作和马克思展开对话，汲取马克思社会批判理论的思想。马克思的社会批判理论主要从以下几个方面给费恩伯格以影响：

（1）马克思最先提出了异化劳动理论。异化劳动理论是马克思在反思古典政治经济学的不足时提出来的。古典政治经济学从"劳动"出发研究资本主义的反常现象，把工人当作"劳动的动物"，但是这种方式并未揭示资本主义社会矛盾的根源。马克思把"劳动"视为人的类本质，

---

① J. Habermas, *Theory and Praxis*, Cambridge: Polity Press, 1986, p. 255.

从而劳动的创造物应该归人所有。但实际情况并非如此，人创造出来的产品却成为工人的对立面，成为统治工人的力量。马克思由此通过对异化的不同层面的分析揭示出异化劳动的根源在于私有财产的存在，从而提出了要改变社会现状，必须消灭私有制的思想。

（2）马克思的技术的设计批判理论。费恩伯格通过研读马克思的成熟著作，提出马克思的思想中包含了两种对资本主义的相关批判，即"所有权理论"和"劳动过程理论"，前者建立在资本主义经济分析的基础上，后者则基于对资本主义组织形式的社会学分析。相应地，马克思的技术批判理论就包含了三方面：产品批判、过程批判和设计批判。在费恩伯格看来，前两个批判可以概括为技术的产品——过程批判，是传统马克思容易认可的理论。这种批判往往认为要改变对资本主义的异化现象，只要以社会主义代替资本主义的政治革命就可以完成，至于技术的进一步发展，那是进入到社会主义之后，为下一步过渡到更高级的层次——共产主义才需提出的任务，因此在从资本主义向社会主义过渡的过程中不需考虑。费恩伯格赞同后一个批判即技术的设计批判并在这个意义上提出，马克思第一个提出了技术的批判理论（技术的设计批判）。这种理论提出，社会的变革不仅需要政治的改变，更需要的是技术上的改变，因为新的社会是在旧社会基础上建立起来的，由于技术具有二重性，旧社会中的技术是服务于旧的社会的，新的社会必须对技术重新设计，使之服务于新的社会需要。

（3）马克思对技术发展背后的"利益"的分析。在马克思看来，资本主义社会的特点在于把统治阶级的利益冒充为社会的普遍原则，从而使之隐藏在"理性"的面具之下，具有欺骗性。费恩伯格在分析技术编码的形成时，也力图揭示技术理性并非只包含着效率即科学理性，而是把技术所有者的利益浓缩在技术编码之中，从而以隐蔽的形式表现出来。他以"利益"作为分析技术理性问题的起点，提出在技术设计过程中，"参与者的利益"已经包含在技术之中，表明费恩伯格试图发现技术现象背后的深层根源。

2. 法兰克福学派批判理论的传承与启示

费恩伯格早年跟随马尔库塞研究法兰克福学派的理论多年，不仅对霍克海默等人的思想有较深入的了解，他对哈贝马斯和马尔库塞关于科学技术的社会作用争论的关注尤其构成他的批判理论的基础。

由于和马尔库塞的师承关系，费恩伯格始终坚持马尔库塞的观点而把哈贝马斯作为对立面来看待，尽管有时他也以哈贝马斯的理论来批评马尔库塞思想中的不足。哈贝马斯和马尔库塞的论争既是费恩伯格技术批判理论的来源，又是重要的理论背景。费恩伯格正是由于感觉到自己的理论可以不严格地从属于马尔库塞做出贡献的那个传统，才称之为"技术的批判理论"。马尔库塞对费恩伯格思想的形成无疑起到了重要作用。

尽管费恩伯格的思想受到马尔库塞的思想和研究方法的影响，在他们之间仍存在重要差异。这就是他对哈贝马斯也持一种开放的态度，汲取了其理论中的营养。哈贝马斯与马尔库塞不同，他认为技术是中性的，它表现出整个种族的兴趣，一种认知工具的兴趣，而不顾及所有集团成员的特定兴趣。技术的或"成功指向的"行为有着特定的特征，这些特征也只适合于生活的某些领域。他同韦伯一样，认为技术理性是非社会的、中立的和形式上的。1970年，哈贝马斯发表《作为意识形态的技术和科学》，回应马尔库塞的"技术已变成意识形态"的观点。在该书中，他把人类的活动分为"劳动"和"相互作用"，前者指成功指向的活动；后者则指主体间在追求相互理解时的交往行为。他提出技术统治论不是产生于技术的本性，而是产生于这两种行动之间的不均衡。他在《交往行为理论》（1981，1987）中，以"系统"和"生活世界"的划分代替了最初对"劳动"和"相互作用"的区别，并进一步把理性划分为认知工具理性、道德实践理性和审美实践理性。费恩伯格运用社会建构论在技术研究上取得的成果对哈贝马斯的技术工具论展开了批判。既然行为者能够为了他们自己的非工具主义的目标而成功地影响设计过程，技术就不能从一种文化背景中分离出来。而既然关于设计选择的斗争是围绕技术展开的，这些斗争就是"合理的"，但不是工具的合理性。所以，费恩伯格把理性带入到哈贝马斯对一个民主的共同体的思想之中，以到达他所建议的"民主的合理性"。选择在理论上更具解放性的技术设计的这种可能性存在着，从而可顾及到行为者共同体的各种不同利益，正如费恩伯格提出的，存在多种使社会理性化的方式，它使控制民主化，而非中心化。

3. 现代西方人文主义传统的启发

（1）海德格尔思想的影响

费恩伯格是马尔库塞的学生，而马尔库塞又是阿多诺的同事，是海德格尔的学生。这种错综复杂的智力亲缘关系体现在费恩伯格的思想中，他也正是借鉴或运用了这些智力传统。费恩伯格的技术批判理论始于对海德格尔和法兰克福学派理论的研究，海德格尔对现代技术的统治力量的描述给费恩伯格很深的印象。在 1960 年代初期，费恩伯格还是个学生时就跟随马尔库塞研读海德格尔的现象学著作，但他并不赞同海德格尔的技术哲学思想，甚至在他那里，海德格尔主要是作为批判对象存在的，当然费恩伯格也吸收了海德格尔的不少思想。费恩伯格把海德格尔称为"技术本质主义者"，认为他对技术的理解有实体化、静态化倾向，仅仅看到了技术对整个社会的统治作用，而未看到这种作用之下蕴藏着的反抗的潜能，未看到历史上不同时期技术的变动性。但费恩伯格也认为自己对技术本质的理解问题上借鉴、吸取了海德格尔的思想，尤其在批判社会建构论的极端经验论时，他借鉴了海德格尔的技术本质理论，从超验的角度思考技术的本质问题。他认为自己的技术本质观的优点就在于结合了本体论的本质论和历史指向的建构论的技术研究之所长，具体说，他从本质主义那里主要保留了对实在的基本的技术联系的分析，从建构论那里保留了对现实的系统和设备中那种联系的现实化的分析的历史和解释学的方法，形成了费恩伯格在《追问技术》中对技术本质进行的理论建构模式。

（2）后现代主义的启示

"后现代主义"是在批判现代社会消极特征的过程中产生的，最初出现在建筑、美学、文学等领域，出于对西方 60 年代激进政治运动失败的反应，"五月事件"后升华到更具综合性的哲学高度，形成后现代主义哲学。后现代主义哲学注重个体性和自我关切，反对主体性和人道主义，用透视主义和相对主义反对表象论和基础主义，用不确定性和小型叙事取代元话语和宏大叙事，用微观政治学取代宏观政治学，对西方传统哲学展开了根本性的批判。法国的德里达、福柯、利奥塔、德勒兹和加塔利等是后现代主义哲学的主要代表。后现代主义者的理论大都建立在对高技术分析的基础之上。其中，利奥塔对计算机技术的分析、福柯的权力/知识理论等为费恩伯格创立技术批判理论以很大启发。

（3）实用主义的影响

费恩伯格是美国本土的一名学者，人们往往会想到他和实用主义哲学的关系问题，加之当今批判理论呈现出的多元化和实用性倾向，美国杜威研究中心的主任拉里·希克曼提出费恩伯格的思想也发生了转向，即从批判理论转向了实用主义①，但费恩伯格对此坚决否认②。他回顾了自己的思想历程，坦称自己思想的形成与发展主要受马克思、法兰克福学派、海德格尔、社会建构论等的影响，与实用主义尤其是杜威的技术哲学没有直接的和正面的联系。希克曼和费恩伯格之间的争论自 2001 年起至今未止。国际技术哲学协会的电子刊物 Techné 在 2003 年的秋季号上刊登了对希克曼的新著《技术文化的哲学工具：让实用主义发挥作用》（2001 年）的专题讨论，希克曼、费恩伯格、汤姆森、伯格曼等知名学者都参与了讨论。其中，费恩伯格以《实用主义与技术哲学》为题，回应了希克曼对自己哲学的评论。在 2003 年 12 月于日本东京召开的"实用主义与技术哲学"国际研讨会上，费恩伯格旧话重提，以同标题论文详细阐述了自己的批判理论与杜威实用主义技术哲学的关系问题，可见费恩伯格对此事是非常认真的。

本书不打算对费恩伯格的实用主义渊源作详细探究，但也提出，正如费恩伯格自己所说的，一定的技术表现出特定的文化视域，理论虽不是严格意义上的技术，但他也是在一定的文化视域内形成的，在一定程度上也会反映他生于斯、长于斯的美国本土的文化背景。当然，当前整个社会理论研究包括对科学和技术的研究较为普遍地呈现出多元性与经验论的转向，技术的认识论、批判理论、伦理学、美学等各个领域皆然，并非费恩伯格技术哲学独有的现象。

二 工具化理论

费恩伯格提出，以往的技术哲学在技术本质上的思想都是抽象的、无历史感的，必须以历史的流动性改变对技术本质的非历史的理解，使对技

---

① Andrew Feenberg, *From Essentialism to Constructivism*: *Philosophy of Technology at the cross-roads*, (http://www - rohan. edu/faculty/feenberg/talk4. /html).

② Andrew Feenberg, *Questioning Technology*, New York：Routledge, 1999, p. 205.

术本质的界定包含"社会—文化"因素，这些因素在历史的实现过程中是多样的。"基于这种考虑，技术的本质不仅仅是各种技术实践所共有的少数几种共性特点，如海德格尔、哈贝马斯和伯格曼所设想的那样。这些要素所决定的并不是先于历史的技术本质，而只是从技术发展过程的不同历史的具体阶段中概括出来的。"① 具体言之，就是把实体主义者（Substantivist）和建构主义者对技术本质问题的解答放在一个具有两个层次（level）的统一的框架之中。第一个层次或多或少相当于技术本质的哲学定义，第二个层次相当于社会科学对技术本质的思考。这样就可以一个层次解释技术客体和主体的功能构成，他称为"初级工具化"；另一个层次侧重于现实的网络和装置构成中的主、客体的实现问题，即"次级工具化"。费恩伯格认为这是一种整体论的技术本质论，他把这种技术本质观称为"工具化理论"。

1. 初级工具化：功能化

尽管"初级工具化"在不同社会中强调的重点、应用范围和社会意义并不相同，但它刻画了每个社会中技术的联系。它包括四个环节：消除背景化、还原论、自动化、定位化，其中前两个环节与海德格尔的"座架"观念相一致，后两个环节则描述了哈贝马斯的交往理论所内含的行为的形式。

消除背景化是指要把自然对象构造成技术客体，必须人为地将其从产生它的世界中脱离出来，整合到一个技术系统中。这样，它们就能够被根据各个方面的作用进行分析，并将它们包含的技术模式应用于各领域，比如小刀和车轮的发明就截取了"锋利"和"圆形"这些自然属性。技术就是这样从各种具体背景中抽象出来并表现出技术上的有用形式。

还原论是指那些从世界中脱离出来的事物被简单化，除去在技术方面无用的特性，还原成可以借以在一个技术网络中注册的那些方面的过程。费恩伯格在此用"第一性质"和"第二性质"概念来表征物体中技术的方面和审美的、伦理的等方面。对关注测量和计算的技术专家而言，后者是不重要的。

自动化　技术行为主体将自身尽可能地从它作用于其上的客体中隔离

---

① Andrew Feenberg, *Questioning Technology*, New York：Routledge, 1999, p. 84.

开来。按照牛顿第三定律，在机械作用中，活动者和对象属于同一个系统，因而每一个结果同时也都是一个原因，每个客体同时也是一个主体。但技术行为通过延缓从行为客体到主体的反馈而使主体自动化。主体很大程度上不受它活动其上的客体的影响，从而形成了不同于牛顿定律的特例。

定位化 费恩伯格把培根的名言"要命令自然必须服从自然"扩展到人类的本性的高度，认为技术主体并不修正客体本身的规律，而是使用它以获取利益。一个人如果知晓"人力资源"的"第一性质"，就能够有效地管理人类行为并决定其方向，这里人类只是简单地被看作一个劳动力或受控制的消费者。

2. 次级工具化：现实化

"初级工具化"只是展开基本的技术关系而未穷尽技术的意义，这要求技术进一步与那些支撑其发挥功能的自然的和社会的环境融合，以补偿前一层次的一些物化的结果。"技术发展的不确定性把空间留给了参与这个过程社会利益观和价值观"①，从而使技术的本质中包含与现实的维度相一致的又一个层次，表现出技术的辩证性和综合性。"次级工具化"也包括四个环节：系统化、调解、职业和原创性。

系统化 系统化指消除了背景的技术对象未能作为一个实际的装置发挥作用而与其他技术对象和自然环境相结合和联系的过程。这一过程是现代技术社会中技术设计的核心，但在技术之间的联系较为松散而更多地强调与自然环境一致的传统社会中作用则不那么明显。

调解 伦理的和审美的调解在任何社会中都为简单化了的技术对象提供新的第二性质，使之紧密地嵌入到新的社会环境中。在所有的传统文化中对人工物的加工中都包含了伦理的意义，但只有在现代工业社会中因不考虑社会对象及其包装的审美的需要而使产品与审美分开，技术与伦理的关系也是这样。这种人为的分离导致了现代社会人的道德水平下降和全球性环境危机，因而技术本质中也应包括伦理的和审美的成分。

职业 重新认识人的职业的意义，从中发现人的才能将有助于克服技

---

① 周穗明等：《现代化：历史、理论与反思》，中国广播电视出版社2002年版，第312、157页。

术主体的自动化。在职业中主体不再与客体相分离，而是通过它与他们的技术联系发生转变。这种联系超越了消极的沉思和外在的控制，把工人既看作一个物质性主体，又看作在他自己对象的生命中的一个共同体的成员而充分发挥他的才能。

原创性　这一时期描述了使用者如何以数不清的创造性的方式使用技术装置和系统。使用者在初级工具化时期是消极的，在这个层次上能够改变技术甚至以与源初设想的相反的方式使用它们。这个时期使用者在技术发展中使个人的原创力得以最大发挥。

"次级工具化"通过一种视技术对象和技术联系本身为技术行为的更复杂的实践形式提供了使对象与环境、第一性质和第二性质、主体和客体、精英与大众进一步整合的条件，逐渐由工具化成为现实化。

费恩伯格用解释学的方法进一步对这种技术本质观进行阐释，认为他的分析不是基于对技术包含的社会的和技术的因素的区别，而是基于以往在它们之间的边界的超越："技术的本质不是一种从偶然的功能的抽象，也不是在众多的整合它们的系统中的一个因果的结构。相反，技术的本质是从一个更大的社会背景中抽象出来的，在这个背景中，功能性起到了非常有限的作用。技术当然有因果性的方面，但它们也有一些决定它们的使用和进化象征的方面"①，这进一步指出了技术结构中的多层次内容。

"工具化理论"包含的这两个层次也称作"去情境化"和"再情境化"，表现的是一项具体技术的形成过程中，从技术构思到技术设计、技术发明再到技术方案的实验和实施的整个过程，是一种对技术形成过程的经验描述。可以把现代主义对现代性理论的一个重要范畴"分化"（differentiation）和后现代主义对现代主义批判后重建的一个范畴"去分化"（de - differentiation）结合起来，作为对这种说法的替代。"分化"是指"去情境化"（de - contextualization），"去分化"就是"再情境化"（re - contextualization）②。

----

① 安维复：《走向社会建构主义：海德格尔、哈贝马斯和芬伯格的技术理念》，《科学技术与辩证法》2002 年第 6 期。

② Andrew Feenberg, *Transforming Technology*, Oxford University Press, 2002, p. 53.

"工具化理论"揭示了技术构成成分的多样性。对技术本质的理解涉及技术的要素和构成问题，技术的要素是技术本质的具体表现形态，是说明技术活动方式究竟是从哪几个方面反映出来的，是形成一定历史时期的现实技术的基本元素。对技术要素的把握直接影响着对技术本质的理解。比如，技术决定论往往认为技术的构成是单一的，客观的，而社会建构论的技术研究则看到了技术构成中的经验成分，认为经验、意义等也属于技术的要素。在费恩伯格看来，"工具化理论包含了如下方面：把技术同技术系统和自然整合起来，把技术同伦理的和美学的符号安排整合起来；把技术同它与工人和使用者的生活和学习过程等整合起来；把技术同它的工作和使用的社会组织整合起来。"① 尽管本质主义者也承认技术生活中这些方面的存在，但认为它们属于技术本身之外的偶然的、外在的因素，是技术的外部影响，从而把这些因素归结为社会学研究领域，而哲学则研究不变的本质。对这诸多方面的整合正避免了本质主义技术观的不足，所以费恩伯格才能很自信地宣称他的"工具化理论"的理论框架能够比较好地克服海德格尔和哈贝马斯的技术本质主义。

"工具化理论"突出了技术本质的不确定性，说明技术是"是一种处于不同可能性之间的发展的'两重性的'（ambivalent）过程"②。在费恩伯格看来，技术本质的这种两重性不同于中立性，因为手段只有处于目标范围（goal‐horizon）内的各种目标之间时才是中性的，这时手段就是被设计用来服务于这种目标范围的。而当问题不是给定的技术能直接服务于什么目的，而是当一种工业制度向另一种新型的工业制度转变的过程中，技术在其中会作为何种手段的问题。由于不仅技术体系的使用中含有社会价值，而且技术体系的设计中也含有社会价值，一旦这些价值内化成现实技术的固有成分，这些技术就会服务于某种特定的目的，比如是追求效率，或者是促成人的全面发展，这就是技术作用的两重性。

---

① Andrew Feenberg, *Questioning Technology*, London and New York, 1999, p. 105.

② Andrew Feenberg, *Subversive Rationalization*: *Technology*, *Power and Democracy*, (http://ww‐rohan. sdsu. edu/faculty/feenberg. html).

三　技术民主化理论

1. 理论基础：民主的理性化

"民主的理性化"概念是费恩伯格对韦伯提出的"理性"在分化后处于单一状态思想的挑衅和反动，也是对法兰克福学派的相关理论如马尔库塞的"单向度"理论和技术的解放潜能理论等的修正与完善。费恩伯格与韦伯和法兰克福学派各成员一样，深入批判了现代社会的极权化特征，认为极权的理性化已把现代社会变成一个"铁笼"。不同的是，他没有局限于对理性的批判，而是从厘定"技术理性"的内涵和特征入手，针对韦伯的"极权的理性化"概念，把"民主的"与"理性"这两个看上去矛盾的事物放到一起，提出了"民主的理性化"概念，开始从技术哲学向技术政治学过渡。

费恩伯格通过对1960年代末期学生运动和反文化浪潮的反思，提出这些运动尽管提出的以自我管理和参与制民主作为矫正技术统治论的胜利的方法，但由于它们走向了与技术统治论相反的激进敌托邦的方向，这些对现代社会的悲观叙述几乎未给变化留下可能空间，而苏东巨变也说明在实践方面这种理论未取得令人满意的结果。如今几十年过去了，现代社会中技术统治论的盛行依然是个不争的事实，甚至当代政治斗争的主题也仍集中于种族、性别和环境等问题，但以往采取的大规模的宏观政治斗争形式已经不再适合现实社会的状况。如今人们逐渐认可了在社会生活中采取适中行为、进行较小干预的政治方式。费恩伯格称这种基于地域性知识和行为的情景政治学的干预方式为"微政治学"，这种政治学没有通用的策略，也不向社会提出全球性的挑战。它不借用总体性的方法发挥作用，而是试图以一定区域为基础，通过个人当下参与到以技术为媒介的活动中去，从"内部"把握工业系统中的张力，进而实现为占统治地位的技术合理性所压抑的二重性的潜能。费恩伯格把这样建构起来的理性化称为"民主的理性化"。这种理性化"始于技术本身的结果，始于围绕技术媒介而推动大众的各种方式。"[1] 在这种新的技术政治学中，被这样组织起来的社会集团反思性地转回到界定和组织它们的框架。社会中的各种角

---

① Andrew Feenberg, *Questioning Technology*, New York：Routledge, 1999, p. 128.

色，如病人，家用电脑系统的使用者，某种劳动分工的参与者，被污染工厂的邻居等，都是行为者。正是这种能动的介入（agency）坚持了技术民主化的许诺。技术政治学预示了这样一个世界，在其中技术作为影响我们生活各个方面的社会"法规"，将从这些新型的公众协商中出现。

可见，"民主的理性化"在本性上是从内部削弱技术统治论对整个社会的统治，就是说，这种理性化不是后马克思主义者如拉莫夫、克劳等人提出的外在干预，而是在技术的设计和使用过程中对既有技术编码的影响、破坏或改造。费恩伯格最初将这种理性化称为"颠覆的理性化"①，直到在1999年出版的《追问技术》才改称"民主的理性化"。这意味着这种理性化的根本特征在于对现行技术体系形成破坏作用，使其处于不稳定状态，为"机动的边缘"发挥作用创造条件。由于"民主的理性化"是通过影响技术设计对技术进行民主干预，它不采用大规模的宏观运动的形式。反观当今的工业社会，众多的权力结构都是建立在一种集权技术系统之上的，因此在那个系统中的变化能够使整个的权力结构不稳定。

同时，"民主的理性化"理论并非局限于技术本身的改造，其目的在于扩大技术设计过程中的人和人的交流，以发挥人的创造性，进行创新性对话并创造性地使用技术。就是说，在技术的设计和使用过程中，处于不同社会地位的设计者和使用者相互交流对技术的需要和设想，从而使技术反映更多人的利益，满足更多人的需要。按费恩伯格的设想，这样我们就可以建立一个使技术的进步服务于交流的进步的民主社会。这正是费恩伯格所构想的新的民主的技术政治学的本质②。可见，"技术民主化"指的是对以技术为中介的制度的民主化，这就不再把斗争的目标局限在砸毁机器、获得暂时的、局部性的利益，而是指向更宏大的现代性的可选择性问题和一种新的现代文明形态——社会主义的问题。他在《改造技术》中就这种抵抗发问道："除了对现有体系的零星抵抗外，还有理由再期望其他形式的抵抗吗？这些抵抗能否聚合在一起，形成一种社会主义的替代形式的基础吗？"③ 费恩伯格由此对马克思主义的"向社会主义过渡"理论

---

①　Andrew Feenberg, *Questioning Technology*, New York: Routledge, 1999, p. 24.

②　Ibid., p. 108.

③　Ibid., pp. 138 – 139.

做出了新的解释。他的技术民主化理论就不再是一种泛民主的政治主张，而具有了目标指向性，从而摆脱了以往技术批判理论的局限。

2. 实现方式：技术代议制

费恩伯格尽管支持政治左派领导下的民主运动，但他并不接受这些运动提出的以"自我管理""参与民主"等直接民主形式替代目前流行于西方的代议制民主形式，他同样认为目前的代议制确实存在诸多问题，为克服这些问题，他提出技术的民主干预问题不仅仅是使用者参与设计，以在公共生活中增大干预的机会，从而与民主的理想相一致的问题，更重要的是外行的大众干预对技术职业的精英文化和设计标准的可以预料到的影响，尤其是那些公众卷入到技术设计中将会有助于扩大在未来参与选择替代物的机会，那种替代物增大了技术个人的操作自主性。因为从政治生活讲，现代社会是一个严密的科层结构，技术世界也是由技术专家、管理人员和公众组成。那么，技术民主化应该采取什么样的代议制呢？他研究了这种代议制的本性，指出这种代议制是与选举代议制相区别的技术代议制，在这里是时间参数而不是空间参数决定了权力的形成。

费恩伯格提出，对选举代议制来说，社会的空间参数一直被视为决定它们统治制度的因素，但对技术权力而言，空间就没有起到同样的作用。无论这个社会多么巨大，如果它的基本技术非常简单，它们就仍处于个人的控制之下。即使一些具有战略性的技术如灌溉技术，也是从一个中心展开控制的。那种控制通常不是一个物质性的，而是一个象征性的权力基础。而在以技术为媒介的发达社会中，情况会发生变化，"这种变化与在以技术为媒介的社会系统中时间的新的作用有关。专业知识和专家评价的增多，意味着个人和功能的一种必然的专门化。由使用者直接创造和使用技术这一前现代社会的鲜明特征已不再可能。因此在这里，是时间参数而不是空间参数决定了权力的形成。同时，技术系统并非完全是一个封闭的过程。社会影响会渗入到设计中并在设计中表现出来，从而技术具有政治的意含。设计开始反映由于受过去的环境影响而发生偏见的合适的技术选择的遗产。这样，技术就具有历史性，它是传统的承载者，这种传统支持与好的生活相关的特定的利益和思想。"①

---

① Andrew Feenberg, *Questioning Technology*, New York: Routledge, 1999, p. 142.

　　费恩伯格提出："技术代议制首要的不是关于一个有信用的个人的选择的，而是涉及到技术编码中社会的和政治的需要的载体。这些编码是一定社会权力的平衡的具体化。代表们的忠心问题和表现出的价值倾向问题，在技术代议制中远不如在地理代议制中重要。这是因为进入到一种技术职业涉及到使它的编码社会化。一个未能代表包含在编码中的利益的专家在技术上也将会是一个失败者。在普通政治学的世界里没有相似的用于对个人的个性和自我利益的检查。"① 因此，空间化的全球/地区的二分法这一政治代议制得以组织的基础不能直接转移到技术领域。

　　技术代议制反映出不同历史时期技术专家与普通老百姓在技术的设计和使用等权力分配上的历史变迁。在现代技术社会里，"民主化"的理解主要涉及到三方面的社会问题：一是技术专家获得了过多的权力，而这是以普通老百姓变得越来越消极为代价的；二是在诸如媒介或生产系统等这样一些制度的非民主的、中心化的结构和依赖这些结构建立起来的相应的技术设计之间存在着联系；三是专家权力和非民主的建立在技术基础上的机构一起侵蚀着传统的价值观和自由观。费恩伯格把这三个问题与由技术组织的领导者所赢得的"操作的自主性"联系起来，提出"民主化"要想有效，必须包含两个方面的变化，一个是技术设计上的变化；另一个是在技术行为中的外行和专家、客体和主体之间的权力分配上的变化。他称其为"深层民主化"②，以区别于在法律程序中仅仅是形式发生变化，而不改变技术领域中现实的权力关系的变化。"深层民主化"和"去中心化"和"地区控制"有根本区别，是在劳动和技术的分离中编码起来的战略中的变化，依赖这些条件，可把"民主化"界定为技术发达社会中的一种内在的潜能③。"深层民主化"理论提出"民主必须从政治的领域延伸到工作的世界"，以实现技术参与者的利益。

　　3. 理论实质：参与者的利益

　　现代社会中民主理论的局限，是只注重民主的形式，对实质问题即公众的利益问题关注较少。费恩伯格提出，技术民主化在实质上要顾及到参

---

① Andrew Feenberg, *Questioning Technology*, New York: Routledge, 1999, p.147.

② Ibid., p.114.

③ 牟焕森：《马克思主义技术哲学的国际反响》，东北大学出版社 2002 年版，第 114 页。

与到技术的设计、使用中的活动者的利益。他批评了那种把技术等同于效率的常识性理解，提出单有效率标准不能形成现实的技术，技术还与特定的利益相一致。处在一定技术网络中的人都具有一定的利益，而利益总是某些社会群体的利益。当某些利益得到实现，其他（人）的利益就被忽视或被压抑。费恩伯格把未实现的利益称为"潜能"。当人们能够清楚地表达他们的利益时，就有机会根据人类的更广泛的需要和能力来重构技术体系，如马克思所言"资本家的利益控制着技术的设计"[①]。

同时，费恩伯格没有把"利益"抽象化为完全独立的因素，因为利益总是一定人的利益，它总要被以某种形式反映出来，利益自身并不构成一个社会，而没有一个物质的框架，就没有利益。除非有些利益被有系统地给予特权，否则就没有社会秩序。费恩伯格由此把社会比作一个有着三个层次的脚手架。其中，位于中心的是维护某一类利益的社会群体。另外两个层次就是相关社会群体对其利益的制度化，这就是以伦理要求的形式被表现出来的和以法律的形式被编码的权利以及技术编码。这样，技术理性和法律条文就都是一定统治阶级利益的体现，都具有阶级倾向性。所以，利益的干预并不必然降低效率，它只是根据一个更宽泛的规划使技术的成就发生偏见。

费恩伯格进而提出了"参与者的利益"[②] 概念，用以分析在技术形成过程中的不同利益集团的利益。他认为这一概念具有辩证性质，"这些利益并不是产生自个人的选择，而是产生自特定的社会背景。正是这不同的社会背景赋予它们重要性和普遍性。那个背景是现有的技术发展层次，它成功地表征了我们人性的某些方面而压抑或伤害了其他的方面。我们是在遇到我们特定时代的限制时而不是在纯粹的乌托邦的幻想中开始意识到我们的潜能，换句话说，只有当我们的乌托邦根植于当前历史的机遇中时，它们才是'具体的'。"[③]

"参与者的利益"概念有着深刻的哲学意蕴，在一定程度上反映了马克思主义利益理论的某些内容。其一，"参与"的活动性说明社会实践活

---

①　这个概念在费恩伯格的理论中颇有地位，相关体现在他的多部著作中。

②　Andrew Feenberg, *Questioning Technology*, New York: Routledge, 1999, p. 20.

③　[联邦德国] G. 罗波尔（Ropohl）:《技术决定论批判》,《科学与哲学》1986 年第 6 期, 第 43 页。

动是形成利益的客观基础。只有在使用机器的社会活动中，才会发生不同社会阶层利益上的冲突；其二，"参与者"的层次性说明利益是对社会关系的反映；其三，"参与者的利益"反映的是参与者的不同需要和动机，而需要正构成了利益的自然基础；其四，把"利益"分为既得利益和潜在利益（潜能）避免了利益的凝固化，是人类得以改造技术的逻辑前提。

在《可选择的现代性》和《追问技术》中，费恩伯格以细微的案例分析阐述了残疾人、AIDS 患者、研究者等不同参与者由于对自身利益的关注而向传统的技术领域进行的挑战，已取得了丰厚的成果。比如，医疗领域提供的大量例子证明，患者在医疗系统内部改变了医疗实践和技术规则。20 世纪 70 年代早期发生的分娩教育的革命极大地改变了妇女在分娩中的地位，尽管最近几年它的成就受到了新的技术攻势的侵害。但在一段时期内，妇女从被隔离的、被麻醉的、被控制的被动患者变成了分娩中的积极参与者。通过斗争，患者改变了他们在医疗系统。

4. 简短的评论

费恩伯格的"技术民主化"理论反映出现代社会中技术的高度发展对人性的压抑以及人们试图克服技术奴役、对技术实现民主控制的设想。费恩伯格试图通过对技术的民主控制，使技术符合更广大群众的需要，以彻底改变技术统治现代社会的状况，建构起一个更合理的现代社会，从而不仅使对技术的批判开始关注技术过程，还引发了对技术成分的分析，对研究技术的本质与结构等问题也有一定的价值。然而，这一理论存在一些问题，比如，以"参与者的利益"作为使技术民主化的根本目的主要涉及到利益的归属问题。既然在"单向度的社会"中，工人成了"单向度的人"，利益就会出现"单向度的利益"，这样如何能保证那些被压抑者的潜在的利益被公开地提出来？需要我们认真地进一步思考。

第八章　实用主义的技术哲学思想

以约翰·威为代表的实用主义技术哲学家以实用主义理论为依托，剖析技术现象、解析技术问题，蕴含着睿智通达的理论吸引力。杜威用技术指涉各种不同的活动，并强调在不同的背景中理解技术；技术不仅负载价值，而且负载多元的价值；他较早地提出"负责任的技术"，并将探究方法作为人类改造环境、实现二者之间和谐发展的重要途径。皮特从分析技术哲学的理论框架内，阐释了一种对技术哲学的实用主义的理解。

第一节　实用主义的形成与发展

一　实用主义的产生

第一，实用主义技术哲学的产生，也同任何其他理论一样，是时代的产物，其产生与当时的社会历史条件是分不开的，与时代的需要密切相关。实用主义作为美国土生土长的哲学，是植根于美国特定时代的历史和文化背景之中的。19 世纪末，经过独立战争和南北战争的美国，逐步扫清了资本主义发展道路上的种种障碍，正处于大规模的扩张和改造时期，大量移民的涌入，引起了人口爆发式的增加，特别是工业技术的新成就，导致大型企业的迅速发展。为了取得经济上的快速发展，从理论上阐明现实，美国人必须找到一条有别于欧洲传统文化、代表和体现本民族精神的哲学，以便为资本主义现代化提供一条有效的思想路线，而实用主义就是在这种历史背景下应运而生的。它既反映了那个时代的需求，是对传统哲学理论改造的产物，又代表了美国民主和大众文化，对欧洲贵族传统、知识精英、理性和形式主义的反抗。

第二，美国独特的生活方式，为美国实用主义哲学的产生提供了可

能。美国是个多民族多种族的国家，素有"大熔炉"之称。美国史前长
时期的移民运动、开拓疆土的冒险活动、为资本主义的发展扫清道路的一
系列战争以及克服资本主义危机的种种努力，都需要付出沉重的艰难和代
价，而所有这些艰难和代价，使得美国人在最大程度上学会了对人的积极
行动及其后果做出最高的评价。这又决定了美国人必然突出地强调理论的
实用性及实践活动的客观效果。所以，美国民族文化渗透着创业者的这种
注重实际、宽容乐观、积极向上和勇于开拓进取的精神，即"美国精
神"，而实用主义正是这种精神在哲学上的概括和反映。

第三，实用主义的产生，同自然科学的发展也有密切联系。美国从英
国开始在北美建立殖民地到今天，不过 300 多年。从通过"独立宣言"
建立美国至今，也就 220 多年。在这短短的二三百年间，美国从一个科
学、生产、经济、军事十分落后的英属殖民地，发展成为一个科学、技
术、工农业生产、经济与军事实力，在世界全面领先的大国。美国国父之
一杰斐逊既是政治家，也是科学家。他临终前曾说，正是"科学的光芒"
告诉我们"人类大众并不是生来便背着枷锁"，也不是少数生来便"高官
显赫、荣华富贵"。

第四，从哲学思维方式的转型过程看，实用主义哲学产生于现代西方
哲学的过渡及其正式形成的时期。刘放桐教授认为，19 世纪中期到 20 世
纪初的现代西方哲学，具有新旧混杂、过渡与形成的特征。哲学家们一只
脚迈向了现代；另一只脚却仍然站在近代的门槛上。比如，他们大都反对
实体性形而上学，并在不同程度上肯定哲学应当以人及其活动所触及的世
界为出发点，但是，他们往往又以另外的形式构建同样脱离现实的形而上
学，而他们对人及其世界的解释最终还是倒向了唯心主义。而到了 20 世
纪上半期，随着分析哲学和现象学运动的兴起，哲学研究的主题和方法有
了重大变换，科学主义和人本主义的反传统"形而上学"倾向有了进一
步发展，西方哲学在思维方式上，出现了由近代到现代的整体性转型。以
20 世纪初英国哲学家罗素和摩尔对黑格尔主义的驳斥为起点，分析哲学
逐渐成为一种显学。现象学运动始于 20 世纪初德国哲学家胡塞尔提出的
现象学方法，它撇开传统哲学关于主客、心物的二元对立，由意识的意向
性直接达到事物本身。意向性肯定意识活动必指向其对象，并不肯定意识
的独立存在。它为海德格尔、雅斯贝尔斯、梅洛·庞蒂、萨特等存在主义

哲学家接受和发挥，由此形成影响广泛的现象学思潮。① 正是在这种诸多流派形成的百家争鸣的时代背景下，实用主义也应运而生，它明确地把人的现实生活和"实践"当作哲学研究的主题，并逐渐成为美国的半官方哲学。

二　实用主义的发展

按照理查德·罗蒂的说法，实用主义是由三位美国哲学家查尔斯·桑德斯·皮尔士、威廉·詹姆斯和约翰·杜威三个人所开创的哲学传统。皮尔士从亚历山大·培因所说的信念就是行为的规则或习惯这个定义出发，指明了哲学研究的功用并非再现实在，而是让我们更有效地行动。詹姆斯发展了皮尔士对培因的定义的应用。

杜威直截了当地批判了笛卡尔的自我是一种先于语言和文化适应而存在的实体的观念，而是用自我是社会实践的产物的说法（后来由乔治·赫伯特·米德作了进一步的发挥）来取代笛卡儿的观点。实用主义认为，真理和知识的含义是用实际的结果来加以表明并得到检验的，它同自然科学一样是试验性的和经验性的，但它的原则和方法却适用于社会科学、伦理学和价值论。哲学家的责任就在于通过文化批判和观念构建，帮助人们寻找摆脱困境的出路、工具和技巧。因此杜威的思考从一个领域进入另一个领域，不断转换自己所关注的内容，试图在各智慧、思想和观念都是工具，是被用来有目的地改善个体和社会生活、促进进步的工具。这种种不同的领域之间建立联系。实用主义是致力于改善社会现状的哲学，如杜威认为，知识、转向开启了 20 世纪人类在知识观念上的一系列变化，使人们对"什么是知识"的问颐的认识更加丰富，并且推动了教育观念的更新和教育改革的深化。总之，杜威的思想在 20 世纪前 50 年的美国思想生活中，占有十分重要的地位。

美国的实用主义的辉煌，大约持续了 20 年左右（自 19 世纪末至 20 世纪 30 年代），自 20 世纪 20 年代起，以逻辑实证主义为代表的分析哲学运动来势凶猛，咄咄逼人，步入 30 年代后，分析哲学已逐渐确立了它的

---

① 刘放桐：《现代西方哲学的历史演变及发展趋势》，《求是杂志》2002 年第 2 期，第 46 页。

重要地位。实用主义哲学家史密斯认为，有三个原因导致实用主义复活：第一，行动的性质以及它与思维的关系，成了人们关注的主要问题；第二，在对现代科技文化的众多批判中，自然科学和人文价值的关系受到格外的重视，而这个论题，不论在詹姆斯那里，还是在杜威那里，都占据了重要的位置；第三，实用主义对于经验的改造，摆脱了传统英国经验主义的缺陷，获得了一种现代感，和当代现象学以及存在主义具有某种亲缘关系。①

新实用主义家族的成员大致可分为三类。第一类是以奎因、戴维森为代表。他们更多地属于分析哲学家族，并不认可自己的实用主义谱系，也不承认罗蒂对他们的诠释。第二类成员是罗蒂、普特南。他们自觉地向实用主义回归，是新实用主义的真正代表。他们乐意接受实用主义桂冠，不再只是贩运实用主义的材料，而是要建构实用主义大厦。第三类成员是维斯特和伯恩斯坦。他们从来就没有真正进入分析哲学的范式，因此也就没有从分析哲学阵营中走出来的问题。他们一直重视社会、政治、文化、道德层面的实用主义话题。因此，可以说是从另一个方向和罗蒂、普特南相遇。尽管不同新实用主义成员思想各异，见的不同，但是其共同点也是存在的。比如，他们大都受过系统的分析哲学的训练，又大都在不同程度上背叛了分析哲学；他们都不同程度地受到古典实用主义的影响，从古典实用主义者那里吸取了思想养料等。②

三 实用主义的思想精髓

实用主义非常看重"经验"范畴，他们反对传统哲学主要是把经验当作知识（认识），把感性知觉当作经验的主要内容的看法扩大了经验的范围，企图建立一个纯粹经验世界，把人的认识、信仰、意欲所及的一切都归结为经验。在杜威看来，"经验"有两套意义（double – barreled）："它不仅包括人们做些什么和遭遇些什么，他们追求些什么，爱些什么，相信和坚持些什么，而且也包括人们是怎样活动和怎样受到反响的，他们

---

① J. E. Smith, *The Purpose and Thought*, The University of Chicago Press, 1978, pp. 9 – 10.

② 陈亚军:《新实用主义：美国哲学的新希望》,《哲学动态》1995 年第 4 期，第 27—28 页。

怎样操作和遭遇，他们怎样渴望和享受，以及他们观看、信仰和想像的方式——简言之，能经验的过程。""'经验'是指开垦过的土地，种下的种籽，收获的成果以及日夜、春秋、干湿、冷热等变化，这些为人们所观察、畏惧、渴望的东西；经验也指这个种植和收割、工作和欣快、希望、畏惧、计划、求助于魔术或化学、垂头丧气或欢欣鼓舞的人。"可见，杜威的所谓"经验"包括两层意思：一是经验的对象，二是经验的过程，即经验是"什么"和"怎样"经验，而且两者是密不可分的统一整体。经验"在其基本的统一之中不承认在动作与材料、主观与客观之间有何区别。"但同时他又认为，经验"在一个不可分析的整体中包括着它们两个方面。"① 杜威在《哲学的改造》中，又从人的有机体与客观环境的关系维度，把"经验"界定为"做（doing）的事情。对人来说，经验就是人的活动，就是人所做的事情和做事情的活动过程，就是人与环境的相互作用。有机体决不徒然站着，一事不做，像米考伯（Micawber—狄更斯的小说中的人物）一样，等着甚么事情发生。它并不默守、弛懈、等候外界有甚么东西逼到它身上去。它按照自己的机体构造的繁简向着环境动作。结果，环境所产生的变化又反应到这个有机体和它的活动上去。这个生物经历和感受它自己的行动的结果。这个动作和感受（或经历）的密切关系就形成我们所谓经验。"②

至于经验的性质，杜威在《民主主义与教育》中也有明确的表述，他强调了经验有两个基本特征：第一，经验中包含着思维，即能够识别我们所尝试的事与所发生的结果之间的关系。第二，经验即实验。他认为经验包含着一个主动的因素和一个被动的因素，这两个因素以特有的形式结合着，只有注意到这一点，才能了解经验的性质。在主动方面，经验就是尝试，他认为在这个意义上用'实验'这个术语来表达就更清楚了。在被动方面，经验就是承受结果。经验的这两个方面的联结，可以测定经验的效果和价值。可见，在杜威看来，单纯的活动由于是分散的、零碎的、消耗性的，因此并不构成经验，只有当一个活动与其产生的结果相联系，即当行为造成的变化反过来反映到我们自身所发生的变化之中时，这样的

变动才具有意义，人们才学有所悟。比如，一个孩子仅仅把手伸进火焰，这还不是经验，只有当这一行为和他所感受到的疼痛联系起来时，才构成经验。此后，他知道了手指伸进火焰意味着将被烧伤。但是一个人被烧伤，如果他没有觉察到这是另一行为的结果，那么，就只是物质的变化，像一根木头燃烧一样。也就是说，只有当我们在事物的作用与我们所享的快乐或所受的痛苦这一结果之间建立起前后的联系时，行为才变成尝试，才变成一次寻找世界真相的实验；而承受的结果才变成教训，并由此而发现事物之间的联系，这样才形成经验。

真理观是实用主义的理论核心。正如詹姆斯所说："实用主义……也就是某种关于真理的理论①"。法国著名社会学家涂尔干也曾说过，"实用主义是一种真理理论，一种具有特殊兴趣的真理理论"②。可见真理问题，在实用主义理论中占有极其重要的地位。当然，在实用主义代表人物之间，存在着诸多观点上的分歧，但他们在真理观上基本是一致的。他们都反对西方传统哲学中的"符合论"（correspondence theory of truth）和"融贯论"（coherence theory of truth），提出了"实用论"（pragmatic theory of truth）的真理观，所谓实用论，就是强调从实际效果出发，判明命题性质和观念真假的理论。所以，主导实用主义哲学家真理取向的，既不是符合论主张的命题与事实的对应，也不是融贯论倡导的命题之间的相互关联，而是观念所产生的效果实用主义真理观，是建立在深层的世界观基础之上的。由于实用主义是一个同时兼具西方科学主义和人本主义特征的哲学流派，因此，一方面如詹姆斯所说：实用主义具有科学主义的特征，认为"形而上学的辨论总好象与空气搏斗，没有一个实际的，可感觉的结果。"③ 认为传统哲学关于物质、上帝、绝对等概念的争论，纯属无谓之举，是毫无意义的，因而主张避开传统哲学字面上的抽象争论，而趋向于事实、行动和实际经验。另一方面，实用主义又具有人本主义的特征。从这个基础出发，它认为真理是人按照自己的需要创造的，是以对人有用、有实际效果，使人取得成功为根本标志的。也就是詹姆斯所言："人本主

---

① ［美］詹姆斯：《实用主义》，1943 年英文版，第 55 页。

② ［法］爱弥儿·涂尔干：《实用主义与社会学》，上海人民出版社 2000 年版，第 18 页。

③ ［美］詹姆斯：《实用主义》，1983 年纽约英文版，第 158 页。

义认为，满足是区分真和伪的东西。"①

一言以蔽之，实用主义真理观的基本内容就是"真理有用论"、尤其是詹姆斯的一句话给人们留下了极其深刻的印象："'它是有用的，因为它是真的'；或者说'它是真的，因为它是有用的'；这两句话的意义是一样的。"② 不仅如此，所有古典实用主义者都非常重视理论与效果的关系。皮尔士首先提出了著名的"皮尔士原理"，认为概念的意义与效果有着内在的联系："我们思考事物时，如要把它完全弄明白，只须考虑它含有什么样可能的实际效果，即我们从它那里会得到什么感觉，我们必须准备作什么样的反应。我们对于这些无论是眼前的还是遥远的效果所具有的概念的积极意义而言，就是我们对于这一事物所具有的全部概念"③。从这个原则出发，实用主义坚持真理与效用的一致性，坚持从思想观念与人以及人的活动的关系去确定思想观念的真假。在实用主义看来，真理并不是认识论的概念，而是一个意义或价值概念。观念的真假，要看它们对于人的行动是否有意义，要看它们对于人和人的需要有什么作用，要看它们是否可以帮助人达到所期望的实际效果。

杜威认为自己的"五步法"也可以合并为四步，即疑难、假设、推证、印证。疑难主要表示有机体（或人）由于其行动受到阻碍而处于一种不稳定的精神状态，一种暂时无法应对的境况。它和人的生活情境紧相关联，表示一种生存方式。但是杜威的重点，不是把怀疑方法引向学术之途，而是把它引向经验（行动、生活）领域。而假设、推证、印证这三个方法，主要是实验方法和历史方法。所谓实验方法，就是发现问题，解决问题，验证结果，就是行动，在观念的指导下，产生新的实验情境和结果，这是一种生存实践的操作。所谓历史方法，则体现为对个人经验的一种意识，一种生存智慧。它始于人的某种生存困境，人们在不同的历史境遇下会遇到不同的问题情境，处理这些疑难需要一种历史意识和历史方法，即视历史为正在进行的过程，把事物放在发展中来考察，并且考察者也在此过程之中，考察者的思考和行为也影响和改变着这个过程。所以，

① ［美］詹姆斯：《实用主义》，商务印书馆 1979 年版，第 253 页。
② ［美］詹姆斯：《实用主义》，1943 年英文版，第 204 页。
③ 洪谦：《现代西方资产阶级论著选辑》，商务印书馆 1964 年版，第 165 页。

杜威非常强调古为今用，即要使古代传下来的死东西活转过来，能够在现在的社会里应用。可见，杜威的实验方法和历史方法，更多的是从存在论的意义上去理解，即与人的生存实践、经验有关。此外，杜威的思维五步法又被认为是"最具综合性和创造性"的人类思考程序，这一程序与系统思维十分一致，杜威也因此而获得了"系统分析哲学的先驱者"的盛誉。① 可见，实用主义方法论中又蕴涵着系统论的方法。

胡适在《实验主义》一文中，对杜威提出的思想过程的五个步骤做了较通俗的转述："杜威论思想，分作五步说：（一）疑难的境地；（二）指定疑难之点究竟在什么地方；（三）假定种种解决疑难的方法；（四）把每种假定所涵的结果，一一想出来，看哪一个假定能够解决这个困难；（五）证实这种解决使人信用；或证明这种解决的谬误，使人不信用。"② 胡适曾把这五步概括为"细心搜求事实，大胆提出假设，再细心求证事实。"③ 有时他还把这五步更简单地归结为"大胆的假设，小心的求证。"实用主义的方法论与它的真理观是密切联系的。皮尔士、詹姆斯、杜威都主张，实用主义不是什么系统的哲学理论，它"首先是一种方法"。但它不赞成传统哲学事先设定原则的普遍的方法，它不是去看最先的事物、原则和范畴，而是去看"最后的事物、收获、效果和事实"。简言之，一切从实际效果出发，从功利出发，这就是实用主义方法论的根本原则。在实用主义者看来，各种不同的甚至是对立的理论，只要能带来实际的效果，都可以认为是真的，具有真理的意义。可见，实用主义作为一种方法论，同时也是一种真理论。所以詹姆斯说："实用主义方法的意义不过是：真理必须有实际的效果"。④

第二节　杜威注重探寻的技术哲学思想

约翰·杜威（John Dewey，1859—1952 年），1859 年 10 月 20 日出生于美国佛蒙特州伯林顿镇的一个中产阶级家庭里。杜威就学于伯林顿镇的

---

① 毛祖桓：《教育学的系统观与教育系统工程》，四川教育出版社 1988 年版，第 159 页。

② 葛懋春、李兴芝：《胡适哲学思想资料选》，华东师大出版社 1981 年版，第 73 页。

③ 胡适：《胡适文存》（二集卷三），上海亚东图书馆 1930 年版，第 99 页。

④ ［美］詹姆斯：《实用主义》，1983 年纽约英文版，第 163 页。

公立学校。1875 年升入佛蒙特大学读书。1884 年以题为《康德的心理学》的论文获得博士学位，从此开始了漫长的哲学生涯。杜威在近 70 年学术生涯中，先后在 13 个学院或大学中接受荣誉学位，多次获得国外政府授予的勋章，1932 年被选为全国教师学会名誉主席；1938 年被选为美国哲学协会名誉主席；1952 年被选为纽约州自由党名誉副主席。杜威一生共出版了 30 多本著作，900 多篇文章，涉及到多个学科领域，堪称是一位百科全书式的伟大学者。

一　杜威的技术价值观

1. 杜威反对传统技术的观点，他虽然没有给出某个单一的技术定义，但他所指的技术通常是"科学的技巧"，也指使用工具、仪器及实验技巧的科学方法，而无论其发生于工业和工程中，还是发生于物理学家、化学家或生物学家的实验室中。甚至在他看来，理论也是一个人工制造物，因此，人们所谓的"理论研究""纯学术研究"，在杜威看来，实际上都是技术，正如他所言："社会学是一种技术，政治学也是一种技术。"① 技术就是制造人工制造物的过程，这种人工制造物既可以是有形的，也可以是无形的，比如科学、语言、法律、概念等，其中语言是工具的工具，这都属于广义的工具范畴。工具只有在被使用时才有意义，它们也只能在具体的情境中被使用。因此，有形工具和无形工具之间的区别是功能上的，而不是本体论意义上的。所以，杜威强调要在不同的背景中理解技术。比如，技术可以指对生产性技能的积极使用；也可以是最令人满意的探究方法；或者是民间和工业艺术品；或者是使伽利略时代的科学革命有别于其之前的科学的标志；或者是对包括作为工具的工具的语言在内的工具的普遍使用；或者是指工商业；或者是教育的基本组成部分；或者是实现人类特有的社会和政治目标的计划。②

较之传统的技术定义而言，杜威对技术的理解具有如下显著特点。

第一，杜威是从动态的观点对技术进行考察的。传统的绝大部分技术

---

① ［美］杜威：《杜威五大演讲》，安徽教育出版社 1998 年版，第 9 页。

② Hickman L. A, *John Dewey's pragmatic technology*, Bloomington and Indianapolis：Idiana University Press，1990，p. 58.

定义属于技术的静态定义，比如，亚里士多德在《形而上学》一书中说："从经验中所得的许多要点使人产生对一类事物的普遍判断，而技术就由此兴起"①。杜威将技术视为通过任何形式的探究工具对某一问题境遇实现的适当的改变。对于杜威而言，他所谓的技术活动是一个繁忙的中间人，是处于一边是充满了疑虑的问题、另一边是问题得以解决的两种境遇之间的联络官，人类使用技术与其环境发生相互作用并适应环境。虽然技术进步伴随着人类发展的始终，人们从不同的角度理解技术，故"技术"一词是多义的，但在杜威看来，当人类仅仅享用火，或把火当成上帝所赐时，还谈不上探究，因此也就没有技术；而当人们造火，并有效地控制火时，人们就从仅仅享用和思考火的"本质"是什么，转到了关心"如何"生产和使用火，这时就出现了所谓的探究活动，因此，技术也就相应而生了。

第二，杜威消除了技术主体与客体之间的分离，拒绝了从主体性上建构技术本质的总体形而上学。杜威的技术界定，采取了与希腊思想家截然不同的思维方式，他拒绝了亚里士多德的基础主义。他认为，由于无论何时何地，只要积极的生产性技能是有效的，那么它就既包括理论方面，也包括实践方面，所以它处于一个中心地位，然而却无基础而言。同时，杜威也反对希腊人提出的本质主义。他认为事实上亚里士多德的有关本质和偶然性的领域，远非先于思维而存在，而是从思维中产生的，其本身就是一个思维的工具，是一个技术的人工制造物。

第三，杜威强调要把技术置于一定的具体境遇中去理解。杜威认为技术是发生于人与环境之间的贯通作用，人们只有在具体的背景中，才能把握技术的确切含义。这就避免了孤立、静止、片面地看待技术问题，避免了形而上学的传统思维方式。可以说，这点对于我们当今审视技术问题不无一定的借鉴意义。

2. "价值"在我国的辞海上含义有二：其一是经济学的价值概念：凝结在商品中无差别的人类劳动；其二是"引申为有意义"。哲学中的"价值"的含义应属于第二种——引申为有意义。可见，所谓价值，是指人的需要与事物属性之间的特定关系，即事物对人、客体之于主体的积极意义。哲学史上的不同的思想家、学者对价值有多种界定，比如"需要"

---

① David Rothenberg, *Hand's End*, London：University of California Press, 1993, p. 6.

说、"意义"说、"属性"说、"关系"说、"效应"或"功能"说，它们都是从一定的角度解释了价值现象，也都各有其合理性，但也各有其片面性或容易让人产生片面理解的方面。综合的看，各种说法都有一定道理，价值的基本规定性都有客观性与主体性、社会性与历史性、多元性与一元性、绝对性与相对性等。

就技术的价值而言，从来就有技术中性论与技术价值论的争论。技术中性论者认为技术本质上是中性的，技术就是技术，无所谓好与坏，它是手段，它本身并无善与恶，一切取决于人从中造出什么，它为什么目的而服务于人，人将其置于什么条件之下。技术价值论者认为技术是一种自律的力量，它支配着社会与文化的发展。在当今世界技术决定论已经成为技术哲学领域中诸多学者广为探讨的一个主题，有关其指称问题，中国大百科全书出版社 1994 年出版的《自然辩证法百科全书》对它的定义，应该说是我国目前对这个概念比较有代表性的认识。该条目中说："技术决定论（technological determinism）通常指强调技术的自主性和独立性，认为技术能直接主宰社会命运的一种思想。技术决定论把技术看成是人类无法控制的力量，技术的现状和作用不会因其他社会因素的制约而变更；相反，社会制度的性质、社会活动的秩序和人类活动的质量，都单向地、唯一地决定于技术的发展，受技术的控制。"可以看出，这个界定所遵循的是一种线性思维，它用极度简化的线性思维的方法，处理技术与社会的关系，只单向地看到技术对社会的影响，并将其夸大为唯一决定的影响因素，人在技术面前只能是处于消极无为状态的被动受体，技术可以直接决定社会结构，从而以技术性代替所有制度关系，于是社会形态的演变主要的甚至唯一的就是技术形态的演变。所以，有的学者认为这个界定有失偏颇，比如陈昌曙先生就认为，"很有可能，对技术决定论作这样的界定就值得商讨。……'技术决定论'的内涵是非不很明确，可能有简单化之弊"①。其实，在西方学术界，关于技术决定论这个术语，确实不是一个严谨的概念，不同的学者对它就有不同的理解。比如罗波尔认为技术决定论的核心观念是"技术的发展不依赖于外部因素，技术作为社会变迁的动力决定、支配人类精神的和社会的状况"。拉坦则是在"制度变迁依赖

---

① 陈昌曙：《技术哲学引论》，科学出版社 1999 年版，第 190—193 页。

技术变迁"的意义上来讨论技术决定论的。肖则将技术决定论与生产力决定论相提并论。可见，技术决定论并不是一个严格的术语，也并未形成一个有特定含义的专用名词，它在不同场合有着不尽相同的涵义。对此，贝尔纳在其巨著《历史上的科学》中有一段意味深长的话也值得我们认真借鉴，他说："科学史的研究就已经明白指出，科学不是个能用定义一劳永逸地固定下来的单一体。科学是一种人类有待研究和叙述的程序，是一种人类活动，而联系到所有其他种种人类活动，并且不断地和他们相互作用着"，"必须把整部历史中科学和社会的种种相互作用，作出相当详细的介绍，然后才谈得到开始了解科学的意义和它将来的前途"。而且任何定义都只有微小的价值，只是为了展开对问题的研究，为了有个逻辑的起点，人们还必须从基本概念、基本定义开始，所以贝尔纳还说："因为科学本来不能用定义来诠释。"

概而言之，技术决定论认为，技术是对社会最具影响力的因素，是塑造社会、推动历史的力量，某些特定技术的发展通常是社会变革的唯一的或主要的前因，并且技术被看作是社会组织模式的基本条件，技术特别是传播技术是社会发展的基础，如书写、印刷、电视、计算机等技术"改变了社会"。在不同论者那里，技术决定论往往和技术自主论（autonomous technology）、技术统治论（techocracy，也译作技治主义、科技治国论）、媒介决定论（mediadeterminism）联系在一起。技术自主论认为，科学技术发展中有某种内在的逻辑或机制，科学与技术的发现与发明，不受制度因素和人为因素的制约，有着自己的独立性、渐进性和累积性，发明具有可预见性，"我们时代的最重要的创新——核能、空间和计算机技术——在它们实现之前数年内，已经靠对科学技术的认识而被预言到了"①。技术统治论（techocracy）一般被认为是指"在这种政治制度中，决定性的影响属于行政部门和经济部门中的技术人员"。但是，许多学者认为，技术统治论有着更为深刻的内涵。比如，贝尔认为，"技术统治论决不只是一个技术问题。这种思想强调用逻辑的、实践的、解决问题的、有效的、有条理的和有纪律的方法来处理客观事物。它依靠计算、依靠精

① ［荷兰］E. 舒尔曼：《科技时代与人类未来——在哲学深层的挑战》，东方出版社 1996 年版，第 212—213 页。

确和衡量以及系统概念。从这些来看，它是和传统的、习惯的那种宗教方式、美学的和直观的方式相当对立的一种世界观"①。比较适度的媒体决定论认为，媒体的使用对我们能够产生一定的影响，但更重要的是社会情境。极端的技术决定论认为，特定的传播技术或者是决定社会发展的一个充分条件（唯一原因），或者至少是一个必要条件。技术发展的结果是必然的或至少是有很大的可能性的。最极端的技术决定论者将整个社会的形成被看作是由技术决定的：新的技术在每个层面上改变着社会，包括社会制度、人与人之间的交互和社会中的个体，至少大量的社会和文化现象被看作是由技术形成的，人的因素和社会的调节被看作是第二位的。

那么，我们应如何看待技术的这种决定作用呢？我们认为，技术同科学一样，是人类摆脱愚昧落后，步入文明社会的重要手段。但是，同任何事物有其利也有其弊一样，技术也是一把双刃剑，就是说，它在给人们带来利益的同时，也不可避免地对人类社会产生一些不利的负效应。正如控制论的创始人维纳在评论新工业革命时所讲的那样："新工业革命是一把双刃刀，它可以用来为人类造福，但是，仅当人类生存的时间足够长时，我们才有可能进入这个为人类造福的时期。新工业革命也可以毁灭人类，如果我们不去理智地利用它，它就有可能很快地发展到这个地步的。"马克思是这样说明科学技术的负面效应的："科学通过机器的构造驱使那些没有生命的机器肢体有目的地作为自动机来运转，这种科学并不存在于工人的意识中，而是作为异己的力量，作为机器本身的力量，通过机器对工人发生作用。"② 这里，马克思将科学技术的负面效应概括为"异己的力量"，并且说明了这主要是由于对它的资本主义使用方式造成的。爱因斯坦也说过："科学是一种强有力的工具。怎样用它，究竟是给人类带来幸福还是带来灾难，全取决于人自己，而不取决于工具。刀子在人类生活上是有用的，但它也能用来杀人。"③ 所以，在科学技术所引起的负面效应中，大部分是由于人对科学技术的使用造成的。科学技术终究是人类实践活动的产物，正是人的创造力和想象力"洞见"到新的发明，而且只有

---

① 丹尼尔·贝尔：《后工业社会的来临》，商务印书馆 1984 年版，第 385 页。
② 《马克思恩格斯全集第 46 卷（下）》，人民出版社 1960 年版，第 208 页。
③ 许良英、赵中立、张宣三：《爱因斯坦文集》（第三卷），商务印书馆 1979 年版，第 56 页。

人才能成为技术的使用者，让技术执行某种职能，正是人的不同目的，制约着技术的使用方向，正是不同的社会制度，制约着技术的使用性质。在西方发达国家，科学技术遭到非常严厉的批判，很大程度上是因为资本主义社会中不正确的使用目的。杜威也正是持有这种观点，得到了当代技术哲学家费恩伯格的赞同。

事实上，正是科学技术的这种负面效应，导致了技术悲观主义的产生。所谓技术悲观主义是指技术的发展直接主宰社会命运，必然给人类社会带来灾难的一种观点，也有人称这种观点为反技术主义。它也是技术决定论的一种表现形式。它怀疑、否定技术的积极作用，主张技术必须停止乃至后退。技术悲观主义作为一种否定性的技术观，自始至终都存在于人类文明的历史进程之中，只不过由于人们的观察角度不同、生活体验不同、价值追求不同，而对技术的恐惧心理、批判程度表现不同。比如，中国古代的老庄学派就把技术看做是伤风败俗、道德沦丧的罪魁祸首，甚至清代人就将西洋技术视为"奇技淫巧"。又比如，近代西方浪漫主义学派的代表卢梭，更是在技术造就人类文明取得辉煌成功的欢乐声中，高屋建瓴地预见到了现代科学技术的弊端，在他的《论科学与技术》一书中说："善良意识与科学探索相比具有更优越的价值"，并坚决否定"科学……有利于道德"。

可以说，自卢梭以后，对技术的批判从来就不曾停止过，而且技术越发展，对技术的批判和指责也越强烈。特别是 20 世纪的人文主义、法兰克福学派、存在主义，以及 20 世纪六七十年代兴起的环境保护主义、罗马俱乐部、后现代主义和相当一批科学家、技术专家乃至公众等对技术批判的呐喊声，一浪高过一浪。到了 20 世纪六七十年代，技术悲观主义已经成为西方社会一股重要的社会思潮，并且引起了人们的极大关注。

相反，与卢梭同为法国启蒙运动的思想大师，名声显赫的启蒙泰斗，精神领袖伏尔泰，他的看法同卢梭迥然不同，他在自己的著作中，反复强调与弊端并存的科学的优越性，认为人们可以克服弊端而改善自身的环境，相信科学的进步，人类也在发展，一切都会因为科学而走向美好的未来。在伏尔泰之后，技术乐观主义者相信技术进步能够解决社会问题，比如，科学在环境问题的作用上的态度是更积极的。他们认为，目前人类已经清醒的认识到，面对伴随着经济增长而加剧的环境恶化问题，要实现经济社会的可持续发展，必须重构人类与自然的和谐，而技术进步便是遏制环境恶化、恢复生态平衡、构建人类与自然和谐的手段。他们相信几乎科学技术的所有领域都能为减轻甚至修复生态失衡做出贡献，而本世纪已初露端倪的生物技术、材料技术、信息技术等高新技术，将更好地为环境建设开辟一个令人鼓舞的前景。技术乐观主义者把科学技术当作无尽的资源，他们反对技术悲观主义者对于技术进步的否定，坚持认为解决由技术的负面效应而引起的问题的决定性手段仍是技术。在他们眼中，技术悲观主义者，始终只是看到了技术双刃剑阴暗的一面，并且不断夸大，从而最终陷入了巴里、康门所谓的"经济越增长，污染越严重"的封闭怪圈。不过有一点需要说明的是，以对环境问题的看法为例，审慎的技术乐观主义者与唯技术论者的本质区别在于，他们承认技术进步对环境改善起决定作用的同时，并不否认其他因素的重要作用，如制度因素在保证技术进步和促进环境的改善中的作用，承认制度因素是技术进步的有机组成部分，其突出作用之一便是保证技术研发（R&D）活动的实现。当前，技术发展已成为全球化潮流，由此引发的问题也层出不穷，那么，决定论者的技术拯救之路在哪里呢？

在技术决定论者看来，立足于工具性和人类性的解释的那种克服技术的想法过于简单，他们看到技术对人的生活的不利后果，就以为认识到了技术的真正危险，准确地说他们只抓住了症状和后果性的现象，而没有看到真正的本质性的危险。所谓"控制"技术仍然明显地把人看作统治的主体。不同的学者从不同角度提出了不同的拯救之路。芒福德认为，人类应该从对机器的依赖中摆脱出来，只有如此，那些曾因长期依赖技术而不同的人性，才会重新获得动力，人类才会达到自我控制和自我实现。技术进一步发展的目标，应是关注人类成长过程中的所有方面。但他认为要想把人类从大机器中解放出来，决不是件容易的事情，尽管没有提供现成的方案，然而芒福德确信人类要想在当代危机四伏的技术文明中继续生存和发展下去，确实已经到了应该全方位审视人类本性和机器的关系的时候了。而海德格则认为克服技术和由于技术所招致的危险，要比单纯否定技术而达到克服技术复杂得多。因此要从本源性入手，唤醒沉思的思想，这对限制或甚至克服技术来说是必要的。当沉思的思想在任何可能的机会那里考虑到对自然和世界的强求和限定时，它或许能在人与存在的关系方面准备新的基本的并允许事物和世界具有自己的特性和自身性的关系。除了

"思"之外，人响应于"存在之言"的另一种方式是"诗"，人要按其本质，即如其所"是"而"存在"——诗意地栖居。人应当放弃自身作为主体，作为事物参照的地位，那时语言中的存在就有可能展现自身并赐给我们一座崭新的家园。埃吕尔认为在人们由于技术而获得"幸福"时，却丧失了对"崇高"的追求。技术没有为人类自由提供新路，而是需要在技术之外为自由寻找空间，因而人们必须放弃居高临下的态度，对技术进行哲学反思，重新学会从自然的源泉中生活，为个人的自由寻找生存的空间。人只有意识到自己的自由被技术所剥夺之时，才有可能驾驭已支配他们的技术，才有希望重获自己，因此要破除对技术的依赖和崇拜，使人们相信技术的进步并非人性的最高成就。但是埃吕尔视技术为自律性，因此在他的视域中，技术似乎仍是游离于人之外的实体，而没有一个明确的未来。可见，随着技术在现代社会的普遍深入，技术已成为塑造我们生活的"立法力量"，包括海德格尔，埃吕尔等在内的决定论者都认识到，在巨大的技术体系的统治支配下，我们个体的存在和生活方式已经受到威胁，人与技术之间的冲突已经造成了人性的危机。但是，决定论者往往从自律性的角度看待技术，因而对技术都怀有敌意，他们并未辩证地看到技术在消解的同时，也具有强大的建构作用，并且在超越论者的视野中，没有社会的发展和历史的进步，因而他们站在文化悲观主义立场上的技术批判理论，尽管有许多深刻的思想，却明显缺乏实践的基础，最后落入虚无主义的窠臼是其理论的必然。

3. 在技术的价值问题上，杜威是反对各种技术决定论的，但他并没有采纳直线工具主义者的主张，而是主张非中立性的技术价值观。直线工具主义认为，技术是个价值中立的工具，它既适应于温和主义者，也适应于左翼或右翼极端主义者。而杜威却认为技术既是智慧的，也是负荷价值的，因为"一切思想都是应用于实验操作中的智能工具，以解决经验中出现的问题"。在他看来，工具并不是价值中立的，他非常关心工具的产生，以及这些工具所引起的人类经验的改变。杜威认为，工具常是因解决特定的现存问题所需而发展起来的，同时他也承认制造和使用工具是丰富人类经验的一个方面。工具和机器本身可以产生不为人所预料到的后果，因此，其制造和使用也是丰富"知"所不达的人类经验领域的一个手段。尽管杜威把工具的应用与其最主要形式即"知"联系起来，但他同时指出，有时工具被习惯性地加以使用，即没有被反思地加以使用，这种使用以及作为其使用后果而产生的思想都属于广义的技术范畴，所以杜威的技术哲学主张，技术既不象反技术文化批评家所认为的是反价值的（因此是反民主、反伦理、反艺术等），也不象科学家和工程师所认为的是价值中立的。而恰恰相反，他主张技术负荷价值，该价值必须通过"多元的计划"，而不是由一元论的以及技术统治论的管理，与文化中的其它价值结合在一起。① 杜威认为新的技术是价值多元的，新技术提供了一种新的可能，他特别强调使用技术的人，要精心地选择和负责任地使用工具和物品，以最大限度地实现人们的价值。

二　杜威的技术伦理观

杜威生活的时代，是科学技术迅猛发展的时代，正是科学技术的发展引起了人们道德观念的相应变化，这是杜威的科技伦理思想的形成和发展的社会背景。杜威倾其一生都在密切关注着科学的发展，他对科学在改造人类事务方面所起的巨大作用，深信不疑，付诸实践，并试图将他的哲学与科学有机地结合起来。杜威在 1891 年的早期论文《道德理论和实践》中就论述了其理论和实践观，并将其特征贯穿于整个职业生涯的研究之中。所以这篇文章不仅为《经验与自然》，而且也为 1938 年出版的《逻辑学》提供了有关伦理道德的深刻思想。

在事实与价值问题上，杜威强烈地驳斥所谓的两个极端：第一个是科学实在论，即强调有代表性的既定事实，依赖于真理符合论，假设在现实和价值之间存在着分裂，并且倾向于事实一面；第二个是唯心主义，即强调基于经验世界之外基础之上建立的价值，同样依靠真理符合论，假设在事实和价值之间存在着一个分裂，并且这个分裂是倾向于价值的。在杜威看来，这两种主张的不足之处在于：实在论的和唯心主义的，都没有注意到在事实与价值、目的和手段之间，内在的和工具性的物品之间的作用方式是与目的性关联的。他认为强调事实和强调价值这两个方面作为探究的阶段或环节是彼此相联系的。

---

① Carl Mitcham, *Thinking though Technology*, London：The University of Chicago Press，1994，p. 73.

　　同时就科学和道德的关系而言，杜威将研究自然科学和道德的相互作用，作为一切问题中最一般和最有意义的一个，他说："人类具有为科学研究所提供的信仰，相信事物的实际结构与过程；他也具有关于调节行为的价值的信仰。怎样使这两种方式的信仰有效地互相作用着，这也许是人生为我们所提出的一切问题中最一般和最有意义的一个问题了。"① 而且，杜威还赋予二者之间的相互关系的问题以哲学中心问题的地位，认为"哲学的中心问题是：由自然科学所产生的关于事物本性的信仰和我们关于价值的信仰之间存在着什么关系。"② 杜威将理性作为沟通自然科学和道德的桥梁，将自然科学方法作为研究和解决道德问题的工具，指出："科学的思考方法上的改变对于道德观念的冲击，大致是明显的"③。同时他将自然科学知识，作为道德发挥调节作用的必要条件，并将解救人类苦难，作为自然科学的目的和道德的标准。

　　在技术伦理问题上，杜威的鲜为人知的重要贡献，是他较早地提出了"负责任的技术"的说法。早在 19 世纪 90 年代，杜威就对个人责任问题进行了论述，反映出他对劳工实践、移民、教育等问题的敏感。他在《伦理学研究》中写道："责任的名称是指涉我们是具体的特殊个体的事实。我是自我；我在自我的行为中意识到自我；我是负责任的，这不是三个事实，而是一个事实。"④ 他又进一步而言，"不道德的人（在其基本意义上）是不负责任的；他的行动不可靠，他是不确定的，不可靠的，是不值得信赖的。他对其应负的责任和应发挥的作用不能作出反应。他的冲动和习惯是不一致的，因此不能对刺激和要求做出适当的回应。不道德的人在社会方面是不负责任的。"⑤

　　在杜威看来，作为有道德的人的特征之一的责任是与探究密切相关的：如果探究是可靠的，那么它就是善的。而所谓成功的探究，是指在产

---

　　① ［美］杜威：《确定性的寻求》，载《资产阶级哲学资料选辑（第九辑）》，上海人民出版社 1966 年版，第 193 页。

　　② ［美］杜威：《哲学的改造》，商务印书馆 1958 年版，第 5 页。

　　③ Jo Ann Boydston, *Collected Works of John Dewey* (*The Early Works*), Carbondale and Edwardsville: Southern Illinois University Press, 1969 - 1991, p. 4, p. 342.

　　④ Ibid. , p. 4, p. 343。

　　⑤ Ibid. , p. 4, p. 21。

生了可检验的结果的意义上，能够导致有根据的可断言性作为可靠的产物
的探究。更为重要的是，我们应该看到，杜威有关探究的论述中的技术性
的要点是探究产生可检验的产品。事实上，杜威的技术方法就是由能够使
负责任的人产生可靠后果的蓝图，而远不是如罗蒂所描述的"一个无法
判断其合理性的希望的词汇"。希克曼反对罗蒂认为杜威为我们留下一个
"无根基的社会希望"的说法，认为这远非杜威的真实含义，相反，他赞
同斯力普（Ralph·Sleeper）的看法，即杜威的实用主义"给予我们的远
远超出那点，它似乎不仅只是教导我们，如何'对待'我们周围正在日
益走向衰落的文化，而更是引导我们如何去改变它"。当然这些也是我们
马克思主义所主张的。毛泽东在《实践论》一文中就说过："马克思主义
的哲学认为十分重要的问题，不在于懂得了客观世界的规律性，因而能够
解释世界，而在于合乎了这种对于客观规律的认识去能动地改造世界。"
但杜威能在100年前就能倡导这些，实属难能可贵。

三　杜威的技术探究观

探究（inquiry）一词最初是由皮尔士提出的，即指由怀疑的焦躁导致
的达到信念状态的一种努力，其唯一目的在于确定信念。而杜威采用探究
之意是指认知过程，他强调探究的作用是在确定环境方面，而不是在确定
自我方面，他认为是探究使我们与环境之间更为融洽，也是探究提高了我
们适应环境的能力。所以，探究是试图满足人类日益增长的欣赏及洞察事
物意义的需要。因此，他主张对技术不应被视为固定不变的、完成了的方
法，其应用是有变化的。因此，技术可被认为是随着需要和目标而发展变
化的一系列方法和工具。

1. 杜威采用探究这个术语，是对我们现存世界的一般性特征的一种
考虑。在杜威看来，这个世界不仅包括能产生我们得以"发现"自我的
境遇，而且还包括为了改变这些境遇，实现自我调适而可以利用的手段和
工具。杜威将这种考虑看成是一种探究。可见，杜威探究的目的，就是最
大限度地控制有问题的自然和社会境遇。

2. 反省经验是杜威的有关探究的技术化的理论的要素，具有重要的
意义。它是相对于原始经验而言的。原始经验主要指直接性的日常活动及
其所面对的事物，所依据的是"粗略的、宏观的、未经提炼的素材"；而

反省经验则主要是指理智性的分析和探究及其成果，所依据的是"精炼的、衍生的题材"。杜威认为反省经验能揭示探究的技术特征。因为每个反省经验对于意义的进一步产生，都具有工具性的，即它是技术的。

3. 探究理论中的理论与实践的关系。理论和实践何者为先，在杜威的探究理论中被看成是一个类似"鸡和蛋何者为先"的问题。杜威反对理论和实践的分离，认为理论与实践的关系是一种相生相伴的过程，他主张知行合一。在杜威看来，理论要着眼于实践，以保持观点的开放性，并且设想出与更好的目标相一致的潜在的产品；而实践也要关注于理论，以确保设计和生产目标不至于过高过大而成为幻想，以确保产品满足市场需要，同时确保产品和部件足以备用，留有充足的周转资金。

4. 就探究的范围而言，杜威认为，探究作为一种技术，在广泛的经验意义上起作用，而不能仅仅从认识论上加以说明。他认为历史上哲学的一个基本错误，就是把"认知知识"作为所有人类经验的范围。然而人类经验的范围极广，有的地方有技术活动，但与知识并不相关。因此，探究的逻辑要比认识论广得多。杜威致力于在我们的日常技术活动和其精致的形式之间建立一种联系，即建立一种贯通于从世俗事物到科学、逻辑、直至形而上学的探究理论。这种面向实际的治学态度，还是很可取的。

5. 杜威认为探究形式是多种多样的，涵盖了自然领域及社会领域中的一切探究，如科学探究、哲学探究、美学探究、政治探究等等，它是一种广义的技术。它致力于在实践情景中各种工具的有效使用，实现人与环境的和谐相处。这诸多探究形式中也包括政治探究。由于政治探究是在诸多价值中评价和选择最令人满意的价值的一种重要形式，所以对于杜威而言，尽管不像柏拉图所认为的是最高级的或最主要的技术形式，但它确实是一种技术探究形式。它是人类经验的一个领域，如果要取得满意的结果，就需要成功的工具性的探究。此外，杜威还认为哲学的探究与其他形式的探究一样，是在特定的时空中进行，为特定时空服务的。

第三节　皮特的技术行动论

2000 年，美国弗吉尼亚理工大学的约瑟夫 C. 皮特教授（Joseph C. Pitt, 美国弗吉尼亚理工大学教授，哲学系主任，美国哲学学会、美国科学促进会、加拿大科学哲学与科学史学会、国际历史哲学与生物社会研究学会、美国技术史学会、美国科学史学会、国际技术哲学学会成员，前SPT 副主席，Techné 杂志副主编），被美国哲学界称为非凡的（extraordinary）哲学家。

一 对技术的界定及其本质

1. J. C. 皮特从分析哲学入手，得出了技术是"人类在劳作"的行动论的技术界定，其将技术主客体关系的预先设定消解于技术的行动过程之中，打破了技术的主客分离，以动态的技术行动过程，拒斥对于技术本质界定的基础主义与形而上学分析。

皮特在《技术思考：技术哲学的基础》一书中，论述了科学作为一种知识生产事业的行为过程，指出，技术并非科学的应用，科学知识的生产得到的也并非是"纯"知识，而是一种行为过程。阿奇特休斯在《美国技术哲学：经验转向》一书中指出，"像 Heidegger、Ellul、Mumford 这些古典技术哲学家往往将技术理解为一种对于自然科学的应用，而且仅仅是一种应用工具，古典技术哲学家的发现无疑是新颖的，但是却是不完整、不彻底的"[1]。针对科学知识问题，皮特提出了经验主义和理性主义两个思想学派的知识产生过程，并以经验主义者的洛克、贝克莱、休谟以及理性主义者的笛卡儿、斯宾诺莎、莱布尼兹为例。指出两个学派虽然在很多地方有很大不同，但是其共同之处就是强调个体对于客观素材的获得并从中形成个体自己信念的基本素材并转化为知识的过程，即强调对个体角色的关注。但是，皮特指出，个体获得并形成个体信念的过程仅仅是知识探求中的第一阶段。皮特将个体进行质询、发现新事物、产生知识，进而提出的自己的主张称为"候选人主张"（candidate claims），当个体做出的候选人主张是否可被作为知识判定时，就产生了麻烦，因为做出这种判定就是要采取传统的经验主义者和理性主义者认识论的路线，而它的困难之处就在于应该是团体而非个人才可算做知识的决定者。也就是说，知识的候选人主张的最终地位由团体而非由个体决定，这一思想来源于美国实

---

[1] Edited by Hans Achterhuis, Translated by Robert P. Crease, *American Philosophy of Technology：The Empirical Turn*, Bloomington：Indiana University Press, 2001. p. 5.

用主义哲学家，查尔斯·桑德斯·皮尔士（Charles Saunders Peirce），它代表着与传统认识论的分离。如此，如果团体是知识的决定者的话，那么其标准是"成功的行动"。也就是说，什么可算作知识的最终测定以我们对于那种知识的成功的行动的能力来决定。那么，知识决定的目标就是行动。皮特继续指出，当我们步入一个包含在生产知识之中作为一种社会过程的真实的科学世界之中时，我们需要理解理论、实验、科学家、官僚机构、以及物质世界之间的相互影响，表明科学的形成并不仅仅存在于实验的前后联系之中，而是一种群体行为相互作用的过程（Joseph C. Pitt 2000，Ⅻ）。

根据以上分析，皮特从认识论的角度指出科学与技术的区别，摒弃了传统的技术是应用科学的观点，指出科学与技术之间的关系很大程度上比纯应用的区分复杂得多。从社会向度上说，技术不仅仅应用了科学，而且是科学行为在实现其目标的过程中加以应用和操作的工具，是科学的一种基础机构。但是，技术又不应该仅仅是静态的工具，我们通常的理解似乎就是一种工具，一种手段，是为了完成特定的目标或任务的方法。皮特指出，倘若如此，似乎政府、组织、等级制度都应该象锤子或钉子那样解释为工具，成为我们的技术。皮特又根据伊曼纽尔·梅因（Emmanuel Mesthene）对技术是"为了实践目标的实现的知识的组织"[1] 的描述，指出所有的知识都是为了实践的目标。强调了人类活动应该是技术所关注的目标。皮特根据从科学引申而来的社会因素与实践因素，提出技术首先应该具有社会向度，与社会的人分不开；又具有实践向度，技术是工具的应用。从而给技术下定义为：技术是"人类在劳作"（Humanityat work）[2]。并解释说，工具自身并非技术，是对它们的付诸应用划定了一种技术，而

---

[1] Mesthene, E. *Technological Change*, New York: Mentor Press, 1970, p. 26.

[2] oseph C. Pitt, *Thinking about Technology: Foundations of the Philosophy of Technology*, New York: Seven Bridges Press, 2000, p. 11. 这一翻译是作者本人的，目前国内也存在其他翻译，如清华大学高亮华教授将其翻译为"技术是劳动中的人性"，中南工业大学的陈文化教授将其理解为"技术是一种活动"。但考虑到"humanity at work"一词中"work"并非简单是指活动，而是含有"劳动"的意思，但劳动和"work"又是有区别的，所以作者将其翻译为"劳作"，即劳动与工作之意，以区别与一般的"行动"。考虑到皮特本人作为"行动论"的技术界定，将这一定义翻译为"劳动中的人性"明显不妥，虽然"work"一词也确有"人性"的意思（哲学人类学家卡西尔的理解），但我们认为技术是"人类在劳作"比较妥当。

且是人为了某种目标而付诸其某些应用，是一种目的与手段的结合。体现了行为技术的本质特征。

J. C. 皮特在《技术思考：技术哲学的基础》一书中指出，哲学是一种探究的过程，哲学的历史是一种探究的历史，哲学的探究和对话的内容会随着时间的变迁而变迁，因而，哲学的对话应该是一种持续的和动态的对话，我们加以研究的哲学问题需要恒定地重新思考，由此没有完整的哲学。但是承认没有完整的哲学的存在并不是要放弃行为哲学作为对智慧的探求。基于对于行为哲学的思考，皮特指出，"技术的社会批判者在谈论技术时有一种令人感觉烦扰的地方，就是他们将技术视为一种'物'，一种静态存在的物。其实没有称为'技术'的简单的物"。人们（尤其是技术的社会批判学家）之所以将技术视为一种简单的物，就是忽视了对技术自身的认识。皮特由此给出了这样的一个方针：关于技术的哲学问题是基本的和首要的问题，即关于我们对于具体技术及其影响以及那种知识存在于什么地方，我们能够知道什么。这等于是我们作为人类我们要了解对于这个世界我们能够知道什么以及我们对它的影响，"技术是一种行为过程而并非一种静止的'物'，没有被称为'技术'的简单的物"。

2. 如果以"技术是人类在劳作"这一定义界定技术的行动的话，那么动物的行动和人类的行动有何不同？如果我们又将人类作为行动主体的话，那么以人类为主体的"技术行动"和以人类为主体的其他"行动"比如政治行动、经济行动有何不同？是不是所有人类的行动都是一种技术行动？再者，这里的人类究竟为何指？仅仅是区别于动物的人吗？就行动而言，我们应该将行动与时间紧密地联系起来加以考虑，一个行动过程可以分为行动前、行动中、行动后三个阶段，行动前是主体的"行动目的"的确定；行动中是主体以一定的工具或手段以实现自己的目的；行动后是行动主体得到了一定的行动结果。但这个行动并不能简单地、静止地划分为三个部分，行动实际上是在一个动态过程中实现的，所以，行动应该是一种过程。最后，行动主体所取得的结果未必与行动主体最初的目的一致，所以，行动效果的分析也应该是行动过程的一部分。所以，行动应该是行动主体的行动目的与行动手段以及行动效果相统一的一个动态过程，因果规律与决定论在这一动态过程中起着关键的作用。"humanity atwork"（技术是人类在劳作）指的是人的一种具有创造性的，富含一定的智力因素在内的，理性的行动过程，而并非所有的行动都是技术行动。皮特将工程技术和建筑技术作为典型的行动技术，认为建筑师和工程师的工作都是"人类在劳作"，指出："工程并非是一种物，而是由工程师、机械的、化学的以及空间的存在而构成的行动"①。皮特技术定义中的"work"如果查阅英文辞典，work一词为工作、劳动、经营之意，work所体现的不是一般的行动或活动，而是带有物质生产性的行动，"从生产力的方面来看，其通过有目的的活动，借助于劳动资料，使劳动对象发生预定的变化，反映人与自然的关系，是一种具体的劳动，体现出具体的使用价值"②。但工作（work）与劳动（labour）也是不同的。马克思在资本论第一卷中谈到"work（工作）"与"labour（劳动）"的关系时指出，"labor（劳动）是一种劳动力的耗费，当某个人在制造自己的产品时，创造了一定的价值，并含有一定量的劳动强度和劳动时间的，就是labour；而当某个人在制造自己的产品时，创造了一定的使用价值，并含有一定质的劳动方式和劳动时间的，就是work"③。我们可以看出，work（工作）是创造了一定的使用价值的，是以一定的形式和技术方式进行的劳动，含有较高的智力因素和知识在内；而labor（劳动）则创造了一定的价值，某个人只要进行生产，就包含labour在内，表现了劳动中的技能耗费，智力因素和知识含量，即技术层面的含量较少。就技术层面而言，"work"（劳作）一词还体现出劳动过程中一定的人工制品（artifact）的创造过程，这一过程具体体现出技术过程中技术的人工制品的制造。而其他劳动过程如经济劳动、政治劳动，虽然也是一种创造价值的活动过程，也体现出"labour"的特点，但并非总带有"人工制品"（artifact）的产生，这也是技术行动（work）区别于人类其他行动的最后本质。皮特对"work"（工作）做出了这样的界定："方法的深思熟虑的涉及以及制造以操纵环境去迎合人类变化的需要和目标。"④ 最后，我们要将着眼点归结为"人类"

---

① Joseph C. Pitt, *Successful Design in Engineering and Architecture*: *A Plea for Standards*（www. shot. press. jhu. edu/news/archive/0702/program. htm）。

② 王法连、黄长军：《简明应用哲学辞典》，中国广播电视出版社1991年版，第327页。

③ 马克思：《资本论》（第一卷），人民出版社1975年版，第60页。

④ Joseph C. Pitt, *Thinking about Technology*: *Foundations of the Philosophy of Technology*, New York：Seven Bridges Press, 2000, p. 36.

（humanity），这里的"人"首先是有别于动物的我们已经加以分析的"人"。那么，我们又该如何分析"人类"自身这一概念呢？从语义学上来讲，"humanity"不同于"human being"，虽然二者都可作为"人类"来讲，但"human being"所指的仅仅是作为一种自然存在的人，辞典上仅仅将其解释为"人"；而"humanity"在辞典上除了将其解释为"人类"的总称之外，还有"人道""人性"的意思，又将其用于"人文学科"①，而我们通常所理解的人文主义者也重在对人类自身本性的探讨。所以，清华大学高亮华教授则将皮特的技术定义"humanity at work"翻译为"劳动中的人性"②。其实 work 一词也含有"人性"的意思，皮特的技术界定，既包含了工程学传统的"劳作"，也包含了人文学传统的"人性"概念。

二　对技术行动过程的二阶转化分析

J. C. 皮特将技术界定为"人类在劳作"并得出行动论的技术本质认识之后，对具体技术行动的二阶转化模型（MT）做出了逻辑分析，在这一分析过程中，分析哲学的"语境原则"与"真理符合论"与"技术行动论"的思想产生了相应结合。

J. C. 皮特的技术行动认识论模型被其本人称为 MT（model of technology）模型，一个输入与输出相结合的二阶转化技术模型。在这个二阶转化模型中，技术决策属于一阶转化，一阶转化的结果或者可能是另一个一阶转化，即一个进行其它决策的决策，或者可能是导致一个二阶转化，即创造某种工具的决策。二阶转化就是具体的技术行为和技术行动，其包括一个建构了的装置。比如，一个炼油厂履行了一个二阶转化，一个望远镜也是如此，二阶转化是一阶转化知识决策的应用，因此决策制定过程是一阶转化过程或一阶转化者。完成了一阶决策制定的运用的装置构建是一个二阶转化，比如一个炼油厂自身由于其通过机械的方法转化了原材料而称为一个二阶转化者，二阶转化后生产的技术人工制品进入社会过

① A. S. Hornby：《牛津高阶英汉双解词典》（第四版），商务印书馆 1997 年版，第 725 页。
② 高亮华：《分析哲学视域中的技术——分析技术哲学及其批判》，《清华大学中国技术哲学 25 周年学术研讨会论文集》2003 年 10 月，第 32 页。

程。因此，可以用知识的、机械的、社会的区分对二阶转化过程加以说明（Joseph C. Pitt 2000，13）。在这一技术模型中，技术决策属于一阶转化，技术人工制品的产生属于二阶转化的结果，这一过程遵循着输入/输出的二阶转化模式。潘天群指出，人工客体都有着同样的逻辑结构，都遵从输入/输出的逻辑形式（潘天群 1994［J］，39—43）。将技术界定为"人类在劳作"，就可以从逻辑上分析为人类依据知识做出一阶决策，通过建构一套机械装置履行一个二阶转化，二阶转化的结果是技术人工制品的产生。这一界定意味着一阶和二阶的输入、输出过程的动态转化，但是这一技术模型不能仅限与此。皮特指出，为了完成这一模型我们不能止于输入、输出这一层面上的概念；第三个至关重要的成分需要加以包含，其反映了"人类在劳作"的最重要的成分，"这就是评估反馈"①。

皮特指出，一阶转化输入过程是根据我们已经确定的知识基础或从一个发展的既定状态开始，由被面临的问题加以推动，这一过程要考虑技术行动过程的本质、技术实践原因的结构、技术合理性的本质等等；二阶输出过程一般是由应用上的技术对问题加以解决，在这一二阶输出过程中，一阶转化的知识、理论、数据被转化成更多的知识或转化成产品。但是，不管这一转化过程的最终人工制品是什么，这一转化自身并没有结束，而有其具体的目标和更进一步的应用；技术模型的最后一个组成成分是评估反馈，通过反馈方法有可能使进一步决策的知识基础得以升级，并重新通过输入/输出过程而呈现打开的螺旋状级联。皮特认为，由于现代技术活动中技术风险机器潜在后果的巨大，评估反馈变得越来越重要，为了在技术行动中将原材料转化为适当的技术人工制品而采取创新的技能，评估反馈具有重要的价值影响。

作为工具制造者的人（homo sapiens）以自身的智力和知识做出技术一阶转化过程中的技术决策，然后进入技术行动过程的二阶转化，即制造活动或过程，通过二阶转化过程的履行，生产出技术的人工制品或客体，人工制品或客体在社会环境中被应用，返回到制造行动或过程。通过对制

---

① Joseph C. Pitt, *Thinking about Technology: Foundations of the Philosophy of Technology*, New York: Seven Bridges Press, 2000, p. 13.

造行动或过程的评估反馈，使得进一步决策的知识基础得以升级，并进而指导下一步的二阶转化。这样，形成了一个完整的技术行动过程，并循环往复，不断追求完善。J. C. 皮特通过对技术行动的合理性分析，提出了合理性的常识主义原则 CPR，CPR 是技术决策的前提语境，皮特对于技术行动的语境分析体现了分析哲学的"语境原则"。

J. C. 皮特在提出技术的行动过程的技术模型 MT 之后，对技术模型的一阶转化中的合理性问题进行了分析。皮特指出，在一阶转化的过程中，为了确定目前所面临问题的既定状态，从而在二阶转化过程之后实现所想往的目标，人们必须做出选择。个体在可选择结果之间的选择基于何种结果是"首选的"基础之上，为了知道什么是"首选的"，个体不得不基于自己的利益对他或她的偏爱划分次序。这样就需要一种方法以决定什么组成了"最好的"选择，"于是出现了合理性问题"[①]。对于一阶转化，既然属于技术决策，那么如何知道决策是合理的呢？三阶转化的评估反馈又如何使决策合理呢？皮特指出，个体在技术决策时是以理性经济人的特征进行的，其技术决策是基于"首选的"标准之上，个体基于自己的偏爱而对决策划分次序，这种合理性的一般推理模式是：当在环境 C 中时做 X。就是说，当已经决定了一个人实际上是在 C 环境中时，那么技术行动 X 就被保证了。这里，皮特采用了分析哲学常用的语义学的分析形式。问题就在于，技术行动 X 往往是不一致的，那是因为个体对于他们通常所理解的实际环境是什么不一致，那么什么才是"最好的"决策呢？皮特指出，在标准描述上，就是要做"合理的"事情。在合理性的标准描述中，合理选择增加了做出正确选择的概率。换句话说，求助于合理性是对成功的保证。然而，这种保证来自于哪里呢？既然分析哲学是属于"推理的推理"（乔纳森·科恩 1998，55），由此皮特进行了进一步的推理，他指出，这种保证传统上有两个来源：逻辑与知识。然而，逻辑与知识都不能提供这一保证。逻辑只能保证辩论的严密，并不能确立辩论前提的真理。而知识也同样如此于是皮特提出了合理性的常识主义原则：CPR（The Common SensePrinciple of Rationality）：从经验中学习（learn from ex-

---

① Joseph C. Pitt, *Thinking about Technology*: *Foundations of the Philosophy of Technology*, New York: Seven Bridges Press, 2000, p. 17.

perience)①。按照皮特的观点，CPR，与他所提出的技术的输入/输出评估模型（MT）美妙地一致。我们可以用 CPR 评估技术，即，人类在劳动，以决定是否有进展发生。皮特认为，既然通过逻辑分析和知识的前提这样的理论解释无法保证我们的成功的话，那就要通过基于经验基础上的行动，实际参与。在这里，我们需要重点指出的是，经验被作为皮特技术行动论思想的基础。

分析哲学家在对语言问题进行分析时认为，语言的意义是在与客观实在相一致中达到真理的，"任何真理定义都不能违背'符合说'"②。在皮特对于技术的分析中，来自经验行动的群体决策是与客观实在相一致的，只有与来自经验的客观实在相一致的决策才能指导技术的二阶行动过程，即技术的人工制品的制造过程。这里的实在是指存在之所是，是与"现象"相对立的，是指事物的存在，独立于我们的心灵，且不论我们是否知道或相信它们的存在。对于皮特的技术行动来说，主体决策只有与客观实在相一致，才能构成技术行动的基础，而预先设定的主客体之间的关系只能导致形而上学的理解。至于与这种客观实在相联系的"符合论"的基础，则在于"经验"。

分析哲学一开始就是以反对绝对唯心论的理性主义运动而产生的，后期实用主义分析哲学更是将哲学的分析依赖于经验的基础。在皮特的技术二阶转化过程分析中，以"公共可达性"为基础解决经验理论论争中的矛盾，指出"群体行为"的经验而不是"个体行为"的经验是技术行动一阶决策的知识基础。

如果进一步考察 J. C. 皮特的 CPR 原则与分析哲学"真理符合论"的关系的话，通过梳理皮特分析哲学的传承人，美国哲学家维尔弗瑞德·塞拉斯的思想，可以发现在分析哲学发展的过程中，由于批判逻辑实证主义而产生了科学实在论思想，在认识论上，维尔弗瑞德·塞拉斯指出，知

---

① Joseph C. Pitt, *The Virtues of Common Sense*, to Virginia Philosophical Association Richmond, Virginia, October 1973. p. 5. 皮特除了在 1973 年的论文《常识主义的功效》中论述了这一 CPR 原则，并在 1974 年写过论文《评瑞舍的实体因果关系》（*Comments on Rescher's 'Noumenal Causality', in Kant Studien*, Vol. 654, 1974.）发表在《康德研究》上，也论述了关于常识主义的有关论点。

② 赵敦华：《现代西方哲学新编》，北京大学出版社 2001 年版，第 188 页。

识或认识是对外部世界的映象。映象分常识映象和科学映象两种。常识映象就是由人的感观直觉直接感知到的外部世界的知识，是人们直接观察和经验的结果；科学映象则是在上述知识基础上运用复杂的逻辑思维和想象力的结果，是思维理想化的知识。这两者都是对外部世界的描述和解释，因而都是外部世界的映象（刘放桐 2000，554）。皮特的技术行动的合理性分析中的合理性的常识主义原则：从经验中学习，指出了来自经验的知识才能成为技术一阶转化的知识的合理基础，就是典型的常识映象的实在论观点。

第九章　现象学的技术哲学思想

　　20 世纪初兴起的现象学运动涉及广泛，也逐渐渗入到技术哲学研究领域。继胡塞尔从现象学的角度谈论科学问题以来，海德格尔专门将技术作为其思考的对象。他的技术之思，为后来现象学技术哲学的发展开启了思路。后继技术哲学家可以说都与海德格尔有一定的关联，但却以他的思想为起点，重新划定自己的现象学技术哲学的研究范围。他们的工作，本质上是以现象学的方法作为根本的基础和方法，但由于视角和研究对象及问题的切入点的不同，并没有形成一种同一的现象学技术哲学，而是表现出了"家族相似"的特点。

第一节　技术现象学的历史和逻辑基础

一　历史基础

　　由于反思的主体和反思路向的不同，技术哲学从一开始就呈现出两种理论的较量。这就是工程学的技术哲学和人文主义的技术哲学。这两种理论各成体系，形成传统，相互竞争，推动着技术哲学向前发展。工程学的技术哲学反思主体主要是技术专家或工程师。工程技术哲学主要从内在对技术进行分析，强调技术本身的性质、特点、意义和规律，其创始人往往是工程师、发明家、企业家，他们一般掌握或了解实际的技术实践活动或亲历技术的研究开发工作。人文主义的技术哲学，主要从非技术的角度对技术的本质及其意义进行探索。在这种思路上，人文主义的技术哲学则力求洞察技术的意义，澄清技术与超技术事物的关系，如技术与文学艺术、技术与伦理学、技术与政治、技术与宗教、技术与社会等等，其哲学旨趣在于从人文主义角度来观察与反思技术，强调人文价值对技术的先在性。

　　这样，工程学的技术哲学专注于技术的细节，专注于技术的自然属性，为我们深入认识技术的自然逻辑提供了航标，但他们坚信由技术的自然逻辑必然导向技术的价值逻辑，也就是由技术的自然之"是"直接推断技术的价值之"应是"，认为只要行的通，符合自然逻辑，技术就必然是好的和有用的，这不仅混淆了自然逻辑和价值逻辑的界限，而且也不符合技术是一把"双刃剑"的事实。由于它用技术的自然尺度取代技术的人文尺度，使其对技术的社会属性及技术的意义，企图用科学主义来解释和说明包括人文科学在内的一切现象，结果技术的价值分裂现象得不到合理的解释。人文主义的技术哲学则专注于技术的社会属性和技术的意义，特别是对现代技术又多持批判的态度，这为我们克服对技术的盲目崇拜，理解技术的社会本质，无疑具有重大的理论和现实意义，但由于它缺乏对自然科学精神的包容。其结果则是在两大传统间人为地设置理解和沟通的障碍，使技术哲学推动技术健康发展的功能无法充分发挥出来。因此，技术哲学两大派别的背后重要分歧点，实质上是自然科学中盛行的客观主义和精神科学中占绝对优势的主体主义的二元对立所导致的，这种二元对立的背后，则是深度的自然主义和心理主义的对立。只有采用一种克服该二元对立的哲学方法，才能有效地解决两个派别的融合问题。而现象学，则为该问题的解决提供了哲学思想基础。

二　逻辑基础

1. 欧洲科学的危机

　　胡塞尔在他的晚期著作《欧洲科学危机和超验现象学》（以下简称《危机》）中分析了作为欧洲人根本生活危机之表现的科学危机，他批判数学的科学方法抽空了生活的意义，指出实证科学忽视了人生价值和意义的问题。胡塞尔把欧洲的危机叫做科学的危机。危机前面的限定词"科学"不是自然科学意义上的科学，而在于欧洲人对科学的态度，在于错误的科学观，即对科学的片面理解。

　　胡塞尔认为自古希腊时体现真正理性主义的科学和哲学一体的科学观就已经形成了。但近代以来，欧洲发展起一种片面的科学观念，其最主要的表现就是形而上学被逐出了科学，不健全的理性主义——自然主义因此占据了主导地位。因此，科学的危机实质是哲学的危机。欧洲近代物理客观主义用一件人工制裁的理念外衣遮蔽了生活世界的原初丰富性，使人和主体的意义被遗忘了，这就导致欧洲科学危机的根本原因。胡塞尔说，"哲学的危机意味着作为哲学总体的分支的一切新时代的科学的危机，它是一种开始时隐藏着的，然后日渐显露出来的人性本身的危机，这表现在欧洲人的文化生活的总体意义上。"① 科学的危机就是哲学的危机，因为科学排斥了形而上学；哲学的危机就是人性的危机，因为哲学忽视了人生的意义。科学被理解为就是自然科学。这种科学观念的大获全胜，说明"科学已经战胜了（思辨）哲学，并在知识领域里逐渐地赢得了崇高的社会声誉。"② "科学（物理学）到处都受到顶礼膜拜，而在许多国家，哲学则被挤到大学系统中的一个越来越小的角落……科学被宣布发现了客观实在，它所采取的方法能使我们走出心灵，而哲学家据说只会思想，并将他们的思想所得形诸笔墨。"③ "科学取代哲学成为具有权威性的知识模式和社会话语的仲裁者。"④ 科学成了能医治百病和解决当代各种社会话语的灵丹妙药，而形而上学被排除科学。他认为精神的欧洲是源于古希腊的真正普遍的科学哲学所支配与指导下的欧洲，"一种根源于哲学的精神支配着欧洲人，并创造着新的、无限的理想。这些理想服务于各个民族中个体的人，也服务于这些民族本身"⑤。

胡塞尔认为把欧洲人从这一危机中解放出来，关键在于清楚自然科学所设计的物质世界模型，用现象学来探讨前科学的生活世界，以唤起人们对真正的"内在的"世界的向往。健全的理性主义在于"必须永远掌握哲学的真正与全面的含义，掌握哲学的无限视界的总体，它必须把它当作自己的目的。"⑥ 全面而真实的哲学就是现象学。现象学的任务就是要恢复真正的理性精神。

2. 柏拉图以来哲学对存在意义的遗忘

海德格尔深刻地反思了整个形而上学传统，认为西方形而上学的历史

① 胡塞尔：《现象学与哲学的危机》，国际文化出版公司1998年版，第17页。
② 沃勒斯坦：《开放社会学》，上海三联书店1997年版，第11页。
③ 同上书，第17页。
④ 沃勒斯坦：《进退两难的社会科学》，《读书》1998年第3期，第85—90页。
⑤ 胡塞尔：《现象学与哲学的危机》，国际文化出版公司1988年版，第159—160页。
⑥ 同上书，第163页。

就是把"存在者"解释为"存在"的历史，这一传统的确立是由苏格拉底、柏拉图和亚里士多德完成的。苏格拉底将德性、知识和智慧合而为一，从而在人之外设立起一种更高的完全包容另外德性、知识和智慧的神，人的使命是倾听、尊奉和执行神的启示、命令和召唤。

海德格尔的反思与批判摧毁了整个形而上学传统及神、灵魂、自由意志、绝对理念等作为意义和价值之保证的各类存在物，意味着人对存在本身的回归，剥夺了人的一切保证。由此看来，"回到形而上学基础"也是一种对人的生存状况作寻根问底的追问、对人的现实处境的深层次的思考。因而具有深刻的现实意义。在海德格尔看来，随着现代技术的产生和发展，人和自然的关系发生了重大变化。现代社会中存在的一切东西都已经打上了技术的烙印，现代技术的统治地位也在全部社会领域中通过功能化、技术完善、自动化、官僚主义化、信息等现象呈现出来。这种变化在他看来就意味着技术更加明确地铸造和操纵着世界整体的现象和人在世界中的地位。作为真理的一种形态，现代技术摆置和订造自然，将事物变成为持存物，世界则被把握为图像。海德格尔把技术的这种促逼性的要求称为座架（Ge – stell），认为"现代技术之本质居于座架之中"①。正是由于通过现象学的分析，海德格尔把技术和存在联系在一起："决定着现代技术的作为架座的存在乃源于西方的存在之命运，它并不是哲学家臆想出来的，而是被委诸于思想者的思想了。"② 技术是命定的，是存在被遗忘所带来的必然结果。人也命中注定被投入这种作为持存物而存在的揭示之路。由于"现代技术之本质居于架座之中。架座归属于解蔽之命运。"而现实中"存在者的无蔽状态总是走上一条解蔽的道路。解蔽之命运总是贯通并支配着人类。"③ 人就这样由命运决定着，面临走向危险的可能。

从其现象学的立场出发，海德格尔认为所谓拯救就是要恢复技术的本真力量，把本质带向其真正的显现。他坚信"救渡乃植根并发育于技术之本质中。"④ 只有对作为解蔽之命运的架座的本质的充分洞察，通过现象学的回归，才能够使那种正在升起的救渡真正显现出来。也就是只有当

① 海德格尔：《技术的追问》，载《海德格尔选集》，上海三联书店1996年版，第943页。
② 海德格尔：《林中路》，上海译文出版社1997年版，第68页。
③ 海德格尔：《技术的追问》，载《海德格尔选集》，上海三联书店1996年版，第943页。
④ 同上书，第947页。

技术回归其原初的的含义——产生，回归其本真的状态——艺术与诗，才能栖居在自由的现身之中。

第二节 现象学技术哲学的不同视角

虽然不少学者自觉地采用了现象学的方法，但是并没有构成一个完整的现象学的技术哲学体系的企图。他们从不同的视角出发观看技术，针对不同的技术对象进行现象学的研究。可以说，他们有着共同的出发点，但并不没有同一的终点。具体说来，他们的现象学的技术哲学研究主要是从以下三个不同视角进行的：考察技术根本问题的现象学视角；考察具体技术人工物品的现象学视角；考察人与技术关系的现象学视角。在下面的具体描述中，我们能够看到，同在一个视角下进行研究的技术哲学家们所关注的内容也是有差别的。

一 海德格尔从技术根本问题进行考察的技术现象学

所谓技术的根本问题，也就是技术本质的问题。这方面的工作主要是海德格尔的研究内容。海德格尔对技术本质的分析是从批评技术和本质的"流俗"观念开始的。他认为："技术不同于技术的本质。""技术之本质也完全不是什么技术因素。"[1]

人们对于技术的认识是多样的，比较流行的看法就是把技术看成是实现目的的手段和人的活动。"当我们问技术是什么时，我们便在追问技术。尽人皆知对我们的问题有两种回答。其一曰：技术是合目的的工具；其二曰：技术是人的行为。这两个对技术的规定是一体的。因为设定目的，创造和利用合目的的工具，就是人的行为。""因此，流行的关于技术的观念—即认为技术是工具和人的行为—可以被叫作工具的和人类学的技术规定。"[2] 这种通常的技术观念说出了实际的情况，因而是正确的。

但海德格尔认为："单纯正确的东西还不是真实的东西。唯有真实的东西才把我们带入一种自由的关系中，即与那种从其本质来看关涉于我们

---

① 海德格尔：《技术的追问》，载《海德格尔选集》，上海三联书店 1996 年版，第 924 页。
② 同上书，第 925 页。

的关系中。照此看来，对于技术的正确的工具性规定还没有向我们显明技术的本质。为了获得技术之本质，或者至少是达到技术之本质的近处，我们必须通过正确的东西来寻找真实的东西。"① 正确的未必就一定言说出了技术的本真的和本质的东西。在他看来，技术决不仅仅具有狭隘的工具性的意义，同时还具有形而上学的意义，体现了人和人所置身其中的世界之间的关系。

他认为，技术首先是人的活动，存在于人类的劳动之中。技术把握不只是为了人主观效用的有限目的，而是人对存在的领悟，是人的一种存在方式。技术是一种展现真理的方式与领域，它展现全体存在者的真理的命运。他说："技术在其本质上实为一种付诸遗忘的存在的真理之存在的历史的天命。……是使存在者显露出来的方式。"② 这就是说，技术不单纯是工具和手段，它不是工具性的而是存在性的。

伴随技术活动而来的是存在者的纷纷到场，技术的物化把存在者天、地、神、人共聚为一体。技术改变了空间的性质，使空间成为某种被设置的、被释放到一个边界中的东西，而边界不再是某物停止的地方，相反，乃是某物赖以开始其本质的那个东西。同时，"技术乃是一种解蔽方式"③。一切技术使用过程和生产制作过程的可能性都基于解蔽之中。技术的实施是基于对某物的精通和理解，基于认识给予人类的启发。人们首先把物的外观质料聚集到已完全被直观的完成了的物那里，并由此来规定制作方式，这里决定性的东西不在于制作和操作及工具的使用，而在于解蔽。技术乃是在解蔽和无蔽状态的发生领域中、在真理的发生领域中成其本质的。④

原始技术的解蔽意味着展开和产出，先前农民耕作着田野，在播种时把种子交给生长之力并精心守护着种子的发育、成熟，耕作意味着关心和照料。现代技术中起支配作用的解蔽是一种促逼，此种促逼向自然提出蛮横要求，要求自然提供能被开采的矿物、能被贮藏的能量，连田地耕作也沦为一种完全不同的摆置自然的"订造"（Bestellen），土地为着矿石而被

---

① 海德格尔：《技术的追问》，载《海德格尔选集》，上海三联书店1996年版，第926页。
② 同上书，第932页。
③ 同上书，第931页。
④ 同上书，第932页。

"摆置"，矿石为着某类材料而被"摆置"，铀为着原子能而被"摆置"，而原子能则为毁灭或和平利用的目的而被释放出来。这种促逼着的要求，海德格尔称之为"座架"（Gestep），座架不是什么技术因素，不是什么机械类的东西，它是现实事物作为持存物而自行解蔽的方式①，现代技术的本质显示于"座架"中。

他认为："这样，座架作为展现的命运虽然是技术的本质，但绝不是在类的意义上的本质。……当我们说'家政''国体'时，我们也不是指一个种类的普遍性，而是指家庭和国家运行、管理、发展和衰落的方式。这就是家庭和国家的现身方式。……Wesen 作动词解，便与'持续'同，两者不仅在含义上相合，而且在语音的词语构成上也是相合的。"② "技术之本质在最高意义上是两义的。一方面，座架促逼入那种订造的疯狂中，……从根本上危害着与真理之本质的关联。另一方面，座架自行发生于允诺者中，此允诺者让人持存于其中，使人成为被使用者，用于真理之本质的守护。"③ 在这里，海德格尔发掘出名词性的座架作为技术过程的基本事件的动词意义，从现象学的视角阐述了技术的存在和活动，为我们深刻理解技术的发展开创了一个新的途径。

二　伯格曼"装置范式"的技术哲学

阿尔伯特·伯格曼（Albert Borgmann）是当代美国著名技术哲学家，是继海德格尔、哈贝马斯之后本质主义技术哲学的主要代表，他的著作被誉为"英语世界中最具综合性的技术哲学"。伯格曼在经验转向的技术哲学背景下，运用现象学的方法，形成的"装置范式"的技术哲学思想。

1. 逻辑起点：技术人工物

现象学的方法就为我们提供了一种方法论原则——"面向实事本身"，伯格曼继承了海德格尔运用现象学的方法分析技术现象，把研究视角定位在技术人工物，因而他的技术哲学是面向人工物的现象技术哲学。

对技术的现象学分析至少有两个问题首先需要回答：第一，在对技术

---

① 海德格尔：《技术的追问》，载《海德格尔选集》，上海三联书店 1996 年版，第 941 页。
② 同上书，第 948 页。
③ 同上。

的分析中我们直观到的东西是什么？即我们面向的技术的"实事本身"是什么？第二，在对技术现象的还原中我们得到的是什么？也就是说，在对技术本质的探究中我们得出什么？对这两个问题的回答构成我们整个技术分析的逻辑基础。认识技术的本质必须从技术的"实事"入手，必须从技术在生活世界"原初"或"原本"的真实显现入手。那么，何谓技术的"实事本身"呢？"技术的第一个特点就是它总是一种事实上给出的现象。不能无视具体的经验证据，只根据对技术的逻辑的、不变的本质的思考，演绎出技术的现实特点。"① 技术最突出和普遍的特点在于它是一种在人们日常生活中"事实上"给出的现象，是在日常生活中切身地给予的现象。研究技术不能无视人类生活世界中原初的、具体的经验根据，而是只能从生活世界中原本的、感性的经验知觉出发，直接面对生活世界中切身地被给予的现象②。在我们看来，世界上最常见、最一般、切身地被给予我们的"可经验、可体验、可认识"的技术现象就是生活世界中各种各样的人工物或人工制品。"从最直观的感受上，技术是同人工制品联系在一起的。即使将技术看做是一种活动，也无非是一种将自然物变成人工物的活动……因此，如果没有人工制品，我们也就无从讨论技术。"③人们对技术的原初知觉就是在生活世界中以各种方式直接呈现在他们眼前的人造物，技术的"实事"就是作为人造物而展现出来的技术。

实事是动态而非静态的。技术人工物也应作动态的理解。因为现象学所强调的实事本身同时具有"事务"的含义。我们承认人工物是技术的一种形态，但并不能囊括了技术的实质。因而是与现象学的基本原则相悖的。在现象学技术哲学中，"技术实事"本身不能简单地理解为单数的"事物"或"物品"，而应该理解为技术在我们眼中显现出的各种形式状态的集合④。

人工制品之所以是我们对技术的原初知觉，之所以是技术的实事本身，不仅在于它是我们日常生活世界最常见和最一般的技术现象，更重要的原因在于它在我们对各种技术现象的感知中具有基础性的地位。在我们

---

① ［德］F. 拉普：《技术哲学导论》，辽宁科学技术出版社 1987 年版，第 19 页。

② 舒红跃：《技术与生活世界》，中国社会科学出版社 2006 年版，第 4 页。

③ 肖峰：《论技术实在》，《哲学研究》2004 年第 3 期，第 72—79 页。

④ 葛勇义：《技术现象学研究》，博士学位论文，东北大学，2007 年，第 88 页。

对技术的所有感知中，对在空间上存在着的人造物的感知是我们的感知的原初基地，它在所有对其他技术现象的感知中都被设为前提和基础：技术知识是关于如何制造和使用技术人工制品的知识，是有关人工制品的技巧、格言、规律、规则和理论；技术活动是设计、制造、使用和操作人工物的活动；技术过程是制造、操作和使用人工制品的过程；技术意志是制造和使用人工物的意志。离开作为人工制品的技术，一切其他方面的技术现象就失去了显现给我们的基础或基地①。

2. 转向人工物的意义——从"超验"到"范式"的实现

在伯格曼看来，对技术的哲学反思，不能开始于对技术的预先设想或神话。相反，哲学反思必须建立在对现代技术的复杂性与丰富性的适当的经验描述上。因此，伯格曼基于对技术本身具体运行中的详细考察，从技术与社会的关联中论述现代技术对社会的巨大影响，认为技术是在现实世界中存在，是在现实世界具体情景之中的存在，并业已形成生活方式和文化力，技术人工物是包括了社会的、经济的、伦理的和思维的各个向度，是它们结合的整体。在转向人工物的技术现象学研究中，伯格曼突破了海德格尔关于技术哲学的先验的研究，他认为我们是可以对技术有所作为的，因此，提出了"装置范式"，范式意味着是可以变革的，而之所以能实现从超验到范式的转换，主要缘于对技术人工物的现象学新视角。

3. "装置范式论"的范畴意向——技术本质结构的显现

（1）理论内涵

"装置范式"（device paradigm）是伯格曼技术哲学的基石，从词源上来说，"device paradigm"一词，单词"device"，在英文中其意思为精巧的仪器、设备或器械，它可能是物质的（物理的），或者概念的，包括硬件和软件。"paradigm"指范式、模式。科学出版社 2004 年出版，由自然辩证法名词审定委员会审定的《自然辩证法名词》（04.014）将其译作"装置范式"，这种译法笔者比较赞同，因为它一方面体现了用语的简洁性；另一方面也体现出伯格曼这一术语的意指。

"装置范式"理论认为，在前技术时代，人们与之打交道的是事物而

---

① 舒红跃：《技术与生活世界》，中国社会科学出版社 2006 年版，第 5—6 页。

不是机器。一件事物，是不可能跟相关的具体情景和人们对这一事物和它的情景的影响相分离的。"对一件事物的经历总是一种涉及事物世界的亲身的和社会的参与。"① 而当代生活的特点与前技术时代有着本质的区别。他分析了装置（device）的内在结构，分析了日常用品的功用，又结合全球范围内的商品生产和商品消费分析了技术的现状和前景，认为当今时代人们对待现实的典型方法称之为"（现代）技术"，技术最具体和最明显的体现是诸如电视机、发电厂、汽车等装置。伯格曼认为，今天人们对待现实的典型方式是技术，技术在装置范式中得到了最具体和最明显的体现，"装置"代表了现代技术的本质。人们充实他们的生活是通过消费而不是参与现实本身，按照这种方式，技术塑造人们生活的模式：它激励人们用商品的消费来取代人们参加聚焦实践，这种模式使人们的日常生活不再聚焦，伯格曼称之为"装置范式"。这一理论的形成是奠基于技术人工物的实用现象学视角，其合理性在于"人造物之中既有物的因素，也有人的因素，是人的因素与物的因素，即人的意向性与客观世界的规律性相互碰撞的结果，人造物并非实体性范畴，而是关系性范畴，对人造物的理解需要有思维方式的转换。"②

（2）理论特征

"装置范式"的技术本质观是在海德格尔技术哲学的思想的基础上的进一步发展，如果说海德格尔追问技术的本质已体现了历史性，从而是对先验性的一种超越，那么伯格曼则又进一步强调技术与社会的关联，从技术与社会、伦理的关联去考察现代技术的本质，是一个行动主义者（activist），其理论特征具体体现在以下几个方面：第一，范式的解释方式，即在研究方法上，顺应了技术哲学的经验转向，实现了从"超越"到"范式"的转换，是对技术的一种范式的解释。第二，奠基于技术人工物的反思，强调人造物与社会的关联。认为生活在技术环境中的人不自觉地以技术的方式看待每一个问题、每一种情况，逐渐形成了一种确定的思想框架，技术不是简单的手段，而是已经变成了一种环境和生活方式。这是

① Albert Borgmann, *Technology and Character of Contemporary Life. A Philophy Inquiry*, Chicago and London: the University of Chicaco Press, 1984, p. 41.

② 舒红跃：《面向技术的实事本身》，《自然辩证法研究》2006年第1期，第57—61页。

技术的"实质性的"（substantive）影响①。

伯格曼重视对具体的技术和人工物进行分析，力图把技术哲学建立在对技术实践的充分的可信赖的经验描述的基础上。同时也揭示了整个社会的技术化和人的技术化生存的现状与趋势，彰显了技术对人的塑造。他的"装置范式"的技术本质思想既体现了海德格尔现象学技术哲学和美国实用主义哲学传统对他的影响，也反映了当代技术哲学研究中的"经验转向"。

4. 理论核心：技术信息与现实的调适

1999 年，伯格曼出版了《贴近现实：千年世纪之交的信息本质》。这是继《技术与当代生活的特点：一种哲学探索》《跨越后现代的分界线》二部技术哲学的著作后的又一部力作。是伯格曼对《技术与当代生活的特点》中的技术哲学思想进一步细化和具体化，他具体分析由信息技术所产生出来的技术信息——作为现实的信息，集中研究了各种形式的信息与我们体验现实方式之间的关系，伯格曼尝试揭示这些联系，他首先通过基于信息的操纵和传递来区分信息的性质，同时，这些思想又交织着对信息概念的历史考察及信息从古代到现代的具体应用，从而使我们有可能从社会的和伦理的维度把握技术信息，他对于信息的历史介绍为我们提供了一个"特别性的选择"，这种特别性的选择是在哲学和伦理学的层面上展开的②。有学者认为，伯格曼关于信息技术（information technology）的反思是目前"装置范式"最有影响力的视角③。正因为如此，伯格曼关于技术信息与现实关系的理论成为伯格曼技术哲学思想的核心。

（1）三种类型的信息及其与现实的关系

伯格曼认为信息能照亮、转换或取代现实。按照信息与现实的体验方式，可划分为三种不同类型的信息，即自然信息、文化信息和技术信息，其中自然信息是关于现实的信息（natural information：information about re-

---

① Albert Borgmann, *Technology and Character of Contemporary Life. A Philophy Inquiry*, Chicago and London：the University of Chicaco Press，1984，p. 204.

② Eliseo Fernandez. Information and reality：comments on Albert Borgmann【J/OL】. Techne. Society for philosophy and technology. http：//scholar. lib. vt. edu/ejourals/spt/v6n1/2002.

③ Phil Mullins. Introduction：getting a grip on Holding on to reality, Techné：Journal of the Society for Philosophy and Technology 6：1 Fall 2002.

ality），文化信息是为了现实的信息（cultural information：information for reality），技术信息是作为现实的信息（technological information：information as reality）。

伯格曼首先研究了自然信息和文化信息。他认为没有了信息，人类就无法正常生活，人类文明就会消亡。"没有了关于现实的信息，没有了报告和记录资料，人们就无法获得经验，就会渐渐地走入无知和遗忘的阴影。"这是伯格曼关于自然信息的一种描述，他认为关于现实的信息——自然信息是以一种质朴的形式展示自然的框架。如鱼鹰的存在展示了河里有鲑鱼，棉花林会告诉你河边在哪儿①。他认为，信息本身并不完全是现实事物的一种属性，它同时也是指导现实工作和生活的"模板或样式"，但是，并不是所有的信息都具有相同的属性，具有相同的职能。对于信息的差异，他认为，信息的差异并不完全是由于其自然属性造成的，社会属性特别造成了这种差异。信息的社会属性也是一种客观性的存在，它表明信息的功能和性质可能在不同的语境和条件下有变化。这种变化取决于信息主体和信息客体的相互作用和时空条件的限制情况。伯格曼讨论了信息与现实的关系。他强调，不能否认信息具有现实本质，他写道："在最初的符号经济中，一件事指向另一件事都是以安排好的指示顺序出现的。"②在讨论了信息的现实本性后，伯格曼特别谈到了传统因袭的信息，他写道："虽然自然记号从其所处的环境中显现出来又再一次消失，但是传统因袭下来的记号却有着非自然的显著性和稳定性。""盟约帮助原始部落成为民族，建筑图纸帮助大教堂的建造，乐谱帮助音乐家演奏圣曲和民谣。文化表征的经济丰富了自然表征的生活领域。"③ 这就是伯格曼所说的为了现实的信息——文化信息，文化信息通过记录、报告、地图等形式，揭示现实比自然信息更广泛、更精细，但是，与自然信息不同，文化信息还重新组织和丰富现实。他进一步指出："通过自然信息变得清晰，通过文化信息变得繁荣，这样的世界图景从来都只不过是一个梦，或者理想化的标准。人们当然还没有认识到，信息对于现实本身以及为了它而存

---

① Albert Borgmann，*Holding on to Reality*，*the Nature of Information at the Turn of the Millennium*，Chicago and London：The University of Chicago Press，1999，p. 1.

② Ibid.

③ Ibid.，p. 2.

在的信息增加了一类新信息：作为现实的信息。"① 即在自然信息和文化信息的基础上提出了技术信息。一个 CD 上的技术信息是如此的详细和受控制，它实质上是把我们作为现实的信息，一个 CD 上的大合唱不是一个报告，它是普遍地理解音乐本身的一种方式。信息通过技术而与现实相抗衡。

（2）技术信息与现实的调适途径

伯格曼认为，事情在向好的方面转化之前有可能事情会变得更遭，这就是说，在信息的问题上，技术信息还会有一个扩充和综合的时期，当然，在这里，结构性的区分还是必要的。伯格曼认为，应正视技术信息。

伯格曼特别强调聚焦实践的重要性，他并不想退回到前技术的形势，但是却明确地表达了对人们生活的技术模式一个补充——聚焦物，聚焦物是这样的一些事物，它邀请人们自身参与的方式，要求人们在场实现他们的能力。从这里看出"聚焦物"的目标实现是通过活动（engagement）实现的。活动所显示出的意向性很特别，一种很特别的人与世界联系的方式。……活动并不是人的专利，也不仅仅是思维的一种状态，它是人与现实联系的一种方法。是人类正视信息，把持现实的方法。在这里，现象学的方法在关于技术的问题上开辟了一个特别的视角，人与世界的关系问题是现象学的中心，也可以通过技术人造物体现出来。对于人类来说，技术从来就不只是工具，当实现了它们的功能，技术人造物就成为人与现实的中介。一个卡车不仅仅是从一地到另一地的手段，在行驶时，它是人们经验周围环境的中介，这种经验不同于自行车或飞机，计算机不仅仅是一种手段，即打字或写文章，它也可以交换信息……技术信息也能有助于人们抓紧现实。

总之，通过技术信息的反思，伯格曼在信息概念、信息的历史发展、符号与事物、信息与现实的关系等问题上提出了自己的独到见解，他分析了信息与现实的多层关系，即自然信息、文化信息和技术信息与现实的关系问题，强调需要保持不同层次的信息与现实之间的平衡，并提出要关注

---

① Albert Borgmann, *Holding on to Reality*, *the Nature of Information at the Turn of the Millennium*, Chicago and London: The University of Chicago Press, 1999, p. 2.

技术信息取代自然信息和文化信息的危险，并且在阐述过程中提供了极好的例证分析。因此，在能够正确提出问题和提供有价值的背景资料方面，伯格曼迈出了重要的一步。本书的实质内容是谈信息技术及其引发的问题。伯格曼认为，信息技术将造成现实的淹灭和窒息①。因此，保持自然信息、文化信息、技术信息的平衡是人类生活必要的选择。人类一方面要技术化地生存，同时也要自由地生活。宗教的理念对于信息技术的发展和控制是重要的因素，人们在"聚焦物"和"装置范式"之间要保持必要的张力。

从具体的技术人工物品出发进行现象学考察的哲学家，除了伯格曼以外，还有德雷福斯（Hubert L. Dreyfus）。德雷福斯研究的是人工智能中的认识论的问题，也就是计算机是否能够像人类大脑一样思维的问题。他从现象学出发，考察人工智能这一具体的计算机技术科学。发表了《计算机不能做什么》《心智超越机器》（*Mand over Machine*）等专著。在德雷福斯那里，现象学不是通向人工智能成功的工具，相反，现象学从理论上就否定了人工智能研究的前途。他交互采用现象学和格式塔理论对乐观的心理学学派进行了批评②。

三　伊德"人——技术"关系的现象学

美国技术哲学家伊德从认识论上，对技术在人与世界的认识关系中的作用和地位作了细致的分析。

伊德对技术的现象学分析是以海德格尔的思想为出发点的，同时借助了梅洛庞蒂的知觉现象学。在他看来，海德格尔是从整体上看待技术和技术所产生的后果，缺乏对人与技术关系的具体分析。伊德认为，如果我们仅仅局限在讨论技术产生的后果，便无法认识到技术的本质和技术与人的关系。他认为哲学的任务是有限的，哲学能做的事情有两件："它可以为研究领域提供视角—在这里的领域就是技术现象，或更好地说，人类——

① Albert Borgmann, *Holding on to Reality*, *the Nature of Information at the Turn of the Millennium*, Chicago and London: The University of Chicago Press, 1999, p. 2.
② 靳希平、吴增定：《十九世纪德国非主流哲学—现象学史前史札记》，北京大学出版社2004年版。

技术关系的现象。其次，哲学可以为理解提供构架或'范式'"①。由此出发，伊德的现象学技术哲学所关注的就不是作为揭示世界的整体的技术，他所关心的技术哲学中的问题是："在人类日常经验中，技术起什么作用？技术产品如何影响人类的存在和他们与世界的关系？工具如何产生了变形的人类知识？"②。

在伊德看来，现象学的意向性概念表明现象学首先是一种强调对人类知觉经验和身体活动的解释的哲学方法。与海德格尔不同的是，伊德强调用知觉来理解人与世界的关系。他认为，所有的现象学在深层次上都是知觉的现象学。

他区分了两种不同的知觉，一种是梅洛庞蒂所说的身体范围内的知觉，伊德称之为"微观知觉"（microperception）；另一种就是我们借助于技术所实现的知觉，他称此为"宏观知觉"（macroperception）。"经常被称为感觉的知觉的（它是直接的，关注身体的实际的看、听等），我称为微观知觉。但是还有一种被称为文化的或论释的知觉，我称为宏观知觉。两种都属于生活世界。两种知觉的范围相互连接和渗透。③微观知觉和宏观知觉并没有哪一个是基础的问题：没有微观知觉，宏观知觉就不能发生；而没有宏观知觉，微观知觉也不能发生。

伊德将人与具体的技术产品的关系分为四种："体现关系"（embodiment relation）、"解释关系"（hermeneutic relation）、"他者关系"（alterity relation）和"背景关系"（background relation）。在对技术产品的使用中，人与技术的这些关系往往是相互交织的。在所有这些人与技术的关系中，都隐藏着一种人类的自我意识。人并不是仅仅通过自我反思来认识自我和世界，更大程度上要通过技术来实现。人通过技术扩展了自身对自我和世界的知觉，技术成了人的身体和语言的延伸，技术本质上是转化我们的知觉。

---

① Ihde D, *Technology and the life world: from garden to earth*, Indiana: Indiana Univ Press, 1990, p. 9.

② Pitt J C, *New directions in the philosophy of technology*, Klwvei: Klwvei Academic Publishers, 1995, p. vii.

③ Ihde D, *Technology and the life world: from garden to earth*, Indiana: Indiana Univ Press, 1990, p. 29.

1. 体现关系

体现关系（embodiment relations）是人类与技术之间最基本、最常见的关系。在体现关系中，人类经验被技术的居间调节所改变，人类与技术融合为一体。伊德将这一关系用意向性公式表述为：（人类—技术）→世界。这是一种通过技术的关系，技术展现出某种部分透明性，它本身并不是人类关注的中心，用海德格尔的术语来说，是上手事物在使用中的撤退。眼镜就是这种类型的技术，经过短时期的适应之后，你不会感觉到它的存在，因为眼镜是半透明的，它已经成为身体体现的一部分了。人类并未意识到技术是一个外在的工具，技术成为人类身体的延伸。"可见，体现关系克服了人类与技术之间关系的机械主义和主观主义倾向，打破了主体与客体之间的清晰界限，技术不仅仅是一种工具，而是人造物与使用者的一个共生体。"① 正如物理学家海森堡所预言的，"也许我们的许多技术设备对于人类在将来会不可避免地像壳对于蜗牛，网对于蜘蛛一样……到那时，技术设备确切些讲也许会成为我们人类有机体的一部分。"②

通过技术体现某人的实践最终是一种与世界的存在主义关系。在现象学的相对性中，视觉技术最初被放置于观看的意向性之中。通过光学望远镜观看世界，这种观看，在一种很小的程度上，区别于一种直接的或肉眼的观看。伊德称这种与世界的存在主义关系为体现关系，因为我通过这种技术来感知，并通过对知觉与身体感觉的反射性的改变以一种特殊的方式进入我的经验之中。

例如，在伽利略对望远镜的使用中，他通过望远镜来体现他的观看：在观察者与被观察物之间的技术，位于一种居间调节的位置。这种位置具有一种双重的模糊性：技术必须技术性地能够被观看，它必须是透明的。伊德使用技术性这一术语来指技术的物理特征。这种特征可以被设计或被发现。如果眼镜不是透明的，那么观看就是不可能的。如果它是足够透明的，相似地，任何"纯粹"的透明性可以被经验性地获得，它就能够体现技术，这就是体现的一个物质条件。

体现作为一种活动，它也拥有一种最初的模糊性。它必须被习得，或

---

① Don Ihde, *Bodies in Technology*, London: University of Minnesota Press, 2002, p. 81.

② 邹珊刚等：《技术和技术哲学》，知识出版社 1987 年版，第 38 页。

在现象学术语中，是被构成。如果技术是好的，这是很容易的。例如，我第一次戴上我的眼镜，我就看到了正确的世界。我做出的调整通常不是中心化的，而是边缘化的。但是一旦被习惯了，体现关系就能够被描述为一种技术上最大化的"透明"关系。也就是说，它进入到我自身的知觉—身体经验之中。我的眼镜成为我经验周围事物的方式的一部分；它们"撤退"，并很少被注意到。我已经积极地体现了技术。可见，技术是人类行动中人造物与使用者的一个共生体。

然而，体现关系不仅仅局限于视觉关系。它们会发生在任何感觉或微观知觉的维度。例如，一个助听器对于听觉、盲人的手杖对于触觉都有相同的功效。此外，伴随着视觉的例子，体现的相同的结构性特征被获得了。体现关系一旦被习得，手杖和助听器都"撤退"了（如果技术是好的）。人类通过助听器倾听世界，通过手杖感觉世界。人类—技术人造物—世界是通过技术使之联系在一起的。

2. 解释学关系

如果说体现关系是人类身体的延伸，那么解释学关系（hermeneutic relations）就是人类语言的延伸。伊德认为，"解释学关系不是扩展或模仿感觉和身体能力，而是语言及解释能力。"①

解释学关系用意向性公式表述为：人类→（技术—世界）。这一公式表明，人类和世界之间具有一种不透明性，世界类似于一个文本。在解释学关系中，"指向技术的知觉行为是一种特殊化的解释行为。无论正在被阅读的是一个文本、地图、带有数字或刻度的工具，还是从计算机中打印出来的资料，尽管它发生在知觉背景之中，却是在知觉上完全不同的。"②可见，在解释学关系中，工具是现象的解构者，在工具与世界之间不存在明显的一致性，技术向人类展现的是一种表象。工具成为使用者关注的焦点，人类所直接感知到的是工具的可视化形式而不是世界本身的状态，因而获得的经验是间接性的。与体现关系相比，解释学关系的复杂性在于它需要使用者具有一种解释学能力。"它是一种告诉我们关于某物某些东西

① Don Ihde, *Instrumental Realism: The Interface between Philosophy of Science and Philosophy of Technology*, Bloomington and Indianapolis: Indiana University Press, 1991, p. 75.

② Ibid.

的'文本'，而它所讲述的现在必须由使用其自己语言的有常识的人来阅读。"①

然而，在解释学关系中经常存在一个谜团，使用者通常无法获知工具是否展现了世界的真实状态。当工具发生物理故障时，使用者自然会对工具展现物的真实性产生怀疑；而当没有物理证据证明工具发生故障时，使用者就会完全相信工具所展现的世界。这是解释学关系的负面效应，它增加了人类对技术的依赖性，也是造成科学失误的原因之一。

从体现关系向解释学关系的运动是逐渐进行的。一系列广泛的可读技术的变量将建立起要点。首先，一个十分明显的可读技术的例子：设想在一个冷天坐在房内。你向外看，看到在下雪，而你在火炉前是很温暖的。你可以在梅洛·庞蒂的孕育的知觉上看到寒冷，但是你没有真正地感觉到它。但是你也可以阅读温度计，在你立即的阅读中，你解释学地了解到天气是冷的。在现象学术语中，这是一种已经被构成的知觉。你所看到的是表盘和数字，即温度计的"文本"。这种文本已经解释学地带来了它的世界所指物——寒冷。

3. 背景关系

无论是体现关系还是解释学关系，对技术的使用都是直接的和明确的。然而在一个日益复杂的技术化社会中，越来越多的人类—技术关系呈现出一种机器背景的特征，人类处处被技术人造物包围着，好像生活在一个"技术茧"之中，"它是这个世界的工艺结构。"② 伊德称这种关系为背景关系（background relations），它是一种在技术之中的关系。在这种关系中，技术在做它们自己的事，人类只是对仪器的开关进行开启和调适，人类与技术之间是一种瞬间性的操作关系。人类生活在机器之中，却常常忽视它们的存在。背景关系表明，技术已日益成为人类存在的一部分，整个世界变成一个技术的质地，正是在这个意义上，伊德认为，"我们处处存在主义地遭遇机器。"③

---

① Don Ihde, *Technics and Praxis*: *A Philosophy of Technology*, Dordrecht: Reidel Publishing Company, 1979, p. 35.

② ［法］伊夫·戈菲:《技术哲学》，商务印书馆 2000 年版，第 85 页。

③ Don Ihde, *Technics and Praxis*: *A Philosophy of Technology*, Dordrecht: Reidel Publishing Company, 1979, p. 15.

背景关系是使现象学的观察从前景中的技术发展到背景中的技术，并成为一种技术环境。当然，也存在被抛弃或不再使用的技术，在一种极端的意义上，它们同样在人类经验中占据了一个背景的位置——垃圾。但是这里的分析指向了具有特别功能性的技术，它们通常占有背景或场域的位置。

让我们关注某些在背景中发挥功能的个别技术：自动和半自动机器，它们今天是如此地普遍。在家庭的日常背景中，照明和加热系统，以及大量的半自动装置都是很好的例子。例如，某人将恒温器打开，于是，如果机器是高技术，冷热控制系统就能独立操作。它会伴随时间和温度变动，其外传感器不断调整以适应变化的气候，以及其他的自动操作。一旦操作了，技术就作为一个可以觉察出的背景发挥功能。但是在操作中，技术没有引起人类中心的关注。

关于这种人类—技术关系，要注意一点，在背景展现中的机器活动没有展现出伊德所称的透明性或模糊性。这种技术功能的"撤离"在现象学上是一种"缺席"。然而，作为一种缺席，它会成为人类经验领域的一部分，即一种立即的环境。在某些系统与装置中，人们同样可以发现，背景关系使立即的环境质地化。在一个电子化的家庭中，事实上存在各种各样的嗡嗡声，它们是技术质地的一部分。通常这种"白色的噪音"没有被注意到，因为它仍然是边缘意识的一部分。另一种背景关系的形式与将人类与外界隔绝的各种技术相关联。衣服是这种例子。衣服很明显的将我们的身体与可能对生命造成危险的温度、风和其它的外在气候现象隔绝开来。衣服这一例子是与体现关系类似的，因为我们是通过衣服感觉外在环境，尽管是以一种特别的方式。衣服的设计没有成为透明的，反而有某种不限制运动的模糊性。在我们大多数的日常活动中，衣服成为一种边缘意识。

4. 他者关系

在体现关系和解释学关系之外，存在着他者关系（alterity relations）。他者关系是指技术在使用中成为一个完全独立于人类的存在物，技术成为一个他者。各种自动装置是这种关系的代表，其特点是能够进行决策和自动控制。正如伊德所说，"机械实体变成了人类与之相关联的一个准他者或准世界。"①

---

① Don Ihde, *Bodies in Technology*, London: University of Minnesota Press, 2002, p. 81.

他者关系用意向性公式表示为：人类→技术（世界）。与体现关系和解释学关系不同的是，人类不是通过技术去感知世界，人类知觉的目标是技术本身。他者关系体现了技术的某种自主性，这使人类开始反思是否有一天技术会完全取代人类。不过，这种担心似乎是多余的，毕竟人类才是技术的始作俑者。

在体现关系中，如果技术妨碍了而不是促进了某人的知觉和身体向世界的扩展，技术的客观性必然将消极地出现。然而，在解释学关系中，出现了仪器技术客观性的某种可能性。对于仪器文本的身体—知觉的关注是其自身特殊解释学透明性的一个条件。但是与技术关联的积极的或展现的意义是什么？在什么现象学意义上技术能成为一个他者？

伊德将他者关系放置在人类—技术关系的最后一个是有策略性的，这一策略就是，在一方面，规避海德格尔和其他人的观点，因为他们将技术视为仅仅在否定术语中的技术的他者。海德格尔斧子的例子，仍然对于这种方法是范式性的，这种客观性来自于损坏。损坏的、丢失的或失灵的技术将被抛弃。作为一个障碍，它可能成为垃圾。它的客观性是很明显的，但只是部分的。垃圾不是使用关系的一个焦点客体。它更加普遍地是一种背景现象。

在另一方面，伊德希望进入一种素朴的客观主义的描述，它简单地聚焦于技术作为一种知识客体的物质特征。这种描述将掩盖意向性分析的相对性。所需要的是一种积极的或展现的意义，在此，人类与技术的关系是技术成为一个他者。这就是包括在"他者"术语中的意义。

另外，法国著名哲学家斯蒂格勒主要是从本体论的角度，宏大地叙述了人与技术的本质的关系，此处不再叙述。

第三节　技术现象学的局限

一　"实事"的歧义性

胡塞尔提出的现象学准则是："面向实事本身"。然而，在不同的现象学家那里，"实事"（Sache）的概念具有歧义性。在技术现象学家那里，"实事"概念的清晰性也是从海德格尔那里获得的。但是，"海德格尔没有专门把'实事'（Sache）概念——这个准则中的基本概念——的歧义性表达出来。当我们试图把'实事'重新翻译为古希腊语时，这种歧义性立即就显示出来了"。①

黑尔德认为，古典希腊语中有两个词可以表示德语中所谓的"实事"或"事物"，以及拉丁语中所谓的"物"（res），这两个希腊语就是：chrema（用物）和 pragma（事物）。Pragma 是与动词 prattein（即"行动"）联系在一起的。人的行为若是能把它的目的表达出来，那就成为一种行动。为达到目的，行动需要合适的手段。这些手段乃是行动所关心的东西，即 pragmata 或者 chremata。希腊语把两者区分开来，是因为存在着两种行动的手段。第一种手段是行动的可能性，我们在与他人的对话中或者在我们自己斟酌过程中会考虑这些可能性，以达到某个预先给定的目的。倘若我们专心与他人共同协商这些可能性，那它们就成为行动对象意义上的"事务"（Angelegenheiten）了。这就是 pragma（事务）一词的意思。

为了开始处理某件事务，我们几乎总是需要合适的物资事物，后者之所以构成我们行动的手段，是因为我们利用和"使用"它们，这种利用和"使用"，希腊语叫做 chresthai，——chrema（用物）一词就是由此而来的。Chremata，即"用物"，仅仅是第二位的行动手段，因为它们是为头等的手段（即作为事务的 pragmata）服务的。（原注：Pragmata 是第一性的行动手段，这一点也由罗曼语中的 cosa 或者 chose 所表明。这个词语原本并不标示用物；因为它要回溯到拉丁语中的 causa。一个 causa，举例讲，就是法庭诉讼中的一个案件，也就是希腊词语 pragma 意义上的一个事物）尽管如此，用物（chremata）在主体主义的事物观那里仍然受到了关注，因为它们是感知的、物质性的对象，而且这种对象给人最强烈印象，似乎它们的存在具有一种相对于我们的表象活动的自立性。因此，并非偶然地，海德格尔在《存在与时间》中对人的"在世界之中存在"的现象学分析——这种分析已经闻名学界——是从用物着手的，并且探讨了用物对人之此在来说是如何作为所谓"器具"（Zeug）而"上手的"（zuhanden）。

海德格尔对作为与器具的交道的关于实事的原初经验作了现象学的规

---

① 黑尔德：《世界现象学》，倪梁康等译，生活·读书·新知三联书店 2003 年版，第 116 页。

定，以此来批判和修正胡塞尔把这种经验规定为感知的做法。但是，尽管有这种批判，海德格尔与胡塞尔一样，共同地都是以物质事物为基本定向的。在其后期著作中，海德格尔明确地指出，事物的存在并不是完全作为人的器具而上手地存在，而且，德文中的"事物"一词原本是从"thing"获得其名称的，后者也就是日耳曼人商讨他们的共同事务的集会。所以，该词语本身就已经暗示出，对行动着的人来说，第一性的事物是事务（pragmata）。这一点并没有阻碍海德格尔，直到后期，他仍然是按照物质性的事物（诸如神庙、壶、岩石、桥等）来解说超出单纯的上手存在的事物之存在的。①

　　海德格尔的器具分析不仅因为它以用物（chremata）为基本定向而深深地受制于胡塞尔，而且也在另一个方面深受胡塞尔的影响。从器具分析的开始，在《存在与时间》中的第 16 节和第 18 节，就出现了自在（An-sich）或者自在存在（Ansichsein）概念。这个概念与"面向实事本身"这个准则具有某种隐蔽的联系。这个受到强调的"本身"（selbst）具有某种挑战意义："实事"（Sachen）在现象学上不应仅仅如其在我们的意识、我们的表象的内容中呈现出来的那样被课题化。而毋宁说——这乃是胡塞尔反心理主义的攻击方向——它们应当这样得到表达，即：这种分析要正确地对待它们的存在对于我们的表象活动的独立性。但这种对意识的无关联性却可以最确切不过地用"自在"（an sich）概念来表达，如果我们把这个概念理解为"为我"（für mich）或者"为我们"（für uns）对立概念的话。所谓"实事本身"——那就是在其自身存在中的实事。

　　不过，在另一个方面，只要实事——这就是现象学概念所言说的——一贯地在它们为我们的显现之如何中、在它们的意识相关性中得到考察而言，现象学的分析就有一种先验的特征。恰恰对实事为我们的显现与它们的自在存在之间的紧张关系的解决，是胡塞尔所谓的相关性分析的任务。用一个公式来表达，在这种分析中重要的是：在实事之多样性中的自在存在的显现方式。这里，我们要注意的是"实事之多样性"，显然这种说法与胡塞尔的复数的"面向实事本身"（Zu den Sachen selbst）的提法是吻合的。而海德格尔在强调处于单纯器具意义上的事物的时候，已经将这条

---

① 黑尔德：《世界现象学》，倪梁康等译，生活·读书·新知三联书店 2003 年版，第 116 页。

现象学准则转换为单数：面向实事本身（Zur Sache selbst）。①

胡塞尔感知分析的重要发现是境域意识：对象从来不是孤立地向我们显现出来，不如说，它们是在其意义中相互指引的。因此，它们总是在某个意义指引的网络中，在某个"境域"（Horizont）中与我们照面的。诸境域通过它们之间的指引构成一个境域性的总体联系，即作为普遍境域的"世界"（Welt）。如此这般理解的世界通过在其中所包含的意义指引为我们准备了可能性，即我能（ich kann）如何继续我当下的知觉。"在这里完全是在一种普遍的意义上所指的'对象'，它不仅包括被知觉到的、被回忆到的和被设想到的事物，而且还包括诸事态、数学关系、音乐构成物、句子、从句子到或多或少的理论上的关联的结合，等等。"② 海德格尔则认为我们不是在事物知觉中经验到这种活动性的，而不如说，只是由于事物作为"器具"在它们得到使用的某个境域中与我们照面，用《存在与时间》的话讲，事物作为某种"上手之物"在作为"因缘联系"（Bewandtniszusammenhang）的世界中与我们照面，我们才经验到这种活动性。更深刻的理解是：对上手之物的可用性的依赖的真正用具，并不是由器物本身构成的，而是由作为境域的世界构成的，这个境域为事物准备好了这样一种使用方面的可靠性，使得我们能够信赖于此，能够在与事物的交道中自由地活动。由此，自在（das Ansich）就是世界，就是那个首先日常地作为使用境域为我们所依赖的世界。那么，复数的"实事本身"（Sachen selbst）就表明自身为一个单数，即现象学哲学这一个"实事本身"乃是世界，而非海德格尔所主张的"存在"③。海德格尔以后的技术哲学家，通常采取了对"技术实事"的物化处理，而忽视了实事本身同时具有的"事务"的含义。"技术实事"一词的意义往往被"技术人工物品"所取代。例如，休伯特·德雷弗斯探讨人工智能时面对的计算机，无论数字还是模拟的，都是一种技术人工物品；伯格曼更是直接面对作为"聚焦物"的人工制品；伊德在解析技术时，是从作为"工具"的人工物品直接上手的，如望远镜、显微镜、网络等。斯蒂格勒在解释技术本质与

---

① 黑尔德：《世界现象学》，倪梁康等译，生活·读书·新知三联书店 2003 年版，第 146 页。

② 阿隆·古尔维奇：《意识领域》，载倪梁康《面对事实本身》，东方出版社 2000 年版，第 499 页。

③ 黑尔德：《世界现象学》，倪梁康等译，生活·读书·新知三联书店 2003 年版，第 122 页。

人的本质关系时，关注的技术是被称为"代具"的那种东西。在国内的研究中，表现更为突出。尤其是舒红跃在一篇论文中，直接以"技术总是物象化为人造物的技术"为题，将技术物品作为技术现象学中最后还原所得的剩余物，显然是没有注意到现象学中对于"实事"概念的不同理解所造成的，值得深思。我们承认人工物品是技术的一种形态，但并不能囊括了技术的实质。所有把人工物品作为技术的现象学还原的残余物来考察的理论，不是犯了主体主义的错误，就是犯了客观主义的错误，因而是与现象学的基本原则相悖的。

在现象学技术哲学中，"技术实事"本身不能简单地理解为单数的"事物"或"物品"，而应该理解为技术在我们眼中显现出的各种形式状态的集合。"实事本身"的单复数不同形式的存在，则是由于现象学中意向性的集体化或单一性的取向决定的。

二　意向性的集体化与单一性的对立

虽然早在中世纪哲学中就有对"意向"（intentio）问题的最初讨论，例如托马斯·阿奎纳就把用它来定义有意图的精神行为，但真正将它作为哲学术语加以运用的首先是深暗中世纪哲学的弗兰茨·布伦塔诺。他将"意向的""意向的内存在"这样一些概念引入到哲学和心理学中，并赋予它以一种特殊的哲学或心理学蕴涵。"意向的"一词，在他那里并从他开始而代表着心理现象的一个基本特征：所有心理现象都"在自身中意向地含有一个对象"。他认为可以通过对意向性或意向内存在（Inexistenz）的指明来区分心理现象与物理现象。"意向性"是心理现象所独有的一个基本特征。以后他的学生埃德蒙德·胡塞尔曾对此评价说："在描述心理学的类别划分中，没有什么比布伦塔诺在'心理现象'的标题下所做的、并且被他用来进行著名的心理现象和物理现象之划分的分类更为奇特，并且在哲学上更有意义的分类了。"[①]

意向性分析的工作主要是从胡塞尔的现象学研究开始的。具体地说，胡塞尔在布伦塔诺对心理现象三分（表象、判断和情感活动）的基础上，用"客体化行为"和"非客体化行为"的两分来开始自己的意识体验分

---

① 胡塞尔：《逻辑研究》，倪梁康译，上海译文出版社 1998 年版，第 364 页。

析。这样，布伦塔诺的"心理现象或者本身是表象，或者以表象为基础"的命题，就被胡塞尔改造为"任何一个意向体验或者是一个客体化行为，或者以这样一个行为为基础"[①]。在这个意义上，胡塞尔提出一个著名的命题："意识总是关于某物的意识"。美国哲学家卡尔认为："胡塞尔对意向性问题的解决构成了他的现象学方法的基础。"[②]

然而在现象学内部，胡塞尔的意向性理论已经发生了分裂，这种分裂早在马克斯·舍勒和海德格尔的工作中就出现了。在舍勒的意向分析中，感受行为不等于非客体化行为，因为它有自己构造出来的对象。这个对象不是借助于客体化的直观行为而被构造出来的各种实在对象和概念对象，而是通过感受行为构造出来的各种不同价值。与舍勒相似，海德格尔也是从一开始就看到了意向性的意义与问题。虽然在 1925 年的《时间概念历史导引》的讲座中，他已经把意向性看作是现象学的三个决定性发现之一和之首：意向性、范畴直观和先天的原初意义[③]，在"意向性"课题即所谓"实事域"上，此时的海德格尔已经与胡塞尔产生了严重分歧。在胡塞尔看来，尽管并非一切意识活动都是客体化的（指向对象的）活动，但客体化仍然是一切意识活动的基础。海德格尔把胡塞尔的意向意识分析看作唯智主义的、客观化的、理论化的，相反，他对自己提出了朝向生命体验的非理论的哲思要求。海德格尔在 1919 年战时补救学期讲座《哲学观念与世界观问题》课堂上，对"现象学原则"（胡塞尔所谓"一切原则中的原则"）作了重解："现象学态度的原则中的原则乃是：对于一切在直观中原本地给予的东西，要如其给出的那样去接受。这一点不能为任何一种理论本身所改变，因为这个原则中的原则本身不再是理论性的东西；其中表达出现象学的基本态度和生活态度：对生命的体验同感（Sympathie），这乃是原始意向（Urintention）。"[④]但他似乎并不满足于此。他还想询问它们在本质上是何以可能的。因此，在其随后的代表作《存在与时

---

① 胡塞尔：《逻辑研究》，倪梁康译，上海译文出版社 1998 年版，第 496 页。

② David Carr, Intentionality, in phenomenology and philosophical understanding, Ed, Edo Pivc Evic, Cambridge University Press, 1975, p, 19.

③ M. Heidegger, Prolegomena zur Geschichte des Zeitbegriffs (1925), Gesamtausgabe Bd. 20, Frankfurt/Main, Vittorio Klostermann, 1979, p. 34.

④ 海德格尔：《形式显示的现象学》，孙周兴编译，同济大学出版社 2004 年版，第 16 页。

间》中，他已经将意向性问题置而不论，而是用作为此在结构的"烦"（Sorge）或"超越"（Transzendenz）来取代之。这种取代并不意味着用自己的此在结构分析来排斥胡塞尔的意识结构分析（意向分析），而更多是把前者看作是后者的基础。

所有这些说法要想表达的都是海德格尔的一个基本意图，这个意图用他的话来说就是：此在的基本结构分析所开启的那个层次与意向性分析所揭示的那个层次相比，是更为原本的和本真的。按照胡塞尔的观点，所有意识都是关于某物的意识。可是海德格尔认为：真正的基本情绪是没有对象的。烦作为此在的基本结构是非客体化的、非意向的。畏（Angst）作为基本情绪也是无意向对象的，否则它就不是畏，而是怕（Furcht）了，如此等等。以此方式，海德格尔"暗示了一个对现象学的提问方式的原则性批判是从哪里起步的。"[1] 布伦塔诺和胡塞尔通过意向分析所确立的是表象和判断在心理活动或意识活动中的首要地位；舍勒则通过意向分析而得出价值感受活动在精神生活中是第一性的结论，海德格尔认为意识的意向性结构不是最根本的，而是应当建立在此在的基本结构之上。所有这些分析结果，在很大程度上是由出发点和立场的分歧所导致。

在技术现象学中，关于意向性的问题，实际存在两条路线：胡塞尔的意向性路线和海德格尔的意向性路线。胡塞尔坚持认为意向性是意识的基本结构，海德格尔则从存在论意义上将此在的意向性理解为"在——世界中——存在"（being - in - the - world）。伊德是坚持胡塞尔的路线的，引入了技术在知觉作用中的分析，其意向性的基本构型是人—技术—对象，不过强调基本构型中的不同侧重点或组合形式。当然，他最大的特点是已经具有了四种不同的意向性结构，可以说是一种集体的意向性形式。德雷福斯虽然研究认知的问题，但通过对海德格尔 I 和海德格尔 II 的划分，对于意向性的问题，他是区别对待的。在批评不同的人工智能理论时，一方面，他认为意义网络的整体性是由意向性活动构建而成的。德雷福斯将意向性活动的构建活动称为非确定性的全局预感或设定。[2] 而这种

---

① M. Heidegger, Prolegomena zur Geschichte des Zeitbegriffs（1925）, Gesamtausgabe Bd. 20, Frankfurt/Main, Vittorio Klostermann, 1979, p. 34.

② H. 德雷福斯：《计算机不能做什么》，宁春岩译，上海三联书店 1986 年版，第 245 页。

意向性活动离不开身体的基本感知行为，这时，他是坚持了胡塞尔的单一的意向性的结构形式作为分析的基础的。另外，在批判心灵派的时候，他认为意向对象包含着一个由严格规则组成的层级体系。明显地，他认为意向性是多种的，同时也是集体化了的。而博格曼在提出"聚焦实践"概念时，对实践的理解一上来就是从意向性的集体化方面着手的，不同的实践主体对于"聚焦物"发射出不同的意向箭头，来自各方面的意向指向被聚焦于特定的"聚焦物"上，从而产生共同的作用，达成一致理解，获得聚焦物的意义。另外，不同类型的聚焦实践活动，也就是不同的意向性行为，使得聚焦物的意义复杂化，通过这种行为和聚焦物的复杂意义，世界呈现给我们以丰富性。斯蒂格勒采纳了海德格尔的意向性理论，意向性成为连接此在和世界的指引关系，他认为，"此在在与内在世界的关系中已经并正在体验的这种目的性，就是由世界、指意构成的关系规则预设的一种理解。这些关系的总和就是使言语指意成为可能的指意性：胡塞尔所说的本质以及意向性都必须从走向终结的存在出发来认识。①至于在社会建构论和社会批判理论以及后现代主义的技术之思那里，意向性几乎无疑例外地表现出了集体化的特点。

技术现象学中意向性的集体化和单一性的对立的原因，在于不同的学者对于意向性在存在论和存在着两个层次间的地位的混淆，或者可以说，在他们那里，即现象学和技术现象学中，存在论和存在者两个不同层次本身就是混淆或不统一的。

三 存在论与存在者不同层次的混淆

《存在与时间》中，海德格尔在两方面受到胡塞尔的启示并提出自己的存在问题。首先，在研究方法上，海德格尔通过胡塞尔系词意义上的存在概念的分析获得了对本质直观可能性的认识，并将这种本质直观扩展到非对象性的存在理解上；其次，在研究课题的层面上，他从胡塞尔停滞的地方起步，将胡塞尔的真理意义上的存在概念理解为"意向之物"的存在，理解为"一个确定的存在者"而非"存在本身"，并且随之提出他自己的"存在问题"或"存在本身的问题"，由此，存在者和存在论层次出

① 贝尔纳·斯蒂格勒：《技术与时间》，裴程译，译林出版社1999年版，第298页。

现了差异。

海德格尔认为，全部西方思想史自柏拉图以来就表现为一种追寻作为存在者的存在的意义，而不是寻求存在自身存在的意义。这样，存在论就变成了本体论。"'存在学'（即存在论，译法不同。笔者注）是以存在与存在者的区分为基础的。这种'区分'可以适当地用'差异'（Differe-nz）这个名称来命名，后者指示着：存在者与存在以某种方式相互分解、分离开来了，但又相互联系着，而且是自发地，而不只是根据一种'区分''行为'。"① "存在与存在者的区分是一切形而上学的基础，这个基础是未知的、未经奠基的、但又处处被要求的。"②

在技术现象学中，"什么是技术"或"技术是什么"，是传统的技术本体论所讨论的一个重要问题，其目的是要揭示技术的本质，找到将技术现象与非技术现象区别开来的特征。然而，关于上两个问题中的"是"的研究，就是存在论（甚至不少人在中文里把 ontology 译为"存在论"和"是论"），因此，技术本体论与技术存在论之间存在着区别，前者是从存在者层次上对技术这种存在者的整体进行考察，是技术本体论的利于，后者则形成"技术存在论"的研究领域，它主要是探讨技术"何以是"的根据问题，技术是如何"物成其所是"的？

存在一旦仅仅从存在者，即事物方面来进行理解，就变成了最一般、最空洞的概念：圣·托玛斯·阿奎那说，"理智在想像任何事物时所构想的是理解的第一个客体"。这样一来，一张桌子是一件家具；家具是人工制品；人工制品是有形事物；如果再进一步加以概括，就可以说这张桌子不过是一个存在，一种东西。"存在"是我能够对一件东西所做的最终的一般性概括，因此也是我能应用于其上的最抽象的词，它并不为我提供任何有关桌子的有用的知识。因此，正如我们所注意到的，普通人一听到关于存在的议论就表现出不耐烦：这同他的切身利害无关。但是就在这里，海德格尔又一次打乱了传统的计划：存在并不是空洞的、抽象的，而是我们所有人都深陷其中以至没顶的某种东西。我们都理解日常生活中所说的"是（is）"这个字的含义，尽管并不要求我们对之做出概念上的解释。

① 马丁·海德格尔：《尼采》，孙周兴译，商务印书馆 2004 年版，第 840 页。

② 同上书，第 841 页。

我们普通人的生活是在对存在的先入为主的理解当中进行的，而海德格尔作为哲学家要把握的，正是我们在其中生活、运动并存在的那种日常对存在的理解。存在远非十分遥远、十分抽象的概念；它十分具体，同现时息息相关，的的确确关系到每一个人。①

海德格尔的基本思路大致可以归纳为：他在早期主要强调存在与存在者的存在论差异；后期则强调存在本身和存在者之存在的存在论差异。他把存在者或存在者之存在与存在真理看作是同一个层面上的东西，它也是与胡塞尔的真理意义上的存在（意向之物的存在）相一致的；而他的作为存在的存在以及澄明意义上的无蔽在他看来是更高或更深层面上的东西，它也是海德格尔存在论超越胡塞尔意向论的突破点。

如果从存在者层次或技术本体论上理解技术，那么技术就可以被还原为技术物品、造物活动中的物质手段、操作性或实用性的知识体系等。它们都是一种具有实在性的客观现象，也就是存在者。因为从现象学说，想像和知觉同样是直观行为，是奠基性的。这种实在性并不表现为日常态度中理解的在客观世界中的存在。如果从存在论的层次展开讨论，那么，"技术的存在"还可以从这样两个方面来理解：一方面是"技术作为存在"，是一个要对技术之本体论状况加以把握的命题；另一方面是"存在作为技术"，是要对技术对存在的侵入进行评价。这是一个硬币的正反两面，用海德格尔的话说，就是成为被座架所促逼着解蔽的存在，成为持存物的集合。鉴于此在存在者层次和存在论存在者层次上都具有的优先地位，此在自身的实践是获取存在意义的唯一途径。从实践生成论的视角，实践成为存在显现自身的方式，作为实践手段的技术或实践本身的技术活动也无疑是存在的显现方式。上面的分析表明，技术的存在论问题和本体论问题在这里是相互交织的：技术是否存在和技术是一种什么样的存在往往是不能分开的两个问题，显然回答第二个问题要以第一个问题的解决为前提，而回答第一个问题时就暗含了对第二个问题如何回答的态度。"我们避不开存在与存在者的区分，即使我们自以为放弃了形而上学的思考，我们也避不开这种区分。不管我们走到哪里，在一切对存在者的行为中，

---

① 威廉·巴雷特：《非理性的人——存在主义哲学研究》，杨照明、艾平译，商务印书馆1995年版，第209页。

不论以何种方式和等级，具有何种确信和通达性，我们都不断地行进在这种区分的道路上，这条道路把我们从存在者带向存在又从存在带向存在者。"①

由此，海德格尔得出了技术的异化理论。"为技术的统治之对象的事物愈来愈快，愈来愈无顾及，愈来愈完满地推行全球，取昔日习见的世事所俗成的一切而代之。技术的统治不仅把一切在者都立为生产过程中可制造的东西，而且通过市场把生产的产品提供出来。人的人性与物的物性都在贯彻意图的制造的范围之内分化为一个生产的计算出来的市场价值……由此，人本身及其事物都面临一种日益增长的危险，就是要变成单纯的材料以及对象化的功能。"②

但是，技术的这种在存在者和存在论上的不同表现必须在技术现象学的研究中严格地加以区分。前面所述的伊德等人将"工具""技术人工制品""计算机"等作为技术的实事对待，就是一种基于技术本体论的态度。他们忽略了技术存在论的层次，或者说是有意地忽略了。而德雷福斯试图将两个层次协调起来，应该说是对"最严格意义上的现象学"的忠诚的表现。

---

①　马丁·海德格尔：《尼采》，孙周兴译，商务印书馆 2004 年版，第 873 页。

②　参见洪谦《西方现代资产阶级哲学论著选集》，商务印书馆 1982 年版，第 380 页。

第十章　新卢德主义的技术哲学思想

自 19 世纪上半叶英国历史上爆发了手工业工人捣毁机器的卢德运动后,"卢德运动""卢德分子"就用来泛指保守落伍跟不上时代步伐的事件和人物,这就是贬义的"卢德意象"。20 世纪 90 年代,美国一些大众知识分子声称自己是新卢德分子,并发表了宣言,这标志着新卢德主义运动的爆发。

第一节　新卢德运动的滥觞

一　狭义的卢德运动与广义的卢德运动

英国是人类历史上最早开始技术革命和工业革命的国家。伴随着机器的广泛应用,带来了生产方式、生活方式的变革,引发了整个社会发生了社会转型期的大动荡。正是在这个社会剧烈转型的大背景下,卢德运动爆发了。卢德运动就其内涵讲,分为狭义和广义的卢德运动。

1. 狭义的卢德运动

狭义的卢德运动是指爆发于 19 世纪英国的一场手工业工人反抗机器的运动。1811 年 3 月初,诺丁汉地区的一些工厂主削减工人工资,愤怒的工人起来反抗,几个工厂的六十多台织机被毁,这时的活动与"卢德"名称无关。到这年 11 月,诺丁汉的工厂主们收到写有"奈德·卢德"将军(General Ned. Ludd)或"卢德王"(King Ludd)签名的书信,信中解释了捣毁机器的理由。捣毁机器活动在诺丁汉爆发时,主要采用焚烧工厂、制造机器故障、夜晚突袭、匿名信恐吓等方式,临近的约克郡、兰开郡、德贝郡和莱斯特郡等地区纷纷效仿。到 1821 年,运动的主要领袖分别被杀害,或被处以绞刑,或被流放,或被关押,从而宣告整个运动以失败告终。这就是狭义的卢德运动。历史学家 E. P. 汤普森（E. P. Thomp-son）把 1811 年 11 月定为卢德运动诞生年代。

　　老卢德运动的后果具有两重性：一方面，它的确造成相当大的经济损失，其直接造成的经济损失总计大约 150 万英镑左右；反抗运动放慢了一些地区和某些行业对新机器采用。另一方面，反抗确实提高了工人工资，迫使某些工厂主停止使用机器，手工工人重新获得工作，并在一定程度上改善了劳动条件；另外，它还引起英国的政治由激进主义走向改良主义。

　　2. 广义的卢德运动

　　英国历史上的卢德运动还有另外一个后果，就是卢德运动虽然失败了，但反抗"机器伤害人"的传统却延续下来，卢德派和卢德主义的涵义逐渐由特指的破坏机器，演变为泛指的反对机械化、反对自动化的人和观点。这就是广义的"卢德运动""卢德派"和"卢德主义"。

　　如果用泛化的或广义的"卢德派"和"卢德主义"的涵义来衡量历史的话，从捣毁机器、抵制新技术角度看，广义的"卢德运动"是有悠久的历史，它并不是工业革命的伴生物。在卢德运动之前的 15—19 世纪，替代劳动的技术革新就引起了早几个世纪的抗争。特别是 18 世纪下半叶，改革织布的技术革命一出现，就爆发了大量的抗议。1453 年，约翰·谷登堡完成了对活字印刷的革新后，受到种种抵制，抄写员行会使印刷术在巴黎的引进推迟了 20 年。在 17 世纪 60 年代，荷兰南部的小生产者成功地反抗，大幅度地减少使用可以一下子生产 12—14 条带子的织机。1753 年，约翰·凯伊的飞梭和其他发明都被捣毁，而那些抗议使用它的节省劳力的机器的工人还捣毁了他的家。詹姆斯·哈格里弗斯 1768 年在他的布莱克本工厂也碰到了类似的遭遇。老式的手摇纺织机工人深信，新的"珍妮纺织机"将会使他们失业，所以他们袭击了哈格里大斯的住宅，捣毁了他的机器①。统计显示，在 1761—1780 年的 113 次罢工中有 8 次涉及新机器，占 7%，1781—1800 年提高到 10%（153 次占了 15 次）。而老卢德运动以后，这类运动没有立②刻终止，只是没有以前爆发的剧烈和集

　　① ［美］丹尼尔 A. 雷恩：《管理思想的演变》，赵睿、肖聿、戴畹译，中国社会科学出版社 2000 年版，第 54 页。
　　② 罗伯特·杜普莱西斯：《早期欧洲现代资本主义的形成过程》，朱智强译，辽宁教育出版社 2001 年版。

中。而且，19 世纪法国南部和美国也发生了同样反应。因此，反抗机器的斗争在资本主义形成过程中是很普遍的现象，但像英国卢德运动这样猛烈和持久地抵抗新机器的运动则少有，因而给后人留下深刻印象。所以，虽然"卢德王"或"奈德·卢德将军"只是一种传说，可一提起这个名字就激发人联想到破坏机器事件。

因此，卢德分子和卢德运动的涵义在研究和使用过程中渐渐地被引申，用来泛指抵制新技术、不适应技术发展的人和运动。"卢德主义"和"卢德派"成为保守、落伍、反对进步的代名词。"卢德"一词使用中有时甚至附有轻蔑、侮辱的情感色彩。贬损的"卢德意向"逐渐形成了。1959 年，斯诺在其名著《两种文化》中提出了"知识分子，特别是人文知识分子是天生的卢德分子"的论断[1]，使"卢德主义"一词的贬损之意更广为传播。

二　新卢德运动肇始

爆发于特定历史时期的卢德运动，在不断地被研究和解说过程当中，由狭义的独立事件转变为泛化的具有贬损涵义的概念，这一概念及其内涵几近成为了大众的共识。但是，当人类进入到 20 世纪后期，挑战和对抗贬损的"卢德"含义的新卢德主义者登上了历史新舞台。

1. 新卢德宣言

1990 年 3 月，美国新墨西哥州心理学家 C. 格伦蒂宁（Chellis Glendin-ning）发表了《新卢德宣言》（*Notes toward a Neo – Luddite Manifesto*），新卢德主义名称从此正式确立。C. 格伦蒂宁在《宣言》中指出，她的目的企图为那些在第二次技术革命中遭受技术痛苦、反抗技术的人寻求合法身份，并为这些人清楚表达对技术的批评和申明自己的主张提供话语条件[2]。

C. 格伦蒂宁在宣言的开头就明确批评现代技术及其依赖的世界观，表达了要确立新的世界观的意向。她指出，"新卢德主义者鼓励人们关注我们这个时代的全面的灾难。西方社会创造和扩散的技术已经失控，并导

---

① C. P. 斯诺：《两种文化》，纪树立译，生活·读书·新知三联书店 1994 年版，第 20 页。
② K. Sale, *Rebels against the Future—The Luddites and Their War on the Industrial Revolution*, New York：Addison – Wesley Publishing Company，1995，pp. 237 – 239.

致对脆弱的地球生命系统的滥用"。她强调现在与过去不可分割，号召人们像早期的卢德派一样起来反抗技术灾难。她说，"我们也是要寻求保护正处于毁坏边缘的我们所热爱的维持生计的工作岗位、社区和家庭的绝望的人。"宣言提出，为使反抗有效，就不仅仅是要控制和消除象杀虫剂和核武器一类的单项技术，还要有一种新的思考方式，创立一种新的世界观。为了实现新的世界观，她提出了三个基本原则①：

原则一，新卢德不反对技术。技术本质上是人的创造物和文化，他们反对的是那些从根本上毁坏人类生活和社区的各种具体的技术，他们也反对产生于旧的世界观的技术；旧的世界观就是把理性看作是人类潜能开发、获得物质财富、人的自我实现的关键，是把技术发展看作是社会进步的关键。

原则二，所有的技术都具有政治性。技术不是可被用来为善或作恶的中立的工具。从总体上看，技术是反映和服务于特定历史境遇中的特殊的权力利益集团。由技术社会创造的技术远不是服务于大众的技术，技术趋向服务于短期社会的效率、生产、市场分配、利润甚至战争的目的。因此，技术趋向于创造一种僵硬的社会系统和组织机构，从而使人无法理解并无法改变和控制。

原则三，个人的技术观是危险的、有限的。通过全面审视技术的社会背景、经济条件和政治意义，建立对技术的批评制度。批评技术不仅要追问技术的所得，还要问所失，以及技术究竟为谁服务。不仅要从人对技术的使用角度，还要考虑对其他生物、自然界和环境的影响。

2. 新卢德运动性质分析

20 世纪后半叶，全球范围内爆发了一场以电子计算机技术为主导的一场新科技革命，这场革命给政治、经济、社会和文化心理带来了巨大的冲击。信息革命是直接的促发因素，文明与异化的二律背反构成为新卢德运动爆发的社会背景，现代与后现代碰撞与交融的文化语境成为孕育新卢德主义的文化背景，对技术的文化批判和社会批判则成为新卢德运动滥觞

---

① Challis Glendinning, Notes toward a Neo - Luddite manifesto. Philosophy of Technology—The Technological Condition. Edited by Robert C. Scharff and Wal Dusek. U. K.：Blackwell Publishing Ltd.，2003：604.

的直接思想源泉。

一些知识分子积极呼应，声称自己是新卢德分子，并对老卢德运动作出自己的阐释。新卢德主义者开展各种利于传播自己主张的活动。他们发表论文，出版著作，建立网站，创立电子杂志。

新卢德主义代表人物以作家、记者、政治学家、历史学家等知识分子为主，他们不仅通过理论著作、小说、诗歌、讲演来宣传自己的主张，而且有多个网站，如 luddites Online、On‑line Luddism Index、Some Neo‑Luddite Web Sites 和 Ludd's Link 等。他们还有电子杂志，如《网络未来——技术与人类责任》（*Net Future*：*Technology and Human Responsibility*）、《地球岛》（*Earth Island Journal*），并成立了多个民间组织开展活动。

新卢德群体声称有自己的组织，公开宣传说至今已经召开三次大型集会。他们称 1812 年在英国狭义卢德运动期间的一次集会为卢德运动第一届大会；第二届卢德大会是 1996 年 4 月 13—15 日在美国的俄亥俄举行（Quake meeting hall in Barnesville，Ohil），400 多名代表参加。第二届大会是新卢德运动的第一次集会，提倡简单生活，大会上把照相机、手提电脑、录音机列为禁用品。会议鼓励参加者旅行时尽量少用技术手段。新卢德的第二次集会是 1997 年 4 月举行的，是一些有影响的新卢德分子的私人聚会，会议讨论如何才能导致产生更多的支持技术批评策略和对策；会后出版了对话集《厌恶技术：21 世纪的新视野》（*Turning away from Technology*：*A New Vision for the 21st Century*）（1997 年）。最近的一次集会是 2001 年 2 月 24 日称为全球化国际论坛的集会，在纽约 Hunter 大学举行的"技术与全球化的讨论"，会议目的是讨论如何引发更多的技术批评和对全球化和自由贸易的反对。有 1400 多人参加，大多数人在 45 岁以上，发言者有 Sale 和 Stephanie Mills 等。

"总的来说，虽然美国的当代新卢德分子具有最强的自我意识，但其实当代新卢德存在与世界范围内，其组成成分非常广泛，有关心狭窄的单个技术问题的，也有对技术进行广泛哲学分析的，有从厌恶技术到反抗技术直至采取破坏活动的，更多的是在两极之间。"[①] 还有一种观点认为，

---

① K. Sale, *Rebels Against the Future—The Luddites and Their War on the Industrial Revolution*, New York：Addison‑Wesley Publishing Company, 1995, p. 241.

新卢德成员复杂的组成包括卢德左派、卢德右派、标准的卢德派、技术卢德派、生物卢德派、激进的卢德派、马克思主义的卢德派（Maxist Ludd-ite）和后现代卢德派等。另有观点认为，新卢德成员包括作家、理论学者、学生、家属主妇、阿门宗派、门诺派教徒、教友派信徒、环境保护主义者、没落的雅皮士、过了花季的少年、寻求非技术环境的年轻的理想主义者。1996 年《经济学家》杂志认为新卢德分子主要是绿色组织成员。

第二节　新卢德主义思想图绘

新卢德主义运动代表人物众多，知识背景复杂多样，其思想观点庞杂且存在内在分歧。为了能够把握新卢德主义思想总体倾向，本书采用思想主题与主要人物相结合的叙事方式，而非依据统一标准分类的严格的逻辑方法对新卢德主义思想进行图绘式的叙述，认清新卢德主义思想的总体面貌。

一　正名"卢德意象"

新卢德运动从其名称看就显露出与历史上的"卢德运动"之关联，而对新卢德主义者的具体行为分析将使我们清晰地认识到两者之间不仅仅是"名"似，更在于新卢德主义者敢冒被看作"保守""落后分子"的风险，挑战流行近二百年的贬义"卢德意象"，替历史上"卢德运动"的合理性进行辩护，为贬义"卢德意象"正名，这一行为及行为背后的意图与立场则构成新卢德主义思想内容之"实"。

1. 辩护卢德运动

新卢德主义者对历史上的"卢德运动"进行了深入细致的文化历史研究，反映其主要思想的著作有 B. 柏利（Brian Balley）的《卢德的反叛》、K. 塞尔（K. Sale）的《反抗未来——卢德派及其对工业革命的反抗》和《反对机器：文学艺术和个人生活中隐藏的卢德传统》等。在这些著作中，新卢德主义者从技术、政治、经济和文化心理等方面为历史上的"卢德运动"予以辩护。

第一，老卢德主义运动发生于特定的时代背景。它出现在第一次英国工业革命时期，是机器生产体系开始替代手工工具、以机器体系为主的现代工厂制度逐步取代以手工技能为主的工场作坊的重大变迁时期。这是工业文明取代手工文明，由前现代向现代的过渡时期。

第二，老卢德实践的是自发的行动哲学。行动主体主要是各行业手工业工人，行动对象主要是采用的各类新机器。整个行动是由一个个事件组成，行动本身是自发的，缺乏明确的指导思想和行动纲领，没有统一的组织。老卢德运动具体表现为纺纱工人破坏纺纱新机器，剪羊毛工捣毁了机械化的刺果起绒机作坊，手工锯木工人反对建立以风为动力的锯木厂，用脚漂布的漂洗工反对使用水力推动的捶布机，农业工人使新脱粒机出现故障，面粉工毁坏宽体的旋转磨，造纸场工人敌视新机器，砖瓦工毁坏威胁工作方式的新制砖机，还有棉羊毛织布工、梳毛工、制衣工、锁匠等各行业的工人都曾反抗过本行业采用新机器。

第三，老卢德派为生存而战。他们不是反抗新机器的发明，而是抵制新技术的应用。工业革命期间，由于应用珍妮纺纱机、抓毛机、梳毛机、飞梭和骡机等新技术，羊毛产业有3/4的工人被机器取代。当数以万计工人的生计受到威胁时，才爆发了大量的抗议。他们破坏机器的直接原因是新机器应用排挤了熟练工人，使其借以谋生的技能无用武之地。事实上，并不是所有新技术应用都遭到反对，不节省劳力的技术革新易被采纳。工人捣毁的正是各类可能或正在取代劳动的工作机、动力机。正因为新技术在各地被应用的时间不等，老卢德的反抗运动也在不同时间爆发。所以，正如工人罢工、上街游行等行动一样，捣毁机器是工人与工厂主讨价还价的一种手段，其主要目的在于谋求工作、提高工资待遇、改善劳动条件，满足生存需要。

第四，行为风格上具有传统文化色彩。老卢德运动发生在传统的前现代社会向现代工业社会的过渡时期，行动风格上带有传统文化色彩。除采取毁坏机器，焚烧工厂、罢工游行等早期劳工运动的形式外，老卢德运动带有封建时代农民起义的某些特征，如借用像绿林好汉罗宾汉一样英雄人物"卢德将军"的名义发动起义，通过粘贴布告、散发歌谣等方式号召和鼓舞士气。

2. 阐明新卢德运动合理性

20世纪后期科学技术突飞猛进发展，人类又经历一次高科技浪潮的冲击，无论人们用"计算机革命""生物技术革命""人工智能技术"

"信息高速公路"来称谓它，还是托夫勒的"第三次浪潮"、奈斯比特的
"大趋势"和贝尔的"后工业社会"的分析，这些话语总体上都在试图表
达人对自己所处社会正经历一次深刻的社会变化和转型的某种认识和
判断。

对于这场高科技革命，新卢德主义者有其自己的独到看法，他们声称
这是"第二次工业革命"，C. 格兰蒂宁在《宣言》中指出，"人类正受到
如电视、光纤、生物技术、超导、核能、核电站、空间武器、超级计算机
等新一代技术的阻碍。我们也正警惕地注视着反抗可能冲击我们的技
术。"K. 塞尔认为第二次工业革命就是指 1971 年芯片和微处理过程完善
化带来的计算机数字化技术及由其作为主导技术而引发的如此众多的新发
明和对我们生活产生的广泛的影响。K. 塞尔还指出，无论人们是把它称
为"数字革命""基因革命"还是"后工业"，第二次工业革命出现了与
第一次工业革命令人警惕的、相似的特征，对这一新阶段他概括出了六大
特征[1]：第一，技术强迫人接受。无论人们是否愿意，技术都按照其固有
的逻辑来到人的生活中。第二，毁灭"过去"。高技术的社会摧毁了那些
有助于社会团结和稳定的历史因素。第三，制造需要。激发需要而产生的
创造技术进步最为有力的因素从而造成了消费至上主义。第四，国家为科
技和工业发展充当服务的工具。现代工业国政府放弃了自由资本主义的放
任主义原则，国家政府积极干预科技和工业发展。第五，劳动者受到折
磨。技术进步带来现代的失业问题使劳动者遭受苦难折磨。第六，对自然
的毁坏。人类对自然资源的利用不仅是程度的问题，而且正以前所未有的
速度导致资源枯竭、物种灭绝、掠夺和污染。

新卢德主义者通过分析新技术革命的特征，揭示当代新卢德所面临的
与老卢德相同的境遇，阐明新卢德主义出现具有合理性。

3. 揭示新老卢德运动共性

虽然新老卢德运动在实践上（行动的老卢德与认识论的新卢德）、目
的上（为生存而战与为理念而战）、风格上（具有传统文化色彩与充分运
用现代舆论宣传工具）和前途上（"完成"的历史与"向未来开放"）存

---

① K. Sale, *Rebels Against the Future—The Luddites and Their War on the Industrial Revolution*,
New York：Addison - Wesley Publishing Company, 1995, pp. 205 - 236.

在多方面差异①。但是，虽然伴随"卢德意象"的历史嬗变，老卢德运动到新卢德运动之间又是一个逐渐演变的连续过程，两者之间存在不可分割的内在联系。

（1）技术根源。新老卢德运动存在共同的技术根源。机器与人的关系是卢德运动的核心。虽然老卢德派面对的是新式高效的纺纱机、织布机、蒸汽机，新卢德遭遇的是计算机、基因工程、人工智能、网络技术，尽管新老卢德从事不同的实践活动，他们面对的都是新的人工物。当新的人工物侵入人的生活世界，人类就要思考如何评价新的人工物及其后果、如何对待人工物及其后果的问题。新老卢德运动反映了人们对待人工物的态度问题。

（2）政治经济根源。虽然不同历史时期技术革命内容的不一样，但它们都是在摧毁原有旧的技术体系基础上建立一种新的技术体系的过程，它们对社会诸方面都具有强烈的冲击和震撼。18世纪到19世纪英国的技术革命和20世纪后期的高科技浪潮，无论两次技术革命有多大差异，它们都使整个社会的经济政治发生巨大变化。在这种社会条件下，人们会出现相同的认识，相似的体验。因此，新老卢德运动是人们对技术革命的一种心理反应，反映出人们对待技术变革以至对待社会变革的态度。

（3）文化心理根源。人们长期生活在某种社会条件下逐渐形成与这一环境条件相适应的价值观和行为习惯。新技术的确带来新的生活方式、交往方式和娱乐方式，要求人们的观念和行为习惯做出相应的改变。而社会意识的改变具有相对滞后性，且当改变是被迫进行时常常使主体滋生种种如不满、烦恼、痛苦等抵触情绪，甚至有时出现反抗行为。

新技术带来生产方式的变革，社会生产方式的变革则要求人们改变长期形成的习惯，有时会让人感到难以接受。一支手工纺织杆可以走到哪里带到哪里，而且也可以边纺纱边从事别的活动，而纺纱车则将织工限制在家中。机械化的纺织厂工人更要离家到固定的场所工作。手工作坊的开工和收工由工人自己控制，工厂的工人却要服从机器系统的节奏。

---

① 陈红兵：《新老卢德运动比较研究》，《科学技术与辩证法》2003年第2期。

二　质疑工业文明

质疑工业文明是新卢德运动重要目标，而采取激进恐怖行为企图对抗工业文明的 T. 卡赞斯基的言行则为新卢德主义运动添写了特殊的色彩。

在当代林林总总、纷繁复杂的恐怖活动中，有一类特殊的恐怖活动——"生态恐怖主义"，其代表人物被称为"生态恐怖主义者"。他们反对人类对自然界的破坏、反对开垦森林、反对在风景区建游乐设施、反对在偏远的地方修建豪华别墅、反对建立各类科研所，反对种植转基因作物，等等。他们将现代社会面临的种种灾难性的后果归咎于科技的发展和应用，他们希望取消技术，倡导回归自然。为达到目的，他们往往采用极端的手段。T. 卡赞斯基（Theodore Kaczynski）就属于这一类。

1996 年 4 月 3 日，美国联邦调查局破获了一起延续十多年的系列爆炸案。在美国加拿大之间的边境蒙塔纳林肯镇附近森林的一处与世隔绝的小房子中，50 名特工人员逮捕了代号为 FC 小组的凶手西奥多·卡赞斯基。他在过去 17 年中曾 16 次邮寄炸弹，炸死 3 人，另有 20 多人致残。

卡赞斯基为什么要实施恐怖行为？对高科技社会的"憎恨"是其行动的动机。卡赞斯基在他的宣言书中开宗明义第一句话称：像我们这些生活在"发达"国家的人们，工业化虽然大大增加了我们的生活乐趣，但也打破了社会均衡，使生命不再充实，使人类尊严受到折辱，造成了广泛的心理创伤（在第三世界则造成广泛的肉体痛苦），并给自然界带来严重灾难。

在《工业社会及其未来》这篇长达几万字的宣言中，作者提出其写作的主要目的是要对那些憎恨工业技术系统的当代左翼分子可能掀起的一场试图推翻工业技术系统的革命进行描绘。

卡赞斯基试图以左翼分子的名义对工业社会加以诊断。他诊断的理论前提是人类现代性方案的破产，即人类幻想依靠技术进步实现人类寿命延长、改善健康状况、加速行动和交流速度、促进消费产品的大众化等努力都失败了。在此基础上，作者进一步展开了对工业社会病症的把脉：自卑的心理痛苦、过度社会化的代价、代理行为的文化统治、媒体隐含着的政治极权主义、消费社会和消费文化造就虚假幸福感等问题，表明了依靠技术进步不能带来人类的幸福，启蒙主义的幸福经济学不能兑现确保人类幸福的承诺，幸福经济学本质上具有压制人、奴役人、控制人的特性。卡赞斯基提出导致当代社会病症的根源在于工业技术社会有它自己进步的逻辑。由于技术与自由之间不可能妥协，处于十字路口的人类只有行动起来，用暴力手段捣毁现代高科技，才能使人类重获自由。卡赞斯基在给杂志社的附信中说：我们要捕杀的目标是科学家和工程师，尤其是有争议的计算机和生物工程研究领域中的科研人员，为此我们将不惜"采用摧毁工厂和焚毁图书馆的方式"。这就是卡赞斯基为工业社会诊断后开出的走出困境的处方，这一解决方案是令人难以接受性的也是无效的。

三 声讨人工物

新卢德主义基于其批判现代文明的基本立场，把批判的矛头直指工业文明的代表性的成就——电视和电脑。电视的出现，有人欢呼，有人受打击，有人震惊，有人批判。杰瑞·曼德尔和尼尔·波茨曼从各自的立场展开了对电视的批判。

1. 消除电视的四个理由

杰瑞·曼德尔被看作激进的卢德左派，认为技术存在决定了社会的一切方面，技术有明显的连锁后果和政治效应，技术本身就是意识形态[①]。他对电视的社会影响予以了充分研究，分析电视存在着四个方面问题。

第一，电视的及其人工环境干预人的经验[②]。杰瑞·曼德尔提出，作为人造物的电视扮演人与自然宇宙之间的"意识之墙"的角色。在现代社会，环境的变化远远超出了个人经验的范围，也就引起知识本身定义的变化。人类自己的感觉、自己的体验都不再能作为对世界评判的依据了。知识只能依赖于科学的、技术的、工业的证明。科学家、技术家、心理学家、工业家、经济学家和媒体翻译和传播他们的发现和意见就成为人类知识的来源。基于上述分析，杰瑞·曼德尔指出，现代人处于一种无根的"漂浮的心理空间"状态之中。

第二，技术与经济因素的共谋实现对人的经验的殖民化[③]。杰瑞·曼

① Jerry Mander, *Four Arguments for the Elimination of Television*, New York: William Morrow and Company Inc., pp. 43 – 47.

② Ibid., pp. 53 – 112.

③ Ibid., pp. 113 – 153.

德尔指出，把自然系统转变为人工系统是资本主义经济系统的内在本质，一切行为都要遵循"资本的逻辑"，一切物品都要变成"产品"才能满足"赢利"的需要，才符合资本逻辑，这就是要使得一切物品成为具有价值的"产品"，这种趋势发展到一定阶段，人也走向商品化的生活。广告在这个过程中发挥重要的作用。揭示技术与"资本"逻辑的"共谋"是人工系统形成的社会经济动因，进而实现对人的经验的殖民化，电视在这个过程中扮演了重要角色。

第三，电视对人身心的全面影响①。杰瑞·曼德尔把电视看作对观看电视的人进行侵袭、控制和使之失去活力的机器，它就像是精神分裂症幻想的异化的"影响机器"。电视使观看的人产生神经生理反应，并带来疾病，导致虚弱、疯狂、使人处于催眠态；电视改变和限制了人类经验和知识，人类转向了狭窄的经验通道，被剥夺了其他经验通道；电视使人与环境、人与人、人与自己的感觉相隔离；电视使人的思想暗淡，杰瑞·曼德尔把这种现象比喻为看电视使人处于"催眠态"；电视不能导致人的精神的自由、放松，也不能提供丰富的刺激，相反，电视导致精神的枯竭。

第四，电视存在着固有的内在偏见②。在杰瑞·曼德尔看来，既然电视是技术与"资本逻辑""共谋"的结果，伴随电视控制者的贿赂，电视技术预先决定了电视内容的边界，某些信息能够被完全传输，某些可被部分传输，而另一些则完全不被传播。最有效的电视传播是粗俗的、简单的、线性的和适合媒体商业控制者目的的信息和节目。电视最大的利益是广告，这一点是不能改变的。电视的偏见内在于技术之中，所以，电视不能体现潜在的民主倾向，它总是在非常狭窄的领域选择其内容，其结果必然是限制人的思想自由。总之，电视技术在其内在本质上是反民主的。

综上所述，虽然杰瑞·曼德尔直接讨论电视的话题，其实，他只是以电视为例证，或者说电视是他试图阐明自己观点的一个切入点，他真正要声讨的是由像电视一类的人工物形成的人工环境及其消极的社会影响，通过其透彻分析，揭示出技术的非中立性，阐明要对电视这样看起来非常好

---

① Jerry Mander, *Four Arguments for the Elimination of Television*, New York：William Morrow and Company Inc. , pp. 155 – 260.

② Ibid. , pp. 261 – 343.

的技术应抱树立怀疑和批判的态度。

2. 电视导致童年的消失

与杰瑞·曼德尔展开对电视的全景分析不同，尼尔·波兹曼在1982年出版了一本批评电视的著作《童年的消逝》（*The Disappearance of Childhood*）。该书揭露电视造就了一个没有童年的时代，其主题是要捍卫童年。

按照尼尔·波兹曼的分析，电视对童年概念的破坏是由以下几点造成的。

第一，电视导致个性消失。当一个人居住在电子环境时，他不再呈现出个性，他变成了与他人相同的"大众社会人"。电子速度并非人类感官的延伸，而是否定人类感官的存在，它带领我们进入一个与他人同时存在又转眼即逝的世界，远非人类个体经验所及。正因如此，它消灭个人风格，也就是人类的个性本身。如上所述，个性才是童年概念的土壤。那么，消灭个性，童年当然也就不复存在了。

第二，电视所提供的图像诉诸感性，它不能提供儿童成熟所需要的理性。与印刷文字相比，图画、图像是认知上的退化。印刷文字要求读者积极、主动地对内容有所反应，一张图画则只要求看画的人有美感反应，它诉诸人的感性而非理性，它要求人去感觉，而非去思考。电视提供了一种相当原始、又难以拒绝的选择，它取代了印刷文字里的线性逻辑，而且也让整个文明教育的严谨性变得无关紧要。

第三，电视模糊了成人与儿童的界限。电视呈现资讯的方式，使每个人都有机会观看它。正是电视所具有的这种"没有分别的可接近性"，彻底腐蚀了儿童与成人之间的分界线。电视不要求它的观众通过学习才能掌握这种观看形式，也不要求读者具备复杂的心智技能，结果儿童难以成长为成熟的成人，而成人则开始儿童化。

第四，电视导致成人儿童化。波茨曼特别强调，童年概念是与成人概念同时存在的。没有成人概念当然也就没有童年概念。他认为，当代成人概念绝大部分是印刷媒介造就的，几乎所有跟成人世界有关的特性，都与识字文化有关，如自制能力、延迟满足的包容力、复杂的抽象思考能力、关注历史和未来的能力、注重理性和秩序的能力等。他认为，电视文化，说到底是一个以图像和故事为主的文化。当电视媒介将识字能力推移到文化的边缘，进而取代它在文化的中心地位时，一个崭新的儿童化的成人概念开始出现，即在电视时代，人类总共有三个发展阶段，一端是婴儿期，另一端是老年期，中间则是所谓的成人儿童期（The Adult - Child）。其中，成人儿童期是指在知识、情感能力发展上尚未完成的成人，这类成人与儿童的差异不大。

总之，尼尔·波兹曼通过对电视与童年关系的分析，试图阐明在"大众社会人"的背景下，成人逐渐失去了对信息的控制权而且愈来愈儿童化；儿童则有更多的机会接触成人社会，并偷窥了成人世界大量的秘密而具有了成人的某些特征。但由于他们偏好诉诸感性的图像而缺少理性，他们也不可能成长为真正的成人。也就是说，在电视时代，既没有真正的儿童，也没有真正的成人，有的则是儿童化（childfied）的成人和成人化（adultfied）的儿童。

电视媒介是否真会摧毁童年？按照尼尔·波兹曼的论证，童年的概念伴随印刷文化产生，那么电视带来了图像革命是否又是一次关于人的概念的革命，这个问题值得深入研究。同时，我们还应看到，《童年的消逝》提醒我们不仅要重视报纸、电视、网络等暴力、色情倾向、商业化倾向等不良因素可能给儿童成长带来的不利影响，我们更应该在认知层面上理解印刷机的文字符号革命与电视的图像革命对人类认识的影响问题。

3. 电视的娱乐功能导致人的毁灭

尼尔·波兹曼不仅从分析童年理念、捍卫童年世界的视角讨论电视对人的影响问题，他还出版了另外一本书，从电视娱乐的角度分析现代技术条件下人的命运问题，其结论有些恐怖——《娱乐至死》。

尼尔·波兹曼在该书序言里提到乔治·奥威尔的小说《一九八四》中，可怕的敌托邦图景没有发生时人们的欢呼，"人们一直密切关注着1984 年。这一年如期而至，而乔治·奥威尔关于1984 年的预言没有成为现实，忧虑过后的美国人禁不住轻轻唱起了颂扬自己的赞歌。自由民主的根得以延续，不管奥威尔笔下的噩梦是否降临在别的地方，至少我们是幸免于难了[①]。"但是，尼尔·波兹曼提醒人们别忘了，除了奥威尔可怕的预言外，还有另一个同样让人毛骨悚然的版本，就是奥尔德斯·赫胥黎的《美丽新世界》。尼尔·波兹曼指出，赫胥黎和奥威尔的预言截然不同：

---

① [美]尼尔·波兹曼：《娱乐至死》，广西师范大学出版社2004 年版，第1 页。

奥威尔警告人们将会受到外来压迫的奴役，而赫胥黎则认为，人们失去自由、成功和历史并不是"老大哥"的过错，人们会渐渐爱上压迫，崇拜那些使他们丧失思考能力的工业技术；奥威尔害怕的是那些强行禁书的人，赫胥黎担心的是失去任何禁书的理由，因为再也没有人愿意读书；奥威尔害怕的是那些剥夺信息的人，赫胥黎担心的却是人们在汪洋如海的信息中日益变得被动和自私；奥威尔害怕的是真理被隐瞒，赫胥黎担心的却是真理被淹没在无聊烦琐的世事中；奥威尔害怕的是文化成为受制文化，赫胥黎担心的是文化成为充满感官刺激、欲望和无规则游戏的庸俗文化。总之，尼尔·波兹曼概括到，在《一九八四》中，人们受制于痛苦，而在《美丽新世界》中，人们由于享乐失去了自由；奥威尔担心人类憎恨的东西会毁掉人类，而赫胥黎担心的是，人类将毁于自己热爱的东西。通过一系列比较分析，波兹曼的目的就是要点明主题，他以文学的语言表达着哲思：电视正在创造赫胥黎所描绘的那个让人在快乐中死去的"美丽新世界"。

四　批评技术对教育的影响

在新卢德主义宽泛的问题域中，技术对教育的影响问题是多位新卢德主义者关注的话题。新卢德主义就技术对教育影响所作的批判性阐释，既是新卢德主义技术批判思想的有机组成部分，也是新卢德主义对技术在教育领域应用所做的批判性讨论，其目的在于借助教育现象来具体阐发自己的技术批判思想。

1. 技术教育改革的工具主义取向蕴涵社会控制的隐蔽性

生产技术变革带来了新的生产组织形式——新福特主义——的诞生。新福特主义要求建立越来越个性化的工作关系，因而也对教育培养目标提出了新要求，即教育要转向培养适应灵活性的人才。凯文·罗宾斯通过分析教育改革的技术经济背景，阐明了当代职业技术教育改革的功利主义价值取向，揭示了其工具主义本质，进而确认这种改革是一种新型的控制形式——广泛渗透性背后蕴含社会控制的隐蔽性。他认为，功利主义改革论者注重促使教育更有效地为他们眼中的社会经济、政治或文化需求服务。因此，"功用主义改革论显然是关于控制的，但它是关于控制的一种特殊表达方式和形态，这是个很重要的问题"①。为什么功用主义改革论意味着控制？他借用福柯的知识与权利关系理论加以分析。由于知识与权力之间的联姻关系，对工作现场知识和技能要求的变化，就是在知识结构中建立一个适合这些变化的社会化形式。因此，知识教育的重要变革蕴涵新的社会控制形式的出现，他称之为从权力主义控制到疗治式控制。这种疗治式控制不如权力主义控制方式直接和外显，而是无形的弥漫与渗透，受控者几乎缺乏清晰的被控意识。

2. 计算机的教育应用蕴涵经济功利性对教育的侵蚀

新卢德主义者认为，计算机的教育应用表面看来是教育的进步，其实质则是技术统治论思想的胜利，在技术统治论的背后更是蕴涵经济功利性对教育的侵蚀。戴维·诺布尔（David Noble）认为，社会的技术经济领域已经侵入到教育文化事业中，教育管理者已经不再是学校智慧的领导者，而是系统的管理者；教师不再是引导学生生活和工作的内在权威，而仅仅被看作是一个员工。他批评说，技术统治论依然在教育领域占据统治地位，政治的宣传中总是强调所谓不管付出多大的代价，只有通过技术才能最后拯救教育，这一信念一直是人们的正统信仰。他在《高等教育的自动化》一书中指出，在持续不断的"进步"名义下，出于担心学校在不断"进步"的大潮中落伍，学校领导者常常极少认真考虑教育规律和教育成本，轻率地采用新的教育技术，从而使学生和学校处于危险境地。罗斯扎克从另一视角对教育领域的技术统治论思想予以批判。他指出，很多大学对计算机存在诸多误区，比如相信"未来的优秀大学将是拥有优秀计算机系统的学校"。在他看来，这不仅是一种夸张的信念，而且在这一信念背后还隐含深层次的意蕴，即直接将计算机的数量转变成学习质量，这也是很值得怀疑的。

新卢德主义者批评大学的商业化，认为高等教育的"独特空间"正被一点点地卖给广告和商业利益。诺布尔说，在大学实施技术改造的背后，不是仅仅简单地承担技术改造的目的，在教育的技术基础变化的背后掩藏着高等教育商业化现象。在这一变化过程中，教育技术仅仅是一个可

① ［英］凯文·罗宾斯、弗兰克·韦伯斯特：《技术文化的时代——从信息社会到虚拟生活》，何朝阳、王希华译，安徽科学技术出版社 2002 年版，第 210 页。

以遮人耳目的工具。他在《神圣教室空间的防御战争》中，强烈批评远程教育技术，揭露创办远程教育的动机并不是满足社会对教育的真正需要，而是利益的驱使，这里的利益包括政治需要和商业目的。

3. 计算机的教育应用导致文化的毁灭

新卢德主义者通过揭露技术统治论在教育中的主导作用、教育改革的功利主义取向和计算机教育应用的经济性驱动，进一步深入分析这种趋势的严重后果，即文化的毁灭。罗伯特·赛德勒（Robert J. Sardello）对计算机的教育应用导致文化的毁灭作出独到的阐释。在《教育的技术威胁》一文中，他认为所谓计算机的教育应用的文化威胁，并不是指计算机作为一种技术设备在教育中的应用就是对文化的威胁，也不是要批判所谓的"计算机辅助教学"。他说自己所要批驳的则是那种声称教育可以通过"无课程的教学"，通过教孩子们学习编写电脑程序就能够教会孩子们学会如何思考的那种观点。他指出，计算机素养含义是远远超越于把计算机仅仅看作一部机器，计算机素养这样一个术语是对文化自身的一种冲击，甚至可能导致毁灭文化。他认为，文化从来也不是一个关于进步的事务，文化总是发生于向后看，对过去的揭示，把现在的事情与灵魂的永恒模式联系起来思考，来源于对死亡的记忆，对价值的反思。而把程序引入学校将忘记过去，也无法对过去寻求新解释。强调和着重培养计算机素养将排斥源于真实生活的自然语言，肢解生活的完整性，消解生活的意义，最终毁灭文化。

4. 计算机的教育应用导致人的毁灭

新卢德主义者在批判计算机的教育应用导致文化毁灭的同时更以细致的笔触探究人性遭遇的灾难。罗斯扎克认为计算机的存在构成了人与人自然交流的障碍。他承认人们评价教育优劣的标准存在个人差异，但是他明确表态，对于学校出现的一排排孤独的学生在私人隔间中伺弄计算机终端的景象根本无法接受。他说，"作为一种教育思潮，这些情景给我的印象只不过是技术使我们生活变得枯燥的另一种形式，而它出现在我们最想避免其危害的领域。"[①]

---

① ［美］西奥多·罗斯扎克：《信息崇拜——计算机神化与真正的思维艺术》，苗华健、陈体仁译，中国对外翻译出版公司 1994 年版，第 55—56 页。

　　针对有人鼓吹说计算机能教会学生掌握像计算机一样周密思维的艺术，罗斯扎克明确指出，计算机不可能教授学生真正的思维艺术。他认为，计算机按照程序"思维"，如果人们期望所有的学生都只训练这样一种思维方式，这是非常有害的。这样培养出来的学生并不是健全人格的人。为什么计算机不能教会人真正的思维艺术呢？因为计算机只能教授符号逻辑，而年轻人不仅需要数理逻辑知识和思维，他们还需要社会科学、历史和哲学，所有这些课程都是以一种朴素的历史悠久的教学方法为基础，它教授喜欢追根寻底的人们读书、求知、立德和怎样处事。这些课程的教学计算机无法很好地执行①。

　　综观以上新卢德主义关于技术影响教育的批判性阐释，可以看到，它是人文主义的技术批判思想的拓展和论域的具体化。新卢德主义关于技术影响教育的批判性阐释，是新卢德主义技术批判思想的有机组成部分，与新卢德主义总体技术批判思想一脉相承，都围绕着人性这一主题展开，其宗旨在于运用批判武器捍卫人类的神圣自由。因此，如果说新卢德主义教育技术批判思想是其技术批判思想在教育领域的展现、延伸，是新卢德主义技术批判思想的具体化，那么，新卢德主义教育技术批判思想在一定意义上深化了人文主义的技术批判思想。

第三节　新卢德主义思想理路

　　新卢德主义思想在呈现内部差异性的同时又具有相对的一致性和协调性，这表现在：分析新技术时代及其特征是新卢德主义展开其批判思想的起点，对现代技术的批判是其思想的主体内容，追问现代技术问题的根源是其思想之精髓，探询拯救之路是其思想之归宿。

一　分析新技术时代及其特征

　　新卢德运动的发生有其特定的科技、政治、经济和文化背景，其中科学技术的发展状况是新卢德运动产生的直接动因。因此，对当代科学技术

---

　　①　[美] 西奥多·罗斯扎克：《信息崇拜——计算机神化与真正的思维艺术》，苗华健、陈体仁译，中国对外翻译出版公司1994年版，第43页。

的分析不仅是探究新卢德主义的背景，也是对新卢德主义思想本身的分析，因为对当代科学技术发展状况的分析和判断不仅是新卢德主义思想的有机组成部分，也是新卢德主义展开其批判思想的起点。

由于新卢德主义在认识论上坚持把技术与社会因素结合在一起进行整体分析，他们就不象工程技术哲学那样打开技术的黑箱对技术作专门分析，而是把技术看作是现代社会的一个要素，在探究技术与现代社会其他因素相互关系中分析揭示现代技术的特征。同时，不同的新卢德主义者对当代科学技术的发展状况有着各自的判断，其中塞尔、曼德尔和波兹曼的观点最具有代表性。

1. 塞尔对新技术时代特征的分析

K. 塞尔是新卢德运动中非常活跃的人物，他为老卢德运动辩护，替贬义的"卢德意象"正名，同时也为自己所投身的新卢德运动的合理性极力辩护。

塞尔对新技术时代特征分析包括以下三层含义：

第一，技术的发展具有自主性，技术决定整个社会的发展。塞尔首先阐明第二次工业革命中技术是自主发展的。他指出，第二次工业革命中的技术更加复杂而广泛渗透，其冲击是普遍的、广泛的、快速的和深刻的，可是并没有人为这次革命中出现的新技术和新机器投票表决，也没有人解释新技术将会对人、对社会和环境带来何种影响，更没有人对其带来诸如贫穷、失业、污染等毁坏性后果负责。这场革命只是在无法抗拒的、强有力的工业创造的浪潮中"发生着"，其后果比人们能够想象的更为深远。

第二，技术具有非中立性。塞尔认为，技术不是中立的工具，有时还是非常有害的[①]。技术发展有其自己的逻辑，它承担着产生它的工业系统的目的和价值，永不停止地遵守实现其目的的规则。工业主义从一开始就是这样，尤尔（Andrew Ure）赞扬新机器代替昂贵的劳动力，这点证实了资本征募科学为其服务，让难以控制的劳动者学会"顺从"这一"伟大法则"，塞尔说，这个"伟大法则"在今天仍然非常有效。比如，《自动化》杂志上的一篇报告赞扬计算机系统的意义在于使得计算机决策由对

---

① K. Sale, *Rebels aginst the Future：The Luddites and their War on the Industrial*, New York：Addison - Wesley Publishing Company, 1995, pp. 261 - 263.

机器的操作控制转向管理领域。塞尔总结说，这一发展趋势不是偶然的，而是机器内在的无法避免的结果，因为技术总是为某种利益服务的，而在各种利益中首要的是工业系统的经济利益。

第三，技术对人和自然产生重大影响。在塞尔看来，技术对人的影响表现在以下几个方面。（1）人被机器所控制。技术问题首先是技术具有的统治性。计算机技术及其一系列发明正在验证"技术是鞍，人被骑"的说法，其情形正如1933年芝加哥世界博览会提出的"科学探索、技术执行、人类适应"的口号。（2）技术给人的生活强加一种中介经验。由于技术的存在，人的生活与其他物种、自然系统、季节性的和区域性的模式的联系越来越少，而人的生活与技术领域、人工的和工程的构造、工业模式和工业过程直至人工激素、基因、细胞和生活形式的联系越来越多①。（3）技术革命带来空前的失业问题。在过去二百年里，技术对就业的冲击在所有工业国家都是严重的，到20世纪90年代中期，所发生的就业问题不再是暂时的循环性的问题，而是一个持续性的结构性的问题，主要的问题就是由技术带来的。西方最后的25年里一直就是处在这种由更加复杂的自动化技术所带来的劳动替代的持续性的结构性的失业状态中。塞尔批判那种认为技术消灭了一些工作但一定时间以后又会出现新工作的理论，他认为事实上这个理论从来没有被验证。（4）借助技术手段，进入消费社会，带来消费主义。第二次工业革命强调技术发明提供了丰富的物质要素，带给人类无形的恩惠，激发人的需要可能是计算机时代最为有力的因素。资本逻辑的顺利运行首先依赖广告，实现广告激发人的消费需要的操纵最重要的中介是电视，电视宣传完美、快乐、道德、有力等诱惑人的美好生活，使人逃避生活的其他方面②。制造需要的结果不可避免的就是浪费和消费至上主义。（5）第二次工业革命不同于第一次工业革命的一个特征是全球社会的不稳定性。塞尔指出，不平等是工业主义的内在后果，目前世界的不平等达到前所未闻的水平。西欧、北美和东亚地区的人口占世界总人口的四分之一，却拥有世界85%的财富；其他更多的人

①　K. Sale, *Rebels aginst the Future: The Luddites and their War on the Industrial*, New York: Addison - Wesley Publishing Company, 1995, p. 212.

②　Ibid., p. 217.

只占有世界 15% 的财富。贫富差距拉大，这样巨大的不平等是无法避免混乱的，战争、暴乱、冲突、内战、分裂随时可能发生。因为整个技术社会的完全失控的，脆弱的、不稳定的和不确定的技术系统，会产生更多的恐惧和焦虑。

2. 曼德尔对技术系统的分析

现代技术不是偶然地出现，每项技术也不是单个地发挥作用，杰瑞·曼德尔认为，只有从技术系统的视角分析技术，才能从整体上抓住了现代技术出现问题的根源。杰瑞·曼德尔是新卢德运动中的激进左派，他关于技术系统的分析体现在其《消除电视的四个论点》和《神圣的缺失》两部著作中。

（1）技术是按照自我逻辑演化的巨系统

杰瑞·曼德尔通过分析技术的连锁反应阐明了技术是按照自我逻辑演化的巨系统。他指出，一项技术与另一项技术相互促进又产生了新一代的机器，想拆散它们几乎是不可能的。技术的发展就是这样，相互之间联系越来越紧密，越来越难以分离。比如，没有计算机就不会有卫星、核能、基因、空间技术、军事探测器、信息技术、纳米技术。因为计算机，所有这些技术又相互纠缠。如果想把他们看作分离的、具体的技术是不可能的。计算机是这些技术的基础，嵌入到每一项技术中，也嵌入到管理和组织控制中心。整个复杂的系统之网之巨大超过任何时候，可以说它包围了整个地球，并能连续地与每部分交流与沟通①。

（2）技术具有广泛渗透性

杰瑞·曼德尔还进一步分析了技术系统所具有的广泛渗透性。社会生活系统与技术系统的有机联系是那么紧密，一旦某种规模的技术被引入使用，技术就有效地成为人的意识的环境。杰瑞·曼德尔说，人可以想象没有 X 射线的生活，但人不能想象没有汽车或者没有电的生活，技术已经是如此普遍存在，以至于技术会原样地把技术自身在人的意识周围传播。人被技术包容其中，就像麦克卢汉所说，"鱼是最后一个能够懂得水的生物"。正是由于技术的最普遍存在，从而使得人看不见技术了。电视是这

---

① Jerry Mander, *In the Absence of the Sacred: the Failure of Technology and the Survival of the Indian Nations*, San Francisco: Sierra Club, 1991, p. 189.

种普遍存在性和禁闭性的特别例证。电视不仅变成整个人的外在环境，电视也把自身透射到人精神之中。电视被包装并进入人的精神，大多数人已很难记得仅仅几代人之前根本不存在叫做电视这样的东西①。

（3）驳斥技术中立性假说并揭示其危害

杰瑞·曼德尔认为，技术存在决定了社会的一切方面，技术有明显的连锁后果和政治效应，技术本身就是意识形态②。他还在直接驳斥技术中立性假说，并揭示其危害。他指出，技术中性论是一种幻想，技术是中立的观念本身就是非中立性的，因为它带领着人类对自己前进最终方向缺乏判断力，直接服务于中心化的技术路径的提倡者。技术价值无涉的观念确认了一种强大的前技术的思想模式。反过来，首先使得人对技术图景已经失败并且技术在将来一定还会制造更多问题的消极事实缺乏判断力③。

杰瑞·曼德尔指出，绝大多数美国人都持技术中性论观点，在这种观点影响下导致把电视仅仅看作是获得认识、观点和现实的窗口或通道，认为看电视具有启蒙功能，对民主进程是有潜在益处的。他认为关于电视以及其他技术是中立的工具的观点是彻底的错误。他还指出，在工业社会人类处于一种"技术梦游"的状态，造成这种状态的一个原因就是技术中立性假说。"没有什么比技术不包含内在政治偏见的观念更能完全确认技术梦游症。从政治的左派和右派、从公司到社会行动者，听到的就是一个声音：问题不是技术本身，而是我们怎样使用它，谁控制它。通过技术，每一项新技术都是必然地驱使社会朝向某种社会的和政治的方向，每种新技术都是与特定政治后果相互协调的，绝大多数的技术都是那些在思想中保有某种特殊后果预期的人的发明。"④

我们知道，美国人文主义技术哲学家芒福德把技术分为多元技术和单一技术。单一技术是基于科学智力和大量生产，其目的主要在于经济扩张、物质丰盈和军事优势。芒福德认为，"机械化工业的各种因素联合起

---

① Jerry Mander, *In the Absence of the Sacred: the Failure of Technology and the Survival of the Indian Nations*, San Francisco: Sierra Club, 1991, pp. 350 - 351.

② Ibid., p. 43.

③ Ibid., pp. 35 - 36.

④ Ibid., pp. 43 - 44.

来打破了传统的价值意识和人性目标。这种目标一向控制着经济，并使其追求权力以外的其他目标。股份主权、资本积累、管理组织、军事纪律，都是从一开始即为大规模机械化的社会性副产品。这样也就使早期的多元技术逐渐化为乌有，取而代之的即为以无限权力为基础的单一技术。"①芒福德称之为"巨机器"（megamachine）之物，即森严的等级社会组织。随着近现代科学技术的突飞猛进，单一技术无孔不入，已经渗透到政治、经济、军事、文化、价值观念和日常生活之中，机械化和自动化取得了空前的胜利，技术变成了一种象埃吕尔所说的"自主的力量"②。"自动化的程序已经产生被囚禁的心灵，除了采取权力、威望、财产、生产和利润的标准以外，也就丧失了一切研判这种程序结果的能力，而与任何较有生气的人性目标都已完全脱节。"③ 在"巨机器"的淫威之下，人类背离了原来的生活目标，逐渐成为巨型机器的一部分。人类本身被机器化了，前途一片茫然。

把杰瑞·曼德尔思想与芒福德和埃吕尔的思想相比较，能够感受到杰瑞·曼德尔的思想与芒福德和埃吕尔两位技术哲学家思想非常相似。事实上，不仅是杰瑞·曼德尔，新卢德主义的主要代表人物的著作中都多处引用了芒福德和埃吕尔的观点，可以说包括杰瑞·曼德尔在内，新卢德主义技术批判思想继承了芒福德和埃吕尔的思想传统和立场观点，芒福德和埃吕尔是新卢德主义最直接的思想先驱。

3. 波兹曼剖析技术垄断时代的特征

（1）从工具到技术统治论④

波兹曼梳理了技术统治论的产生历史，分析了现代文明观是怎样产生和传播的。波兹曼指出，工具使用的文化，技术统治论和技术垄断这三种形态在目前地球的不同地区都可找到。虽然第一种形态正在快速地消失，

① Lewis Mumford：《机械的神话》，钮先钟译，黎明文化实业股份有限公司1972年版，第149页。
② 黄欣荣、王英：《埃吕尔的自主技术论》，《自然辩证法研究》1993年第4期。
③ Lewis Mumford：《机械的神话》，钮先钟译，黎明文化实业股份有限公司1972年版，第149页。
④ Neil Postman, *Technopoly: the Surrender of Culture to Technology*, New York: A Division of Random House Inc., 1992, pp. 2 – 39.

只有到特定地区才能找到工具使用的文化，而 17 世纪前所有的文化都是工具使用的文化。

"工具使用文化"名称来源于给定的文化中工具与它的信仰系统或意识形态的关系。工具不是入侵者，它们以某种方式整合进入文化之中，工具与这一文化的世界观不产生显著的矛盾。

工具很大程度上被用来做两件事，一是用来解决物理生活的特殊紧迫的问题，如水力、风磨；二是服务于技艺、政治、神话、仪式和宗教等象征性世界，比如教堂、城堡的建设和机械钟。工具在应用于这两者的活动中都不会侵犯文化的尊严和整体性。除了某些例外，工具没有阻止人们的信仰传统，没有妨碍神灵、政治、教育方法和社会组织的合法性。事实上，这些信仰直接是由于工具的使用和限定而导致的[①]。

无论工具是最原始的还是最复杂的，所有工具使用的文化都是神学的，由某种形而上学理论统一起来。这种神学和形而上学所提供秩序和存在的意义，使得技术欲把人变成满足其需要的附属物的目标几乎没有任何实现的可能。

尽管工具使用的文化缺乏精确性的定义，但是它还是能够把工具使用的文化与技术统治论区分开。在技术统治论文化之中的思想文化世界里，工具扮演中心角色。在某种程度上说，社会生活中的每一件事都要给工具的发展让路。社会和象征性世界逐渐屈从于工具发展的要求。工具不是以整合方式融入文化之中，而是冲击传统文化。工具的命令变成文化，使得传统、神话、政治、仪式、宗教和更多的社会组织为了生存不得不与之斗争。

（2）从技术统治论到技术垄断[②]

技术统治论开始于亚当斯密的《国富论》，他从理论上阐明了从小规模、个人化和熟练技能劳动向大规模、非个人化和机械化生产转变的合理性。技术统治论真正发端于阿克莱特建立的工厂制度，这是技术统治论资本主义的现代形式。阿克莱特创造了与环境敌对的、没有保护者的、没有

---

① Neil Postman, *Technopoly: the Surrender of Culture to Technology*, New York: A Division of Random House Inc., 1992, pp. 22 – 25.

② Ibid., pp. 40 – 55.

政府津贴的、依赖无情的功利主义所带来繁荣的机械化大生产。

自 1850 年开始了机器生产机器的"机器—工具产业阶段",传统工具（tools）转变成为工具设备（instruments）。这一时期还发生了通讯革命。伴随 19 世纪的发明成就,具有深远意义的作为技术统治论原则的信念也相伴而生。这些信念包括客观性、效率、技术专门化、标准化、测量和进步。同时人们相信当人把自己看作是市场的消费者时,对技术进步的驱动是最有效的。在 19 世纪的美国,虽然技术统治论的世界观和传统的世界观在不断地相互摩擦中共存着,但是技术的世界观越来越强,传统的世界观越来越弱。随着技术垄断文化的出现,这两种相对立的世界观中的一种消失了。

技术垄断的文化就是极权主义的技术统治论。泰勒《科学管理原理》的出版是技术垄断的起点,它第一次明确的也是正式地对技术垄断的世界观给予大致的描绘:技术垄断的首要思想——效率思想;技术性计算优先于人的判断,因为人的判断不能相信,主观性是清晰思维的障碍;不能被测量的就是不存在的或者是没有意义的;公众事务最好由专家指导;最好的社会应该服务于技术对人的支配,人没有机器更有价值①。

波兹曼分析了美国产生技术垄断的根源:美国的敢于冒险的实用主义精神气质;19 世纪末 20 世纪初美国大胆的天才发明家、企业家开发利用新技术;20 世纪美国技术发明应用的成果;传统信仰的失落②。

技术垄断的世界是以"技术进步的观念"代替"人的进步的观念";它的目标不是减少无知、迷信和痛苦,而是让人满足技术的要求③。技术垄断是一种文化状态,也是一种精神状态,它由技术的神话所组成,文化要在技术中寻找认可,在技术中获得满意,从技术中探询秩序④。

总之,波兹曼从技术与文化关系的角度划分人类的文化的三种形态,是非常有见地的。

---

① Neil Postman, *Technopoly: the Surrender of Culture to Technology*, New York: A Division of Random House Inc., 1992, p. 51.

② Ibid., pp. 53 – 55.

③ Ibid., p. 70.

④ Ibid., p. 71.

二　批判现代技术

新卢德主义的核心思想是批评现代技术。他们对技术的批评集中在三个方面，即从机器与人的关系批评技术对人的负面影响；从人与自然的关系批评技术对自然的负面影响，从人与社会的关系批评技术对社会的负面影响[①]。

1. 从机器与人的关系批评技术对人的负面影响

从机器与人的关系向度批评技术对人的负面影响，新卢德主义的观点可主要概括为三点。

第一，揭示机器的隐喻中对人类尊严的损害。说到机器，一般认为它就是技术的一种实体化存在形态，机器的大规模应用是从工业革命开始的。但是，在新卢德主义的语境中，机器不仅仅是普通人观念中所指的实体，机器具有比那些实体存在物更为广泛的内涵。从把自然比喻为钟表，到动物是机器，再到人是机器，机器的隐喻历史可以说是一部简缩版的人类现代性展开史。所以，探讨机器与人的对立问题，批判机器对人的影响，特别是机器对人的统治，目的在于要维护人的尊严与地位。

第二，技术具有使人屈从的力量使人失去自由。新卢德主义认为技术发展导致人受机器控制，人失去自由、失去个性，人的尊严受到侵害。C. 格兰蒂宁分析了技术幸存者所遭受的身心创伤；K. 塞尔批评技术强行进入人类生活，实现对人的控制。他认为，当今计算机已广泛进入生活，导致生活的计算机化，其结果就是技术骑在人类身上控制着人类。技术发明不是基于人的需要，而是技术引导人的需要，是技术推人前行。技术有它特殊的、不可逃避的逻辑，计算机化的后果必然是自动化，任务的简单化和定常化必然导致人失去技能、类同化和非人性化。卡赞斯基认为：技术是一种强大的社会力量，控制和侵犯人的自由；工业社会通过消费文化产生的各种代理性活动，使人失去实现感；人对娱乐消费越来越依赖，人一旦屈从于这种文化，也就意味着屈从于技术统治；技术制造一致性，使人失去了对生活方式、兴趣、消闲等自由的选择；技术与自由不可能妥协。

[①]　陈红兵：《新卢德主义述评》，《科学技术与辩证法》2001 年第 3 版。

第三，技术的失控使机器统治人成为可能。讨论机器对人的控制问题是新卢德主义批评技术侵害人性的一个方面，同时，他们也对当代技术发展可能导致技术的失控，甚至导致人种处于灭绝的危险境地表示担心。著名电脑专家 B. Joy 对生物技术、纳米技术和机器人技术发展表示怀疑和担心。他指出，如果智能机器真的能具有自我复制能力，能做出所有人能做的事，技术就会处于失控状态。因为如果机器的智能越来越高，人就很容易允许机器做决策，结果，人类就会轻易地使自己陷入依赖机器的地步，机器就有能力控制人，而人却不能关掉机器，因为人如此依赖机器，关掉它就意味着自杀。由于控制大型机器系统的只能是少数精英人物。随着技术发展，精英将对大众有更强的控制力。

2. 从人与自然的关系批评技术对人和环境的负面影响

面对生态危机和环境破坏的现实，新卢德主义认为，由于技术导致人与自然关系的疏远，技术甚至文字符号也就成为自然的操纵者、控制者，成为破坏环境的罪魁祸首。美国生态女性主义者卡洛琳·麦茜特指出，"我们业已失去的世界是有机的世界。"① "机械主义使自然实际上死亡了，把自然变成可从外部操纵的、惰性的存在。"② "关于宇宙的万物有灵论和有机论观念的废除，构成了自然的死亡——这是'科学革命'最深刻的影响"。③ 她还指出，世界灵魂的死亡和自然精神之被消灭，更加剧了不断升级的对环境的破坏，这一切结果之所以会发生都是因为，所有与自然是一个生命有机体观点相关的思想都已被清除，代之而起的机械主义的世界图像，是更理性的、更可预测的，因此是更可操纵的④。比尔·麦克基指出，人类第一次变得如此强大，我们周围的一切都改变了。人类作为一种独立的力量已经终结了自然，从每一立方米的空气、温度计的每一次上升中都可以找得到人的欲求、习惯和期望⑤。

---

① ［美］卡洛琳·麦茜特：《自然之死——妇女、生态和科学革命》，吉林人民出版社 1999 年版，第 1 页。

② 同上书，第 235 页。

③ 同上书，第 212 页。

④ 同上书，第 248—249 页。

⑤ ［美］比尔·麦克基本：《自然的终结》，孙晓春、马树林译，吉林人民出版社 2000 年版，作者序。

有些新卢德主义者不仅在观念上倡导人与自然关系的非技术化，同时是自然保护的行动者。激进的卢德主义者 J. 泽赞坚持无政府主义，从事反技术的写作。他生活深居简出，不用电脑和其他的现代技术设备。他批评作为文明基础的文字符号，指出人类尊严的丧失始于文字符号（如语言、艺术、数字等）的运用。文化不仅是人类伟大的操纵者，更是一种使我们远离自然的中介。他批评道，消费主义和高技术是当代的奴役形式。他对环境主义的改良思想表示不满，认为原始主义为环境主义提供思想基础，主张激进的环境主义，倡导原始主义，他追寻道家和卢梭的传统，主张回到原始自然状态。

三　探询拯救之路

面对现代技术的困境，展开广泛深入的批判行为本身即是在探询从困境中解脱的途径，但是新卢德主义者们并非只是"解构性"的"破"，他们在探究技术问题根源的基础上试图从各自的立场寻求获得拯救的治病药方。

1. 倡导对技术危害的积极反抗

作为新卢德运动的发起者，格兰蒂宁强调，技术时代的人充分认识现代技术的特点，采取积极的反抗措施。她指出，正像现代的社会运动所揭示的那样，男女的社会性别、经济结构和家庭结构都不是天然的本来如此。据此，新卢德们认识到技术进步和在现实的社会中出现的技术并非"原本和固然如此"。格兰蒂宁引用芒福德的观点说，技术是由很多机器组成的，它包括那些保证特殊机器能够工作的运行技术和社会组织，技术在本质上反映一种世界观。机器、技能和社会组织都是特定的技术形式，它们都是某种世界观的产物。这种特定的技术形式依赖于人对生命、死亡、人的潜能、人与他人的关系及人与自然关系的认知。

格兰蒂宁在《新卢德宣言》结尾提出了对未来的规划：首先，为了处理现代技术的后果和阻止其进一步毁坏人的生活，主张拆除下列技术，包括核技术、化学技术、基因工程技术、电磁技术、电视和计算机技术。其次，赞同寻找一种新形式的技术。正像政治学家温纳在《自主技术》中提出的，同意由受到技术应用直接影响的人发明技术，而不是由那些从大众化的生产和分配中获利，却很少懂得技术应用情境的科学家、工程师和企业家的创造。同意技术创造的数量和结构应该是使用技术和受技术影响的人能够理解的技术。同意建立一种具有弹性和灵活性的而不是硬性的对使用者可能产生无法消除后果的技术。同意技术的创造要具有不依赖于技术成瘾的独立性，并承诺技术应该能够带来政治自由、经济平等和生态平衡。第三，同意要把政治的、道德的、生态的和技术的因素都融合到地球生命的整体利益之中来创造技术。具体包括：（1）利用太阳、风和水的技术建立社区为基础的能源供应系统。这一系统是可再生的和能够实现社区的联系以及对自然的保护。（2）在农业、工程、建筑、艺术、医药、交通和军事等领域运用有机的生物技术。这些技术直接源自于自然模式和自然系统。（3）冲突解决技术。它强调合作、理解和维持关系的持续性。（4）分权化的社会技术。鼓励公众的参与、履行社会责任和授权。第四，赞同在西方技术社会中培育一种强调提高生活质量的世界观。希望对技术社会慢慢灌输一种对生命、死亡、人的潜能的一种新认识，这种新认识就是要把人的创造性表达、精神体验和社区的需要与人的理性思考能力和功能要求整合起来。构想人不应该是其他生物物种的统治者，而是以一种考虑到所有生命的神圣性的、欣赏的心态把自己整合进自然界①。

2. 建议形成利于防范其危害的技术态度

曼德尔不仅认同积极的反抗技术的危害，还应该从人的认识和态度上加以改造，改变对技术的盲目崇拜，树立其有利于防范技术危害的技术态度。曼德尔提倡如下的技术态度：（1）因为绝大多数人被告知的新技术都是来自于它的建议者和支持者，所以要深深地怀疑他们所宣称的。（2）设想所有的技术都是有罪的，直到证明它们无辜为止。（3）回避技术是中立的或价值无涉的观念，每一项技术都具有内在的和可识别的社会、政治和环境后果。（4）技术有其本质上有价值的闪光的和吸引人的事实是毫无意义的，技术消极的影响会慢慢浮现出来。（5）不要根据技术是否有益于你个人来评判技术，要探询技术冲击的整体效应。一个有效检验的问题就是，不是技术是否有益于个人，而是技术最有益于谁？谁是技术的

---

① Chellis Glendinning. "Notes toward a Neo – Luddite manifesto. Philosophy of Technology—The Technological Condition" *Edited by Robert C. Scharff and Wal Dusek.* U. K. : *Blackwell Publishing Ltd.* , No. 605, 2003.

最得益者？技术应用的结果又是什么？（6）牢记单项技术仅仅是庞大的巨技术的技术之网的一个片段，一个有效检验的问题就是，单项技术是怎样适应更大的技术系统的。（7）要把服务于个人和小型社区的技术（如太阳能技术）和服务于大规模的社会控制的技术（如核能技术）区别开来，后者是目前的主要问题。（8）尽管技术生活方式的结果有害，讨论技术的生活方式是否有益的问题是值得的，这时候要回忆芒福德把技术生活方式的益处断言为"贿赂"。看看关于犯罪、自杀、异化、吸毒、环境和文化的毁灭的事例就更加清楚了。（9）不要接受"魔鬼一旦放出瓶子就收不回去"和反对技术是不可能的布道。这样的态度导致消极被动和注定成为牺牲品的命运。（10）在当前技术崇拜的氛围中思考技术，要强调其消极方面。这就带来一种平衡，消极的就是积极的①。

3. 通过变革教育实现从技术垄断中解放

技术垄断时代，波兹曼对如何避免技术垄断的道路问题，他首先对杰里·曼德偏于激进的拯救方案表示反对。他说，"我想指出的第一点是，我们不能用诸如杰里·曼德在《消灭电视的四个论点》提出的卢德分子立场来欺骗自己，这是完全荒谬的观点。美国人不会停止使用任何技术设备，让他们这样做等于什么也没说。"在此基础上，他继续阐明自己的看法，"同样不现实的是干涉人们对于媒介的使用。很多文明国家通过立法限制电视播出的时间，以此来弱化电视在大众生活中发挥的作用。但我相信这在美国是不可能的。一旦电视这种快乐媒介进入我们的生活，我们绝不会同意让它离开片刻"②。

他认为，解放之路的关键是提高对媒介意识，消除对媒介的神秘感。"我想指出的是，只有深刻而持久地意识到信息的结构和效应，消除对媒介的神秘感，我们才有可能对电视，或电脑，或任何其他媒介获得某种程度的控制。"如何才能提高大众的媒介意识，他指出那种"要创作一种新型的电视节目，其目的是告诉人们应该怎样看电视，向人们展示电视怎样重新定义和改变我们对新闻、政治辩论和宗教思想等方面的看法，而不是

① Jerry Mander, *In the Absence of the Sacred: the Failure of Technology and the Survival of the Indian Nations*, San Francisco: Sierra Club, 1991, pp. 49 – 50.

② ［美］尼尔·波兹曼：《娱乐至死》，广西师范大学出版社 2004 年版，第 205 页。

让人们停止看电视"①。这种办法是"一个纯属无稽之谈，我们马上可以否决掉"的答案。

波兹曼提出解决问题的关键措施培养学生具有超前的意识。他认为，具有超前意识的人能够成为对抗"技术垄断"，这样的人波兹曼称为是热爱反抗的战斗者，这是充满希望的和鼓舞人的对策。波兹曼提出反抗技术垄断的战斗者应该具有下列特征②：（1）不注意民意测验，直到认识到问题被提出和为什么被提出；（2）拒绝把效率看作是人的关系的卓越目标；（3）逃离于把数字的力量看作是不可思议的信念，不把计算看作是判断的充分替代物，或者把精确作为真理的同义语；（4）拒绝让心理学的或任何社会科学占据语言和日常思想的优先地位；（5）至少对进步的观念抱怀疑态度，不把信息与理解相混淆；（6）不把老人看作是无关的；（7）非常看重家庭忠诚和荣誉、以及在何时与何人接触、期望有人与自己同一房间的意义；（8）非常看着宗教的叙述，不相信科学是产生真理能力的唯一的思想系统；（9）懂得神圣与亵渎的区别，不因现代性缘故而无视传统；（10）羡慕赞赏技术天才，但不把他们看作是人类成就可能的最高形式的代表。

综上所述，新卢德主义者面对现代技术问题开出的药方包括三个方面，格兰蒂宁建议付诸于反抗性的政治活动；曼德尔建议对技术形成合理的态度；波兹曼主张通过教育改革提高对抗"技术垄断"的超前意识。概括而言，三个药方其实是两类，一类是变成反抗技术的行动者；一类是从人的思想观念的改变入手。可以看出，新卢德主义者对技术问题的批判中虽然也提及"资本逻辑"问题、强势利益集团问题，但是，他们在对策上却几乎没有提及社会制度问题和社会政策问题，这是很明显的局限。

另外，新卢德主义者开出的药方与他们参与的运动之间是一种什么关系，特别是他们多次提及技术的民主控制问题，他们的思想、行为与技术的民主控制之间究竟是怎样的关系，有待进一步深入研究。

---

① ［美］尼尔·波兹曼：《娱乐至死》，广西师范大学出版社 2004 年版，第 209 页。

② Neil Postman. Technopoly, *the Surrender of Culture to Technology*, New York：A Division of Random House Inc.，1992，pp. 183 – 184.

第十一章　西班牙语国家的技术哲学思想

西班牙语（Español），也称卡斯蒂利亚语（Castellano），全球约有 4 亿人以西班牙语为母语，除发源地西班牙之外，主要集中在拉丁美洲国家，是次于英语与中文的世界第 3 大语言。西班牙语是当今世界多个主要的国际政治、经济与文化组织①的官方工作语言，目前有 21 个国家②将其作为官方语言，在美国拥有超过四千万的使用者。近代以来，由于曾是征服与被征服、宗主国与殖民地的关系，分处大西洋两岸的西班牙和拉丁美洲总是被当作一个整体来看待，尽管在 19 世纪末西班牙已经丧失了在美洲的最后一块殖民地，但在长达 300 多年的殖民地时期，文化和血缘的相互渗透与交融，使得这两个地区始终维系着一种时而若即若离，时而唇齿相依的关系。

20 世纪下半叶以来，城市化、工业化、现代化、民主化和全球化的进程突破并改变了传统西班牙与拉丁美洲的社会基础。一方面，70 年代末 80 年代初，西班牙结束了长达四十年的独裁统治，主动转变为一个具有欧洲风格的议会民主国家③。1986 年加入欧洲经济共同体，并很快在经济上成为世界十大工业强国之一。同时，在对外政策上积极突破传统封闭格局，加强了与第三世界特别是拉丁美洲与地中海国家的联系。另一方

---

① 包括联合国（UN）、欧洲联盟（EU）、非洲联盟（AU）、美洲国家组织（OAS）、伊比利亚美洲国家组织（OEI）等。

② 包括西班牙、阿根廷、玻利维亚、智利、哥伦比亚、哥斯达黎加、古巴、多米尼加共和国、厄瓜多尔、萨尔瓦多、赤道几内亚、危地马拉、洪都拉斯、墨西哥、尼加拉瓜、巴拿马、巴拉圭、秘鲁、波多黎各、乌拉圭和委内瑞拉。

③ 美国著名政治学家亨廷顿（Samuel P. Huntington）把西班牙的民主转型视为是 20 世纪后期民主化浪潮"第三波"的典型代表。

面，20 世纪 80 年代拉丁美洲地区被民主化浪潮席卷，90 年代各国经济开始复苏，经济和政治改革进程取得了成果。可以说，全球化对拉丁美洲各个方面的影响（文化、政治、技术、经济）打破了该地区传统上的孤立，迫使所有的国家融入现代世界。正如美国著名的比较政治学家霍华德·J. 威亚尔达所述：经济、社会和政治改革在拉丁美洲有望成功，不断增强的拉丁美洲，既拥有加入由发达国家组成的现代国际社会的强烈渴望，同时也意识到了必须为自己的未来承担责任。总之，拉丁美洲不再是一群落后、不发达的国家，而是"世界上最令人兴奋的经济、社会和政治变革的活生生的实验室之一"①。

值得一提的是，近年来中国和西班牙语国家之间的关系迅猛发展，"中国已经成为几个拉丁美洲国家出口的主要目的国，并对几乎所有拉丁美洲国家都非常重要……中国也是拉丁美洲地区进口商品的主要原产国之一……此外，在各个部门，特别是初级生产部门，中国正在成为拉丁美洲一个非常重要的投资国"②，合作领域也正在从政治、经贸、金融逐渐向科教与文化层面延伸，规模还在不断拓宽加深。可以说，西班牙语国家，特别是拉丁美洲国家，已经成为中国全面参与经济全球化进程中的重要伙伴，同时与中国一道，西班牙语国家在国际社会上也越来越发挥着举足轻重的作用。在这种新的世界秩序中，合作与协调的许多新空间应运而生，这也要求我们要深入了解西班牙语国家的经济、政治、社会与技术文化，尤其是其创新实践的成就与挑战，为我国创新主体有效利用国际资源，充分发挥"一带一路"创新共同体的作用，深度参与全球创新治理提供有利条件。

进入 21 世纪，西班牙语国家的人口持续增长，经济社会一体化改革的不断深化，年轻且充满活力的西班牙语世界，特别是拉丁美洲地区展现出了较大的发展潜力与前景。随着知识经济时代科技进步对经济增长的贡献率不断提升，在西班牙语国家，科学、技术与人文社会科学等诸多领域蓬勃发展。基于法律、语言、历史、文化、殖民地的经历以及现代化发展

---

① ［美］霍华德·J. 威亚尔达：《拉丁美洲的政治与发展》，刘捷等译，上海：上海译文出版社 2017 年版，第 3 页。

② ［乌拉圭］路易斯·贝尔托拉：《拉丁美洲独立后的经济发展》，石发林译，上海：上海译文出版社 2017 年版，第 3 页。

诉求的相似性，同时迫于社会教育、科技创新与生产方式等方面改革的现实压力，来自西班牙、墨西哥、哥伦比亚、阿根廷等国家的哲学家们，以其母语为基础，结合自身国家和地区发展的具体问题与挑战，对技术时代的各种哲学问题进行了一般性的思考，相互之间交流频繁，这直接推动了技术哲学在西班牙语国家的建制化与规范化发展。尤其是近 20 年来，西班牙与拉丁美洲国家联合举办的国际性学术会议逐步实现规范运行，进一步巩固和加强了西班牙语技术哲学共同体内部的联系与交流。比如："伊比利亚美洲科学技术哲学会议"（Congreso Iberoamericano de Filosofía de la Ciencia y la Tecnología）自成立以来，相继在墨西哥（Morelia，2000）、西班牙（Tenerife，2005/Salamanca，2017）与阿根廷（Buenos Aires，2010）举办；由西班牙政府与"教育、科学与文化伊比利亚美洲国家组织"（OEI）联合举办的以"伊比利亚美洲的科学、技术与性"为主题的国际性学术会议（Congreso Iberoamericano de Ciencia，Tecnología y Género），等等。从西班牙语国家技术主题的国际会议中的热点议题不难看出，西班牙语国家的技术哲学既延续了欧陆人文主义技术哲学传统的影响，在技术哲学学科建制化、规范化发展的过程中不断向世界技术哲学的一般研究范式靠拢，同时在拉丁美洲哲学特有的去殖民化视角以及对社会现实问题极其关注的实践特色影响下，在科学、技术与社会（STS）、科技政策、技术评估、技术与文化等方面的研究呈现出格外繁荣的景象，增添了世界技术哲学发展的丰富性与多样性。这也为我们深入把握西班牙语国家技术哲学思想发展逻辑与总体特征，比较研究其思想理论内在的丰富性提供了基础。

由此可见，技术哲学在西班牙语国家的发展，既与世界技术哲学发展的步伐相一致，同时也表现出不同于欧洲各国和北美地区的历史传统与发展特征。本章将重点勾勒技术哲学在西班牙语国家兴起与发展的历史；在此基础上，分析各个历史阶段具有代表性的国家和地区的技术思想，包括 21 世纪以来当代技术哲学在西班牙语国家的发展，试图让读者了解西班牙语国家技术哲学的理论特色、主要贡献与当代发展趋势。

第一节 西班牙语国家技术哲学的人文主义传统

荷兰技术哲学家菲利普·布瑞（Philip Brey）总结梳理了 20 世纪以

来技术哲学研究的基本路径①，他认为技术哲学的发展大致经历了由反思性的理论分析路径占据主导的经典技术哲学（Classical Philosophy of Technology）向以构建性的应用实践路径为核心的当代技术哲学（Contemporary Philosophy of Technology）的转向。具体来说，经典技术哲学②是指从20世纪20年代至20世纪80年代占据主导的技术哲学研究路径。经典技术哲学是由来自诸如现象学、存在主义、诠释学、批判理论、神学及相关领域等不同传统的哲学家和人文学者构建的，包括马丁·海德格尔、赫伯特·马尔库塞、雅克·埃吕尔、伊万·伊利奇、阿诺德·盖伦、汉斯·尤纳斯、路易斯·芒福德等哲学家。该传统关注现代技术对人类生存境况和社会的影响，对现代技术对人类生存境况和社会的影响采取批判式的路径，并主张现代技术在很多方面都是有害的观点。该传统既致力于辨析这些害处并对之予以反思，也致力于探求人类怎样才能与技术发展一种更好的关系。

当代技术哲学则是指自20世纪80年代以来技术哲学研究路径的新发展。这些新发展大部分是基于对经典技术哲学路径缺点的回应。布瑞认为学界对于经典技术哲学路径的批评主要集中在三个方面：（1）经典技术哲学描绘的技术图景是单方面否定和悲观的，对技术的正面关注微乎其微。（2）经典技术哲学倾向于一种决定论的现代技术形象，将现代技术视为无法阻止的、自主的力量，忽视技术的偶然性和社会建构性，也没有关注不同技术设计和使用所带来完全不同的社会后果的可能性。（3）经典技术哲学太笼统、太抽象，在多数的研究中，技术被作为整体研究，几乎没有注意到不同技术之间的差异性，没有仔细研究具体的技术实践、具体的技术物或者具体的技术过程。由此，技术哲学研究涌现出三条当代路径：（1）面向社会的经验研究路径，与传统的技术哲学研究相比较，更关注具体实

---

① Brey, P. (2010). Philosophy of Technology after the Empirical Turn, *Techné*: *Research in Philosophy and Technology*, 14: 1.

② 经典技术哲学路径属于卡尔·米切姆《通过技术思考——工程与哲学之间的道路》（1994）中所言的人文主义的技术哲学（Humanities Philosophy of Technology）之列。米切姆在书中还指出了工程学的技术哲学（Engineering Philosophy of Technology）的路径，该传统主要由工程师创建，对技术持较为肯定的观点。布瑞认为该路径对于当代技术哲学的影响力有限，因而并未讨论。

践、具体技术和具体的技术物，他们认为应在评价之前先进行描述，试图发展情境化的、少决定论的技术理论，同时也纳入了一些新的传统，如实用主义、后结构主义和面向 STS 的哲学，旨在以更实际的态度理解和评估现代技术对社会和人类生存境况的影响。（2）面向工程的经验研究路径，主张遵循 STS 关于技术的研究，认为哲学必须打开技术黑箱并描述其内部的一切。他们提议技术应与科学哲学一样，以认识论、本体论和方法论研究来加强和指导工程的基本概念和理论的分析式澄清。（3）对技术的应用伦理学的研究路径，主张社会必须处理在社会中技术引进和使用技术时的伦理问题，但区别于经典技术哲学的技术伦理研究，当代的技术伦理研究更加关注具体的实践和技术，更倾向于接受我们生活在技术文化之中，拒绝对技术的片面否定路径，把对新技术的持续引入和利用视为是社会运作的常规部分，并要求我们要以负责任的方式来处理此类新技术。①

　　如前所述，技术哲学在西班牙语国家的发展与世界技术哲学发展的步伐基本一致，伴随着技术哲学学科在西班牙语国家的建制化、规范化发展，其技术哲学的研究路径实现了从经典技术哲学到当代技术哲学的转向。但同时，由于 20 世纪西班牙语国家在政治、经济、社会、文化等方面的剧烈变革，以及西班牙语国家之间的相似性与差异性、共性与独特性、统一性与多样性，又展现出与欧洲各国和美国技术哲学发展不尽相同的历史传统与发展特征。具体来说，在经典技术哲学研究路径占据主导的历史阶段，西班牙语国家的技术哲学属人文主义技术哲学传统，特别是存在主义现象学传统，其兴起于伊比利亚半岛独特的历史文化土壤，成形于 20 世纪西班牙政治、经济、社会、文化等剧烈变革的氛围，其影响波及了整个拉丁美洲的西班牙语文化圈。

一　人文主义技术哲学在西班牙的兴起

　　20 世纪初，欧洲的人文主义学者通过宗教、诗歌和哲学等方式，一方面延续了上个世纪批判和反思现代技术的传统；另一方面，他们也开始试图找到人类制造活动和现代技术对人类生活的意义。根据米切姆对技术

---

　　①　［荷］菲利普·布瑞：《经验转向之后的技术哲学》，闫宏秀译，洛阳师范学院学报 2013年第 4 期，第 9—17 页。

哲学历史传统的分析可知，区别于工程的技术哲学以技术术语来解释非人的自然和人的世界所做出的努力，人文的技术哲学的目标正是要通过技术与那些超越技术事物的联系，在人类世界中找寻技术与非技术共存的意义①。在人文主义技术哲学家那里，对现代技术（失控）的恐惧、对技术进步历史的质疑，以及对个人主义、大众文化的批判等对现代技术的反思主题，总是与人性、自由等现代性的根本问题密切相关。美国技术哲学家伊德对20世纪初期人文主义的技术哲学特征做出了十分贴切的描述：在该阶段，"技术经常被赋予敌托邦的面貌，它因为使人从自然中异化而受到谴责；技术被视为精英文化衰落的原因，促进了大众和流行文化的兴起，并成为衡量一切事物的标准"②。

在欧洲人文主义思潮的影响下，加之，1898 年美西战争失败，西班牙丧失了在美洲的最后一块殖民地。西班牙的知识界开始反思自身以宗教信仰为基础的社会文化，以及启蒙运动以来建立的理性价值。面对文化危机与国家危机并存的复杂局面，西班牙的知识分子通过文学、诗歌、艺术与哲学等形式，一方面哀叹着帝国衰亡之势与文化信仰的没落不可避免，另一方面他们也从未放弃过为自身文化寻找出路。可以说，西班牙关于现代技术的哲学思想正是在此传统中兴起，奥特加（José Ortega y Gasset，1883 – 1955）无疑是其中最具国际影响力的先驱性人物之一。由此，米切姆把奥特加与芒福德、海德格尔和埃吕尔一同视为是人文主义技术哲学的代表人物，将其誉为"第一个提出技术问题的职业哲学家"③。

二　奥特加的技术思想

一战前夕，奥特加顺利出版他的第一部著作《堂吉诃德的沉思》（Meditaciones del Quijote，1914）。这部著作的重要性首先在于其阐明了奥特加哲学思考的出发点，即现实的人类生活。胡利安在《沉思》英文版

---

① ［美］卡尔·米切姆：《通过技术思考——工程与哲学之间的道路》，陈凡等译，沈阳：辽宁人民出版 2008 年版，第 80—81 页。

② ［美］唐·伊德：《让事物"说话"——后现象学与技术科学》，韩连庆译，北京：北京大学出版社 2008 年版，第 36 页。

③ ［美］卡尔·米切姆：《通过技术思考——工程与哲学之间的道路》，陈凡等译，沈阳：辽宁人民出版 2008 年版，第 59 页。

（1960）的前言中指出："在该著作中，奥特加已经把人类生活视为超越了（生物学意义）'生命'概念的，唯一且不可还原的基本现实"。① 奥特加关于人类生活的核心观点可以通过"我（生活）是我和我的环境"（yo soy yo y mi circunstancia）的命题概括。米切姆认为，奥特加通过"我是我和我的环境"的理论，对人之为人的因素提出了一种新见解；在批判胡塞尔关于意识分析的过程中，奥特加"发展了一种存在主义的意向性或作为自我和其环境共存的'真实的人类生活'的看法，这种观点在后来与早期海德格尔的《存在与时间》（1927）的思想相联系"②。

其次，这部著作还通过重构塞万提斯举世闻名的著作《堂吉诃德》（DonQuijote，1615），反思了当时西班牙与整个欧洲的现实状况，重述了西班牙文化的形而上学内核。③ 奥特加认为"英雄"的意义在于，一方面，他总是不断地与自然、与他所处的恶劣环境对抗，并试图在自身之外建立一个人性化的理想世界；但另一方面，那个外在于他的，他想要改变的物质世界和环境，就正是那个压制他实现理想的渴望和激情的根源；这种没有尽头的对抗和斗争总是在人类生活中存在，并且会永远存在下去，而堂吉诃德就是这种不断抗争的"英雄"的典型代表。事实上，这种关于"堂吉诃德"沉思的思想也在《对技术的沉思》（Meditaciones de la técnica，1933）④ 中得到延续。

按照米切姆的观点，通过 1933 年《对技术的沉思》与 1952 年《技术之外的人性神话》（El mito del hombre allende la técnica）⑤，"奥特加在

---

① José Ortega y Gasset. *Meditaciones del Quijote*. Edición de Julián Marías，Madrid：Ediciones Cátedra Grupo Anaya, S. A, 2014：24. .

② ［美］卡尔·米切姆：《通过技术思考——工程与哲学之间的道路》，陈凡等译，沈阳：辽宁人民出版 2008 年版，第 59 页。

③ José Ortega y Gasset. *Meditaciones del Quijote*. Edición de Julián Marías，Madrid：Ediciones Cátedra Grupo Anaya, S. A, 2014：10.

④ 《对技术的沉思》是奥特加第一部系统阐释技术主题的著作，大体成形于 1933 年他在西班牙桑坦德大学（La Universidad de Vernano de Santander）的 6 次讲座。1935 年发表在阿根廷布宜诺斯艾利斯的《国家报》上，1939 年，经本人同意首次以著作形式出版。随后著作被翻译成英文发表，题为 Man the Technician。

⑤ 《技术之外的人性神话》成形于 1951 年 8 月奥特加在德国达姆施塔特（Darmstadt）的演讲，在此会议期间他与海德格尔相遇。该篇演讲很快被翻译成英文发表，题为 The Myth of Man Beyond Technician.

哲学人类学视角下建构出了其技术哲学的整体框架，系统分析了技术是如何在人类生存层面、生活建构层面以及技术实践层面参与到人类自我生产和自我创造的过程中，并对人类生活和社会文化产生深远影响"①。从比较的视野出发，就存在主义视角对现代技术问题的反思而言，奥特加的思想要早于海德格尔；在哲学人类学的语境中，对以马克思为代表的"工具论"（homo faber）的技术史解释传统的批判也先于芒福德；在大众批判理论上，针对现代社会中"大众人"的"反叛"现象，尤其是现代科学技术人员和技术的社会治理模式展开的批判，更是有别于法兰克福学派对"大众文化"的批判以及其他大众社会理论。

由于篇幅限制本文无法一一详述，但笔者认为，理解奥特加技术思想的关键在于理解其哲学人类学的思想，即人是技术性的动物。也就是说，假如没有技术实践，人就和动物一样，由于自然生存环境的残酷，迫于外在的紧迫危险，不得不总是站在"自身之外"，关注自身以外的东西。然而事实却是人通过技术行为，从对外在自然的"入神"状态中解脱出来，将注意力转向"自身之中"，从而获得了"沉思"（ensimismamiento）的能力。也就是说，人是"第一个走向内在和自身世界的动物"②，人之为人在于要活得更好，而非生存。换句话说，奥特加认为"活得好"这种客观上多余的需求才是人之为人唯一的必要，那些能够被我们称为技术的行为、手段和工具，正是起源于人通过改变环境来适应和满足自身追求更美好生活的需求。由此，他得到了"人、技术与'活得好'的需求之间具有天然的内在一致性"③的结论。具体来说，想要"活得好"是每一个人从事技术活动的内在动力，技术行为的目标就是要实现每一个人想要"活得好"的渴望，因而通过技术活动对环境进行的物质改造，都是人们追求美好生活的结果。技术对于人类生活的重要性正在于它服务于人要"活得好"的需求，并能够为人类更加自由且真实地实现美好生活的规划

---

① 敬狄、奥特加·加塞特：《技术史的哲学人类学解释路径》，科学技术哲学研究，2017（02），（58—62），第 58 页。

② Ortega y Gasset. *Meditación de la técnica – ensimismamiento y alteración*. Madrid：Bibliotaca Nueva，2015，191.

③ Ortega y Gasset. *Meditación de la técnica – ensimismamiento y alteración*. Madrid：Bibliotaca Nueva，2015，69.

提供更多的可能性。^① 由此，奥特加的技术思想也超越了哲学人类学"工具论"和"理性论"两大传统与争论，把技术视为是人类生活中"第二性"的创造活动。从人的存在出发思考技术，并面向人类生活建构技术哲学。^②

三　存在主义现象学中奥特加与海德格尔技术思想的比较

在技术哲学史上，奥特加经常被看作是存在主义、现象学与哲学人类学技术哲学的代表人物。在米切姆与麦肯（Robert Mackey）共同主编的《哲学与技术——技术的哲学问题经典文献》（1977）和汉克斯（Craig Hanks）主编的《技术与价值经典导读》（2010）等西方技术哲学的经典教材中，根据技术哲学各个理论流派的划分，奥特加的《对技术的沉思》（Meditación de la técnica, 1933）被认为是技术哲学存在主义批判传统的经典之作。在国内，由吴国盛主编的《技术哲学经典导读》（2008），依据分析技术现象的还原方法和突破现成性思维等理论特征，也把奥特加与杜威、舍勒以及海德格尔一并作为现象学批判传统的代表人物。一直以来，西班牙语和英语学术界都把存在主义现象学框架下奥特加与海德格尔技术思想的比较研究作为关注焦点，成果颇丰。

奥特加与海德格尔都是 20 世纪早期现象学技术哲学的先驱性人物，虽然奥特加作为存在主义哲学家对现代技术问题的反思则要比海德格尔早20 年，但是由于两人的技术哲学都是以各自的存在论为基础，同时认识到了技术的历史性特征，并试图通过分析人与技术的关系来探究自由和命运的问题，因而又区别于其他的现象学技术哲学家，被后人一并称为"存在主义现象学"的技术哲学。正如米切姆所述，这种存在主义现象学的技术哲学"强调实践问题优越于理论问题，对于自由和命运的问题尤其敏感，并认识到不同种类的技术之间的历史或生活世界的不同；两个人都强调人性与技术之间的紧密联系，同时都否认技术已经把人类弄得筋疲力尽，或者可以通过各种技术来把握技术的本质；他们都否认将技术界定

---

① 敬狄、王伯鲁：《追求美好生活的技术——奥特加·加塞特的技术实践伦理价值论》，《东北大学学报（社会科学版）》，2017 年第 6 期。

② 敬狄：《哲学人类学思考技术的第三条路径——奥特加·加塞特如何建构面向生活的技术哲学》，《自然辨证法研究》2017 年第 5 期。

为科学的应用，并认为现代科学内在是技术；最后，他们都看到了过多技术的危险"。① 但另一方面，尽管海德格尔和奥特加都是在存在主义现象学的框架下讨论技术问题，但无论是分析现代技术的角度，对技术活动中人的要素的地位和作用的把握，对技术历史阶段的划分，还是对技术与自由问题的判断，奥特加与海德格尔的技术思想都存在着明显分歧。②

首先，由于两人对于存在和人的存在方式的不同理解，最终导致他们分别从人类学和存在论的角度反思现代技术。为了清楚地描述人独特的存在方式，奥特加与海德格尔分别提出了"生活"和"生存"的概念，以区别于传统哲学意义上的"存在"概念。具体来说，奥特加通过哲学人类学的分析，在存在方式上区分了自在的物和自为的人。他指出："物"总是存在（existir），而人则是生活（vivir）。按照奥特加的观点，"物"在本质上都是既成的和确定的存在。这种本质上的既成性和确定性来源于，自然在一开始就将这些内容给予它们，因而是先在的，并不需要之后再不断建构出来。与此相反，人的存在却是未完成的。③ 关于人的存在方式，奥特加与海得格尔都认为"生活"或"生存"，才是人本质性的存在方式。人在存在和本质上都是未完成的，都只是某种可能性，因而人的存在或本质都需要在行动中去实现和获取。虽然从对人的存在方式的描述上看，奥特加和海德格尔的观点确有相似之处。但是，深入到追问人的存在方式的基础和目的时，就会发现两人在存在论上的根本分歧。按照奥特加的观点，回答"是什么"的问题就是在回答"存在"和"生存"的问题，这是海德格尔追问"此在"的目的；但回答"做什么"的问题则是在回答"我的生活"的问题，而这也是奥特加追问技术的最终目的。事实上，正是这种分歧决定了奥特加与海德格尔选择从人类学和存在论的不同角度来分析技术，由此产生了技术人类学和技术存在论的区分。

海德格尔理解可定义的存在者（人）的根本目的是为了领会那个不

---

① ［美］卡尔·米切姆：《通过技术思考——工程与哲学之间的道路》，陈凡等译，辽宁人民出版 2008 年版，第 70—71 页。

② 敬狄、王伯鲁：《存在主义现象学框架下的两种技术观——奥特加与海德格尔技术思想比较研究》，《科学技术哲学研究》2020 年第 1 期。

③ José Ortega y Gasset. *Man and People*. Translated by Willard R. Trask, New York & London: W. W. Norton & Company, Inc, 1963, 41.

可定义的"存在"，在理解技术的问题上是亦是如此。在《技术的追问》
（1954）开篇，他就质疑了一种通行于世的关于技术的工具性观念，即
"认为技术是一种手段和一种人类行为，可以被叫做工具的和人类学的技
术规定"①。事实上，按照海德格尔的标准，奥特加的技术哲学就是工具
论的，他思考技术的逻辑起点也是人类学的。正如米切姆所述："尽管海
德格尔明确反对把技术作为一种中性手段的观点——他也把这种观点称之
为关于技术的人类学观点，奥特加却似乎认同这个观点"②。严格来说，
导致这种思想分歧的直接原因在于他们分别从制作、创作的层面，和精
通、启发性的认识层面来理解技术。或者说，是从技术的活动层面，即把
技术作为人的活动，和从技术的本质上来理解技术。而这种对于现代技术
本质理解的差异正是基于两人存在论上的不同。奥特加在 1951 年与海德
格尔的"对话"中，明确地把技术阐述为"与物质实现和制作相关的任
何认识和行动"③。根据奥特加的观点，技术是指人在世界中（物质性的）
实现某种规划的活动，而推动人们去从事这种自觉自愿的制作（生活）
活动的动力，就是每一个人都想要"活得好"的意愿；一般意义上的技
术物、技术方法等，都是人从事制作自身生活的技术活动在历史中的沉淀
物。在这一点上，海德格尔虽然承认这种对于技术的工具性和人类学的定
义具有显而易见的正确性，但他却认为这种观点并没有向我们显现技术的
本质。

　　其次，奥特加和海德格尔都认识到了技术的历史性特征，并通过历史
的方法来理解现代技术。然而，他们的分歧在于，由于对人的要素或人的
行为和意愿在技术过程中的作用和意义的认识不同，他们依据了不同的原
则划分技术历史的阶段。具体来说，海德格尔以技术与自然的关系在历史
中的变化为依据，划分出了前现代的技术与自然的守护关系，和现代技术
与自然的摆置关系。根据海德格尔对上述关系的描述可见，从对自然与技

---

　　① ［德］马丁·海德格尔：《演讲与论文集》，孙周兴译，三联书店 2005 年版，第 4
期。

　　② ［美］卡尔·米切姆：《通过技术思考——工程与哲学之间的道路》，陈凡等译，辽宁人
民出版 2008 年版，第 71 页。

　　③ Parick H. Dust. *Ortega y Gasset and the question of modernity*. Minneapolis：Prisma Institute，
1989，256－257.

术关系变化的分析出发追问技术的本质，的确给我们提供了一个理解现代技术本质的相对客观的视角，但另一方面，这种分析在某种程度上有意地弱化和忽视了人的要素在技术历史中的意义和作用。

与此不同，奥特加认为，人的要素和人类生活是无法通过任何科学的方法或现象学的方法被还原的，而这也是他提出"生活理性"和"历史理性"，以取代近代以来在人类生活各个领域中占据统治地位的"科学理性"和"技术理性"的原因。事实上，尽管奥特加和海德格尔一样，认识到了技术的历史性特征，但他却选择从人和人类生活的角度，而非去人化或非人的角度来解释技术的历史性。按照奥特加的观点，从人与自然的关系出发，无论是人的存在还是人类生活，都不是既成的、被给予的，而是需要通过技术活动在历史中去不断实现的。因而通过对技术在人类生活中的演化阶段的分析，能够帮助我们更好地理解人的存在和人类生活是如何在技术活动中建构自身和自我实现的。

由此可见，对于奥特加来说，无论从人的存在或人类生活的意义上，技术都是人的技术，因而技术在历史中演化的过程也就是人通过技术自我实现的过程。换句话说，技术在历史中曾经、在当下正在，以及在未来即将呈现的这些特征本身，都是理解人的存在和人类生活的历史性、现实性以及未来性的关键，是人类生活的历史体系中至关重要的环节。

第三，奥特加与海德格尔追问技术问题的重要目的是要阐明一种人与技术的自由关系。由于对技术活动中人的要素的作用的不同认识，两人在该问题上也存在分歧。根据海德格尔的观点，在现代技术的解蔽命运中，自由是一种命运中的自由。在存在论的意义上讨论自由的本质，就是技术在本质上作为一种解蔽方式给人指点道路的命运的开放领域的自由。与此不同，奥特加对于人与技术关系中的自由问题的讨论，都是基于人类生活这个最基本的现实而言的，因而奥特加所讨论的自由并不是自由的本质，而是人的自由。事实上，技术的本质或自由的本质问题都不是奥特加关心的根本性问题，按照他的观点，任何自由的问题都是每一个人在现实的生活中会面临的最基本问题，而现代技术将这种问题更加鲜活地呈现在我们面前，我们的工作是要思考它，并最终通过行动来解决它。因为对于奥特加来说，（在现实的人类生活的框架下）除了人去行动、去获得之外，没有什么本质性的存在，而人的自由就在于人能够从周遭世界中退回到

"自身之中"再次规划世界。正是在此对人类生活的规划和实施中，每一个人都自觉、自愿的从事着制作自身和自身生活的活动，因而每一个人都必须要为自己的制作（技术）活动承担责任。进一步来说，每一个人在世界中制作自身生活的技术活动本身就是负责任的活动，因为"现实的人类生活总是个体性的、情境性的、不可转移的且负责任的"①。

通过上述关于奥特加和海德格尔技术思想差异的分析可知，海德格尔的技术哲学思想无疑是 20 世纪以来西方最具冲击力、最具影响力的技术思想之一。他对现代技术本质和自由本质的揭示，对于人们批判性地反思当前科技发展中的人、技术与自然之间的关系，在当下仍然具有重要的启示性意义。但是，其思想的不足之处也是显而易见的。从存在论的视角出发，海德格尔揭示出了隐藏在现代技术背后过多的危险，同时，面对这些危险，他表现出了过于悲观的理论态度。他很少在现代人应该如何解决这些危险，以及在技术时代如何追求更好的生活等方面，给出启示性的建议。在这一点上，奥特加虽然同样作为人文主义技术哲学的典型代表，同样批判现代技术给人类生活带来的各种危机，但他却认为，面对危机，人们必须要坚决果断地行动起来。而"这也正是奥特加绝大部分思想都讲求实际目的的根源所在，奥特加绝不会单纯地充当阐述'危机文化'的代表，他的思想的目标就是要坚定的走上克服危机的道路"②。正如米切姆评价的那样，奥特加通过对人类技术活动的哲学人类学分析，得出的关于技术对人的"去自然化"和人通过技术对自然的"人性化"的观点，表现出了这样一种理论倾向，那就是奥特加的技术哲学思想本身存在着一种"从人文主义向工程主义转变的倾向"③。也如传记作家格雷（Rockwell Gray）在《现代性的必然：一个知识分子的传记》（The imperative of modernity：an intellectual biography of José Ortega y Gasset，1989）中所述：与海德格尔的技术哲学思想不同，奥特加的对技术的看法似乎更加的积

---

① José Ortega y Gasset. *Man and People*. Translated by Willard R. Trask，New York & London：W. W. Norton & Company，Inc，1963，58.

② ［西］何塞·奥尔特加·伊·加塞特：《没有主心骨的西班牙》，赵德明译，漓江出版社 2015 年版。

③ ［美］卡尔·米切姆：《通过技术思考——工程与哲学之间的道路》，陈凡等译，辽宁人民出版 2008 年版，第 73 页。

极，奥特加认为，技术是人类创造世界、书写历史的一种倾向和过程本身，而不是一种"遮蔽"。奥特加的技术哲学中包含了明显的存在主义者的思想，他通过知识"丛林"的隐喻表达了人们是如何伪造其本身真实的存在，而这就是高新技术社会的特征。在高新技术的社会，技术不知不觉地成为我们的环境，我们无法离开技术生活，因此，我们必须要做的是应对它。可见，奥特加对于技术的态度和对现代技术社会的描述有别于20世纪思想家对现代技术的怀疑和批判的传统，可以说，与雅斯贝尔斯、海德格尔以及后来法兰克福学派的阿多诺、霍克海默和哈贝马斯等人比较，奥特加对现代技术的反思和对现代人基本生存状态的评估要客观、冷静得多。①

综上所述，20世纪上半叶在西班牙兴起的反思现代科技与人类生活关系的哲学传统，或者说存在主义现象学传统，是当时西班牙知识界面对各种信仰与社会、国家与政治危机，积极寻找西班牙文化出路的重要尝试，也是知识分子基于对其自身文化进行反思的理论创新。但是，随着西班牙国内的政治与社会环境进一步动荡不安，特别是内战（1936—1939）之后，弗朗哥独裁政府强制推行的国家主义宗教哲学的专制统治，包括奥特加在内的大批知识分子流亡海外，几乎阻断了该传统在伊比利亚半岛的发展。加之，从20世纪60年代起，西班牙的政治体制开始缓慢从传统专制向现代民主转变，由于该历史阶段国内外特殊的政治与社会环境，西班牙的科学技术哲学发展具有了新的历史目标和任务，存在主义现象学的技术哲学传统也没能在该历史阶段被继承和发扬，直至上世纪80年代末期才重新受到西班牙知识界的重视。尽管如此，在西班牙兴起的这股人文主义技术哲学传统并未夭折，而是在拉丁美洲地区得到了一定的延续和发展。

四 人文主义技术哲学在拉丁美洲的发展

由于拉美各国几百年来在经济与军事等方面一直依附于西欧国家，因此"拉美哲学的文化基础主要是西欧思想"②，其中关于现代技术的哲学

---

① Rockwell Gray. *The Imperative of Modernity – An Intellectual Biography of José Ortega y Gasset.* Berkeley and Los Angeles, California: University of California Press, 1978: 250.

② ［美］O. 舒特:《理解拉丁美洲哲学的途径——关于文化同一性形成的反思》,《哲学译丛》, 1988 年第 1 期。

思想也不例外。根据乌尔塔多的观点，在 20 世纪拉美哲学的发展中有两
种模式占据主导地位，即"现代化模式"（the modernizing model）和"真
实性模式"（the authenticity model）。① 具体来说，"现代化模式"是指
1875 年之后，随着实证主义的出现，拉美哲学兴起了一系列可以被称之
为"现代化"的运动。包括实证主义、存在主义、现象学、马克思主义
以及分析哲学在内的各种"进口"思潮都对拉美哲学的现代化产生重要
影响。实际上，欧洲的人文主义技术哲学传统正是在此模式的发展过程中
不断被继承和发扬。尤其是在 20 世纪上半叶，实证主义在拉美衰落之后，
以研究德国哲学为原点的大规模哲学现代化进程开始了，这促进了各种思
想路线的传播，例如新康德主义、历史相对论、价值哲学、现象学以及存
在主义。可以说，这种现象很大程度上与"奥特加和《西方评论》（Re-
vista de Occident）（在整个拉美地区）的影响有关"②。事实上，奥特加的
哲学思想在拉丁美洲地区影响深远，他"使诸如文化哲学和历史哲学等
领域的研究合法化，从而强有力地推动了富有地域性意识的拉美哲学的发
展"③。在技术哲学领域，正如米切姆所述：比较英语、德语和法语学术
圈，奥特加反思技术的人文主义思想在西班牙语的技术哲学领域有着更为
深远且持久的影响。④

　　加之，西班牙内战之后，弗朗哥独裁政府迫使大批知识分子流亡拉丁
美洲地区，大大强化了该模式在拉美各个国家的影响。比如：奥特加在整
个二战期间（1939—1943）都在阿根廷布宜诺斯艾利斯大学授课，期间
出版了《沉思与不安》（Ensimismamiento y alteración，1939）、《思想与信
仰》（Ideas y creencias，1940）、《历史理性的黎明》（Aurora de la razón
histórica，1940）等著作；奥特加的学生高斯（Jóse Gaos，1900 - 1969）也
于内战期间流亡墨西哥，延续了奥特加技术哲学的研究传统，是 20 世纪

　　① ［墨］吉列尔莫·乌尔塔多：《拉美哲学的两种模式》，《国外理论动态》2014 年第 11
期，第 54—59 页。
　　② 同上。
　　③ ［美］O. 舒特：《理解拉丁美洲哲学的途径——关于文化同一性形成的反思》，《哲学译
丛》，1988 年第 1 期。
　　④ Carl Mitcham eds. Philosophy of Technology in Spanish Speaking Countries, *Philosophy of Tech-
nology*, Vol. 10, No. 3 - 4, 1993: xx.

墨西哥最有影响力的哲学家之一；拉斯卡利斯（Constantino Láscaris，1923 – 1979）自 1957 年任教哥斯达黎加大学，就对技术哲学学科在当地的建制化做出了最直接的贡献，并为后来的发展留下了颇为丰富的遗产；巴卡（Juan David Garcia Bacca，1901 – 1992）出版了西班牙语世界第一部对现代逻辑学与分析哲学理论进行系统介绍的哲学著作《现代逻辑学入门》（Introducción a la Lógica Moderna，1936），他一生大部分创作时间都是在委内瑞拉的中央大学渡过，并在那写下了关于逻辑、系统哲学、历史和哲学方面的著作与散文，做了大量的翻译与编著教课书的工作。尽管巴卡是 20 世纪西班牙语世界最重要的哲学家之一，但在西班牙语国家之外，他的思想与贡献却鲜为人知。值得注意的是，上述哲学家不仅使得欧洲的技术哲学思想在拉丁美洲地区生根发芽，同时他们的技术思想也无一例外地表现出独特的拉美哲学的气质，即来自"真实性模式"的影响。

"真实性模式"与"现代化模式"相对应，是指 1830 年以来发轫于拉美所有国家的艺术、文学和文化运动的哲学表现，其主要目的是重新确认什么才是民族的或拉美的，主张拉美哲学必须具备自己的特质，因而拒绝普适性（特指欧洲范式的理性 \ 现代性 \ 殖民性）的观点，同时也"试图要让拉丁美洲重新发现它在现代性历史中的'位置'"[1]。正如 20 世纪拉美解放哲学的创始人之一杜塞尔（Enrique D. Dussel，1934 – ）所述："人们都说我们过去的文化是异质的，而且有时候是不连贯的、混合的，甚至在某种程度上与欧洲文化相比较而言是边缘性的。然而，最为悲惨的是，这种文化的存在居然被忽视。因为，与此密切相关的是，无论如何，拉美都是有文化的。尽管有的人可能会否认它，但它在艺术和生活方式中的独创性是显而易见的。"[2] 由此，拉美哲学为了将自身从理性/现代性与殖民性的联系中挣脱开来，他们主张一种跨文化的对话，即"一种文化的批判性革新者（身处于本土文化和现代性中的'边缘性'知识分子）

---

[1] 王宁、沃尔特·米格诺罗编：《拉美去殖民化之路》，中国社会科学出版社 2019 年版，第 36 页。

[2] Enrique D. Dussel. "Cultura, cultura latinoamericana, y cultura nacional", *Cuyo*（Argentina），Vol. 4，1968：48.

之间展开的对话"①。简单来说，一方面，他们并不拒绝现代性的所有元素，甚至试图吸收现代性中最好的元素，以便获得一种来自于现代性经验的科学技术发展；另一方面，他们又要肯定和发展后殖民时代的各个共同体或民族文化的可变性，拒绝一种朝向无差别的或空洞全球化整体的发展趋势，主张一种包括了更多普遍性的多元化发展方向，路径则是要参与到一种批判性的文化间的对话当中。

可以说，20世纪下半叶拉丁美洲地区技术哲学发展的基本面貌，正是在这两种哲学模式的互动中成形。一方面，拉丁美洲的技术哲学思想深受欧洲人文主义传统的影响；另一方面，由于拉美哲学本身的文化性和批判性特征，又使其拥有了有别于欧洲和北美技术哲学反思现代科学技术的独特视角与问题意识，兼具对西方技术哲学思想的继承性和批判性。

第二节　西班牙语国家技术哲学的当代转向

20世纪80年代以来，无论从技术哲学理论的新发展，还是从学科建制化的角度来看，世界技术哲学都进入了新的历史阶段，即技术哲学的当代发展阶段。一方面，从理论研究的新发展上看，传统的人文主义技术哲学的研究路径不再占据主导，取而代之的是三条技术哲学研究的当代路径，具体包括面向社会和面向工程的经验研究路径，以及应用技术伦理学的研究路径。另一方面，在世界范围内技术哲学的建制化基础逐步奠定。在此期间，西班牙语国家的技术哲学的发展深受世界技术哲学发展的影响，不仅在理论研究的路径上发生了相似的转变，同时也开启了建制化、规范化发展的历史进程，逐渐融入到世界技术哲学发展的洪流之中并占有一席之地。从历史上看，20世纪80年代以来当代技术哲学在西班牙语国家的发展仍可细分为两个阶段：（1）20世纪80年代至世纪末是技术哲学在西班牙语国家逐步实现建制化的阶段，同时理论研究的范式也逐渐从经典转向当代；（2）21世纪以来西班牙语国家的技术哲学则进入了规范发展阶段。

---

① ［墨］E. D. 杜塞尔 . :《跨现代性与文化间性——基于解放哲学视角的一种阐释》,《世界哲学》2016年第2期。

　　转向时期技术哲学在西班牙语国家发展的显著特点是：（1）建制化的成果显著。首先，国内政治、经济与社会改革的成就和文化、政治、技术、经济全球化的影响，在西班牙语国家造就了一种开放、民主并鼓励改革的社会氛围，这为当代技术哲学在西班牙与拉丁美洲地区的发展提供了良好的社会与文化基础。其次，相对稳定的国内外环境，使得西班牙与拉丁美洲国家联合举办的国际性学术会议逐步实现规范运行，这就加强了西班牙语技术哲学共同体内部的联系与交流，同时开始作为一个学术共同体受到国际学术界的关注。（2）现实问题导向的理论特色形成。首先，正处于变革时期的西班牙语世界，特别是拉丁美洲，"一直是世界上最令人兴奋的经济、社会和政治变革的活生生的实验室之一"，相比较经典时期与科学技术相关的形而上学问题，他们对于科学技术与经济、政治、社会、文化等方面改革的关系更感兴趣。其次，随着学科建制化与国际交流的频繁，世界技术哲学当代转向的整体趋势对西班牙语国际技术哲学的发展产生重要影响。

　　20 世纪 90 年代，在美国技术哲学家米切姆、杜尔宾（Paul T. Durbin）等人的建议下，"哲学与技术协会"（Society of Philosophy and Technology，SPT）以第一届（1988）和第二届（1991）美洲技术哲学大会（Inter – American Congress on Philosophy of Technology）为基础，编辑翻译出版了《西班牙语国家的技术哲学》（Philosophy of Technology in Spanish Speaking Countries，1993），旨在向西方世界介绍在该领域不断增加的西班牙语研究成果，同时希望促进一种更加广泛的，超越以西方世界为中心的技术反思视角。该书着重介绍了 20 世纪西班牙语世界中五个具有其历史传统，同时具备良好的建制基础的技术哲学发展的中心，包括智利、哥斯达黎加、西班牙、墨西哥和委内瑞拉。这标志着西班牙语世界的技术哲学作为一个整体，开始受到学术界的关注并有意识地朝着建制化、规范化的方向发展。

一　西班牙

　　如前所述，20 世纪 80 年代，西班牙结束了长达四十年的独裁统治，主动转变为一个具有欧洲风格的议会民主国家，顺利加入欧洲经济共同体，并很快在经济上成为世界十大工业强国之一。值得一提的是，1983

年国家颁布了《大学改革建制化法令》（LRU），不仅民主化了西班牙大学中的学术资源分配，同时对于专业学术研究及其成果优先性的强调，也将大学与学者的注意力从民主转型时期的政治改革方面，转移到了现代化、规范化的学术科研与教育工作之中。① 可以说，随着国内大学教育改革的深化以及欧盟高等教育一体化进程②的推进，西班牙很快成为西方技术哲学知识生产的重要环节。

1. 建制化的主要成果

在西班牙，把技术与技术文化作为主题，对其理论与社会意义进行哲学研究的历史可以追溯至西班牙哲学家奥特加。由于特殊的社会历史原因，在西班牙其后继者寥寥无几。这种状况直到 20 世纪 80 年代才得到改变。必须承认，这种转变与西班牙成功民主转型之后，政府对于科学技术发展问题表现出的极大敏感性直接相关。80 年代末，两项技术研究制度化尝试的成功，为后来技术哲学在西班牙的建制化、规范化发展起到了重要的作用。一个是由萨拉曼卡大学的金塔尼亚（Miguel A. Quintanilla）在西班牙科学调查最高理事会（CSIC）推动开展的技术哲学项目。萨拉曼卡大学建于 1218 年，是西班牙最古老的大学，同时也是世界第三古老的大学，它的哲学系经常在公共事务中扮演非常有影响力的角色。1975 年弗朗哥去世之后，萨拉曼卡成为在西班牙学习的英语学生的中心，同时也是英美分析哲学在西班牙发展的基地。金塔尼亚正是这项工作的重要领导者和推动者。

另一个则是 1988 年瓦伦西亚大学的圣马丁（José Sanmartín）和巴塞罗那大学的美帝那（Manuel Medina）联合建立的专注于 STS 研究的"科学技术研究所"（INVESCIT）。INVESCIT 出来自西班牙七所不同大学的 30 名分别专攻工业和土木工程、计算机科学、生物学、数学、哲学和科学技术史、社会学、社会心理学和教育心理学的合作者、研究人

---

① 敬狄、安东尼·伊瓦拉：《二十世纪现代科学技术哲学在西班牙的兴起与发展》，《自然辩证法通讯》2018 年第 6 期。

② 《马斯特里赫特条约》（The Maastricht Treaty, Official Journal, 1992）是第一个包含"教育"一词的欧盟条约。第 126 条强调了共同体通过鼓励成员国之间的合作在提高教育质量方面的作用。此后，欧盟在教育一体化方面仍有政策不断出台，旨在教授和传播成员国的语言，鼓励学生和教师之间的流动，促进对教育资格的承认和出国学习，或促进教育机构之间的合作。

员和教授组成，他们提出了一种实用的技术和科学哲学。首先，这种实用科技哲学的基础是彻底颠覆理论高于实践。根据圣马丁等人的描述，直到 20 世纪 80 年代末，"西班牙人对科学技术本质的理解一直被英美实证主义传统所主导，这种传统认为科学是一种自然的理论形式，可以应用于技术。然而，这一传统正受到一个新的科学技术研究机构（INVESCIT）的批评，取而代之的是一种特别适合西班牙科学技术发展的社会经济指导的操作性理解"①。为了更好的实践这种操作性理解，INVESCIT 还创立了的特殊教育计划（the TECNAS program）。其次，从哲学上来看，这种实用的科学技术哲学是建立在技术概念的基础上的，即在操作知识、能力和行动方案的广泛意义上作为历史的和方法论上的知识的主要形式，所有其他形式的语言知识和理论都是建立在这一基础上的。他们强调推动文化发展的不是理论，而是实际的创造力。最后，"继 INVESCIT 主办 SPT 会议之后，它所倡导的'规划对技术的社会性评估'，在世界范围内产生影响。同时，INVESCIT 主席圣马丁还成为首位非北美地区当选的 SPT 主席"②。

2. 理论研究的多条路径

米切姆与胡安（Juan B. Bengoetxea）在《西班牙的文化与技术：从哲学分析到 STS》（Culture and Technology in Spain：from Philosophical Analysis to STS, 2006）中，以大学和科研机构在西班牙的地域分布为线索，把当代西班牙技术哲学发展的主要流派及其研究成果划分为六条进路。具体包括（1）萨拉曼卡：分析哲学的进路；（2）塞维利亚：技术理性与价值；（3）巴塞罗那与瓦伦西亚：哲学与 STS；（4）马德里：数据技术与性别研究；（5）奥维托：伊比利亚美洲的科学、技术与社会；（6）巴斯克：后现代 STS 激进主义，并据此系统阐述了当代西班牙技术哲学的现状、特征，以及在整个技术哲学学科发展中的重要地位及其做出的突出贡献。从西班牙当代技术哲学在西班牙语国家乃至世界技术哲学领域的影响力来看，其中最值得我们关注的是以萨拉曼卡大学金塔尼亚教授及其团队

---

① Manuel Medina, José Sanmartín. "A New Role for Philosophy and Technology Studies in Spain". *Technology in Society*, Vol. 11, 1989, pp. 447 – 455.

② ［美］卡尔·米切姆：《通过技术思考——工程与哲学之间的道路》，陈凡等译，辽宁人民出版社 2008 年版，第 18 页。

为核心的分析的技术研究路径和围绕 INVESCIT 展开的哲学与 STS 研究路径。

首先，金塔尼亚的《技术：一个哲学的研究》（Tecnología：Un Enfoque Filosófico，1989），"是西班牙继奥特加以后，第一部对技术主题进行一般性哲学反思的专著，在其中，金塔尼亚把分析科学的方法扩展至对技术问题的分析"①。具体来说，就是"应用邦格科学哲学本体论的范畴和体系，来定义并澄清与技术相关的本体论概念，并在此基础上为技术哲学建构一个精确本体论体系"②。正如金塔尼亚在《技术》的前言中所述："该研究的目的并不是要分析任何与工业技术相关的伦理、政治与意识形态方面的问题，而是要精确地构建一个关于技术与技术发展的一般性技术理论框架"③。换句话说，金塔尼亚认为，就如同科学哲学通过对实验、观察、规律、理论、真理与科学进步等概念及其内在逻辑的分析来理解科学，技术哲学也应关注如技术效率、人工物、技术系统、工具理性与技术进步等关键概念及其内在逻辑的分析，因为只有对概念的分析和澄清才能为技术社会特征的判断提供基础。事实上，在金塔尼亚技术哲学的分析路径的影响下，整个萨拉曼卡大学的技术哲学都展现出与科学哲学和分析哲学的密切关系，他们"强调技术知识的内在结构与技术规范的内在逻辑，并把计算机模拟技术的特征作为连接技术仪器实 验与公式化理论的方式"。④

其次，依托于 INVESCIT，一方面由瓦伦西亚大学的圣马丁牵头，开始从事基因工程伦理学方面的研究。从 INVESCIT 成立以来赞助的一系列出版物的内容上不难看出，他们对社会、现代生物学和生物技术之间的关系问题的浓厚兴趣，其中第 1、4、5、8 和 10 卷分别是关于遗传工程、智能遗传理论、进化理论和生物伦理学的。具体来说，圣马丁在《新的救

---

① Mitcham, C., Bengoetxea, J. B. "Culture and Technology in Spain From Philosophical Analysis to STS". *Technology and Culture*, 2006, (47)：607－622.

② 敬狄、安东尼·伊瓦拉：《二十世纪现代科学技术哲学在西班牙的兴起与发展》，自然辩证法通讯，2018（6），(41—49)，第 47 页。

③ Quintanilla, M. A. *Tecnología：Un Enfoque Filosófico*. Buenos Aires：Editorial Universitaria de Buenos Aires，1989：11.

④ Mitcham, C., Bengoetxea, J. B. "Culture and Technology in Spain From Philosophical Analysis to STS". *Technology and Culture*, 2006, (47)：(607－622), 610.

世主：对基因工程，社会生物学以及人类愿景的反思》（Los Nuevos Re-
dentores：Reflexiones Sobre la Ingeniería Genética, la Sociobiología y el Mundo
Feliz que nos Prometen，1987）中，澄清了现代（工程）技术中科学与技
术的复杂关系，批判了现代生物学基于基因工程背景对人的本质做出的纯
粹生物学解释，质疑了宣告人类已经进入了一个不再需要从人之为人的内
在方面去建构与解放自身的新阶段的论断。他指出："人类的未来将会在
我们对于生物科学更好的认识中实现……而不是再一次试图要通过它来进
行某种控制"①。圣马丁的观点在当时西班牙的生物学界引起了很大争议，
生物学家们正是由此逐渐参与到了，如何实现对基因工程发展和应用过程
中的社会与环境效应的预先评估，以及如何通过对基因改良技术的质疑，
使人类走向混沌无序中的解放等哲学问题的探讨之中。另一方面，巴塞罗
那大学的美帝那则是从文化主义的视角来探究现代科技、自然与社会之间
的关系。美帝那在《从技艺到技术》（De la Téchne a la Tecnología，1985）
中批判了把科学与技术二分的观点，在《21 世纪的科学、技术与自然、
文化》（Ciencia，Tecnología；Naturaleza，Cultura en el Siglo XXI，2000）中
反驳了科技与文化相对立的观点，认为这些都是当前 STS 研究所反对的。
按照美帝那的观点，要阐明现代科技及其创新，需要一种融合了科技、自
然与社会的文化系统的综合性视角。

  综上，笔者认为，与拉丁美洲国家的技术哲学相比较，当代技术哲
学在西班牙的发展有其特殊性。不仅研究路径多元，同时也兼顾了当代
技术哲学研究在"哲学—解释"和"社会—实践"这两方面的兴趣。
究其原因，或许在于西班牙的技术哲学，一方面很好地融入了欧洲主流
学科的规范研究，扬弃了欧洲哲学的一些传统；另一方面，基于语言的
便利和历史的渊源，通过与拉美地区学术界的频繁交流，受到拉美哲学
批判视角与问题意识的影响。进入 21 世纪，在面向欧洲和面向拉美双
向发展的张力之中，西班牙的技术哲学可以有更广阔的发展空间，成为
后殖民时期拉丁美洲与西方国家在经济、政治、科技与文化等方面实现
对话的重要桥梁。

---

① Sanmartín，J. Los Nuevos Redentores，*Reflexiones Sobre la Ingeniería Genética*，*la Sociobiología*
y el Mundo Feliz que nos Prometen. Barcelona：Editorial Anthropos，1987，151.

二　智利

与其他拉丁美洲国家相比较，最能够引起国内外学者巨大兴趣的正是智利的政治历史与文化。在 1973 年政变之前，它是世界上历史最为悠久的宪政民主国家之一，自 1833 年之后，除了有两次中断①之外，它的政治制度遵循正规的宪法程序，支持公民自由、法治、定期的两院制立法机构竞选和直选总统。1973 年，旨在摆脱马克思主义、挽救民主制度的一场体制政变，不久就变成了以军方首脑皮诺切特（Augusto Pinochet, 1915 – 2006）将军为首的一种个人主义独裁统治。虽然皮诺切特关闭了政治制度，但为了解决智利欠发达的问题，却允许一群以自由市场为导向的经济学家（其中大部分人就读于芝加哥大学）打开一直受到高度保护的经济大门，大大减少了政府对有争议的经济自由主义实践的干预。1980 年，皮诺切特向墨守成规和拥护宪政的智利人请求让他的权力合法化，进行全民公投，在 1988 年的公投中，他以 55% 的反对票和 43% 的赞成票输掉了那次公投。总而言之，在政治上发展并保持多元化的平民宪政，在经济上能够解决智利的欠发达问题，最终实现民主、经济增长与社会公正的成功结合就是智利一直以来的基本诉求。② 可以说，正是这种社会发展的现实诉求，塑造了智利技术哲学的面貌，由此他们的技术哲学思想更加注重对于技术与政治、经济、社会之间的关系的分析，对于技术治理、技术转移和技术伦理等议题尤为关切。

1. 对技术统治论的批判

拉维尔塔（Marcos Garcia de la Huerta I, 1937 – ），智利著名的商业工程师、哲学家。他在巴黎大学获哲学博士学位，其技术思想成熟于他在智利大学物理和数学学院人文研究中心任教期间。他从 20 世纪以来智利在经济、政治与社会发展等方面的现实困境出发，通过对技术的本质、技术与科学、政治关系的哲学分析，聚焦政治的技术性问题，对技术统治与专家政治（Technocracy）的思路进行了严厉的批判。

---

① 第一次是 1891 年的一场短暂而血腥的内战。第二次则是 1925 年至 1932 年的一段军人干预和大众统治的时期。

② ［美］霍华德·J. 威亚尔达：《拉丁美洲的政治与发展》，刘捷等译，上海译文出版社 2017 年版，第 140—170 页。

在《技术及其现状：海德格尔及历史问题》（La técnica y el estado modern：Heidegger y el problema de la historia，1978）中，拉维尔塔评论了海德格尔在弗莱堡大学的著名演说"德国大学的自我辩护"（"The Self - Assertion of the German University"，1934），抨击了海德格尔与国家社会党的关系，由于写于皮诺切特独裁时期（1973—1990），因而也在当时"提出了其他方式无法提出的见解"①。1985 年拉维尔塔完成了《对技术理性的批判》（Crítica de la razón tecnocrática，1990），通过对古代技术和现代技术与权力关系演变的历史分析，揭示了技术在现代社会是如何与政治权力相关联，明确指出技术通常以手段、工具的纯粹运作形式隐藏了其背后的目的，但事实却是"工具或手段预先设定了可能的办法，并把可实现的目标推向了同一方向，也就是把目标缩小到纯粹操作功能中预先确定的选项，而技术上的理由是唯一可行和合理的"。可以说，与科学或理论不同，"技术总是与意识形态、社会等级制度以及一般社会制度的生育条件保持着基本的联系"。与此同时，"随着技术的扩散和生产主导地位的形成，它同时也成为一种道德上的提升，被作为验证和合法化的标准，取代了意识形态的多重作用：行为指导、社会凝聚力和社会分层"。② 也就是说，如果人们只关注现代技术的功能、效率和外部影响，将其视为是现代科学的应用，或实现其他目标的手段、工具，则会"阻碍人们对于作为人类现实的技术构造形式及其在公共生活领域的意义的适当理解"③。其中至关重要的是关于政治的技术构成的理解，也就是要从关注民主的角度来阐述技术与政治之间的关系。他认为：把技术作为一种手段的工具性观点，倾向于强调一种垂直主义的、专制的权力形式，因而无法导致政治上的民主概念。换句话说，如果只强调技术与知识的关系，认为技术只是科学的应用，那么它就拥有少数人的特征，甚至是精英的特征。知识和技能

---

① Carl Mitcham eds. Philosophy of Technology in Spanish Speaking Countries，*Philosophy of Technology*，Vol. 10，No. 3 - 4，1993：xxi.

② Marcos Garcia de la Huerta I. *Crítica de la razón tecnocrática*. Santiago：Editorial Universitaria，1990.

③ Marcos Garcia de la Huerta I. "Technology and Politics：Towards Artificial History？"，Philosophy of Technology in Spanish Speaking Countries，*Philosophy of Technology*，Vol. 10，No. 3 - 4，1993：3.

一样，属于少数人，只有少数人才能决定，因而无知的群众对应该由专家做出的决定则没有发言权。而这正是技术官僚权力概念的最强有力的基础之一，即政治的技术合法性。① 也就是说，技术统治本质上是一种精英现象，代表着一个群体对整个社会的统治。

2. 技术进步与拉美现代化的问题

在《全球化：技术差距日益扩大的同质化》② 一文中，拉维尔塔首先从拉丁美洲现代化的经验出发，试图打破人们关于技术转移和技术进步能够在世界范围内带来某种发展上的均衡的幻想。他认为，一方面技术转移不能真正实现全球技术水平的趋同，因为简单的购买或转让本身不足以复制整个系统，它迫使设备定期更换，而且每次更换的费用都更高，这会消耗剩余能源，耗尽自然能源，增加负债和失衡。拉丁美洲国家巨额外债的形成似乎也是这一逻辑的必然结果。另一方面，向世界上相对欠发达地区转让技术的趋势伴随着社会日益同质化，因为技术转让预先假定，同时也产生了符号的转让，即文化模式或标准的转让。也就是说，现代技术本身是扩展文化的新手段。技术文明不能容忍不同的文化，随着稀释、同化甚至是消灭，不同文化之间的差异将不再可能。也可以说，"现代技术的逻辑并不排斥边缘国家，而是通过某种战争或饥荒，或者通过创世界纪录的通货膨胀、债务或失业，将它们带到舞台中央"。拉维尔塔指出："技术进步有助于创造最广泛、快速和紧密交织的商业、运输和通信网络，同时也有助于创造一个优势和劣势不对称分布的全球交换系统。"当前全球化的社会分工本质上是角色的技术分工，不同的工具禀赋（技术创新能力）会强化而不是抵消财富和权力的不平等地域分配，而国际分工中的比较优势的意识形态则意味着资源不公平分配成为一种技术规则。

尽管如此，在拉丁美洲，现代化早已经与执政者的合法性和有效性联系在一起，这是因为 20 世纪的诸多历史都能够证实同样的观点，即如果

---

① Marcos Garcia de la Huerta I. "Technology and Politics: Towards Artificial History?", Philosophy of Technology in Spanish Speaking Countries, *Philosophy of Technology*, Vol. 10, No. 3 - 4, 1993: 11 - 14.

② Marcos Garcia de la Huerta I. "Globalization: Homogenization with an Increasing Technological Gap", Philosophy of Technology in Spanish Speaking Countries, *Philosophy of Technology*, Vol. 10, No. 3 - 4, 1993: 15 - 38.

政治制度阻碍或以任何方式阻碍进步，就没有稳定的政治制度。因为技术、经济和政治体系之间似乎有连续性。也就是说，科技与生产和工业的共生赋予了科技以文化意义和政治力量。正是在此意义上，拉维尔塔既不认可拉丁美洲经济委员会（CEPAL）倡导的"发展主义"，简单地把现代化视为是全世界人民都可以利用的一种技术选择，条件则是他们自己有意愿发展和克服障碍。同时，他也反对那种过分强调现代性固有的"形式理性原则"，把现代化仅仅视为是植根于欧洲和北美自身文化和传统的历史进程的结果，一种纯粹"社会思想的系统理论化"结果的观点。这种观点认为现代化与所谓的"传统社会"及其文化特性不相容，把拉丁美洲的现代化仅仅看作是一种文化上的挑战，忽视了现代化的结构性需要。也就是说，"现代"并不仅仅是某种既定的社会组织范式，"现代化"也不能完全按照某个建筑计划来建造，而是要从作为结构建筑基础的某个基础开始，比如经济、技术与人口，等等。

尽管智利的技术哲学表现出了对技术与政治文化、经济发展之间关系的极大兴趣，但除了拉维尔塔之外，还有许多哲学家从更为广泛的领域对技术进行了哲学反思。比如：萨博韦斯基（Eduardo Sabrovsky）长期以来一直致力于弥合工程与哲学这两个世界的鸿沟。他著有《霸权与政治理性：对民主变革理论的贡献》（Hegemonia y racionalidad política: Contribución a una teoría democrática del cambio, 1989），编辑了论文集《拉丁美洲的技术和现代性：伦理、政治和文化》（Tecnología y modernidad en Latinoamérica: ética, política y cultura, 1992），在《思维机器与现代理性的危机》一文中试图在哈贝马斯和海德格尔的思想之间架起一座桥梁。拉维尔塔的学生凡尔杜戈（Carlos Verdugo）从事工程教育，同时也是波普尔思想的继承者，在《伦理学、科学和技术》一文中详细论述了技术非中性的论点及其在社会、经济与技术领域的应用。任教于智利天主教大学的埃尔南德斯（Luis Flores Hernández），在《哲学新世界与技术》（El nuevo mundo de la filosofía y la tecnología, 1990）中讨论了文化、科学与技术的关系。

三 墨西哥

米切姆认为，墨西哥对于技术哲学在西班牙语国家发展的主要贡献在于 20 世纪中期以来所做的大量的翻译工作。20 世纪 60 年代至 70 年代，在墨西哥翻译并出版了大量分析哲学与科学哲学家的著作，包括弗雷格、罗素、维特根斯坦、卡尔纳普、内格尔、奎因、库恩、拉卡托斯、费耶阿本德与哈森等人的著作。在墨西哥活跃的西班牙哲学家高斯则是海德格尔《存在与时间》的译者。这些译著在威权主义盛行的西班牙语世界广泛传播，不仅开放了人们的思想，也为后来技术哲学在西班牙语国家的建制化发展奠定了重要基础。

20 世纪在墨西哥最有影响力的西班牙语哲学家，高斯、塞亚（Leopoldo Zea, 1912 – 2004）与杜塞尔都对技术主题进行了哲学反思，尽管在他们各自的思想体系中，技术只是作为一个重要的补充主题出现，但却对整个西班牙语国家技术哲学的发展，特别是拉丁美洲地区产生深远影响。

1. 对现代技术的存在主义反思

高斯是奥特加的学生，在西班牙内战期间流亡到墨西哥，在思想上延续了奥特加与海德格尔技术研究的存在主义传统。在《思考技术》（On Technique, 1959）一文中，高斯深入分析了现代技术和我们生活之间的关系，即生活的"技术化"问题。米切姆认为，高斯受到奥特加和海德格尔思想的启发，试图理解现代存在的真实历史环境，以及我们面对现实和超越这些技术环境的意愿。"高斯分析了变化的重要性、加速和减速的选择，以及现代对技术加速的承诺本身，他比奥特加更明确地指出，这种自我发明存在于人类有限和无限之间的张力中"[1]。但是，在揭示出现代技术对于人类生活的根本意义之后，高斯似乎并不认为能够像奥特加或者海德格尔一样，最终得出一些可能实用的或诗意的技术结论。

高斯指出，尽管在我们的生活中，大多是那些技术人工物让我们印象深刻，甚至认为是至关重要的，但或许"最彻底和决定性地改变人类生活或人类自身的技术，是那些对生命源头和灵魂，以及个人亲密度起作用的生物和心理技术"[2]。以汽车这个技术人工物为例，就运动速度而言，

① Carl Mitcham eds. Philosophy of Technology in Spanish Speaking Countries, *Philosophy of Technology*, Vol. 10, No. 3 – 4, 1993: xxv.

② Jóse Gaos. "On Technique", Philosophy of Technology in Spanish Speaking Countries, *Philosophy of Technology*, Vol. 10, No. 3 – 4, 1993: 114.

它包含了两种截然不同的可能性：加速和减速。而现代人，作为被科学化与技术化的人，几乎已经在生活的方方面面决定选择加速，并形成了一种加速的文化现象。简单来说，如今的人们在同一时期可能会比以前做更多的事情，但这些事情也会持续更短的时间——而且最终会变得没有意义，因为在人类基本的时间模式中，时间是长度、持续时间、缓慢、深化深度的函数。可以想象，当我们的生活朝着最高点加速前进时，就像是一个失去人性的实体，猛地抓住方向盘，用它萎缩的脚把踏板踩在地板上，坐在一辆环绕地球或穿越星际空间的车辆上，没有目标，速度如此之快，以至于不可能保持在轨道上。同时，当目标和道路，因为从一个地方到另一个地方的高速运动产生眩晕，并且对轨迹的感知不连贯，甚至是消失的时候，人类的生活无疑已经失去了它的意义，并且抛弃了这种作为"人"的存在。高斯进一步指出，推动这种加速文化形成正是植根于人类对自身生命有限性的一种恐惧，而匆忙则"是对行动目的和时间限制之间斗争的指控"①。因此，在现代技术的深处，时间有限性和人的"本质"无限性之间的斗争被释放出来，而现代人也被定义为一个不同于所有其他实体的实体，而是具有纯粹的本质和时间无限性的最高级的超级人类。

2. 在技术时代建构全人类道德

塞亚是高斯的学生，深受奥特加历史哲学思想的影响，他曾对奥特加关于"我（生活）是我和我的环境"的观点回应道：当我们"在试图解决任何空间或时间的人类问题时，必须以我们自己为出发点；我们必须从自己的环境开始……意识到我们作为这个被称为人类的文化团体的成员的能力，以及我们在此环境中的局限性"②。事实上，他在个人的学术研究上也充分地贯彻了这种思想，把"墨西哥性"（mexicanidad）作为最基本的哲学问题来探究。《墨西哥的实证主义》（El positivismo en México，1943）和《西班牙裔美洲人的两个思想阶段》（Dos etapas del Pensamiento en Hispanoamérica，1949）这两部作品正试图做到这一点，并产生了广泛的影响。塞亚认为，西班牙裔美洲人（中、南美洲）的历史哲学轨迹与

---

① Jóse Gaos. "On Technique", Philosophy of Technology in Spanish Speaking Countries, *Philosophy of Technology*, Vol. 10, No. 3 - 4, 1993：118.

② Leopoldo Zea. *Ensayos sobre filosofía en la historia*. México：Style, 1948：177.

北美人截然不同，其特点是人们无法与环境融为一体，因而无法真正体验自己的历史。比如：北美只是被接触到了少数土著人的家庭所殖民，他们从一开始就渴望建立新的政治秩序，而美洲的中部和南部地区则是由一群试图将他们旧世界秩序强加给本土文明的征服者所创建。20世纪初在拉丁美洲盛行的实证主义思潮的吸引力正是在于它试图利用旧世界的思想来拒绝新世界的现实。由此，两种对立的政治意识形态和两块殖民地上延续的不同种族（盎格鲁－撒克逊人和西班牙人）产生了两个美洲。对于拉丁美洲来说，只有认清了北美作为其遗产所得到的东西，才能不与它本来的样子为敌，成为它希望成为的样子。

在现代技术的发展中，塞亚似乎也感受到了类似的困境和限制。在《卫星与我们的道德》一文中，他考虑了人造卫星应该如何有助于道德的转变，并由此将身份的主题超越了墨西哥的经验，将其扩展到整个科技人类。他指出，20世纪以来人类在科技发展上取得了许多惊人的成就，但是无论原子弹、氢弹或是人造卫星如何突破人类的局限，似乎都没有开启人类道德领域的新时代，我们仍然延续着原始洞穴时期的目标和道德，即"一个人对其他人的统治，一个社会群体对另一个社会群体的统治，一个国家对另一个国家的统治，而不是对人类可以到达的众多（可能性）世界的统治。因此，我们再一次缺少的是一项共同的任务，一种人类的相互关系，这种关系可以使人类在与自然的斗争中取得更大的成功"[①]。同时，米切姆也指出，面对当前的生态危机和其他全球性的问题，更加需要一种从特殊主义走向全球和全人类的道德观念，把这些工作视为是全人类的工作，而不仅仅是一个小团体的工作，或许比当年塞亚的这种论证更有意义。

3. 解放哲学视域下的生产哲学理论

杜塞尔的技术思想主要来自于《生产哲学》（Filosofía de la producción，1984）这部著作，本书对马克思1851年的"历史技术笔记"进行了研究，并在此基础上发展了关于工程设计过程的一般理论。米切姆认为，这一分析在整体上与杜塞尔的解放哲学思想相关。

---

① Leopoldo Zea. "Satellites and Our Morality", Philosophy of Technology in Spanish Speaking Countries, *Philosophy of Technology*, Vol. 10, No. 3 - 4, 1993: 140.

在《技术和基本需求：关于基本标准辩论的建议》一文中，杜塞尔追溯了一种普遍技术的意识形态，在资本主义的依附国家（拉丁美洲、非洲与亚洲的大部分地区）获得了合法性的历史，指出在这些国家快速扩张的跨国公司技术的"普遍性"应当得到必要的审查。比如：技术话语在很大程度上是围绕着满足人类基本需求的承诺而构建的，但基本需求概念的内涵还有待澄清。技术的意识形态语言将基本需求定义为从生存（为生存而消费食物）开始，并逐渐增加其他最低条件，以改善生活，从而将生存扩大到包括健康、住房、教育等基本需求。但是，这种具有等级性的基本需求却掩盖了其他更加具有人类尊严的需求，比如：工作。杜塞尔认为，工作权把人视为是一个有生产力、有创造力和有尊严的存在，因而是一个国家和民族人民的基本权利，当然食物权、住房权也是基本权利，但却来源于体面工作的权利，并受其影响。同时，通过工作建立起来的一系列基本权利，相对于所有其他权利而言，它起着一种中介作用，它是一个具体的优先事项方案，尤其对于拉丁美洲国家而言，是界定相应发展战略和新的社会愿景所需的标准来源。

四 哥斯达黎加

从建制化的角度来看，当代哥斯达黎加技术哲学的发展主要是受到西班牙哲学家拉斯卡利斯的影响。自 1957 年任教哥斯达黎加大学，拉斯卡利斯的不懈努力给哥斯达黎加哲学领域带来了前所未有的广度和深度。1974 年，技术理论研究所（Instituto de Teoría de la Técnica）发行了世界上第一个专注于技术哲学研究的学术性期刊《普罗米修斯：技术理论笔记》（Prometeo：Cuadernos de Teoría de la Técnica）。除此之外，拉斯卡利斯还为哥斯达黎加的技术哲学发展留下了颇为丰富的遗产。1983 年哥斯达黎加科学技术历史和哲学协会（ACOHIFICI）成立，是拉丁美洲科学技术史协会（SLHCT）的重要成员，组织了多次美洲科学技术史大会。1987 年在哥斯达黎加成立了国际发展伦理协会（IDEA）。值得一提的是，1989 年 IDEA 在墨西哥梅里达会议（1989）上形成了一份关于"替代发展的五项伦理原则"的宣言，包括尊重个人尊严、追求基于正义的和平、肯定地方自治、渴望与自然建立新的关系，以及表达被剥削人民的理性。与此相关的是，IDEA 表示要致力于保持国际、跨文化和跨学科的对话，并将知识分子、基层组织和决策团体聚集在一起。无论如何，上述这些建制化的成果都有效推动了技术哲学在哥斯达黎加的发展，频繁的国际学术交流也使其成为拉丁美洲地区技术哲学发展的中心之一。

在理论研究上，哥斯达黎加的技术哲学尤其关注科学、技术与发展之间的关系问题。他们看到，在拉丁美洲还有许多人生活在人类的边缘状况之中，诸如更大范围的粮食、教育、医疗与就业等基本目标尚未实现。因此，要过上真正的人类生活，需要最低水平的幸福，即满足基本需求。由此也引出了某些对于拉丁美洲国家来说具有决定性的问题，如：什么样的科学和技术将使满足全体人民的基本需求成为可能？什么是发展？发展什么和向哪里发展？什么样的政治、经济和文化变化有利于更高形式的生存和欢乐？等等。卡马乔（Luis A. Camacho）在《科学、技术与发展：一些模型及其关系》一文中指出，"我们必须重新提出科学、技术和发展之间的关系，作为我们要实现的发展的一种功能。如果这只是一个无论如何都要增加国民生产总值的问题，而不注意所采取措施的后果，那么科学的作用将被降低到仅仅是生产的一个从属因素。这将剥夺我们理解自然和社会现实，以及被称为'不发达'现象的可能性。"因此，"一个更成熟的发展概念应该关注个人在社会中生活质量。与其捍卫无限增长，不如强调实现目标，即实现个人的潜力，根据不同的人实现不同的潜力，而所有这些都将有助于我们与自然和谐相处的社会的更大财富。从这个意义上说，通过不可逆转地破坏自然或个人而实现的国民生产总值的增长不应被视为发展"。[①] 拉米雷兹（Edgar Roy Ramírez）延续这个思路，提出了"适当技术"的思想。他们认为："没有科学和技术的人文主义是无[②]效的，没有人文主义的科学和技术是危险的。因此，有必要以这样一种方式重新定义需求，即它们服务于整个社会的具体的人。同时，有必要创造一种指导手段和达到有价值的目的的伦理"来实现所谓的"适当"。

---

① Luis A. Camacho. "Science, Technology, and Development: Some Models of Their Relationship", Philosophy of Technology in Spanish Speaking Countries, *Philosophy of Technology*, Vol. 10, No. 3 - 4, 1993: 85 - 86.

② Edgar Roy Ramírez. "Ethics, Pernicious Technology, and the 'Technological Argument'", Philosophy of Technology in Spanish Speaking Countries, *Philosophy of Technology*, Vol. 10, No. 3 - 4, 1993: 97.

五　委内瑞拉

巴卡和瓦莱尼拉（Ernesto M. Vallenilla）是委内瑞拉技术哲学的两位代表人物，米切姆认为两人的技术思想强烈地表达了工程的与人文的技术哲学传统之间的对立。巴卡陶醉于科学技术构成的新认识论和形而上学的观点，而瓦莱尼拉关心的是探索技术理性和他所谓的"元技术"破坏传统经验和文化的方式。换句话说，两人似乎都同意现代技术改变了人类的状况，巴卡认为新的技术生活方式能够将那些传统的人文学科（如：诗歌、政治、宗教）纳入转变的形式，而瓦莱尼拉则认为人文学科被排除在元技术重新排序的世界之外。

第三节　西班牙语国家技术哲学的前沿发展

21世纪以来，西班牙语国家的技术哲学进入了规范发展阶段。与转向时期相比较，一方面，随着技术哲学学科建制化的完成，在西班牙语国家内部已经形成了稳定的学术共同体。西班牙与拉丁美洲国家联合举办的国际性学术会议也实现了规范运行。比如：由西班牙政府与"教育、科学与文化伊比利亚美洲国家组织"（OEI）联合举办的以"伊比利亚美洲的科学、技术与性"为主题的国际性学术会议；"伊比利亚美洲科学技术哲学会议"相继在墨西哥（Morelia，2000）、西班牙（Tenerife，2005/Salamanca，2017）与阿根廷（Buenos Aires，2010）举办，等等。另一方面，西班牙语技术哲学共同体也开始有意识地扩大自身的国际影响力。1993年斯普林格（Springer）出版了由米切姆主编的第一卷《西班牙语国家的技术哲学》（Philosophy of Technology in Spanish Speaking Countries），讲述了第二代西班牙语国家的哲学家和研究人员的技术思想。时隔25年，2018年斯普林格再次出版了第二卷《西班牙语的技术哲学》（Spanish Philosophy of Technology：Contemporary Work from the Spanish Speaking Community），收录了新一代用西班牙语思考，用英语写作的哲学家和研究人员的具有代表性的著作，用以说明西班牙语国家技术哲学的主要特点，也试图在一个由英语主导的学术世界中发出自己的声音，把他们的观点和想法带给国际读者，为跨文化的学术对话做出努力。这本书涉及技术哲学的不同主题，从技术的本体论和认识论方面，到伦理、政治和监管问题，从关于发展和创新的问题，到关于云计算或纳米技术等新技术前沿的哲学问题，此外还有五个侧重于供水、电厂、工程教育、跑鞋和禁毒的案例研究。从研究的主题和分类来看，西班牙语的技术哲学遵循了当前技术哲学学科的一般研究范式，进入了规范发展的阶段。

一　技术的本体论与认识论

在该部分收录了《原子主义、人工制品和启示》、《行为学方法技术：技术实践的本体论和认识论》与《合成生命：有机体、机器和合成生物产品的本质》三篇文章。在《原子主义、人工制品和启示》一文中，作者反对了在人工物的形而上学研究中占据主导的原子主义假设，文章认为作为这些环境的构成要素，人工物不是孤立的，它们是什么，是由它们所提供的东西来决定，不能在不参考其他人工制品、自然物和与它们的接触的实践的情况下被指定。也就是说，人工物只有在其他人工物或者与物体的关系中才能获得其身份条件。《行为学方法技术：技术实践的本体论和认识论》一文则是在为一个经典的技术实践方法辩护，即对技术实践进行强有力的哲学反思需要一个适当的行动理论，该文章深入的探索这个纲领性声明中产生的某些本体论和认识论问题。在《合成生命：有机体、机器和合成生物产品的本质》中，作者指出，在当代哲学关于合成生物学的争论最初是由道德问题引起的，虽然这些方法对我们理解这些技术科学实践中所涉及的伦理问题很有价值，但是这种偏见也掩盖了其他重要方面，特别是那些严格的本体论的讨论。而从本体论的角度来看，真正的问题或许是这些合成产品是否真的不同于自然动力学中驯化或干预模式的其他产品，如自然/人工和有机体/机器这种传统二分法又具有哪些本体论的含义。

二　道德、政治和监管问题

该主题收录了《重视生殖技术：将技术哲学的观点引入生物伦理学》、《监管科学：在技术和社会之间》、《实践与知识：生物医学哲学、治理与公民参与》以及《风险文化：面临参与挑战的 STS 公民》四篇文章。《重视生殖技术：将技术哲学的观点引入生物伦理学》一文指出，目前生殖技术已经被人们热情地接受，他们认为这些技术增加了生殖选择，通过消除遗传疾病和残疾，有助于减少痛苦，并通过创造寿命更长、更健康、智力更强、享受更美好情感体验的人，提供了改善人类状况的机会。由此，有人认为生殖技术对人类如此宝贵，因而使用这些技术，不仅在道德上是允许的，而且在道德上是必需的。同时，生殖技术的支持者往往将这些技术视为价值中立的工具，将其评估局限在对风险和效益方面的考虑。但作者却质疑了支持者上述假设，从技术哲学中带来了关于技术具有价值本质的见解，并以此对生殖遗传学进行生物伦理学分析。作者认为，一个强有力的道德分析需要关注背景价值与技术发展和实施之间的关系，以及技术通过调节我们对世界的看法和我们采取行动的原因来加强或改变人类价值观的方式。如果忽视生殖技术的价值本质不仅会导致不完整的伦理评价，还会导致扭曲的伦理评价。

《监管科学：在技术和社会之间》指出，技术的重要性和影响力迅速增长，这使得有必要对技术发展进行监管，以便在最大限度地发挥其优势的同时，控制其对人类健康和自然环境可能产生的负面影响。当前科学研究已经成为技术治理的基本工具，它提供了关于技术的积极和消极影响，以及治理手段的知识（包括公共政策、监管等），最大限度地发挥技术的预期效果，同时最大限度地减少不良后果，同时通过监测受管制的技术，以便确定管制本身的效果并评估其效力。文章指出，自技术监管开始以来，其发展和应用一直伴随着关于科学知识在监管决策中的重要性和作用的辩论甚至争议，其中两个最相关的问题是：（1）科学知识在监管数据生成和决策中有什么作用；（2）监管科学是否，以及在什么情况下可以被视为是不同于传统学术科学的一种新型科学。文章通过案例分析指出，在解决这一领域的方法争议时，考虑监管科学的最终目标是合理的，即促进监管决策，以及不确定性和归纳错误的社会和环境后果。

《实践与知识：生物医学哲学、治理与公民参与》讨论了在某些生物技术背景下出现的新的治理形式和公民参与。在三个案例研究的基础上，作者绘制了公众参与健康问题的不同模式，确定和分析行为者及其相互关系（主要是"病人"、活动者团体和生物医学社区之间的关系）、参与的战略和形式、"专家/外行"知识的交流和流通，以及"外行"公民团体或个人的不同活动和知识生产形式。文章指出由"经验专业知识"、"认知社区"和"基于证据的行动主义"产生的混合形式的知识生产带来的认知挑战需要得到更多的关注。同时，还发现"认知矫正"、关于"未完成的科学"的需求，以及这些类型的公民参与中隐藏的创新。

《风险文化：面临参与挑战的 STS 公民》认为，当前思想和信息自由的多元化和意见分歧被认为是民主社会健康运行的基本要求。为了进一步阐述这个观点，作者强调科技系统的风险文化。具体来说，风险文化意味着对科学技术有一种基于可靠信息的怀疑意识，结合整体积极的态度和对其局限性和威胁的意识，并相应地调整自己的行为。文章指出，风险文化是当代风险社会民主治理的一个关键要素，日益紧迫的技术问题有待社会辩论。因此，文章首先在科技文化的框架内回顾风险文化的概念，然后继续考察这种风险文化在社会参与中的作用。最后，反思了风险文化对社会、科学和技术之间关系的影响所带来的一些挑战。

三　发展与创新

发展与创新的主题收录了《参与技术：替代技术发展模式的标准》、《重新思考创新是发展的杠杆：基于对不平等的考量》与《大学、技术与发展：来自南方的思考》三篇文章。《参与技术：替代技术发展模式的标准》一文指出，在技术发展的每一个阶段，都不断做出有助于形成最终结果的决定。然而，社会主流的技术发展模式却只追求经济利益最大化，这种状况决定了当前决策的类型。其结果是技术异化，即技术系统的用户或操作者如果希望充分利用技术，就必须放弃控制他们正在使用的技术的所有希望。因此，文章提出了一套评估技术项目的标准，这些标准界定了开发吸引人的、非异化的技术的替代模式。《重新思考创新是发展的杠杆：基于对不平等的考虑》一文认为，发展不再是任何人都可以到达的某个"地方"。随着人们越来越认识到现行知识和创新政策的社会排斥后果，这就要求在发展和知识及创新政策方面采取替代措施。因此，文章从可持续的人类发展作为一个规范性特征的概念出发，论述了基于知识的不平等，分析了不发达国家对知识的弱结构性需求的影响，并探索了一种分析工具来研究社会排斥和创新之间的关系。同时，还探索了知识和创新成为实现平等的努力，并提出了促进实现平等的替代性学术和政府政策。在《大学、技术与发展：来自南方的思考》一文中，作者讨论有关知识和科学、技术和创新的发展问题。具体讨论了大学作为促进可持续和包容性发展的知识机构的作用。

四 新技术前沿

在新技术前沿的部分,收录了《技术世界和技术人的哲学》、《云计算模式中的伦理和政治错觉》、《合成生物学的承诺:新的生物事实及其伦理和社会后果》以及《关于纳米技术的关注事项》四篇文章。《技术世界和技术人的哲学》一文在重新审视了奥特加和金塔尼亚的技术哲学之后,提出了一种区分当今技术世界不同尺度的技术科学哲学。具体包括宏观、中观、微观和纳米宇宙尺度的技术世界。技术哲学需要针对所研究的每一种世界,包括社会世界,而不仅仅是自然或生物圈的世界。这方面的一个重要例子是技术人员,他们是将自己叠加在自然人和法人之上的人造实体,在当今的主要技术世界(数字世界)中相互作用。文章最后强调把信息和通信技术扩展到微观世界和纳米世界,特别是人脑之后的一些可能性的后果和风险。

《云计算模式中的伦理和政治错觉》一文指出,云计算不仅是信息技术的革命性发展,同时也是一种强有力的隐喻和新的社会技术范式,在理论上其目的是增强用户的权能。这种规模的变革带来了严重的道德和政治困境,需要加以解决。文章指出,这种困境主要与云计算作为一种固有的政治技术(一种与某些社会组织模式高度兼容的技术)的本质有关。有人认为,云计算是一种内在的强意义上的政治技术,因为它需要一套政治和社会要求才能正常运行,同时一旦做出根本性的决定,改变其社会影响的影响力和公众理解将极难实现。

在《合成生物学的承诺:新的生物事实及其伦理和社会后果》一文中,作者分析了当前从合成生物学中产生的生物转化因子,并指出了它们的伦理和社会后果。除了社会经济问题和南北之间日益扩大的技术差距之外,合成生物学带来了新的环境和生物风险,引发了全球性挑战。这种风险也开始让一些科学家、哲学家和民间社会组织担忧,因为新合成生物的使用扩大了它们的长期影响,并增加了生物恐怖主义和"生物恐怖主义"的风险。然而,合成生物学的主要和最深刻的影响将出现在全球经济、生物医学和制药研究、食品和生物燃料工业中,引发和加剧关于生物技术发展、其决定技术文明未来的能力及其与地球上所有生态系统的重要关系的社会和道德争议。

《关于纳米技术的关注事项》的作者认为，由于纳米技术有潜力在原子水平上利用物质的新特性，它有望提供具有巨大经济和社会效益的创新。然而，也有与之相关的风险和问题，不仅研究人员、企业和公共当局，而且整个社会都必须进行适当的评估和负责任的处理。创建与纳米技术相关的关注事项以及围绕这些关注事项的不同公众是一个开放的过程。为了阐明这一过程，还应该考察纳米技术作为一门技术科学的认识论地位。

五　案例研究

在案例研究部分，分别收录了与供水、电厂、工程教育、跑鞋和禁毒相关的案例。《水系统中的行动主义和社区管理哲学》分析了社区参与饮用水生产系统的形式，特别是在拉丁美洲国家的农村地区，提议的关于水问题参与经验的行动主义哲学是基于在系统的技术方面和获得水的伦理政治方面的定义中出现的解释灵活性。在《面对化石燃料发电厂的建设：解决电力基础设施面临的两个难题》中，研究了两项与建造化石燃料发电厂相反的当地社会环境冲突，其中一项发生在西班牙的巴斯克地区，另一项发生在智利的科金博。意外的公众示威侵入公共场所，这可能是环境影响评估中的社会技术封闭造成的。作者认为，这些地理上分散的研究，由于其不同的结果，有助于将地方性作为抵抗暴力基础设施的框架进行讨论，这超出了正常化的过程，并在其他行动层面展开。《工程教学伦理对横向教育的挑战》一文指出在整个 20 世纪和 21 世纪，西班牙在欧洲和美国制定的现代科学政策倡议方面一直落后。挑战之一就是在科技领域形成了傲慢的文化框架，在技术性质的研究中引入伦理视角。《长跑练习中的技术与工艺》一文，通过一个关于运动技术的案例研究，即跑鞋的案例研究，探讨了这种所谓的技术哲学的经验转向与其他研究领域，如科学研究、实践研究甚至消费者研究的重叠之处。最后则是《公众参与科技与社会冲突：哥伦比亚空中喷洒草甘膦禁毒案例》，2015 年 10 月，哥伦比亚政府暂停了草甘膦空中喷洒，作为控制该国非法作物的一种手段。这一决定标志着在 30 多年的空中喷洒禁毒历史中的一个新阶段。文章分析了科学技术在形成因使用草甘膦熏蒸而产生的社会冲突中所发挥的作用，以及随后出现的公众参与形式。行为者参与这一冲突有三种机制，每一种机制都涉及争端中的科技代表，作者提议用"科学技术的罗生门效应"这个术语来描述这样一种现象，即在社会冲突的情况下，科学技术被卷入冲突的行为者所利用。这导致了取决于行为者的兴趣、价值观和信仰的多重视角，并且基于科学的不同表现。对这些机制的分析揭示了民主参与方面的不良影响，即失去了与受影响社区的直接对话，包括对其社会和政治观点的考虑。科学和技术代表非但没有帮助建立更好的政治决策基础，反而最终导致直接受喷洒影响的社区被排除在决策进程之外。

第十二章　自主论的技术哲学思想

技术自主论认为技术是自主的，技术不受外界的干预、支配和控制。这里的外界主要指的是政治、经济、伦理、文化等社会诸因素，但归根到底都离不开人。法国的雅克·埃吕尔（Jacques Ellul）和美国学者兰登·温纳（Langdon Winner）被公认为技术自主论的主要代表。

第一节　技术自主论的思想溯源

一　万物有灵论

技术自主论最初的思想源头可以追溯到万物有灵论。在人类发展史上普遍存在着一个"万物有灵"的历史时期。所谓万物有灵，就是认为世界上的万事万物都有灵魂。由此很容易解释技术自主：技术物体（物化的技术）之所以能自主，乃是因为它有灵魂，有自由意志。尽管万物有灵论早已为绝大多数现代人所摒弃，但在过去的两个世纪，万物有灵意义上的技术自主的思想在无数的小说、诗歌、戏剧和电影等文艺作品中表现出来。1818 年出版的玛丽·沃斯通克拉夫特·雪莱（Mary Wollstonecraft Shelley）的小说《弗兰肯斯泰因》（*Frankenstein*）就是其中最具有代表性的作品之一。该小说的主人公维克托·弗兰肯斯泰因崇尚培根和牛顿的新科学，他创造出了一个能学习人类语言和活动的人形怪物。这个人形怪物最后超出了弗兰肯斯泰因的控制，并杀死了他的年轻新娘。弗兰肯斯泰因试图毁灭他的创造物，但没有成功，最后病死在大海的一艘船上。因为多数人把小说中主角的名字转借给了他的创造物，弗兰肯斯泰因就成了"人形怪物"和"脱离创造者的控制并最终毁灭其创造者的媒介"的代名词。这部作品启示着人们要思考自己的创造发明的社会意含。

近几十年来，随着人工智能技术的发展以及围绕人工智能研究而展开的极端复杂的争论，表现技术自主的思想特别是技术创造物危害人类的主题的文艺作品尤其是影视作品越来越多。这些作品通常是通过一些奇怪的高新技术过程，一种人造的动物、机器或高级系统最终呈现出生命的特性，它们有了意识、意志和自发的运动，最后发展到反抗人类社会，表明了作家和艺术家们对现代技术发展和应用的关注，以及在现代科技发展的背景下对一种真正完美、逼真、独立的人工作品的可能性的思索，当然也从一个侧面反映了人们对技术的社会前景的忧虑和不安。

二 马克思的技术异化思想

马克思的技术异化思想是技术自主论的一个思想来源，无论是法兰克福学派，还是埃吕尔与温纳都从马克思那里获得了有益的启示。温纳认为，"卡尔·马克思关于劳动、制造和机器的著作，包含着可以发展出自主的主题的章节，或者用马克思喜欢的表述：异化的技术"①。

在马克思看来，必须从人与自然的根本关系去理解技术。像其他动物一样，人依赖自然而生存。但是，与其他动物不同的是，人是有意识的类存在物。"动物和它的生命活动是直接同一的"，而"人则使自己的生命活动本身变成自己的意志和意识的对象"②。因而人是自由的存在物，人的活动是自由的活动。通过生产劳动，人把自然界变成自己无机的身体；人不仅生产自身，而且"再生产整个自然界"。人的生产活动是全面的，他"懂得按照任何一个种的尺度来进行生产，并且懂得怎样处处都把内在的尺度运用到对象上去"③。人能够自由地对待自己的产品，当然也包括生产手段，因而在理想的制度中，人与技术的关系是完全积极的。然而，在资本主义生产方式中，自由的劳动变成了异化劳动。异化劳动不仅"从人那里夺走了他的无机的身体即自然界"，而且"把自主活动、自由

---

① Langdon Winner, *Autonomous Technology：Technics – out – of – Control as a Theme in Political Thought*, Cambridge：The MIT Press, 1977, p. 36.

② 马克思：《1844 经济学哲学手稿》，人民出版社 1979 年版，第 48 页。

③ 同上书，第 54 页。

活动贬低为手段，也就把人的类生活变成维持人的肉体生存的手段"①，使人同自己的劳动产品、自己的生命活动、自己的类本质和自己的同伴相异化。劳动者再也不能通过自我活动实现人的真正潜能，相反，他在生产活动中耗尽生命的本质。

温纳认为，"马克思形成了第一个有条理的技术自主的理论"② 但他同时也说，"不应该在把技术自主理论归因于马克思的方向上走得太远。尽管马克思展示了技术失控的充分发展的概念，但在他工作的内容中，它作为一个整体仅仅是更大的讨论中的一个插曲。"③

三　技术自主思想的涌现

在 20 世纪，技术自主的思想开始在不同的学术领域里展示出来。"从某种定义上说，自主的技术现在已成为意义重大的跨学科的假说，包括自然与社会科学、艺术、新闻媒体，甚至是技术专家自身。"④ 许多思想家从不同的角度阐发了技术自主的思想。哲学家海德格尔认为，技术不仅仅是单纯的手段，而且是一种"展现"的方式，它参与到自然、现实和世界的构造中，"展现"现实。现代技术的本质是"座架"，它将一切事物物质化、功能化、齐一化，对世界予以限定和强求。技术意志成为了评判事物的唯一的评判者，它决定事物有什么意义，有多大价值，没有什么东西能违抗它和劝导它。"没有一个人，没有一个人的团体，也没有哪个重要的政治家、研究家和技术人员的委员会，也没经济和工业的头面人物的哪一次正式会议，能够叫原子时代的历史过程刹车或加以引导。"⑤人类学家勒鲁瓦·古兰、历史学家吉尔和哲学家西蒙栋在他们的技术进化理论中也阐发了技术自主的思想。勒鲁瓦·古兰在《人与物质》一书中提出了"技术趋势"的概念，提出技术发展过程中存在某种普遍性趋势，技术有自行变化的能力，"一般性的趋势可以产生相互间没有物质亲缘关

---

① 马克思：《1844 经济学哲学手稿》，人民出版社 1979 年版，第 54 页。

② Langdon Winner, *Autonomous Technology*：*Technics – out – of – Control as a Theme in Political Thought*，Cambridge：The MIT Press，1977，p. 39.

③ Ibid.

④ Ibid. , p. 19.

⑤ Ibid. , p. 180.

系的相同的技术"①。这里，技术的自主性表现为技术趋势的这种普遍性、独立性和规则性。吉尔则通过发展"技术体系"的概念揭示了技术发明的自主性。吉尔认为，技术体系决定技术发明，对于某个特定的技术来说，它的发展逻辑首先是由它存在其中的技术体系决定的。"因为各种可能的组合方案是有限的，并且，由于选择依赖于现有的结构，所以它只能遵循几乎是强制性的途径。"② 同样，"西蒙栋用他称之为'具体化'的概念显著地证明了技术的自主性""没有比他提供的非常具体的例子更能证明技术物体自身的自主性"③。西蒙栋认为，技术发明尽管是人做出的，但新发明的可能性只有借助技术物体潜在的发明性才能转化为现实。从这个意义而不是从自动化的意义上，机器具有自主性：对自身起源的自主。技术自主的思想也体现在法兰克福学派特别是马尔库塞和哈贝马斯对科学技术的社会批判中。

技术自主的思想在 20 世纪晚期得到了相当多的公众关注，技术自主的观念也逐渐从学院的少数学者走向大众。

四　技术自主论产生的社会历史背景

自工业革命伊始，技术的力量日益强大。一方面，机器生产越来越多的替代手工劳动，以手工工具为基础的技术体系逐渐被以机器为基础的技术体系所取代，一种全球性的工业经济开始兴起，人类社会也由农业社会步入工业社会。另一方面，自然科学理论的突破是近代第二次技术革命得以发生的前提，科学走到了技术的前面，科学与技术的结合越来越紧密，二者相互促进、循环加速发展。技术与科学的结合，完成了科学文化对自然的祛魅，人们依靠技术的力量不断地征服自然改造自然，自然在人面前不再神秘，也不再值得敬畏。插上了科学翅膀的技术迅速地扩张，社会的经济、政治、文化等各个方面无不受它的影响，乃至受它的左右。技术的社会功能日益突显，以致许多人认为，技术是决定社会变迁的根本原因。当然，社会诸因素对技术的发展的影响是不可否认的，但究竟是技术决定社会的发展，还是社会决定技术的发展，这至今仍是一个争论不休的问

① 　贝尔纳·斯蒂格勒：《技术与时间》，裴程译，译林出版社 2000 年版，第 56 页。

② 　同上书，第 41 页。

③ 　Jacques Ellul, *The Technological System*, New York: Continuum, 1980, p. 125.

题。然而，世界各国为了各自的生存和发展都竞相发展科学技术，把科学技术的发展放在首位，却是不争的事实。这要求最有效最合理地使用现有的技术系统，要求尽可能迅速地推动现有技术系统的发展。在这个普遍规范面前，人不得不放弃自己相对于技术的独立主体的地位，服从技术必然性的支配。表面上看来，人可以发明某项技术，也可以不发明某项技术；可以采用某项技术，也可以不采用某项技术，这似乎说明人完全可以支配技术，在技术面前是绝对自由的。然而，人总是现实的人，总是生活在一定的社会历史条件下的人，人对技术的这种自由不能脱离具体的社会历史条件去理解。技术史上，一项发明在不同地区同时产生的例子是很多的。一项发明在不同地区同时产生首先表明，技术的发展有其自身内在的逻辑，只要具备相应的条件，技术发明几乎是必然的，不论由谁去研究开发。其次，它表明整个社会都在竞相发展技术。现代社会中的国家和企业为争取技术优势拼命发展新技术而不去过多地考虑发明的实际目的，以至于发明本身变成了目的。对于某项技术发明而言，即使某些国家或某些地区的技术人员不研究开发，也会有其他国家或其他地区的技术人员研究开发。谁能约束技术的这种研究开发？同样，一项技术成果的采用与否也是不以人的意志为转移的。不采用先进的技术，就会落后，落后就会挨打，有谁愿意挨打也不采用先进的技术呢？事实上，无论是在历史上还是在现实中，无论是发展中国家还是发达国家，无论是为了摆脱贫穷和落后还是为了维护领先地位，所有国家都在争先恐后地发展技术，谁也无法让技术前进的脚步停下来。社会发展到今天已变成了技术化的社会，技术化社会中的人的生存是一种技术生存。

第二节　埃吕尔：技术系统的自主性

一　技术本质观

1. 对技术的本质主义的理解

埃吕尔认为，不同时代不同领域的单个技术是千差万别的[①]，这些不

---

① 这里的现代技术是指工业革命以来的技术，按照埃吕尔的观点，也就是技术社会中的技术；传统技术是指传统社会中的技术，即工业革命之前的技术，或前技术社会中的技术。这与海德格尔的现代技术的概念大致相同。

同的技术有一个共同的特征，那就是效率。因此，他把技术定义为"在人类活动的各个领域通过理性获得的（在特定发展阶段）有绝对效率的所有方法"①。

埃吕尔首先区分了机器和技术。由于机器是技术中最有影响力的，通常所谓的技术史不过是一部机器的历史，人们一看到"技术"这个词，马上就会想到机器，从而把我们的世界看作是机器的世界。埃吕尔指出，这是一种错误的看法。这种错误的看法还会导致另一个更大的错误，即认为只需讨论机器，一切问题便迎刃而解，因为机器是技术问题的起源和中心。埃吕尔认为，不能把技术仅仅理解为机器，尽管机器技术是最有代表性的技术，但它只是整个技术中的一部分。技术已进入到人的一切生活领域，它和人结合在一起，构成人的本质，这是技术和机器根本的不同。正是从这个意义上，埃吕尔说，"技术现在几乎完全独立于机器之外了，机器已经远远落在技术的后面了"②。实际上，技术主要不是物质手段而是一种文化现象，是控制事物和人的理性方法，机器技术不过是作为方法的技术的一个结果。人的一切活动都受到这种从机器中抽象出来的结构原理的影响，它们都变成了技术的一部分。

其次，埃吕尔反驳了把技术看作是科学的应用的流行观点。埃吕尔认为，这种观点仅仅考虑了很短的历史时期和科学的一个分支，即十九世纪和物理学。历史地看，技术先于科学，古希腊最初的技术并不是来自古希腊科学，原始人也熟悉某些技术。即使是仅仅考虑物理学，在很多场合，技术也是先于科学。一个典型的例子就是蒸汽机的发明，那是纯粹的实验天才的成就，那时的科学和技术之间还没有自动的联系。今天的许多科学研究都是以巨大的技术准备为前提的，常常是一个简单的技术改进导致进一步的科学发展。如果技术手段不存在，科学就很难前进。

最后，埃吕尔把技术区分为"技术操作"和"技术现象"。"技术操

---

① Jacques Ellul, *The Technological System*, trans, Joachim Neugroschel, New York: Continuum, 1980, p. 125.

② Jacques Ellul. The Present and the Future ［A］, Hickman L A. （ed.）Technology as a Human Affair ［C］, New York: McGraw－hill Publishing Company. 1990, 346. 又如："技术本身已经成为一种实在，它自我存在、自我充实，并有自己的特殊法则和自我决定。"见 The Technological Society, 134。

作包括为达到特定目的而依据一定方法进行的所有操作。它可能是像分裂一块燧石那样简单的操作，也可能是像给电脑编制程序那样复杂的操作。方法是技术操作的基本特征，它的有效性有大有小，复杂程度可高可低，但其本质都是一样。"① 在特定的操作活动中，技术行为的特征总是寻求最大的有效性，完全自然的和自发的行为逐渐被一种复杂的力图提高产量的活动所代替。当判断和意识这两个因素介入技术操作的广大领域时，就产生了技术现象。"技术世界中的理性和意识的双重介入产生了技术现象，可以描述为在每一个领域对一个最好手段的寻求。'一个最好的手段'实际上就是技术的手段。所有这些手段合起来产生了技术文明。"② 寻求最好的手段依靠的是计算，建立在计算的基础上的技术现象是一种单一的技术，它已经成为制造和使用人工物的唯一的现代形式，而且把一切其他的人类活动形式都纳入自身之中。我们的时代中技术现象无处不在。

埃吕尔认为，现代技术主要有：（1）机械技术（mechanical technique），这是一个非常宽泛的术语，包括那样严格说起来不是机械的东西，如计算机③；（2）经济技术（economic technique），它几乎完全从属于生产，包括从劳动的组织到经济计划的广大领域，以其目标的不同区别于其他技术；（3）组织技术（the technique of organization），它不仅涉及工业和商业组织，还包括国家、行政管理组织，这种组织技术也应用于军事；（4）人类技术（human technique），包括从医学和遗传学到宣传（教学技术、职业指导、广告）的广大领域，人自身成为技术的目标。④ 在科学的帮助下，技术作为一种控制方法成了科学的控制方法。这种无所不包的控制方法，不仅被运用于生产领域，而且广泛地运用于政治、经济、教育、商业等领域。除了物质技术以外，经济学、政治学、社会学、法学、伦理学、心理学等都是构成现代技术的成分。哪里有以效率为准则的手段的研究和应用，那里就有技术。在当代社会，"实际上已没有什么能逃避

———————

① Jacques Ellul, *The Technological System*, trans, Joachim Neugroschel, New York: Continuum, 1980, p. 220.

② Ibid., p. 209.

③ Ibid.

④ Jacques Ellul, *The Technological Society*, trans, John Wilkinson, New York: Alfred A. knopf, 1964, p. 85.

技术"①。

2. 作为环境与系统的技术

现代社会以来，人类为了控制社会环境和自然环境，使各种现代技术得以发展起来。按照埃吕尔的观点，现代技术最初就是作为与自然环境、社会环境相抗争的获取自由的手段与中介发展起来的。"这些中介是如此扩展、延伸、增加，以致它们已构成了一个新的世界。我们已目睹了'技术环境'的产生。"② "技术环境吸收着自然，就像水力电气设备吸收瀑布，使之流进管道沟渠一样。我们正走进一个根本没有自然环境的时代。"③ 技术环境不仅通过渗透、消耗、吞噬自然环境来取而代之，而且塑造和调停社会关系。技术成为普遍的调停者，它将不同的文化改造成一个或多或少统一的世界体系。正如技术物从第一世界国家向第二和第三国家转移，意识形态也随之传播。这就是说，技术改变它的社会结构以适合它的需要，工业革命所引起的社会转型就是最明显的事实。"技术化超过一定程度之后，我们越过了一个由自然因素决定的社会，进入了一个由技术因素决定的社会。"④ 技术成为了现代社会秩序的决定性力量和终极价值，在现代社会秩序中，效率不再是一种选择，而是一种强加于人类全部活动的必然性。技术变成了普遍的强权，它已经渗透到社会生活的各个方面，不停地征服、吸收、重组，于是，在复杂的现实组织中，技术逐渐取代了能构成环境的那些东西。

技术环境是人所创造的把他自己完全包围起来的环境，也就是说，技术环境不仅是技术赖以产生并适于其中的环境，而且是现代人赖以生存的环境。"这意味着人类已不再生存于原始的'自然环境'（通常所说的'自然'，如乡野、森林、高山、大海等）。人类现在生活在一个新的人工

① Jacques Ellul, *The Technological System*, trans, Joachim Neugroschel, New York：Continuum，1980，p.210.

② Jacques Ellul. The Present and the Future ［A］, Hickman L A. （ed.）Technology as a Human Affair ［C］, New York：McGraw－hill Publishing Company. 1990，p.346.

③ Jacques Ellul, *The Technological System*, trans, Joachim Neugroschel, New York：Continuum，1980，p.217.

④ Ibid.，第219页。

环境中。"① 人生活在由沥青、钢铁、水泥、玻璃、塑料等构成的环境中，
"他不再与陆地和海洋的实体相联系而生活，而是与构成他的环境的全部
工具和对象的实体相联系。"② 比如，城市环境是典型的技术环境。城市
是一个完全人造的世界，它本质上是技术的产品。城市环境由单一的技术
产品构成，它几乎没有自然的因素。城市里的人接触自然完全是偶然的，
而且通常是微不足道的，比如度假。即使是去度假，人们同样也保持人工
环境，那些度假者被无数的电视和收音机之类的小器具环绕着。即使是和
自然相接触，人们也要重建一个技术环境。

技术作为一种新环境"通过穿透和充塞旧环境而行动"，它"渗入旧
环境，吞噬它、利用它"③，就像生命肌体里的癌细胞在早期非癌组织中
增生扩散一样。"城市世界通过郊区的伸展蚕食农村地区的方式就是一个
简单而形象的例子。技术环境如果不在自然世界（自然和社会）中找到
它的支持和资源，它就不能存在。但是它消除作为环境的自然，在破坏和
耗尽它的同时取代它。"④ 自然、社会都已经技术化了，不再是它们曾经
所是。埃吕尔认为，这里有一个决定性的颠倒：人曾经生活在自然环境
中，利用技术手段在其中生活得更好，而"现在人生活在技术环境中，
旧的自然世界仅仅供应它的空间和原材料"⑤。

现代技术不仅变成了一种环境，而且成为了一种系统。埃吕尔基本上
赞同 Parsons 的系统观⑥，认为系统是有一些相互关联的要素构成，构成
要素的变化会引起系统整体的变化，而整体的变化也会影响到组成要素。
系统作为整体可以与其他系统发生关系，组成更高的系统，但系统内部要
素之间的结合优先于内部要素与外部因素的结合；系统是动态的，反馈是
系统的本质特性。埃吕尔说，他选择"系统"这个术语描述技术，并不

---

① Jacques Ellul. *The Technological Society* ［M］, trans. John Wilkinson. New York：Alfred
A. knopf, 1964, pp. 79 - 80. "技术的方向由它自身所决定。"见 The Technological System, p. 234.

② Jacques Ellul, The Technological System, trans, Joachim Neugroschel, New York：Continu-
um, 1980, p. 234.

③ Ibid. "在历史上，很少发现人有意地放弃技术可能性的利用。"

④ Ibid. , p. 235.

⑤ Ibid. , p. 236.

⑥ Jacques Ellul, *The Technological Society*, trans, John Wilkinson, New York：Alfred A.
knopf, 1964, p. 82.

是因为这个术语流行，而是因为它适合描述技术，它是理解技术必不可少的工具。"技术现在是如此特殊，以至于我们不得不把它当作一个系统。"① 在埃吕尔看来，研究不同技术的唯一可能的途径，就是研究技术系统。技术已成为系统，这意味着每一单个的技术实际上已结合成一个整体，必须以整体的方式去理解每一单个的技术，而"单独地考察一种技术或一种技术的影响是绝对没有用的，这根本没有意义"②。

技术系统中的所有部分都是相关的，这种相关性被信息技术所加强。埃吕尔认为，技术系统存在主要不是因为不同要素之间的机械关系，而是因为不同技术要素间有着越来越密集的信息关系。每个技术产品或技术方法都是信息的传送者，每个技术产品或技术方法都记录有整个技术环境传送的信息，正是所有技术环境中的信息传输而使得技术成为系统。在埃吕尔看来，信息论的发展是因为技术凭借信息关系而作为系统存在，它是对人理解新世界的需要的回应。

埃吕尔特别强调计算机在技术系统中的作用，认为计算机加速了技术系统化的过程。首先，计算机加强了技术之间的联系。计算机的重要性在于它处理信息，而信息的传送、流动、接受、解释在现代社会越来越重要，技术系统也正是靠这些完成它的构造。技术要素之间不一定有物质的联系，但各个部分都是信息的接受者，计算机使一种柔韧的、非正式的连接成为可能，从而加强了过去没有什么相互关系的技术之间的联系。其次，计算机组织、协调技术子系统。随着所有技术的增长和所有活动的技术化，出现了阻塞、混乱的状态，技术子系统之间需要组织、协调。计算机如同技术整体中的神经系统，它改变管理、控制的结构和程序，将平行管理转换成综合管理，通过建立技术整体中的各个部分的关联使子系统得以组织，通过综合各部分相互之间的信息和总的信息，使子系统得以协调。"事实上，正是计算机使得技术系统最终将自身确立为系统。"③

埃吕尔所说的技术系统指的是技术大系统，类似于我们通常所说的技术体系。这个技术大系统有三个特征。第一个特征是技术系统本身由许多

---

① Jacques Ellul, *The Technological System*, trans, Joachim Neugroschel, New York: Continuum, 1980, p. 240.

② Ibid., p. 248.

③ Ibid., p. 249.

子系统组成：电力的生产和分配系统、自动化生产的工业系统、航空系统、军事防御系统，等等。技术系统"不过是这些众多的子系统之间的相互关系的结果，它仅仅是在这些子系统运行和它们之间正确的相互关系这个意义上起作用。"① 第二个特征就是技术系统的弹性。"技术系统越复杂越全面，它就越富有弹性。"② 技术系统的每个子系统可能是刚性的，但技术整体倾向于柔韧地运行。技术有充分的弹性适应当地的条件，文化的多样性的存在是系统弹性的见证。第三个特征是"技术系统本身构造它自己的适应、补偿和助长的过程"③。技术系统生产有利于系统增长和运行的令人满意的事物，它技术地提供丰富的消费品，补偿无色彩的、无冒险的日常生活。因此，技术为一些社会团体特别是技术专家所认同，这些社会团体为技术辩护。技术将它自身重组的过程包含在内，任何系统内的骚乱、任何对系统的挑战，不过是确立新技术、新组织、新程序的诱发和刺激。技术系统生产它存在和发展的条件。

二　技术自主论解释：不受抑制的技术

埃吕尔认为，现代技术与传统技术的一个根本的不同是：现代技术已成为了一种自主的力量。技术自主意味着，"技术最终依赖于自己，它制定自己的路径，它是第一位的而不是第二位的因素，它必须被当作'有机体'，倾向于封闭和自我决定：它本身就是目的。"④ "技术作为一个系统遵循它自己的法则，遵循它自己的逻辑。"⑤ 现代技术的这种自主性主要表现为技术系统的自增性、技术前进的自动性和技术发展的无目标性。

1. 技术系统的自增性

技术的自增性，是指技术"通过内部的固有的力量而增长"⑥，也称

---

① Jacques Ellul, *The Technological Society*, trans, John Wilkinson, New York: Alfred A. knopf, 1964, p. 82.

② Jacques Ellul, *The Technological System*, trans, Joachim Neugroschel, New York: Continuum, 1980, p. 247.

③ Ibid., p. 245.

④ Jacques Ellul, *The Technological Society*, trans, John Wilkinson, New York: Alfred A. knopf, 1964, p. 94.

⑤ Ibid., p. 142.

⑥ Ibid., p. 143.

为技术的自我增长。这里所说的技术增长，指的是整个技术或技术系统的增长，不是指单个技术，单个技术的发展总是存在着极限。埃吕尔认为，技术的自我增长包括两种现象。一方面，技术在它的进化过程中到达了这样一个阶段，即它已改变了性质，"一种内部力量迫使它增长"①，迫使它保持变化和前进。另一方面，现代人对技术是如此热心，如此确保它的优越地位，如此沉浸在技术环境中，以至于他们无一例外地导向技术进步。除了那些还没有结合到技术系统中来的第三世界国家和技术社会中的极少数的反技术的个人，在每个行业或专业，几乎所有人都在直接或间接地促进技术增长，"技术进步本质上就是这种共同努力的结果"②。在埃吕尔看来，这两种现象实际上是同一的。技术系统当然只能通过人的行动而发展，然而，"这种行动是如此精确地被引发、决定、规定、召集、得出，以至于没有人能够逃脱这种行动，每个人的活动最终结合在一起"③。每个人都朝这个方向努力，这种努力的结果就是技术的增长，这种增长就是一种自我增长。埃吕尔认为，技术的自我增长首先体现在技术的发明和创新上。技术发明乃是先前的技术要素的组合，它本质上是先前技术增长的内在逻辑的产物。电视、收音机、汽车等技术产品都是先前技术元件的结合，那些分离的部件先前就存在，只有在此基础上，最终的产品才有可能。人在技术发明的过程中只有很小的灵活性和首创精神。

2. 技术前进的自动性

技术前进的自动性是指技术通过自己的路线选择自身，独立于人的决定和外在力量而前进。自动性不是指自动化，技术系统不是机器或巨大机器的累加。自动性也并不意味着没有人的选择，只不过这种选择为先前的技术所引导，为技术理性所规定。技术前进的自动性包括技术活动的自我定向、技术之间的自动选择、环境对技术的自动适应和非技术活动的自动消除四个方面。

第一，技术活动的自我定向。技术活动的自我定向可以从两个方面来

① Jacques Ellul, *The Technological System*, trans, Joachim Neugroschel, New York: Continuum, 1980, p. 151.

② Jacques Ellul, *The Technological Society*, trans, John Wilkinson, New York: Alfred A. knopf, 1964, p. 140.

③ Ibid. , p. 138.

分析。一方面,技术在所有的方向上发展,"任何领域的每个目标、困难、问题、成就、障碍等都会引发技术研究"①。技术的这种发展似乎没有选择的余地,"任何可以做的事情必须做:这又是自动性的根本法则"②。另一方面,技术增长路线的确立是自动的。技术的增长路线是技术系统的结构所决定的,"技术系统根据所有可能的技术的发现和应用而最好地运行"③。技术在所有的方向上发展,不同技术的发展速度有快有慢。有些技术发展到某一点时可能会完全停下来,但其他技术的发展有可能给它带来新的结合,它可能获得新的发展,也可能为全新的技术所取代。不论技术如何发展,它的发展路线都是它自身自动确立的。技术发展定向是纯粹的技术系统的内部事务,原因是纯粹技术的,而"人的决定、选择、希望和恐惧几乎不对这种发展起作用"④。当然,人可以对技术的发展做出预测,但是,"预测不是在特定方向上控制技术的工具,它是防止技术与社会之间出现难以解决的冲突的必不可少的工具"⑤。预测的可能正好说明技术的增长路线不是人为它设定的,而是自动确立的。

第二,技术之间的自动选择。埃吕尔认为,对完成同一个任务的两种或多种可能的技术之间的选择是自动的。这种选择当然是人做出的,但是人并不是根据自己的喜好或动机做出选择,而是根据排他的技术理性做出的。"这种选择实际上是技术结果所强加的。"⑥ "严格地说,这里没有关

---

①　Jacques Ellul, *The Technological Society*, trans, John Wilkinson, New York: Alfred A. knopf, 1964, p. XXXⅧ.

②　Jacques Ellul. Nature, Technique and Artificiality [A], Translated by Katharine Temple. Research in Philosophy and Technology [C], edited by Paul T. Durbin, Greenwich, Conn. : JAI Press, 1980, vol. 3, 281.

③　Ibid.

④　Ibid. , p. 349.

⑤　Jacques Ellul, *The Technological System*, trans, Joachim Neugroschel, New York: Continuum, 1980, p. 155.

⑥　Jacques Ellul. The Present and the Future [A], Hickman L A. (ed.) Technology as a Human Affair [C], New York: McGraw – hill Publishing Company. 1990, p. 349. 埃吕尔对技术的前景持悲观态度,但对人类的未来仍充满希望。他认为,"我们今天所面对的正是有效的人类决定丧失的结果。"(见 The Technological Society, 77.)"如果越来越多的人充分认识到技术世界对人的私人和精神的生活的威胁,如果他们决定维护他们的自由而扰乱这种演进的路线,那么,我的预言将是无效的。"(见 The Technological Society, XXX.)

于大小的真正选择,在 3 与 4 之间没有真正的选择,4 大于 3。"① 这是人无法干预的事实,没有人能改变、否定和逃避这一点。同样,"在两种技术方法之间没有选择:一个不可避免地强加自身,因为它的结果是可以计算的、可以测量的,是明显的和无可争议的。"② 比如利用原子能,一开始,美国选择浓缩铀,英国和法国选择自然铀,这种选择并不明显,但通过许多实验,结果逐渐明朗,只有浓缩铀是可行的。"在这种实验中没有人所做出的真正的选择,技术使之变得明确。"③ 可以说,这种判断是纯粹自动的,这种选择是技术本身做出的,因为研究者可以反复地做实验,技术结果是可以计算、预测的,是没有争议的。这种选择不是建立在人的动机的基础上,人只不过是记录由各种技术获得的结果的装置。

第三,环境对技术的自动适应。技术的发展会与它的环境产生冲突,解决冲突的方式无非这样三种:技术适应环境、技术与环境相互适应、环境适应技术。埃吕尔认为,如果特定的气候、土壤甚至心理状态或一些习惯与技术应用是相容的,那么,通常技术会作一些调整以适应它们,"因为有时改变一种机器或方法的类型比改变习惯或特性容易"④,"在某种情形中,根据存在的现实塑造技术比改变现实更容易"⑤。也就是说,在不根本违背技术发展的前提下,技术有时也会做出一些调整以便与环境相容。通常的情况是环境根据技术结果自动地做出调整,这种调整是不可避免的和不可缺少的。

第四,非技术活动的自动消除。

技术系统入侵到社会生活所有的领域,不可避免地与非技术化的生活方式相冲突。当技术进入一个新领域与非技术的活动相冲突时,"技术活动自动地消除非技术的活动,或者将非技术活动变成技术活动。"⑥ 技术

① Jacques Ellul. The Present and the Future [A], Hickman L A. (ed.) Technology as a Human Affair [C], New York: McGraw – hill Publishing Company. 1990, p. 351.

② Ibid. , p. 352.

③ Ibid.

④ Ibid.

⑤ Jacques Ellul, *To Will and To Do*, Philadelphia, PA: Pilgrim Press, 1969, p. 193.

⑥ Jacques Ellul. The search for ethics in a technicist society [J], Translated by Dominique Gillot and Carl Mitcham from "Rechesche pour une Ethique dans une société technicienne," Morla et Enseignement (1983), pp. 7 – 20. http://www.cs.vu.nl/~stlangke/je.pdf.

活动之所以能将非技术活动消除或使之转变为技术活动，是"因为没有什么能和技术的东西相抗争"①。正如"只有宣传才能回击宣传、只有精神强迫才能回击精神强迫"那样，"技术的力量只有通过另一种技术的力量才能对抗，其他一切都被一扫而空"②。人类生活作为一个整体为技术所淹没，已经没有非理性化、非系统化的活动的空间。埃吕尔认为，人类今天处在所有非技术的东西正在被消除的历史发展阶段。在技术手段和基于想象、个体特征或传统的非技术手段之间没有选择。个体面临两难境地：如果他决定保护的选择的自由，选择使用传统的、个人的、道德的、经验的手段与技术手段相抗争，失败是不可避免的；如果接受技术的必然性，他能成为胜利者，但要不能挽回地屈从技术的奴役，非技术活动不可避免地屈从于技术活动，被技术活动所消除。

3. 技术发展的无目标性

传统的观点认为，技术是人为了达到某种目的的手段，技术发展是因为人想要达到某种目标。③ 换句话说，人为技术设定了某个目标，使之朝向这个目标发展。埃吕尔认为，这种观点是错误的。在埃吕尔看来，技术的发展是漫无目的的，它并不服从人为它设定的目标。"技术并不是按照人们所追求的目标发展，而是根据业已存在的增长可能性发展。"④ 为了深入分析这个问题，埃吕尔将目的或目标区分为终极目标、中期目标和短期目标。首先，技术并不是朝向人为它设定的终极目标发展。技术的发展如果有终极目标，那么，这个终极目标是什么呢？是不是人的"幸福"？显然，"幸福"是一种非常含糊的、非实在的满足，它并不等于物质消费或休闲。建立在技术基础上的物质享受既不是"幸福"的充分条件，也不是绝对的必要条件，因为人在绝对贫困中也能感到幸福。是不是人的自我实现？是不是为了使人更聪明、更有力量？如果是，是为了所有的人，

① Jacques Ellul. The search for ethics in a technicist society [J], Translated by Dominique Gillot and Carl Mitcham from "Rechesche pour une Ethique dans une société technicienne," Morla et Enseignement (1983), pp. 7 – 20. http：//www.cs.vu.nl/~stlangke/je.pdf.

② Ibid.

③ Jacques Ellul. The Present and the Future [A], Hickman L A. (ed.) Technology as a Human Affair [C], New York：McGraw – hill Publishing Company. 1990, p. 355.

④ Ibid., p. 356.

还是为了某一部分人？总之，技术发展不可能有任何真正的终极目标，"技术发展是因为它发展"①。如果有终极目标，这样的终极目标也是完全包含在手段体系中，是由技术系统提出的。其次，技术发展是否服从人为它设置的中期目标。埃吕尔认为，首先要弄清楚是谁设置这些目标。"如果是非技术人员（政治家、管理者、资本家）确立的目标，那么这种指派的目标对于研究是灾难性的。"② 这种目标虽然存在，但它没有实现的机会，除非它是科学家和技术专家自己设置的。技术专家设置技术的中期目标并不是依据人的需要或崇高的理想，而是依据技术的可能与不可能的界限。也就是说，中期目标从属于技术的法则。第三，关于技术发展的短期目标。一般认为赚钱或获取利润是技术发展的直接目标，但赚钱的动机可能刺激技术的发展，也可能阻碍技术的发展，而且有些基础性的研究是看不到利润的。埃吕尔认为，发明者为了解决技术问题，对金钱的关注不是主要的，"像挣钱的这样的目标绝不是技术进步的原因"③。发明者依附于技术，他被结合进技术系统中。"唯一有效的直接目标是技术人员在他的实验、他对技术的利用等中自己设置的。"④ 但技术人员设置技术的短期目标只能在先前获得的技术定向中根据可得到的手段做出。

不仅如此，埃吕尔还分别从技术与科学、政治、经济、伦理及价值几个方面的关系阐述了社会诸因素以及社会作为一个整体都不能决定支配、控制技术的思想，进一步强化了他的技术自主论理论，在此不一一陈述。

三　非力量伦理学：解救技术之道

埃吕尔认为，技术的自主性必然与人的自主性相冲突，自主的技术成为人的自由的最大威胁，埃吕尔通过建立新的伦理学来寻求使人类摆脱生存威胁的途径。

---

① Jacques Ellul. The Present and the Future ［A］, Hickman L A. （ed.）Technology as a Human Affair ［C］, New York：McGraw – hill Publishing Company. 1990, p. 357.

② Ibid.

③ Jacques Ellul. Nature, Technique and Artificiality ［A］, Translated by Katharine Temple. Research in Philosophy and Technology ［C］, edited by Paul T. Durbin, Greenwich, Conn.：JAI Press, 1980, vol. 3, 282.

④ Jacques Ellul. The Present and the Future ［A］, Hickman L A. （ed.）Technology as a Human Affair ［C］, New York：McGraw – hill Publishing Company. 1990, p. 356.

在埃吕尔看来，传统的伦理是根据旧环境中的人与社会的关系提出的，它随着技术这种新环境的出现而逐渐贬值。传统的伦理规范对技术专家几乎没有什么影响，他们不会因伦理规范而放弃技术研究。传统伦理的无能还体现在科学家和技术专家把他们自己变成道德家，他们提出满足技术系统发展的伦理要求。因为技术进步对西方大多数人而言是美好未来和幸福的保证①，所以他们能够提出这种伦理要求。这种伦理要求也是事实上形成，它是技术系统运行的需要，它要求人适应机器，适应技术环境。适应就是好的，不适应就是坏的，这种观念逐渐成为判断我们社会中各种行为的标准，它"倾向使各种替代行为、替代价值和美德贬值"②。这种伦理的核心是技术的效率，在这种以效率为核心的伦理中，"好与坏和成功与失败是同义的"③。

埃吕尔认为，伦理问题的焦点实际上是力量的问题。因为借助技术，人可以耗尽世界上的所有资源，可以发动毁灭人类的战争。力量的扩张总是带来问题，如果没有限制力量的价值规范，"一切能做的都必须做"就会成为流行的规则。既找不到内在的限制，也找不到外在的限制，力量的扩张与道德的败坏就走到一起。"因此，伦理的反思必须定位于处理力量的层次上。"④"当代技术手段的力量和扩张完全占据我们的思想、生活的领域，不给外在的技术目的以任何空间。因此，问题停留在这种技术的世界中，正是在这里，我们提出伦理问题，寻求适当的回答。"⑤

埃吕尔据此提出了他的非力量伦理学（Ethics of Nonpower）。"一种非力量的伦理学——事情的根本——显然是人同意不做他们有可能做的一切事情。不再有从外部反对技术的方案、价值、理由、神圣的法则。因此，有必要从内部考察技术，并且承认，如果人不实践一种非力量伦理，就不

① Jacques Ellul. The search for ethics in a technicist society ［J］, Translated by Dominique Gillot and Carl Mitcham from "Rechesche pour une Ethique dans une société technicienne," Morla et Enseignement（1983）, pp. 7 – 20. http：//www. cs. vu. nl/ ~ stlangke/je. pdf.

② Ibid.

③ Jacques Ellul, *To Will and To Do*, Philadelphia, PA：Pilgrim Press, 1969, p. 193.

④ Jacques Ellul. The search for ethics in a technicist society ［J］, Translated by Dominique Gillot and Carl Mitcham from "Rechesche pour une Ethique dans une société technicienne," Morla et Enseignement（1983）, pp. 7 – 20. http：//www. cs. vu. nl/ ~ stlangke/je. pdf.

⑤ Ibid.

能靠技术生存，实际上是不能靠技术合理生存。这是根本的选择。只要人们的思想仍定向于力量和力量的获得，定向于不断的扩张，一切都不可能。问题是我们必须系统地、自觉地探求非力量。"① 埃吕尔认为，非力量伦理体现在社会生活的所有层面上。它可用于个体利用技术手段的实践中，比如，不以最快的速度开车，不把收音机的音量开到最大，不处处用技术手段；它同样也可用来规范制度建设、科学研究、体育运动、教育教学等各种活动。

非力量伦理学并不意味着认可软弱无能、消极被动，非力量远不是软弱无能的同义词。相反，"非力量伦理学暗示着一套限制"②。埃吕尔认为，设置限制像文化一样永远是我们社会的一部分，限制的缺乏是对人类的否定。没有限制，不论什么团体都不能以人的方式生活。真正的限制是"那些实际上不可逾越和不可侵犯的神圣的东西的结合"③。自由通常要求超越限制，但并不是不要任何限制，有些限制就像重力对人的约束一样是不能超越的。一旦超越，非但不能获得自由，反而丧失自由。因此，在有些情形，自由要求重建限制。埃吕尔认为，那些环绕和保护婚姻、性、家庭生活的限制在我们的时代已经被打破，如果要在那些领域获得自由，必须重建那些限制。这就好比帆船运动员学会利用浪潮，抢风航行，他唯一害怕的是风平浪静，限制或抵抗的缺乏，因为那时他什么也做不了。为了自由，必须站在全球的立场，考虑所有技术应用的领域，为技术实践作出明确的限制。"不论什么时候，科学家或技术专家不能以最大的精确和肯定来确定一项可能的技术的全球的和长期的影响时，拒绝从事这样的技术过程是绝对至关重要的。"④

为技术实践设置限制，首先要除去技术的"神圣化"，要"让知识分

① Jacques Ellul. The search for ethics in a technicist society [J], Translated by Dominique Gillot and Carl Mitcham from "Rechesche pour une Ethique dans une société technicienne," Morla et Enseignement (1983), pp. 7 – 20. http：//www. cs. vu. nl/ ~ stlangke/je. pdf.

② Ibid.

③ Jacques Ellul, *The Ethics of Freedom*, Translated and edited by Geoffrey W. Bromiley. Grand Rapids, Mich. : Eerdmans, 1976, p. 345.

④ Jacques Ellul. The search for ethics in a technicist society [J], Translated by Dominique Gillot and Carl Mitcham from "Rechesche pour une Ethique dans une société technicienne," Morla et Enseignement (1983), pp. 7 – 20. http：//www. cs. vu. nl/ ~ stlangke/je. pdf.

子发展一种批评的态度，以便他们能够质询他们正在研究的技术"①；要"认识到，高度发展的技术手段并不必然是最好的，即使它们是最有效的"②。为技术实践设置限制，意味着要作出关于技术的根本选择："增加或减少力量、生产、手段等等"③。"与这种选择相比较，其他所有选择（选择汽车颜色、度假地点、电脑品牌的权利）都完全是无价值的和表面的。"④ 为技术实践设置限制，还意味着对技术的挑战甚至"违反"（Transgression），"挑战建立在技术基础上的行为规则"，"追问强加给人们和组织以便使技术能够发展的前提"⑤，从而给技术世界注入新的张力和冲突。

非力量伦理为技术设立限制，并不是要回到过去。埃吕尔明确地表示，"'去技术化'是不可能的"⑥。如果"去技术化"，我们将会像原始人那样生活。"回到过去，宣称技术必须被消除，并不是我的目标。我在寻找新方向。我试图到达社会的'基础'。"⑦ 埃吕尔不过是希望人们严肃地对待技术引起的问题，希望人们在利用技术的同时，还能对技术采取批判的态度。在埃吕尔看来，只有我们每个人都"能使用技术而同时又不被技术使用、吸收或不臣服于技术"⑧，才可能走出技术社会生存的困境。而要做到一点，只有寄希望于教育。教育孩子，也并不是让他们拒绝技术，事实上，拒绝技术是不可能的。"我们必须认识到，在一段或长或短的时期里，我们的孩子或孙子将生活在技术环境中，我们甚至一秒钟也不

---

① Jacques Ellul. The Present and the Future [A], Hickman L A. (ed.) Technology as a Human Affair [C], New York: McGraw - hill Publishing Company. 1990, p. 356.

② Ibid.

③ Jacques Ellul. The search for ethics in a technicist society [J], Translated by Dominique Gillot and Carl Mitcham from "Recheche pour une Ethique dans une société technicienne," Morla et Enseignement (1983), pp. 7 - 20. http: //www. cs. vu. nl/ ~ stlangke/je. pdf.

④ Ibid.

⑤ Ibid.

⑥ Jacques Ellul, *The Technological System*, trans, Joachim Neugroschel, New York: Continuum, 1980, p. 82.

⑦ Jacques Ellul. The Present and the Future [A], Hickman L A. (ed.) Technology as a Human Affair [C], New York: McGraw - hill Publishing Company. 1990, p. 355.

⑧ Ibid., p. 356.

能想象，我们能抚养他们而不接触技术环境。"① 就像原始人拒绝社会组织而继续生活在森林里最终只会灭绝一样，如果让孩子拒绝技术，他们将无法生存下去。"我们不能这样抚养孩子：好像他们不理会技术，好像他们从一开始就不被介绍到这个技术世界。如果我们试图那样做，我们将使我们的孩子成为完全不适应环境的人，那么他们将是非常易受技术力量攻击的人。然而，我们不能希望他们成为纯粹的技术专家，使他们是如此地适应技术社会，以至于他们完全缺乏直到现在被认为是人性的东西。"②"我们必须教他们，让他们准备生活在技术之中的同时反对技术。我们必须教他们，生活在这个世界里什么是必须的，同时发展一种对现代世界的批评的意识。"③

　　埃吕尔自己也意识到，要实践他提倡的这种伦理是非常困难的，但他仍然怀抱希望。"什么也不能保证人们一起进入我设置一些路标的那条道路。同时，什么也不能允许我们说，他们将不会那样做。"④ 在埃吕尔看来，这种伦理只能是集体苦心经营的结果，是某种生存方式的共同采纳，它需要智力和意识的发展，它需要每个人在他的工作、生活的各个方面中去努力。反之，如果每个人都放弃自己的责任，如果每个人都把自己局限于技术文明中的琐屑的存在，如果每个人都不考虑对抗技术决定的可能性，那么一切将会像他所描述的那样发生。尽管他自己的工作是小规模的，是"真正的工匠的工作"，但埃吕尔确信，包括他在内的少数人的缓慢的劳动是"真正的社会内在变化的起点"⑤。

　　埃吕尔并不是极端的悲观主义者，虽然埃吕尔宣称，在技术的自主性面前，没有人的自主性，但在阐明技术的自主性时，埃吕尔实际上多处暗示人的选择与行动终究是决定性的，不然，也就没有对新伦理的寻求，没

　　① Jacques Ellul. The Present and the Future [A], Hickman L A. (ed.) Technology as a Human Affair [C], New York：McGraw – hill Publishing Company. 1990, p. 356.

　　② Ibid. , p. 357.

　　③ Ibid.

　　④ Jacques Ellul. Nature, Technique and Artificiality [A], Translated by Katharine Temple. Research in Philosophy and Technology [C], edited by Paul T. Durbin, Greenwich, Conn. ：JAI Press, 1980, vol. 3, 282.

　　⑤ Jacques Ellul. The Present and the Future [A], Hickman L A. (ed.) Technology as a Human Affair [C], New York：McGraw – hill Publishing Company. 1990, p. 356.

有对自主技术的回应。埃吕尔对技术的自主性的揭示不过是希望"唤醒沉睡者",希望人们重视技术对人的负面影响。

第三节 温纳：从技术哲学到技术政治学

一 技术本质观

1. 对技术本质的非本质主义理解

温纳认为,"技术"这个术语的涵义在过去是非常明确的,它指的是一种"实用的艺术""实用艺术的研究"或"实用艺术的集体"。在18—19世纪的文学作品中,这种意义是清楚的,无须熟思或分析。那时的"技术"还不是一个描述现实的重要术语,人们更多地直接谈论机器、工具、工厂、工业、工艺和工程。然而,语言的习惯在20世纪逐渐地发生了变化。技术的内涵和外延都得到了迅速的扩张。它现在广泛地用于学院语言和日常语言中,用于谈论工具、仪器、机器、组织、方法、技巧、系统等许多不同的现象,以及在我们的生活经验中所有与这些相似的事物的总体。从相对精确的、狭窄的、不重要的意义向含混的、广阔的、非常重要的意义转化,这可以通过韦伯斯特的未经删节的词典予以追溯。在1909年的韦氏词典中,这个词语被定义为"工业的科学,关于工业技巧特别是重要的制造的科学或系统的知识";然而,1961年的韦氏词典中,这个定义发展成为:"被人利用以达到物质文化目标的手段的全部。"① 温纳认为,甚至这个定义也显得太狭窄,因为如果我们注意到这个词语实际上如何被使用,就会发现,它的确已远远超出物质文化的目标,一些最迷人的新技术常常与心理或精神状态的改变有关②。

关于埃吕尔关于技术的定义,温纳认为埃吕尔的技术定义接近地符合现在日常英语中使用的技术这个词,但他也注意到,宽泛的技术定义有可能导致这个术语使用上的混乱。甚至有人得出技术是一切和一切是技术的结论。温纳认为造成这种混乱的主要原因是,不同领域的技术专家发展了

---

① Langdon Winner, *Autonomous Technology*: *Technics - out - of - Control as a Theme in Political Thought*, Cambridge: The MIT Press, 1977, pp. 8 - 9.

② Ibid. , p. 9.

"技术"这个概念,"技术"的范围迅速地扩大,"技术"的许多内容是最近才添加进去的,然而,公共语言资源中却没有一个更好的语词能够取代"技术"这个概念,尽管人们感到必须有一种更好的方式来表述这些发展。温纳实际上指出了定义技术的困难,技术的内容随着时代的变迁而不断发展,要在技术这个概念所指向的现象中寻找共同的要素是很困难的。因此,温纳没有像埃吕尔那样直接给技术下一个简洁的定义,而是对我们通常所说的技术进行了分类和描述。温纳认为技术包括以下三个方面的内容:①(1)技术的硬件,包括工具、仪器、机器、用具、武器、小器具等,温纳用了"器械"(apparatus)这个术语描述;(2)技术的软件,包括技巧、方法、工序、程序等;(3)技术的"组织",温纳认为技术经常涉及一些(但不是全部)不同的社会组织——工厂、车间、行政机构、军队、研究和发展组织,组织在这里意指"所有不同的技术的(理性生产的)社会安排"②。从对技术内容的描述上看,温纳基本上同意埃吕尔的技术定义,只不过对他的"绝对有效性"的概念有保留。

可见,温纳和埃吕尔所说的技术都是一种广义的技术,包括自然技术、社会技术和人类技术。

2. 作为生活方式的技术

温纳认为,技术已成为人们的"生活方式"(a way of life)。"在现代技术发展过程中,个人习惯、理解、自我概念、时空观念、社会关系、道德和政治界面都被强有力的重构。"③ 技术是一种构造人类社会秩序的方式。技术的发明及其应用,带来了人类活动和人类制度模式的重要更替,带来了社会角色和社会关系的重构。许多重要的技术设备和系统包含了重建人类社会秩序的可能性和必然性,因为特定的技术设备和系统几乎永远与权力、权威的特定组成方式相联系,权力、权威、自由和社会公平等深深嵌入到技术结构的运行方式中。特定的技术设备和系统的采用总是为了解决某些问题或替代这些问题的原有的解决形式,而这些问题的解决或解决形式的变换必然导致相应的社会关系的变化。

---

① Langdon Winner, *Autonomous Technology*: *Technics – out – of – Control as a Theme in Political Thought*, Cambridge: The MIT Press, 1977, pp. 11—12.

② Ibid. , p. 12.

③ Ibid. , p. 9.

技术对日常的"生活方式"有着更普遍的影响。新技术产品的使用会产生相应的行为模式。技术创新迅速地改变人们工作、谈话、吃饭、打扫卫生的日常模式，有时甚至产生全新的模式。电灯、电话、电视、汽车、计算机在日常生活中的使用，使我们的世界很快变成了以电灯、电话、电视、汽车、计算机作为生活方式的世界，没有它们生活将是不可想象的。技术还改变人们的生活方式，而且影响人们的价值观念、时空观念、自我感知和理解，改变人们的思维方式。"机器人在工业车间内的推出，不仅提高了生产力，而且经常极大地改变生产过程，并重新定义'劳动'在那种背景中的意义。当精密复杂的新技术或新设备在医学实践中被采用时，它不仅改变医生的活动，而且改变人们对卫生、疾病和药物治疗的思考方式。"① 伴随技术变革的行为模式和思维方式的改变最终会产生一些法律问题。温纳举了一个有趣的例子。在美国一些大城市里，人们习惯驾车外出，而步行这种简单活动却会遭到告诫。美国最高法院曾处理过这样一个案件，一个喜欢晚间长途步行于圣地亚哥街道上的年轻人一再被警察作为可疑分子而逮捕。最后法院裁定支持步行者，认为仅仅是徒步行走不构成犯罪。②

因此，关于技术的重要问题是：当人们创造新技术利用新技术时，人们创造了什么样的世界。温纳认为，我们不仅关注物质工具和过程的形成，而且关注作为意义重大的变革的一部分的心理的、社会的和政治的条件的生产；我们需要了解的不仅仅是如何制造、如何操作、如何使用等等，还需要阐释技术以何种方式或明显或微妙地改变我们的日常生活方式。整个世界在结构上已经发生了巨大变革，而人们还没有关注这些变革的含义。"对技术的评价是建立在狭隘的基础之上的，即只关注一项新设备是否服务于特定需要、是否比原有的设备更有效率、获得更多利润或更为方便。"③但是，人们几乎不对那些未知其变革含义的、即将到来的创新加以研究、讨论或评价。温纳认为，在技术及其带来的相应的变革产生之前，预先质询人造物的性质、制度的性质、人类经验的性质是有价值的。

---

① Langdon Winner, *Autonomous Technology*: *Technics – out – of – Control as a Theme in Political Thought*, Cambridge: The MIT Press, 1977, p. 6.

② Ibid. , p. 11.

③ Ibid. , p. 9.

二　技术自主论解释：控制的丧失

1. 对技术控制的质疑

温纳认为，自主是与控制相对应的概念。所谓技术自主，就是人不能控制技术，或者说人丧失了对技术的控制。如果人仍然能够控制技术，那么技术就不是自主的。按照传统的观念和信仰，技术无疑不是自主的，因为它牢牢地在人的掌控之中。温纳对此提出了质疑。

首先，人类对技术的了解有多彻底？温纳认为，这是一个模棱两可的问题，可以有多种方式回答。但如果换成这样一个问题：个体了解多少影响其生活的技术？那么答案是明确的，知之甚少。现代技术是如此高度专业化和分散，以至于绝大多数人只能了解和掌握极少的一部分。大多数人并不了解围绕他们的那些技术设备是如何连接、如何工作的，除非它是那些领域的专家，而专家对他们领域之外的技术在很大程度是也是茫然的。

其次，人类控制技术到何种程度？"如果控制被理解为实施支配性影响或维持约束，那么许多当代文献会发现控制问题是荒谬的。"① 大规模系统的扩张、持续不断的加速的技术创新等使得扩展人类对世界的控制的技术本身变得难以控制。

最后，技术是完成人类目的的中性工具吗？温纳认为，技术不是纯粹中性的，而是负荷价值的。技术在实现某一个目的的同时，否认甚至摧毁别的目的，谁也不能宣称工业时代的技术关于中世纪社会的最高理想是中性的。

通过对以上三个前提的追问，温纳表明，人们了解、判断或控制技术手段的能力正在下降，技术远远不是像传统观念所认为的在人的牢固的控制之中，而追问和沉思这种情况的根由、深入研究这些问题是有意义的。

2. 技术演进：技术漂流与技术梦游

关于技术演进有两种对立的观点：一种观点认为，技术依照自己的惯性向前发展，它反抗任何限制，且具有自我推进、自我支撑、不可避免的奔流的特征；另一种观点则认为，在技术的发展过程中，人类有充分的选

---

① Langdon Winner, *Autonomous Technology：Technics – out – of – Control as a Theme in Political Thought*, Cambridge：The MIT Press, 1977, p. 28.

择权，人能够自由地、审慎地选择技术发展的不同途径。"在未意识到这些观念所包含的冲突的情况下，两个观点被同时接受了。"①

温纳认为，关于技术演进有两个方面值得考察：② 第一，技术变革过程是否有特定方面不依赖于自由意志、有意识决策或者任何人的理性控制？是否有些重要方面缺乏决定最终结果的有效的、指导性的人类意志？第二，现代人做自由选择以反对技术发展的无政府主义趋势的能力，是不是已被技术变革模式的强制性附加所破坏？他批评埃吕尔没有注意到技术发明和技术应用之间的区别，错误地认为所有这些活动的动机和目的都是相同的。"我们绝大部分人都想指出，实验室中发生的与这些发现在世界上普遍应用时所发生的毕竟有区别。"③ 同时他也指出，大多数流行的对埃吕尔批评"没有抓住他的核心关注——将技术的发展视为一个整体"④，只瞄准几个相当小的问题。温纳认为，对埃吕尔的批评应该追问他的假设和概念区分，而避免抓住的他的结论及其意义。

虽然温纳认为埃吕尔对技术的自我增长的处理有着明显的错误，曲解了在科学和技术发展中实际发生的一切，但他也分析了埃吕尔的技术自我增长的合理成分，指出技术的自我增长源自三个条件的汇聚：⑤（1）人们寻求和利用技术发明的普遍的愿望；（2）在所有技术领域的有组织的社会体系的存在；（3）新结合和改进的以之为基础的技术形式的存在。表面上，技术好像是被因果关系稳定地向前推动，而事实上，自我增长的逻辑是"如果…那么…"，如果所有这些条件都具备了，那么技术迅速扩张就确保了。通过分析自我增长的逻辑，温纳指出了埃吕尔的技术的自我增长的实质："埃吕尔所谓的自我增长非但不是神秘的过程，相反，它是由我们珍爱的信仰所支持的科学和技术共同体中成千上万的个体正在进行的工作的写照。"⑥

---

① Langdon Winner, *Autonomous Technology*：*Technics – out – of – Control as a Theme in Political Thought*，Cambridge：The MIT Press，1977，p. 46.

② Ibid.，p. 64.

③ Ibid.

④ Ibid.

⑤ Ibid.，pp. 65—66.

⑥ Ibid.，p. 72.

温纳指出，埃吕尔的描述揭示了一种矛盾的状况：一方面，人是自由的；但另一方面，人又是完全地受限制。这种情况使 20 世纪中期的许多科学家感到苦恼，尽管他们认识到实验室成果的应用可能对人类有害，但他们却感到除了继续之外，别无选择。不管它的应用是积极的还是消极的，每个特定的发明进入这个世界成为事实上（尽管不是绝对的）不可避免的。温纳认为，对这种状况的描述很容易陷入技术决定论的理性沼泽。在技术决定论看来，技术革新是社会的基本变革过程，人类对此几乎毫无选择，只能坐视这一过程不可避免的展开。温纳并不同意这种看法，他认为，"技术决定论的观念过于刚性"，"没有公平对待技术和社会变革过程中原则上或实践上的真实选择"。① 恰当的描述不是技术决定论，而是技术漂流（technological drift）和技术梦游（technological Somnambulism）。

在技术演进的过程中，尽管特定技术的发明和应用通常是有意识的和审慎的，但它所带来的最终结果往往并不是在人的意料之中，而是有着极大的不确定性。"无意识结果"的不确定性、不可预料性和难以控制性源于世界复杂的相互联系，但并非真的"无意识"，而是包含在有意识的人类意愿和选择之中。很多情况是可以预见和避免的，比如污染、药物滥用、失业、交通堵塞以及其他自然和社会灾难。"这个世界不是如此的复杂和变化太快，以至于城市里的上升的分贝不能在它威胁健康之前被预料和限制。但是在多数此种情况下，我们发现自己既惊讶又无能为力——成为技术漂流的牺牲品。"②这是因为，通常的技术评估只关注一项设备是否服务于特定需要、是否比原来设备更有效率、是否能够获得更多的利润、是否使用起来更为方便。"无意识结果并非没有意识，这意味着最初计划中没有任何事物以阻止这些结果为目标。"③ 人们几乎不对那些即将到来的技术变革及其广泛的影响进行深入研究、探讨和评价。"许多技术是在狭隘思考之下被开发和应用的，它们在任何人或机构的参与之外以无数的方式起作用和相互作用。除非在极为危险或灾难的情况下，几乎没有控制

---

① Langdon Winner, *The Whale and The Reactor*, Chicago: University of Chicago Press, 1986, p. 11.

② Ibid. , p. 97.

③ Ibid.

或管理这一连串事物产品的现有手段。人们仍保留其作为技术使用者和控制者的逻辑立场。但是在更广泛的超出'使用'和'控制'限度的背景下，这一逻辑并不能带来多少安慰。随着技术创新速度和范围日益增加，社会在'无意识结果'的浩瀚海洋中面临明显的随波逐流的可能性。"①尽管技术演进中存在人的选择，但事实上几乎没有引导技术的意愿，更不用说有引导技术的效果。直到今天，由理性或人类计划以任何方式限制技术创新的向前流动的任何建议，必将遭到无情的反对。这就是技术梦游："我们如此心甘情愿地在人类生活条件重组的过程中梦游。"②

3. 技术命令

在对技术控制的质疑和技术演进的考察的基础上，温纳提出了技术命令（technological imperative）的概念。所谓技术命令是指："技术是一系列的结构，技术的运行要求重新构建自己的环境。"③温纳认为，技术命令的概念与任何神秘的力量无关，仅仅是为了说明一种工具在进入实际工作秩序之前有何种要求。这种要求可能是纯粹工具性的，也可能是纯粹经济上的。工具性的要求是技术装置确立和保持自身的内部结构所必需的，一些技术为有效发挥其功能而需要其他技术，不与其他技术和组织结构相连接，有些设备就毫无用处。技术之间的相互依赖形成了一种链式结构，在这种链式结构中，一项特定的技术操作的各个方面相互需要、相互交织。经济要求是那些关于资源的供给——能源、原料、劳动力、信息等方面的要求。经济要求常常使得非必需资源变成必需资源。"一项技术创新通常会创造从前不存在的缺乏。原先不为特定实践所要求的事物，现在变成了必需资源。在心脏移植技术发明之前，没有过心脏的缺乏，一人一个足以。但随着移植的出现，器官突然变成了稀缺物品。"④

温纳认为，技术命令可以解释现代社会发生变革的逻辑性。这一逻辑不是演绎的，而是注重实效的必然行为。可见，技术命令是一种功能性需

① Langdon Winner, *The Whale and The Reactor*, Chicago: University of Chicago Press, 1986, p. 89.

② Ibid., p. 10.

③ Langdon Winner, *Autonomous Technology*: *Technics – out – of – Control as a Theme in Political Thought*, Cambridge: The MIT Press, 1977, p. 100.

④ Ibid., p. 101.

要，它通过与人的生活必需品相联系而得到加强。特定的技术手段是人类生存的基础，不满足这种技术手段的要求"会引起不舒服、伤害或甚至死亡"①。从技术对人的生活的必要性加强了技术命令的合理性的意义上看，技术命令不仅仅是技术的功能性要求，它也是一种道德标准，是"一个区分好与坏、合理与不合理、健全与不健全的途径"②。"它告诉我们什么对于我们继续生存和感到快乐是必需的。任何否认这种必需的企图只能是一种恶意、愚蠢或疯狂的表示。"③

4. 反向适应

理想化的手段和目的的关系是，手段满足目的的要求，手段适应目的。但是，"如果我们长久地思考这个问题就会发现，在实际过程中，目的和手段的直线观念经常不能实现""如果有人坚持从人们从事的技术活动中找这种线性关系，他会感到非常的失望"。④ 技术手段比我们对它们要求的有限的意向具有更多的生产性，它们会完成那些既不是我们期望也不是我们选择的结果。如果不知道一项技术革新所衍生的结果的全部范围，那么，手段对目的的适应就自然成问题了。

温纳根据目的和手段的关系在现实的技术实践中颠倒过来的状况，同时借鉴了埃吕尔关于目的和手段的关系的阐述，提出了反向适应（reverse adaptation）的概念。所谓反向适应就是指目的反过来适应手段，"技术工具的引进导致的一系列变革，最终导致了目的的变化""目的被调整以迎合可用的手段"。⑤ 反向适应的基本假设是："超越技术发展的一定程度，自由表达、强烈宣称目的的规则是不再允许的奢侈品。"⑥ 在温纳看来，"反向适应过程是对目的如何适合于大规模系统和技术社会整体活动而发展的批判性阐释的关键。作为自我产生、自我延续、自我实现的自主技术

---

① Langdon Winner, *Autonomous Technology*：*Technics - out - of - Control as a Theme in Political Thought*, Cambridge：The MIT Press, 1977, p. 102.

② Ibid.

③ Ibid.

④ Ibid. , p. 228.

⑤ Ibid.

⑥ Ibid.

的概念在这里获得了最明确的定义。"①

目的被技术手段调整、重塑，原来非目的的东西变成了目的。技术手段的规则是刚性的，人在利用技术手段时不得不遵循它的规则。这里明显地体现了技术规则的极权主义，个体在他们的中心活动领域所习惯的手段规则被延伸到了一切事物。从心理构成上看，人格的技术适应部分逐步控制人格的其余部分；而从社会情形看，"所有的问题最终由手段的术语来定义，唯有对手段的关注才产生影响。"② 只有对工具的关注才有真正的效果，技术社会倾向于用这样一种方式安排所有选择、判断或决定的情形，"怎么样"的问题压倒和重新剪裁"为什么"的问题。

温纳着重分析了大规模技术系统的反向适应模式。大规模技术系统的内部要素相互依赖，一个部分的贡献对于其他部分和整个系统的成功运转至关重要。人们可以通过考虑制造系统、能源系统、通信系统、食物供给系统、交通运输系统等主要功能性要素间的关系来观察技术社会的脉搏跳动。假定大规模技术系统一开始就有着明确的独立的目标，这个目标可能最终被证明是对系统发展能力或良好运行能力的约束，也可能成为系统无法接受的不确定性和不稳定性的来源，在这种情况下，"系统可能会发现有必要抛弃整个目的—手段的逻辑"，并"采取直接行动以扩展其对目的本身的控制"。③

三 塑造技术：温纳对技术出路的思考

1. 技术作为政治现象

温纳与埃吕尔一样，也不认为人在自主的技术面前无能为力。他提出，技术漂流和技术梦游这些表现技术自主状态的原因在于长期以来人们接受了技术中性论的观点，对技术的政治特性和技术作为政治现象缺乏充分的和准确的认识，进而放弃了自己的权利，实际上，技术绝不是简单的

---

① Langdon Winner, *Autonomous Technology*: *Technics – out – of – Control as a Theme in Political Thought*, Cambridge: The MIT Press, 1977, p. 228.

② Ibid., p. 231.

③ Ibid., p. 241.

中性的工具，"现代技术没有任何部分可以被优先判定为中性的"①。技术负荷价值，特别是负荷政治价值，"体现在现代技术装置和工具中的是一个政治的世界"②。他从两个方面阐述技术的内在政治特性。

一方面，发明、设计、特定技术装置或系统的安排成为解决特定的政治问题的方法和途径，换句话说，技术负荷特定的政治目的和政治价值。在《人造物中包含政治吗》中，温纳分析了技术负荷政治的几个典型的例子，其中最有代表性的是对莫瑟桥的分析。莫瑟桥是指纽约长岛干道上那些低矮天桥，它的设计者是怀有种族歧视和社会阶级偏见的罗伯特·莫瑟（Robert Moses），他为了阻止公交车在风景区干道上出现而精心设计和建造了那些只有九英尺高的低矮天桥。这些低矮天桥使得拥有汽车的"高层"白领和"有闲"阶级可以自由地利用干道进行往返和消遣，而通常乘坐公共交通工具的穷人和黑人遭到排挤，因为 12 尺高的公交车无法通过天桥，由此产生的一个结果是，低收入的群体不能进入莫瑟所称道的公园——琼斯湾。像这种技术人工物负荷政治的例子决不是个别现象。"建筑史、城市规划史、公共工程史中包含许多物理设施带有明显或含糊的政治目的的实例。你可考察奥斯曼（Haussmann）男爵的宽阔的巴黎式的大道，它是在路易斯·拿破仑指导下施工的，为的是防止 1848 年革命时的那种街垒战的再次发生。或者你可以参观 60 年代末和 70 年代初建造的美国大学校园中的许多风格奇异的混凝土建筑和巨型大厦，它们是为了缓冲学生示威运动。"③ 即使是没有明显的政治目的的技术发明与创新也会产生一定的政治后果并重塑政治关系。

另一方面，某些技术就其本性而言在特定的程度上是政治性的，它需要与特定的政治关系保持一致，这就是所谓的"内在政治性的技术"。这种技术系统的采纳不可避免地带来具有特定政治倾向的人类关系，如集权化的或分权化的、平等主义的或非平等主义的、压抑的或解放的。一些技

① Langdon Winner, *The Whale and The Reactor*, Chicago: University of Chicago Press, 1986, p. 40.

② Langdon Winner. Technological Choice and the Future of Political Society ［Z］，这是温纳 2004 年 8 月于西安建筑科技大学所作的演讲。

③ Langdon Winner, *The Whale and The Reactor*, Chicago: University of Chicago Press, 1986, p. 23.

术所需要的社会环境是以特定的方式建构，就像是一个汽车需要轮子才能运动一样，只有在特定的社会条件和物质条件与之相匹配时，它才能够作为有效的操作性实体而存在。因此，根植于人类与科学技术的关系之中的专制是不可避免的，它的合理性直接与技术本身相关。原子能技术是典型的"内在政治性的技术"，它的毁灭性特性要求必须有集权化的、刚性的、等级式的命令序列来对其控制。这既意味着它的风险管理是以牺牲公民的一些自由为前提，也意味着专家权力的集中和加强，公民被剥夺了对社会事物施加影响和控制的能力。

技术作为政治现象集中体现在技术专家统治论上。技术专家统治论假定，在技术时代，伴随着科学技术和最直接控制科学技术力量的人对社会日趋重要，所有政治权力的其他来源最终会走向衰落；如果统治资格被赋予那些对政策有价值的或者对政策制定而言不可或缺的人，那么建立在尖端技术基础上的社会将使科学家和技术专家作为统治者合法化。根据技术专家统治论，所有关键决策、规划的制定不能让广大民众参与，因为它超出了民众的理解，民众的参与只会导致混乱和无秩序。"在一个被新设备和技术改变而变得更好的世界里，公众的呼声只能是无知的抱怨。"① 显然，技术专家统治论对自由、民主的挑战是简单而直接的，它与自由政治学的核心观念完全不相容。因此，技术的民主塑造与控制就作为对技术社会中公民的政治权力的捍卫被提上议事日程。

2. 塑造技术：民主的未实现计划②

温纳认为，控制技术是可能的。技术哲学家、技术史学家、技术社会学家和技术政治学家对新技术跻身于人类世界的方式的详细而系统的研究表明，无论沿着何种技术发展道路前进，永远存在偶然性，永远存在社会协商，永远存在选择。这样，问题就变成了：技术选择由谁作出、如何作出。在温纳看来，许多技术设计、技术应用、技术管理的领域都完全可以而且应当更多地实现民主化，普通公民有权参与到重大的技术决策过程中。"致力于技术创新和技术政策制定过程的民主化，这种明显的途径对

①　Langdon Winner, *The Whale and The Reactor*, Chicago: University of Chicago Press, 1986, p. 147.

②　这是温纳在"技术哲学与技术伦理"国际研讨会暨"中国第十届技术哲学学术年会"上的系列演讲中一篇文章的标题。

我们来说仍然是敞开的。"①

实现技术民主化首先必须让人们认识到，技术革新并不必然地带来民主和自由。许多人错误地认为，民主和自由以某种方式内在于技术设备中，技术革新会更广泛地分配政治权力，会更大程度地促进社会的平等与和谐。"在过去两个世纪里，任何具有重要力量和实际潜力的新技术的出现都会带来期待乌托邦社会秩序出现的狂热梦想的浪潮。"② 这种错误的观念与期待使得人们认为没有必要对任何特定变革去进行民主塑造，甚至对采用何种技术模式、为何这些技术是有益的以及对谁有益这些问题的质疑都被认为是冲动——所有这些问题似乎都是轻率鲁莽和毫不相关的。

要使人们参与技术的民主塑造，也必须让人们认识到，技术不仅可以选择，而且需要选择。尽管许多人仍然相信技术进步是为了造福人类，而且必然造福人类，然而，当代的技术精英们早已彻底地放弃了这一观念，他们正为自己的兴趣和利益而开辟完全不同的道路。"今天那些投身于'创新'的人的眼界不超过其股票买卖权、创建其事业的机会以及在美丽而隐蔽且远离人群的地点购买昂贵的房子这些愿望。"③ 许多技术规划和技术创新并不关注大多数人的需求和痛苦，"以从事最先进工作而著称的高技术实验室正忙于为最富裕且最无聊的人们创造玩具"④，数千亿美元被用于完美的"大规模杀伤武器"。高技术中许多迅速发展的事物实际上是无生气的、玩世不恭的和极度缺乏道德意识的，新技术并不必然带来美好的未来。

塑造技术还必须使人们认识到，影响技术、参与技术决策是一项基本人权，就像自由演讲权利、自由出版权利、宗教自由权利、法律的平等公正权利、选择政治领袖的权利等各种人权一样。因为现代人生活的世界在

① Langdon Winner. Technological Choice and the Future of Political Society ［Z］，这是温纳 2004 年 8 月于西安建筑科技大学所作的演讲。

② Langdon Winner. Shaping Technology：An Unrealized Project for Democracy ［Z］，这是温纳 2004 年 8 月在"技术哲学与技术伦理"国际研讨会暨"中国第十届技术哲学学术年会"上的所作的系列演讲中的一篇。

③ Langdon Winner. From Progress to Innovation：The Exhaustion of a Common Philosophy of Technology ［Z］，这是温纳 2004 年 8 月在"技术哲学与技术伦理"国际研讨会暨"中国第十届技术哲学学术年会"上的所作的系列演讲中的一篇。

④ 同上。

很大程度上是由技术构成的，人们的生活日益依赖于各种技术，技术的发展关系到每个人的日常生活和人类的未来，所以，在决定何种技术被创造以及这些技术如何运作方面，每个人都拥有发言权。这是技术社会的公民权的一项新内容，它对于整个人类幸福而言都是至关重要的，否认它即是对人性的否认。与此紧密关联的问题是，人类这个物种最终能否存活下去。

温纳认为，关于技术的民主形成的思想正在世界范围内迅速传播开来，民主塑造技术的实践在世界上许多国家的各种不同制度的框架下获得了广泛尝试，以"促进技术争议、评估技术影响和选择并向丹麦国会和政府提出建议"为目标的丹麦技术管理委员会就是其中的典范，它不仅向各个技术发展领域的高层专家进行咨询，而且也向丹麦群众选举出的普通市民进行咨询，让不持有既定旨趣的普通市民在重要政策决策中拥有发言权。① 这表明新技术系统的形成及其最终影响是可以通过公众的广泛的民主协商来实现的。可以看出温纳对技术民主化的前进充满希望，他不仅在大学里向青年工程师们讲授技术设计，探究将民主参与包含在技术设备和技术选择形成的过程中的可能性，而且积极投身于民主塑造技术的实践活动。当然，技术民主化的道路才开始起步，塑造技术仍然是民主的尚未实现的计划。

----

① Langdon Winner. Shaping Technology: An Unrealized Project for Democracy [Z]，这是温纳2004 年 8 月在"技术哲学与技术伦理"国际研讨会暨"中国第十届技术哲学学术年会"上的所作的系列演讲中的一篇。

第十三章　社会建构论的技术哲学思想

技术是当代社会最显著的特征之一。近代工业革命启动了社会经济发展的技术化进程，技术由此日渐成为哲学、经济学、社会学等学科领域考察的一个重要主题。社会建构论（social constructivism，或称社会建构主义）是一股盛行于当代社会科学领域的理论思潮。社会建构论视角的技术研究，20 世纪 80 年代初首先在西欧兴起，之后在全球范围内迅速扩展，如今已成为国际科学技术研究（STS）领域的重要潮流，被称为"新技术社会学"。

第一节　技术的"社会建构论"概述

一　社会建构论的发展历程

第一阶段：社会建构论的产生（20 世纪 80 年代）。

20 世纪 80 年代初期，在国际范围内的 STS、SSK，以及技术史领域出现了一系列思想相近的关于技术的社会研究。美国技术史学家休斯（Hughes T，1986 年）认为，技术史不能仅满足于对发明或发明家做编年式的叙述，而应该关注与技术发展相伴的宏观社会经济以及微观管理决策过程，而且要打破内史与外史之分，将所谓的发展背景与技术本身共同视为一个大系统。技术史领域反映这一思想的早期成果主要有修斯的《电力网络：西欧社会 1880—1930 年间的电力化》（Hughes，1983 年）；康斯坦特（Constant，E）的《涡轮喷气发动机革命的起源》（Constant，1980 年）；科万（Cowan，R）的《母亲工作的增加：家用技术从壁炉到微波炉的反讽》（Cowan，1983 年），等等。这些成果虽出自历史学家，但是具有浓厚的社会学色彩。法国社会学家卡隆（Callon，M）、社会学与哲学家拉图尔（Latour，B）等人吸纳了布鲁尔关于 SSK 的强纲领原则和法国哲学家塞莱斯（Serres，M）的科学哲学思想，从社会学的角度对技术发展进行了剖析。分别来自 SSK 与 STS 领域的平齐（Pinch，T）和比克（Bijker，W）进行的合作研究，不仅提出了自己的分析框架，而且使上述不同领域的相近研究最终走到了一起。1984 年 7 月，来自于 6 个国家的社会学、历史学和哲学等领域的学者在荷兰屯特大学召开了以"技术的社会建构"为主题的国际研讨会，会议在开放而和谐的氛围中成功举行，并最终出版了会议论文集《技术系统的社会建构：技术社会学和历史学中的新方向》。这次会议的召开和论文集的出版成为新技术社会学——社会建构论诞生的标志。

第二阶段：在争议中丰富（20 世纪 90 年代）。

社会建构论诞生以后，在学术界引起了激烈的争论。在争议中走向丰富成为社会建构论发展的第二阶段，这一阶段主要发生在过去 20 世纪 90 年代。

一是对社会建构论的话语风格和分析框架的批评。有些学者批评社会建构论的语言太晦涩，认为对技术发展应采用更直观的描述。对此，建构论者约翰·劳（Law，J）和平齐等人认为，关于技术发展的叙述话语必然需要一定的理论假设，将概念化分析和案例陈述相结合是建构论研究中面临的难题。社会建构论已经尽量在用平实的语言说明思想，但因其目的是要打破对技术发展的常识理解，因此一些专业性术语和概念是难以避免的。还有一些学者认为社会建构论的分析框架太清晰，太容易陷入公式化应用。平齐对此回应道，社会建构论提供了特定的语言和方法来解释技术发展，但将其视为石塑般的固化而机械的应用是不恰当的。

二是考察视角的争论。一些学者认为社会建构论的考察视角太微观，对社会结构等宏观背景关注不够。如鲁塞尔（Russel，S）指出，社会建构论忽略了技术发展中的社会结构和权力关系，单纯集中于描述某一技术的微观发展过程不足以揭示技术发展的动力问题。平齐和比克则认为，对技术的研究应该回归到技术本身，并抛开传统社会理论的束缚。他们指出，当前已经有了太多的社会理论，但没有一个能对特定技术的发展和社会对它的作用提供详细分析。社会建构论并不拒绝对权力结构和社会关系的关注，而且也有可能将这一关注纳入自己的分析框架。① 比克在荧光灯案例研究中，明确纳入了对权力的考察。

三是围绕价值问题的争论。批评社会建构论只是对技术变迁提供理论解释，但缺乏规范性的价值关怀，是比较普遍的一种观点。温纳便是持该种批评观点的代表之一。平齐认为，社会建构论并没有表明反对什么，这不是因为缺乏道德关怀和政治意愿，而是因为他们太明白现实的复杂性和靠呼吁来改变现实的局限性。社会建构论消解了传统的二分法：一方面是批判理论，社会利益等，另一方面是技术、机器、技术物等，在我们生活的现实世界中，人类和技术之间存在更近的互动，技术是人类按照自己的意识和目的创造的。如此，社会建构论又怎能遗漏政治呢？埃贝（Aibar，E）在 1996 年指出，温纳的批评虽有些偏激，却为社会建构论的进一步发展提供了方向②。

总体来看，上述种种争议客观上刺激了社会建构论的发展。社会建构论诞生时基本上集中于探讨社会对技术的影响，并通过在微观层次上对技术物之社会建构过程的细节描述，即深描（thick description），积累了丰富的经验研究。在几年后的第二阶段，上述议程在众多争议中沿两条途径被扩展了：第一，所研究的问题被扩展到中观和宏观层面——如放射性污染的社会建构，英国国家健康服务中的临床预算等，分析对象从单一的人造物扩展到了更广泛的和异质的社会技术集合。第二，纳入了技术对社会的影响，即将技术与社会的相互作用纳入同一分析框架。

第三阶段：整合与扩展（进入 21 世纪以来）。

麦肯齐和瓦克曼 1999 年在《技术的社会形成》第二版的前言中谈到了社会建构论进展中存在的不足：第一，这一思想在学术界成功了，但对更宽广的文化领域还未产生足够的影响，技术决定论思潮依然占据着文化基础。原来试图推进的政治行为总体来看比 1985 年并无太多成效，至少

---

① Pinch T and Bijker W, "Science, relativism and the new sociology: reply to Russell", *In: social Studies of Science*, 1986, 16: pp. 347—360. 以及 Pinch T: The social construction of technology: a review, In Fox R ed: Technological Change: Methods and themes in the History of Technology, *Harwood Academic Publishers*, 1996: pp. 17—35.

② Aibar, E., 1996. The evaluative relevance of social studies of technology, Society for Philosophy and Technology, Vol. 1, Num. pp. 3 - 4, http: //scholar. lib. vt. edu/ejournal/SPT.

在盎格鲁—美利坚的世界中如此。

　　社会建构论当前的发展表现为两种新动向：其一，在案例研究与基本理论构建中，出现了多样的概念组合，试图通过对三种分析框架的整合来开发更为完整而精确的对技术变迁的分析；其二，更具普遍性的关于社会现代化、技术政治化、创新管理以及 STS 教育等问题开始进入社会建构论的视野[①]。

　　从社会建构论兴起与发展的 20 年来看，其理论主线很明显，即从"社会—技术"视角，试图全面理解并解释技术发展问题。从对技术发展微观过程的细节描述到在中观与宏观层面探讨社会秩序与技术的关系，从批判单向的技术决定论到开发更为全面的理论工具，社会建构论已取得了卓有成效的研究成果，但总体来看还处于成长期。

二　社会建构论的分析框架

1. 技术的社会建构（SCOT）框架

　　这一框架是在 1984 年的研讨会上，以 19 世纪 60—90 年代安全自行车的发展为案例提出的。该分析框架包括三个解释步骤：

　　第一步是对技术发展影响因素的概念化，这里的关键概念是"相关社会群体"（relevant social group）和"解释柔性"（interpretative flexibility）。技术发展存在多种可能的方向，但是为什么某些方向成功了而另一些失败了，这是引发 SCOT 研究的基本问题导向。平齐和比克认为，对不同的社会群体而言，人造物（artifacts）中包含了不同的意义，即是说，一定的人造物总是相对于特定的社会群体而存在。相关社会群体的关键特征是其成员赋予特定人造物以同样的意义。例如，与高轮普通自行车相关的主要社会群体有：自行车生产者、喜欢自行车运动的年轻男子、妇女和反对自行车的群体，在这些不同社会群体的眼中，高轮自行车具有不同的意义——这便是对特定技术物的"解释柔性"——对妇女而言是不安全的交通工具，长裙容易被卷到车轮中，而且如果摔倒将粉身碎骨；对青年男子而言是能够展现雄伟气势的装备，骑自行车会给别人，尤其是年轻女

---

　　①　Sorensen K, Williams R：*Shaping Technology*，*Guiding Policy*：*Concepts*，Spaces and Tools，Cheltenham：Edward Elgar，2002.

士留下深刻印象。平齐与比克指出，这种解释柔性的展示是任何技术社会学具有可行性的重要一步——它表明无论是人造物的界定还是它的"有效"或"无效"都不是物体的内在性质，而是从属于社会变量。

第二步便要分析围绕人造物的解释柔性如何消失，这里的关键概念是"结束"（closure）和"稳定化"（stabilization）。解释柔性带来了各种冲突：不同社会群体的不同需求之间的冲突，同一技术问题不同解决方案之间的冲突等。在这些冲突之间的相互作用，即社会建构过程中，技术逐渐走向稳定化，"稳定化"概念强调社会建构过程：在这一过程中，技术稳定化程度逐渐增强，直到结束时刻。结束表明多种关于人造物的解释通过协商过程中达到一个相对稳定的终点。这一过程可能需要很长一段时间，安全自行车的最终出现便经历了 19 年（1879—1898 年）。

第三步是通过一个更广的理论框架来解释技术发展的社会建构过程。比克以 20 世纪初酚醛塑料（bakelite）的发明为案例，引入了两个新概念：技术框架（technological frame）和吸纳（inclusion）。在解释柔性阶段，不同社会群体都有自己的技术框架，当冲突结束时，一项人造物的技术框架便形成了。因此，当围绕某一技术的相互作用开始并持续发生时，技术框架便开始被建立。技术框架是社会形塑技术和技术形塑社会的链接处，技术框架整合了相关社会群体的相互作用并在这种相互作用中被结构，它实质上揭示了技术与社会环境之间的相互作用。"包含"是稳定的技术框架得以形成的重要因素，即将更有权力的群体吸纳或包含进当前的冲突中。在酚醛塑料的案例中，酚醛塑料而不是赛璐珞（Celluloid）在合成塑料市场上的成功，是因为包含进了两个更有权力的行动者，收音机和汽车产业。这样，一项人造物的发展过程可以描述为这样一种循环运动：人造物——技术框架——相关社会群体——新的人造物——新的技术框架——新的相关社会群体。比克认为，技术框架这一概念应被视为某一人造物从发明到商业化整个社会过程的解释基础①。

2. 系统框架

系统（System，SYS）方法主要来自于技术史学家休斯（Thomas

---

① Bijker, W. E. , *Social construction of technology*, Article for the International Encyclopedia of the Social & Behavioral Sciences, Elsevier Science Ltd, 2001.

Hughes）的研究，他主张对技术的研究不应是对特定发明或发明家的记录和描述，而应考察整个生产系统的演化。休斯在 1983 年出版的《电力网络》一书中提出了分析技术发展的系统模型，并用它解释了 1880—1930 年间西方三个区域在工业化背景下电力系统的形成、发展和完善过程①。在 1984 年的研讨会上，休斯对系统方法作了进一步阐释。2000 年在修斯主编的《系统、专家和计算机》一书中，系统方法得到了更加全面的体现和应用②。

　　休斯将技术理解为由多种技术的和非技术的因素组成的复杂系统，他指出"技术系统包含着杂多的、复杂的、问题解决（problem - solving）的组分，它们都是社会建构和社会形塑的。根据技术发展过程中主导行为的变化，休斯将技术系统的进化（或扩展）划分为几个连续的阶段：发明、开发、创新、转移和增长、竞争与固化（consolidation）。这些阶段并非严格按照时间顺序先后相继（sequential），而是存在相互叠加和反馈。在发明、开发和创新之后，还有出现更多的发明；技术转移也并非在创新之后必然立即到来，而是会发生在系统发展中其他阶段。另外，这里的阶段也可以根据系统建造者（system builder）的类型进一步划分。系统建造者是系统发展中关键性决策的制定者，是系统发展的组织者。

　　在系统方法中，"落后突出部"（reverse salients）和"技术动量"（momentum）是两个关键的概念。落后突出部是技术系统中的一些落后组分，它们不能与其他组分的创新相容，往往制约着技术系统发展方向与速度，对其克服要通过根本性创新。"技术动量"是系统在成长过程中逐步积累而形成的。休斯认为，技术系统在增长和固化之后获得了一种内在动量，因为它包含了技术和组织的组分，拥有特定的发展方向和目标，从而表现出一种类似于惯性的动量。正是由于技术系统经常具有很高的动量，它在外部观察者的眼中便似乎是自主发展的。由于技术系统从设计开始便具有社会构建的特征，因此，技术动量并不是技术的内在本质，而是在系统演化过程中由社会因素建构而成的。

----

① Hughes, T. P., 1983. Networks of Power, Electrification in Western Society 1880 - 1930, Baltimore：*Johns Hopkins University Press*.

② Hughes, A. C., and Hughes, T. P., eds. 2000. Systems, Experts, and Computers：the Systems.

3. 行动者—网络框架

ANT 是社会建构论中最激进的一支。主要代表人物有卡隆（Michel Callon）、约翰·劳（John Law）、拉图尔（Bruno Latour）、阿克里奇（Madeleine Akrich）等人。ANT 不只是一种技术发展理论，更重要的，它是试图通过对技术的分析来建立一种关于社会结构的说明，尤其是对宏观与微观社会学进行整合。

早在 1980 年，卡隆从法国哲学家塞莱斯（Michel Serres）那里引入了"翻译"（translation）概念，建立了初步的动态社会结构模型。后来，卡隆以 20 世纪 70 年代法国电动汽车（VEL）的开发为案例，尝试解释了 ANT。约翰·劳（1987 年）通过对 15 世纪葡萄牙人航海扩张的案例分析，在社会建构论的基本思路下，进一步发展了 ANT 理论。ANT 的理论家把技术描述各类因素共同构成的异质型网络，包括有生命的行动者（actors）和无生命的 actants（来自于符号学的一个词汇，表征的并非一定是人类，也可以是化学物质、货币、蓝图、设备、模型、动物等。）翻译是 ANT 中的核心概念，即行动者（个人或集体，人类或非人类）不断努力用自己的语言、问题、认同或兴趣把另外行动者的语言、问题、认同和兴趣翻译出来，反之亦然。因此，ANT 通常也被称为翻译社会学。

在卡隆分析的 70 年代法国电动汽车创新的案例中，卡隆一方面表明了技术本身之外的社会性因素对技术的影响作用；另一方面也试图建立一种通过技术解释社会变迁的新社会学理论。如卡隆认为，VEL 的失败并非仅因为电子和催化剂的配合缺乏，也因为网络建造者（工程师—社会学家）所采用的错误的社会模型。在电动汽车的开发中，网络建造者显然在试图塑造可能的未来消费者，而很少考虑已有的市场需求。卡隆认为，在网络建造过程中，运用布迪厄（Bourdieu，P）的社会模型是恰当的。布迪厄认为，社会并非建立在资产阶级和工人阶级永久对抗的基础上，而是存在于多种社会群体之间的交换和附属的关系。如政治家、经济学家、教师、消费者等不同社会群体或社会角色之间的相互作用。社会消费秩序的逻辑是对精英阶层的模仿。尽管精英阶层并不能通过掌控自由民主社会的国家权力来控制他人的消费和行为方式，但他们仍然保持着塑造更低阶层的行动和行为的能力，他们的消费方式经常成为低阶层模仿的对象。所以，电动汽车作为一种新鲜事物，定位在大众消费层次，没有利用市场的精英引导逻辑，这导致其市场需求大打折扣。

著名哲学家和社会学家布鲁诺·拉图尔将人类学方法引入技术的社会研究，并对狄塞尔（Rudolf Diesel）热机的开发过程进行了分析①。他认为，技术社会学中最值得考虑的因素是"权力"（power），一个创新者要开发新技术，他必须不仅将人类和非人类的实体包含在其网络中，而且要在它们之间形成联盟，成为异质型网络的一部分，其中重要的问题是确定联盟或网络的哪种制度形式更强或更弱。拉图尔正确地指出，技术创新的重要特征之一是不确定性，但用通常的效率或生产率来衡量不确定性是一种粗糙的处理方式。因此，我们需要在已经精疲力竭的经济学和社会学词汇中创造和重新界定新的概念，来指涉这一新的网络，一个由社会和技术因素组成的无缝之网。

在拉图尔的著名口号"跟踪行动者"（follow the actors）的召示下，ANT 领域也涌现了大量的案例研究。如阿克里奇（1992 年）分析了第三世界电气化中社会行动与人造物属性的获得方式，以及最终形成稳定的社会技术网络的过程；伯格（Berg，M，1997 年）运用 ANT 方法研究医疗决策支持技术和医生地方实践的分析等②。

三　社会建构论的基本特征

通过对社会建构轮的发展历程和分析框架的综述，我们将其基本特征总结为以下几个方面。

1. 批判技术决定论，但并不等于社会决定论

对技术决定论的批判是社会建构论技术研究的起点。20 世纪下半叶以来，技术决定论思潮占据了人类社会的意识领域，人们热衷于或乐观或悲观地探讨技术给社会带来的改变。这一思潮包含着两方面的内涵：其一，技术自主发展；其二，技术发展会带来相应的社会变迁。社会建构论者认为，技术决定论包含了一种纯技术的、线性的、单维的技术发展观，它主张的是一种消极的、不负责任的态度。

---

① Latour B，*Science in Action：How to Follow Scientists and Engineers through Society*，Milton Keynes：Open University Press，1987.

② 克里奇的研究，参见：Akrich，M.，Beyond social construction of technology：the shaping，1992。

为了攻击技术决定论的片面性，社会建构论抛开了技术自主性的简单观念，并曾暂且终止了关于技术对社会影响的讨论，这导致一些人把社会建构论与技术决定论对立起来。事实上，社会建构论的后续研究明确表明了技术与社会相互建构（或相互塑造）的观点，其强调的重点由原先的"社会"转向了"建构"。因此，社会建构论是对技术决定论的扬弃，它并不等于社会决定论。可以认为，建构论的研究工作是在寻求关于技术形成和发展的一般性话语，试图建立一种可以包含技术与社会互动的理论框架。

2. 打破"自然—社会"的传统二分法，重构技术与社会关系的研究路线

在研究路线上，技术的社会建构论在打破了基于"自然—社会"传统二分法的前提下，考察技术与社会互动的研究进路，对技术与社会的关系进行了重新界定。在传统研究中，技术与社会是两个不同的范畴，社会建构论则将二者视为同一整体，认为它们互相嵌入，共同构成了一张"无缝之网"（seamless web），或者说社会技术集合（sociotechnical ensembles）这种对技术和社会关系的重新界定为剖析二者之间的互动关系提供了新的路线。

3. 研究策略：微观层面的行动研究与案例深描

社会建构论主要考察某一人造物从概念生成到最终成型以及产品扩散的过程，"相关社会群体""追随行动者""系统建造者"等概念和思想都表明其研究路线是个体主义的行动导向。在深度案例分析的基础上提出理论框架是与行动导向相随的另一研究策略，社会建构论文献中出现了大量的经典案例，如自行车、酚醛塑料、电力系统、电动汽车、导弹系统、TSR2 战斗机等。可以认为，社会建构论主要是从微观层面上对技术发展进行分析。

4. 三种框架在理论构建上也存在许多不同

在 SCOT 中，社会因素被赋予优先地位，即主要用社会因素来解释技术何以如此，具体来讲，它假定相对稳定的社会利益为技术的成长提供了令人满意的解释。正因如此，许多人批评 SCOT 可能会导向社会还原论（social reductionism）。在系统方法中，社会因素并没有优先权，它假定社会利益至少在一定范围内是变化的。ANT 在这一点上更为突出，它认为

社会因素是系统成长中的重要因素，其在很多案例中的支配性地位是偶然的，另外的因素——自然的、经济的或技术的——同样需要成为解释变量。由此，ANT 将人造物的稳定化和最终形式视为异质型元素互动的函数，而不是仅通过社会利益的取向来解释技术发展。根据这一观点，对技术内容的解释应来自于系统建造的条件和策略，而策略依赖于一系列异质型元素的相互关联，即异质型工程。网络方法与系统方法重要的一点不同是，网络方法尤其强调冲突。在 ANT 的研究中，网络中的元素被证明难以驯服，难以固守自己的角色，必须对其进行警戒和监督，否则它们将偏离路线，使网络走向崩溃。

第二节　社会建构论的基本思想

一　技术本质的社会过程论

对技术本质的认识和理解，是研究技术的基础和逻辑起点。技术是一种复杂的现象，它包含了物质、信息和能量等多方面的内容，存在于社会、经济和文化等因素共同构成的"多维空间"中，具有多维性。从社会建构论的视角考察技术，同样需要首先对技术的本质给出自己的界定。

1. 作为社会过程的技术

（1）社会过程观的特点

技术具有多维性。由于考察视角的不同或对技术要素的不同认识，对技术可以有多种不同的界定。将技术视为社会过程，其核心特点是凸现了技术的社会性和过程性。

社会性首先表明技术是人类的活动，并强调这些活动的社会属性。从技术活动、人类实践的角度理解技术，是技术哲学界比较普遍的一种视点，前者指技术是目的的手段，后者指技术是人类的行动。米切姆的技术活动观是比较典型的，他认为技术活动包括制作、发明、设计、制造、开动、操作和维修等①。我国学者陈昌曙教授和远德玉教授的技术论沿着马克思主义的实践哲学，从"劳动的人"这一起点出发，从人与自然的关

---

① Micham C, *Thinking through Technology：the Path between Engineering and Philosophy*, Chicago：The University of Chicago Press, 1994, p.216.

系角度对技术进行界定①，也是一种基于技术活动的视角。分析哲学家皮特在其最近的著作中，将技术界定为"劳动中的人类"（Humanity at work），并以"输入/输出"为基础，建立了技术活动中的二阶转化模型②。然而，上述学者尽管都将技术视为人类活动，但这些研究基本上是就技术活动本身来理解技术，主要考察技术构思、设计、决策、发明和生产劳动等活动的内在特点和相互关联，对于这些活动中所包含的社会性内容，比如各种不同技术活动主体的社会背景，同类活动主体的不同观点，不同主体和观点之间如何协商，以及这种协商如何影响了技术发展等问题，却鲜有涉及。而这些内容正是社会建构论所要探讨的。

同时，社会建构论所凸现的技术社会性，并非只是对传统意义上主体活动的单方面强调，而是把技术客体也包含进来，消解了"技术主体—技术客体"的二元论。这种传统二元论的主客二分认识论思想结合的产物：一方是技术客体，包括工具、机器和设备等装置；另一方是技术主体，主要是人类对机器的制造和使用行为，技术知识以及目的与意愿等。这种二元论的技术理解是大多数技术研究的认知基础。

从社会建构论的观点看，技术客体（如人造物）本身就是社会建构的产物，是物化的文化。因此，技术主体与技术客体的二元区分便失去了本体论基础上的合法性。而且，通过聚焦于具体的技术发展，将技术界定为社会活动过程，可以引入社会学的方法对技术进一步展开分析。事实上，许多技术活动论者都喜欢将技术主客体之间的关系放在技术活动中来理解，但他们仅仅将此作为一种理解技术的方式，很少由此对技术发展进行更详细的探究。例如，技术现象学从人—机关系着眼，利用"居间调节的放大—缩小结构"等概念，提供了将技术主客体作为整体的认识框架③。但是，技术现象学的这种解释主要是基于经验性的把握与分类，并没有关于理解技术的理论预设，因此无法给出这种主客一体的理性解释。又如，技术批判理论将马克思的意识形态分析从意识领域延伸至物理世界，认为技术作为一种社会文化现象，体现了时代的意识形态，并作为意

---

① 远德玉、陈昌曙：《论技术》，辽宁科学技术出版社 1985 年版。

② Pitt J, *Thinking about Technology: Foundations of the Philosophy of Technology*, New York: Seven Bridges Press, 2000.

③ Ihde D, *Bodies in Technology*, London: University of Minnesota Press, 2002.

识形态实现对人的统治。该理论有助于反思体现到物理人造物中的社会权力关系，但它却无法打开技术发展的具体过程。因此，与其他一些反对二元论的努力相比，社会建构论对技术之社会性的理解具有特定的优势。

过程性意在表明技术的动态特征。技术哲学家米切姆指出："技术的基本范畴是活动过程。"[①] 人类的活动传统上分为两类：制造活动和行为活动，技术过程是指制造活动，即劳动过程。远德玉和陈昌曙比较系统地阐述了技术过程论的思想，认为技术存在于按照人的目的将自然界人工化的过程之中，因而技术乃是过程的存在。他们揭示了不同要素在技术过程中的结合与转化，认为技术是无形技术与有形技术、潜在技术与现实技术在动态过程中的统一；是软件与硬件在动态过程中的统一；是经验、知识、能力与物质手段在动态过程中的统一；是目的与手段在动态过程中的统一[②]。社会建构论对技术过程的解释更为直观地面对技术活动，将技术理解为由构思、设计、生产、产品扩散等环节构成的过程，聚焦于考察这一过程中的社会行动。

将技术视为社会过程，并不否认技术的客观实在性，而只是表明对技术的特定认识视角，它意味着对社会因素在技术形成与发展过程中所起作用的强调，即认为技术是在多种因素，尤其是社会隐私的共同建构中产生的。

技术的多维性造成了技术界定的多样性，而每种技术界定都有自己的理由和特点。比较经典的技术界定有能力说、知识说、劳动手段体系说以及综合说等[③]。从总体上看，这些理解都侧重于从"技术"自身的特性来界定技术，并都取得了卓有成效的研究成果。然而，无论在概念自身的修辞学意义上，还是在展开解释中，这类界定未能把技术的多维性有效地反映出来，尤其不能反映存在于多维空间中的复杂的互动。社会建构论将技术界定为社会过程，这一理解具有独到的优势，它有利于识别主动介入技术发展的机会，是一种积极的理解方式。

---

① Micham C，Thinking through Technology：the Path between Engineering and Philosophy，Chicago：The University of Chicago Press，1994，p. 322.

② 远德玉、陈昌曙：《论技术》，辽宁科学技术出版社1986年版，第55—66页。

③ 同上书，第49—52页。

（2）技术中包含的要素

在社会建构论的视野中，技术的要素包括了所有参与技术发展的各种性质的因素。在某一人造物最终形成之前，整个技术发展过程所需要的因素（或者说资源）是不确定的，它随着技术的发展而不断增多。从过程论的角度来看，技术是一个潜在的可用资源不断被调动和组合的过程。我们采用 ANT 的概念（也是社会学中的基本概念）将这些资源统称为行动者。技术正是在行动者之间动态的相互作用中形成的。

①行动者

社会建构论以技术为研究对象，其行动者包括技术中所包含的一切因素，在社会建构论者看来，自然的物质也参与了技术发展中的争论与协商过程，如果不考虑这些因素，将无法得到对事物的有力说明[1]。他们甚至丢掉了"社会"二字，因为一切都是在多种因素的共同作用中建构而成的，"行动者"的内涵应该扩展到自然物，而不仅局限于人类[2]。

社会建构论者将技术视为"社会技术集合"，把更广的社会因素纳为技术的要素，这不同于基于对技术传统理解基础上，认为技术要素包括物质性的设备、工具以及工艺、经验等的分析思路，也不同于将技术主体限于科学家和技术专家的做法，这是社会建构论关于技术要素理解的基本特征。

②行动者的属性

行动者作为技术的基本要素，对其性质的认识和界定是对技术展开进一步分析的必要前提。本文认为，在社会建构论者杂多的研究中，行动者的属性可通过以下四个方面来把握。

异质性（heterogeneity）

既然技术存在于多维空间中，其基本要素，也即行动者包括所有参与了技术发展的因素，异质性显然是其最基本的特性之一。异质性是来源于

---

[1]　Callon, M., and Latour, B., 1992. *Don't throw the baby out with the Bath school! a reply to Collins and Yearly*, in Pickering, A., ed. Science as Practice and Culture, 343 – 368, Chicago and London: University of Chicago Press。

[2]　在《实验室生活》第二版的副标题中，作者删除了"社会"两字，参见：Latour, B., and Woolgar, S, 1986. Laboratory Life: The Construction of Scientific Facts, Princeton: Princeton University Press。

生物学领域的一个概念，它在这里表示不同行动者在利益取向、行为方式、作用范围以及物理性质等方面是不同的。

顽固性（obduracy）和可塑性（malleability）

顽固性和可塑性是一对相对的概念，用来反映不同元素在被招募进网络时可被改变程度的差异，这对概念在对技术系统建构过程的分析中占有尤其重要的地位。一般而言，顽固性较强的行动者，其可塑性相对较弱。对行动者这一性质的陈述较多地贯穿在约翰·劳的案例分析中。

可调动性（mobilizability）

对系统建造者而言，它需要调动相关的资源，并使这些资源在将要形成的社会技术系统中充当所需要的角色。可调动性用来表示不同资源可被支配程度的差异，随着系统建造者对不同资源所拥有的支配权的增强，这些资源对系统建造者而言的可调动性也相应提高。

耐久性（durability）

耐久性是用来表征行动者在系统中在何种程度上持续保持自己的角色与功能的一个概念。某一社会技术系统一旦形成，便出现了耐久性的问题。总体来看，不同组分的耐久性是不同的，自然物质的耐久性一般较强，而社会性组分的耐久性往往相对较弱。

系统中元素越耐久，整个技术系统也越稳定。耐久性一方面来源于元素的自身性质，如物质性机器、设备等的锁定；另一方面也来源于各组分之间的结构关系，如稳定的配比、相互制约等。在技术系统中，某一组分的改变往往会带来整个系统的调整，因此该组分必须要保持一定的耐久性，而这一耐久性的原因主要来自于系统整体的约束。

二　技术结构的网络构型观

从社会建构论的视角来看，技术的结构即是技术中包含的社会行动的结构，它将表明技术要素的范围如何确定，多样的行动者如何被招募进社会技术集合，相互之间的作用强度与方向如何，这种互动如何发生，权力在行动者之间如何分布等。

1. 技术活动作为网络建构

（1）技术活动作为网络建构的分析工具

社会建构论视野中的技术被理解为一种社会文化实践。在这一实践过程中，各类显在与潜在的行动者被渐次组合到一起，建立起一种可实现预定功能的新的结构关系，即技术走向稳定化，这可被认为是网络建构过程。技术要素，即参与技术创新的人类与非人类行动者的行动被视为嵌入于多种社会技术因素共同构成的网络中。因此，我们可以运用网络方法对技术的结构展开分析。

在方法工具上，早期的社会计量学家以网络图代表小群体间的人际关系，并把数学中的图论引入社会关系的研究中。但这种方法只适用于少量关系的研究，一旦关系增多，图中的点和线就会变得十分复杂。随着研究范围的扩大，社会学家开始将矩阵引入网络分析，从而为研究更多成员间的关系提供了可能，而且有利于计算机的应用。当前，网络分析已逐渐走向成熟，一批分析网络的模型和软件开始建立起来，为直接分析结构问题提供了技术手段。

（2）行动者网络的性质剖析

社会建构论关于技术结构的分析集中体现于部分社会建构论者在吸收了社会网络基本思想的基础上，提出的行动者—网络理论中。前文对该理论的概况已作了介绍，此处我们进一步挖掘其中包含的关于技术结构的思想。

前面已经指出，ANT 中的行动者包含了参与技术发展的所有因素，不管是人类还是非人类，这是行动者网络不同于一般社会网络的基本特征。此外，行动者网络的性质还表现在以下两方面：

一是强调行动者与网络的不可分离性。行动者网络主张对行动（agency）和结构（structure）或言背景（context）的结合：行动者与网络相互依存。网络总是一组特定行动者以某种方式结成的，行动者的招募及它们之间的结网方式适当与否，内在规定着预定技术目标的实现程度。同时，没有任何行动者可以独立于由多种人类和非人类元素所组成的网络。行动者总是在特定网络中承担特定角色的行动者，在特定的网络关系中获得其独特的性质。

二是强调网络的过程性与动态性。"行动者网络不能被化约为单独的行动者或网络。像网络一样，它包含了一组有生命的和无生命的异质性元素，它们在特定时期彼此相连。行动者网络这样便与传统的社会行动者区分开来，传统行动者是这样的范畴，它通常排除任何非人的部分，其内部结构与网络的内部结构也极少类似。但是另一方面，不应将行动者网络与由被明确界定和稳定的元素以某种可预知的方式连接而成的网络相混淆，因为它所包含的元素，无论是自然的还是社会的，在任何时刻都能以某种新的方式重新界定自己的身份和相互关系，并将新元素带入网络。一个行动者网络同时是一个行动者和网络，行动者的行为使异质性元素网络化，网络能够再界定和改变它的构成。①"

2. 网络结构的链接机制

多样的行动者之间如何相互作用，或者说网络是如何链接而成的呢？笔者以为，卡隆在 ANT 框架下进行的研究中，提供了对这一问题较为充分的分析。以法国电动汽车 VEL 的开发为案例，卡隆阐释了行动者之间相互链接的翻译过程，以及被称为简化和并置的内在机制。

（1）翻译：网络链接的基本过程

翻译是行动者之间相互作用的基本形式，它是指行动者（个人或集体，人类或非人类）把另外行动者的语言、问题、认同和兴趣用自己的语言、问题、认同或兴趣转换出来。所有行动者都处在这种转换和被转换中，它意味着某一行动者的角色、作用、地位和性质是通过其他行动者而得到界定的。

翻译表明了行动者之间的相互理解，它内在规定着并在符号学的意义上反映了行动者之间相互作用的各种性质。因此，技术创新中存在的复杂互动可以化约为通过一系列翻译过程链接而成的行动者网络，对这一网络的构成进行分析，技术发展的动力图景便会展现出来。

总之，翻译是网络链接的基本过程，它意味着为他者代言，意味着必须经过，意味着移置。某一项目的成功不能仅仅想当然地理解为符合自然规律，而应理解为成功的翻译过程。无论何种类型的行动者，都必须经过恰当的翻译。翻译这一概念由此把来自于社会方面和自然方面的支持与阻力纳入了统一的解释框架。

（2）简化与并置：网络链接的内在机制

简化（simplification）是行动者网络建构中必须的第一要素，它实际

---

① Callon, M., 1987. Society in the making: the study of technology as a tool for sociological analysis. in Bijker, W. E. Hughes, T. P., and Pinch, T. J., eds. *The Social Construction of Technical Systems*, pp. 83 - 103, Cambridge, Mass and London: MIT Press.

上是翻译显而易见的结果。在理论上，现实是无限的；但在实践中，一个行动者网络由有限的、不连续的一组元素组成，其特征和属性被很好地界定；简化即意味着通过翻译对无限的复杂世界进行还原。

行动者总是被简化了的特定网络中的行动者，行动者的性质来源于网络对其进行的界定。行动者作为被简化了的行动者，反映在网络图上，意味着网络中的每个节点本身都隐含着另外的网络。也可以认为，网络中的每个节点都是一系列其他点通过特定的关系而组合在的特定位置。

与简化相伴随的是并置（juxtaposition）。很显然，众多的行动者只有建立起特定的关系结构，网络才会形成，这种行动者之间相互关联的机制被称为并置。并置意味着网络中的行动者具有同等的重要性，缺一不可。

创造翻译、简化与并置这样一些概念的意义是明显的。行动者网络中的元素是异质性的，它们之间的关系也是异质性的，但无论各种关系的性质何其不同，从结果来看，它们之间的相互作用最终都通向了某种稳定的结构。

三　技术发展的建构演化观

社会建构论对技术发展的考察主要集中于技术被建构的微观过程，是围绕这样一个问题展开的：人造物是如何出现、完善和被采用的？借用生物学的隐喻，技术发展在社会建构论中被认为是一个演化（或称为进化）的过程。本部分将阐释社会建构论关于技术演化的基本观点，并以前面对技术本质与结构的探讨为基础，对技术演化进行微观动力学分析，最后将对社会建构论与另一从演化视角探讨技术发展的潮流——演化经济学的技术演化观进行比较。

1. 技术变迁作为演化过程

（1）技术变迁作为演化过程的思想渊源

一个半世纪以前，进化论是作为创世说的对立面出现的。世界如何成为现在这个样子而不是其他什么样？在达尔文之前对这一问题的回答中，"创世说"占统治地位，大多数人相信世界是上帝有目的地设计和创造的，是永恒不变的①。1858 年达尔文《物种起源》的出版，标志着进化论的正式形成，它使人们认识到自然界是产生的、变化的、发展的，现代进化理论就是在达尔文学说的基础上发展起来的。

与马克思同时代的挪威社会学家桑德特（Eilert Sundt）受到达尔文进化论的影响，也对技术变迁提供了演化论的解释。在技术社会学的历史上，桑德特是一个鲜为人知的理论家，他写了许多关于人口统计学和技术社会学方面的著作。桑德特在其技术变迁理论中建立的两个案例研究来自于斯堪的那维亚的房屋建设和造船。按照桑德特的观点，技术变动在一开始就是随机地发生，因为没有一个造船者能造出两艘完全一样的船；使用者最终会注意到这一"偶然"的变化并将其整合到未来的船只设计中。有人认为桑德特第一个明确提出了技术变迁的演化模型②。

从 20 世纪初—20 世纪中期，美国社会学家奥格本（William Ogburn）和吉尔菲兰（S. Colum Gilfillan）等人也对技术变迁持演化的观点③。尽管奥格本用"发明"来描述他的模型，但他将其作为所有技术行为的混成，从发明到开发到扩散。奥格本抛弃了英雄式的发明理论，而代之以微小变迁的积累理论。他指出，许多发明和发现是偶然的，流行的观点认为需要是发明之母，即发明的需求理论只是部分的正确；技术变迁不是必然地从需求变化过程中伴随产生，而是取决于四种因素：发明（invention）、累积（accumulation）、扩散（diffusion）和调整（adjustment）。奥格本虽然提出了对技术的演化论解释，但他没有提供经验案例来支持，因此招致一些人对其模型实用价值的怀疑。奥格本的学生吉尔菲兰以轮船的发明为案例，将技术变迁的分析框架扩展到了与技术因素相互作用的非技术的因素。吉尔菲兰提出了 38 项发明的社会原则和环境因素，其中包括财富、教育、人口和工业主义（industrialism）等。按照他的观点，技术变迁与

---

① 如莱布尼茨（Leibniz）的单子说认为，单子是世界万物的基本组成单位，上帝在创世之初，已把每个单子的全部发展过程预先安排好了，即"前定和谐"。他强调，整个宇宙的秩序都是上帝创造和安排的，现存的秩序为什么正好是这样，而不是别的样子，其理由都在上帝那里。参见：冒从虎、王勤田、张庆荣：《欧洲哲学通史》（上卷），南开大学出版社 1985 年版，第 442 页。

② Jon Elster, 1983, *Explaining Technical Change：A Case Study in the Philosophy of Science*, Cambridge：Cambridge University Press.

③ Gilfillan, S. C., *The Sociology of Invention*, Cambridge, MA：MIT Press, 1970.

达尔文的进化过程非常相近，认为，"轮船或任何发明都是生物有机体，与鸟的巢具有同样的意义①"。事实上，吉尔菲兰并没有给这种类比以清晰的解释，因此，其技术演化观只是启发性的。

在上述这些对技术的考察之后，技术作为专门对象的研究衰退了，而散见于不同学科中。比如在熊比特的创新经济学中，便包含了对技术演化的分析。直到最近的 20 年，将技术发展理解为一个演化过程的研究策略才得到较为深入地实施，而且其影响迅速扩大。演化经济学（技术创新经济学）和社会建构论构成了当代技术演化观两股基本的力量。

（2）社会建构论的技术演化观

从社会建构论的视角来看，技术是一种社会文化实践，是由多样的行动者共同建构而成的。不同行动者对某项处于发展中的技术常常具有不同的观点，比如，市场团队的人员为了保持市场的接续，可能更重视新产品与原有产品的兼容性；工程师团队可能更重视技术性能的改进；项目经理则要求新产品的生产有利于整体生产效率的提高，如有利于自动化生产线的推行等。可以认为，行动者的异质性导致了人造物的多样性。

那么，哪种观点将最后胜出呢？这里的选择机制是协商。人造物的概念化是随着行动者之间达成的妥协而历时性改变的。就上面的例子而言，市场人员、工程师和生产经理的观点各不相同，有时难免产生冲突，将要出现的新产品——比如微机，其特征便在不同观点之间的协商中被界定：与既存模型的兼容程度、所选择的位数模式、机器的大小、微处理器的性能等。

对技术变迁的演化特征进行明确阐释的是平齐和比克。在 SCOT 的框架下，他们两人以自行车的发展为案例，构造了一个技术演化的"多向"模型（multidirectional model）②。

人造物的产生与发展是围绕问题解决进行的，对于不同的社会群体，在不同的时期，都会有不同的要解决的问题，而对同一问题，又会有不同

---

① Gilfillan, S. C., *The Sociology of Invention*, Cambridge, MA: MIT Press, 1970.

② 克里奇的研究，参见：Akrich, M., Beyond social construction of technology: the shaping, 1992。

的解决方案，这些复杂的交错带来了人造物的多样性。

2. 技术演化的微观动力学分析

事实和理论研究都已表明，技术发展（创新）并非是严格按照构思、设计、生产、扩散等阶段线性进行的，干中学、用中学等现象的存在揭示了技术创新的非线性特征。然而，在逻辑上进行如此划分仍然不失是一种有效的研究策略，因为在技术发展中的确存在不同类型的活动。对技术演化进行微观动力学的分析，我们将上述技术活动划分为两种过程：人造物产生的概念形成网络；人造物扩散的社会采用网络。之所以如此划分，是因为生产与消费构成了两类基本的行动取向。

（1）概念形成网络：技术产生

在概念形成，或者说技术产生的过程中，行动者的位置指数与相似指数并非是固定不变的，而是与人造物协同演化。协同演化的结果倘若使网络走向汇聚，或者说关于人造物的概念一致性达成，则该技术的开发可能走向成功；相反，如果协同演化的结果使网络走向分化，则该技术的开发便可能走向失败。

对于最终形成的网络，存在四种情况：第一种是完全一致，第二种是完全不一致，其余两种分别是大部分一致和大部分不一致，后两种是最常见的。网络的汇聚或分化程度是协商过程的结果，这一过程会导向对预期网络和所包含行动者的描述的一致或不一致。如果起点是完全不一致，一致的获得只有等到协商过程的结束，期间，技术和参与协商的行动者名单会经过调整和变动。

（2）社会采用网络：技术扩散

当网络汇聚实现时，概念形成过程结束，采用过程开始。采用过程包括人造物的制造和扩散等。一项技术是如何为更多的消费者所采用的呢？或者说社会采用网络是如何扩展的呢？这是技术发展并带来社会经济影响的重要过程。

（3）技术演化的微观动力学

上面分别分析了概念形成和采用网络的动力，现在我们对二者进行整合，以构造较为完整的技术演化的微观动力学。对概念形成与采用网络进行整合，一个首要的问题是第一采用者的识别。当下流行的观点是将第一采用者的出现归结为小事件的锁定①，而网络分析将表明，第一采用者的识别并非完全无规律可循。技术战略（概念形成）和商业战略（识别第一采用者）是紧密相连的。在概念形成阶段，第一采用者被协商，仿佛这一技术注定是他们的，因为潜在采用者的需求已通过市场研究、建议、情境试验等途径反馈到了概念形成网络中，在许多情况下，这些潜在采用者需求的代言人将成为第一采用者。因此，将要出现的采用者群体依赖于概念形成过程中所做出的技术选择，概念形成中协商的轨道决定了采用轨道的起点，正是在这一基础上，采用网络出现。

3. 两类技术演化模型的比较

以演化观为思想和方法论基础探讨技术发展，是近十几年来西方社会科学对技术研究的重大突破。其中，影响最大的有两股潮流，其一便是社会建构论；另一支是演化经济学关于技术创新的研究。这两类技术演化模型有许多相通之处，也存在诸多差异。对二者进行比较，将有助于加深我们对社会建构论的优势和局限的理解，这也是社会建构论进一步发展所必需的。

（1）演化经济学对技术发展的演化论解释

以演化观对经济社会进行分析有多种方法，通常可以认为存在第一代（马克思）、第二代（熊比特）和第三代（新熊比特学派）演化经济学②。当前，第三代演化经济学形成了一个庞大而混杂的群体，其关注的问题可

---

① 典型的如阿瑟的观点，他认为在技术选择的开端，哪一技术被选择是偶然的，可能是采用者的某种自然偏好，这一偶然的选择将带来正的反馈效应，从而锁定于特定的技术轨道。参见：Arthur, W. B., 1988. Competing technologies: an overview, in Dosi, G., Freeman, C., Nelson, R., Silverberg, G., and soete, L., eds, Technical Change and Economic Theory, London and New York: Pinter.

② 新熊比特学派通常有广义与狭义之别。纳尔逊和温特最初自称为"新熊比特主义者"，即关注技术在经济发展中的作用及其协同演化过程，狭义的新熊比特学派主要包括 Sussex 大学 SPRU（Science Policy Research Unit）的研究，而技术创新管理以及技术评估领域的一些研究可被认为属于广义的新熊比特学派，其核心特征是以演化观分析技术创新。参见：Harris, M., 1997. Technological knowledge, strategic choice and the neo - Schumpeterian school, in Ian McLoughlin and Harris M., eds. Innovation, Organizational Change and Technology, 27 - 41, International Thomson Business Press.

分为对长期经济波动和企业理论分析两个方面[①]。其重要特征包括非均衡，技术和产业结构变迁，内生选择机制等，对技术演化机制的分析是这一研究中最有影响的和核心的问题之一。

纳尔逊和温特提出的演化理论基本上集中于分析企业，其核心思想之一是每一家企业都按照某种组织规则（organisational rules）和惯例（routines）来行动，这些规则和惯例使其能够生产商品和服务并进行创新[②]。

借用库恩的"科学范式"思想，多西提出了技术范式的概念，并将其界定为解决经过选择的特定技术问题的模型（model）和模式（pattern）。他将技术视为对"一般性技术任务"的解决方案，如人和货物的运输，特殊性质的化学物质的生产，电信号的操纵等。技术轨道是在技术范式内进行的常规性解题模式。

技术轨道——环境选择是一个精致的技术动力模型，它较成功地解释了许多技术发展的客观过程。这一模型在不同的层面上具有不同的表现形式，如多西最初提出的轨道及范式概念主要是在产业或部门层面上，其技术指涉是产品形态的技术物。而在产业创新群观中，对技术轨道的分析明显不同于仅对个体创新的关注。

需要指出的是，技术轨道——环境选择模型与科学（技术）推动——需求拉动的分析框架远不相同。第一，选择环境概念包容了更广泛的"市场"含义，一项发明可能不经过商业交易而通过其他方式被社会采用，即创新发生，如医生可能根据其职业判断而不是市场考虑来采用一种新的医疗技术。第二，技术轨道与选择环境是相互包含、一体互融的，二者是相互塑造，持续作用。而在科学（技术）推动——需求拉动分析中则不具有这两方面的内涵。

（2）内类技术演化模型的差异与融合

新技术社会学和演化经济学对技术动力的研究之间存在共同点，同时也存在诸多差异。它们都有效地达到了各自不同的研究目标，二者的融合也展现出一幅广阔的前景。技术轨道——环境选择和社会建构或形塑模型

① Green K., Hull R., Mcmeekin A., and Walsh V., "The construction of thetechno - economic: networks vs paradigms", *Research Policy*, Vol. 28, No. 777 - 792, 1999.

② Nelson, R. R., and Winter, S. D., 1982, *An Evolutionary Theory of EconomicChange*, Cambridge, Mass./London: The Belknap Press of Harvard University Press.

之间存在两个基本的共同点：第一，将技术发展视为一个演化的过程，即技术在形成中存在多种可能方案，需要通过一定的选择机制来选择；第二，关注这一过程的"交互性"（interactive）和"异质性"（heterogeneous）的性质。在他们的观点中，技术发展被认为是由多元因素而不是一元因素（如需求拉动或科学推动）促动的过程；各因素之间的作用是相互的，非线形的，且其旨趣不是全部相同的，有时是完全冲突的。因此，技术发展是在各异质性因素的协商中进行的。

然而，它们所要解决的核心问题是不同的：演化经济学重点关注技术为什么沿特定方向发展，即这一方向有何规定性。社会建构论则试图阐明技术如何发展，聚焦于技术（内容）得以形成的过程。而且，演化经济学的分析单位通常是技术轨道或宏观的"技术—经济"轨道，并采取了"后向式"分析视角，即从技术问题的解决方案出现后的视角来研究；社会建构论者则倾向于关注技术系统或网络如何被建构与发展，并以社会行动为分析起点，探讨多种社会、政治和经济因素的相互作用。由于社会建构论关注的焦点是技术如何发展，因此它通常在细节上描述这一过程，提出描述性概念，而不是像演化经济学那样寻求技术自身的发展"模式"和进行因果解释。如卡隆通过引进一定的行为解释工具（中心的行动者必须能调动其他行动者，并必须能创造并保持行动者组成的网络），对技术系统的建构过程进行描述；而多西则通过技术范式、轨道和环境选择来对技术发展过程进行模式化解释。

四　技术政策的社会整合观

事实上，社会建构论一经诞生，便与科技政策领域相近的思想和实践，尤其是建构性技术评估产生了结合。当前，技术政策与创新管理已经成为社会建构论的主要议题之一[①]。

1. 社会建构论的技术政策观：促进技术的社会整合

（1）"供给偏向"政策的局限

新古典经济学关于市场失灵的思想主张政府对科学技术发展的支持，

---

① Bijker, W. E., *Social construction of technology*, Article for the International Encyclopedia of the Social & Behavioral Sciences, Elsevier Science Ltd, 2001.

而在线性创新模型的认识基础上，形成了科技政策中的"供给偏向"（supply bias），即强调技术开发的供给，主要是 R&D 投入，但对技术创新的整个过程未给予充分关注。近年来，随着对创新本质认识的逐步深化，这一政策导向的局限性日益显露出来。

在市场制度下，技术供给政策的一个基本目的是填补社会整体技术进步所需要的知识积累和企业所从事的研究之间的沟壑，但由于政府难以掌握企业的专有技术知识及其 R&D 投向，而且也难以获得确切的市场信息，沟壑在何处便难以识别。这意味着政府投资有可能重复或替代私人投资，社会资源难以达到最优配置，这种境况有时被称为政府失灵（government failure）。政府失灵的限制使政府通常主要支持基础性或曰一般性的 R&D 研究。一般性技术知识所包含的技术原理适用于多个产业部门，但这类知识有时会为企业所专有和保密，这种一般性技术知识的专有化阻碍了技术进步的效率。

供给偏向政策的局限性之二是技术控制中的困境。对技术进行控制的思想缘起于对技术负效应的反思。当代科学技术虽然是造福于人类的第一生产力，但同时也带来了一系列问题：环境污染、工具理性膨胀等。这表明我们的社会似乎热衷于新技术，却没有与其建立建设性关系。

近年来，人们逐渐认识到技术创新是包含诸多环节的社会实践活动，其中需要各类资源的组合并存在复杂的非线性相互作用。基于这一认识，国家和区域创新系统成为促进技术创新的一项重要制度安排。然而，各种要素之间如何相互作用，为什么会如此相互作用，这种相互作用如何影响技术发展，这些问题在创新系统的研究中并未得到充分解释。因此，创新系统虽然为技术创新提供了客观的制度环境，但并没有很好地克服供给政策的局限，尤其是技术控制中的困境。正如笔者在对建构论与创新经济学进行比较时所指出的[①]，创新经济学的概念框架使其难以摆脱技术决定论的思维进路，而在建构论的视点中，技术路径的选择过程并非完全是自组织的，尽管大量参与者之间复杂的竞争导致某种"看不见的手"嵌入于特定产品、生产过程或技术系统的发展之中，但掌握不同参与者之间复杂

① Latour B: Science in Action: How to Follow Scientists and Engineers through Society, Milton Keynes: Open University Press, 1987.

的相互作用如何影响技术发展的知识将有助于塑造新的技术范式。同时，建构论对技术与社会互动的分析为有效克服共给偏向的局限提供了出路。

（2）促进技术的社会整合

蕴涵于社会建构论中的政策含义是：政府对科学技术发展的支持不能停留在克服市场失灵带来的问题上，而应该促进技术的社会整合（socie-tal integration），这种整合不仅是必须的，而且也是可能的。

一方面，技术在社会区位的整合下满足和适应社会规范的要求；另一方面，通过对社会心理的调适，使公众对技术形成积极的社会态度，最后使技术在发展过程中被社会所接受，被社会所认同，成为社会相容的技术[①]。上述这些意味着，技术进步的实现需要整合或嵌入于社会中。

促进技术的社会整合，社会学习是基本的过程。尽管建构论忽视了或者还没有把更广的社会经济结构与政治因素充分纳入解释框架，但其已然启发了对社会整合战略的实施思路：技术发展是试验性过程，社会学习是其中基本的社会行动。设计行为可在纵横两个维度上进行扩展，在横向上，需要纳入更多的以行动者为载体的准则，如社会伦理、生态环境等方面的因素；在纵向上，设计行为则始终存在于技术发展的过程中，每一步都是某种试验，都存在可能的协商、调整和选择。

可以看出，社会建构论技术政策观的基本特点是着眼并致力于介入技术创新的整个过程而不仅局限于技术开发的供给；强调行动者的作用和他们之间的链接而不仅局限于技术供应者[②]；而且，不同于传统政策制定对技术进行的静态成本—收益分析，社会建构论对技术采取了更前向（pro - active）的态度，即自始至终主动介入对技术的社会建构，在动态变化中将技术引入更好的轨道。

2. 战略与工具：建构性技术评估

社会建构论中的政策观并非只停留在思想阶段，而且在实践中也得到了体现。20 世纪 80 年代中期，技术评估的范围与方式在荷兰、丹麦等国家得到扩展，出现了冠以建构性技术评估（constructive technology assess-

---

① 陈凡：《技术社会化引论》，中国人民大学出版社 1995 年版。

② Fleck，J.，1988. Innofusion or diffusation? The nature of technological development in robotics, Edinburgh PICT Working Paper No. 4, http://www.rcss.ed.ac.uk/technology/.

ment，CTA）之称的政策实践。这种实践以社会建构论为理论背景，并借鉴了相关研究（主要是创新经济学）中的相近思想，形成了体现社会建构论技术政策观的战略与工具。

（1）技术评估：从预警到建构的模式演变

现代技术评估发端于 20 世纪 50 年代开始盛行的技术预测（Technological Forecasting），到 60 年代，技术的负面影响往往要在其应用很长时期后才显露出来。为了更好的利用技术，防止其对社会、环境等可能产生的消极影响，一种新的研究首先在美国兴起，即技术评估。1972 年，美国国会通过技术评估法，并设立了 OTA 这一专门机构，开始了 TA 的制度化。

TA 的特征是试图分析预测技术可能带来的社会、经济、环境等影响，使政策和决策不仅考虑近期利益，而且关心远期的后果，不但重视经济效益，而且关注难以逆转的社会、环境效应，从而使决策者将有关技术后果的信息纳入决策过程中。这是传统的技术评估的基本思想，通常被称为预警性或察觉性技术评估（Warning TA／Awareness TA）。

在预警性 TA 取得系列成果的同时，其与供给偏向政策相似的局限性逐渐暴露出来：其一，预警性 TA 中隐含的基本前提——技术发展过程及其社会影响是可以预测的——被越来越多的事实和理论推翻，如石油危机的发生不仅是难以预见的，而且使得其他的诸多评估变得毫无价值。其二，价值判断必然会被带进据称与价值无关的评估过程中①，这种价值的渗透性更加限制了人们对未来技术的社会文化及环境后果的预见能力，TA 难以公平无偏见地评价技术的影响，从而无法提供给决策者中立的，更不用说客观的信息。因此，从 20 世纪 80 年代开始，TA 逐渐被认为是一种用来管理技术的战略工具而不仅是一种决策过程中客观、中立的输入因素。许多国家都采用 CTA 并进一步发展了它，在丹麦、挪威和德国都

---

① 如莱布尼茨（Leibniz）的单子说认为，单子是世界万物的基本组成单位，上帝在创世之初，已把每个单子的全部发展过程预先安排好了，即"前定和谐"。他强调，整个宇宙的秩序都是上帝创造和安排的，现存的秩序为什么正好是这样，而不是别的样子，其理由都在上帝那里。参见：冒从虎、王勤田、张庆荣：《欧洲哲学通史》（上卷），南开大学出版社 1985 年版，第 442 页。

出现了类似的行为，形成了 CTA 家族①。

社会学习是 CTA 的核心过程，它意味着不仅要提高公众对科学技术的理解，而且需要公众参与技术发展；社会不仅学习如何使用新技术，而且也影响着新技术的设计与开发。促进社会学习一直是各国 CTA 实践中的重心，荷兰 TA 组织（NOTA）1987 年成立时，便非常重视促进社会学习。在通信和信息技术、生物技术领域，都做了大量工作。但 NOTA 这些早期的努力主要是试图增加公众对新技术的认识。在丹麦，社会学习更是从开始便获得了显著的地位，这与丹麦的政治意识和文化传统有关，他们认为公众参与的政治文化是重要的。丹麦 TA 组织召集的旨在促进社会学习的共识会议（consensus conference）是当前许多国家都在仿效的 CTA 工具。

CTA 对技术发展社会整合的强调成为对供给偏向政策的补充，在实践层面上体现了社会建构论的技术观。而且，CTA 在某种程度上建立了自己的理论形式，提出了技术变迁的准演化模型（quasi - evolutionary model）。这一模型吸收了演化经济学家提出的多样化（variation）和选择（selection）过程，但强调其并非完全独立的行为，技术轨道是社会建构

---

① 面对各国多种 TA 类型，不同学者作了不同的分类。Smits，Leyten 和 Den Hertog 区分了察觉性 TA（Awarness TA）、战略性 TA（Strategic TA）和建构性 TA（Constructive TA）三种模式，参见：Smits，R. Leyten J.，Den Hertog，1995. Technology assessment and technology policy in Europe：new concepts，new goals，new infrastructures，Policy Science，28，271 - 299；Rathenau 研究所主任 Josée C. M. Van Eijndhoven 将 TA 分为四种范式，经典范式（classical）、OTA 范式（OTA）、公众范式（public）和建构性范式，参见：Josée C. M. Van Eijndhoven，1997. Technology Assessment：Product or Process? Technological Forecasting and Social Change，54，269 – 286；Jan Van Den Ende 等人则总结了传统的预警性 TA（Traditional Early Warning TA）和新型的战略性 TA、建构性 TA 及回溯性 TA（Backcasting）等几种类型，参见：Jan Van Den Ende，Karel Mulder，Marjolijn Knot，Ellen Moors，and Philip Vergaragt，1998. Traditional and Modern Technology Assessment：Toward a Toolkit，Technological Forecasting and Social Change，58，5 - 21；最近，Rathenau 研究所又提出了交互式 TA（Interactive TA），参见：Rathenau Institute ed. 1997. Technology Assessment Through Interaction - - - A Guide，http：//www. itas. fzk. de/deu/tadm/tadn298. 等等。本文认为，TA 从本质上包括对技术的预测分析和实际介入两个方面，本文分别称其为 TA 的预警性和建构性，并将 TA 大致分为预警性和建构性两种类型。当前，国际范围内的 TA 战略正在从以预警性为核心向以建构性为核心的模式转变，尽管许多国家的 TA 并没有以"建构性"命名，我们将它们统称为建构性 TA。参见：邢怀滨、陈凡：《技术评估：从预警到建构的模式演变》，《自然辩证法通讯》2002 年第 1 期。

之产物。这一论点已被近年来从多种视角考察供应者和使用者之间互动的经验研究所证明①。

（2）建构性技术评估的特性分析

作为社会建构论技术政策观的战略与工具，CTA 到底具有哪些特性，又具有哪些成就与不足呢？本文认为，对此可以从四个方面来把握。

①主体多元性。

建构技术的主体不仅局限于科学家和工程师，这是社会建构论一贯的主张；CTA 则进一步发展了技术管理主体多元性思想，认为管理技术的责任在于更广泛的社会，而不仅局限于政府，并开发了相应的战略与工具，从而使社会建构论的基本理论具有了实践操作性。

在准演化模型中，CTA 识别了技术发展中三种类型的行动者②。第一种类型是技术行动者（technology actors），指与新技术产生具有直接关系的行动者，如投资机构、各类技术开发机构，以及技术项目本身等。第二种类型是社会行动者（societal actors），指各类对技术的发展进行信息反馈的行动者，如各种各样的社会群体、政府机构、社会组织等，企业和其他技术行动者也可以扮演这一角色，这样会提高反馈效率。这些行动者通过对技术行动者的控制和促进作用来影响技术的发展，通常的方式如管制、社会运动、教育等。可以认为，这类行动者构成了技术演化中的选择环境。第三种类型是元层次的行动者（actors at a meta level），它们对前两种类型进行链接，如判定技术应如何发展的政府机构、技术评估机构、公司的环境和市场部等。这类行动者的存在使技术与选择环境之间的互动更为方便，并对其进行调整，Schot 称其为"技术连结"（technological nexus）。

②反身性。

反身性（reflectivity）是 SSK 强纲领的原则之一，它意味着 SSK 对科学知识的说明模式必须适用于它自己③。在 CTA 的观点中，发展技术的目

① Green K., Hull R., Mcmeekin A., and Walsh V., "The construction of thetechno – economic：networks vs paradigms", *Research Policy*, Vol. 28, No. 777 –792, 1999.

② Nelson, R. R., and Winter, S. D., 1982, *An Evolutionary Theory of EconomicChange*, Cambridge, Mass. /London：The Belknap Press of Harvard University Press.

③ 陈凡：《技术社会化引论》，中国人民大学出版社 1995 年版。

的是产生尽可能多的积极影响，并尽量避免消极影响（至少可以管理）；技术的影响归根结底是各类行动者共同生产出来的，而这种共同生产必然是反身性的。我们认为，与主体多元性相关联，这种反身性是指，每一个行动者——不管他们将自己视为促进者还是控制者——必须意识到技术是多种因素共同建构的，并根据自己分担的责任有意识地形塑自己的行为。反身性是 CTA 实现自洽的必要前提。

③动态性。

技术的社会整合，其基本实施方式就是在动态发展中对技术进行持续的形塑，将其引入更好的轨道。某一人造物的形成，都经过了构思、设计、生产、市场扩散以及在各种反馈中不断改进的过程，技术的社会建构在这一过程中的每一环节都存在，与之相应，积极介入技术发展，或者说对技术进行社会整合也需要在技术发展的动态过程中进行。

④试验性。

与动态性相伴的另一特性是试验性。有限理性和价值观分歧的存在使决策者在面对多种技术选项时，难以确定何者"最优"；而随着技术发展进程的推进，各类投资的增长必然导致不可逆性（如沉没成本、锁定和路径依赖）出现；不可逆的方式有多种，但没有哪一种是我们可以预先设定的。这意味着社会对某一技术的选择带有试验性质。

试验是否就意味着未来不可知，某一技术的选择仅仅诱发于偶然事件？或者说如何才能提高技术走上更好的轨道的成功率？阿瑟的分析当然是有道理的，即技术的后续发展会提高某一原初的、偶然的优势；但相关技术知识的增多、行动者之间的协商、更富洞察力的未来预见之反馈等因素将影响最初路径的选择。一般而言，技术知识是随着试验的进行而逐渐得到积累；行动者之间的协商是社会管理技术的基本切入点，它与一个社会的技术文化、政治制度密切相关；对未来的预见一方面受到知识背景及评估方法的制约，另一方面也取决于行动者的价值观与相互协商。因此，建立技术发展的良好的政治文化背景和社会形塑机制是极其重要的。

（3）建构性技术评估的战略模式

技术是由多样的行动者共同建构而成的，这是社会建构论的基本主张，CTA 带来的新政策框架的核心在于在技术发展的过程中指导不同行动者的行动选择。与三种行动者相对应，我们可以识别出三种 CTA 的战略模式：技术驱动（technology forcing）、战略生境管理（strategic niche management）和创造连结（stimulation/creation of alignment）[①]。

①技术驱动

技术驱动是传统 TA 的逆向过程，传统 TA 将技术视为既定，并由此预测它的潜在影响，技术驱动则通过预先制定相应的准则来规制技术发展。技术驱动战略表明了对技术有意识地控制，其最初主要是从政府角度出发的，后来获得了更广泛地使用。技术驱动战略作为传统 TA 的逆向过程，尽管其模式是明确的，但在实际贯彻将被许多问题所困扰。不同社会群体的需要往往是不同的，这种价值取向的分歧使决定所需要的技术是什么样成为首要的问题；其次，技术的实际影响是在长期发展和贯彻项目中形成和演化的，技术发展中的复杂性也使得技术驱动这一线性目标设置模式及其贯彻成为不现实的，这意味着即使可以确定明确的价值取向，通常也不可能制定出最佳战略。

②战略生境管理

在技术驱动战略中，驱动技术的行动者是政府、银行、社会组织等，他们并不是实际的技术开发者，因此，要将扩展的设计准则付诸实施，还需要从实际技术开发者的角度来探讨 CTA 的战略模式。

Schot 和 Rip 等人提出了被称为战略生境管理的战略[②]。所谓战略生境管理，即是要通过设置一系列试验环境（生境），特地安排新技术的开发和导入。在这一生境中，学习必须优先于技术行动者的目标，行动者必须学习关于设计、用户需求、文化和政治的可接受性等方面的内容。

③创造连结

在前面两种战略中，技术和社会协同进化的动力从需求或社会方面和从供应或技术方面各自被调节，第三种一般战略（与前面二者并非完全

① Rip, A., and Kemp, R., 1996, Towards a Theory of Socio – Technical Change, Enschede：University of Twente. 以及 Schot, J. W., "Constructive technology assessment and technology dynamics：the case of clean technologies", *Science*, *Technology*, *& Human Values*, Vol. 17, No. 36 – 56, 1992.

② Lundvall, B. A. 1992, National Systems of Innovation：Towards a Theory of Innovation and Interactive Learning, London：Pinter. 以及 Walsh, V., Cohen, C., and Richards, A. 1996. The Incorporation of User Needs in the Design of Technically – Sophisticated Products. Barcelona：Design Management Forum.

分离）集中于互动，并试图去创造和探索对技术发展提供进行调节的机会。

在 CTA 的思想下，上述三种战略表明了不同行动者参与技术发展的行为方式。建构性技术评估的有效实施需要注意以下三方面：

第一，广泛吸收公众参与。广泛的公众参与是 TA 客观性与公正性的保证之一。"公众"意味着拥有不同观点、不同价值观的个人和群体。TA 组织应采取一切可能的措施最大限度地使公众公平地参与进来，比如可利用互联网网页、相关组织、民意调查、座谈会以及建议板等形式。这里需要注意的是相关群体的选择应具有代表性，能充分反映社会各阶层的要求。

第二，增强 TA 过程和结果的柔性：一个 TA 组织应能够提供及时有效的信息，如简报、摘要等，而不是像 OTA 那样一定要提供"圆满"的报告，其缺点在于时间滞后，长而不实用（OTA 的报告一般需要 18 到 24 个月，每份报告 200 多页）①。在 TA 中，要善于根据不同的目的去寻求合适的评估过程与方法，在坚持基本原则的前提下，不必遵循僵化的程式。

第三，加强与政策和立法系统的结合。如前所述，TA 的结论要对现实发挥指导作用，需要通过政府以政策或立法来执行。离开了政府与立法系统的支持，TA 只能作为一种苍白乏力的研究，最终会走向衰亡。因此，无论是政府还是民间的 TA 组织，其研究活动一方面要关注政策导向；另一方面要积极导向政策，参与到技术发展的实际决策中。

3. 扩展的思考：通向技术民主化之路

蕴涵于社会建构论中的技术政策观及作为其战略与工具的 CTA 其实内在地包含了对专家治国论（technocracy）和技术民主化之争的回答。凡伯伦（Thorstein Veblen）及其追随者主张现代技术的复杂性决定了现代社会需要由技术专家来统治；另一种思潮则认为普通民众不应该被多样性迅速增加的科学和技术所淹没，因为当民众不能理解社会关键决策所依赖的

① Fred B. Wood, 1997, "Lessons in Technology Assessment", *Technological Forecasting and Social Change*, Vol. 54, No. 131 – 143.

基础时，民主还会存在吗？笔者以为，在这一争论中，首先还需要考虑与之相关的另外一个问题，即民主是否具有自明的合法性。这一问题在今天依然是个需要讨论的领域①，但并非本文所要做的工作。事实上，关于民众是否应参与技术决策的问题，20 世纪 60 年代在美国曾引起较为激烈的争论，近年来，这一问题已逐渐从学理走向更为务实的层面，即如果技术发展应该是民主化的，那么这种民主化如何体现，如何获得实践基础②。

　　在专家治国论思想中，科学家和工程师被给予了特别的关注，但社会建构论的技术政策观对多种社会因素或曰行动者参与技术决策并在技术发展的动态过程中发挥建构作用的强调意味着没有特定的社会群体比其他社会群体具有优先权，这显然包含了技术民主化的思想。需要指出的是，社会建构论技术政策观中的民主思想并非意味着所有社会群体是平等的。某些社会群体如何使自己比其他社会群体更有权力，如何使自己更有影响力，如何发挥自己的作用，类似这样的问题恰恰构成了社会建构论的重要研究内容，同时也与技术发展所关涉的权力分布与民主参与问题密切相关。

　　然而，技术民主化的实现还与价值判断有关。正如上文所言，在当今这样一个多元化、异质性的社会中，不同社会群体、不同国家地区对同一项技术有不同的价值判断，从而会对技术及其后果给出不同的解释并给技术带来不同的建构导向。因此，技术的民主化必然会遇到价值冲突的困扰。然而在技术决策中如何协调多元的价值取向，如何算是民主仍是有待于深入的问题。无论如何，社会建构论的技术政策观提供了使技术决策面向公众而不是基于私人利益的展开途径，这对于当代发展观基本思想的贯彻，即社会、经济、生态环境等整体最优，是具有积极意义的。同时，在当代这样一个"技术的社会"中，社会建构论的技术政策观也提出了通向更广的民主政治的议程。

---

①　Fred B. Wood, 1997, "Lessons in Technology Assessment", *Technological Forecasting and Social Change*, Vol. 54, No. 131 - 143.

②　Winner, L. ed. *Democracy in a Technological Society*, Dordrecht/Boston/London：Kluwer Academic Publishers, 1992. 以及 Kleinman D. L., *Science, Technology and Democracy*, Albany：State University of New York Press, 2000.

　　各国各地区的政治文化背景的差异带来了不同的社会形塑机制，技术发展在很大程度上依然是个地方化的过程。原则上讲，并不存在某种普遍性的制度形式和社会形塑机制，如何结合各地的背景，更好地建构技术，这是需要具体思考的问题。

第十四章 后现代主义的技术哲学思想

后现代哲学理论崛起于 20 世纪 60 年代的西方社会，是西方传统理性主义哲学内部孕育出来的一股反叛的力量。它倡导非理性、非确定性、非连续性，主张多元化、多视角、相对性，反对传统哲学的基础主义、本质主义和表象主义。后现代哲学并不具有统一的理论形态，它们只是在对传统哲学的反叛方面才具有一致性。各种后现代主义哲学理论由于学术视角的不同、理论视阈的不同以及话语构造方式上的差异，具有很大程度上的不可通约性。后现代哲学理论虽然最早可以追溯至 19 世纪中、晚期的克尔凯郭尔、尼采等人，但其真正崛起却是在 20 世纪 60 年代，以哲学家雅克·德里达、米歇尔·福柯、吉尔·德勒兹、让－弗朗索瓦·利奥塔、让·博德里亚等人为代表。

第一节 技术哲学的现代困境与后现代转向

一 技术与现代性问题的提出

作为人类生存方式的技术与人类的历史同样久远。我们以石器时代、铜器时代、铁器时代、机器时代、电子时代命名不同的人类阶段，既突出了技术之于人类生存的根本性，又突出了技术之于人类文明演进的决定性。然而对技术的有意识的反思，并不是一开始就有的，而只是在人类历史发展的特定阶段上才发生。在直至欧洲文艺复兴运动之前的漫长时期内，技术作为人类生存的"代具"天然地嵌入在各具特色的地域文明之中，技术之于人类生活的意义是不言而喻的，是免受质疑的。随着欧洲中世纪的结束，文艺复兴和宗教改革运动唤起了人们的理性精神，唤起了人们从事现世生活创造的强烈愿望，技术作为人类改造自然的有效手段由此成为近代人追求和颂扬的对象。在近代欧洲人的眼中技术是"宙斯"的形象，它将最终帮助人们摆脱贫穷和落后，进入富裕、自由、平等的理想境地。由于社会舆论上的支持和科学、经济上的推动，近代技术自18初30年代以来获得了飞速发展。现代技术的发展为资本主义社会创造的前所未有的物质财富，却也带来一系列的负面效应，如技术理性与人文理性的冲突、新的压迫与剥削，环境污染和生态破坏。这些内在的冲突与困境最终成为"后现代转向"的动因。

1. 技术理性与人文理性的冲突

理性是资产阶级启蒙运动的旗帜，是资产阶级用来对付宗法神学的有力武器。然而，随着现代技术的发展与资本主义制度的确立，理性逐渐分化为对立的两极——技术理性与人文理性。

马克斯·韦伯最早把近代启蒙运动中培育起来的理性观念从价值理性和工具理性两层含义上来理解。与前者相应的行为是"价值—合理的"行为，它强调的是人的理念与行动在文化与道德规范上的合理性；与后者相应的行为是"目的—合理的"的行为，它强调是工具手段对于目的的实现的有效性和经济性。韦伯认为两种理念与行为只有结合起来才能导致理想的、完全实现的启蒙理性。然而，近代以来随着资本主义精神中发财致富欲望的膨胀，以及自然科学的发展所确立的实验方法的有效应用，工具理性急剧扩张，它无情地吞噬了价值理性的合法领地，显现出世界的"世界的祛魅化"特征。

韦伯之后，卢梭、席勒、康德等思想家都对技术理性与人文理性的内在冲突问题作过分析，马尔库塞更对发达工业社会的理性裂变作了深入揭示。他继承了海德格尔"技术构成了科学的本质"思想，认为在韦伯那里"技术理性"仍具有中立性，而事实上在当代发达工业社会中，技术理性已经占据了意识形态的地位，它执行着传统意识形态的功能，因而不可能是"价值中立"的。在技术理性的统治之下，人们丧失了自由与幸福，压抑着爱欲和个性，被迫塑造成为"单向度的人"。

2. 新的极权与压迫

现代技术的发展最初是与自由和平等的社会理想结合在一起的，科学和技术是人们用来认识和改造自然的有效工具，是人类消除自然和社会加之于其身的束缚与压迫的方法手段，也是人类达至自由和幸福的根本途径。然而随着现代科学和技术的发展，人类的这种乐观主义的梦想不断遭遇挫折，因为技术的发展同时也造成了新的剥削和压迫，造成了新的人身依附和极权，以及社会贫富两极分化、道德沦丧以及生存境遇的恶化。对于技术的这种"异化"现象，马克思作过全面而深刻的揭示，他说："在我们这个时代，每一种事物好像都包含有自己的反面。我们看到，机器具有减少人类劳动和使劳动更有成效的神奇力量，然而却引起了饥饿和过度的疲劳。新发现的财富的源泉，由于某种奇怪的、不可思议的魔力变成贫困的根源。技术的胜利，似乎是以道德的败坏为代价换来的"①。近现代史表明，启蒙时代自由、平等的社会理想并没有因为技术的发展而得以实现，相反，前资本主义时期以土地和人身依附为基础的剥削关系让位于以技术和资本为基础的剥削关系，后者在更大的范围和更深的程度上实现着人对人的统治。由于技术文明和资本关系在民族国家内部以及全球范围内的扩张，新的剥削关系也被空前地建立和巩固起来。贫困、剥削和压迫向来是冲突与战争的根源。

　　3. 人与自然环境的冲突

　　人与自然环境之间的冲突在前现代社会中就存在，不过这一时期的冲突主要表现为自然环境对人的束缚和制约，表现为"自然力对人的压迫"。工业革命以来，人与自然之间的这种关系发生了逆转，借助于不断发展的技术，人类开始主动地去进攻自然，挑战自然，迫使"自然"就范。技术上的成功和价值观念上的认同驱使现代人无止境地从事"征服"自然的活动：大片大片的森林被砍伐，用作工业材料和燃料；河流被截断，用来建坝发电；煤炭、石油等矿产资源被肆意开采，用来满足不断增长的能源需求和材料需求；江河湖泊和地下蓄水层成为新鲜淡水的汲取地……，世界由此成为一个"储存库""能量库"，自然成为被现代技术"订造"的对象。不仅如此，技术的发展也使人类经受着环境的污染危机和生态的破坏危机。人类几乎所有的技术活动都会产生非预料中的负面效果，比如，我们在开采矿石的过程中不经意地破坏了当地的自然景观和生态循环，而在对矿石的提取和冶炼过程中更是把大量的有害物质或没有利

―――――――――

　　① 马克思、恩格斯：《马克思恩格斯选集》（第2卷），人民出版社1974年版，第78—79页。

用价值的物质遗留在地表环境之中；我们以石油产品作机器燃料，就会产生大量的一氧化碳、二氧化碳和其他有害物质，这些废气被排入空气当中，会损害人类健康并产生其他灾难性后果，等等。其他诸如，酸雨、放射性污染、农药、化肥等都在以不同的方式给人类的生产和生活带来巨大的威胁，而且其负面影响将长久地发挥作用，给未来的自然生态造成难以预计的后果。

二 现代性的反思与技术哲学的产生

对现代性的质疑进而是对现代性的批判，发轫于对现代技术的反思与批判。从历史的角度看，技术哲学作为对技术的总体性、哲理性思考不是突发生成的，它是伴随着技术的历史发展，历代思想家对技术进行累积性思考的结果。在两千多年前的中国春秋战国时期和欧洲的古希腊时期，古代先哲们就开始以不同的方式对技术予以哲学思考了。中国春秋时期的思想家老子对于技术与社会秩序、技术与个人的德行修养等问题作过哲理上的阐释；思想家庄子以"抱瓮丈人""轮扁斫轮""庖丁解牛"等寓言故事对技术与道德伦理、技术与知识、技术与个体修养等问题阐发了卓越的见解。马克思和恩斯特·卡普（Ernst Kapp，1808—1896 年）就是这样两位从技术入手，通过对技术的哲学反思和批判而达到对社会现实批判的思想家。由此产生了作为一门独立学科的技术哲学。

马克思是技术哲学的真正的创始人，这不仅是因为他历史性地提出了建立一门关于工业（技术）的心理学（认识论），更是因为他第一次对技术进行了系统、深入、全面的理论反思。尽管他没有明确地使用"技术哲学"这一术语，尽管他没有形成内容相对集中、表述较为系统的技术哲学专著，但不可否认的是工业技术活动始终是马克思关注的一个理论和现实焦点，对工业技术的历史考察和理论分析构成马克思全部理论学说的基础与核心。可以设想，没有对以技术为基础的社会生产实践活动和科学实验的分析，就没有其唯物主义的实践论；没有对资本主义工业生产结构和技术结构的分析就没有其剩余价值学说；没有其对技术史的考察和对技术与社会各因素复杂关系的研究就没有其生产力与生产关系的理论。可以说马克思的技术哲学思想贯穿其全部的学术成果之中，他在特定著作中对技术的相关研究已经构成一个有机的体系。与马克思同时代的德国哲学家卡普对于技术哲学的创立也做出了决定性的贡献。

马克思以降，技术哲学的研究基本上是沿着两条路线展开的：工程学的路线和人文主义的路线。根据卡尔·米切姆的解释，所谓工程学的技术哲学"强调对技术本身的性质进行分析：它的概念，方法论程序，认知结构以及客观的表现形式。它开始使用占统治地位的技术术语解释更大范围的世界。"① 相比之下，人文主义的技术哲学则"力求洞察技术的意义，即它与超技术事物：艺术和文学，伦理学与政治学，宗教等的关系。因此，它也力图增强对非技术事物的意识。"②（同上）由此可以看出，工程学的技术哲学与人文主义的技术哲学走的是两条方向相反的研究路线，前者是从技术本身入手，通过对技术的逻辑实证分析而达到对外部世界的解释：技术→外部世界；后者则从非技术的人文关怀入手，通过人文科学的解释方法而达到对技术的理解和评判：外部世界→技术。这样两种研究路线或方式只是一种粗略的概括与划分，只具有相对的意义。正如米切姆所言，所谓"工程学的"其出发点和归宿点往往是"人文的"，而"人文的"往往不得不立足于"工程的"，这两条路向其实只是在不同技术哲学家那里的倾向性表现，在很多情况下这两种方法是很难分开的，以至于存在一种"跨学科的"技术哲学研究。

三 技术哲学研究的后现代趋向

20世纪中期以来，两方面的因素促进了西方社会的后现代转向。一方面，随着现代性困境的日益加深，西方人文学者试图在现代主义的传统之外另寻出路，这表现为对一切现代"元叙事"的质疑、批判与颠覆，进而倡导那些在现代传统之内被压制、被贬斥的东西，其理论形式表现为后现代主义的哲学、社会学、文学、艺术等内容；另一方面，随着现代科学与技术的发展，西方社会的产业结构和阶级结构都发生了深刻的变化，出现了丹尼尔·贝尔所说的"后工业社会"，与此同时，以"非线性自组织"理论为代表的复杂性科学的发展从根本上否定了传统线性的机械化

---

① 卡尔·米切姆：《技术哲学概论》，殷登祥、曹南燕译，天津科学技术出版社1999年版，第39页。

② 同上。

的世界观，而新技术的发展，特别是以计算机通讯为代表的信息技术的发展则从根本上为克服现代工业的弊端提供了可能。这些因素的共同作用使西方社会进入了一个剧烈变化的所谓"后现代"时期。

"后现代"一词最早可追溯至 1870 年前后，英国画家普查曼（John Watkins Chapman）用"后现代绘画"一词指称那些据说比法国印象主义绘画还要现代和前卫的绘画作品。20 世纪 60 年代以后，"后现代"一词开始得到广泛使用，关于"后现代"的话语从最初的建筑、文学艺术领域逐渐扩展到人文社会科学的诸多领域，特别是 80 年代之后，随着西方社会思想文化领域中关于现代性、现代主义和现代理论的论争，"后现代"成为人文社科学领域中广为接受的概念。20 世纪的"后现代"转向发生在社会生活的各个层面，作为一种思潮它又广泛渗透于人文社会科学的各领域，因此在不同的经验层次上和不同的理论视域中，"后现代"转向具有不同的内涵和不同的描述，后现代的"话语"是动态的、开放的、复杂的。

当代的技术哲学研究在后现代的文化语境之下呈现出明显的后现代特征。20 世纪 70 年代以来，后现代的思维方式和写作方式向人文社会科学各领域的渗透，使当代技术哲学研究出现了如下的后现代趋向：

其一，后现象学的技术哲学，其代表性人物是唐·伊德。在《后现代语境中的后现象学文选》中，伊德既表明了自己所发展的"后现象学"与胡塞尔所开创的经典现象学之间的继承关系，也表明了其现象学与后现代主义之间的联系，他说："我没有这种乡愁（现代主义对基础、本质和中心的眷顾），也不为基础主义的丧失而哀痛。事实上，我一如既往地将自己所实践的这种现象学风格称为'无基础的'的现象学。后现象学既表明了它与其祖系的不同，也表明了对其祖系的归属。"伊德在其论文"实用主义、现象学和技术哲学"（2004 年）中认为，胡塞尔所开创的经典现象学虽然旨在反对传统"表象主义"的认识论，但它却不幸地采用了传统认识论的表述方式和理论隐喻，因此，在反对现代主义哲学认识论方面它是不彻底的。而他所发展的"后现象学"则有效地避免了经典现象学的这种缺陷。在后现象学中，"技术"具有了特别重要的地位，这一方面是由于技术作为一个概念被引入哲学理性的层面；另一方面是由于技术成为现象学反思的主题。伊德说："从 70 年代起，我就在实用主义——

现象学的意义上将技术包括在对人类经验的思考之中。"

其二，建构主义的技术哲学，其代表人物是安德鲁·芬伯格、堂娜·哈拉维等人。面对现代主义哲学的"理性"霸权，后现代主义认为，现代主义哲学所断言的"本质""基础"和"中心"都是理论及社会建构的结果，更进一步说，包括现代科学所揭示的"客观规律""物质实体"等也都是理论构造的结果，而非"不以人的意志为转移"的"客观实在"。这样一种后现代的理论思维方式和论证方法被称之为"建构主义"。20世纪80年代以后，技术哲学的研究明显受到了建构主义的影响，在《美国的技术哲学：经验转向》（2001年）一书中，技术哲学家阿切特胡斯（Hans Achterhuis）给予了"经验转向"的技术哲学家一种"建构主义者"（constructivist）的身份。在建构主义思潮的影响下，新一代的技术哲学家普遍抛弃了对"技术本质"和"人的本质"的抽象规定，他们认为"技术"与"人"都是历史地建构起来的，所以并不存在一种抽象的、静态的人性本质和自主的、非人的技术本质。美国技术哲学家堂娜·哈拉维（Donna Haraway）在其论文《赛伯格的宣言：20世纪80年代的科学、技术和社会党的女性主义》（1985年）中，借用科幻文学中"赛伯格（Cyborgs）"的形象进一步说明了"人之本质"的后天建构性。著名技术哲学家安德鲁·芬伯格在《追问技术》（1999年）中，提出了"工具化理论"以消解传统的技术本质观，他把技术的形成过程看作是一个各种社会主体不断参与建构的过程，"技术不是一种命运而是一个斗争的舞台，它是一个社会的战场……在其之上，人们讨论并进行着文明的选择。"他借用了社会建构论的"待确定""授权"等概念来说明，"技术"与"自由"的和解是可能的，现代技术并非现代人不可摆脱的"宿命"。

其三，新实用主义的技术哲学。由皮尔士、詹姆士和杜威所开创的经典实用主义以其反基础主义、反本质主义而成为后现代思想的合法来源。20世纪70年代以来，实用主义与分析哲学的结合而形成所谓的"新实用主义"，这就是以罗蒂为代表的建设性后现代主义形态之一。当代的美国本土的技术哲学家大都与实用主义有着密切联系。拉里·希克曼在后现代的文化语境中，重新诠释了杜威的技术哲学思想，在《技术文化的哲学工具》（2001年）一书中，希克曼探讨了以实用主义为工具对当代"技术文化"进行调适（tuning up）的可能性与必要性。技术哲学家约瑟夫·皮特则从"新实用主义"的视角对技术的本质、技术活动过程和技术知识的性质进行了分析。在《思考技术：技术哲学的基础》（2000年）一书中，皮特把技术定义为"人类在劳作"，他认为技术是与人性相联系的动态的现实过程，在具体的、静态的人造物中我们无法揭示出一个能为大多数人所接受的"技术"来，这样首要的任务也许就是打开技术"黑箱"，在经验的层次上揭示出"技术行动"的内在机制。接下来他提出了一个"技术行动的二阶转化模型"（MT 模型）。皮特反复强调其理论的实用主义基础，他说："不管我做出了何种主张，不管我形成了什么定义，都应该按照持续的人类经验而加以校正。依据此种假设，我将选择一种可操作的、称它为实用主义的、对于知识的方法。①"

除此之外，技术哲学研究的后现代趋向还表现在各种视角（perspective）主义的技术研究中，如生态主义的技术哲学、女性主义的技术哲学等。生态主义技术哲学的代表性人物有弗雷德里克·费雷、查伦·斯普瑞特奈克等人，女性主义技术哲学的代表性人物有哈拉维、瓦克曼等人。

第二节　技术的后现代哲学反思

伴随着后现代主义哲学的成长与发展，现代技术问题逐步由隐到显、由学术边缘到理论关注的中心。从海德格尔开始，技术问题在后现代主义哲学中就是反思和批判的对象，成为技术哲学发展的新的展现。

一　海德格尔对技术的追问

马丁·海德格尔（Martin Heidegger, 1889—1976 年）是 20 世纪德国最伟大的思想家，他在早期胡塞尔现象学基础上试图发展一种"现象学存在论（本体论）"，后期则把对存在的追问深入到更源始的境域，在这一过程中他把对传统形而上学的反思与对现代性的批判结合了起来，从而使他的思想显示出强烈的"后现代"色彩。海德格尔是第一个对技术作"存在论"追问的人，这源发于对"现代之本质"的追问。

---

① Joseph C, *Pitt Thinking About Technology*: *Foundations of the Philosophy of Technology*, New York: Seven Bridges Press, 2000, p. XII.

1. 现代技术是西方传统形而上学的终结

海德格尔认为，源发于古希腊时期的形而上学本是"关于存在的学说（Ontologie）"（"Ontologie"一词的本意是"关于存在的学说"，随着后来的哲学逐步将"存在"解释为与"现象"相对的"本体"，这一词汇就被理解为"本体论"。）前苏格拉底的早期希腊是"存在历史"的第一个开端，在那里发生了原初的存在之"思"与"诗"，但自柏拉图以降，西方哲学开始背离早期希腊哲学持守"存在"的伟大思想传统，漂离"存在"之源，因此西方哲学史是一部对"存在"的遗忘史。

在海德格尔看来，"存在的遗忘"是西方形而上学史的根本特征，也是造成现代技术统治达至全球化的主要原因，现代技术的本质由此才能得以真正的理解。在《世界图象的时代》中，海德格尔认为自柏位图以来的西方形而上学完全支配着构成近现代时代特征的所有现象，因此，技术作为我们时代最普遍、最根本的现象理应在西方的传统形而上学中去寻找其基础。虽然海德格尔在这里仅以科学为例探寻了其形而上学的本质，但他在开篇处就明确指出：现代技术之本质是与现代形而上学之本质相同一的。"'技术'这一名称在这里要作这样本质性的理解：它在其意义上与名称'完成的形而上学'相一致。"① 这该作何理解呢？海德格尔说，现代技术的本质居于"座架"之中，"座架"不是什么技术因素，不是什么机械类的东西，它乃是现实事物作为持存物而自行解蔽的方式。这种解蔽并非在人类行为之外的某个地方发生，但它也不仅仅是在人之中发生，这是一种历史性"命运"的遣送。这里我们不难看出，这种"命运"其实就是西方形而上学的"命运"。

2. 技术的本质是解蔽，现代技术的本质是"促逼"

出于对技术时代的人类生存处境的忧虑，海德格尔不断地追问现代之本质、现代技术之本质，在这一追问中他评判地考察了整个西方哲学史，从根基上颠覆了西方的形而上学传统，同时发展出一种"此在的解释学"——基础存在论，重建了人与世界的关系。这种哲学视阈上的转变反过来为技术提供了一种全新的诠释。

① Le dépassement de la métaphysique, *in Essais et Conférences*, trad. A. Préau, Gallimard, 1956, p. 92.

海德格尔对技术的追问构筑了一条揭示技术之本质的道路。在《技术的追问》一文中，海德格尔对技术的追问从分析对技术的流行看法——其一，技术是合目的的工具；其二，技术是人的行为——入手，进而通过分析"四因说"和对"技术"一词词源学的考察，指出技术的本质乃是一种解蔽方式，一种使存在者显露出来的方式。"技术是一种解蔽方式。技术乃是在解蔽和无蔽状态的发生领域中，在 αλήθεια 即真理的发生领域中成其本质的。"这样，海德格尔就突破了技术的工具学和人类学上的狭隘理解，使技术获得"基础存在论"的全新阐释。

在存在论的视阈下，"本质"是内涵发生了根本的变化，即它不再是种类和 essence 意义上的本质，而是某物的"现身方式""运作方式"。所以，技术之本质也就是技术的现身方式。那么技术是如何现身的呢？在古希腊语中，"技术"的内涵被包含在词语"τέχνη"之中。"着眼于这个词的含义，我们必须注意到两点。首先一点，τέχνη 不只是表示手工行为和技能的名称，它也是表示精湛技艺和各种美好艺术的名称。τέχνη 属于产出，属于 ποίησις；它乃是某种创作（etwas Poietisches）。"①

现代技术除具有作为技术一般的本质外，还具有与古代技术显然不同的新特质。"解蔽贯通并统治着现代技术。但这里，解蔽并不把自身展开于 ποίησις 意义上的产出。在现代技术中起支配作用的解蔽乃是一种促逼（Herausfordern），此种促逼向自然提出蛮横要求，要求自然提供本身能够被开采和贮藏的能量。""这种促逼之发生，乃由于自然界中遮蔽着的能量被开发出来，被开发出来的东西被改变，被改变的东西被贮藏，被贮藏的东西又被分配，被分配的东西又重新被转换。"自然界从此被纳入到一个由不断地开发、改变、贮藏、分配、转换等环节组成的过程之中，被纳入到一种永不停歇、循环不已的技术系统之中。② 德格尔借用了日常语言的用词"座架"（Ge－stell）来表达现代技术的这种促逼型本质。德语前缀（Ge－）意指把同种属性的东西聚集起来，而（stell）意指"限定、摆置、架设、安置"，这样"座架"意味着对那种摆置的聚集，"这种摆

---

① 海德格尔：《海德格尔选集》，孙周兴译，上海三联书店 1996 年版，第 931 页。

② 斯蒂文·贝斯特·道格拉斯·凯尔纳：《后现代理论》，张志斌译，中央编译出版社 1999 年版，第 170 页。

置摆置着人，也即促逼着人，使人以订造方式把现实当作持存物来解蔽。座架意味着那种解蔽方式，此种解蔽方式在现代技术之本质中起着支配作用，而其本身不是什么技术因素。"① 处于"座架"中的人，不得不"受命"去无止境地开发、剥削、掠夺自然，把自然界的一切，把周身的一切视作可算计、可支配、可控制的对象，世间万物包括人自身都成为备料、资源、能源。

基于其现象学的存在论，海德格尔认为现代技术是现代科学的本质，而非如现代传统观念所认为那样，现代技术是现代科学的应用，科学构成了技术的本质。对这一关系的揭示是与对技术和科学本质的追问分不开的。他说："由于现代技术的本质居于座架中，所以现代技术必须应用精确自然科学。由此便出现了一个惑人的假象，仿佛现代技术就是被应用的自然科学。只消我们既没有充分追问现代科学的本质来源，也没有充分追问现代技术的本质，那么这种假象便总能维护自己。"②

3. 现代技术的救赎之途："思"与"诗"

海德格尔认为，我们愈是邻近于危险，进入救渡的道路便愈是开始明亮地闪现。他引用德国诗人荷尔德林的诗句，"但哪里有危险，哪里也有拯救"。这种拯救之路是就是"思"与"诗"。"而当我们思考技术之本质时，我们是把座架经验为解蔽之命运。我们因此已经逗留于命运之开放领域中。"③ 这就是说在对"技术之本质"的沉思中，我们已经在向"座架"的解蔽命运开放了，由此生发出一种救渡的可能，即通过对技术之本质的洞察，而应合于一种更原初的真理的召唤。技术的另一条救赎之路是"诗"。由于技术的本质并非任何的技术因素，所以对技术的根本性沉思和对技术的决定性的解析必须在某个领域中进行，此领域一方面要与技术的本质有亲缘关系；另一方面又要与（现代）技术的本质有根本的不同。这样一个领域乃是艺术。因为"艺术"在古希腊语中也是 τ/ε，也就是说"技术"与"艺术"同出一语。它们都意味着那种把真理带入闪现者的光辉中而产生出来的解蔽。此解蔽在现代技术的本质现身处能把救渡

① 海德格尔：《海德格尔选集》，孙周兴译，上海三联书店 1996 年版，第 933 页。
② 同上书，第 941 页。
③ 同上书，第 943 页。

带向最初的闪现，"在西方命运的发端处，各种艺术在希腊登上了被允诺给它们的解蔽的最高峰。它们使诸神的现身当前，把神性的命运与人类命运的对话灼灼生辉。"

"思"与"诗"并非两个不同的领域，并非两条不同的救赎之路，而是互依互通，根本一致的。海德格尔说："一切凝神之思就是诗，而一切诗就是思。"① "思"与"诗"要求处于技术时代的人们采取一种"泰然任之"的态度，即要让技术对象入于我们的日常世界而同时又让它们出于我们的日常世界，即让它们作为物而栖息于自身之中。我们人类在技术的对象化活动中，应该保持自身的独立性，守护住自己内心中本真的东西，在对技术的利用中，随时可以摆脱它们，挣脱它们，对其说"不"。"我们可以对技术对象的必要利用说'是'；我们同时也可以说'不'，因为我们拒斥其对我们的独断的要求，以及对我们的生命本质的压迫、扰乱和荒芜。"② 这种态度会使我们与技术世界的关系变得简单而安宁，使人类以一种完全不同的方式逗留于大地之上，获得其安身立命的持存性根基（Bodenständigkeit）。

二　利奥塔对技术的后现代叙事

让－弗朗索瓦·利奥塔（Jean－Francois Lyotard，1924—）是法国当代哲学家、西方后现代主义理论的重要代表。尽管利奥塔没有以"技术"为题进行过专门的探讨，但在其许多理论著述中，他都对技术给予了关注和思考。

1. 对技术的"元叙事"质疑

在《重写现代性》一文中，利奥塔明确说道："后现代性不是一个新的时代，而是对现代性自称拥有的一些特征的重写，首先是对现代性将其合法性建立在通过科学和技术解放整个人类的事业的基础之上的宣言的重写。"③ 这意味着近几百年来，人们在现代主义传统中形成的一系列对技术的根本看法要得以修正，这些看法包括：技术是人类对自然界的征服与

---

①　转引自《海德格尔选集》"编者引论 P23"。

②　海德格尔：《海德格尔选集》，孙周兴译，上海三联书店 1996 年版，第 1239 页。

③　让－弗朗索瓦·利奥塔：《后现代性与公正游戏——利奥塔访谈、书信录》，谈瀛洲译，上海人民出版社 1997 年版，第 165 页。

改造，是人类对自身需求的响应与满足。通过财富的创造，技术将使人摆脱物质生活的匮乏，使人拥有更多的闲暇、安宁、自由与幸福，因此，技术是人类进步和解放的动力。

利奥塔认为，技术的发展从来不服从于源于人类需求的要求，它似乎以一种力量，以一种独立于人类之外的自主运动性（autonomous motoricity）前进。"对于来自人类需要的要求，它并不做出回应。相反，人类实体——无论是社会的还是个体的——似乎总是被发展的后果和影响所动摇，……无论是它的智力和精神后果还是它的物质后果，都是如此。我们可以说，人类已经陷入了这样一种状况，即疲于奔命地追赶（既是实践上也是思想上的）目标的积累过程的状况。"① 在此情景之下，技术进步就成为加重而不是减轻人类负担与不安的方式。在利奥塔看来，技术科学的"自主运动性"是在"复杂化欲望"的支配下发生的，这种自主运动性并不导向其他目的，"复杂化欲望"本身就是其目的。这种无止境的复杂化使人类经受着越来越大的压力、紧张与不安，这与人类对"安静、安全和同一性"的渴求显然是严重冲突的。他说："我们对安全、身份、幸福的需要，来源于我们作为有生命的存在、作为社会存在的直接状况，这些需要现在跟这种对每一件物品的大小都进行复杂化、折衷、测量、合成、修改的强制相比，显得无关紧要了。我们就像在技术科学的世界里的格列佛：有时太大，有时太小，从来没有正好的时候。从这个角度来看，在今天坚持简单性总的来说就像是发誓忠于野蛮习俗一样。"② 不仅如此，现代技术的盲目发展还导致了难以应付的伦理难题，解决这些难题所做出的努力只会导致更大程度上的不稳定，因此，任何为恢复个体与社会的安宁所做出的努力将变得滑稽可笑。

2. 技术是科学的合法性基础

随着"元叙事"的衰落，知识尤其是现代科学知识如何为自身寻找合法性基础成为利奥塔思考的中心性议题。利奥塔在《后现代状况》中，提出随着社会进入后工业时期和文化进入后现代时期，科学知识成为首要的生产力，

---

① Jean‐Francois Lyotard, *The Postmodern Explained*：*Correspondence* 1982‐1985, *translated by Julian Pefanis and Morgan*, Minneapolis：University of Minnesota Press, 1993, p. 78.

② 让‐弗朗索瓦·利奥塔：《后现代性与公正游戏——利奥塔访谈、书信录》，谈瀛洲译，上海人民出版社 1997 年版，第 145 页。

而技术的新进展使知识的形态、生产、获取、整理、支配和利用等方面都发生了重要的变化。与此同时，科学知识的合法性问题却远未淡化，"因为这一问题是以它最完整的形式——转换的形式提出的，这种形式表明，知识和权力是同一个问题的两个方面：谁决定知识是什么？谁知道应该决定什么？在信息时代，知识的问题比过去任何时候都更是统治的问题。"①

　　在《后现代状况》中，利奥塔使用维特根斯坦的"语言游戏"理论，来分析他称为"后现代状况"的东西，也即知识的合法性问题。利奥塔认为科学知识是语言游戏的一种，它有自己独特的语用学规则。在"元叙事"衰落后，科学知识就要求在其自身之内实现合法性论证。按照科学语言游戏本身的规则，科学活动的合法性必须采取"论证"和"证明"的形式。然而科学论证本身有赖于论据的支持，这样技术就出场了。"它们最初是人类器官或生理系统的替代物，其功能是接收数据或影响环境。它们服从一个原则，即性能优化原则：以最小的投入（花费在过程中的能量）获得最大的产出（获得的信息和改变）。所以，技术不属于与真善相关的一种游戏，而属于与效率相关的一种游戏；当一个技术活动比另一个做得更好并且（或者）消耗更少的能量时，它就是'好的'"。② 利奥塔认为，对技术的这种"效能性（performativity）"定义是最近才出现的。长久以来，各种发明是不确定的、偶然研究的产物，这些研究并不主要和知识相关，而是体现为"技艺"。如古典时期的希腊人并没有在知识与技术之间建立固定的关系。"在16世纪和17世纪，'透视学家'的工程仍属于猎奇和艺术革新。这种情形一直延续到18世纪末。"③ 此后人们发现了如下的互逆命题：没有财富就没有技术，但没有技术也就没有财富。……强迫技术改善性能并且获得收益的要求首先来自发财的欲望，而不是求知的欲望。技术与利润的'有机'结合先于技术与科学的结合。"④ 当通过力量的合法

　　① 让－弗朗索瓦·利奥塔：《后现代状况》，车槿山译，生活·读书·新知三联书店1997年版，第14页。
　　② Jean－Francois yotard, *Postmodern Condition*, The University of Minnesota Press, 1984, Reprinted by Manchester University Press, 1992, p. 44.
　　③ 让－弗朗索瓦·利奥塔：《后现代状况》，车槿山译，生活·读书·新知三联书店1997年版，第93页。
　　④ 同上书，第93—94页。

化形成后，科学与技术之间的传统关系似乎就颠倒过来了。

3. 信息技术的后现代意蕴

20 世纪 70 年代以来，以计算机为代表的信息技术迅速崛起，并从最初的军事和科研领域推广普及到民用、商用领域。作为社会理论家的利奥塔对当代技术的这一新进展给予了充分的关注与思考，对其在文化、科学、知识等方面所造成的社会后果与影响进行了后现代的理论审视。在利奥塔看来，以计算机为代表的信息技术既是现代主义传统叙事的终结，又是后现代语用学的开端。

利奥塔认为，整个现代主义时期是资本对知识和财富的无限追逐过程，也是资本在无限性理念支配下对"力量"的获取过程，因此它表现为一种不可扼制的意志冲动。进入后工业化时期后，这种无限性的意志扩张开始侵犯到了语言本身。此种情况的前提性条件是计算机通讯技术的普及应用。借助于计算机通讯技术，资本把语言转化成了各式各样的商品。"首先，句子被看作讯息，要被编码、解码、传送、安排（包装）、再生产、保存、保持可得到的（记忆）、组合与作出结论（计算）、对立起来（游戏、冲突、控制论）。其次，量度的单位——也是价格的单位——被确立了起来：信息。资本主义对语言的渗透的后果还刚刚开始。在市场的扩展和新的工业政策的伪装之下，未来的一个世纪是在语言方面，根据最佳表现的标准对无限的欲望投资的世纪。"① 利奥塔认为语言是社会契约的全部，因此资本意志在语言里的投资将破坏社会生活里有生命力的创造本身。

计算机技术的普及应用造成了知识在形态与性质上发生了重大变化，还引起了一系列知识立法上的危机，引起了社会机构和组织间的新的紧张关系。不仅如此，由于知识具有了商品的形式，它在世界的权力竞争中"已经是，并且将继续是一笔巨大的赌注"。如果说，民族国家曾经为了控制领土、为了控制材料和劳动力而开战的话，在将来它们会为了控制信息而开战。但利奥塔并没有以这种敌托邦（dystopia）的伤感而告终。他认为在计算机通讯技术中也蕴含着后现代"解放"的潜力。利奥塔把对元叙事的怀疑看作是"后现代"，认为后现代社会是以多种语言游戏的共

---

① 让－弗朗索瓦·利奥塔：《后现代性与公正游戏——利奥塔访谈、书信录》，谈瀛洲译，上海人民出版社 1997 年版，第 150 页。

存竞争为条件的，各种语言游戏之间具有异质性和不可通约性，这将有助于消除霸权和恐怖，激发创新和活力。他由此提出了"谬误推论（paralogic）"的概念，意指多重合理性的模式。计算机网络通讯技术的普及为这种多重合理性的实现奠定了基础。

利奥塔对技术的论述多是在"技术科学"的名义下进行的，他的论述深受海德格尔的影响，这一点可以从他的相关著述中看出。但是利奥塔显然并没有局限于海德格尔的观点，他通过对当代电子信息技术的关注，而把关于现代性问题的讨论引向深入。一方面，技术基础的改变使知识的产生和交流方式发生了变化，从而使以此为"中轴"的后工业社会的组织形式发生了改变；另一方面，以计算机为代表的新技术也使语言的游戏规则发生了改变，使"后现代的语用学"成为可能。这是海德格尔的现象学"存在论"所未论及的。

三 福柯权力视野下的技术

米歇尔·福柯（Michel Foucault，1926—1984 年）是法国 20 世纪下半叶最重要的思想家和哲学家之一。他的理论探索是围绕现代性的实质、现代性的悖论、现代社会由以建构的基本原则等重大问题而展开的，他的学术进路却是在癫狂、监狱、诊所、性等现代主义哲学视野之外的领域进行的，并辅之于独特的"考古学""系谱学"方法。福柯被理解为技术哲学家，不仅是因为他涉及了技术的问题，更主要的是因为他在对知识/权力/道德的哲学反思中发展出一种颇具"技术性"的理论阐释。

技术之所以能进入福柯的视野并成为其理论体系中不可或缺的一个要素，是与其独特的研究视角和分析方法分不开的。福柯在对知识、权力、道德这人类社会的三大现象进行研究时抛弃了传统的本质主义的追问方式，即知识/权力/道德是什么？而代之以知识/权力/道德是如何可能的？他们是如何运作的？他们又是如何结合操作的？等问题，基于这种与传统哲学相异的思维方式，福柯在具体的研究过程中发展出"考古学"和"系谱学"的方法。所谓"知识考古学"不是去发掘知识历史的"物质性遗骸"，而是去发现不同历史时期知识生产和再生产的"间断性"和"非连续性"；而所谓"权力系谱学"不是去追寻权力的本质与基础，而是去揭示权力产生、运作的微观机制与过程。这样知识与权力便不可避免地与

"技术"联系到了一起。可以说，福柯所探讨的知识/权力/道德三大理论主题是在"技术"的支撑之下构建起来的。这里的技术不仅是指物质性的生产技术，还包括在社会各个层面上运行的机制、策略和操作关系。

1. 技术的社会建构性

技术不是福柯哲学反思的主题，但正是从技术入手，通过对技术的微观机理（capillary）分析，福柯才揭示了"知识""权力""道德"之谜，揭示了西方理性"主体"的形成过程。福柯的这种独特的治学路径无意中表明了一种反传统的技术观——非决定论的技术建构观。

在福柯看来，技术是属人的，它是一定历史条件下的人类生存方式，也是"人"之形成的决定性因素。技术对人的塑造是作为知识、权力和道德的媒介物而起作用的。在这一过程中，技术是知识的应用，是权力对一切可支配之物的意志安排，是道德的客观体现。作为这三种因素的结合，技术又总是调节着知识、权力和道德之间的关系，并反过来推动着知识、权力与道德的演化嬗变。在知识、权力与道德的场域中，技术就不仅是人与自然之间的一种策略性关系，它总还是人与人之间的社会性的设计与安排。它包括了法律制度、行政管理、行为规范、知识体系、物质生产、人际关系等所有的维度，因此，技术的本质是"社会的"。在谈到作为规训方法的近代技术时，福柯说："在18世纪令人耳目一新的是，由于它们（规训技术）结合起来并被赋予普遍意义，它们就获得了一种新的层面。在这个层面上，知识的形成和权力的增强有规律地相互促进，形成一个良性循环。在这一点上，纪律跨过了'技术的'门槛。首先是医院和学校，然后是工厂，不仅仅是被纪律'重新整顿'，而且由于有了纪律，它们变成这样一种机构，即任何客观化机制都可以被当作一种征服手段在它们里面使用，任何权力的增长都可以在它们里面促成某种知识。正是这些技术体系所特有的这种联系使得在规训因素中有可能形成临床医学、精神病学、儿童心理学、教育心理学以及劳动的合理化。因此，这是一种双重进程：一方面，通过对权力关系的加工，实现一种认识'解冻'；另一方面，通过新型知识的形成与积累，使权力效应扩大。"[①] 在

---

① 米歇尔·福柯：《规训与惩罚》，刘北成、杨远婴译，生活·读书·新知三联书店1999年版，第251—252页。

《规训与惩罚》中，福柯以监狱、兵营、学校、工厂为例详细剖析了技术与知识、权力、道德因素之间相互建构的关系。

福柯认为包括科学知识在内的所有知识都具有真理性与规范性二重品格，与知识的两重性相对应的是技术的两重性，即技术一方面，表现为人与自然之间改造、支配、利用和控制的关系；另一方面，也展现为理性与金钱、权力、道德之间的实际结合。技术的两重性同样也具有程度不同的体现。在农业技术、工业技术、采矿技术中技术的权力统治特征远不如在法律制度和规章制度中明显。这就是为什么近代以来，"与采矿业，崭露头角的化学工业相比，与国家机务核算方法相比，与鼓风炉或蒸汽机相比，全景敞视主义（注：18—19 世纪英国功利主义思想家边沁提出的一种监狱监视技术）几乎没有引起什么关注"的原因。在那些最纯粹、最客观的"自然技术"背后总有权力的运作。

福柯的社会建构技术观打破了传统线性的、单向的、自足决定论的技术观，突破了对技术的"人→自然"的狭隘理解，它把技术放入广阔的社会场域中去考察，从而揭示出了技术形成的多元性、多向度性和不确定性。福柯的"知识型"概念表明，技术从来都不只是人与自然之间的关系，它更是一种社会的安排和设计，不同社会历史条件下的"知识型"会建构不同种类的人与自然之间的技术关系。

2. 技术的权力统治性

福柯对权力的沉思提供了一种能为绝大多数技术哲学所认同的立场，这就是视技术不仅仅是一系列伦理中性的人工物，它更是一套我们人类不可避免的施加权力于自身的结构化的行为方式。依据这种立场，技术"与各种人类的行为方式相关，与这些行为方式中的差异性相关（其中的差异比起人造物和认知中的差异更为隐蔽）。技术活动必然地和不明显地从个别的和私人的方式渐变为群体的和制度化的形式。"[①]

福柯的权力理论认为，权力并非如传统的"法权模式"理论所认为的那样，仅仅为统治者所有，并且总是作为一种压迫性的、否定的力量存在。权力在本质上是分散的、不确定的、形态多样的、无主体的和生产性

[①] im Gerrie, "*Was Focault a philosophier of technology*?" Journal of the Society for Philosophy and Technology, Vol. 7, 2003.

的，它"致力于生产、培育和规范各种力量，而不是专心于威胁、压制和摧毁它们"。这种权力的运作在绝大多数情况下是无需借助于对肉体的威胁的，它甚至也无需借助于法律，而是借助于占据支配地位的各种知识、观念和规范。它通过各种各样的技术手段实现对躯体和灵魂的塑造。在《规训与惩罚》中福柯详细考察了权力从最残暴、最恐怖的形式向最隐藏、最不为人察觉的形式过渡转化的过程。他认为在过去的二百年中，虽然作为权力极端形式的"酷刑"已经被废除，但是作为权力体现形式的各种惩罚与规训并未消失，而是以更普遍、更深入、更隐蔽的方式，也或者说以更"人道"的方式发挥着作用。他说："宏大的'监狱连续统一体'造成了规训权力与法律之间的沟通，并且从最轻微的强制不间断地延展到时间最长的刑事拘留，从而构建了与那种胡诌的授权相反的具有直接物质性的技术现实。"①

福柯认为，权力是社会的基本动力和基本的生命线，是社会的基本构成要素，因此它无处不在，无时无刻不在发挥着作用。由于知识与权力的结合，各种各样最讲实际效果的"技术"就被构建出来，它们包含着理性的精确计算与谋划，同样也包含着权力的"险恶"用心。在福柯看来，近代工业革命的发生与发展，近代技术的发展并不都是"经济力量"作用的结果，它们在很大程度上是资本家与工人之间权力斗争的结果。马克思在资本论中曾说："写一部自 1830 年以来的真正的发明史是可能的，这些发明的唯一目的就是为资本提供镇压工人阶级反抗的武器"。② 对此，福柯给予了高度的评价。他认为权力除了分布在政治领域中的各个组织系统中以外，还广泛分布在社会的经济、文化和各个社群的实际生活领域中。马克思通过对资本主义经济生产领域中各个部门权力结构的分析和批判，深刻地揭示出资本主义社会中权力存在的多层次性、多形式性，以及由此形成的权力结构的复杂网络。福柯在肯定马克思对于权力实施机制和技术的分析时说："最重要的观点是必须把权力的机制和权力的贯彻程序看作是技术，看作是始终不停地发展、不断地被发明和不断地被完善化的

---

① 米歇尔·福柯：《规训与惩罚》，刘北成、杨远婴译，生活·读书·新知三联书店 1999 年版，第 348—349 页。

② 参见安德鲁·芬伯格，《可选择的现代性》，陆俊、严耕译，中国社会科学出版社 2003 年版，第 110 页。

程序。因此存在着一种真正的权力技术，存在着一种展现这些权力技术的实际历史。在这里，在《资本论》第二卷的字里行间，人们可以很容易地发现贯彻于各种工场和各种工厂的权力贯彻技术的分析以及关于这些技术的简史。我正是跟随着这些最重要的指示，并在有关'性'的问题上尝试不再把权力从单纯政治法律的观点、而是从技术的观点去看待。"①

3. 技术与现代理性"主体"的形成

"主体"是西方现代人文社会科学中的一个核心概念，福柯通过知识考古学和权力系谱学的研究揭示了这一概念的形成过程，并在另一个意义上最终解构了这个虚妄的"人"的观念。所有这一切都是与"技术"及对"技术"的批判性分析分不开的。

福柯认为现代性的"主体"观念是在近代以来的知识话语中构建起来的，是知识话语的"一个复杂的可变函数"。"人"事实上只是近代的产物，它随着一个时代的产生而产生，也可能随着时代的变迁而消失。"至少存在这样一个事实，从 17 世纪以来人们所说的人文主义，始终都必须以某种特定的人的概念作为基础，而为此人文主义不得不向宗教、科学和政治寻求某些观念。因此，人文主义是用来为人们所追求的那些有关'人'的概念进行掩饰和证成的。正因为这样，我认为必须针对这样的人文主义论题提出一种批判的原则，这是一种关于'具有自律性的我们自身'的永恒创造。"② 在福柯看来，"具有自律性的我们自身"是一个人文主义的幻觉，是近代人文主义的迷梦，符合现代社会标准的"主体"只是在近代知识话语的生产和再生产机制中、在权力和道德的规训机制中形成的，更具体地说，是在"统治技术"与"自我技术"的结合运用中被训练而成的。在《规训与惩罚》中，福柯以监狱为例，详细剖析了"统治技术"对"人"的形塑过程。

20 世纪 80 年代，福柯开始从对"统治技术"的研究转向对"自我技术"的研究，即从强调个人如何被他人改变转向强调如何实现自我转变。对于这种转变的动机，福柯说："如果我们要想分析主体在西方文明中的谱系，我们就不仅要考虑统治技术，而且还应考虑自我技术。我们还必须

---

① 参见冯俊《后现代主义哲学讲演录》，商务印书馆 2003 年版，第 486 页。
② 同上书，第 485 页。

指出这两种类型的技术之间的互动关系。当我从前研究精神病院、监狱等机构时，也许我更多强调的是统治技术……但是，在今后的几年中，我将从自我技术方面入手去研究权力关系"①。他把"自我技术"定义为"允许个人运用他自己的办法或借他人之帮助对自己的躯体、灵魂、思想、行为、存在方式施加某种影响，改变自我，以达到某种愉悦、纯洁、智慧或永恒状态"的实践。② 在福柯看来，西方理性主体的形成除了有"他律"的作用外，还有"自律"的作用。这种自律的实质就是生活于社会中的个人自身根据整个社会的要求而实现主体化的过程。这是现代权力"规训技术"中最隐蔽、最本质的部分，因为现代规约技术的实质就是教会社会个人如何实现自我约束和自我管理。比如，在教育制度和机构中，人们似乎看到的首先是"他律"和教化，是"统治"和支配他人的技术，而事实上，这种制度或技术却是在教育人们如何实现自我"规训"，即个人通过知识的学习、道德的修养和法律的训练，逐步使自身变成为理智的主体、道德的主体和守法的主体，使自身的肉体欲望作活动方式自律地符合整个社会的规范。通过这种自身的技术，个人也就达到了某种程度的完满性、纯洁性、幸福和超自然能力的境界。因此，西方理性"主体"形成中的"他律"与"自律"是互为条件、相互转化的，它们都内在地包含着一种"权力"的力量。在此力量的作用下，自康德以来西方的"自主的、自律的理性主体原则"只不过是一个骗人的幌子，它诱使人通过其自身的规约技术心甘情愿地将自己改造成标准的"公民"。

福柯通过对知识的"考古学"研究和权力的"系谱学"研究而考察了西方理性"主体"的形成过程，福柯考察的结果是"人之死"。资本主义无处不在的权力关系及其构造起来的严密的技术系统不断地把人规训成为一种驯服的工具，以适应"合理的""高效的""技术化的"社会，在"规范的普遍统治"之下，人们失去了导向自由的判断。这里，作为权力存在的现代技术系统具有了与海德格尔所说的"座架"相似的特征，它们在现代社会的技术化过程中具有自主发展的能力，我们身处其中，虽然

---

① 斯蒂芬·贝斯特、道格拉斯·凯尔纳：《后现代理论》，张志斌译，中央编译出版社1999年版，第79页。

② 同上。

能够感觉到它的挟持与压迫，但却无能为力。对权力的分析所揭示出的技术的统治性的一面，无疑为技术的哲学研究开启了一个新的维度。

四 博德里亚的"超现实"技术

让·博德里亚（Jean Baudrillard，1929—）是继海德格尔之后对技术进行思辨性研究的又一位后现代哲学家。他被认为是对现代性的社会和哲学理论进行了最激进批判的哲学家，也被认为是对现代信息传媒技术进行了最多理论关注的哲学家。

1. 技术"人工物"的符号学解读

博德里亚借助于符号学对当代西方社会与哲学理论进行了剖析和批判，分析了社会的"消费"特征。他认为，在资本主义条件下，消费并不就是对物品的使用和消耗。虽然我们一直在购买、占有、使用和花费，但我们并没有真正在"消费"。因为这样的行为，在原始社会中，在封建制度下，同样存在。在资本主义社会，真正使"消费"成为消费的，是由于作为商品的"物"被抽象为一种"符号"，而且这种"符号"实现了"能指"与"所指"的分离。这里，博德里亚继承了索绪尔结构主义符号学理论，"所指（the signified）"指符号所指涉的对象与意义，"能指（the signifier）"是指符号本身所造成的心理印象。如，恋人之间用玫瑰来表达爱情，这里玫瑰是能指，爱情是所指，两者共同构成符号。与索绪尔不同的是，博德里亚认为符号与外部现实之间并不具有直接等同性。他还通过进一步借鉴罗兰·巴特对大众文化中符号运动机制的研究，对资本主义社会中"物"的象征性和符号性作了分析，并进而提出，在现代社会中，作为商品的"技术人工物"只有被抽象为符号，被编码进具有连贯性、一致性的社会话语体系中，嵌入具有"总体性"的社会文化的"符号体系"中，才能成为消费的对象。这样看来，"有意义的消费乃是一种系统化的符号操作行为"。

这里，博德里亚对"物"和"消费"的符号学分析显示出对传统哲学和经济学理论的背离。传统哲学总是强调"物"的客观实在性及其使用价值的基础性和本质性，传统经济学则强调"生产"对于"消费"的决定性和根本性，博德里亚则指出，在现代社会中"物"的存在首先不是因为其能够满足人的需求的使用价值，而是因为它具有的符号价值；而

"消费"相对于生产来说，从来都不是消极的、被动的和次要的，相反，它是一种积极主动的创造性力量，通过"支出""耗费""奉献""挥霍""游戏"和"象征"，人类追求自身的快乐并释放出"过剩的能量"。资本主义进入垄断时期后消费尤其成为社会的主宰力量和主导性逻辑。通过对消费的符号学解读，博德里亚消解了传统哲学和经济学的"镜式反映"理论，即基于主、客体对立的二元形而上学。因为，在消费的符号化操控活动中，物不再是一般的名义的物，也不再是功能性的物，而是商标所标识的物。"这种符号既不指向世界，也不指向主体，它指向市场。"① 符号的编码化过程即是一个主体、客体和需求确定相互关系的过程，是一个符号体系的意指过程，在这一过程中没有自足的主体，没有自足的客体，也没有自足的需求。

2. 媒介技术与后现代的社会图景

大众传媒是博德里亚从事理论批判与建构的技术基础。20 世纪 70 年代中期以后，随着电视机、计算机等现代信息技术的发展与普及，也由于受到麦克卢汉的媒介理论和恩仁斯伯格的影响，博德里亚逐渐把理论视野聚集于这些新技术对当代社会结构和哲学理论所造成的革命性影响上。从符号学的角度对现代传媒进行的理论反思为鲍德里亚先前探讨的主题提供了一套新的理论话语，并勾画出一幅后现代的社会图景。

（1）仿真与类像

从《象征交往与死亡》开始，博德里亚认为媒介技术本身改变了社会的交往方式、生产方式和组织原则，造成这种状况的直接原因是由于媒介技术的"仿真"与"类像（simulacra）"效果。"仿真（simulation）"原意是指对"原型"的"模仿"或"复制"，这里博德里亚所谓的"仿真"，是指现代高技术条件下信息代码的自我增殖、自我复制、自我创意的过程，这一过程中符号丧失了与实物、原型之间一一对应的关系，它不再是对原型与实物的"表征"，而是对"真"的仿制，是发生于符号之间的关系。博德里亚说："所谓的'仿真'，是指从现在开始出现了'符号'之间的交换，而不是'符号'与'实在'之间的交换……这是'符号'

①　仰海峰：《走向后马克思：从生产之镜到符号之镜》，中央编译出版社 2004 年版，第 163 页。

的解放：它摆脱了必须指称某物的'古老'律令，最终成了自由的、中立的和完全不确定的，进入到一种结构或连接性的游戏之中，从而超越了以往确定的等同律。"①

对"仿真"的理解需结合对"类像"的理解。类像（simulacrum）也译为"类象""虚像"或"幻影"，意为对于影像的模拟，而非对实在的表象（representation）。它与"仿真"过程结合在一起，是"仿真"的条件也是"仿真"的结果。我国学者孔明安教授认为，由于"类像"也是一个"没有本源、没有所指"的"像"，结合对现代电脑"虚拟空间"的理解，似乎更应该翻译成为"虚像"。他进一步认为，对博德里亚仿真与类像两个概念的理解，必须结合索绪尔的结构语言学和西方近代哲学基础，即基于真实（truth）基础之上的表征联系起来加以考察。"只有在这一基础上，我们才能真正认识博德里亚思想的本质，即它是另一种'新'的视觉文化，即在新的技术媒介和网络基础之上的新文化现象。"② 然而，作为当代新文化现象的仿真与类像，并非只是现代高技术条件下的特有现象，博德里亚追溯了类像的谱系与历史，他认为，人类历史上大致出现过三种不同的"类像"：第一种类像是伦理学和形而上学关于人与自然的指称理论；第二种类像是政治经济学和心理分析学的理论，其探讨的对象是商品、辩证法、历史、阶级、无意识、压抑、欲望等，这些理论概念都是一些"虚幻的指称、木偶化的指称和'仿真'的指称"；第三类是一种没有对象的指称，或者说是一种随意的、不确定的指称，它是类像的最后阶段，在其之后，只能走向符码（code）的中断和死亡。与"类像"的这三种谱系相关的是，博德里亚把自文艺复兴以来的历史概括为三个发展阶段：仿造、生产与仿真。

（2）内爆与超现实

"内爆"与"超现实"是博德里亚基于现代高技术如计算机信息处理、生物克隆等而提出的又一对重要概念。"内爆（implosion）"一词是博德里亚从麦克卢汉那里借用来的，麦克卢汉在《理解媒介》一书中用"内爆"来形容当时信息爆炸的情景，博德里亚吸取了其基本意义与背

---

① 麦克卢汉：《理解媒介》，许道宽译，商务印书馆2000年版，第30—31页。
② 孔明安：《仿真与技术》，博士学位论文，中国社会科学院，2002年，第22页。

景，不过他却以一种消极、悲观的色调用以描述现代媒介对意义的引爆和信息的熵增。对"内爆"概念的理解应结合对"外爆（explosion）"的理解，博德里亚认为工业革命时代以来，工业化生产和资本的扩张、科学技术的发展、交通和通讯方式的变革，社会文化价值体系的演变等，都对现实世界的外部面貌和宏观结构产生了革命性影响，因此，属于"外爆"的内容。而"内爆"则没有"外爆"的这些宏观上的显著特征，它描绘了一种由信息的泛滥所造成的各种界限的崩溃、多样性和差异性的消失、社会无序性增加的社会状态。博德里亚对此作了一种悲观的描述："我们生活在一个信息愈多，而意义愈加匮乏的世界中。……信息吞噬了自身的内容，它阻断了交流，掩没了社会。……信息把意义和社会消解为一种雾状的、难以辨认的状态。由此导致了不是更多的创新，相反是全部的熵。因此大众媒体不是社会的生产者，而是恰恰相反，是大众社会的内爆。这只是微观符号层次上的意义内爆在宏观上的扩大。"① 博德里亚接下来强调对内爆的分析应基于麦克卢汉的名言：媒介即信息。

"超现实（hypereality）"意即比真实的还要真实，博德里亚以此一种"反讽"的方式来达到对媒介技术的准确刻画。在现代技术的"仿真"中，真实与非真实之间的界线模糊了，真实的东西常常显得不太真实，而非真实的东西反倒显得更为真实。博德里亚常以美国的迪士尼乐园为例对此予以说明，他认为迪士尼乐园中的美国模型比现实中的美国更为真实，在迪士尼中可以看到美国社会及其个人的各式各样的形态，"为了使我们相信其余的也是真实的，迪士尼让我们展开了想象的翅膀"，通过一种完美的拼合再现，我们看到了一个更为真实的美国，通过仿真而达到的这种"超现实"在洛杉矶及美国的一切地方都不可能看到。事实上，这种状况结合当今的影像技术可以得到更好的理解，比如，借助于影像传输技术，我们在电视机前可以获得比现场更好的观看效果，而借助于数码相机和电脑，我们可以为自己的照片安排各种背景，我们尽可以使自己攀登于珠峰之上，立足于南极之端，甚或邀游于星际之间。

仿真、类像、内爆与超现实共同为我们描绘了一幅后现代的社会图

---

① Jean Baudrillard, Jean Baudrillard: *Selected Writings*, Cambridge, Polity Press, 1988, P. 1. 中文见 孔明安. 仿真与技术 [D], 中国社会科学院, 2002, 26。

景。海德格尔从"存在"论的角度把西方的传统形而上学概括为一种"表象式"思维,即作为"主体"的人把世界把握为"图像"。在博德里亚看来,现代社会的"仿真逻辑"从根本上摧毁了这种"表征逻辑",因为,在"虚拟空间"中,没有主体与客体之分,没有中心与边缘之分,也没有本质与现象之分,"它不再是一种'实在',因为不再有想象性的东西环绕着它。这是一种'超现实',是相互联接的模型在没有氛围的超空间中不断综合的结果。"[1] 从仿真的逻辑出发,博德里亚认为现代社会的最重要的特征就是"不确定性",因为在符号的"漂浮的能指"中,在"类像"之中,每一种现实都被包容到"符码"和"仿真"的"超现实"之中,在传统社会中我们所赖以为生的这些形式不再有任何终极性可言。美国哲学家詹姆姆认为,"类像"的这种把现实转化为影像,把确定性转化为不确定性的特点,是后现代主义哲学的主要特征之一。[2]

3. 技术的命定性

技术是人创造的,在本质上是属人的,但是技术的发展愈来愈显示出脱离人的控制的趋势,甚至成为与人相对立的、奴役人的一种力量。在当代高技术条件下,博德里亚再现了这一主题,并由此走向一种宿命的(媒介)技术决定论。

从《象征交换与死亡》开始,博德里亚开始显示出一种技术虚无主义的倾向,这种悲观的情愫在《仿真与类像》和《命定策略》中愈发浓重,以至最终陷于一种后形而上学的玄思之中。在《象征交换与死亡》中博德里亚认为,大众媒介技术的单向性、强制性特征,最终破坏了古老的象征交换原则,这一原则的关键是双向性和互惠性。面对喋喋不休、无法回应的广告,大众变得冷漠、厌恶并充满抵触情绪。象征交换原则的失去,以及符号的数码逻辑的统治意味着死亡,因为只有死亡才是不需要进行回应的,不需要进行双向交流的。在《仿真与类像》中博德里亚进一步认为,信息"内爆"了意义和指称,它吞噬了自身的内容,吞噬了交流和社会——信息把意义和社会分解为一种含混不清的状态,因此,现代媒介技术根本不是带来真正的创新,相反,却是"走向了绝对的熵增"。

---

① Jean Baudrillard, *Simulacra and Simulation*, University of Michigan Press, 1994. p. 2.

② 季桂保:《鲍德里亚后现代思想述评》,学位论文,复旦大学,1998 年,第 41 页。

对此，后现代评论家凯尔纳表示不解，他说："很难弄清楚为什么鲍德里亚（注：博德里亚）在《宿命策略》中建议我们要顺从客体的计谋和轨迹。也不清楚这到底是一种生存策略呢，还是一种嘲讽而荒谬的介入，甚至也可能是在故弄玄虚。"接下来，他认定博德里亚"其实是将现代科学认为物质是能动的、动态的这一观念推向了形而上学的极端，把客体拟人化了，认为它们也具有自己的计谋和策略。"① 对此，我国学者孔明安教授认为，凯尔纳完全没有领会博德里亚在此的真正意图。因为，这里的"客体"更应作"物"来理解，它指涉媒介、技术、商品等"技术之物"，只有在这样的"技术之物"中才会有"计谋"和"策略"。事实上，联系博德里亚在其后期著作中普遍的技术宿命论思想，这一点并不难理解。在《公元 2000 年已经来临》一文中，博德里亚对于历史如何终结曾作过最为详细的说明：第一、宇宙灾变；第二、社会的熵增；第三，人类的技术。根据博德里亚的论述，这里的第二个因素可以归入第三个因素中，因此，在博德里亚的眼里，技术即成为西方社会在劫难逃的命运。由于其对现代技术的极端的悲观主义和虚无主义，博德里亚在《命定的策略》中开始转向"后形而上玄学（pataphysics）"。传统形而上学（mataphysics）把人和主体置于思考的中心，它从主体的角度探讨主、客体关系，探讨人与社会及自然界的关系，而博德里亚的"玄学"则把"物"置于研究和关注的中心位置，"主体"退居于次要地位，主、客体关系的颠倒对我们一直习以为常的主体性哲学构成了一种反讽和嘲弄。事实上，由于从该书开始博德里亚转变了写作风格，语言晦涩，文体多变，语句富于嘲讽、挖苦和调侃，因此其行文显得神秘玄妙，颇为费解。这种情况与其形而上学主题的转变结合起来，难怪凯尔纳认为其有"故弄玄虚"之感。

后现代主义的哲学家因其对现代传统批判和反叛的姿态，大多对现代技术表现出否定和拒斥的态度。海德格把现代农业视作"毒气室"和"集中营"，利奥塔认为现代技术是在"复杂化欲望"的支配下发展起来

---

① 斯蒂文·贝斯特、道格拉斯·凯尔纳：《后现代理论》，张志斌译，中央编译出版社1999 年版，第 170 页。这里《宿命策略》即为《命定的策略》，"object"在不同的语境下既可译为"客体"也可译为"物"。

的，任何为消除现代技术造成的伦理难题而进行的努力都将于事无补，相反，甚至还会造成更大范围内的伦理难题。福柯把现代"知识型"作为现代技术的根本特征，他的结论是，在现代"知识型"社会中人们根本不可能依靠技术取得自身的解放和自由。博德里亚认为现代技术的"物的策略"乃是现代人的"命定"，人们只能顺从"物的策略"，为"物的策略"所左右，而不可能去主动有效地控制和支配技术。对技术的这种悲观主义的认识或者"宿命论"的看法，使后现代主义哲学的创始人们表现出对现代技术的"大拒绝"。

第三节　后现代技术观之展现

后现代主义哲学对技术的反思以及后现代语境中的技术哲学研究将导致对技术的诸多新理解和新诠释，这些新的理解与诠释有可能导向一种新的技术观——后现代技术观。

一　技术的历史性与技术观的历史性

技术观就是人们对技术的本质、技术的构成、技术的动力、技术的发展、技术的功能、技术的价值、技术与社会的关系等问题的总的看法和根本观点。技术作为人类区别于动物的根本性生存方式，经历了一个从低级到高级的发展变化过程，由此可以相应地把技术观划分为前现代技术观、现代技术观和后现代技术观。

后现代技术观扎根于当代的技术发展实践，扎根于当代的社会历史条件，是后工业社会中对技术进行理论探索的结果。按照弗里德里克·费雷的观点，前现代技术是"实用性智慧"的实现，前现代技术以"实用理性"为指导，因此技术的产生是从"试验和错误"中偶然获得的。技术的传承是凭借"传统和日常经验"得以实现的。现代技术是"理论性智慧"的实现，其特点在于：（1）"实证性理论开始领导技术实践"。由于近代科学的兴起，系统化的理论性知识和数学方法开始广泛应用于技术实践，因此而使几乎所有的技术形式发生了改变。（2）"追求精确理论的理想替代了实用工艺中的'尽可能接近'的期望"。自然科学理论的运用大大提高了机械装置的精密度，使工作效率大幅度增加。（3）具有了"发明的方法"。由于科学理论的预见能力，技术发明不再只是一种偶然的幸运发现，而是能够通过理论上的推演而被发明出来。在后现代技术世界中，"理论性智慧"本身的性质要进行根本的、质的转变，机械论的、决定论的、还原论的思维方式要让位于以复杂性和综合性为特征的生态科学思维方式。"后现代技术"的特征主要包括：（1）以有机生态论指导，以系统科学和复杂性科学为理论依据。后现代科学揭示出世界的基本存在方式是系统的、有机的和非线性的，因此，人与外部物质世界的关系不是单向的统治—依附关系，而是双向的建构—依存关系；（2）民主化的决策和实施机制。后现代技术将消除"理性"的霸权与独断，将多元化的价值观和实践模式引入技术的活动的所有阶段，实现所有参与者的平等对话和交流；（3）后现代技术是"返魅"的技术。现代技术的机械性特征和效率标准把人视作为机器系统中的一个部件，把"人性"规约为"物性"，以单一的"数量化标准"消除与个体相联系的情感、意志和创造性。后现代技术将在新的水平上重现"技艺"与"技能"，其个性化、多元化、差异化的操作将充分体现人性的魅力，释放生命的潜能。

技术发展阶段的上述划分显然是基于"后现代"视角的，但它不是对后现代史学家工作的简单模仿，而是基于技术在形态、结构、理念和其形成方式上的根本差异。

二　后现代技术观的逻辑合理性

作为理论建构的"后现代技术观"是哲学理论界对西方社会工业技术实践进行反思与批判的结果，是后现代语境中的一种理论综合，同时也来自于后现代转向中的技术哲学研究。这里从技术本质观、技术发展观、技术知识观、技术价值观四个方面展开其合理性。

1. 后现代技术本质观

在直到 20 世纪中期的传统社会中，技术通常被认为是经验技能、工具手段、机器装置、工艺方法、理性知识等，观察者从不同的视角出发往往对技术有着一种单一的静态理解，这既反映了观察者本人的局限，又反映了当时特定社会历史条件的局限。后现代主义哲学以反基础、反本质为其特征，这表现在对技术的看法中，就是后现代转向中的技术哲学家对传统技术本质的批判。

当后现代哲学把批判的锋芒指向现代技术之时，它首先质问的就是传统的技术本质观。比如，海德格尔对技术的追问首先起于对"技术是合目的的工具""技术是人的行为"两种传统观念的分析批判，美国技术哲学家安德鲁·芬伯格也是在这一意义上将本质主义的技术观分为"工具论"的和"实体论的"两种类型。前者意指对技术的"现代主义的叙事"，即把技术的本质归结为其中的一种要素，把这种要素看作是技术中不变的常量，对其他种类的要素起支配和统摄的作用，并以此一种要素解释所有其他种类的要素。后者则认为在（现代）技术中起支配作用的因素是一种"超验的"自主性力量，这种力量来自于一个外在的理性王国，它以第二自然的身份冲击着我们传统的社会生活。① 这两种态度都不能有效地应对现代技术的挑战。鉴于此，后现代转向的技术哲学试图超越"本质主义"的技术本体论，这具体表现为"非本质主义""反本质主义"和"后本质主义"的技术本质观。② 芬伯格称其"技术的工具化理论"为非本质主义，它试图将"本质主义与建构论的观点与方法纳入具有两个层面的框架之中"，在"初级工具化"与"次级工具化"的两个层面上和其相应的八个环节"去语境化""还原论""自主化""定位化""系统化""调适""职业化""创造性"中，实现了技术客体、主体与其环境之间的共时性和历时性结合。

后现代的技术本质观虽有偏颇之嫌，但其思维方式具有合理之处，因而值得借鉴与深思。的确，一个更为合理的后现代技术定义似乎应该既考虑到解释学上的理解相对性，又要考察到日常语言中的人为约定性，还要考虑到应对问题时的实用性，在这些条件的约束之下，我们从后现代的语境出发就可以对技术作如下概括式理解：技术是与利用、变革自然密切相关的人类实践活动。这一定义是非本质主义的，也或者说是后本质主义的，它不再企及一个"不变的根源"，也不再寻求一个"根本性特征"，而是以陈、远二位教授所说的"描述性"方法绘出一种大致的"家族相似"。其优越之处在于：（1）吸收了马克思主义哲学和后现代思想中动态性、过程性和实践性的观点，消解了传统形而上学中的非历史性或超历史

---

① Andrew Feenberg, *Questioning Technology*, New York: Routledge, 1999, p. Ⅶ.

② 赵乐静、郭贵春：《我们如何谈论技术的本质》，《科学技术与辩证法》2004 年第 2 期。

性。因为技术作为一种人类实践活动永远是生生不息、变动不居的，它总是发生在特定的社会历史情景之中，具有现实性和历史性特征。（2）实现了概念的约定性与开放性的有机结合。理论概念总是对其"所指"的一种特征上的把握，因此它具有"语言游戏规则"上的约定性，具有理解上的稳定性，而不是完全不可捉摸、不可交流的。在技术已成为最瞩目的现象和根本性问题的今天，人们对"技术"的基本内涵还是具有大致共识的，这就是人类控制、改造和利用自然的能力及其现实存在。如忽视了这一点，那我们就失去了谈论技术的根本意义，也就失去了"问题之源"。同时我们也不可忽视的是，技术与人类的生存方式根本相关，因而是一种极为复杂的现象，从不同的视角出发，它具有不同的内涵、不同的显现。从工人、技师的操作中我们可以看到经验、技能形态的技术；从工厂的工具、机器、设备中我们可以看到实物形态的技术；从设计图纸、工艺文件中我们可以看到作为规则、程序等实用知识存在的技术；在大规模集成电路、转基因作物、纳米产品中我们更多看到的是作为科学知识形态存在的技术；在企业管理、产业政策中我们则看到是与"自然技术"相配套的"社会技术"。凡此种种"技术"，它们都在一定程度上反映了现代技术的一个方面，但是它们相互之间具有质的区别，几乎无法把其中的一种因素归结为另一种因素，或者把所有的技术形态化简为一种形态。因此，我们应该承认现代技术的复杂性特征、体系化特征和开放性特征，在理论概念中保持和反映现代技术的这些特征。把"技术"描述为"与利用、变革自然密切相关的人类实践活动"实现了上述日常约定性和语义开放性的统一。

2. 后现代技术发展观

技术的发展观是对于技术发展的目标走向、动力机制、演化模式和评价标准的根本看法与说明，这些看法与说明与人们对技术本质的认识紧密相关，因此，不同的技术本质观会形成不同的技术发展观，在后现代的语境中，人们的技术发展观将会有根本性转变。

（1）技术发展的目标走向

前现代时期，技术嵌入在既定的政治、经济、文化结构之中，从属于占据主导地位的政治、经济和文化力量，总是为这些既定的社会存在目标服务。进入现代时期，技术开始脱嵌于各种前现代的社会规范，成为一股独立自主的力量，它无视一切传统的宗法关系，力图在人类生活的所有领域"破旧立新"，重建秩序与规范。此时技术发展的目标是追求物质财富的充裕，消除由贫穷和匮乏造成的社会剥削与压迫。进入后现代时期，技术的力量已强大到足以使所有的地球人丰衣足食，然而人类的这一古老梦想却迟迟没有实现，不仅如此，现代技术的不适当发展还造成了一系列的生态问题、环境问题、伦理问题和精神问题。由此，后现代的技术发展目标似乎应调整为：实现人、社会与自然的和谐发展。

生态科学和生态哲学的研究表明，人类所赖于生存的自然界是一个有生命的复杂系统，其纵向层级之间和水平子系统之间存在着确定的依存和互动关系，通过约束、选择、协同、放大等非线性作用，各个部分或系统之间维持着一种微妙的平衡，一旦这种平衡关系遭到破坏，整个自然生态系统将不可避免地走向衰退和死亡。在技术发展的整个现代时期，自然界的这种有机构成关系都没有引起足够的重视，没有在技术的发展中予以充分的尊重。相反，工业时代的人类总是以自然界的主人自居，以对自然界的肆意征服和无限掠取而自豪。恩格斯曾提醒他那个时代的人们，对于每一次这样技术上的胜利自然界都将报复人类，他明确提示"人与自然的整体性乃是人类存在的基本因素"，① 他说："人靠自然界生活。这就是说，自然界是人为了不致死亡而必须与之不断交往的、人的身体。所谓人的肉体生活和精神生活同自然界相联系，也就等于说自然界同自身相联系，因为人是自然界的一部分。"进入后现代时期，生态后现代主义（ecological postmodernism）更加强调了人与自然的有机统一性，美国著名后现代主义思想家查伦·斯普瑞特奈克认为，在许多深层的意义上，现代性没有实现它所许诺的"更好的生活"，相反，它对人与自然内在关系的割裂造成了许多难以应付的问题，由此而导致了后现代主义的产生。不仅如此，更为激进的生态主义者甚至声称，自然界拥有其自身的"权利"和"内的价值"，人与自然之间也存在着一种伦理和道德关系，其根据在于自然界是一个有生命的系统，在自然界的"实然"与人类的"应然"之间没有分明的界线，二者之间存在着相互转化的关系。人与自然之间的这

① 池田大作、奥锐里欧·贝恰：《二十一世纪的警钟》，中国国际广播出版社 1988 年版，第 11 期。

种相互依赖性和不可分割性启示我们：现代技术的发展必须考虑到自然界的生态平衡，致力于人与自然的可持续发展。[①]

（2）技术发展的动力机制

技术作为"与利用、变革自然密切相关的人类实践活动"，是多个利益主体的参与过程，为各种具有目的倾向性的现实的人所推动。在传统的技术动力分析中，人们往往倾向于作出过分宽泛或简单化的说明，或者把技术的发展归因于需求的拉动，或者把技术的发展归因于科学的推动，从经济学的角度，则把技术的发展归因于企业竞争或对超额利润的追逐。这种理论抽象虽然具有很大程度上的明晰性，但却掩盖了技术动力机制的复杂性和过程性，因为它明显地赋予一种因素以优先性和支配性地位，而舍弃了其他因素的存在，同时这种本质主义的静态分析也不利于说明技术与人类生活的现实的、具体的、历史的联系。当代技术社会建构论的发展明显突破了上述技术动力理论的局限。它把技术的发展看作是在特定的社会场域中进行的，是多种价值主体之间互动协商的过程，是有关行动者共同参与建构的结果。

技术社会建论中的行动者——网络理论（Actor – Network，ANT）认为，技术的形成与演化过程呈现出一种复杂的网络结构：所有具有直接相关性的因素都可以被视作一个行动者，它们构成网络结构中的"结点"或"元素"，行动者之间的相互作用则构成网络结构中的"链接关系"，这种由行动者结点和其链接关系组成的网络即为"行动者网络"（ANT），它是一项技术或人工物的动态函数。ANT与传统社会网络不同的是[②]：其一，ANT中的行动者具有异质性（heterogeneity），包括了参与技术发展的所有因素，既包括工程师、工人、消费者、企业家、政府等具有不同身份的社会人，也包括物质设备、理论知识、工艺规则、经验技能等技术要素。其二，行动者与网络具有相互依赖性。网络中的行动者不再是原子式的"个人"，它嵌入在网络中，以特定的身份而存在。而网络总是一组特定行动者以某种方式结成的网络，其中行动者的性质及其联结方式规定着

---

① Holmes Rolston Ⅲ，"Is There an Ecological Ethics?" *Ethics: An International Journal of Social and Political Philosophy*，Vol. 85，No. 1，1975.

② 邢怀滨：《社会建构论的技术观》，学位论文，东北大学，2002年，第15页。

网络的功能，同时也就规定着技术或人工物的发展态势。其三，ANT 具有显著的过程性和动态性特征。可以想象，随着行动者数量的改变、身份的改变以及行动者之间联结方式的改变，ANT 处于一种持续的调整状态之中。ANT 理论以"翻译（translation）""简化（simplification）""并置（juxtaposition）"等术语阐明网络链接的内在机制。"翻译"是 ANT 网络链接的前提条件和基本形式，通过翻译一个行动者把其他行动者的语言、意图、问题、兴趣等用自己可理解的方式表达出来，在这种表达与转换中，其他行动者的角度、地位、作用和性质也就得以界定；"简化"即意味着"通过翻译对无限的复杂世界进行还原"①，具有无限规定性的行动者在网络中被界定为只具有特定功能与属性的元素，其他功能与属性则被暂时舍弃或遮蔽；"并置"是行动者之间建立相互关系的机制，诸多行动者只有建立起特定的关系结构，网络才会形成。

这样，社会建构论在技术发展动力问题上，以一种多因素互动论取代了单因素决定论，以动态的过程分析取代了静态的断面分析，以关系分析取代了实体分析，从而描述了一幅技术演化的连续图景，揭示了技术变迁的微观动力机制，尽管这种分析有待于在细节上和宏观上进一步完善，但相对于传统技术动力观来说可谓是一种根本性突破。

（3）技术发展的演化模式

相对于前现代技术，现代技术呈现出"自主性"和"加速性"特征，这是传统技术本质观的合法来源。在前现代时期，作为技艺、技能或者"实用性智慧"的技术高度依赖于个体生命的存在，技术的发明、改进与创新与个体能力的发挥紧密相关，从整个社会层面上看，保守的文化意识与经济制度则无法对技术的发展、创新形成持续有效的激励，因此，这一时期的技术呈现出缓慢积累的态势，但这种态势又经常为各种偶然事件所打断，因而呈现出非连续性。进入现代阶段，作为工艺方法、实用知识以及机械体系的技术开始独立于从事劳动的个体，表现出持续的积累和发展趋势，18 世纪后期科学与技术的结合，更使现代技术成为一种不依赖于传统文化和社会个体的"自主性"力量。马克思最早揭示了现代技术的这种"自主性"特征和其"加速"机制，他认为现代工业的技术基础是

---

① 邢怀滨：《社会建构论的技术观》，学位论文，东北大学，2002 年，第 45 页。

革命性的，它从来"不把某一生产过程的现存形式看成和当作最后的形式"，工业技术的不断进步，成为动摇旧世界的强大杠杆，它无情地摧毁了先前的封建的自然经济，也同时斩断了各种前现代的宗法关系。可见，在传统的技术本质观看来，技术在以一种可描述的线性模式，不可逆转地朝向终极目标演进。

当代社会建构论的技术观从根本上否定了上述技术演化模式，它认为技术既然是在社会场域中形成的，是各种异质行动者冲突与协商的结果，那么技术的发展必然是一个充满偶然性的随机演化过程，不确定性和非线性是其根本特征。建构论的反本质主义者认为，技术变迁不可能是一个单向的确定过程，这一过程不可能被单纯归结为经济规律或技术发展的内在"逻辑"，相反，技术变迁只有依据大量的技术争论才能得到解释。"在普遍存在的技术争论中有不同操作子（个人或群体）或相关社会群体（他们拥有共同的利益和概念框架）参与，他们参与技术战略决策，从反对者那里赢得胜利，按照他们自己的计划使技术最终定型。"[①] 这意味着技术在本质上是可以选择的，是可以被重新定义和建构起来的。

3. 后现代技术价值观

价值是一个关系范畴，表征了主体对客体的一种效用性评价。技术作为利用、变革自然的人类实践活动天然的与价值相关，这是因为，一方面，这种活动作用于自然界总会造成一些具有客观现实性的后果，这些后果会立即或者一段时间后反作用于人类，从而引起人类的评价；另一方面，技术活动由人来执行，为人类的目的、愿望、信念、意志所驱使，并为当时社会的整个文化结构所制约，因此我们无法想象不负荷人类价值的技术。"技术负荷价值"，这似乎是不言而喻的，然而问题并非如此简单，因为对这一问题的看法既与对技术本质的认识密切相关也与对价值的理解密切相关，对这两个方面的不同认识与理解，会形成不同的技术价值观。

（1）技术本体论与技术价值论的关联

不同的技术价值论总是与不同的技术本体论相联，在对技术本性的认识中已经内在地蕴含了对技术的价值评判。在远古时期，人类就开始以善恶是非标准来评判技术了，如我国古代思想家老子认为，"民多利器，国

---

① 李三虎、赵万里：《社会建构论与技术哲学》，《自然辩证法研究》2000年第9期。

家滋昏”，工具的制造、技艺的改进、智慧的运用都是背离自然的“有为”，“为者败之，执者失之”，只有“绝巧弃利”人们才能“甘其食，美其服，安其居，乐其俗”，进入“无为而治”的理想境界。当西方社会步入现代时期后，对技术的赞许和肯定的态度开始占据上风，人们普遍认为，对自然的认识与对自然的改造具有一致性，“工匠传统”与“学者传统”的结合不仅有利于现世生活的改善，而且还是颂扬上帝的有效手段，从而也是一切有德性人自我完善的手段。J. D. 贝尔纳在《科学的社会功能》一书中引述道“随便问一个培根的信徒，新哲学（在查理二世时代，人们是这样称呼科学的）为人类做了什么，他就会立即回答说：‘它延长了寿命、减少了痛苦、消灭了疾病、增加了土壤的肥力，为航海家提供了新的安全条件……使黑夜光明如同白昼，扩大了人类的视野、使人类的体力倍增……这些只不过是它的部分成果，而且只是它的部分初步成果。因为它是一门永不停顿的哲学，永远不会满足，永远不会达到完美的地步。’”① 应该指出的是，现代之初，对技术的这种乐观主义的看法与这一时期人们对技术的工具论理解有关，人们普遍把技术归结为工具、器械、实用知识、经验技能、操作程序等要素中的一种或几种的合取，认为这些技术要素是达致目标的有效手段。虽然人们也认识到，作为工具的技术在造福人类的同时也可能带来祸害，但是人们仍然相信，手段总是为目的服务，正确合理的目标必然能够引导技术向“善”的方向发展，也就是说，作为手段的技术必然能够为人们的高尚目标所驾驭，所以对更为有效的技术手段的追求必然有助于人们尽快达到“自由”“幸福”的理想境界。

进入 20 世纪，随着技术本质的“工具论”向技术本质的“实体论”转变，上述“中性论”的技术价值观开始受到人们的质疑，人们认识到作为“工具”的技术已经不再处于附属和被动的地位，它本身已经转化为一种“目的”和行为标准，成为一种以自我增殖为目的的“自主”的力量，用马尔库塞的话说就是，技术理性已经成为一股统治人、奴役人的力量。虽然法国启蒙思想家卢梭早在 18 世纪就认为现代技术无助于“敦风化俗”，斥责技术为“人类没落的根源”，但他的批判深度并没有超越前现代的视阈。进入 20 世纪，奥尔德斯·赫胥利在《勇敢的新世界》中

---

① J. D. 贝尔纳：《科学的社会功能》，商务印书馆 1982 年版，第 41 页。

第一次对完全理性化的技术世界作了"敌托邦"（dystopia）的描绘，从而在现代人的心中确立了一种与现代初期完全相反的技术形象。技术的"敌托邦"形象为海德格尔、马尔库塞、福柯、利奥塔等第一代后现代思想家所体认，并成为他们进行现代性批判与反思的主要动因。芬伯格在2004年东北大学的讲演中说道："海德格尔可以被认为是《勇敢的新世界》一书中的哲学家，只可惜他可能会否认我们以前所拥有的是一个完全意义上的'世界'（world）。而且，我们被一大堆'无目的'（object-less）的替代物（包括我们自己）所包围着。这种深深的悲观主义和某种道德上的不可分离性在他对这种影响所作的震撼性的陈述中得到了反映：'农业现在是机械化的食品工厂，基本上与毒气室和集中营里尸体的制造业没什么两样，与民族的封闭和饥饿没什么区别，与氢弹的制造也是一样的。'"①

（2）多元化与相对化的技术价值观

对技术负面效应的批判与揭露虽然在现代之初就开始进行了，但是把现代技术作为与人类相敌对的力量而从整体上予以否定，只是在后现代条件下才发生，这促使新一代的思想家进一步去探讨技术的本体构成，从理性与经验二个层次上详细揭示技术与人类生存的价值关系。

通过吸收社会建构论的思想，"经验转向"的技术哲学家普遍认为，技术不是工具论者所认为的那样是"中性的"，也不是实体论者所认为的那样是"自主的"，而是和其他社会建构物一样是"社会的"，建构论者拉图尔的话也许很好地表达了他们的看法，"不管道德家们如何不断地哀叹，没有人像一台机器一样具有不折不扣的道德性……我们不仅能够把我们已经了解了数个世纪的规章等的效力授权给了非人的东西，我们授权给它们的还有价值、责任和道德规范。正是因为这种道德性，不论我们感觉我们自己是如何的软弱和邪恶，我们，人类，都如此合乎道德地行动着"。② 这里拉图尔表明，人们不仅"授权"与技术，而且以技术为中介而实现着社会交往，作为联络自然与社会的人类实践活动的技术因此而与

---

① 安德鲁·费恩伯格：《回顾与展望：二十世纪的反思》，盛国荣译，2004 年 7 月东北大学演讲稿。

② 安德鲁·芬伯格：《可选择的现代性》，陆俊、严耕译，中国社会科学出版社 2003 年版，第 100 页。

多元化的价值和文化形式相联。这些多元化的价值形式既有审美的、道德的、功利的、精神的，还有生命的、认知的、生态的等等，它们各有自己存在的理由，具有不可通约性。芬伯格说："技术包含着美学、伦理和文化领域中规范共识的成果，而不仅仅是纯粹的效率或用户第一主义者渴望获取的狂热。看不到这一点就等于接受实证主义要求表面价值的主张，并且夸大了前现代和现代社会之间的差异。无论是以批判的态度，还是以欢呼的态度对待这种立场，它都将对具体把握实际的社会生活形成阻碍。"①芬伯格认为，在现代社会生活中，对技术的多重性的"授权"之所以未引起人们的重视是因为，其一，技术中的规范共识是人人皆知的"常识"，最熟悉的也是人们最易忽视的；其二，技术专家对公众参与的排斥。效率至上，理性第一的思想根深蒂固地左右着现代人的行为，恰恰表明我们生活于"现代世界"之中。

与价值的相对性相联系的是文化的多元性，现象学家唐·伊德从人与技术的现象学关系出发论证了多元文化观的合理性。海德格尔在《技术的追问》中认为，在最一般的意义上技术是一种"解蔽"方式，它使存在者得以显现。这意味着技术居间调节着人与世界的关系，借助于技术人类才能理解世界、把握世界。沿着这一思路，伊德认为技术具有文化的"嵌入性"，即技术总是负载着不同的文化格式塔，在与文化的互动建构中呈现出多重稳定性。他以前现代的弓箭技术为例说明，相同的技术可以为不同的文化模式所嵌入，不同的文化模式会孕育出与之相适应的技术存在形式。当然，同样正确的是不同的技术也可以服务于同一种文化形式，因此，"技术本身不会决定一种生活方式，少数人文化与多数人文化的倾向都是可能的。"②伊德的多元文化观更多地立足于现代新技术之上，他对影像技术的现象学分析同样解构了"一元文化"论，而支持了"多元文化"和"多重价值"的合理性，他说，"多元文化是通过当代通讯技术虚拟时空进行的一种多重文化的居间调节方式"。借助于信息传媒技术（伊德亦称之为影像技术）传统的"欧洲中心主义"不再可能，同时也使

---

① 安德鲁·芬伯格：《可选择的现代性》，陆俊、严耕译，中国社会科学出版社2003年版，第15页。

② 曹继东：《现象学的技术哲学》，博士学位论文，东北大学，2005年，第59页。

其他形式的"核心文化论"不再可能，因为传媒技术或影像技术总是向人们展现一种不可倒置的多元文化意识，视角的转换与融合使人们无法回到前理解的水平，"他者"意识的增强无形中腐蚀了一切传统文化的狭隘与偏见，从而为多元文化的存在与生长提供了更广阔的空间。伊德视"复合方式的视角"为一种后现代的视角，视"混合文化"的生长为后现代文化的发展，这与让·利奥塔在计算机技术中预见到的"后现代叙事"可谓不谋而合，也与安德鲁·芬伯格所说的"可选择的"的现代性具有根本上的一致性。

4. 后现代技术认知观

西方传统哲学以理性为其基本特征，它致力于追求知识的确定性和明晰性，为世间万物寻求恒常不变的基础与本质，因此，以实践经验性为特征的技术便被排除在其视野之外。"技术即无思"，基本上代表了前现代和现代时期人们对技术认知特征的看法。进入后现代时期，随着西方理性霸权的衰落以及对技术哲学反思的深入，人们开始重估技术的认知价值，探讨技术与人类认识及知识的关系，由此形成了一种后现代的技术认知观。

20 世纪中期，面对逻辑实证主义将人类的所有知识逻辑化、客观化、明晰化的奢望，英国科学家兼哲学家波兰尼（Michael Polanyi, 1891—1975 年）提出了"默会知识"理论。波兰尼认为，并非人类的所有知识都能够以明确的、逻辑化的形式表述出来，"我们所知道的东西要比我们所能言明的东西多"①，因此在人类的知识总体中包含着不可言传的默会知识（tacit knowing）。默会知识本质上是一种领会、理解和把握经验的能力，其特点是高度依赖于个人体验，依赖于实际活动而难于作出语言上的清楚表述。默会知识远非人们通常所认为的那样只在人类的知识结构中占据次要的、辅助的地位，相反，默会知识相对明言知识（articulatable knowledge 或 codifiable knowledge）更为基础和根本，因而具有优先性，他说："默会知识是自足的，而明言知识则必须依赖于被默会地理解和运用。因此，所有的知识不是默会知识就是植根于默会知识。一种完全明确

---

① Polanyi, M, *The Tacit Dimension*, London: Routledge & Kegan Paul, 1966, p. 4.

的知识是不可思议的。"① 波兰尼的默会认识论是对近代以来"无认识主体认识论"的有力反击,它通过强调经验、技艺、直觉、情感等因素在人类认识过程中的作用,而凸显了包括"客观知识"在内的所有类型知识对个体及其实践活动的依赖性,对于当代的技术认识论研究产生了极为重要的影响。

当代技术认识论认为,相对于科学而言,技术是关于"做"的学问,是"knowing how",它是对一系列在手之物的筹划,意在达到具有客观现实性的"具体"。这是一个从简单到复杂、从抽象到具体、从思想到行动的认识过程,遵循着一条与科学认识完全相反的路线,其间涉及理论知识、经验知识、操作技能、工具器械、操作规程、社会规范、法律制度等诸多要素。如果单从知识的角度讲,技术认识过程中既包括可以编码化的"明言知识"(又可分为描述性知识和规范性知识),也包括难以编码化的"默会知识",前者主要表现为系统化的自然知识、操作规程和社会规范,它们以不同的方式和程度嵌入在不同类型的技术中,并在技术发展的不同阶段上体现出来;后者主要表现为经验、技能,它们渗透在所有类型的技术中,并且贯穿于每一项技术发展的始终。我国学者陈凡、张明国教授在《解析技术》一书中认为,技术的发展是一个技术"结构相位"不断嬗变的过程,即从古代的"单相技术结构(由经验型技术结构组成)"向近代的"双相技术结构(由经验型技术结构和实体型技术结构组成)"再向现代的"三相技术结构(由经验型技术结构、实体型技术结构和知识型技术结构组成)"逐步演化的过程,可以看出,在这一过程始终存在着经验形态的技术要素,只是从近代开始"规则知识"和"理论知识"等技术要素才在技术结构中占据重要地位。② 这一看法显然具有充分的技术史依据。在前现代社会中,人们的技术活动立足于经验技能,在缺乏对自然规律正确认识的基础上,也做出了许多发明创造。近代技术虽然也主要靠工匠的经验积累发展起来,但是程序化的规则知识在其中的比重明显增加了。现代技术的发展则主要是靠对原理性知识的掌握,基于对自然事物内在规律的深刻认识人类创造了真正的技术奇迹,但是不可忽视的是以经验

---

① Polanyi, M, *Knowing and Being*, The University of Chicago Press, 1969, p. 144.

② 陈凡、张明国:《解析技术》,福建人民出版社 2002 年版,第 19—30 页。

技能形式存在的"默会知识"依然在技术发展中发挥着重要的作用。诺贝尔奖获得者、德国物理学家冯·克利青（K. V. Klitzing，1934—）在谈到自己的研究工作时曾说："今天的半导体物理应用研究是非常复杂的，人们现在描写材料的电学性能本质上还是经验的，而并不真正了解其微观本质。当人们描写晶体管特性或设计微电子元件时，常常用一些设计规则，但并不确切了解其机理：机理的探讨却是非常复杂而重要的事情……"①。

　　技术中明言知识和默会知识的区分只具有相对的意义，二者之间存在着相互转化、相互依赖的关系。波兰尼提醒人们不要把默会知识看作是某种神秘的经验，它只是在一定的条件下难以用语言充分地表达，而不是绝对地不可言说，他说："断言我拥有不可言喻的知识不是要否定我可以言说它，而只是否定我能充分地言说它，这个断言本身就是对这种不充分性的一个估价"。② 由此可见，明言知识与默会知识似乎只是一种程度上的差别，二者之间存在着相互转化的可能。这一点可以在技术史中和具体的案例中得到确证。技术的进化史也是科学的发展史，正是特定技术发展阶段的默会知识向明言知识地不断转化，才构成了科学知识的积累与发展。反过来，一定时期的科学认识只是由于不断地向默会知识的转化，才被重新整合进人类的技术活动中，成为改造自然的强大力量。在具体的技术创造、发明及操作行为中，"人们可以在一定程度上将技术诀窍转化为明言知识"③，通过对操作行为的规范化、标准化、程序化而形成实用性的规则知识，这些知识又可转化为更具本质性的理论知识。在新技术的学习和引进的过程中，人们只有将用文字、图表、数学公式表述的工艺文件转化成对机器设备的娴熟操作和创造性应用才算成功。

　　技术中明言知识和默会知识的相互依赖、相互贯通并不意味着二者在技术中具有同等重要的地位，相反，波兰尼认为后者在技术中具有更为重要的作用，因为所有的明言知识都要通过默会认识才能获得，明言知识的运用也只有通过默会认识才能成功，所以后者发挥着更为基础、更为根本

---

① 许良：《技术哲学》，复旦大学出版社 2004 年版，第 81 页。
② 郁振华：《波兰尼的默会认识论》，《自然辩证法研究》2001 年第 8 期。
③ 王大洲：《论技术知识的难言性》，载《技术与哲学研究》2004 年（第一卷），第 58 页。

的作用。他说："我们总是默会地知道：我们认为我们的明确知识是真的"①"没有一样说出来的、写出来的或印刷出来的东西，能够自己意指某种东西，因为只有那个说话的人，或者那个倾听或阅读的人，才能够通过它意指某种东西。所有这些语义功能都是这个人的默会活动。"② 波兰尼曾对国际间技术转移的案例作过考察，他认为进口国的技术之所以在很长时期内达不到预期的目的和要求，主要是由于技术中的默会知识在其中起着关键性作用，默会知识转移的困难性是技术引进困难性所在。默会知识转移的困难性同样也体现在技术的历史传承之中，这就是许多惊人的技术成就为什么会不断失传的原因，波兰尼以小提琴的制作为例颇为伤感地说明了这一点，200 年前半文盲的斯特拉迪瓦手工制作的小提琴，却要现代人全副武装地以显微镜、化学、数学和电子学去复制，这不能不说是技艺的一种倒退。

默会知识的获取与转移过程即构成了默会认识过程，这一过程充分体现了实用主义者"在干中学"的原则。管理学大师德鲁克（Peter Drucker）认为默会知识只能在操作的演示中存在，默会知识获取的唯一方法是领悟和练习，脱离具体情景中的实际操作，只能是"纸上谈兵"。我国二千年前的著名思想家庄子曾以寓言的形式对默会认识的微观机理作过精辟的摹写，"庖丁解牛"的故事已为人所熟知，在"轮扁斫轮"也有相似的描写，"斫轮，徐则甘而不固，疾则苦而不入。不徐不疾，得之于手而应于心，口不能言，有数存焉于其间。"这里，庄子借轮扁之口，表达了一种迥异于同时期古希腊哲学的认识论路线。二千年后，波兰尼进一步从理论上阐明了默会认识的基本结构，借助于"两种意识（辅助意识与集中意识）""from - to""认识者""默会认识的三项组合"等概念和理论，波兰尼建立了默会认识的基本模式，"我们已经看到，默会知识有三个中心：第一，辅助的诸细节；第二，集中目标；第三，将第一项和第二项联结起来的认识者。我们可以把这三者放在三角形的三个角上。或者，我们可以认为它们构成了一个三项组合，这个三项组合由某人即认识者所控

---

①   Michael Polanyi. *Study of Man*, Chicago：The University of Chicago Press，1958，p. 22.

②   Ibid.

制，他使得辅助物和他的注意中心相关联。"① 对于默会认识过程的深入了解使人们从根本上更新了传统的认知观，最近，我国学者陈文化教授颇有见地地指出，认识不完全是哲学教材上所讲的"主体对客观实体的反映"，而是主体通过中介手段在主、客体的相互作用（即实践）中知识创造、转换和创新的动态过程。② 这里的"中介手段"显然离不开技术，并应主要地理解为技术，因为正是技术才具有将主体与客体联结起来的能力与品格，这已为现象学的、实用主义的、分析哲学的、批判理论的等技术哲学研究范式所认同，如伊德强调的"人类—技术—世界"结构中技术的居间调节作用，希克曼等人强调的"人—技术—环境"结构中技术的探究功能，皮特提出的技术行动论，以及芬伯格所提出的"技术编码"理论。

　　20 世纪 80 年代以来，技术的认识论研究已经成为当代技术哲学研究的一个新趋向，这既与波兰尼等人对"默会知识、默会认识"的开创性研究有关，也与"经验转向"的技术哲学致力于打开"技术黑箱"有关。我国学者陈凡教授认为，"技术认识论"是国外技术哲学研究的新动向，与欧美当代技术哲学的经验转向具有一致性，"而且可以说，欧美当代技术哲学发展的经验转向最早正是在认识论领域展开的"。③ 在国外技术哲学的认识论转向的影响下，国内一批学者也开始自觉地向技术认识论领域迈进，如陈文化教授提出，当代中国技术哲学研究应该实现主题性转换，"由实体存在论向技术知识论转向，再向生存认识论指导下的技术认识论转向。" 与此同时，张华夏、张志林教授坚持认为技术认识论应该是技术哲学的研究纲领，"技术哲学的核心问题，当然也是技术认识论和技术推理逻辑问题。"④ 这与美国技术哲学家 J. C. 皮特的观点具有一致性。对此我认为，技术知识、技术认识确实是技术哲学研究中十分重要的问题，技

① 郁振华：《波兰尼的默会认识论》，《自然辩证法研究》2001 年第 8 期。
② 陈文化、刘华桂：《试论技术哲学研究的主题性转换，多维视野中的技术——中国技术哲学第九届年会论文集》，东北大学出版社 2003 年版，第 16 页。
③ 陈凡：《技术认识论：国外技术哲学研究的新动向，多维视野中的技术——中国技术哲学第九届年会论文集》，东北大学出版社 2003 年版，第 16 页。
④ 张华夏、张志林：《从科学与技术的划界来看技术哲学的研究纲领》，载《技术与哲学研究》2004 年（第一卷），第 16 页。

术认识论研究与当代总体哲学的后现代转向具有一致性，与德里达、利奥塔、福柯等人对西方传统理性"霸权"的颠覆具有内在的一致性，因而是一种重要的后现代趋向。但与此同时，后现代语境中的技术本体论研究也表明"技术"是一种十分复杂的本体现象，从不同的角度解读具有不同的内涵，因此应该具有多条学术进路、多条研究纲领，形成相互补充、相互竞争的态势，而不可以一种"主题"排斥另一种"主题"，以一种"范式"排斥另一种"范式"。

第十五章　中国当代技术哲学思想

第一节　中国当代技术哲学的发展历程和特点

一　中国当代技术哲学的发展历程

中国当代技术哲学研究始于 20 世纪中叶。50 年代末开始，围绕工程技术展开了工程传统的技术哲学研究，东北大学陈昌曙教授的第一篇技术哲学论文"要注意技术中的方法论问题"（自然辩证法通讯，1957 年第二期）是中国当代技术哲学研究开端的重要标志，哈尔滨工业大学关士续教授等开始了工程技术辩证法的研究。"文革"后中国技术哲学研究转向技术论。1979 年 8 月，中国自然辩证法研究会筹委会在天津举办了全国工程技术辩证法讲习会；1985 年 11 月，在成都科技大学召开了第一届全国技术论学术研讨会，并成立了中国自然辩证法研究会技术论专业组（筹），实现了中国技术哲学研究的建制化。此后，中国技术哲学研究成立了全国性专业组织，定期召开学术会议，至今已举办十七届（2018年），出版了一批代表性理论专著，开展了系统的专题研究，介绍国外技术哲学进展，开展学科间与学派间的对话与商谈、争鸣和交流，这主要表现在：

首先，中国技术哲学研究成立了全国性专业组织，并定期召开学术会议，如在 1988 年 5 月召开了第二届全国技术论学术研讨会，决定将技术论专业组更名为中国自然辩证法研究会技术哲学专业委员会，以后每两年召开一次全国技术哲学学术会议。

其次，出版了一批代表性理论专著，主要有《科学技术论》（杨沛霆、陈昌曙等，1985 年），《论技术》（远德玉、陈昌曙，1986 年），《技术论》（陈念文、杨德荣、高达声等，1987 年），《技术学导论》（邓树增等，1987 年），《科学技术学》（孟宪俊等，1988 年），《法兰克福学派与科学技术哲学》（陈振明，1992 年），《技术社会化引论》（陈凡，1995年），《人文主义视野中的技术》（高亮华，1996 年），《技术的政治价值》（刘文海，1996 年），《技术哲学引论》（陈昌曙，1999 年），《东北大学技术哲学博士文库》（2001 年），《马克思主义技术哲学纲要》（乔瑞金，2001 年），《工程哲学引论》（李伯聪，2002 年），《陈昌曙技术哲学文集》（2002 年），《解析技术》（陈凡、张明国，2002 年），《农业技术哲学概论》（胡晓兵、陈凡，2008 年），《论网络技术的价值二重性》（毛牧然、陈凡，2009 年），《技术现象学》（陈凡、傅畅梅、葛勇义，2011年）等。

第三，开展了系统的专题研究。80 年代中期，东北大学陈昌曙、远德玉教授开展了"工程技术方法论研究"，大连理工大学刘则渊教授等开展了"技术开发方法论研究"，哈尔滨工业大学关士续教授等开展了"工程技术的结构及其发展研究"，成都科技大学杨德荣教授等开展了"日本技术论研究"。近年来，中南大学陈文化教授、清华大学曾国屏教授、东北大学远德玉教授、哈尔滨工业大学关士续教授等又结合国家创新战略开展了技术创新论研究。

第四，进行专业技术论研究，拓展技术哲学研究的领域。中国自然辩证法研究会理事长朱训教授的《找矿哲学概论》是国内第一部系统研究矿产勘察领域哲学问题的专著。另外，在技术哲学专业委员会的指导下，一些理、工、农、医、军校的专家学者相继开展了化工技术论、石油技术论、农业技术论、医学技术论、军事技术论等研究。

第五，系统介绍国外技术哲学进展，邀请国外学者讲学，参加国际技术哲学学术会议，促进了中国技术哲学研究建制化的国际化进程。自 20世纪 80 年代以来，先后出版了一批译著和译丛，如《技术哲学译文专辑》（科学与哲学，1985 年第二期），《技术哲学导论》（拉普著，刘武译，1986 年），《现代技术与政治》（武谷三男、星野芳郎著，迟镜询译，1986 年），《技术与技术哲学》（邹珊刚主编，1987 年），《技术科学的思维结构》（拉普编，刘武译，1988 年），《技术哲学概论》（米切姆著，殷登祥、曹南燕译，1999 年），《全球化时代的技术哲学》（陈凡、朱春艳，2006 年），《通过技术的思考：工程与哲学之间的道路》（陈凡、朱春艳，

2008 年)，《技术思考：技术哲学的基础》（马会端、陈凡，2008 年），等。东北大学、大连理工大学曾先后邀请日本的星野芳郎和德国的波塞尔等技术哲学家讲学，陈凡教授也从 2001 年起一直参加了第 12 届技术哲学国际会议和欧洲技术哲学会议等。

第六，学科间与学派间出现对话与商谈，如陈昌曙、远德玉教授与张华夏、张志林教授就技术哲学研究纲领问题的商谈，吴国盛教授关于"技术哲学：一个有着伟大未来的学科"，陈凡教授关于"解读科学哲学与技术哲学的界面，"是科学哲学和技术哲学之间的对话。技术哲学共同体内部陈文化教授等关于技术哲学研究的中心是技术价值论还是技术认识论的讨论，以及工程技术哲学与人文技术哲学的视域对峙，也反映出不同学派之间的争鸣和交流。

二　中国当代技术哲学研究中存在的主要问题

中国技术哲学研究虽取得较大进展，但与其他相关学科比较，技术哲学还处于哲学领域非主流，甚至边缘化的地位，比较欧美的技术哲学发展来看，值得我们进一步思考的问题有很多。

1. 当前我国技术哲学发展存在的问题

（1）同其他学科如科学哲学等相比，技术哲学发展还处于非主流地位。这主要表现在少有分量的论著（包括博士毕业论文）刊登在水平较高的刊物上的本学科成果较少，尽管近几年已打破坚冰，但未改变整体局面，科学技术哲学的硕士点和博士点中以技术哲学作为研究方向的较少（目前东北大学是全国唯一以技术哲学和技术社会学为主要研究方向的博士学位授权点）；

（2）学科内部存在工程的和人文的两种倾向、两种范式、两套话语系统。米切姆对技术哲学流派的工程和人文的二分法，是较早传入我国也是至今翻译过来的为数不多的国外技术哲学著作之一，对我国的技术哲学发展产成了很大影响，不少研究者往往对号入座，把自己的视野定在某一个范围内，从而在学科内部存在工程的和人文的两种倾向、两种范式、两套话语系统；

（3）研究视野不够宽泛，主要偏重于技术创新、应用伦理学、技术社会学等的应用研究，缺乏对技术相关基本理论的深入研究。

陈昌曙教授在《科学技术与辩证法》2001 年第 3 期曾发表文章"保持技术哲学研究的生命力",指出"技术哲学的研究要有生命力和影响,必须立足于自己的学科特色,必须有深入的、高水平的基础研究,必须关心和回答现实生活提出的问题",并提出了三句话,即没有特色(学科特色)就没有地位;没有基础(基础研究)就没有水平;没有应用(现实价值)就没有前途,从某种意义上说,这表明我国技术哲学研究仍存在特色不明显,基础不牢固,应用不充分(尽管强调的是这一点)的不足。

2. 原因分析

(1)我国从事技术哲学的学者大都是理工科出身,中国现行教育体制导致的过早的文理分科,导致技术哲学的研究主体存在知识结构不尽合理,哲学尤其是西方哲学的理论背景相对缺乏的不足,这容易造成对引进思潮的简单化、表面化理解,而且导致其理论成果没有足够力度;

(2)缺乏良好的技术和技术哲学传统。我国的现代技术发展的整体水平相对于西方来说要落后的多,加之轻视技术的传统使然,对技术的哲学思考的整体实力不强;

(3)哲学理论的独创性差。与欧美技术哲学发展相比,我国技术哲学存在原生性内容较少、次生性内容较多的特点,这具体表现为我国技术哲学的"三多三少",即引进西方的多,根植于本土传统的少;对已有思想的诠释多,提出的独特的观点少;对国外思潮零散的介绍多,系统的分析少。这些特点决定了我国的技术哲学发展仍处在起步阶段,还未形成自己独有的研究纲领。

三　中国当代技术哲学的发展出路及未来趋向展望

我国技术哲学发展中存在的困境要求我们在技术哲学的研究过程中,在研究的视角、内容以及学术共同体的范式方面有针对性地发生转变,促进我国技术哲学研究的全面繁荣。

第一,技术哲学研究背景的转向——从现代技术向后现代技术的转向

美国技术哲学家 C. 米切姆认为,随着 20 世纪末全球网络化的发展,技术哲学应关注新出现的元技术(metatechnology)(米切姆,1995 年)。元技术即与前现代技术和现代技术相比较的后现代技术。米切姆提出,前现代技术是一种建构性技术,现代技术是一种解构性的技术,后现代技术

是一种重构的技术。在农业社会，手工技艺与田园生活相匹配，技术和社会和谐一体。现代技术对工业社会来说则是一种解构过程，机器和工具理性解构了工业文明统一体，技术成了满足单一的经济利益、军事利益或政治利益的工具。后现代技术（如网络技术、信息技术）超越了现代技术，它不是简单地返回到前现代，去恢复与科学、宗教、艺术的联系，而是超越现代技术的工具理性，使整个社会得以重构。它使全球时空收缩，使世界成为村落，不同国家、民族、文化、科学、艺术、宗教在元技术的整合下得以重构。米切姆的分析对我们很有启示。现代技术哲学产生于工业文明的背景之中，对于中国这样的发展中国家，我国的技术哲学工作者既要关注现代技术的工具理性对工业社会的解构作用，同时更应关注网络通讯等后现代技术对信息社会的重构功能。这种研究背景的转换要求中国当代的技术哲学在本体论、认识论和价值论的研究上与时俱进，形成新的问题旨趣。

第二，技术哲学研究视角的转向——从单一化向多元化的转向

现代技术哲学产生之初，在不同国家和地区体现出不同的哲学传统。学派林立、方法各异是现代技术哲学研究的基本特征，因此不能采取"工程主义"和"人文主义"的非此即彼的分类方法。米切姆对技术哲学流派的工程和人文的二分法，是较早传入我国也是至今翻译过来的为数不多的国外技术哲学之一，对我国的技术哲学发展产生了较大影响和积极推动。不过，它也带来一些负面作用，这就是使某些技术哲学工作者对号入座，思维定势，在学科内部划出工程与人文之分，这对我国技术哲学发展非常不利。工程传统与人文传统的技术哲学各有优势，但其局限性也较为明显，应相互借鉴，相得益彰。目前，这种趋势在国外的技术哲学家中也有所体现，如德国技术哲学家 F·拉普曾从工程主义的视域写过一本《分析的技术哲学》（拉普，1978 年），但目前他的理论视野已转向人文主义，德国学者罗波尔为此还批评他背叛了实在论的工程技术哲学。拉普自己也感到现在正处于孤立与困苦之中。尽管如此，他还是强调今后应加强对技术的哲学思辨和形而上的分析，反对单纯主张经验主义和实用主义传统，认为今后技术哲学的任务之一就是与哲学传统相结合，强化形而上的分析方法，追问技术的本质，否则技术哲学就会失去理论根基。可见，即使是工程技术哲学传统的代表人物，也不是坚持单一化的研究视角。

今后国内的技术哲学研究，应继续保持并发扬工程技术哲学与人文主义技术哲学的传统特色，摒弃学派间的局限，坚持多元化的研究视角，更多关注不同的技术哲学研究主题，促进中国技术哲学研究的全面繁荣。

第三，技术哲学研究共同体的转向——从封闭性向开放性的转向

无论是德国的还是美国的技术哲学，从建制化到世纪之交的 20 年间，其研究既有理论性、思辨性的哲学思考，也有实证性、经验性的实践导向，这一点在米切姆、拉普等编的技术哲学文献中已得到初步验证。中国技术哲学专业委员会（CSPT）不应是封闭性的学术团体，而应转向开放性，"内核硬化、边缘软化"或许是其转向的合理政策选择。

"内核硬化"是说 CSPT 共同体的"内核"（指专业的技术哲学工作者）应是具有基本研究范式，具有明确的研究纲领，具有科学合理方法导向的不同流派的技术哲学共同体，坚持"相对封闭、边界清晰"的理论性、思辨性哲学思考的研究特色。CSPT 通过会员制促进学术共同体的建设发展是其组织保证，技术本体论、技术认识论、技术方法论、技术价值论等是其研究方向。

"边缘软化"是指 CSPT 共同体的外围边界应是"内外开放"的。如果说"内核硬化"有益于"狭义的技术哲学"的形成与完善，那么"边缘开放"则有利于"广义的技术哲学"的产生与发展。广义技术哲学的建构既有内核的理论封闭性，也有边缘的实践开放性，这是由技术的本质内涵决定的。技术与科学不同，它不仅是人对自然的一种理论认知过程，也是人对自然的实践改造过程，不能仅局限在本体伦、认识论、方法论、价值论的领域内研究，还必须加强学科间的沟通和"官、产、学"的合作。

"边缘软化"的政策导向有双重涵义：第一，对内开放，CSPT 应加强与国内有关高校和科研院所之间的相互沟通，加强与社会学、伦理学、政治学、经济学和历史学等相关人文社会科学的交流合作，加强与各级政府、大中小企业和自然科学工程技术的"文化联盟"。

第二，对外开放，走出去，请进来，加强与国外技术哲学学会和研究团体的交流与合作，如以中国技术哲学（CSPT）的名义，与国外技术哲学研究机构（SPT、VDI 等）建立合作关系，以团体会员名义加入 SPT，并争取与美国 SPT 合作，出版"欧美技术哲学译丛"，邀请国外学者，举

办暑期"中美/中欧技术哲学讲习班",为将来与 SPT 联合在中国举办"技术哲学国际学术会议"做好理论与人才准备。2015 年第 19 届技术哲学国际会议第一次在亚洲、在中国举办（东北大学），通过上述国内外交流与合作，不仅扩大了中国技术哲学影响，促进我国技术哲学发展，适应"与时俱进"的时代要求，同时也逐渐使中国的技术哲学研究与国际接轨，在立足"本土化"的同时，日益走向"国际化"，促进有中国特色的技术哲学理论体系的建构与完善。

第二节　陈昌曙与中国技术哲学的创立与发展

陈昌曙教授是我国著名的技术哲学家、中国技术哲学的奠基人。我国技术哲学的创立与发展，与陈昌曙先生的贡献是分不开的。有人说，陈先生创立了中国技术哲学研究的"东北学派"，我们则认为，如果说陈先生创立了"东北学派"，不如说他创立了"中国学派"，他不仅在国内率先展开技术哲学研究，更形成了技术哲学研究的中国特色。

一　陈昌曙教授生平及主要著述

陈昌曙 1932 年 7 月出生于湖南省常德市，1954 年东北工学院采矿系毕业，1956 年中国人民大学马列主义研究班毕业，后回到东北工学院从事哲学的教学与研究工作。陈昌曙探索技术哲学的大致历程从 1950 年代后期起步，1982 年正式进入技术哲学领域起，大致分为三个时期：20 世纪 80 年代，是他的自发研究和引进、学习日本技术论时期；90 年代前期是引进、消化西方技术哲学思想，并结合中国技术发展的实际，逐步形成自己思想的时期；90 年代后期开始，自己独特的技术哲学思想初步成熟，并逐渐形成中国特色的技术哲学研究纲领，全面发展中国技术哲学。这一历程，也正是中国技术哲学发展的主线。

陈昌曙教授最早涉及技术哲学问题是在 1957 年。他在那时就写下了《要注意技术中的方法论问题》一文，发表在 1957 年第 2 期的《自然辩证法研究通讯》杂志上，这大概也是我国最早的技术哲学论文。在随后 20 多年时间里，他虽有心在此领域中耕耘，但在极左路线盛行的年代，这似乎是同正统哲学"离经叛道"。加上当时国内发展技术哲学时机尚未成熟，并且在随后的日子，由于历史原因，他的生活过得特别不安定，所以技术哲学并没有成为他的主要研究方向。只有等到文革之后的 20 世纪 80 年代，由于在中国现代化建设过程中技术的问题越来越凸现出来，许多重大的理论问题和现实问题需要理论工作者去思考和解决，此时的陈昌曙才意识到技术哲学是一个既有理论意义，又有实践意义的哲学新分支。从此之后，技术哲学才真正成为他的主要研究领域，并由此成为中国技术哲学的奠基人。

1982 年 10 月 1 日和 15 日在《光明日报》发表的论文《科学与技术的统一和差异》，是陈昌曙第一篇严格意义上的技术哲学论文。这篇文章明确提出技术与科学之间具有重要的、本质的差异。这个问题在当时就具有十分现实的意义。那时很多人把科学和技术混为一谈，抹杀了它们之间的差异，因而妨碍了我国制订和执行正确的科技政策。陈昌曙联合当时的远德玉等老师，利用东北与日本学界联系紧密的有利时机，一方面致力于奠定我国技术哲学研究的理论基础工作，同时开展了日本技术论的介绍工作。正因如此，我国技术哲学界也像日本一样，在 20 世纪 80 年代把技术哲学叫做技术论，并对日本的星野芳郎、三枝博音等日本学者逐渐熟悉起来。这时陈昌曙和远德玉的主要著作《论技术》①《技术选择论》②《中日企业技术创新比较》③ 等很明显地有借他山之石，攻本地之玉的意向，试图将实践中出现的问题提高到理论的高度上去认识，然后又用这些理论去指导解决实践中的问题。这个时期，陈昌曙并没有去构造庞大的理论体系，而是真正从实践需要出发，解决实践中提出的具有普遍性的问题，例如，正确区分和处理科学与技术的关系，从而正确地选择适合自己的技术发展道路。

由于日本的技术论是一个"大口袋"，缺乏形而上的哲学高度，从而影响了中国技术哲学的进一步发展。于是，从 20 世纪 90 年代起，陈昌曙又把理论研究的视角转向德国、美国等西方技术哲学。在介绍国外的技术哲学思想时，他始终坚持引进、吸收、创新相结合的原则，立足中国技术

---

① 远德玉、陈昌曙：《论技术》，辽宁科学技术出版社 1986 年版。

② 陈昌曙、远德玉：《技术选择论》，辽宁人民出版社 1991 年版。

③ 远德玉、陈昌曙、王海山：《中日企业技术创新比较》，东北大学出版社 1994 年版。

哲学发展和改革开放的理论需求，有针对性地介绍和探讨相关思想，这些举措极大地促进了中国技术哲学的发展。陈昌曙在总结前一个阶段成果的基础上，一方面广泛开展技术创新理论和实践的研究，并且从技术哲学的视野和高度，以东北工业企业技术进步为背景，探讨中国企业技术创新的动力与能力，形成了别具一格的技术创新哲学；另一方面在总结企业创新的现实研究成果和以往技术哲学初步研究成果的基础上，进一步进行理论的提炼和概括，其代表作《技术哲学引论》正是这些成果的总结和反映①。

2000 年，陈昌曙的另一本著作《哲学视野中的可持续发展》②，又将他的研究领域大大拓展，展示了新世纪来临之际他的技术哲学的广阔视野。他认为：可持续发展虽然是生态学、经济学、社会学等诸多学科要研究的课题，不是技术哲学特有的研究内容，但技术哲学特别是当今时代的人与自然的关系和技术与社会的关系的研究，又必须回答关于人类中心主义、走绿色发展道路、发展绿色科技和工业生态化等方面的问题，分析可持续发展的矛盾③。

二 逐渐形成中国技术哲学的研究特色

在研究内容上，陈昌曙的技术哲学研究的特点是理论研究与中国改革开放和现代化建设的实践紧紧地联系在一起。纵观他 20 多年技术哲学的研究历程和成果，我们可以看出，理论与实际相结合，理论研究鲜明地体现出改革开放条件下的中国时代风貌是其技术哲学活动的总特征。陈昌曙先后在技术哲学领域发表论文近百篇，论著五部，都体现了这个总特征。《陈昌曙技术哲学论文集》（以下简称《文集》）是为祝贺他 70 寿辰，也正好是他从事技术哲学研究 20 周年而出版的反映他的技术哲学发展历程的文集。该文集选辑文章 35 篇，共分六个部分，即：科学与技术、技术哲学、科学、技术与社会、产业与产业技术、可持续发展④。从这些标题中，我们就大致可以看出，他的这些文章都是围绕改革开放后建设有中国

---

① 陈昌曙：《技术哲学引论》，科学出版社 1999 年版。
② 陈昌曙：《哲学视野中的可持续发展》，中国社会科学出版社 2000 年版。
③ 陈昌曙：《陈昌曙技术哲学文集》，东北大学出版社 2002 年版，第 297 页。
④ 同上书，第 106 页。

特色的社会主义，对重大的理论问题和现实问题，如科学转化为生产力的中间环节，科学与技术的关系，可持续发展问题等而展开论述，具有强烈的时代气息。

在研究视角上，陈昌曙的技术哲学思想也有他的特色，主要表现在马列主义哲学视野。作为一个长期受过全面的马克思主义教育并从事了数十年的马克思主义哲学研究的学者，陈昌曙一开始就以马克思主义的观点来看技术，而且把马克思主义的观点贯彻始终。他把马克思开创的颇具特色的技术哲学传统继承下来，并在新时期发扬光大，从而形成国际技术哲学界的中国马克思主义传统的技术哲学。

在研究方法上，他的特点是形而上下相结合，工程传统与人文传统相结合但侧重工程技术视野。在中国技术哲学界甚至在国际技术哲学界，研究者往往来自工程学、社会学、历史学、经济学等学界，真正具有形而上哲学素养的人并不多，因此带来了技术哲学不像哲学，缺少了哲学的韵味。在这点上，陈昌曙得天独厚，以前的哲学素养帮了他的忙[1]。例如，他在第八届技术哲学研讨会上提出的技术哲学基础研究的 35 个问题，虽然他本人自谦"提出的问题比讲明白的问题要多得多"，但是这些问题是技术哲学研究必须予以回答的问题。如果说大哲学家小中见大，在常识领域求其真意，那么对这些基础性问题进行回答需要艰苦的劳作，而提出这些问题则意味着为一个学科设立了一定的理论基准。所以，陈昌曙提出的问题发人深省、至关重要。

在 1999 年全国技术哲学第八次年会上，陈昌曙就中国的技术哲学发展问题讲到了三句话："没有特色（学科特色）就没有地位，没有基础（技术研究）就没有水平，没有应用（现实价值）就没有前途。"[2] 后来他又多次重申这个原则，认为技术哲学的研究要有生命力和现实意义，必须立足于自己的学科特色，依靠高水平的基础研究，加强应用研究；必须了解国外动态，合理地对待技术哲学研究中工程的和人文的两种倾向。这些指导方针高瞻远瞩，立意深远，对今后中国技术哲学的发展具有无法估

[1] 丁云龙、王前：《行到水穷处，坐看云起时——评〈陈昌曙技术哲学文集〉》，《哲学研究》2003 年第 1 期。

[2] 陈昌曙：《陈昌曙技术哲学文集》，东北大学出版社 2002 年版，第 188 页。

量的重大价值。

在技术哲学研究中，还有一种倾向是离开技术来谈技术哲学。陈昌曙得益于早年的电机学、采矿学的本科背景，加上身处工科院校和东北老工业基地，他的技术哲学始终紧紧围绕着技术特别是工程技术、产业技术来谈技术哲学，就技术发展过程中出现的哲学问题来研究，而不是隔山打牛，不着边际。他认为，研究技术哲学的人首先应该对现代技术本身有深入的了解，否则认识难以深化，难以抓住要害，也难以被技术工作者认同。他的技术哲学，虽然不乏人文关怀，但从总体来说，应属于美国技术哲学家卡尔·米切姆所说的"工程技术哲学"。他自己在《技术哲学引论》的前言中也承认他的著作"略接近于工程的技术哲学，而与'人文的技术哲学'相去较远"①。但这个偏向对刚刚起步的中国技术哲学来说，应该是方法对路，不至于一开始就离开技术谈技术哲学而不着边际。

三　初步构建中国技术哲学的研究纲领

作为中国技术哲学的奠基人，陈昌曙对中国技术哲学的研究纲领一开始就有所考虑，但他是一个脚踏实地、埋头干活、让事实说话的学者，加上他为人谦和，从不宣扬自己的成就，所以在 2000 年以前，他一直不愿意公开谈论或构建中国技术哲学的研究纲领，不愿意构建所谓的宏大体系。

如何界定技术，阐明技术的本质，这是技术哲学的基本问题。但究竟该怎样界定技术，国内外学者一直分歧甚多。陈昌曙的意见是，这个问题太难于回答，因此建议对刚入道者可以"知难而绕"，免得纠缠不清②。其实，他这个策略是很有远见的。凡是参加过全国技术哲学会议的人都知道，每次会议都为这个问题争论不休，最后也没有谁能说服谁。他始终没有勉为其难地对技术下一个简明的定义，而是采取"知难而绕"的策略，从技术与人工自然、技术与科学、技术与生产、技术与工程的关系，技术的源泉与要素（工具、机器、经验）来描述和分析技术。在有了上述界定之后，再进而重点探讨技术与社会的关系。他认为："技术发展和技术

---

① 陈昌曙：《技术哲学引论》，科学出版社 1999 年版。
② 陈红兵、陈昌曙：《关于"技术是什么"的对话》，《自然辩证法研究》2001 年第 4 期。

应用的突出特点，是其对社会经济、政治、文化等有重要作用，并受到诸多社会因素的影响。技术哲学的研究不可能不把技术与社会放在非常重要的地位。"① 他对技术实现的条件、当前技术应用存在的问题、STS 研究与中国国情的问题，如此等等，都作过综合性的研究。

有了具体研究成果作为基础构件，陈昌曙 2000 年开始意识到从更基本、更一般地构建一个有中国特色的技术哲学研究纲领的时机已经成熟，把构件组装起来形成一个整体的时候到了。事实上，当时在中国也只有他最有资格去构建宏观性的、有指导意义的研究纲领。事情的起因是这样的。2000 年 10 月 14—16 日在北京清华园召开 "第八届全国技术哲学研讨会"，来自全国相关研究领域的近百名专家、学者和研究生出席了此次技术哲学研讨会。陈昌曙也出席了这次会议，并且与其博士生陈红兵联名提交了《技术哲学基础研究的 35 个问题》这篇带有研究纲领性的论文②。也就在这次会议上，来自中山大学的两位科学哲学教授张华夏、张志林以科学哲学专家的身份，越过科学哲学的界线，来到技术哲学界，并且构建了一个带有科学哲学味的技术哲学研究纲领，这给技术哲学界带来很大的震动。会上，就技术哲学的研究纲领展开了广泛、激烈的论争。陈昌曙也参加了这场讨论，并在肯定两张的基础上，与他的老搭档远德玉教授提出了他们自己的看法，这些看法更多地代表了来自真正的技术哲学研究者的观点。双方你来我往，以《自然辩证法研究》杂志为阵地展开了友好而激烈的争论，为技术哲学界开了高水平学者争鸣的先河，实际上也是一场科学哲学派和纯技术哲学派之间的论争。其实他那篇《技术哲学基础研究的 35 个问题》文章就是一篇技术哲学研究纲领，虽然他认为 "考虑到提出问题会比写出专文容易些，就致力于开列问题单子"③，其实他是以问题的形式提出自己的见解。在这篇著名文章中，他与陈红兵就技术哲学的学科定位和性质、技术哲学研究的理论意义、技术哲学的本质、科学与技术的关系、技术的价值、技术发展的规律性等六个方面提出了 35 个至关重要的问题，这不就是一个研究纲领吗？在进入 20 世纪之时，德国数

---

① 陈昌曙：《陈昌曙技术哲学文集》，东北大学出版社 2002 年版，第 122—133 页。

② 陈昌曙：《陈昌曙技术哲学文集》，东北大学出版社 2002 年版，第 122 页。

③ 同上书，第 113—121 页。

学家希尔伯特提出的 18 个数学问题就是著名的数学研究纲领，一直指导着世界数学研究长达整个 20 世纪。在与两张的"商谈"中，他又就科学与技术的划界、技术哲学与科学哲学的划界（包括技术哲学的产生和技术哲学研究的中心问题）提出原则性的看法，从而形成了他比较完善并且富有特色的技术哲学研究纲领①。

1982 年，陈昌曙在东北工学院（现东北大学）成立了全国第一个以技术哲学为研究方向的技术与社会研究所。这个研究所的成立标志着中国技术哲学开始走向建制化，后来的实践证明，它是我国技术哲学研究的重要基地，也是陈昌曙传播其技术哲学思想、实现其研究纲领的学术田园。

第三节 中国当代技术哲学的全面繁荣

一 对技术本质问题的思考

技术的本质问题是技术哲学的一个基本问题，也是国内外的技术哲学家一直关注的重要问题。国内技术哲学发展的 20 多年来，对技术本质问题的研究从 80 年代的初期，经过了 90 年代的累积和酝酿，在新千年的转折出现了兴盛发展的态势。本文提出，国内对技术本质问题的研究至今尚未达到成熟期，这主要表现为对技术本质的阐发缺乏特色，还未提出较为完整的技术哲学研究纲领和理论体系，同时，对马克思主义技术哲学的研究还未成熟。

1. 初始期：一元中的多样性

我国科学技术哲学界公认的中国技术哲学的研究起点，是 1982 年陈昌曙教授发表《科学与技术的联系和差异》。在本文中，陈先生从科学和技术的区别开始阐述技术的本质，他从科学和技术在研究范式、功能等几方面的不同来阐述技术的本质特征，并阐述了技术的相对独立性对技术哲学学科合法性的重要意义。此后，国内出现了对技术本质的多种规定。作为一门新兴学科，技术哲学成立的合法性前提就是技术在本质上的相对独立性。

这一时期，国内与技术本质问题相关的研究成果主要有陈昌曙教授的

---

① 陈昌曙：《陈昌曙技术哲学文集》，东北大学出版社 2002 年版，第?? 页。

《技术科学的发展》（1980年）、《什么是技术论》（1985年）、《技术哲学》（1985年）、陈文化教授的《试论技术的定义与特征》（1983年）。远德玉、陈昌曙教授在《论技术》（1986年）一书中提出了技术在本质上"是一个过程"的"过程论"思想，陈凡教授的《论技术的本质和要素》（1988年）至今一直在国内有较大的影响，是国内较早研究技术本质的文献，他们提出技术在本质上是人类在利用和改造自然的劳动过程中所掌握的物质手段、方法和知识等各种活动方式的总和的观点，认为把握技术的本质必须明确技术的范畴和技术的目的，技术过程指人的制造活动，而技术的目的"是控制和掌握世界，技术过程是人类的意志向世界转移的过程即劳动过程，必须明确技术的目的"。另外，刘则渊教授的《马克思和技术范畴》（1982年）、《技术范畴：人对自然的能动关系》（1983年）、陈凡教授的《马克思论技术的启示》（1987年）《马克思主义是技术决定论吗?》（1988年）等是国内早期研究马克思主义技术哲学的文献，对国内马克思主义技术哲学的研究具有开创性的意义。

与国内改革开放的主旋律相一致，国内对技术本质问题的研究一开始就表现出开放性特征，学者们不仅引进不少国外的技术哲学思想，还与国外技术哲学机构建立了广泛的联系。

其中，在对国外技术哲学的译介方面，《技术与技术哲学》等介绍了日本、美国、德国等各国的技术哲学思想，中国科学院编辑的《科学与哲学》自1979—1986年连续出版、翻译、整理七百多篇外国技术哲学的文献资料，对我国技术哲学的研究起到了重要的推动作用。与国外研究机构的联系最初主要是与日本等国的联系，具有明显的区域性特征，这种开放性与区域性也体现在国内技术本质问题的研究之中。比如，东北大学自然辩证法教研室和日本的联系非常密切，并且受到了它的影响。20世纪30年代，日本的"技术论"研究就技术的本质问题提出了"手段说""体系说""应用说"等各种观点。80年代初期，我国受日本"唯物论研究会""技术论"研究的影响，开始了对马克思主义的技术哲学的研究，关注马克思主义的经典作家对技术问题的阐发，并在与日本技术哲学间相互交流的基础上发展起来，而对非马克思主义的东西较少涉及。国内也正是结合日本"技术论"和前苏联有关的研究成果，展开对技术的本质和技术的定义、要素、结构等问题的研究。

这一时期，相对于国外技术哲学研究的多元性特征，国内技术哲学研究呈现出鲜明的一元性特征，即是在马克思主义指导下对技术理论的研究。但这种一元性也呈现出多种表现形式。这突出表现在特色各异的技术定义上如"过程说""知识体系说""手段说""总和说"等，既有自己的本土特色，又表现出与日本等的技术哲学的联系。进入九十年代以后，随着西方技术哲学思想的进一步引入，开阔了我国学者的研究视角，对技术本质的解释也出现了多维视角，对诸如技术中性论、技术价值论等的论争开始深入。

2. 累积期：沉默中的发展

90 年代，改革开放的大潮促进了国内技术创新、技术引进、知识经济、国家创新体系问题的研究，或者如米切姆所说，技术中的实践取向压倒了理论取向，却在对技术的基础理论研究包括对技术本质的研究上处于低潮期，从而这一领域成为此时技术哲学研究的最"最薄弱的"环节，尽管对这一问题的研究并未止步①。这一领域中的研究成果较少，技术哲学研究的兴奋点主要集中于我国技术发展和科技体制创新等应用问题的研究。或者正应了美国哲学家唐·伊代说的"尽管有大量的文献关注技术，但技术很少成为哲学家的主要主题。即使有众多著作关注技术对人的影响，但很少有关注技术本质本身的"② 这一断言，尽管伊代并非专就这种状况下此断言。

这一时期的研究突出了技术的文化特征。从相关资料看，不仅引入大量西方技术哲学思想，如埃吕尔的技术自主论技术观等，提出了"技术文化"的范畴，突出技术的亚文化特征和功能，同时不少学者也自觉关注技术的文化性，探讨了技术与文化的关系问题，把文化性作为技术的第一特征，如武斌、贾杲等的《现代技术观的演变与走向透视》（1991 年）概括了现代技术观的四种主要观点：技术决定论、文化主导论、自然极限论和条件总和论，运用马克思主义的立场、观点和方法，把上述观点放在现代社会实践发展的大背景中加以考察分析，揭示了现代技术观演变的逻

---

① 张培富、李俊：《中国技术哲学"九五"发展统计研究》，载《自然辩证法研究》2003年第 3 期，第 58—61 页。

② Don Ihde, *Instrumental Realism*, Bloomington：Indiana University Press, 1991, p. 3.

辑与历史的统一性，指出了这些观点的利弊得失及其理论实质，提出了建构马克思主义技术观的基本思路和实践综合论的初步设想。也有学者从文化的视角对技术进行研究，如张明国的"技术—文化"论，在国内开展技术的社会形成（SST）研究之前，较早从技术和文化的关系入手探讨技术的文化特性。

对国外技术哲学思潮的引进与介绍构成这一时期技术哲学研究的又一特征。西方人文主义思潮诸如法兰克福学派、存在主义（主要是海德格尔）的技术观，社会建构论、技术自主论（如埃吕尔、温纳等人）的技术观等相继被引入国内，在国内引起强烈的反响。国内在对这些西方马克思主义和非马克思主义的技术观感到新鲜之余，思想也开始发生碰撞，在技术观方面开始逐渐走向多元化。陈振明、殷登祥、高亮华、李三虎在国内较早开始了对国外技术观的介绍工作。

技术本质研究的深入也带动了对技术本质问题研究意义的思考与洞察。经过20世纪八九十年代，学者们对研究技术本质的意义从开始强调的对实践活动的推动到对理论研究的推动意义，再到对人类生存的意义，逐渐将问题聚焦于人自身。例如，关锦镗提出研究技术本质对技术哲学理论的建立和指导技术实践都有重大意义（1990年），赵建军则提出，对技术本质的不同理解和把握直接涉及到技术哲学的研究对象、体系框架和学科建设等重要问题，可以说，技术哲学的发展与对技术本质的研究密不可分（1998年）。同时，尽管专门论及技术本质问题的论文不算多，但涉及到这个问题的专著依旧不少，学者们大都在论及技术的其他相关内容时涉及到技术的本质问题，比如，陈凡把对技术本质的理解作为研究技术社会学的理论基础，刘文海详细阐述了多种技术本质观，并以之为基础提出了自己的技术观，他把技术看作一种"追求物质目标的理性体系"。

随着90年代中后期对技术与社会关系问题的研究的重新回升，国家社科基金也开始关注技术哲学研究，课题指南中增设立了相关课题，赵建军、乔瑞金、曾国屏等申报的与技术哲学相关的课题先后获准立项，一些预告技术发展相连的新兴学科如网络技术的认识论问题、技术创新等技术哲学的相关理论开始着手研究，而对技术决定论、技术中性论、技术价值论以及技术和政治、经济等的关系出现了专题研究。

这一时期技术哲学研究的一大成果是陈昌曙教授的专著《技术哲学

引论》（1999 年）。该书汇集了陈先生技术哲学研究近 20 年的成果，书中不仅分析了技术工具论、技术价值论、技术自主论以及实用主义等国外技术哲学观点，还结合国内的实际情况展开了自觉的理论分析，从自然改造论、技术本质论、技术创新论等几个方面阐发了技术哲学的理论体系。该书不仅是国内第一部以"技术哲学"命名的专著，也是第一部系统介绍技术哲学各种观点的总汇。本书尽管未给出一个明确的技术本质，但贯穿全篇的技术改造论无疑表现出对技术的理解，那就是陈先生一贯强调的把技术理解为"人对自然的能动关系"这样一种马克思主义的技术本质观。

3. 兴盛期："技术转向"中的研究热潮

经过 90 年代力量的积累，新千年伊始，国内学者开始从理论的高度重视对技术哲学基础理论的研究，同时也由于受国外技术哲学研究的影响，在国内哲学与社会科学中汇成一股强大的"技术转向"浪潮。不仅社会学、政治学把目标转向技术，一些科学哲学出身的学者也开始表现出对技术哲学的浓厚兴趣，尤其对技术的本质问题表现出不同的研究视角。人们开始把对技术的研究与现代性研究联系起来，如郭贵春教授在展望科学技术哲学研究未来发展时把对技术本质的关注视为"我国技术哲学补'现代化'这一课所必然要面对的问题"，认为随着我国经济增长和科学技术的进一步发展，人们对技术本质的关注将更加密切。由于科学技术深层本质的逐渐展现，哲学家们会更加关注现代技术与人类生存的关系问题，从而重新思考技术的价值问题，揭示技术与人类未来的重大关系①。也开始有学者从生存论层次展开对技术本质问题的研究，试图以此解决工程的技术哲学所面临的理论困境②。

2000 年在清华园召开的第八届技术哲学年会上，技术哲学的基本理论尤其是技术的本质问题成为与会者讨论的一个热点问题，陈昌曙等的《关于技术哲学的 35 个问题》、陈文化的《关于技术哲学研究中几个问题的思考》、张华夏等《从科学和技术的划界看技术哲学的研究纲领》（此文刊出后陈昌曙、远德玉教授的商谈文章《也谈技术哲学的研究纲领》

---

① 郭贵春、张培富：《科学技术哲学研究未来发展展望》，载《自然辩证法研究》2002 年第 5 期，第 15—18 页。

② 张秀华：《技术工程观的困境及其生存论改造》，载《哲学动态》2004 年第 6 期，第 22—26 页。

以及张华夏等的回应文章《关于技术和技术哲学的对话》相继出现）与乔瑞金的《论技术的哲学要义》、高亮华的《技术、工具理性和现代性》等文章，从各个方面谈到了对技术本质问题的观点，展现出新千年的起点上我国对技术本质观的问题研究出现的新进展和新突破。其中，陈昌曙教授在本次会议上对技术哲学讲的三句话，即没有特色（学科特色）就没有地位；没有基础（基础研究）就没有水平；没有应用（现实价值）就没有前途，强调了基础研究对技术哲学发展的重要性。这一精辟概括无疑给技术的本质研究注入了催发剂，而他提交给会议的论文，还提出了六组涉及技术本质的相关问题，它们是（1）究竟什么是技术？（2）什么是技术活动的主体？（3）机器是不是技术？（4）能否说手枪是技术？如果是，该怎样定义技术？如果不是，手枪、DDT究竟是什么？（5）技术是否仅仅与利用、变革和控制自然有关？（6）什么是"高新技术"？"高"与"新"是相对什么而言的？[①]，并提出技术的本质问题必须回答人与自然的关系这个根本性问题。这也引起关于技术本质的新一轮研究，以后的许多话题和论争都是由此开始的。

此后的几年间，我国对技术本质问题的研究出现了较大的进展。不仅有专门的立论性著作出现，还有进行商谈的辩论性文章出现。前者主要包括赵建军的《追问技术悲观主义》、乔瑞金的《马克思主义技术哲学纲要》、牟焕森的《马克思主义技术哲学的国际反响》、郭冲辰的《技术异化的价值观审视》等；后者主要指陈红兵、陈昌曙的《关于"技术是什么"的对话》，张华夏、张志林的《从科学和技术的划界看技术哲学的研究纲领》、陈昌曙、远德玉教授对前者的"商谈"文章《也谈技术哲学的研究纲领》以及前者对后者的"商谈"文章《关于技术和技术哲学的对话》。这几轮"商谈"显示出国内在技术本质观上两个主要导向：一个认为技术是由各种要素、行动等组成的动态"过程"，一个认为技术是一个知识体系，这推衍出以下两种技术态度：一个认为技术问题是个实践问题，从而在技术哲学理论体系中，技术价值论处于核心地位，另一个则认为技术问题是个理论问题，从而在技术哲学理论体系中，技术认识论处于核心地位。这在2001年和2002年引导了国内新的一轮技术本质问题研究

---

① 陈昌曙：《陈昌曙技术哲学文集》，东北大学出版社2002年版，第127页。

的热潮，标志着我国技术哲学在技术本质问题上的研究进入了兴盛期。这主要表现在：

其一，马克思技术本质观的研究取得丰硕成果，构成世纪之交技术哲学领域一道亮丽的风景。这一时期的著作主要有乔瑞金教授的《马克思主义技术哲学纲要》和牟焕森博士的《马克思主义技术哲学的国际反响》。这两部著作是国内对马克思主义技术哲学、也是对技术本质问题的两个方向的研究，在对马克思主义技术哲学的研究上互相映衬、相得益彰，将对我国技术哲学研究起到重要的推动作用。其中，《马克思主义技术哲学纲要》主要侧重于历史和逻辑（理论）的层面，而《马克思主义技术哲学的国际反响》则主要是关于国外学者对马克思技术哲学的梳理与评析。论文方面主要有李三虎教授的《马克思技术哲学思想探析》、《技术决定还是社会决定：冲突与一致——走向一种马克思主义的技术社会理论》（2003 年），刘立博士的《马克思是技术决定论吗》等。这些成果主要关注马克思是否属技术决定论的问题，相应有三种观点：技术决定论、社会决定论、社会技术互动论（李三虎称之为"一种更为精制的社会技术整体论"）。

其二，期间对国外技术哲学领域关于技术本质问题研究成果的引介也很引人注目。除对国外马克思技术观的研究外，对海德格尔等经典哲学家的技术本质理论的研究依旧不衰，冯军的《技术本质的追问——与海德格尔对话》都呈现出研究不断深入的趋势。此外，还出现了以下两个方面的研究趋势：

①对国外 SST 的引入和研究，肖峰、安维复、邢怀滨、李三虎等在90 年代对 SST 的引入的基础上，对相关理论展开了系统分析，表现出对从引入到逐渐消化的深入过程。肖峰《技术的社会形成》《技术的社会选择》《技术的社会实现》等系列论文探究了社会建构论在技术本质、功能、结构等方面的社会影响的关注。邢怀滨详细研究了社会建构论的技术观的各个方面，其中在技术的本质观方面，不仅分析了社会建构论的观点，还提出了自己的"社会—技术"的二分法理论。

②对国外技术哲学某些人物的相关理论研究，如对美国的安德鲁·费恩伯格、伊德、芒福德、埃吕尔、杜威等技术哲学家的技术本质观的研究与评论，显示出国内技术哲学研究与国外的交流日渐增多，而与国外技术

哲学界的频繁交往，也使对国外技术哲学领域关于技术本质思想的引入和研究。如，赵乐静、郭贵春在《我们如何谈论技术的本质》中，从国外技术哲学探寻研究技术本质问题的切入点，对本质主义的技术观、非本质主义、反本质主义和后本质主义的技术本质观作了对比分析。

其三，对社会技术的研究也反映出国内学者对技术范畴和技术本质的思考，潘天群的《存在社会技术吗?》探讨了社会技术存在的合法性问题，从人的本质的角度对技术和社会技术、自然技术进行了论证。田鹏颖、陈凡所著《社会技术论》（2003 年）是我国第一部研究社会技术的专著，该书不仅论证了社会技术存在的合法性前提，还从社会技术的存在论、本体论、形态论、价值论、规律论等几大方面作了详细阐发，提出"社会技术是调整和改善人（组织）及社会关系、解决社会矛盾，以促进社会进步和全面发展的实践性知识体系（方法、程序的集合），使人们在利用社会、改造社会的实践过程中所创造、掌握和运用的各种活动方式的总和"，具有规范性、综合性和主体间性等三大特征①。

其四，与学术界对技术本质问题的研究交互映衬，教育界也对技术的基础理论表现出浓厚的兴趣。2004 年 6 月出版的全国理工农医类硕士研究生用《自然辩证法教程》第三版加进了"技术观"的内容，它与自然观、科学观、科技与社会等内容并列，成为自然辩证法的有机组成部分，这是与 1985 年第一版和 1990 年第二版相比较，新版的《自然辩证法教程》重要创新点之一。本章作者陈凡在以往研究成果的基础上，参考国内外的相关文献，以马克思技术哲学为指导，科学地阐述了马克思主义的技术本质观问题，把技术的本质阐述为"人对自然的能动作用"，并进而概括出技术相互对立而又统一的五对辩证特征，即技术是自然性和社会性、物质性和精神性、中立性和价值性、主体性和客体性、跃迁性和累积性的辩证统一。并以此为基础，进一步阐述了技术的构成、分类与体系结构等问题②。

其五，值得提及的是，肖峰关于技术的实在性问题的系列研究推动了国内技术哲学领域对技术本质的形上追问。在《论技术实在》等系列论

---

① 田鹏颖、陈凡:《社会技术引论》，东北大学出版社 2003 年版，第 43—44 页。

② 黄顺基:《自然辩证法概论》，高等教育出版社 2004 年版，第 9 章。

文中，肖峰从本体论的高度探究了技术的实在性问题，这种对技术本质的
追问方式，标志着国内对技术本质问题的研究进入了一个新的层次：技术
存在论，也就是从追问技术之"所是"到追问技术之所以"是其所是"
的根源。这在国内多数人仍处于就技术本身进行"形而下"的追问状态
下，总让人产生曲高和寡之感。

其六，工程哲学研究的兴起对技术本质问题研究的推动作用。如果说
以往学者们是通过阐述科学和技术的关系来厘定技术的本质，如今随着工
程哲学研究兴起，人们开始从科学、技术、工程三者的比较中来阐述技术
的本质。2004 年 8 月第 10 届技术哲学年会和同年 12 月召开的首届全国工
程哲学研讨会期间，对技术的本质的这种研究充分表现出这种趋势。李伯
聪的"科学——技术——工程"三元论就是建立在对科学、技术与工程
三者的本质区别之上的，肖峰对技术和工程之间界面的解读进一步突出了
技术的发明特征和工程的建造特征，表现出国内对技术本质认识的深化。

同时，尽管研究技术的本质问题对技术哲学学科的意义已经得到学者
们的认可，但就如何进行研究的问题上观点并不相同。比如，几乎在同一
时间发表的两篇文章就提出了两种相去甚远的观点：陈红兵等人提出，刚
入道者对"技术是什么"的问题可以知难而退，免得纠缠不清，转而从
技术与人工自然、技术与科学、技术与生产、技术与工程的关系、技术的
源泉与要素（工具、机器、经验）来描述和分析技术[1]。张华夏等人针对
这种观点，直接提出不能回避对"技术是什么"的追问[2]，李河也提出，
技术哲学本身的合法性应当是"技术转向"关心的首要问题，而这只能
通过以哲学方式追问技术才能获得。这种哲学的追问方式必须满足的两个
条件之一，就是"描述那些使技术成为技术的条件，即技术的本质问题，
而不是追问'与技术有关的东西'"[3]。

4. 问题与反思

从以上对及国内技术本质研究状况的分析，可以把国内技术哲学在技

<hr>

① 陈红兵、陈昌曙：《关于"技术是什么"的对话》，载《自然辩证法研究》2001 年第 4
期，第 17—20 页。

② 张华夏、张志林：《关于技术和技术哲学的对话》，载《自然辩证法研究》2002 年第 1
期，第 49—52 页。

③ 朱葆伟：《技术哲学研究综述》，载《哲学动态》2001 年第 6 期，第 29—32 页。

术的本质研究可以概括为以下几点：

（1）研究水平总体上有很大的提高。

技术本质问题作为技术哲学的一个基本理论问题，对它的研究可以折射出国内技术哲学发展状况的变迁。国内对技术本质问题的研究经历了从最初的把技术理解为"手段""技能"到"工具"以及"各种手段、工具的总和"的观点，进一步从技术与人的关系层面来思考技术的本质问题，把对技术本质的理解与对人的本质结合起来，从而不再仅仅从物的层面上来看待技术，而能够开始从生存论的层面来思考技术的本质问题，开始考虑到技术的文化本质，从人的生命的根基处来阐述技术的本质，逐渐深入到技术问题的深层结构，表现出对技术本质的深入理解。

（2）从一元走向多元，马克思主义技术哲学观应占主导地位。

国内技术哲学研究最早是在马克思主义的研究视野内展开的，这主要有两个方面的原因：其一，我国理论普遍受到马克思主义的指导；其二，同我国技术哲学研究联系密切的日本"技术论"也是在日本的"唯物论研究会"影响下展开对"技术论"研究的。因此，国内早期的技术哲学研究，非常关注马克思主义的经典作家对技术问题的阐发，如陈昌曙、刘则渊、陈文化、陈凡等学者的早期相关成果，都明显表现出一元性和地域性倾向。

随着我国改革开放的进一步深入，国内技术哲学研究同国际联系越来越密切，对国外相关研究成果的关注也越来越多，研究也日益呈现出多元性和国际性特征，对法兰克福学派在内的西方马克思主义、社会建构论、现象学、后现代主义、实用主义等流派的和苏俄等国家的技术哲学进行了研究和探索，对其技术本质观也作的相应研究，都明显表现出研究上的多元性和国际性。

当然，应当指出的是，国内的这些研究成果大都为介绍性的，在阐述自己的技术本质观时，强调的仍是马克思主义哲学的指导意义，这一点是不容忽视的。

（3）独创性内容少，介绍性内容多。

国内在技术本质问题上的一个不足在于介绍别人的观点多，提出自己的见解少。国内对技术本质问题的研究还处于"研究"阶段，除远德玉、陈昌曙教授提出了"过程论"以外，还鲜有学者提出具有独特见解的技术本质观，较多的是为对他人思想的研究或引介，换言之，多为"照着讲"的诠释性，而鲜有"接着讲"的独创性。而在技术本质观问题上的含糊恰恰又造成国内对技术的构成要素、技术与现代性问题、技术认识与技术方法等基本理论问题的研究进展缓慢，难有突破。

　　技术哲学有着鲜明的跨学科特征，这表现在对技术本质问题的研究上，也要求从不同角度研究技术本质在技术哲学理论体系中的地位与作用、技术本质的不同观点（技术决定论、技术中性论、社会决定论、价值决定论等）等问题进行思考。这对国内技术哲学研究而言，从引进到吸收，还需要一个较长的过程。

二　技术认识论研究的进展

　　国内从 20 世纪 80 年代就开始关注并研究技术认识论问题，不仅对国外技术认识论发展的动态作了介绍，而且在技术理性、技术知识、技术创新等问题上展开技术认识论研究。

　　1. 国外技术认识论研究成果介绍

　　（1）当代西方技术认识论领域不同思想间的冲突与论争：

　　其一是工程的和人文的技术认识论之间的冲突。对技术悖论的思考促使一些人文的技术哲学家开始关注技术认识论问题，这形成了技术认识论研究中把技术哲学转向一种学术的分支学科和反对学院式的社会批判研究两种学派，其代表分别为 J. 皮特和 F. 费雷。费雷的后现代主义技术认识论把技术划分为前现代技术、现代技术和后现代技术，认为前现代技术的基础是日常经验中产生的缺乏精确性的实用理性，现代技术的基础是分析性、精确化的理论理性，它只关注部分而不顾及整体，缺乏系统性、综合性，导致了现代社会的一系列问题，应以建设性、整体性的后现代技术代之。皮特激烈地反对这一观点，他认为费雷的理论没有着眼于现实问题而将视线跨越到未来，是一种无益于问题解决的乌托邦的想象，费雷则认为工程的技术哲学局限于技术本身的分析永远不能找到解决问题的切入点，只有着眼于人类的整体利益才能解决技术悖论。《哲学与技术》第 7 卷《广义的和狭义的技术哲学》（1990 年）收录了二人的文章，并认为这是作为学术领域的技术哲学中的冲突。

　　其二是科学哲学出身的技术哲学家在"科学的技术基础"问题上的

分歧，主要是 J. 皮特的"可选择的认识论"和新试验主义者 D. 贝尔德的"工具认识论"对"科学的技术基础"问题的不同看法。D. 贝尔德从新试验主义的立场出发，提出物质形态的工具本身内含了此前人类活动所需要的技巧和知识，因而是知识的表达形式，科学家是在特定的历史条件下运用一定的工具即从一定的技术基础出发去观察和思考。J. 皮特则认为新试验主义把试验中所使用的工具确定为认识论假设是一种天真和危险的想法。他通过对科学理论中的改变所作的哲学思考，提出成熟的科学作为具有一定历史背景的社会过程，根植于一定的技术基础之中。这一技术基础是自然和社会中一套复杂的相互支持的个体、人造物、网络和结构，它使人类的活动成为可能并进一步促发人类的需要和活动。对任何特定的技术基础而言，科学都是其中的一个成分，因此应关注科学的技术基础影响理论以及使我们经历一定行为过程因而为一种关于科学和技术变化（实质上是社会变化）的新的理论提供基础的程度。技术的道德判断要想有效，必须基于对问题中背景的认识论的理解。

其三是在技术哲学中技术认识论地位问题的论争。J. 皮特等人坚持把认识论作为技术哲学研究的核心，他们认为技术是"人类活动的模式"，其首要问题是我们如何认知一项具体的技术及其效用和知识的存在方式等认识论问题，技术的认知价值处在技术价值体系的最高层，对技术的伦理及政治分析不应属技术哲学的内容，技术是价值中立的。Techné 第 5 卷第 1 期专门就此问题进行讨论，P·汤姆逊等人对皮特的观点做出激烈的反应，他们认为皮特以科学哲学的思路来研究技术认识论问题存在理想化和简单化倾向，技术与科学的不同在于技术突出其实践层面的意义，其中伦理价值最为重要，技术总要负载一定的价值意向，价值论才是技术哲学研究的核心问题。

（2）当代西方技术认识论研究的主要问题

当代西方技术认识论关注的问题主要包括技术演化发展的动力、技术评估、技术知识、科学和技术的关系、技术认识论在技术哲学体系中的地位等问题，相关文献颇多。

当代西方技术认识论在技术的演化发展动力问题上主要有技术自主论和技术它主论（包括社会决定〈建构〉论、文化决定论等）以及技术与社会协同演化论等各种观点。这些不同观点有着各自的理论前提以及在不同语境中对技术、技术系统、社会系统和技术理性等的不同理解，表现出在这一问题中技术与社会、文化的相互关系，以及人们对技术发展的内驱力与外推力的不同关注。

技术评估（TA）的研究涉及到风险—成本—收益评估、认识论评估、伦理评估、"合适的"技术和技术评估局限性（及危机）等问题，其自身模式也经历了从预警型向建构型的演变。TA 在认识论方面提出了技术评估的模式图和一系列相应的概念，以及在认识论方面的悖论，主要是人类理性的有限性和隐性知识存在的必然性。美国技术哲学学会 1983 年起每年一卷的《哲学与技术》论文集早期收录了对技术评估等问题的研究，其中在第一卷中相关文章占了相当比例。德国工程师学会（VDI）的内部文献《技术评估的理论和方法》（2000 年）详细阐述了技术评估中包含的价值体系和技术评估的方法问题和制度化问题。文献认为技术活动有八大价值：功能性、经济性、福利性、安全性、健康性、环境质量、个性发展与社会质量等，并具体分析了 TA 的类型。

对技术知识的研究涉及到技术知识的本性（两重性）、结构（人的自由意志和自然规律两个方面）、分类、标准化、确定性、技术知识与科学知识的关系、技术与理性（理论理性、实用理性）等相关问题。有些学者对技术知识的本质从历史的、设计的、方法论的、认识论等不同角度作了分析。

当代西方技术认识论对网络技术的关注主要侧重于以下问题：a）对"虚拟现实"（Virtual Reality，VR）的特点、本质、虚拟现实与现实的关系、人机互动问题和网络世界中的主体状况及主客体的关系的认识；b）网络空间中媒介的功能问题，对网络对人的思维方式、行为方式及工作方式的影响的关注，如媒介决定论，甚至在技术与人的关系等问题上的进一步思考，技术卢德主义、技术现实主义、超现实主义等对网络作用的关注。

当代西方技术认识论关注问题的变化折射出社会和技术的发展变化，也显现出技术认识论领域的发展趋势。

（3）当代西方技术认识论研究的三个趋向

在现代技术哲学学科体系的各个组成部分中，技术认识论的研究始于20 世纪 60 年代对技术的负面效应的思考和对各种形式的技术批判理论的反思，至 80 年代中期随技术哲学研究走向成熟而呈现出多样性、复杂性特征，在诸如技术认识论在技术哲学中的地位等问题上出现了不同思想间的冲突与论争。近年来，随着网络技术应用的进一步普及和整个技术哲学学科体系的发展，西方技术认识论研究表现出如下三个方面的新趋向：

其一，在研究内容上，网络技术的认识论问题开始成为新的理论生长点。

当代西方技术认识论对网络技术的关注主要侧重于以下问题：a）对"虚拟现实"（Virtual Reality，VR）的特点、本质、虚拟现实与现实的关系、人机互动问题和网络世界中的主客体关系的认识。在虚拟现实的特点问题上比较一致的观点是认为虚拟现实有三大特点，即浸沉感、交互性和构想性，也有人把它概括为及时交互、综合开放；在现实世界和虚拟世界的关系问题上，虚拟现实一词的创始人 J·拉尼尔提出，虚拟现实在本质上是人对于世界体验的再现，他进而认为电脑其实也并不真正存在，因为它随着人类的阐释而改变。网络空间哲学家 M. 海姆以七大特征来表明虚拟现实的本质：模拟性、交互作用、人工性、沉浸性、遥在、全身沉浸和网络通信。b）关注网络空间中媒介的功能和网络对人的思维方式、行为方式及工作方式的影响等问题，技术卢德主义、技术现实主义、超现实主义等思潮甚至对网络对人的作用、技术与人的关系等问题作了进一步思考。后者涉及到对"技术决定论"的新的理解，主要是对作为技术表现形式的媒介的功能的深入思考。早在 60 年代，麦克卢汉就提出要理解媒介，提出了"媒介是信息"的思想，当代学者承继了这一思想并向前迈进了许多，他们把"媒介理论"的研究成果引进技术哲学，试图从一个新的视角解决后者长期面临的一些难题。如 S. 埃伯索尔在"赛伯空间中的媒介决定论"中提出，媒介决定论是技术决定论的一个构成成分，着眼于媒介对社会的影响，D. 钱德勒 在"'技术决定论'还是'媒介决定论'"文中，明确提出要以"媒介决定论"取代"技术决定论"，等等。

其二，在不同研究范式的关系上，坚持"反学院式"倾向的不再占据主流，出现了工程的和人文的技术哲学在技术认识论领域的不同话语间的冲突与对话，并趋向相互的融合。

人文的技术哲学家对技术认识论问题的关注开始于他们对技术悖论的思考，这形成了技术认识论研究中把技术哲学转向一种学术的分支学科和反对学院式的社会批判研究两种学派，其代表分别为 J·皮特和 F·费雷。费雷的后现代主义技术认识论把技术划分为前现代技术、现代技术和后现代技术，认为前现代技术的基础是日常经验中产生的缺乏精确性的实用理性，现代技术的基础是分析性、精确化的理论理性，它只关注部分而不顾及整体，缺乏系统性、综合性，导致了现代社会的一系列问题，应以建设性、整体性的后现代技术代之。皮特激烈地反对这一观点，他认为费雷的理论没有着眼于现实问题而将视线跨越到未来，是一种无益于问题解决的乌托邦的想象，费雷则认为工程的技术哲学局限于技术本身的分析永远不能找到解决问题的切入点，只有着眼于人类的整体利益才能解决技术悖论。《哲学与技术》（PT）第 7 卷《广义的和狭义的技术哲学》（1990 年）收录了二人的文章，编辑 P. 杜尔宾认为这是作为学术领域的技术哲学中的冲突。

其三，与技术哲学发展的大环境相一致，在研究方法上，表现出明显的经验转向，注重对技术客体本身的分析，希望打开"黑匣子"。欧美当代技术哲学发展的经验转向最早正是在认识论领域展开的。

所谓"技术哲学的经验转向"不是把技术哲学作为一个经验的事情来对待，从而使其失去其"哲学的"特性，不是把关于技术的哲学问题从关注的中心移向边缘，也不是消除掉技术哲学中的规范和伦理价值，而是意味着技术哲学家要反思技术就必须去打开这个黑匣子，使他们的分析基于对工程实践的内在的洞察和从经验上对技术的充分的描述。现代技术不仅提出了伦理问题，而且提出了本体论的、认识论的、方法论的问题，为更好地理解技术的本性，需要把对技术的哲学分析建立在可靠的和在经验方面的充分的描述基础之上。基于此，经验转向的认识论关注对事物的客观存在性、工程设计中阐述对象和啮合过程的经验建构以及对设计中的错误的认识论分析。如 D. 贝尔德指出，以往的技术哲学和技术史研究注重意识方面，忽视了技术人工物是基本的物质存在物这一事实，技术哲学如今应从中吸取教训。对工程设计中的经验建构主要关注设计知识的本性和设计过程的认知结构问题。皮特则认为，技术哲学应关注事实而非意识形态或形而上学问题。尽管事实自身不会说话，需要理论来阐发，但这正说明需要发展一个对技术的经验阐述作评估的标准问题。这个标准应认识到我们的技术知识受到方法的、假设的以及我们或其他人带到调查中来的价值观的限制，一旦能评价理论在经验上的充分性，我们就能消除存在于它们中的意识形态的因素，以减少设计中的错误。

2. 国内技术认识论研究的新进展

20 世纪 80 年代国内技术认识论问题的研究，主要有陈凡教授在《自然辩证法报》1986 年 17 期刊登了论文《国外技术结构研究》，从技术要素、高技术与技能以及知识对技能的影响等问题展开了系统研究，开辟出国内技术哲学研究的新方向。同时，陈凡教授自 2000 年以后，积极同国外学者展开国际交流与对话，并结合国内技术认识论研究的相关成果，提出了社会建构论的技术认识论研究，从新技术社会学的技术研究视角展开技术发展动力问题研究，突破了已有的在技术发展动力问题上局限于技术外围、视技术为黑箱的做法。其中研究的问题主要包括了对技术理性的认识论研究、对技术认知程序的分析以及对国外技术哲学"经验转向"的研究，研究成果主要有"从认识论看科学理性与技术理性的划界"（哲学研究，2006 年 3 期）、"当代西方技术认识论研究述评"（科学技术与辩证法，2003 年 3 期）、"技术与设计：经验转向背景下的技术哲学研究"（哲学动态，2006 年 06）、"技术知识：国外技术认识论研究的新进展"（自然辩证法通讯，2002 年 5）等，在认识论视阈内探究了技术理性、技术发展和技术可控性等问题，提出科学理性与技术理性是科学认识论与技术认识论研究的核心内容，认为二者分别属于"认知"思维方式和"设计"思维方式，技术理性具有能动性、创造性、实践性和价值性等特征，技术的发展就是技术理性的体系化、技术结构的复杂化、技术基础变化的加速化等，它具有连续性与阶段性的统一、滞后性或潜在性、相关性等特征。由于技术理性形成于人的需要，技术可控性是一种有条件的可控，在不同的条件下会表现出不同的状态 ——可控、不可控或部分可控等观点。另外，国外技术哲学研究的"经验转向"趋势也被引介到国内，引导了技术认识论在国内研究的热潮，从而出现了一些科学哲学出身的学者对技术认识论的研究，他们对科技划界、技术解释等问题的研究丰富了国内技术认识论研究的内容。

三　技术价值论研究的进展

国内技术哲学研究在技术价值论问题上关注的问题主要有：技术是否

荷载价值，在怎样的意义上荷载价值，现代技术的人文价值冲突的内在矛盾根源何在，以及技术价值论和技术认识论哪个是技术哲学的核心问题等。

1. 技术中性论与技术价值论之争

在技术与价值的关系上，即技术是否荷载价值的问题上，存在着两种对立的观点：技术中性论与技术价值论。技术中性（value‐neutral）论，又称技术工具论（instrumentalism），认为技术不过是一种达到目的的手段或工具体系，技术本身是中性的，它听命于人的目的，只是在技术的使用者手里才成为行善或施恶的力量。最常见的论证就是，刀既可以用作救死扶伤的手术刀，也可以用作害人性命的凶刀。雅斯贝尔斯和梅塞纳就是这种观点的代表人物。梅塞纳说："技术为人类的行动创造了新的可能性，但也使得对这些可能性的处置处于一种不确定的状态。技术产生什么影响，服务于什么目的，这些都不是技术本身所固有的，而取决于人用技术来做什么。"① 从梅塞纳所说，我们不难发现技术中性论是以"技术本身"作为前提条件的，而这也是所有技术中性论者的理论根基。"技术本身"不是一个严格的概念，常常是与"技术应用"相对的意义上来使用的，实质上就是把技术看作是脱离了与社会环境相互作用的非历史的、现成的静态存在。在海德格尔以前，技术中性论一直是一种占主导地位的技术观。这可能具有一定的理论构想意义，但在现代技术条件下则完全脱离了现实的可能。与技术中性论相对立的是技术价值论，认为技术是价值负荷的，技术不仅仅是方法或手段，它在政治、经济、文化、伦理上并不是中性的，我们可以对技术做出是非善恶的价值判断。

技术价值论主要表现为社会建构论（social constructivism）和技术决定论（technological determinism）。社会建构论认为，技术发展依赖于特定的社会情景，技术活动受技术主体的经济利益、文化背景、价值取向等社会因素决定，在技术与社会的互动整合中形成了技术的价值负载，技术不仅体现技术价值判断，更体现出广泛的社会价值和技术主体利益。技术决定论的典型代表是埃吕尔，温纳相对而言则是温和的技术决定论者。按照

① Emmanul G Mesthene. *Technological Change：Its Impact on Man and Society*, New York：New American Library, 1970, p. 60.

技术决定论的观点，"技术已经成为一种自主的技术"，① 技术包含了某些它本来意义上的后果，表现出某种特定的结构和要求，引起人和社会做特定的调整，这种调整是强加于我们的，而不管我们是否喜欢。技术循其自身的踪迹走向特定的方向。技术构成了一种新的文化体系，这种文化体系又构建了整个社会。所以，技术规则渗透到社会生活的各个方面，技术成为一种自律的力量，按照自己的逻辑前进，支配、决定社会、文化的发展。技术乐观主义和技术悲观主义是技术决定论的两种思想表现，前者相信技术是解决一切人类问题并给人类带来更大幸福的可靠保障，而后者则认为技术在本质上具有非人道的价值取向，现代技术给人类社会及其文化带来灭顶之灾。社会建构论强调的是技术的社会属性、技术价值的社会赋予，技术决定论强调的是技术的自然属性、技术规则、技术价值的内在禀赋对于社会环境的影响、作用。技术决定论者承认技术的社会属性存在，但是它过分强调了技术的自然属性对于技术的社会属性的决定性作用，没有看到技术的社会属性对于技术的自然属性的制约、导引作用。

2. 技术的"潜在价值"与"现实价值"

人们在探讨技术价值问题时，常区分"技术本身"与"技术应用"两种情形。一般来说，技术应用关涉价值，在这一点上没有争议；而技术本身是否荷载价值则争议颇多。应该说，"技术本身"并不是一个严格的科学概念，技术本身与应用的区分也很难划界清楚。"技术本身"就其与"技术应用"相区分而言，可以把它理解为技术过程的初始阶段，即技术的发明、设计阶段而非实用阶段，在技术形态上则表现为技术的设想、构思、图纸、说明书或者展品、样品。从技术的发生学角度看，任何技术都是人的发明，总是渗透着人的期望，体现着人的需要、目的，都荷载着价值。即使技术本身也荷载着一定的价值，虽然这种价值尚未在具体实践中得到展开、实现，它只是一种潜在的价值。"荷载"一词有承载、承担、暗含之意，而与"实现"相区别。技术本身的潜在价值的存在，并不以这种潜在价值是否实现以及怎样实现为根据。技术本身不仅荷载着一定的潜在价值，而且具有一定的现实价值。技术本身的现实价值由于不是在技术的预期使用过程中实现的，而是在技术设计的本来目的之外展开的，是

---

① Jacques Ellul. *Technological Society*, New York: Alfred A. Knopf, Inc., 1964, p. 14.

一种不期价值，所以常常为人们所忽略。如一辆设计完美的概念车，虽然尚不能大规模生产、使用，还只是处于试验、探索阶段，但它已经实现着一定的认识价值、审美价值，还牵涉到设计、试验的成本核算、经济价值。

技术的应用过程就是技术的潜在价值被实践具体规定、实现的过程。由于每一技术都有它自身的质和量的规定，所以每一技术的潜在价值也就被限定在一定的范围之内，比如电脑不可能拥有食物的营养价值。而在一定的范围之内，技术的潜在价值又是多方面的，正如电脑可用于娱乐游戏、文字处理、网络通讯、电脑犯罪，甚至还可用于装点门面、标志身份，极端地说还可用作重物。技术在没有投入使用之前，技术的某些潜在价值被内在地规定着，而一旦技术投入使用，潜在价值就转化为现实价值。随着主体运用技术的具体方式的不同，技术潜在价值的多种可能性就可以被转化为不同的技术现实价值表现出来。由于不同主体间的利益对立，或者是同一主体在不同时期的需要变化，同一技术在不同的具体应用过程中，常常表现为不同的甚至是截然对立的现实价值。技术价值的积极方面与消极方面不像数学中的正、负数可以相互抵消，技术价值分裂不但不能证明技术与价值无涉，而恰好表明了技术价值的多维性、丰富性。

技术既有潜在的积极价值，又有潜在的消极价值，所以，技术价值分裂在技术的潜在价值中就有其萌芽的种子。技术的潜在价值是多方面的，其中有被人们认识、理解的方面，还有许多人们意识不到的方面。人们的技术选择是以人们认识到的技术的潜在积极价值为依据的，即以技术的预期价值做依据，而技术在实际应用中所表现出来的现实价值则很难与技术的预期价值完全符合。技术的现实价值有可能与预期价值符合，也可能与预期价值不符合而表现为不期价值。技术的不期价值既可能表现为积极价值，也可能表现为消极价值。某一技术在其设计、制造中总是突出凝聚着主体在某一方面的特别要求，致力于某一特定的技术性能实现上，而不可能保证人类各方面的所有价值要求。人的各种需要之间，在其本质层面应该是协调统一的，而在技术现实中人的各种需要之间可能就是相悖的、矛盾的。当人们选择了某一技术，就常常不得不忍受它的副作用，正如人们选择了汽车的交通便捷性，却也同时忍受着汽车给人带来的噪音和环境污染。技术价值分裂或者说技术应用的两重性，表明技术的潜在价值的内涵是非常丰富的，技术不但有预期价值还有不期价值。任何技术都有其历史局限性，都有一个不断发展、完善的过程，都要在实践中不断地提高、完善其现实价值。

3. 技术的"内在价值"与"外在价值"

现代技术人文价值冲突的表现形式多种多样，但基本上都可以在技术的内在价值与外在价值的矛盾冲突中寻到根源。所谓现代技术的人文价值冲突就是指由现代技术所引发或者与现代技术相关联的所有个人、社会的人文理想、人文价值追求过程中的矛盾、冲突。朱葆伟先生提出的"内在价值"概念①，是一种活动过程中的客观倾向或组织性因素，它和因果关系一起把过程中的诸要素协调、组织为一个整体，规范着活动的结构特征和方向——所是和应当是，因而是活动、过程的内在根据和驱动力量。技术的内在价值正是使技术成为其本身所是的承诺，有效性是它的核心，可分析性和可计算性、可操纵性等都是这种价值的体现：它们构成了技术活动的内在目的和合理性标准，是技术的意义所在和技术进步的指向，也是技术活动和技术方法区别于人类其他活动和其他活动方法以及不能为其他活动所取代的根据。技术的合理性原则告诉我们，总应选择以最小的投入得到最大的产出的方式。如果我们把技术看作是社会中的一个子系统，那么，我们也可以从系统的"自组织"特征来理解技术系统自身的这种内在驱动力、内在价值取向。实际上，我们在讨论技术的价值问题时，不是像商店里的顾客那样关心的是某一具体技术的价值，如某一品牌的彩电、冰箱的技术价值，而是站在哲学的高度，在总体上讨论技术一般，是把技术作为一个整体，看作是社会的一个"子系统"。正是因为技术作为社会的一个子系统，所以它不但要有自己的内在的价值，还要有一定的功能输出，服务于社会大系统。如此，在社会运用中，技术的评价就不仅是技术功效的问题，更重要的是要看技术运用的社会效果，我们可称之为技术的外在价值。技术的外在价值，在本质上就是人的价值，即人在技术活动中所实现的自身的价值②。对照技术的内在价值与外在价值，不难看出，技术的外在价值即人的价值具有绝对优先的地位，技术的内在价值相

① 朱葆伟：《关于技术与价值关系的两个问题》，《哲学研究》1995 年第 7 期，第 35 页。

② 方朝晖：《技术哲学与技术的价值》，《哲学研究》1990 年第 5 期，第 106 页。

对于技术的外在价值来说，只能是手段而不是目的。技术对于人的价值取向来说，只是具有手段价值、工具价值，但它又决不简单的仅仅是手段或者工具。技术功效、技术内在价值的提高对于技术系统自身来说可能具有根本性意义，但对于人类社会这个大系统来说它只是我们人类借以实现人类幸福的有效手段，技术的内在价值应服从于技术的外在价值。当然，技术不仅是手段，但是我们对技术抱有这样一个预期应当是不为过的，这也是一般技术设计的初衷。我们不同意拉普所说的技术已经成为"一种独立的力量"，也特别指出现存社会制度对于"技术自主"的放纵，但是，我们也不能忽略了技术发展的自然属性，无视技术发展的自身价值取向。问题就在于，技术的内在价值和外在价值之间并不总是和谐统一的，技术的内在价值追求可能悖逆技术的外在价值追求，对于人性完满、生命充实、道德高尚、文化多元的悖逆就是对于人文价值的放逐和侵害，这是现代技术的人文价值冲突的深刻的内在根源。

四　技术伦理学研究的进展

在技术伦理学方面，国内对工程设计的伦理学、生命伦理学等问题的研究取得了较好的成果。

1. 工程设计的伦理研究

设计是一种带有目的性的人类思维活动。由于目的性的存在，客观地决定了设计活动必然具有伦理意义，必然相关于实现目的需要采取的手段的道德伦理考量，关涉到目的的正当性及触及到目的的最高道德意义，这是设计内在的伦理含义。如果把设计与人类的具体改造和应用技术服务人类的实践活动相联系，设计的结果又同样显示出设计的伦理意义，也就是说，人类按照这样的设计去行为，产生的后果及社会影响同样会展示出基本的伦理关系，即人与自然、人与人及人与社会的关系，这是设计主体行为的外在伦理考量。

（1）工程设计的伦理旨趣

工程是技术的应用和使用技术建造人工物的过程。设计（Design）作为工程的起点同时也是技术过程性的体现，设计不是单独的个人行为，而是富有文化意蕴的社会性的系统行动。

①工程设计的伦理价值目标

一般地说，工程设计应该首先以人类的认识思维活动来展现目的，它既有目的性，同时也具有预见性，任何一项工程都是具有目的的过程，而目的的设定本身又是设计的起始和动因。如果我们按照这样的一种逻辑关系推导，接下来就应该导引出"是什么决定了目的"的问题，这种目的是否正当及符合事物发展的规律要求？如果按照这种目的来进行设计工程，产生的结果及社会影响的价值意义又将怎样？这样一些伦理问题表明，工程设计是有伦理意义的计划活动。

事实上，人类的目的的产生源于人类的需要，需要是人类在物质和精神方面的欲求。物质需要是人类生存的基本需要，而精神需要是人类发展的需要。按照马斯洛的五层次需要理论人们可以知道，生理和安全的需要是人类的物质需要，也是低级需要；社交、友谊、爱和尊重、自我实现的需要是人类的精神需要，也是高级需要。需要又根据社会的发展状况和社会的秩序要求，在一定的社会历史条件下具有正当与不正当之规定。正当的需要是符合社会发展要求和满足人类长远发展利益需要的精神和物质的欲求。因此，目的的正当性指行为主体在实践中所产生的行为动机及选择实现目的的手段时必须考虑行为的合理性，行为本身具有价值和"好"的性质，行为准则是"正当"的。

在伦理学中，目的与手段和动机与效果既相联系又相区别。所谓目的是指一个人在经过自己努力后所期望达到的目标。所谓手段是指达到这一目标所采取的各种措施、途径和方法。目的与手段彼此相互联系，又相互制约，是对立统一关系。目的决定手段，手段又必须服从目的。一定的目的必须通过一定的手段才能实现，目的与手段的一致性是人类工程设计伦理行为选择的根本要求。而要做到二者一致就必须坚持将价值原则渗透到工程设计活动的全过程之中。具有价值因素的工程设计目的则在工程实践的全过程中规定工程设计的手段的采取，从而在工程实践的结果上表现出价值的终极目标。

②工程设计的社会伦理精神

工程设计是富有人类文化的精神活动，这是人类的目的性行为区别于动物的关键。一般地说，动物也有表现为"计划性"的行为模式，如蜜蜂造出"六角型"的房子；蜘蛛吐丝结网等，但这些行为并非出于意识，表现为一种精神活动，而不过是动物本能的展现。人类的意识现象是社会存在的产物，意识是客观事物在人的主观头脑中的影像，离开社会存在的决定和影响，人类的意识就不会产生。

工程设计在表现人类的目的性和计划性的同时，它也紧密地与社会发展的文化因素相结合，它在人工建造自然的过程中既包含着社会需要和社会利益，同时也展现着人类的器物文化和精神风貌。历史上许多著名的工程如埃及的金字塔、中国的万里长城，都是世界文明和文化的辉煌成就。对人类社会的"现代文明有重要意义的并不是天然自然的状况，而是自然的人工化和人工自然的创造，也可以说，文明化与人工化是成正比的关系。"①

任何一项工程设计本身都蕴含着社会文化和人类文明的精髓。工程设计的文化意念其实质是社会伦理精神的展现，这种社会伦理精神旨在通过工程的建造创造新文化的同时，对已存文化的肯定和继承。工程设计理念决不是在创造"新文化"时意味着对"旧有文化"的破坏，这一点恰恰是人类文化和文明延续和发展的历史继承性和发展性的体现。

（2）工程设计的伦理原则及评价标准

工程设计的伦理原则是贯穿于工程活动全过程的根本的行动指导准则。既然工程是人类利用技术人工造物的实践过程，那么，工程在客观上就必然会涉及到人类对自然的改造和建造。由于人是工程实践活动的主体，由此，人与自然的关系内在于工程设计的伦理考量之中。因此，生态保护原则是工程设计伦理的基本原则。由于人与自然的关系又是人与人关系的中介，人与社会关系又以人与人关系为基础，故而，我们可以得出这样的结论，工程设计伦理评价标准是"以人为本"的人文主义精神，工程设计的社会影响是促进社会全面、协调、可持续发展。

①生态保护是工程设计伦理的基本原则

人与自然的生态环境是唇齿相依的关系，自然的生态环境不仅给人类提供了生存来源，而且也提供了健康保障。人类利用自然的同时更要保护自然能够为人类的长远发展服务既是工程设计伦理的根本理念，也是工程设计的最高道德目的。"设定目的是人类的一种内在属性和特有能力。随着文明的进步和社会的发展，随着人越来越成为自觉和自为的

---

① 陈昌曙：《技术哲学引论》，科学出版社 1999 年第 1 版，第 62 页。

人，设立目的的问题对个人、对由个人组成的集体以及人类社会都越来越重要。"①

工程设计的生态保护伦理原则旨在具体指导人类在进行工程活动的开始就要将人与自然的关系协调考量到工程设计的视野之中。人与自然是相互依存的，人类是自然世界的改造者，也是自然世界的一部分；人对自然的依存通过人类的主观能动作用，在改造自然的同时控制自然为人类服务，正因为人类在自然面前具有主体地位及人类对自然的能动作用使得技术成为改造物质世界的决定力量，工程作为技术的应用和实践，在展示技术力量的同时，则从更高的意义上展示出人类的无穷智慧和人类的道德责任精神。

② "以人为本"是工程设计伦理的评价标准

人类的行为从总体上来讲分为两大类，一类是伦理行为；一类是非伦理行为。伦理行为必然涉及与他者的利益关系，它包含着善恶。伦理评价是工程设计主体确认行为善恶的责任问题的出发点，工程设计主体会根据伦理评价的原则和标准对善的行为有一种满足感，而对恶的行为产生一种歉疚感，从而增强工程设计主体的责任感。

工程设计主体行为的选择源于工程设计主体的需要。一般地说，需要→选择行为→需要满足→新需要，新需要又成为促进主体行为选择的动力。工程设计主体的行为选择既与其主体的物质需要相关，同时也受主体的价值目标的决定和影响。因此，工程设计主体行为选择同样具有这样的过程，在需要的构成中，工程设计主体的价值目标是行为选择的关键。

工程设计伦理评价首先是对工程设计主体的行为进行评价，工程设计主体在今天已经与过去产生了不同，这是技术本身及技术的应用变化所产生的。如果说在"技术时代"工程设计主体主要是指工程师，那么，在"高技术时代"工程具有复杂性和系统性，工程设计主体应该是工程师团队及与决策相关的运筹管理者群体，而工程则成为具有深刻文化蕴涵的社会系统行动。由此可见，工程设计不仅关注技术方法设计和图样设计，还应该包括运筹决策在内的为实现目的的手段的设计，包括工程建造过程中

---

① 李伯聪：《工程哲学引论》，大象出版社 2002 年第 1 版，第 96 页。

的手段与目的统一的行为选择设计。在这样的释义中将内在地把责任融入工程设计之中。总之，开展工程设计伦理价值评价就要清楚工程设计主体是否应该承担责任？应该承担什么责任？及怎样承担责任？而要解决这样的问题，工程设计主体必须清楚工程设计要坚持"以人为本"，利用客观规律为人类的正当需要和目的服务。

比如，三峡工程的设计是一个涉及百万人移民的社会工程。三峡工程计划的实施过程中，三峡库区移民工程设立了专项资金管理，并坚持"开发性移民方针"，使移民在搬迁的同时又能通过调整优化库区经济结构来带动和促进库区移民发展致富。依据库区的实际，大力发展生态农业、草食畜牧业、旅游业和水产业，对环境污染严重、效益差的企业实行关闭和转产，经济发展形成了新的增长点。发展至今，"移民"不是走出库区，而是走进库区。工程的建造不仅对自然环境进行了优化，而且对人文环境及民众的生活环境和地区的经济发展起到重要的推动作用。①

（3）工程设计伦理的主要特征

工程设计伦理从内容上直接反映设计主体的价值理念，而且工程设计伦理由设计过程的特点决定了设计伦理具有如下三个主要特征：工程设计伦理是科学精神与人文精神的有机结合；是价值理性挑战工具理性的集中体现；是环境伦理、技术伦理与社会伦理的融合统一。

①工程设计伦理是科学精神与人文精神的有机结合

科学精神指人们坚持真理，探索自然，不畏困难，勇于创新的品格和风貌。人文精神指关心人，同情人，尊重人的价值和尊严，关注人类的文明进步的高尚情操。

事实上，任何一项重大的工程设计都是科学精神的体现，都是科学和技术在具体人工造物过程中人类对科学规律的尊重，都是人类勇于创新的精神的具体体现。如果说工程设计的技术基础在于科学精神的鼓舞，那么，工程设计的责任体现则在于工程设计主体的人文精神的觉醒。比如，三峡工程在对科学和技术原理的应用和技术手段的选择方面，展现出工程设计伦理的人文意蕴。利用国际先进技术建造的三峡大坝形成的库容为393亿立方米的大水库，不仅对防洪具有重要的长远意义，而且三峡工程

---

① 郭树言：《永载史册的世纪丰碑》，《求是》2003年第15期。

替代火电后，每年能减少煤炭消耗 5000 万吨，少排放二氧化碳 1 亿多吨，二氧化硫 200 万吨，一氧化碳 1 万吨，氮氧化合物 37 万吨和大量工业废气、废水与废渣，对减轻环境污染和酸雨等危害起到重要作用，与此同时，可以遏止全球恐惧的"温室效应"，具有世界意义并有益于子孙后代。①

②工程设计伦理是环境伦理、技术伦理与社会伦理的融合统一

工程是社会发展和现代文明的重要标志，工程设计是一个必然与科学、技术、经济、社会发生千丝万缕的联系的重要而复杂的过程。因此，工程设计伦理必将融合环境伦理、技术伦理及社会伦理的原则、要求和内容，只有如此，才能使工程设计伦理显现出科学性和合理性。环境伦理要求人类对自然界的行为给予道德调节，人类对自然环境及栖息于其中的所有动物和植物具有保护的责任和义务。三峡工程在对泥沙淤积等方面的监测和研究的同时，还开展了生物多样性保护，建立起了一批陆上和水上自然保护区。② 技术伦理研究技术与人的关系、技术与自然的关系和技术与社会的关系，其根本是人与人的关系。它要求技术在满足人类需要的同时，协调人与人的关系。人以自己的智慧创造了改造世界的物质手段，同时，人也理应以这种手段服务于人的正当目的，手段与目的的统一是技术伦理的基本要求和基本特征。社会伦理将群体伦理关系提到首位，即研究国家与国家、团体与团体及团体与社会的关系。工程设计的群体行为是极其鲜明的，不仅需要机械工程技术专家，而且需要经济学家、管理学家、环境学家及掌握现代科学技术的科学家和工程师群体，由于专业和职业的特殊要求，使得他们特有地形成自己的职业心理和职业品格，在设计和决断工程的不同阶段及行为选择时表现观点的差异和利益的倾向，协调不同利益群体的道德关系同样成为社会伦理的内在意含。而能够将不同群体关系进行有效调节的根本原则和方式就是要建构共同的伦理理念和相同的价值目标，即社会效益至上。这种社会效益包含着生态效益和以人为本的伦理目标。

工程设计伦理由于其自身的复杂性和工程活动过程的复杂性客观地决

---

① 《三峡工程效益如何》，《人民日报》1997 年 11 月 5 日，第 2 版。

② 陈昌曙：《陈昌曙技术哲学文集》，东北大学出版社 2002 年版，第?? 页。

定了环境伦理、技术伦理与社会伦理的融合统一。

2. 基因工程伦理学及其伦理难题①

基因工程伦理学是根据道德价值、伦理学理论和原则，对基因工程研究及其应用领域内的人类行为进行的评价和研究，包括基因工程技术应用伦理学、人类基因组研究伦理学、克隆技术基因工程伦理学、胚胎干细胞研究伦理学、遗传病信息处理伦理学、遗传病国际合作研究伦理学、生殖技术应用伦理学等。

基因工程技术的伦理学包括体细胞基因工程与伦理、生殖细胞和增强细胞基因工程的伦理、基因诊断与伦理，以及转基因技术与伦理。基因工程技术应用中的体细胞基因工程，可用于治疗基因异常缺陷引起的遗传性疾病，但由于目前远期效果不知，其试验性应用有可能给被治疗者、医学工作者及公众带来多种危害而产生伦理学难题。生殖细胞基因工程可改变生殖细胞的遗传物质、防止后代患某种遗传性疾病，以及为增强身体某一性状而改变生殖细胞的遗传物质，使增强的性状传至后代。由于目前技术和知识水平的限制，接受转基因的受体生殖细胞可能发生随机整合并传至下一代，甚至产生非人类的一些性状或特性，所以生殖细胞基因工程受到了伦理学家的强烈反对。增强细胞基因工程是通过改变人类正常基因产生某种增强效应，比如使人类身高增加、具备某种优秀特质等，其伦理争议在于人类可否违反自然规律而进行超常改造等。基因诊断的伦理重点，在于如何进行合乎尊重和自主原则的遗传咨询。转基因技术的伦理辩护点在于确保安全性，如何使转基因产品对环境安全带来的威胁、对非目标生物的影响、对生态多样性破坏的潜在风险变得最小，如何保证转基因产品对人体健康所产生的影响最小，以及保证公众对转基因产品应有的知情权和选择权。

西方的基因工程伦理学在 1980 年代伴随着遗传学新技术的出现，起源和发展于英、美等国，其基本理论和基本原则应用于不断涌现的遗传学新技术带来的难题，开始形成体系。西方遗传伦理学应用的基本原则如尊重、自主、公正等的基础，是与中国的传统个体观完全不同的个体论和生

---

① 王延光：《基因工程伦理学的现状及伦理难题》，（http：//www.ilib.cn/A－kx200205008.html）。

命观，在应用于解决中国的问题时常常从基本理念上产生矛盾。西方的生命伦理学家不但用这些理论和原则去探讨解决本国的遗传伦理学难题，有时还用这些理论去衡量、帮助或指责包括中国在内的其他国家遗传伦理学难题的解决。

我国的生命伦理学研究起步较晚。在西方的遗传伦理学迅速发展的情况下，我国学者对基因工程伦理学难题领域的涉猎，大多还限于提出问题、翻译介绍和简单应用西方遗传伦理学理论，而且还因语言、学术水平等种种原因在学习和应用中应接不暇、顾此失彼。为促使先进的基因工程技术为人类和社会服务，我国的生命伦理学正面对着一次大挑战。在全球基因工程伦理学难题不断出现的紧迫形势下，生命伦理学原有的理论体系在基因工程新技术的时代有多少还适用？基因工程新技术带来的难题需要生命伦理学理论体系怎样去创新？创新后的生命伦理学理论怎样应用于解决遗传学难题的实践？西方的基因工程伦理学是否完全适用于中国的现实？西方的基因工程伦理学在中国当代文化背景和遗传实践中怎样去应用？怎样发展和形成一个指导我国基因工程研究和应用、融合中西方伦理思想精华的中国基因工程伦理学？这些问题的探讨和解决都已迫在眉睫。

可喜的是，近年来，我国对基因工程伦理学的研究和应用已十分重视，不但中国遗传学会成立了伦理、法律、社会问题委员会，南方和北方人类基因组中心也成立了伦理、法律、社会问题委员会或研究部，这些委员会针对一些亟待解决的我国的热点问题，向政府提出了解决的伦理学建议，受到了相当的重视。

结束语　当代技术哲学研究的伦理转向

自 20 世纪 70 年代以来，以技术哲学家汉斯·萨克瑟（Hans Sachsse）的《技术与责任》（Technik und Ethik，1972 年）和汉斯·尤纳斯（（Hans Jonas）的《责任原理——工业技术文明之伦理的一种尝试》（Das Prinzip Verantwortung. Versuch einer Ethik fur die technologische Zivilisation，1979 年）等的发表为标志，意味着欧美技术哲学界开始明显的技术伦理转向（the Ethical Turn）。技术哲学的这种伦理转向是有着深远的思想渊源的；从海德格尔经利奥塔（Jean – Francois Lyotard）和福柯（Michel Foucault）至波德里亚（Jean Baudrillard），在对科学技术的反叙事（counter – narrative）中贯穿着一条共同线索，也就是这样一种思想，即按照一种重要的认识，在特定的发展之前或之外，总体意义上的现代技术本身就是唯一的道德问题①。

由于技术（尤其是现代技术）的迅猛发展和它赋予人类的及其自身在人类社会中所展示的巨大力量，使得在技术社会中由技术所引发的一切问题——技术问题（Problems of Technology）——都成了伦理问题。伦理学本身的范围已经扩大到包括人与非人世界，即动物、自然界乃至人工制品之间的关系，如出现了核伦理学、环境伦理学、生命医学伦理学、职业工程伦理学以及计算机伦理学等新领域②。

在技术哲学研究的伦理转向中，人们开始将目光集中到对技术发展的人道的和理性的评价问题，分析技术的伦理蕴涵，关注技术的目的、意

① 冯俊等：《后现代主义哲学讲演录》，商务印书馆 2003 年版，第 88 页。
② ［美］卡尔·米切姆：《技术哲学概论》，殷登祥等译，天津科学技术出版社 1999 年版，第 57 页。

义、道德责任，探讨消解技术的伦理困境的路径与方法等。但技术伦理的意义并不在于它能够提出什么样的答案，而在于它本身体现了人类社会对自己的活动的反思、说明、辩护、批判，说明我们发明了技术，在使用着技术，但我们本身并不是技术。在更大程度上，它说明人类认识到了技术发展是可以被控制的，是可以按照人的设计发展的，是社会自信力的表现①。

遵循这种技术哲学研究路径的主要代表人物有：Hans Sachsse、Hans Jonas、Hans Lenk、Gunter Ropohl、Francis Herbert Bradley、Christoph Hubig、Heiner Hastedt、Carl Mitcham、Mario Bunge、Friedrich Rapp、Hans Kung、Gunter Anders、Deborah Johnson 以及一些生态伦理（Environmental Ethics）的研究者们等。

伦理在本质上是一种社会关系，体现着对生命的关怀和人类的自律精神；而技术在本质上则体现了人与自然的关系。文章由基本的概念开始，从技术本身的属性以及技术发展的特点等层面探讨了技术的伦理蕴涵。技术的社会性是技术与伦理相依性的前提和基础，技术的属人性是技术与伦理相依性的必然，技术的活动性是技术与伦理相依性的现实所在。

在当前埃吕尔所谓的"技术的社会"中，由于技术负面效应的突现，人们对技术所引发的和将要引发的各种伦理问题倍加关注，技术伦理问题也就成为人们研究的一个重要领域。自 20 世纪 70 年代以来，以技术哲学家汉斯·萨克瑟（Hans Sachsse）的《技术与责任》（1972 年）和汉斯·尤纳斯（Hans Jonas）的《责任原理——工业技术文明之伦理的一种尝试》（1979 年）的发表等为标志，意味着欧美技术哲学开始明显的技术伦理转向。但纵观当今国内外的技术伦理研究，不难发现，学者们大都从技术的应用所带来的或将要引发的伦理问题这个角度来看待技术伦理或者将技术伦理界定为技术人员的职业道德，认为技术伦理就是科技人员在生活中形成的，调节技术活动中个人与个人、个人与整体相互关系的行为规范总和②。至于为什么技术与伦理具有相关性、技术本身是否蕴涵着伦理因素、技术为什么会引发伦理问题等更为基本的技术问题却很少有人探讨。

---

① 李文潮：《技术伦理面临的困境》，《自然辩证法研究》2005 年第 11 期。

② 徐少锦：《科技伦理学》，上海人民出版社 1989 年版。

本文拟从技术论层面对技术与伦理的相关性进行一些思考和论述，并借用怀特海有机哲学术语——相依性（relativity）来表示技术的伦理蕴涵。怀特海用相依性指万事万物普遍的内在联系，一物之中有万物，万物之中皆有一物，即事物之间的相互包含①。

一　基本概念溯源与辨析

探讨技术与伦理的相依性，首先要明确的是伦理的含义，以便分析技术为什么与伦理能发生相互关系。在西方，伦理（ethic）一词来源于希腊语 ethika，该词又出自 ethos，表示风尚、习俗的意思；在中国，"伦理"一词最早出现在《礼记·乐记》一书中："乐者，通伦理者也"；《孟子·滕文公上》有："伦，犹类也；理，犹分也"。可见，汉语中的"伦理"一词，就是指在人们之间的各种社会关系中应该遵循的规则，是一种道德体系。

那么，伦理与伦理学又是什么关系呢？伦理学主要指研究人们在社会生活中所应遵循的习俗或惯例的学问。在我国，伦理学是个外来词，是从日本传入的；而日本学者在翻译西方文献时又借用了汉语中的"伦理"一词。当然，这并不表示我国没有伦理学，象《论语》《孟子》《大学》《中庸》等古典名著也含有大量伦理思想。在西方，伦理学也被称为道德哲学，古希腊的亚里士多德首先把关于人的道德品性的学问称为"伦理学"，并留有西方最早的一批伦理学专著《尼可马克伦理学》《欧德米亚伦理学》《大伦理学》等。美国技术哲学家卡尔·米切姆就认为，伦理学强调人际关系，强调人们应如何相互交往……伦理科学已经至少形成了三种不同的基于特殊道德戒律的一般理论——自然法理论、功利主义理论和义务论理论②。

伦理和伦理学都与道德有着密切的联系，其中道德是伦理学研究的对象。那么，道德又是什么呢？在西方，"道德"一词渊源于古希腊文 mores，表示风俗、习俗、性格等，后来演变成内在本性、品德等意思。在

---

① 田中裕：《怀特海——有机哲学》，包国光等译，河北教育出版社 2001 年版，第 100 页。

② ［美］卡尔·米切姆：《技术哲学概论》，殷登祥等译，天津科学技术出版社 1999 年版，第 57 页。

我国古代，自春秋时期起，道德一词开始连用，《管子·君臣下》中有"君之在国都也，若心之在身体也，道德定于上，则百姓化于下矣"。之后，道德一词开始被广泛使用，指人们应该遵循的行为准则或规范，是调整人与人、人与自然、人与自我生命体等的原则规范、心理意识和行为活动的总和①。道德以善、恶为评价标准来调整人们的行为，它不仅是一种行为规范，也是人们自身的一种特殊的情感、意识和行为活动，属于社会意识形态层面。

而我们现在使用的"技术"（technology）一词则可以追溯到古希腊文 techne，它表示生产技艺的能力或技能。英国学者 C·P·斯托弗就技术的概念进行了考察，认为技术一词是由 techne（艺术、技巧）和 1ogcs（言词、说话）结合而成的，在希腊它的含义就是关于技艺的完美与实用的演讲②。到 17 世纪，技术一词在法国变成"techniquc"，18 世纪在德国变成"technik"。法国技术哲学家戈菲也认为，技术一词是相对较为新近才出现在法语中的，过去人们用 arts（技艺、技巧、技术）这个词③。在中国，技术常常被认为是按照人们的目的、借助于一定的知识和能力、运用一定的物质手段在认识自然、利用自然和改造自然时的一种社会活动过程。我国的《哲学大辞典》中就给技术下了这样的定义：技术一般指人类为满足自己的物质生产、精神生产以及其他非生产活动的需要，运用自然和社会规律所创造的一切物质手段及方法的总和；包括生产工具和其他物质设备，以及生产的工艺过程和作业程序；从本质上说，技术是一种劳动的形态，是人类自身功能的对象化的产物。总之，不管技术词汇怎样变化，都表达了与各种技能生产相联系的过程和活动的全部领域④。

可见，伦理在本质上是一种社会关系，体现着对生命的关怀和人类的自律精神；而技术在本质上则体现了人与自然的关系。那么，这种规范人与人之间各种社会关系的伦理问题怎么与利用自然和改造自然的技术问题发生关系的呢？技术中蕴涵着伦理吗？或者说技术伦理的正当性何在——

① 王正平、周中之：《现代伦理学》，中国社会科学出版社 2001 年版，第 11 页。
② 邹珊刚：《技术与技术哲学》，知识出版社 1987 年版，第 26 页。
③ ［法］让·伊夫·戈菲：《技术哲学》，董茂永译，商务印书馆 2000 年版，第 25 页。
④ Wolfgang SchadeWaldt, "The Concepts of Nature and Technique According to the Greeks", *Research in Philosophy &Technology*, vol. 2, No. 165, 1979.

即是否存在技术伦理的理，论合理性和价值合理性？对于这些问题的思考将是本文的立意原点和重点所在。

二　技术本身蕴涵着伦理

我们认为，应该从技术本身的角度出发来探讨技术伦理问题，并认为技术本身就蕴涵着伦理问题。对此，我国学者冯俊也表达过类似的认识：至少在大众传媒中，每当谈到由现代技术所导致的道德和伦理问题时，焦点几乎总是集中于出特定的科技发展所引起的、被限定了的道德伦理问题；当前最明显的例子就是最近广为人知的克隆生物技术的发展：然而，从海德格尔经利奥塔和福柯到波德里亚，在对科学技术的反叙事（counter - narrative）中贯穿着一条共同线索，也就是这样一种思想，即按照一种重要的认识，在特定的发展之前或之外，总体意义上的现代技术本身就是唯一的道德问题[1]。

当然，对技术与伦理的关系的这种理解，也有很多人表达过类似的看法：古希腊哲学家亚里士多德早就认为："一切技术、一切规划以及一切实践和选择，都以某种善为目标"[2]。1750 年，法国哲学家卢梭在《艺术与科学究竟能否给人类带来进步和幸福》一文中就曾指出：由于技术的使用，导致人与人之间尔虞我诈、猜测和仇恨等取代了本能的相亲相爱，技术对人本身以及社会造成了巨大的损害；并认为科学与艺术的诞生都是出于人们的罪恶，而且随着科学与艺术之光的增强，美德都消失了[3]；马克思也认为，技术的胜利，似乎是以道德的败坏为代价换来的、随着人类愈益控制自然，个人却似乎愈益成为别人的奴隶或自身的卑劣行为的奴隶[4]。这些思想尽管难免有悲观色彩，但却从另一个侧面表明了技术与伦理的密切关系，意味着技术与伦理的相依性和技术的伦理蕴涵。

那么，为什么技术与伦理有着如此密切的关系？技术为什么蕴涵着伦理呢？

---

① 冯俊等：《后现代主义哲学讲演录》，商务印书馆第 2003 年版，第 88 页。
② 亚里士多德：《尼各马科伦理学》，苗力田译，中国社会科学出版社 1990 年版，第 3 页。
③ 卢梭：《论科学与艺术》，陈修斋译，商务印书馆 1963 年版，第 8—22 页。
④ 马克思、恩格斯：《马克思恩格斯全集》（第 12 卷），人民出版社 1965 年版，第 4 页。

1. 技术是人类社会中的技术

技术是一种社会历史现象，为一切人类社会所实践，自从有人类以来就有技术。在人类社会的早期阶段，只有经验的自然的认识，而没有现代意义上的理论自然科学，但技术却与人类社会相始终，技术与人类社会相伴而出现。有意识地去利用自然物并对其进行加工和改造、从而成为自然界中不存在的人工物的社会活动是人类社会所特有的。现代考古界推定人类产生的最早年代就是根据现在发现的早期人类的打制石器距今的年代。我国陈昌曙认为，技术与生产劳动同样悠久，人类的劳动是从石器的制造和应用起步的①；美国科技史专家詹姆斯·E. 麦克莱伦第三与哈罗德·多恩认为：从一开始，在史前期的 200 万年间，科学和技术走的就是分离开来的两条道路。技术—手艺，无论对于旧石器社会需要四处漂泊采集食物的那种，还是对于新石器部落生产食物的活动，都是至关紧要的东西②；美国后现代学者弗里德里克·费雷在《走向后现代科学与技术》一文中也认为早在所谓的科学来到地球之前，这种广泛意义上的技术就已发挥着非常重要的作用了，技术（而不是科学）直接地影响着生活和自然，它是人类最基本的文化现象③。

但在技术乐观主义、技术悲观主义、技术恐惧主义、技术决定论以及技术自主论那里，技术的社会性似乎被忽略了。他们把大部分的注意力都放在技术的自然属性上，描绘着技术世界的景象，突出了技术力量的强大，似乎技术就是一个超然于人类社会之外的独立实体。对此，加拿大著名技术哲学家费恩伯格认为，本质主义把技术从社会中抽象出来谈论技术的本质与意义，这是一种初级工具化；而技术及其功能的实现，即第二工具化被忽略了，不仅技术哲学，而且整个人文社会科学的思维基础应该从本质主义走向建构主义④。

---

① 陈昌曙：《自然辩证法概论新编》，东北大学出版社 2001 年版，第 15 页。

② 詹姆斯·E. 麦克莱伦第三，哈罗德·多恩：《世界史上的科学技术》，王鸣阳译，上海科技教育出版社 2003 年版，第 5—6 页。

③ ［美］大卫·雷格里芬：《后现代精神》马季方译，中央编译出版杜 1998 年版，第 199 页。

④ A. Feenberg. From essentialism to constructivism: philosphy of technology at the crossroads［EB/OL］, 2000. http://www. rohan. sdsu. edu. /faculty/feenberg/.

技术为人所创造，为人类社会所传承。技术具有不可辩驳的属人性和社会性，正如美国科技史专家詹姆斯·E·麦克莱伦第三与哈罗德·多恩所说的那样："制造和使用工具，以及技术的文化传承，乃是人类生存模式的要素，而且为一切人类社会所实践。另外，人类似乎是能够制造出工具来制造另一些工具的唯一生物。没有工具，人类就是一个十分脆弱的物种，也没有一种人类社会可以没有技术而得以维持。人类自身的进化成功，在很大程度上是有幸掌握了工具的制造和使用并使之传承下去；因此，人类进化史的基础是技术史"[1]。正是技术的这种社会属性，才使得技术与伦理发生关系有了前提和基础。

2. 技术的属人性

技术是人的技术，为人类社会所独有。我们知道，技术及其产物——人工物都不是自然存在的、不是独立于人类社会之外的它物，而是渗透着人的目的、意志以及价值取向等。正是这种技术价值的非中立性，使得技术从一开始出现便预示着它要与人们发生关系，从而引发伦理问题。

马克思也认为，技术的本质乃是人的本质的外化，"工业的历史和工业已经生成的对象性的存在，是一本打开了的关于人的本质力量的书。是感性地摆在我们面前的人的心理学……"[2]。在马克思看来，人的本质并不是单个人所固有的抽象物，它是一切社会关系的总和；而客观存在的物只有从人与人之间的社会关系的维度才能得到深刻的理解并获得一定的意义。自然界没有制造出任何机器、机车、铁路、电报、走锭精纺机……它们是人类的手创造出来的人类头脑的器官，是物化的知识的力量。由此，技术的本质也不是抽象的物，而是体现着人与自然之间的认识与被认识、改造与被改造的关系，同时也反映着人与人以及人与社会之间的各种复杂关系，正如马克思所说："工艺学会揭示出人对自然的能动关系，人的生活的直接生产过程，以及人的社会生活条件和由此产生的精神观念的直接生产过程"[3]。

正是技术的这种属人性，使得技术与伦理发生关系有了必然性。

---

[1]　詹姆斯·E. 麦克莱伦第三、哈罗德·多恩：《世界史上的科学技术》，王鸣阳译，上海科技教育出版社 2003 年版，第 9 页。

[2]　马克思：《1844 年经济学哲学手稿》，人民出版社 1979 年版，第 80 页。

[3]　马克思：《资本论》（第 1 卷），人民出版社 1975 年版，第 410 页。

3. 技术的活动性

技术哲学家卡尔米切姆认为技术的基本范畴是活动过程①；麦克吉恩曾把技术看作是人类活动的一种方式或类型②；法国社会学家埃吕尔也认为技术是合理的、有效的活动的总和③；荷兰技术哲学家 E·舒尔曼则将技术定义为人们借助工具，为人类目的，给自然赋予形式的活动④；当代美国技术哲学家约瑟夫·C. 皮特将技术定义为"人类在工作（Technology is humanity at work）"，而且，在这个复杂的过程中，从前活动中所获取的知识只有当它有利于达到某种特殊目标时才被看作是新知识和新活动⑤。应该说，这种把技术看作是一种活动的思想还是有可取之处的，它把我们研究技术的目光引向人类自身，重现技术本来的面目，突出人的主体性和技术的社会性。

无论技术是以经验形态存在的、实体形态存在的、知识形态存在的或是以这几个方面综合形态存在的，它都离不开人类活动。这正如法国技术哲学家让·伊夫·戈菲所言：没有一项活动是技术的活动，但是，技术存在于每一项活动之中，技术与活动是同时存在的⑥。技术发明、技术创造、技术应用、技术革新、技术引进等任何一个技术环节都离不开人类的社会活动，尤其是在当今技术越来越系统化、复杂化的时代，技术的活动性也变得越来越社会化、越来越具有社会性。最此，荷兰技术哲学家舒尔曼也作过分析："物理功能是技术客体最后的主体功能，其余功能即客体功能，它们是潜在的，只有在与人类活动联系时才会实现出来。"⑦

正是技术的这种活动性，使得技术与伦理发生关系有了现实性。

---

① Carl Mitcham, *Philosophy of Technology*, Macmillan Press, 1980, p. 309.

② Robert E. McGinn, "What is Technology in P·T", Durbin (ed): *Research in Philosophy & Technology*, Vol. 1, No. 180 – 190, 1978.

③ Jacques Ellul, *The Technological Order*, Philosophy and Technology, Edited with an introduction by Carl Mitcham and Robert Mackey, The Free Press, 1983.

④ ［荷兰］E. 舒尔曼：《科技文明与人类未来》，李小兵等译，东方出版社 1995 年版，第 10 页。

⑤ Joseph C. Pitt, *Thinking about Technology: Foundations of the Philosophy of Technology*, New York: Seven Bridges Press, 2000.

⑥ ［法］让·伊夫·戈菲：《技术哲学》，董茂永译，商务印书馆 2000 年版，第 23 页。

⑦ ［荷兰］E. 舒尔曼：《科技文明与人类未来》，李小兵等译，东方出版社 1995 年版，第 15 页。

三　技术的发展必然会引发伦理问题

追溯技术发展的历史脉络，我们会发现技术在其发展过程中的拟人律现象，即通过模拟、延伸或加强人体某些器官的某些功能从而达到技术的进步，而且技术发展的路径与人类自身的进化路径具有内在的相似性，这就是"技术发展的拟人规律"或"技术发展的类人规律"[①]。它向我们揭示了技术发展的基本模式、方向和路径，它表明，技术的发展往往要循着人类自身进化的路线而前进。

技术哲学的创始人、德国技术哲学家恩斯特·卡普（Ernst Kapp，1808—1896 年）在其代表作《技术哲学纲要：用新的观点考察文化的产生史》（1877 年）中就认为：技术是人与自然的一种联系，是一种类似于人体器官的客体，是人体各种不同器官的投影（Organ Projection），并给了系统阐述："在工具和器官之间所呈现的那种内在的联系，以及一种将要被揭示和强调的关系——尽管较之于有意识的发明而言。它更多地是一种无意识的发明——就是人通过工具不断地创造自己。因为其效用和力量日益增长的器官是控制的因素，所以一种工具的合适形式唯其能起源于那种器官。这样大量的精神创造物突然从手、臂和牙齿中涌现出来。弯曲的手指变成了一只钩子，手的凹陷成为一只碗；人们从刀、矛、桨、铲、耙、犁和锹中看到了臂、手和手指的各种各样的姿势，很显然，它们适合于打猎、捕鱼，从事园艺，以及耕作"．[30][②]；同时，卡普还将铁路描绘为人体循环系统的外在化，将电报描绘成人的神经系统的延伸等等。后来，A. 格伦在《Anthropologische Forschung》一书中以及 D. 布林克曼在《Menschund Technik – Grundzugeeiner Philosophie der Technik》一书中分别对卡普的这种思想进行了改进和发挥。

我们认为，技术的发展与人的进化之间存在着一定的内在联系——人类与动物界相辑别，一般是在劳动的基础上按照"行动器官（手脚分工）——感觉和语言器官——神经系统——大脑——直至人的整体"的

---

① 钟义信：《信息科学的基本问题》，清华大学出版社 1984 年版，第 188 页。

② ［美］卡尔·米切姆：《技术哲学纲要》，殷登祥等译，天津科学技术出版社 1999 年版，第 6 页。

逻辑秩序向前演化的。技术的发展也大致遵循了这样的一个过程；同时，随着人类的越发进化，技术也越发先进和复杂。

正是由于技术发展拟人律现象的存在，当前由克隆技术所引发的伦理问题也就大可不必大惊小怪了。因为当技术还处于模仿人体某一部分器官时所引发的伦理问题很难引起人们的关注，但当技术把人的生命作为对象时，伦理问题自然也就突显了。这倒并不是说技术伦理问题只有到该阶段才出现，只是到这时才引起人们极大关注并向其它方面引伸而已。正如米切姆所说，在最近的 300 多年，由于技术的发展和它给予人的巨大的力量，……伦理学本身的范围也已经扩大到包括人与非人世界、即动物、自然界乃至人工制品之间的关系①。

四   结束语

如果说科学与伦理难以分离的话，那么技术更是与伦理有着紧密的联系和相关性，技术本身及其发展就蕴涵着伦理因素。即使将伦理的范围——由人与人、人与社会的关系扩大到包括人与自然的关系，技术与伦理同样也不可分离，因为技术具有自然属性的一面，任何技术都是对自然的一种改造和破坏。技术的这种自然属性是技术内在的特性，是不以人的意志为转移的。所以，从技术——出现——技术与人类社会又相始终——伦理问题便伴随而来，这是一种共生现象。但在现实生活中，由于技术和伦理的社会历史性以及人们过于追求技术的利益，最终导致了当前技术与伦理的分离现象。

由此，我们认为技术与伦理具有相依性，并不仅仅由于技术的使用才产生伦理问题，技术本身就蕴涵着伦理。如何使技术能更好地促进伦理的发展，如何用伦理来规约技术的发展、如何弥补当今技术与伦理的分离，使二者能良性互动应该成为我们努力的方向，今天人类面临的任务就被认为是填补人类共同体的道德资源和科技资源之间的距离②。

---

① ［美］卡尔·米切姆：《技术哲学纲要》，殷登祥等译，天津科学技术出版社 1999 年版，第 57 页。

② 冯俊等：《后现代主义哲学讲演录》，商务印书馆 2003 年版，第 91 页。

参考文献

［1］ A. Borgmann. Technology and democracy ［J］. Research in Philosophy & Technology, 1984 (7).

［2］ A. Feenberg. From essentialism to constructivism: philosophy of technology at the crossroads ［EB/OL］, 2000. http://www.rohan.sdsu.edu./faculty/feenberg/.

［3］ Alan R. Drengson. Four philosophies of Technology ［A］, Technology as a human affair ［C］. Edited and with introduction by Lary A. Hickman. New York: McGraw Hill, 1990.

［4］ Anthony Giddens. A Contemporary Critique of Historical Materialism ［M］. London: MacMillan Press, 1995.

［5］ Arne Naess. Ecology, Community and Lifestyle ［M］. Cambridge: Cambridge University Press, 1982.

［6］ Axel Honneth. Work and Instrumental ［J］. New German Critique, 1982 (26).

［7］ B. Gill. Histoire des Techniques ［M］. Paris: Gallinard, 1977.

［8］ Borgmann A. Technology and character of contemporary life: a philosophy inquiry ［M］. Chicago: The University of Chicago Press, 1984.

［9］ Bruce Bimber. Three Faces of Technological Determinism ［A］, Does Technology Drive History ［C］. Cambridge: the MIT Press, 1994.

［10］ Bunge Mario. Treatise on Basic Philosophy ［J］. Vol. 7, Boston: D. Reidel, 1984.

［11］ Carl Mitcham. Notes Toward a Philosophy of Meta – technology ［J］. Techne, 1995, 11 (01).

[12] Carl Mitcham. Philosophy of Technology [M]. in A Guideto the Culture of Science, Technology and Medicine [C]. ed. by P. Durbin. New York: Macmillan Press, 1980.

[13] Carl Mitcham. Thinking through Technology [M]. Chicago: University of Chicago Press, 1994.

[14] Carl Mitcham. What is the Philosophy of Technology [J]. International Philosophical Quarterly, Vol. 35, No. 1, March 1985.

[15] Carolyn Merchant. Radical Ecology [M]. London: Routledge, 1992.

[16] Charles Baudelaire. The Painter of Modern Life and Other Essays [M]. London: Phaidon, 1964.

[17] Christoph Hubig... (Hrsg.). Nachdenkenüber Technik: die klassiker der Technik Philosophie [M]. Berlin: Sigma, 2000.

[18] D. Ihde. Technology and the life world: from garden to earth [M]. Indiana: Indiana Univ Press, 1990.

[19] D. Mackenzie&J. Wajcman. The Social Shaping of Technology [M]. Buckingham/Philadelphia: Open University Press, 1999.

[20] David Frisby. Georg Simmel: Critical Assessments (Vol. 3) [C]. London: Routledge, 1994.

[21] David Harvey. The Nature of Environment [A]. in Socialist Register [C]. London: Merlin, 1992.

[22] Deena and Michael Weinstein. Postmodernizing Simmel [M]. London: Routeledge, 1993.

[23] Don Ihde. Instrumental Realism: the Interface Between Philosophy of science and Philosophy of Technology [M]. Bloomington: Indiana University Press, 1991.

[24] Don Ihde. Philosophy of Technology, 1975 – 1995 [J]. Techne, Volume 1, Numbers 1 – 2, Fall 1995.

[25] Don Ihde. Philosophy of Technology: An Introduction [M]. New York: Paragon House Publishers, 1993.

[26] Donald MacKenzie & Judy Wajcman (eds.). The Social Shaping of

Technology ［M］. Milton Keynes and Philadelphia: Open University Press, 1985.

［27］Douglas Kellner. Jean Baudrillard: From Marxism to Postmodernism and Beyond ［M］. Cambridge and Palo Alto: Polity Press and Stanford University Press, 1989.

［28］Dreyfus H L, Dreyfus S E, Athanasiou T. Mind overmachine: the power of human intuition and expertise in the era of the computer ［M］. New York: The Free Press, 1986.

［29］E. Schuurman. The Modern Babylon Culture ［A］. Philosophy and Technology (Vol. 3) ［C］. Dordrecht: D. Reidel Publishing Company, 1987.

［30］Edmund Husserl. Philosophie als strenge Wissenschaft ［M］. Frankfurt a. M, 1965.

［31］Erich Fromn. The Revolution of Hope: Towards a Humanised Technology ［M］. New York: Harper&Row, 1968.

［32］G. Rophol. Critique of Technological Determinism ［J］. in Paul T. Drubin and Friderich Rapp (eds.), Philosophy and Technology ［C］. Dordrent: Reidel Publishing, 1983.

［33］Georg Simmel. The Philosophy of Money ［M］. Ed. By D. Frisby. Now York: Routledge, 1995.

［34］Giordano Bruno. Cause, Principle and Unity ［M］. Translated by Jack Lindsay. New York: International Publishers, 1964.

［35］H. Arendt. The Human Condition ［M］. Chicago: University of Chicago Press, 1958.

［36］H. Marcuse. Negations ［M］. Harmondsworth: Penguin Press, 1972.

［37］H. Marcuse. Reason and Revolution: Hegel and the Rise of Social-Theory ［M］. London: Oxford University Press, 1955.

［38］Habermas. Knowledge and Human Interests ［M］. tr. J. J. Shapiro. London: Heinemann, 1972.

［39］Habermas. The Theory of Communicative Action (Vol. 1) ［M］. tr. T. McCarthy. London: Heinemann, 1984.

［40］Hannah Arendt. Between Past and Future ［M］. NewYork: Penguin Books, 1977.

[41] Henri Lefebvre. Everyday Life in the Mordern World [M]. trans by Sacha Rabinovich. New York: Harper and Row, 1971.

[42] J Baudrillard. Fatal Strategy [M]. London: Pluto Press, 1990.

[43] J Baudrillard. L' Autre par lui – mime [M]. Habilitation: Paris, Galilee, 1987.

[44] J C. Pitt. New directions in the philosophy of technology [M]. Kluwei: Kluwei Academic Publishers, 1995.

[45] J. Ellis. The Social History of the Machine Gun [M]. Baltimore: Johns Hopkins Univ. Press, 1986.

[46] J. Habermas. The Theory of Communicative Action [M]. London: Heinemann, 1984.

[47] J. Habermas. Theory and Praxis [M]. Cambridge: Polity Press, 1986.

[48] J. Habermas. Toward a Rational Society [M]. Cambridge: Cambridge Polity, 1986.

[49] Jacques Ellul. The Technological Order [M]. Philosophy and Technology, Edited with an Introduction by Carl Mitcham and Robert Mackey, The Free Press, 1983.

[50] Jacques Maritain. A Preface to Metaphysics [M]. New York: Sheed&Ward, 1948.

[51] Jean Baudrillard. The Illusion of the End [M]. Cambridge: Polity Press, 1994.

[52] Joe Bailey. Pessimism [M]. London: Routloedge, 1988.

[53] John Dewey. Art as Experience [M]. New York: Perigree, 1934.

[54] John Dewey. Individualism Old and New [M]. New York: Capricorn Books, 1962.

[55] John Dewey. The Public and Its Problems [M]. Athens Ohio: Swallow Press, 1980.

[56] Joseph C. Pitt. New Directions in the Philosophy of Technology [A], Philosophy and Technology.

[57] (Vol. 11) [C]. Dordrecht: Kluwei Academic Publishers, 1995.

[58] Joseph C. Pitt. Thinking about Technology: Foundations of the Philosophy of Technology [M]. New York: Seven Bridges Press, 2000.

[59] K. M. von Clausewitz. On War [M]. Vol. 1, No. 1. London: Kegan Paul, 1908.

[60] Kostas Axelos. Alienation, Praxis and Techne in the Thought of Karl Marx [M]. Texas: theUniversity of Texas Press, 1976.

[61] L. J. Binkley. Conflict of Tdeals [M]. New York: Reinhold, 1969.

[62] Langdon Winner. Autonomous Technology: Technics – out – of – Control as a Theme in Political Thought [M]. Cambridge: the MIT Press, 1977.

[63] Larry A. Hichman. John Dewey's Pragmatic Technology [M]. Bloomington and Indianapolis: Indiana University Press, 1999.

[64] Larry A. Hichman. Philosophical Tools for Technological Cultue: Putting Pragmatism to Work [M]. Bloomington and Indianapolis: Indiana University Press, 2000.

[65] Lewis Mumford. The City in History: Its Origins, its Transformations, and its Prospects [M]. New York: Harcourt, Brace & World, Inc., 1961.

[66] Lion Tiger. The Manufacture of Evil: Ethics, Evolution and the Industrial System [M]. New York: Harper&Row, 1987.

[67] M. Heidegger. The Question Concerning Technology and Other Essays [M]. New York: Harper and Row, 1977.

[68] Martin Heidegger. Basic Writings [M]. ed. by David Farrell Krell. New York: Harper and Row, 1977.

[69] Max Scheler. Die Wissensformen und die Gesellschaft [M]. Bern und München: Francke, 2. Aufl. 1960.

[70] Murray Bookchin. Toward an Ecological Society [M]. Mantred Buffalo: Black Rose, 1986.

[71] Norman Stockman. Habermas, Marcuse and the Aufhebung of Sci-

ence and Technology〔J〕. Philosophy of Social Science, 1978 (08).

〔72〕Paul T. Durbin. Toward a Social Philosophy of Technology〔A〕, Research in Philosophy & Technology〔C〕. Vol. 1, 1978.

〔73〕Peter Kroes & Anthonie Meijers. The Empirical Turn in the Philosophy of Technology〔M〕. Amsterdam: Elsever Science Ltd. , 2000.

〔74〕Plutarch. The Life of Marcellus〔J〕. Plutarch's Lives, Vol. 5, London, 1914.

〔75〕Popper Karl. The Open Society and Its Enemies〔M〕. London: Routledge, 1962.

〔76〕Richard J. Lane. Jean Baudrillard〔M〕. London and New York: Routledge, 2000.

〔77〕Robert E. McGinn. What is Technology〔J〕. in P. T. Durbin (ed): Research in Philosophy&Technology, Vol. 1, 1978.

〔78〕Roland Barthes. Mythologies〔M〕. Annette Lavers, trans. New York: Hill and Wang, 1972.

〔79〕Stuart Hall, et al. New Times〔J〕. Marxism Today, 1988 (10).

〔80〕T. D. Wall, B. Burnes, C. W. Clegg and N. J. Kemp. New Technology, Old Jobs〔J〕. Work and People, No. 2, Vol. 10, 1984.

〔81〕Ulrich Beck. Ecological Politics in an Age of Risk〔M〕. Cambridge: Polity Press, 1995.

〔82〕Wiebe E. Bijker&John Law. Shaping Technology/Building Society: Studies in Sociotechnical Change. Cambridge〔M〕. Cambridge: the MIT Press, 1992.

〔83〕Wolfgang Schadewaldt. The Concepts of Natrue and Technique According to the Greeks〔J〕. Research in Philosophy & Technology, Vol. 2, 1979.

〔84〕Zygmunt Bauman. Postmodern Ethics〔M〕. Cambridge, MA: Blackwell, 1993.

〔85〕〔德〕F. 拉普:《技术哲学导论》, 刘武译, 沈阳: 辽宁科学技术出版社 1986 年版。

〔86〕〔德〕G. 齐美尔:《桥与门——齐美尔随笔集》, 涯鸿等译, 上

海：三联书店出版社 1991 年版。

[87]［德］H. 波塞尔：《莱布尼兹与技术》，《现代哲学》2005 年第 4 期。

[88]［德］H·G. 伽达默尔：《科学时代的理性》，薛华等译，北京：国际文化出版公司 1988 年版。

[89]［德］H. 波塞：《技术及其社会责任》，《世界哲学》2003 年第 6 期。

[90]［德］M. 海德格尔：《诗·语言·思》，彭富春译，北京：文化艺术出版社 1991 年版。

[91]［德］比梅尔：《海德格尔》，刘鑫等译，北京：商务印书馆 1996 年版。

[92]［德］恩斯特·内勒尔：《尼采、海德格尔与德里达》，李朝晖译，北京：社会科学文献出版社 2001 年版。

[93]［德］盖奥尔格·西美尔：《社会学》，林荣远译，北京：华夏出版社 2002 年版。

[94]［德］冈特·绍伊博尔德：《海德格尔分析新时代的技术》，宋祖良译，北京：中国社会科学出版社 1993 年版。

[95]［德］格奥尔格·西美尔：《历史哲学问题——认识论随笔》，陈志夏译，上海：上海译文出版社 2006 年版。

[96]［德］格奥尔格·西美尔：《生命直观》，刁承俊译，北京：生活·读书·新知三联书店 2003 年版。

[97]［德］格奥尔格·西美尔：《叔本华与尼采——一组演讲》，莫光华译，上海：上海译文出版社 2006 年版。

[98]［德］哈贝马斯：《公共领域的结构转型》，曹卫东等译，上海：学林出版社 1999 年版。

[99]［德］哈贝马斯：《交往与社会进化》，张博树译，重庆出版社 1989 年版。

[100]［德］哈贝马斯：《认识与兴趣》，郭官义等译，上海：学林出版社 1999 年版。

[101]［德］哈贝马斯：《作为"意识形态"的技术与科学》，李黎等译，上海：学林出版社 1999 年版。

［102］［德］海德格尔:《荷尔德林诗的阐释》,孙周兴译,北京:商务印书馆2000年版。

［103］［德］海德格尔:《路标》,孙周兴译,北京:商务印书馆2000年版。

［104］［德］海德格尔:《面向思的事情》,陈小文等译,北京:商务印书馆1999年版。

［105］［德］海德格尔:《人,诗意地安居》,郜元宝译,上海远东出版社2004年版。

［106］［德］海德格尔:《形而上学导论》,熊伟等译,北京:商务印书馆1996年版。

［107］［德］海德格尔:《在通向语言的途中》,孙周兴译,北京:商务印书馆2004年版。

［108］［德］黑格尔:《精神现象学》(下卷),贺麟等译,北京:商务印书馆1979年版。

［109］［德］黑格尔:《历史哲学》,王造时译,上海书店出版社2006年版。

［110］［德］黑格尔:《哲学史讲演录》(第1卷),贺麟译,北京:商务印书馆1959年版。

［111］［德］黑格尔:《哲学史讲演录》(第2卷),贺麟译,北京:商务印书馆1960年版。

［112］［德］黑格尔:《哲学史讲演录》(第3卷),贺麟等译,北京:商务印书馆1959年版。

［113］［德］黑格尔:《哲学史讲演录》(第4卷),贺麟译,北京:商务印书馆1978年版。

［114］［德］黑格尔:《自然哲学》,梁志学等译,北京:商务印书馆1980年版。

［115］［德］卡尔·雅斯贝斯:《历史的起源与目标》,魏楚雄等译,北京:华夏出版社1989年版。

［116］［德］康德:《历史理性批判文集》,何兆武译,北京:商务印书馆1990年版。

［117］［德］康德:《批判力批判》,邓晓芒译,北京:人民出版社

2002 年版。

[118] [德] 康德:《实践理性批判》，邓晓芒译，北京：人民出版社2003 年版。

[119] [德] 康德:《未来形而上学导论》，庞景仁译，北京：商务印书馆 1982 年版。

[120] [德] 莱布尼茨:《莱布尼茨自然哲学著作选》，祖庆年译，北京：中国社会科学出版社 1985 年版。

[121] [德] 莱布尼茨:《新系统及其说明》，陈修斋译，北京：商务印书馆 1999 年版。

[122] [德] 马丁·海德格尔:《存在与时间》，陈嘉映等译，北京：生活·读书·新知三联书店 2006 年版。

[123] [德] 马丁·海德格尔:《林中路》，孙周兴译，上海译文出版社 2004 年版。

[124] [德] 马丁·海德格尔:《尼采》（下），孙周兴译，商务印书馆 2003 年版。

[125] [德] 马丁·海德格尔:《演讲与论文集》，孙周兴译，生活·读书·新知三联书店 2005 年版。

[126] [德] 马克斯·霍克海默:《批判理论》，李小兵等译，重庆出版社 1989 年版。

[127] [德] 马克斯·舍勒:《舍勒选集》，孙周兴选编，上海：三联书店 1996 年版。

[128] [德] 马克斯·舍勒:《知识社会学问题》，艾彦译，北京：华夏出版社 2003 年版。

[129] [德] 尼采:《查拉图斯特如是说》，黄明嘉译，桂林：漓江出版社 2000 年版。

[130] [德] 齐奥尔格·西美尔:《时尚的哲学》，费勇等译，北京：文化艺术出版社 2001 年版。

[131] [德] 叔本华:《自然界中的意志》，任立等译，北京：商务印书馆 1997 年版。

[132] [德] 叔本华:《作为意志和表象的世界》，石冲白译，北京：商务印书馆 1982 年版。

[133] [德] 文德尔班:《哲学史教程》（上卷），罗达仁译，北京: 商务印书馆 1997 年版。

[134] [德] 西美尔:《货币哲学》，陈戎女等译，北京: 华夏出版社 2007 年版。

[135] [德] 西美尔:《金钱、性别、现代生活风格》，顾仁明译，上海: 学林出版社 2000 年版。

[136] [德] 西美尔:《现代人与宗教》，曹卫东等译，北京: 中国人民大学出版社 2003 年版。

[137] [德] 伊曼努尔·康德:《实用人类学》，邓晓芒译，上海人民出版社 2005 年版。

[138] [德] 伊曼努尔·康德:《自然科学的形而上学基础》，邓晓芒译，上海人民出版社 2003 年版。

[139] [德] 尤尔根·哈贝马斯:《合法化危机》，曹卫东等译，上海人民出版社 2000 年版。

[140] [德] 尤尔根·哈贝马斯:《重建历史唯物主义》，郭官义译，北京: 社会科学文献出版社 2000 年版。

[141] [德] 尤尔根·哈贝马斯:《作为未来的过去》，章国锋译，杭州: 浙江人民出版社 2001 年版。

[142] [德] 尤根斯·哈贝马斯:《交往行为理论》，曹卫东译，上海人民出版社 2004 年版。

[143] [德] 尤根斯·哈贝马斯:《理论与实践》，郭官义等译，北京: 社会科学文献出版社 2004 年版。

[144] [德] 于尔根·哈贝马斯:《后形而上学思想》，曹卫东等译，南京: 译林出版社 2001 年版。

[145] [德] 于尔根·哈贝马斯:《现代性的哲学话语》，曹卫东译，南京: 译林出版社 2004 年版。

[146] [俄] 普列汉诺夫:《论一元论历史观之发展》，博白古译，北京: 生活·读书·新知三联书店 1973 年版。

[147] [法] 阿兰·布托:《海德格尔》，吕一民译，北京: 商务印书馆 1996 年版。

[148] [法] 鲍德里亚:《生产之镜》，仰海峰译，北京: 中央编译出

版社 2005 年版。

［149］［法］贝尔纳·斯蒂格勒:《技术与时间——爱比米修斯的过失》,裴程译,南京:译林出版社 2000 年版。

［150］［法］布鲁诺·维米奇:《技术史》,蔓菁译,北京大学出版社 2000 年版。

［151］［法］笛卡儿:《笛卡儿思辨哲学》,尚新建等译,北京:九州出版社 2004 年版。

［152］［法］笛卡尔:《谈谈方法》,王太庆译,北京:商务印书馆 2000 年版。

［153］［法］伏尔泰:《哲学通信》,高达观等译,上海人民出版社 1961 年版。

［154］［法］亨利·柏格森:《创造进化论》,姜志辉译,北京:商务印书馆 2004 年版。

［155］［法］亨利·柏格森:《道德与宗教的两个来源》,王作虹等译,贵阳:贵州人民出版社 2000 年版。

［156］［法］霍尔巴赫:《自然的体系》(上卷),管士滨译,北京:商务印书馆 1999 年版。

［157］［法］霍尔巴赫:《自然的体系》(下卷),管士滨译,北京:商务印书馆 1999 年版。

［158］［法］霍尔巴赫:《自然政治论》,陈太先等译,北京:商务印书馆 1994 年版。

［159］［法］拉美特利:《人是机器》,顾寿观译,北京:商务印书馆 1959 年版。

［160］［法］莫里斯·梅洛·庞蒂:《知觉现象学》,姜志辉译,北京:商务印书馆 2001 年版。

［161］［法］让·鲍德里亚:《象征交换与死亡》,车槿山译,南京:译林出版社 2006 年版。

［162］［法］让·波德里亚:《消费社会》,刘成富等译,南京大学出版社 2001 年版。

［163］［法］让·博德里亚尔:《完美的罪行》,王为民等译,北京:商务印书馆 2000 年版。

［164］［法］让－弗朗索瓦·利奥塔等著:《后现代主义》,赵一凡等译,北京:社会科学文献出版社 1999 年版。

［165］［法］让－弗朗索瓦·利奥塔:《非人——时间漫谈》,周宪等译,北京:商务印书馆 2000 年版。

［166］［法］让－弗朗索瓦·利奥塔:《后现代状况——关于知识的报告》,岛子译,长沙:湖南美术出版社 1996 年版。

［167］［法］让－热拉尔·罗西:《分析哲学》,姜志辉译,北京:商务印书馆 1998 年版。

［168］［法］让－雅克·卢梭:《论人类不平等的起源和基础》,高煜译,桂林:广西师范大学出版社 2002 年版。

［169］［法］让－伊夫·戈菲:《技术哲学》,董茂永译,北京:商务印书馆 2000 年版。

［170］［法］尚·布希亚:《物体系》,林志明译,上海人民出版社 2001 年版。

［171］［古罗马］卢克莱修:《自然与快乐》,包利民等译,北京:中国社会科学出版社 2004 年版。

［172］［古希腊］柏拉图:《柏拉图全集》,王晓朝译,北京:人民出版社 2003 年版。

［173］［古希腊］柏拉图:《理想国》,郭斌和等译,北京:商务印书馆 1986 年版。

［174］［古希腊］柏拉图:《政治家》,黄克剑译,北京:北京广播学院出版社 1994 年版。

［175］［古希腊］亚里士多德:《尼各马科伦理学》,苗力田译,北京:中国社会科学出版社 1999 年版。

［176］［古希腊］亚里士多德:《物理学》,徐开来译,北京:中国人民大学出版社 2003 年版。

［177］［古希腊］亚里士多德:《形而上学》,吴寿彭译,北京:商务印书馆 1983 年版。

［178］［古希腊］亚里士多德:《政治学》,秦典华等译,北京:中国人民大学出版社 2003 年版。

［179］［荷］R. 霍伊卡:《宗教与现代科学的兴起》,丘仲辉等译,

成都：四川人民出版社 1991 年版。

[180]［荷兰］E. 舒尔曼：《科技文明与人类未来》，李小兵等译，北京：东方出版社 1995 年版。

[181]［荷兰］R. J. 弗伯斯等：《科学技术史》，刘珺珺等译，北京：求实出版社 1985 年版。

[182]［荷兰］斯宾诺莎：《伦理学》，贺麟译，北京：商务印书馆 1983 年版。

[183]［荷兰］斯宾诺莎：《知性改进论》，贺麟译，北京：商务印书馆 1960 年版。

[184]［加］安德鲁·芬伯格：《实用主义和技术批判理论》，《技术与技术哲学研究》，沈阳：辽宁人民出版社 2004 年版。

[185]［加］菲利普·汉森：《历史、政治与公民权：阿伦特传》，刘佳林译，南京：江苏人民出版社 2004 年版。

[186]［美］J·T. 哈迪：《科学、技术和环境》，唐建文译，北京：科学普及出版社 1984 年版。

[187]［美］M. K. 穆尼茨：《当代分析哲学》，吴牟人等译，上海：复旦大学出版社 1986 年版。

[188]［美］阿尔·戈尔：《濒临失衡的地球》，陈嘉映等译，北京：中央编译出版社 1997 年版。

[189]［美］阿拉斯代尔·麦金太尔：《伦理学简史》，龚群译，北京：商务印书馆 2003 年版。

[190]［美］安德鲁·芬伯格：《技术批判理论》，韩连庆等译，北京大学出版社 2005 年版。

[191]［美］大卫·格里芬：《后现代科学》，马季方译，北京：中央编译出版社 1995 年版。

[192]［美］大卫·雷·格里芬：《超越解构》，鲍世斌等译，北京：中央编译出版社 2002 年版。

[193]［美］大卫·雷·格里芬：《后现代精神》，王成兵译，北京：中央编译出版社 1998 年版。

[194]［美］戴维·埃伦费尔德：《人道主义的僭妄》，李云龙译，北京：国际文化出版公司 1988 年版。

［195］［美］丹尼尔·贝尔:《后工业社会》,彭强编译,北京:科学普及出版社 1985 年版。

［196］［美］丹尼尔·托马斯·普里莫兹克:《梅洛·庞蒂》,关群德译,北京:中华书局 2003 年版。

［197］［美］道格拉斯·凯尔纳、斯蒂文·贝斯特:《后现代理论——批判性的质疑》,张志斌译,北京:中央编译出版社 2001 年版。

［198］［美］道格拉斯·凯尔纳:《波德里亚:批判性的读本》,陈维振等译,南京:江苏人民出版社 2005 年版。

［199］［美］杜威:《杜威五大演讲集》,胡适口译,合肥:安徽教育出版社 2005 年版。

［200］［美］杜威:《艺术即经验》,高建平译,北京:商务印书馆 2005 年版。

［201］［美］弗林斯:《舍勒思想述评》,王凡译,北京:华夏出版社 2004 年版。

［202］［美］弗洛姆:《爱的艺术》,刘福堂译,成都:四川人民出版社 1986 年版。

［203］［美］弗洛姆:《弗洛姆著作精选》,黄颂杰编译,上海人民出版社 1989 年版。

［204］［美］弗洛姆:《健全的社会》,欧阳谦译,北京:中国文联出版公司 1988 年版。

［205］［美］弗洛姆:《人的呼唤》,王泽应等译,北京:生活·读书·新知三联书店 1991 年版。

［206］［美］弗洛姆:《说爱》,胡晓春等译,合肥:安徽人民出版社 1987 年版。

［207］［美］弗洛姆:《在幻想锁链的彼岸》,张燕译,长沙:湖南人民出版社 1986 年版。

［208］［美］汉娜·阿伦特:《马克思与西方政治思想传统》,孙传钊译,南京:江苏人民出版社 2007 年版。

［209］［美］汉娜·阿伦特:《耶路撒冷的艾希曼:伦理的现代困境》,孙传钊译,长春:吉林人民出版社 2003 年版。

［210］［美］赫·马尔库塞:《现代美学析疑》,绿原译,北京:文化

艺术出版社 1987 年版。

[211]〔美〕赫伯特·马尔库塞:《单向度的人》,刘继译,上海译文出版社 2006 年版。

[212]〔美〕赫伯特·马尔库塞:《审美之维》,李小兵译,桂林:广西师范大学出版社 2001 年版。

[213]〔美〕卡尔·米切姆:《技术哲学概论》,殷登祥等译,天津科学技术出版社 1999 年版。

[214]〔美〕理查德·罗蒂:《筑就我们的国家》,黄宗英译,生活·读书·新知三联书店 2006 年版。

[215]〔美〕理查德·沃林:《存在的政治》,周宪等译,北京:商务印书馆 2000 年版。

[216]〔美〕列奥·施特劳斯、约瑟夫·克罗波西:《政治哲学史》,石家庄:河北人民出版社 1993 年版。

[217]〔美〕马丁·杰:《法兰克福学派史》,单世联译,广州:广东人民出版社 1996 年版。

[218]〔美〕马尔库塞:《爱欲与文明》,黄勇等译,上海译文出版社 2005 年版。

[219]〔美〕马尔库塞:《理性与革命》,程志明等译,重庆出版社 1993 年版。

[220]〔美〕马尔库塞:《现代文明与人的困境》,李小兵等译,上海三联书店 1989 年版。

[221]〔美〕玛乔丽·C. 米勒:《技术与公民社会:控制问题》,《学术月刊》1996 年第 6 期。

[222]〔美〕摩尔根:《古代社会》(上),杨东莼等译,北京:商务印书馆 1982 年版。

[223]〔美〕欧文·拉格兹:《人类的内在限度——对当今价值、文化和政治异端的反思》,黄觉等译,北京:社会科学文献出版社 2004 年版。

[224]〔美〕帕特里夏·奥坦伯德·约翰逊:《海德格尔》,张祥龙等译,北京:中华书局 2002 年版。

[225]〔美〕梯利、伍德:《西方哲学史》,葛力译,商务印书馆 1995

年版。

〔226〕〔美〕威廉·詹姆士：《实用主义》，陈羽纶等译，北京：商务印书馆 1979 年版。

〔227〕〔美〕约翰·杜威：《新旧个人主义》，孙有中译，上海社会科学院出版社 1997 年版。

〔228〕〔美〕约翰·杜威：《确定性的追求》，傅统先译，上海人民出版社 2005 年版。

〔229〕〔美〕约翰·杜威：《人的问题》，傅统先等译，上海人民出版社 1965 年版。

〔230〕〔美〕詹姆斯·施密特编：《启蒙运动与现代性》，徐向东等译，上海人民出版社 2005 年版。

〔231〕〔美〕朱利安·扬：《海德格尔、哲学、纳粹主义》，陆丁等译，沈阳：辽宁教育出版社 2002 年版。

〔232〕〔挪〕G. 希尔贝克、N. 伊耶：《西方哲学史》，童世骏等译，上海译文出版社 2004 年版。

〔233〕〔日〕星野芳郎：《未来文明的原点》，毕晓辉等译，哈尔滨：哈尔滨工业大学出版社 1985 年版。

〔234〕〔苏〕阿·米·鲁特凯维奇：《从弗洛伊德到海德格尔》，吴谷鹰译，北京：东方出版社 1989 年版。

〔235〕〔苏〕施捷里克：《布鲁诺传》，侯焕闳译，生活·读书·新知三联书店 1986 年版。

〔236〕〔苏联〕涅尔谢相茨：《古希腊政治学说》，蔡拓译，北京：商务印书馆 1991 年版。

〔237〕〔匈〕卢卡奇：《理性的毁灭》，王玖兴等译，济南：山东人民出版社 1997 年版。

〔238〕〔意〕N. 奥尔第内：《布鲁诺思想中关于文明生活、宽容及知识的完整性的观点》，《哲学译丛》2000 年第 1 期。

〔239〕〔意〕阿奎那：《阿奎那政治著作选》，马清槐译，北京：商务印书馆 1963 年版。

〔240〕〔意〕德拉－沃尔佩：《卢梭和马克思》，赵培杰译，重庆出版社 1993 年版。

［241］［意］乔尔达诺·诺拉诺·布鲁诺:《飞马的占卜——布鲁诺的哲学对话》,北京:东方出版社 2005 年版。

［242］［英］A. N. 怀特海:《科学与近代世界》,何钦译,北京:商务印书馆 1959 年版。

［243］［英］D. Jary& J. Jary:《社会学辞典》,周业谦等译,台北:猫头鹰出版社 1998 年版。

［244］［英］Richard Appignanesi:《后现代主义》,黄训庆译,广州出版社 1998 年版。

［245］［英］W. C. 丹皮尔:《科学史》,李珩译,北京:商务印书馆 1975 年版。

［246］［英］W. C. 丹皮尔:《科学史及其与哲学和宗教的关系》,李珩译,桂林:广西师范大学出版社 2001 年版。

［247］［英］安东尼·吉登斯等:《现代性》,尹宏毅译,北京:新华出版社 2001 年版。

［248］［英］安东尼·吉登斯:《超越左与右》,李惠斌等译,北京:社会科学文献出版社 2003 年版。

［249］［英］安东尼·吉登斯:《第三条道路及其批评》,孙相东译,北京:中共中央党校出版社 2002 年版。

［250］［英］安东尼·吉登斯:《亲密关系的变革》,陈永国等译,北京:社会科学文献出版社 2001 年版。

［251］［英］安东尼·吉登斯:《社会理论与现代社会学》,文军等译,北京:社会科学文献出版社 2003 年版。

［252］［英］安东尼·吉登斯:《社会学》,赵旭东等译,北京大学出版社 2003 年版。

［253］［英］安东尼·肯尼:《牛津西方哲学史》,韩东晖译,北京:中国人民大学出版社 2006 年版。

［254］［英］鲍曼:《现代性与大屠杀》,杨渝东等译,南京:译林出版社 2002 年版。

［255］［英］鲍桑葵:《美学史》,张今译,北京:商务印书馆 1985 年版。

［256］［英］贝尔纳:《历史上的科学》,伍况甫等译,北京:科学出

版社 1959 年版。

[257] [英] 伯兰特·罗素：《伦理学和政治学中的人类社会》，肖巍译，石家庄：河北教育出版社 2003 年版。

[258] [英] 伯兰特·罗素：《自由之路》，李国山等译，北京：西苑出版社 2003 年版。

[259] [英] 戴维·弗里斯比：《现代性的碎片》，卢晖临等译，北京：商务印书馆 2003 年版。

[260] [英] 戴维·麦克莱伦：《马克思以后的马克思主义》，徐春等译，北京：东方出版社 1986 年版。

[261] [英] 弗兰克：《科学的哲学——科学和哲学之间的纽带》，许良英译，上海人民出版社 1985 年版。

[262] [英] 怀特海：《教育的目的》，徐汝舟译，北京：生活·读书·新知三联书店出版社 2002 年版。

[263] [英] 霍布斯：《利维坦》，黎思复等译，北京：商务印书馆 1996 年版。

[264] [英] 克里斯托夫·霍洛克斯：《鲍德里亚与千禧年》，王文华译，北京大学出版社 2005 年版。

[265] [英] 罗素：《罗素论两性价值互动》，王子予编译，北京：北京妇女儿童出版社 2004 年版。

[266] [英] 罗素：《社会改造原理》，张师竹译，上海人民出版社 1986 年版。

[267] [英] 罗素：《俗物的道德与幸福》，文良文化译，北京华文出版社 2004 年版。

[268] [英] 罗素：《西方哲学史》（上卷），钱发平译，北京：商务印书馆 1963 年版。

[269] [英] 罗素：《西方哲学史》（下卷），何兆武等译，北京：商务印书馆 1963 年版。

[270] [英] 洛克：《人类理解论》（上册），关文运译，北京：商务印书馆 1959 年版。

[271] [英] 洛克：《人类理解论》（下册），关文运译，北京：商务印书馆 1959 年版。

［272］［英］迈克尔·H.莱斯诺夫:《二十世纪的政治哲学家》,冯克利译,北京:商务印书馆 2001 年版。

［273］［英］培根:《新大西岛》,何新译,北京:商务印书馆 1959年版。

［274］［英］培根:《新工具》,许宝骙译,北京:商务印书馆 1984年版。

［275］［英］齐尔格特·鲍曼:《通过社会学去思考》,高华等译,北京:社会科学文献出版社 2002 年版。

［276］［英］齐格蒙·鲍曼:《后现代性及其缺憾》,郇建立等译,上海:学林出版社 2002 年版。

［277］［英］齐格蒙·鲍曼:《生活在碎片之中——论后现代道德》,郁建兴等译,学林出版社 2002 年版。

［278］［英］齐格蒙·鲍曼:《寻找政治》,洪涛等译,上海世纪出版集团 2006 年版。

［279］［英］齐格蒙特·鲍曼:《被围困的社会》,郇建立译,南京:江苏人民出版社 2005 年版。

［280］［英］齐格蒙特·鲍曼:《废弃的生命》,谷蕾等译,南京:江苏人民出版社 2006 年版。

［281］［英］齐格蒙特·鲍曼:《共同体》,欧阳景根译,南京:江苏人民出版社 2003 年版。

［282］［英］齐格蒙特·鲍曼:《后现代伦理》,张成岗译,南京:江苏人民出版社 2003 年版。

［283］［英］齐格蒙特·鲍曼:《全球化——人类的后果》,郭国良等译,北京:商务印书馆 2001 年版。

［284］［英］齐格蒙特·鲍曼:《现代性与矛盾性》,邵迎生译,北京:商务印书馆 2003 年版。

［285］［英］斯图亚特·西姆:《德里达与历史的终结》,王昆译,北京大学出版社 2005 年版。

［286］［英］威廉姆·奥斯维特:《哈贝马斯》,沈亚生译,哈尔滨:黑龙江人民出版社 1999 年版。

［287］［英］休谟:《人类理智研究》,北京:商务印书馆 1983 年版。

［288］［英］休谟：《人性论》，关文运译，北京：商务印书馆 1996
年版。

［289］［英］休谟：《休谟政治论文集》，北京：中国政法大学出版社
2003 年版。

［290］［英］约翰·伯瑞：《进步的观念》，范祥涛译，上海三联书店
2005 年版。

［291］［英］约翰·基恩：《公共生活与晚期资本主义》，马音等译，
北京：社会科学文献出版社 1999 年版。

［292］［英］泽格蒙特·鲍曼：《自由》，杨光等译，长春：吉林人民
出版社 2005 年版。

［293］安东尼·吉登斯：《民族—国家与暴力》，胡宗泽等译，生活
·读书·新知三联书店 1998 年版。

［294］安东尼·吉登斯：《社会的构成》，李康等译，生活·读书·
新知三联书店 1998 年版。

［295］安东尼·吉登斯：《社会学方法的新规则》，田佑中等译，北
京：社会科学文献出版社 2003 年版。

［296］安东尼·吉登斯：《现代性与自我认同》，赵旭东译，生活·
读书·新知三联书店 1998 年版。

［297］奥特弗利德·赫费：《作为现代化之代价的道德》，邓安庆等
译，上海世纪出版集团 2005 年版。

［298］包亚明主编：《后现代性与公正游戏》，谈瀛洲译，上海人民
出版社 1997 年版。

［299］包亚明主编：《现代性的地平线》，李安东等译，上海人民出
版社 1997 年版。

［300］北京大学外国哲学史教研室编译：《古希腊罗马哲学》，生
活·读书·新知三联书店 1957 年版。

［301］北京大学哲学系：《16—18 世纪西欧各国哲学》，北京：商务
印书馆 1975 年版。

［302］北京大学哲学系：《西方哲学原著选读（上卷）》，北京：商务
印书馆 1981 年版。

［303］北京大学哲学系：《西方哲学原著选读（下卷）》，北京：商务

印书馆 1981 年版。

[304] 北京大学哲学系编译:《十八世纪法国哲学》,北京:商务印书馆 1979 年版。

[305] 彼得·科斯洛夫斯基:《后现代文化——技术发展的适合文化后果》,毛怡红译,北京:中央编译出版社 1999 年版。

[306] 波林·罗斯诺:《后现代主义与社会科学》,张国清译,上海译文出版社 1998 年版。

[307] 陈昌曙:《陈昌曙技术哲学文集》,沈阳:东北大学出版社 2002 年版。

[308] 陈昌曙:《技术哲学引论》,北京:科学出版社 1999 年版。

[309] 陈昌曙:《自然辩证法概论新编》,沈阳:东北大学出版社 2001 年版。

[310] 丹尼斯·米都斯:《增长的极限》,李宝恒译,长春:吉林人民出版社 1997 年版。

[311] 丹皮尔:《科学史》,李珩译,北京:商务印书馆 1979 年版。

[312] 德雷福斯 H:《计算机不能做什么》,宁春岩译,上海三联书店 1986 年版。

[313] 狄德罗:《狄德罗哲学选集》,江天骥等译,北京:商务印书馆 1983 年版。

[314] 恩格斯:《路德维希·费尔巴哈和德国古典哲学的终结》,《马克思恩格斯选集》(第 4 卷),北京:人民出版社 1995 年版。

[315] 恩格斯:《1844 年 6 月 26 日致考茨基的信》,《马克思恩格斯全集》(第 36 卷),北京:人民出版社 1975 年版。

[316] 恩格斯:《恩格斯 1894 年 2 月 25 日致瓦·博尔吉乌斯》,《马克思恩格斯全集》(第 39 卷),北京:人民出版社 1974 年版。

[317] 恩格斯:《恩格斯致瓦·博尔吉乌斯》,《马克思恩格斯选集》(第 4 卷),北京:人民出版社 1972 年版。

[318] 恩格斯:《反杜林论》,北京:人民出版社 1956 年版。

[319] 恩格斯:《路德维希·费尔巴哈和德国古典哲学的终结》,《马克思恩格斯选集》(第 4 卷),北京:人民出版社 1995 年版。

[320] 恩格斯:《论权威》,《马克思恩格斯全集》(第 18 卷),北京:

人民出版社 1972 年版。

　　[321] 恩格斯：《自然辩证法》，北京：人民出版社 1971 年版。

　　[322] 费尔巴哈：《费尔巴哈哲学史著作选》，北京：商务印书馆 1978 年版。

　　[323] 冯俊等：《后现代主义哲学讲演录》，北京：商务印书馆 2003 年版。

　　[324] 冯友兰：《柏格森的哲学方法》，《新潮》1921 年第 3 卷第 1 期。

　　[325] 弗洛姆：《精神分析的危机》，许俊达等译，北京：国际文化出版公司 1988 年版。

　　[326] 弗洛姆：《人的希望》，沈阳：辽宁大学出版社 1994 年版。

　　[327] 弗洛姆：《社会主义是人道主义精神的运动》，《国外学者论人和人道主义》（第 1 集），北京：社会科学文献出版社 1991 年版。

　　[328] 弗洛姆：《占有还是生存》，关山译，生活·读书·新知三联书店 1989 年版。

　　[329] 格·姆·达夫里昂：《技术·文化·人》，薛启亮等译，石家庄：河北人民出版社 1987 年版。

　　[330] 葛力：《十八世纪法国哲学》，北京：中国社会科学文献出版社 1991 年版。

　　[331] 葛勇义、陈凡：《现象学技术哲学的多重视角》，《东北大学学报》（社会科学版）2007 年第 3 期。

　　[332] 海德格尔：《海德格尔选集（下）》，孙周兴译，上海三联书店 1996 年版。

　　[333] 海德格尔：《技术的追问》，孙周兴译，《海德格尔选集》，上海三联书店 1996 年版。

　　[334] 贺旭辉：《利奥塔"后现代"思想阐释》，《中国矿业大学学报》（社会科学版）2006 年第 3 期。

　　[335] 赫伯特·斯皮格伯格：《现象学运动》，王炳文译，北京：商务印书馆 1995 年版。

　　[336] 胡塞尔：《欧洲科学危机和超验现象学》，张庆熊译，上海译文出版社 2005 年版。

［337］胡塞尔：《现象学的观念》，倪梁康译，《胡塞尔选集》，上海三联书店1997年版。

［338］胡塞尔：《现象学的基本考察》，倪梁康译，《胡塞尔选集》，上海三联书店1997年版。

［339］姜振寰：《技术社会史引论》，沈阳：辽宁人民出版社1997年版。

［340］杰里米·里夫金、特德·霍华德：《熵：一种新的世界观》，吕明等译，上海译文出版社1987年版。

［341］金周英：《软技术》，北京：新华出版社2002年版。

［342］靳希平、吴增定：《十九世纪德国非主流哲学——现象学史前史札记》，北京大学出版社2004年版。

［343］孔明安：《鲍德里亚后期的技术哲学思想》，《自然辩证法研究》2003年第5期。

［344］李文潮：《技术伦理面临的困境》，《自然辩证法研究》2005年第11期。

［345］李瑜青主编：《伏尔泰哲理美文集》，合肥：安徽文艺出版社1997年版。

［346］李瑜青主编：《叔本华哲理美文集》，合肥：安徽文艺出版社1997年版。

［347］列奥·施特劳斯：《霍布斯的政治哲学》，申彤译，南京：译林出版社2001年版。

［348］列宁：《列宁全集》（第38卷），北京：人民出版社1974年版。

［349］列宁：《列宁全集》（第15卷），北京：人民出版社1988年版。

［350］列宁：《列宁选集》（第3卷），北京：人民出版社1972年版。

［351］刘放桐：《新编现代西方哲学》，北京：人民出版社2000年版。

［352］卢梭：《论科学与艺术》，陈修斋译，北京：商务印书馆1963年版。

［353］陆扬：《德里达—解构之维》，武汉：华中师范大学出版社1996年版。

［354］罗素：《我的哲学的发展》，温锡增译，北京：商务印书馆

1982 年版。

　　［355］马克思、恩格斯:《马克思恩格斯全集》（第 12 卷），北京：人民出版社 1965 年版。

　　［356］马克思、恩格斯:《马克思恩格斯全集》（第 1 卷），北京：人民出版社 1995 年版。

　　［357］马克思、恩格斯:《马克思恩格斯全集》（第 3 卷），北京：人民出版社 1960 年版。

　　［358］马克思、恩格斯:《马克思恩格斯全集》（第 42 卷），北京：人民出版社 1979 年版。

　　［359］马克思、恩格斯:《马克思恩格斯选集》（第 1 卷），北京：人民出版社 1972 年版。

　　［360］马克思、恩格斯:《新莱茵报·政治经济译见》,《马克思恩格斯全集》（第 7 卷），北京：人民出版社 1972 年版。

　　［361］马克思:《1844 年经济学哲学手稿》,北京：人民出版社 2000 年版。

　　［362］马克思:《机器．自然力和科学的应用》,北京：人民出版社 1978 年版。

　　［363］马克思:《在〈人民报〉创刊纪念会上的演说》,《马克思恩格斯选集》（第 2 卷），北京：人民出版社 1972 年版。

　　［364］马克思:《哲学的贫困》,《马克思恩格斯全集》（第 4 卷），北京：人民出版社 1958 年版。

　　［365］马克思:《资本论》（第 1 卷），北京：人民出版社 1975 年版。

　　［366］马克思:《马克思恩格斯全集》（第 12 卷），北京：人民出版社 1982 年版。

　　［367］马克思:《马克思恩格斯全集》（第 13 卷），北京：人民出版社 1962 年版。

　　［368］马克思:《马克思恩格斯全集》（第 1 卷），北京：人民出版社 1956 年版。

　　［369］马克思:《马克思恩格斯全集》（第 20 卷），北京：人民出版社 1971 年版。

　　［370］马克思:《马克思恩格斯全集》（第 25 卷），北京：人民出版

社 2001 年版。

[371] 马克思：《马克思恩格斯全集》（第 30 卷），北京：人民出版社 1972 年版。

[372] 马克思：《马克思恩格斯选集》（第 2 卷），北京：人民出版社 1974 年版。

[373] 米哈依罗·米萨诺维克：《人类处在转折点》，李永平等译，北京：中国和平出版社 1987 年版。

[374] 缪郎山：《西方美学史资料选编》，上海人民出版社 1987 年版。

[375] 欧力同：《哈贝马斯的"批判理论"》，重庆出版社 1997 年版。

[376] 皮特·A·Y. 冈特、亨利·柏格森［A］. ［美］大卫·雷·格里芬：《超越解构》，鲍世斌等译，北京：中央编译出版社 2002 年版。

[377] 齐格蒙·鲍曼：《立法者与阐释者》，洪涛译，上海人民出版社 2000 年版。

[378] 乔治·巴萨拉：《技术发展简史》，周光发译，复旦大学出版社 2000 年版。

[379] 让·鲍德里亚：《传媒中意义的内爆》，吴琼等编，《形象的修辞》，北京：中国人民大学出版社 2005 年版。

[380] 让·鲍德里亚：《符号的政治经济学批判》，吴琼等编，《形象的修辞》，北京：中国人民大学出版社 2005 年版。

[381] 让 - 弗朗索瓦·利奥塔：《后现代道德》，莫伟民等译，上海：学林出版社 2000 年版。

[382] 汝信：《西方著名哲学家评传》（第 4 卷），济南：山东人民出版社 1984 年版。

[383] 圣·奥古斯丁：《忏悔录》，向云常译，长春：时代文艺出版社 2000 年版。

[384] 盛国荣：《西方技术哲学研究中的路径及其演变》，《自然辩证法研究》2007 年第 7 期。

[385] 田中裕：《怀特海——有机哲学》，包国光译，石家庄：河北教育出版社 2001 年版。

[386] 涂纪亮：《当代西方著名哲学家评传》，济南：山东人民出版

社 1996 年版。

［387］王彩云、张立成：《后现代主义对技术理性的批判》，《济南大学学报》2000 年第 4 期。

［388］王飞：《舍勒的技术价值论》，《科学技术与辩证法》2005 年第 3 期。

［389］王楠、王前：《"器官投影说"的现代解说》，《自然辩证法研究》2005 年第 2 期。

［390］王续琨、陈悦：《技术学的兴起及其与技术哲学＼技术史的关系》，《自然辩证法研究》2002 年第 2 期。

［391］王岳川等主编：《东西方文化评论》，北京大学出版社 1992 年版。

［392］王岳川：《后现代主义文化研究》，北京：北京大学出版社 1992 年版。

［393］王正平、周中之：《现代伦理学》，北京：中国社会科学出版社 2001 年版。

［394］王正平主编：《罗素文集》，北京：改革出版社 1996 年版。

［395］王治河：《后现代哲学思潮研究》，北京：社会科学文献出版社 1998 年版。

［396］威尔·赫顿、安东尼·吉登斯：《在边缘——全球资本主义生活》，达巍等译，生活·读书·新知三联书店 2003 年版。

［397］吴致远：《技术的后现代诠释》，沈阳：东北大学 2005 年版。

［398］夏基松：《现代西方哲学》，上海人民出版社 2006 年版。

［399］徐少锦：《科技伦理学》，上海人民出版社 1989 年版。

［400］亚里士多德：《尼各马科伦理学》，苗力田译，北京：中国社会科学出版社 1990 年版。

［401］亚里士多德：《亚里士多德全集》（第 4 卷），苗力田等译，北京：中国人民大学出版社 1994 年版。

［402］余丽嫦：《培根及其哲学》，北京：人民出版社 1987 年版。

［403］瑜青主编：《狄德罗经典文存》，上海大学出版社 2002 年版。

［404］瑜青主编：《黑格尔经典文存》，上海大学出版社 2001 年版。

［405］远德玉、陈昌曙：《论技术》，沈阳：辽宁科学技术出版社

1986 年版。

［406］远德玉、丁云龙：《科学技术发展简史》，沈阳：东北大学出版社 2000 年版。

［407］张之沧：《论后现代思潮对技术问题的反思与批判》，《淮阴师范学院学报》（哲学社会科学版）2003 年第 5 期。

［408］张志伟：《西方哲学史》，北京：中国人民大学出版社 2002 年版。

［409］赵敦华：《现代西方哲学新编》，北京大学出版社 2001 年版。

［410］钟义信：《信息科学的基本问题》，北京：清华大学出版社 1984 年版。

［411］邹珊刚：《技术与技术哲学》，北京：知识出版社 1987 年版。

后 记

　　一部人类发展史就是一部人类不断地变革技术、提高自身能力的历史，也是人类不断地认识技术、创新技术的技术哲学思想史。对于长期从事技术哲学思想研究的人来说，系统整理和阐发人类历史中的技术哲学思想，既是责任也是义务，既是在完成一项工作，也是在实现一个梦想。于是，才有了摆在读者面前的这部著作。

　　本书是东北大学科学技术哲学研究中心长期致力于技术哲学领域耕耘的研究成果，书中的各章节内容是各位作者长期研究的理论成果，因而本书是集体智慧的结晶。我们在处理各章节内容时，按照流派、国别的不同思路，把全书分为15章，各章具体内容和写作分工如下：

　　导　言：陈凡（东北大学）、朱春艳（东北大学）、盛国荣（天津工业大学）

　　第一章：王前（大连理工大学）

　　第二章：文成伟（东北大学）

　　第三章：盛国荣（天津工业大学）

　　第四章：牟焕森（北京邮电大学）白夜昕（哈尔滨师范大学）

　　第五章：万长松（江南大学）、陈凡（东北大学）

　　第六章：金钟哲（东北大学）、陈凡（东北大学）

　　第七章：朱春艳（东北大学）、盛国荣（天津工业大学）

　　第八章：马会端（东北大学）、庞丹（沈阳理工大学）

　　第九章：傅畅梅（沈阳航空航天大学）、葛勇义（安徽财经大学）、曹继东（沈阳理工大学）、陈凡（东北大学）

　　第十章：陈红兵（东北大学）

　　第十一章：敬狄（西南财经大学）、朱春艳（东北大学）、陈凡（东

北大学）

第十二章：梅其君（贵州大学）、陈凡（东北大学）

第十三章：邢怀滨（科技部科技评估中心）、陈凡（东北大学）

第十四章：吴致远（广西民族大学）、陈凡（东北大学）

第十五章：朱春艳（东北大学）、陈凡（东北大学）

结束语：陈凡（东北大学）、盛国荣（天津工业大学）

本书的写作框架由陈凡、朱春艳总体策划，感谢责任编辑冯春凤女士为本书的出版所做的大量周到而细致的工作。

本书在编写过程中，参考借鉴了国内外专家学者的论著，在此一并致谢。我们对引用之处都予以注明，如有疏漏之处敬请谅解。

由于作者水平有限，书中的不足之处请读者原谅并指正。

陈凡　朱春艳

2018 年 11 月于沈阳滨湖园